Mobile Digital Communications

매트랩을 활용한

모바일 디지털 통신

정우기 저

동일출판사

머 리 말

오늘날 이동전화 보급률은 100%를 넘어서서 모든 사람이 이동통신을 이용하고 있다. 이동통신서비스는 지난 1980년대부터 30여년 눈부신 발전을 하면서 우리나라 산업 발전뿐만 아니라 사회 및 문화생활에도 크게 변화시켜 왔다. 또한 이동전화 서비스 분야에 관련된 종사자 수가 약 7만5천명에 이르고 있어 국내 고용 시장에도 큰 기여를 하고 있다. 관련 업계 종사자 수는 KT, SK텔레콤, LG유플러스 3개사 직원과 관련 회사 직원(이동전화 네트워크 유지보수 관련 종사자 수, 상담센터 업체 직원, 대리점 직원, 콘텐츠제공업체) 분야 종사자를 포함한다. 그 외에도 삼성전자, LG전자와 같은 이동통신 단말 제조업체와 서비스센터 직원들을 포함하면 이동통신 관련 종사자수는 훨씬 많아진다.

한편 2010년을 지나면서 이동전화가 컴퓨터 기능과 다양한 네트워크와 결합하면서 확장된 모바일 산업으로 발전하고 있다. 국내에서 지난 2009년말 등장한 스마트폰 및 테블릿 PC등 새로운 모바일 기기가 급격히 증가하고 있다. 2012년 이후 본격적으로 등장한 4세대 이동통신서비스는 데이터 전송용량을 더욱 높여 스마트폰, 테블릿 PC 등 새로운 모바일 기기의 서비스 환경을 더욱 유연하게 만들었다.

새로운 모바일산업의 분야는 매우 다양한데 디지털통신은 모든 모바일산업을 이해하는데 핵심기술이다. 하지만 디지털통신을 깊이 이해하고 활용하기 위해서는 기본적으로 어려운 수학과 관련 있어 접근하기가 어렵다. 이 책은 이동통신을 공부하기 시작하는 학생들이 빠른 시간에 디지털통신의 기본 개념을 쉽게 이해할 수 있도록 디지털통신의 기본 원리를 이동통신과 연계하여 기본 개념을 설명하였다. 디지털통신에 이용되는 수학은 기본 수식만 개념적으로 설명하고 좀 더 깊이 공부하고 싶은 학생들을 위해 부록에서 자세한 설명을 추가하였다. 또한 통신 신호의 전달과정을 그래픽으로 이해할 수 있도록 매트랩을 이용하여 확인하는 실습을 위주로 하였으며 실습에 필요한 매트랩의 기본 지식 및 명령어는 부록에 요약하였다.

끝으로 이 책을 만드는 동안 많은 도움을 주신 동일출판사 및 업계 관계자 분들께 이 글을 통해 감사하다는 말을 전하고 싶다.

저자 씀

차 례

제 Ⅱ 부 이동통신 신호의 해석/77

제 III 부 이동통신 신호의 전달/141

■ 제Ⅳ부 이동통신 시스템의 구성요소와 기능/173

약 어 표

3D-BF	3 Dimension Beamforming
3GPP	3rd Generation Partnership Project
3GPP2	3rd Generation Partnership Project 2
AAS	Active Antenna System
ACIR	Adjacent Channel Interference Ratio
ACK	ACKnowledgement
ACLR	Adjacent Channel Leakage Ratio
ACS	Adjacent Channel Susceptibility
AMC	Adaptive Modulation and Coding
AMPS	Advanced Mobile Phone System
AMR	Adaptive Multi-Rate
AOA	Angel Of Arrival
APOC	Advanced Paging Operator Code
AR	Augmented Reality
ARQ	Automatic Repeat reQuest
ATM	Asynchronous Transfer Mode
AT&T	American Telephone & Telegraph
AuC	Authentication Center
BBU	Base Band Unit
BER	Bit Error Rate
BPSK	Binary Phase shift Keying
BS	Billing System
BSS	Base Station Subsystem
BSC	Base Station Controller
BTS	Base Transceiver Station
CA	Carrier Aggregation
CAPEX	Capital Expenditure
CC	Convolutional Code
CCSA	China Communications Standards Association
CDMA	Code Division Multiple Access
CEPT	Conference of European Postal and Telecommunications
C/I or CIR	Carrier to Interference Ratio
CMS	Customer Management System
CLTD	Closed Loop Transmit Diversity
CN	Core Network
CoMP	Coordinated Multi Point Transmission/Reception

COST	COoperation Europeenne dans le domaine de la recherche Scientifique et Technique
CP	Cyclic Prefix
CPRI	Common Public Radio Interface
CQI	Channel Quality Information
CR	Cognitive Radio
C-RAN	Cloud RAN
CRBT	Coloring Ring Back Tone
CRC	Cyclic Redundancy Check
CSFB	Circuit Switched Fallback
CSG	Closed Subscriber Group
CSMA/CA	Carrier Sense Multiple Access / Collision Avoidance
CSMA/CD	Carrier Sense Multiple Access / Collision Detection
CT	Cordless Telephone
CTC	Convolutional Turbo Code
D2D	Device to Device
DAB	Digital Audio Broadcasting
DACS	Digital Access and Cross-connect Switch
DASH	Dynamic Adaptive Streaming over HTTP
DC-HSPA	Dual Carrier High Speed Packet Access
DECT	Digital European Cordless Telephone
DM	Diagnostic Monitoring
DOCSIS	Data-Over-Cable Service Interface Specification
DRT	Diagnostic Rhyme Test
DRX	Discontinuous Reception
DS-CDMA	Direct Spread Code Division Multiple Access
DSL	Digital Subscriber Line
DSSS	Direct Sequence Spread Spectrum
DTX	Discontinuous Transmission
DU	Digital Unit
DVB	Digital Video Broadcasting
EARFCN	E-UTRA Absolute Radio Frequency Channel Number
E-CID	Enhanced Cell ID
EDGE	Enhanced Data rates for GSM Evolution
EGPRS	Enhanced GPRS
EIA	Electronic Industry Association
eICIC	enhanced Inter-Cell Interference Coordination
EIR	Equipment Identity Register
eMBMS	evolved Multimedia Broadcast Multicast Service
EMF	Electro Magnetic Field
eNB	evolved Node-B
EOTDOA	Enhanced Observed Time Difference of Arrival

EPC	Evolved Packet Core
ERMES	European Radio Messaging System
ES	Earth Station
ESN	Equipment Serial Number
ETSI	European Telecommunications Standards Institute
EV-DO	Evolution Data Only
E-UTRA	Evolved Universal Mobile Telecommunications System
FBMC	Filter Bank Multi Carrier
FCC	Federal Communications Commission
FCS	Fast Cell Selection
FDD	Frequency Division Duplex
FDMA	Frequency Division Multiple Access
FER	Frame Error Rate
FFT	Fast Fourier Transform
FHSS	Frequency Hopping Spread Spectrum
GERAN	GSM/EDGE RAN
GGSN	Gateway GPRS Support Node
GMDSS	Global Maritime Distress and Safety System
GMPCS	Global Mobile Personal Communications System
GMSC	Gateway Mobile Switching Center
GNSS	Global Navigation Satellite System
GPRS	General Packet Radio Service
GPS	Global Position System
GSM	Global System for Mobile Communications
HAPS	High Altitude Platform System
HARQ	Hybird Automatic Repeat reQuest
HD	High Definition
HEVC	High Efficiency Video Coding
HLR	Home Location Register
HSDPA	High-speed Downlink Packet Access
HSPA	High-speed packet Access
HSS	Home Subscriber Server
HSUPA	High-speed Uplink Packet Access
ICNIRP	International Commission on Non-Ionizing Radiation Protection
ICT	Information and Communication Technology
IDMA	Interleaved Division Multiple Access
IEEE	Institute of Electrical and Electronics Engineers
IETF	Internet Engineering Task Force
IFFT	Inverse Fast Fourier Transform
IMEI	International Mobile Equipment Identity
IMO	International Maritime Organization
IMS	Internet Messaging Service

IMSI	International Mobile Subscriber Identity
IMT	International Mobile Telecommunications
IMTS	Improved Mobile Telephone System
IoE	Internet of Everything
IoT	Internet of Things
IP	Internet Protocol
IR	Incremental Redundancy
IrDA	Infrared Data Association
IS	Interim Standard
ISM	Industrial Science Medical
ITU	International Telecommunications Union
JT-CoMP	Joint Transmission CoMP
LAA	License Assisted Access
LBS	Location Based Service
LDS	Low Density Spreading
LoRaWAN	Long Range Wide Area Network
LPWAN	Low Power Wide Area Network
LTE	Long-Term Evolution
LTE-MTC(M)	Long-Term Evolution - Machine Type Communication(Machine)
M2M	Machine to Machine
MAC	Medium Access Control
MBMS	Multimedia Broadcast and Multicast Service
MCS	Modulation Coding Scheme
MEMS	Micro Electro Mechanical System
MIB	Master Information Block
MIMO	Multiple Input Multiple Output
MIN	Mobile Identity Number
MME	Mobility Management Entity
MMSE	Minimum Mean Square Error
MOS	Mean Opinion Score
MS	Mobile Station
MSC	Mobile Switching Centre
MTC	Machine Type Communication
MTS	Mobile Telephone Service
MTSO	Mobile Telecommunication Switching Office
MUD	Multi User Detection
MU-MIMO	Multi User MIMO
MUSA	Multi User Shared Access
MUX	Multiplexing
NB-IoT	Narrow Band Internet of Things
NFC	Near Field Communication
NFV	Network Function Virtualization

NGMN	Next Generation Mobile Network
NMS	Network Management System
Node B	Base station
NOMA	Non-Orthogonal Multiple Access
OFDM	Orthogonal Frequency Division Multiplex
OFDMA	Orthogonal Frequency Division Multiple Access
O&M	Operation & Maintenance
OLPC	Outer Loop Power Control
OPEX	Operation Expenditure
OSS	Operations Support System
OTA	Over-The-Air Activation
OTT	Over The Top
OTDOA	Observed Time Difference Of Arrival
OVSF	Orthogonal Variable Spreading Factor
PAR	Peak-to -Average Ratio
PCMCIA	Personal Computer Memory Card Industry Association
PCS	Personal Communication Services
PDC	Personal Digital Cellular
PDCP	Packet Data Convergence Protocol
PDMA	Pattern Division Multiple Access
PDP	Packet Data Protocol
PDSN	Packet Data Serving Node
PDU	Protocol Data Unit
PER	Packet Error Rate
PHS	Personal Handy phone Service
PN	Pseudo random Noise
POC	Push-to talk Over Cellular
POCSAG	Post Office Code Standardization Advisory Group
PRN	Pseudo-Random Noise
PSDN	Public Switched Data Network
PSS	Primary Synchronization Signal
PSTN	Public Switched Telephone Network
QAM	Quadrature Amplitude Modulation
QoE	Quality of Experience
QoS	Quality of Service
QPSK	Quadrature Phase Shift Keying
RAB	Radio Access Bearer
RAN	Radio Access Network
RANAP	Radio Access Network Application Part
RAT	Radio Access Technology
RB	Resource Block
RF	Radio Frequency

RFID	Radio Frequency IDentification
RLC	Radio Link Control
RNC	Radio Network Controller
RR	Round Robin
RRC	Radio Resource Control
RRM	Radio Resource Management
RS	Reference Signal
RSCP	Received Signal Code Power
RSRP	Reference Signal Received Power
RSRQ	Reference Signal Received Quality
RSSI	Received Signal Strength Indicator
RU	Radio Unit
R-UIM	Removable User Identity Module
SAE	System Architecture Evolution
SAMA	SIC Amenable Multiple Access
SAR	Specific Absorption Rate
SC-FDMA	Single Carrier FDMA
S-DMB	Satellite Digital Multimedia Broadcasting
SDR	Software Defined Radio
SEM	Spectrum Emission Mask
SF	Spreading Factor
SIB	System Information Block
SGSN	Serving GPRS Support Node
SIC	Successive Interference Cancellation
SIM	Subscriber Identity Module
SIMO	Single Input Multiple Output
SINAD	Signal Interference Noise And Distortion
SINR	Signal-to-Interference-plus-Noise Ratio
SIP	Session Initiation Protocol
SM-MIMO	Spatial Multiplexing MIMO
SMS	Short Message Service
SSS	Secondary Synchronous Signal
STTD	Space Time Transmit Diversity
TDD	Time Division Duplex
T-DMB	Terrestrial Digital Multimedia Broadcasting
TDOA	Time Difference Of Arrival
TD-SCDMA	Time Division Synchronous CDMA
TIA	Telecommunication Industry Association
TMSI	Temporary Mobile Subscriber Identity
TOA	Time Of Arrival
TPC	Transmission Power Control
TRS	Trunked Radio System

TTA	Telecommunications Technology Association (Korea)
TTC	Telecommunication Technology Committee (Japan)
TTI	Transmission Time Interval
TxAA	Transmit Adaptive Antennas
UDP	User Datagram Protocol
UE	User Equipment
UMTS	Universal Mobile Telecommunications System
USIM	UMTS Subscriber Identity Module
USN	Universal Sensor Network
UTRA	UMTS Terrestrial Radio Access(ETSI)
UTRA	Universal Terrestrial Radio Access(3GPP)
UTRAN	UMTS Terrestrial Radio Access Network
UWB	Ultra Wide Band
VLR	Visitor Location Register
VoIP	Voice over IP
VoLTE	Voice over LTE
VR	Virtual Reality
VSWR	Voltage Standing Wave Ratio
WAP	Wireless Application Protocol
WARC	World Administrative Radio Conference
WCDMA	Wideband CDMA
WHO	World Heath Organization
WiFi	Wireless Fidelity
WiMax	Worldwide Interoperability for microwave access
WLAN	Wireless Local Area Network
WLL	Wireless Local Loop
WMAN	Wireless Metropolitan Area Network
WPAN	Wireless Personal Area Network
WRC	World Radiocommunication Conference
WWAN	Wireless Wide Area Network
WWRF	Wireless World Research Forum
WWW	World Wide Web

제 I 부

이동통신의 이해

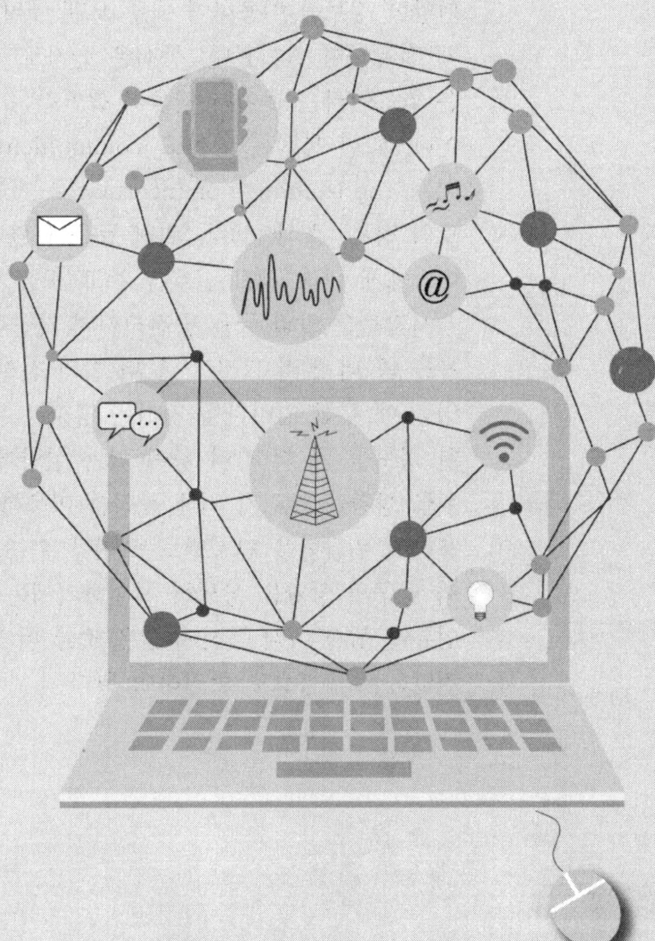

제1장

개요

제1절 통신이란 무엇인가?

우리가 동물원에서 흔히 보는 원숭이들은 서로 간에 알 수 있는 신호를 주고받아 서로에게 필요한 도움을 주고받는다. 원숭이뿐만 아니라 다른 여러 동물들도 같은 집단끼리 상호간에 약속된 방식을 가지고 서로 간에 신호를 주고받아 도움을 받는다. 즉 표현할 수 있는 신호의 수만 차이가 있지 신호를 주고받는 행위는 아주 오래전부터 이루어져 왔다. 사람들은 이전 어느 동물보다 신호를 주고받는 방법이 매우 발달하여 다른 동물들이 몸짓, 소리, 냄새 등 제한된 몇 가지 신호를 가지고 신호를 주고받은 것과 비교하여 훨씬 많은 신호를 주고받을 수 있다. 소리도 단순한 신호가 아닌 말로 발전시키고 몸짓도 단순한 몸짓이 아닌 글로 발전시켜 훨씬 많은 정보를 만들어 냈다. 사람들은 다양한 정보를 이용하여 아주 오랜 옛날부터 서로의 생각을 다양한 방법으로 상대방에게 전달하며 살아왔다. 통신은 한자로 '通信'이라고 한다. '通'은 통한다는 뜻이고 '信'은 믿음이라는 뜻이니 믿음이 통한다는 의미가 된다. 즉 사실의 내용을 전달한다는 뜻이다. 또한 통신은 영어로 'communication'이라고 한다. 'communication'의 영어 풀이는 'the exchange of information, news, ideas or opinions'이다. 즉, 통신이란 서로의 정보, 소식, 생각, 의견 등을 교환하는 과정이다. 이와 같이 통신은 말 그대로 상대방에게 여러 가지 신호를 주고 또한 받는 행위를 말한다.

사람들은 말과 글을 발전시키며 다양한 신호를 상대방에게 전달하면서 좀더 많은 내용을 좀 더 멀리 그리고 좀 더 빨리 전달하고 싶어 한다. 예를 들어 임진왜란이 발발하였을 때 부산 앞바다를 지키는 병사는 부산에 침공한 왜군의 군사 규모, 무기 등 상세한 정보를 좀 더 빨리 왕이 있는 한양에 전달하고자 할 것이다. 조선시대에는 이러한 위급 상황을 알리기 위해 봉화를 이용하여 전쟁이 났음을 알렸는데 봉화를 여러 개 사용하여 위급함을 단계별로 표현할 수 있도록 하였다. 하지만 위에서 이야기한 일화에서 적군의 상황을 상세히 표현하기에는 당시 통신 수단으로는 한계가 있었다. 따라서 인류가 생긴 이래 통신 수단은 조금 더 많은 정보를 조금 더 빨리 그리고 조금 더 멀리 전달하는 방향으로 발전하여 왔다.

제2절 신호란 무엇인가?

통신이란 신호를 주고받는 것이라고 하였는데 도대체 신호란 무엇인가? 위에서 정의한 것처럼 다른 상대방에게 전달하고자 하는 정보, 소식, 생각, 의견 등의 다양한 내용들이라고 정의할 수 있다. 그렇다면 신호의 형태는 어떤 것인가? 우리는 상대방에게 우리의 생각을 전달하기 위해 말, 글, 몸짓 등을 사용한다. 이를 가만히 생각하면 통신이란 인간이 느끼는 것을 상대방에게 전달하는 것으로 인간의 오감(청각, 시각, 촉각, 후각, 미각)에 근거한다는 것을 알 수 있다.

두 사람이 대화하는 것을 상상하면 자신의 생각을 상대방에게 전달하기 위해 말로 하기도 하고(소리 : 청각) 손짓으로 표현하기도 하고(이미지 : 시각) 서류를 보여 주기도 하며(글 : 시각) 직접 맛을 보여주기도 하며(맛 : 미각) 냄새를 맡아 보도록 하기도 한다.(냄새 : 후각) 또한 악수를 하여 친근감을 보이기도 한다.(부드러움 : 촉각) 즉 통신이란 인간이 보내고 싶은 정보를 오감을 통해 상대방에게 전달하는 것이다.

두 사람이 서로 마주 보고 있을 때는 위에서 언급한 오감을 전달하는데 아무런 문제가 없지만 두 사람이 점점 멀어지게 되면 인간의 오감을 전달하는데 한계가 생긴다. 즉, 2m만 떨어져도 악수하는 것이 어렵게 된다. 이는 곧 촉각을 전달하기 어려워진다는 것을 의미하며 10m만 떨어져도 글씨를 보기가 힘들어 진다. 즉 시각적인 정보를 전달하기가 어려워진다. 수백m 떨어지면 후각 정보를 전달하기가 어려워지며 수천m 떨어지면 아무리 목소리가 커도 소리를 전달하기가 어려워진다. 사람은 신호를 좀 더 쉽게 상대방이 알아 볼 수 있도록 하는 통신 수단을 사용하게 된다. 하지만 여러 가지 신호 가운데 소리처럼 쉽게 전달할 수 있는 신호 요소도 있지만 후각이나 촉각처럼 전달하기 어려운 속성의 신호도 있다. 다음 절에서는 지금까지 이야기한 신호를 전달하는 통신 수단에 대해 설명한다.

제3절 전기를 이용한 통신 수단의 이용과 통신의 혁명

오늘날 사람들은 전기를 이용하여 매우 빠르게 정보를 주고받는다. 사람들은 기원전 550년부터 전기가 존재하고 있음을 알고 있었으나 이를 통신 수단에 이용할 수 있음을 알게 된 것은 2000년 이상이 지난 1800년대에 이르러서야 가능하게 되었다. 1838년 모르스가 전기를 이용하여 신호를 전달하는 전신기를 발명함으로써 인류의 통신 혁명이 시작되었다. 이때부터 과학기술의 발전은 통신 수단을 급속히 발전시켰다.

1800년대 초반 유럽에서는 전기의 발견과 자기의 발견 그리고 전기와 자기가 상호간에 작용한다는 과학적인 사실들이 발견되던 시기였다. 파리에서 그림 공부를 하던 이름 없는 화가인 사무엘 모르스는 우연히 전류가 전선을 통해 눈 깜짝할 사이에 이동한다는 사실을 알고 또한 전류의 존재에 따라 자기가 있다가 없어진다는 사실을 알게 되었다. 즉, 자기가 있고 없음은 아주 멀리서 쇠를 잡아당기거나 놓게 된다는 사실이므로 멀리서도 전기가 있으면 신호를 전달할 수 있음을 의미한다. 모르스는 미국에 돌아와 전기를 이용한 통신 수단 개발 연구를 계속하였고 마침내 1838년 전신기를 발명하여 증명하였다. 또한 전신기의 실용화를 위해 더욱 연구에 박차를 가하여 1884년 5월 24일 워싱턴에서 수많은 사람들이 보는 가운데 워싱턴과 볼티모어간의 64km의 전선을 통해 신호를 주고받는 실험에 성공하였다. 모르스가 전선을 통해 신호를 주고받기 위해 만든 모르스 부호는 이후 지금까지도 사용되고 있다. 모르스의 전신기 발명이 통신을 하려는 사람들 간의 부호 약속에 따라 이루어지므로 사람들이 쉽게 쓰기에 어려웠으며 또한 전달하고 싶은 내용을 충분히 전달하지 못하였다.

알렉산더 그레이엄 벨은 귀머거리 아이들을 가르치던 중에 사람의 말소리를 연구하게 되었고 사람의 말이 사람의 귀에 있는 진동막을 통해 전달된다는 사실을 알게 되었다. 따라서 사람의 말이 진동막을 통해 전기로 바뀌어 멀리 전달되고 멀리 전달된 전기가 진동막을 통해 다시 사람의 귀에 전달된다면 멀리 떨어진 사람에게 말이 전달될 수 있을 것이라는 생각에 이르렀다. 이에 대한 연구를 지속하여 마침내 1876년 3월 전화를 발명하였다. 초기 개발된 전화는 우리가 잘 알고 있는 에디슨에 의해 개량되어 상품화되었고 이를 바탕으로 오늘날에도 세계적으로 유명한 General Electrics(GE)라는 회사가 만들어지게 되었다. 최근 벨이 전화를 발명하기 15년 전 독일의 필립 라이스라는 과학자가 먼저 전화를 개발했다는 설득력 있는 주장이 제기되고 있지만 여하튼 벨은 전화로 GE라는 세계적인 회사를 만들었으니 역사적 사실이 바뀐다고 하여도 벨의 역사적 의미는 떨어지지 않을 것으로 보인다.

사람의 말소리가 고유한 파동을 가지고 있어 이것을 기록할 수 있는 매질을 통해 저장하였다가 다시 소리로 재생할 수 있음을 이용하여 에디슨은 1877년 축음기를 발명하였다. 이것은 후에 소리를 전기로 변환시켜 저장할 수 있음을 알게 되어 무선통신과 함께 라디오 서비스가 가능하도록 하였다. 비슷한 원리로 영상도 저장할 수 있는 방법을 이용하여 이스트만은 1889년 영화를 발명하였다. 이것은 후에 텔레비전 서비스를 가능하게 하는 근간이 되었다.

마르코니는 어린 시절 리히 교수의 실험실에서 일하였는데 리히 교수가 헤르츠의 전파시험을 재연하는 것을 보고 전파의 존재를 이해하게 되었다. 즉, 한쪽에서 전기를 방전하면 다른 쪽에서 방전된 전기의 신호를 수신할 수 있음을 알게 된 것이다. 마르코니는 청년이 되어서 전파가 더욱 멀리 전달할 수 있음을 알게 되었고 1896년 영국의 소르

스페리라는 벌판에서 무선전신을 이용하여 3km떨어진 두 곳에서 전파가 전달되는 것을 증명하였다. 마르코니는 이에 그치지 않고 1900년 10월 영국과 아일랜드간 360km의 통신실험에서 성공하였고 마침내 1900년 12월 2,800km 떨어진 대서양 횡단 무선전신 실험에 성공하였다.

이와 같이 시작된 무선통신 서비스는 1980년대 이후에는 언제 어디서나 누구와도 통신이 가능한 이동통신서비스로 발전하였다. 이동통신서비스는 1980년대 음성 위주의 아날로그 이동통신 서비스에서 1990년대 음성과 데이터 서비스를 함께 서비스하는 디지털 이동통신 서비스, 2000년대 멀티미디어 통신이 가능한 IMT-2000 서비스, 2010년대 언제 어디서나 초고속 인터넷 서비스를 할 수 있는 IMT-Advanced 서비스, 2020년대 사물인터넷과 고품질영상서비스를 제공할 수 있는 IMT-2020으로 발전하고 있다.

제4절 이동통신 서비스 개요

이동통신을 이해하기 위해서는 크게 전파의 특성, 디지털 통신 기술, 이동통신망을 이해하여야 한다. 우선 전파의 특성은 통신 신호를 전달하는 매체의 전달 특성을 이해하는 것이다. 전파는 한 지점에서 다른 한 지점으로 이동할 때 직진, 반사, 회절, 감쇠 등 다양한 특성을 가지고 전달된다. 따라서 신호를 싣고 전달되는 전파의 특성을 잘 이해하여야만 신호의 전달도 잘 이해할 수 있다. 둘째 디지털 통신 기술은 현재 모든 이동통신 시스템이 디지털 기술로 이루어져 있으므로 디지털통신 기술을 이해하여야만 신호의 특성을 잘 이해할 수 있다. 디지털 이동통신은 단말과 기지국이 전파를 이용해 디지털 신호를 주고받는다. 이를 위해 단말과 기지국은 사람의 목소리 또는 데이터를 디지털 신호로 바꾸어 신호를 처리하는 디지털 처리부(Digital Unit)와 디지털 신호를 안테나를 통해 전파로 신호를 보내는 RU(Radio Unit)로 구성되어 있다. 따라서 단말 및 기지국의 DU와 RU의 구성과 기능을 이해하여야만 디지털 이동통신 시스템을 잘 이해할 수 있다. 셋째 단말기에서 떠난 신호가 상대 단말기에 도달하기까지 단말기, 기지국, 교환기 등 다양한 이동통신망의 구성 요소를 거쳐 신호가 전달된다. 따라서 이동통신망을 구성하는 다양한 구성 요소의 기능을 이해하여야만 신호의 전달 절차를 잘 이해할 수 있다. 끝으로 이동통신을 위한 모든 구성요소가 만들어지고 서비스가 가능하여도 송수신 신호가 충분히 전달될 수 있는 조건을 갖추어야만 신호가 전달될 수 있다. 이것을 통화 가능조건이라 하는데 신호의 세기는 신호를 방해하는 간섭 및 잡음보다 충분히 커야만 전달될 수 있다. 이것을 요약하면 〈그림 1-1〉과 같다.

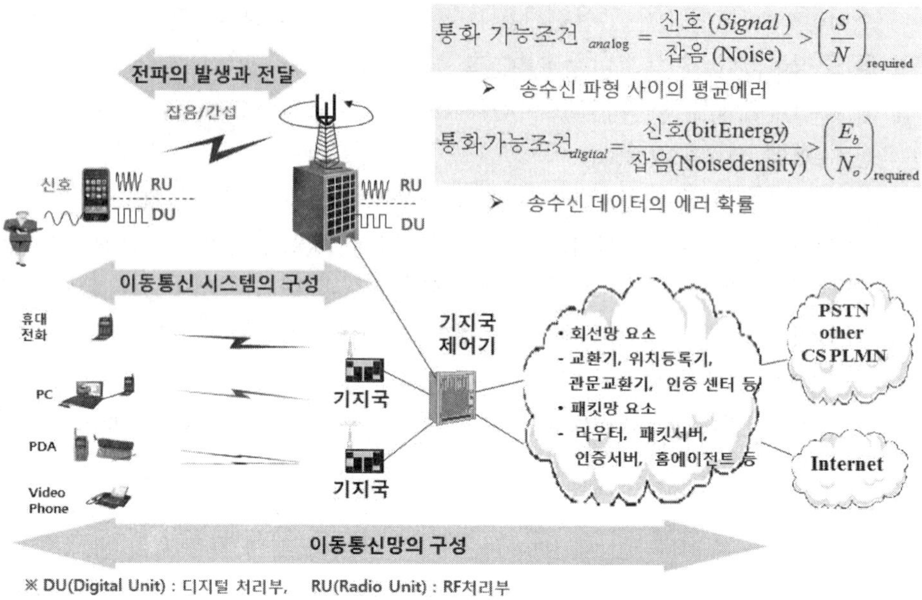

〈그림 1-1〉 이동통신서비스의 개요

연습문제

01 통신의 정의는 무엇인가?

02 사람이 통신하기 위해 보내는 신호의 형태는 5가지가 있다. 5가지 형태는 무엇인가?

03 사람은 신호를 좀 더 빨리 전달하기 위해 통신수단을 발전시켜 왔다. 인간이 찾아낸 가장 빠른 통신 수단을 무엇인가?

04 신호를 멀리 전달하기 위한 디지털 이동통신 시스템의 중요한 구성요소 2가지는 무엇인가?

05 아날로그 통신 시스템에서 통화가 가능한 기준을 무엇으로 나타내는가?

06 디지털 통신 시스템에서 통화가 가능한 기준을 무엇으로 나타내는가?

제2장

전파의 발생과 전달

제1절 전파의 발생과 확산

1. 전파의 발생

1700년대 말 프랑스 사람 쿨롱이 전기력을 계산한 이래 에르스테드, 비오, 사바르, 아페르 등의 전기와 자기에 대한 연구 실적이 쌓였고, 마침내 1837년에 패러데이는 전기와 자기의 상호 작용을 실험으로 확인하면서 오늘날의 전파를 이용한 송수신이 가능함을 보여주었다. 패러데이의 실험은 오늘날의 단말기와 기지국이 안테나를 이용하여 공간에 있는 전파를 송수신할 수 있음을 보여주고 있다.

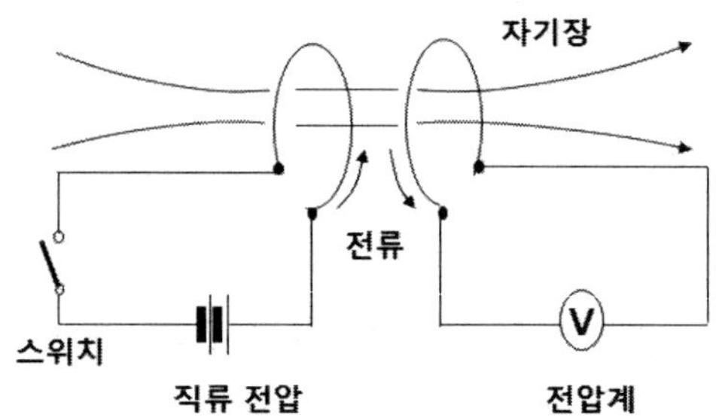

〈그림 2-1〉 패러데이의 전자기 유도 실험

맥스웰은 전기파와 자기파가 상호 유도하여 지속적으로 전파되는 전자기파를 예측하였다. 헤르츠는 세계 최초로 전자파가 존재함을 증명하였다. 전기가 담겨 있는 축전지에 의해 유도 코일에 전기와 자기가 전달되고 전기와 자기에 의한 전파가 안테나 역할을 하는 도체판을 떠나 오른쪽의 코일에 전달된다.

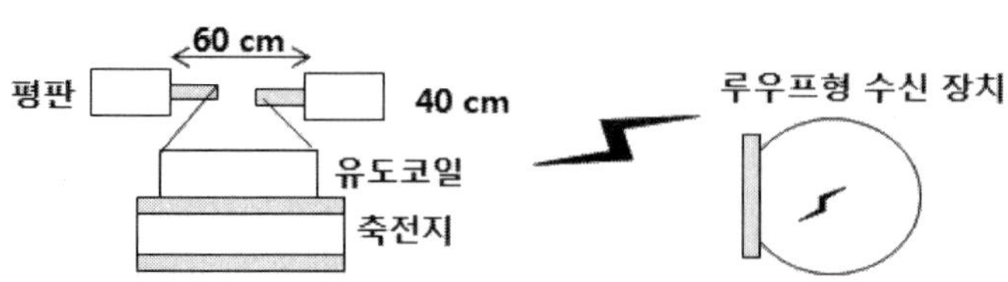

〈그림 2-2〉 헤르츠의 전자기파 발생 및 수신실험

에르스테드가 전기가 흐르면 자계가 생긴다는 사실을 발견하고 앙페르가 전기 변화에 따라 자계가 오른나사의 법칙으로 형성됨을 확인하였다. 즉 도선에 전기가 흐르면 자계가 오른손의 법칙으로 오른쪽 방향에 형성된다. 또한 도체판 안에 유전체는 교류전류가 흐르면서 전기가 통하고 이에 따라 자계가 발생한다. 유전체는 자유로운 전하에 의해 극성이 생기는 도전체의 전류와 달리 유전체는 물질이 극성에 따라 분자가 극성을 띠는 방향으로 서고 다시 반대의 극성이 되면 분자들이 극성을 바꾸어 전기가 흐르게 된다. 이와 같이 물질 내에 분자의 위치를 바꾸면서 전기가 흐른다고 하여 변위전류라고 한다. 즉 변위전류에 의해서도 자계가 형성된다.

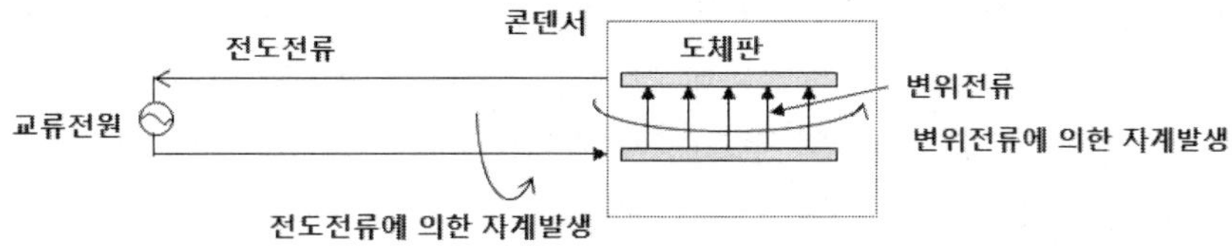

〈그림 2-3〉 전도전류와 변위전류의 자계발생

〈그림 2-3〉은 도선에 의해 발생하는 자계와 두 도체판 사이에서 전기가 발생하여 생기는 자계를 설명하고 있다. 전파의 발생 원리를 요약하면 전파는 전류의 변화에 의해 발생하며 전파는 공간이라는 전파의 통로를 이용하여 빛의 속도로 진행하게 된다.

2. 전파의 확산

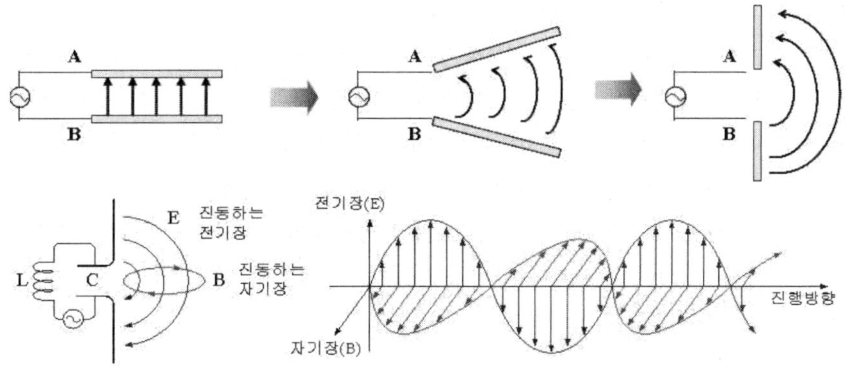

〈그림 2-4〉 전파의 확산

전파는 전기에 의해 자계가 발생하지만 도선에 의해 발생되는 자기가 다시 전계를 만들어도 거리의 제곱에 반비례하여 급격히 세기가 작아지므로 멀리가지 못한다. 하지만 변위 전류에 의해 발생하는 자기파는 〈그림 2-4〉와 같이 점차적으로 도체판을 열면 전파는 도체판에 갇혀 있지 않고 거리에 반비례하여 멀리 날아 갈 수 있게 된다. 그리고 전파는 도선 없이 공간을 빛의 속도(3×10^8m/s)로 퍼져나간다.

이것을 자세히 설명하면 다음과 같다. 우선 도선과 도체판에 전류가 흐르면 Ampere의 오른 나사 법칙에 의해 자계가 발생되며 발생된 자계에 의해 전계가 발생된다. 이때 이들의 방향은 상호간에 수직으로 발생하게 된다. 그리고 도선에 전류 흐름의 변화가 빠르면 처음에 발생되었던 전계와 자계가 소멸되기 이전에 새로운 전계와 자계가 발생되고 전력선과 자력선이 도체에서 분리되면서 멀어져가는 폐곡선을 형성하면서 지속적으로 전계와 자계를 발생시키면서 전자파가 자유 공간으로 전파하게 된다. 또한 공간으로 전파된 전자파는 도체를 만나면 전기 신호로 변환된다. 맥스웰은 이와 같은 현상을 4가지 공식으로 정리하였는데 간단히 정리하면 다음과 같다. 첫째, 물체를 벗어나는 전기력선의 크기는 물체의 전기 양과 같다(Gauss 1법칙). 둘째, 자기는 항상 양극과 음극이 함께 있어 나가고 들어오는 자기력선이 같다(Gauss 2법칙). 셋째, 자기파의 세기는 도선의 전류량과 도체판의 전기의 시간에 따른 변화량과 같다(Ampere 주회 적분 법칙). 넷째, 전기파의 세기는 자장의 시간에 따른 변화량과 같다(Faraday 유도법칙).

3. 안테나의 방사패턴과 이득

전류를 전자파(송신)로 전자파를 전류(수신)로 변환하는 장비를 안테나(Antenna) 라고 한다. 안테나는 동물의 촉각이라는 뜻이므로 즉, 귀뚜라미의 더듬이와 같이 상대방에게 공간을 이용하여 신호를 보내고 또한 상대방의 신호를 공간에서 찾아내는 역할을 한다. 안테나는 〈그림 2-5〉와 같이 전류분포를 반파장으로 할 경우 전력을 가장 세게 전파할 수 있는데 이를 위해 일반적으로 $\lambda/2$ 또는 도체판의 접지를 이용한 $\lambda/4$로 안테나를 만든다. 기지국은 $\lambda/2$, 단말기는 소형화를 위해 $\lambda/4$ 안테나를 많이 사용한다.

안테나의 송수신세기는 전파 진행에 따라 달라지는데 동일한 전파 세기의 공간을 이으면 하나의 폐곡선이 만들어진다. 이때 이 폐곡선을 안테나의 방사 패턴(Radiation Pattern)이라고 한다. 또한 동일한 거리에서 최대 전력의 1/2 이상을 방사하는 빔의 각도를 빔폭이라고 한다. 안테나 방사패턴 및 안테나 빔폭을 그림으로 나타내면 다음과 같다.

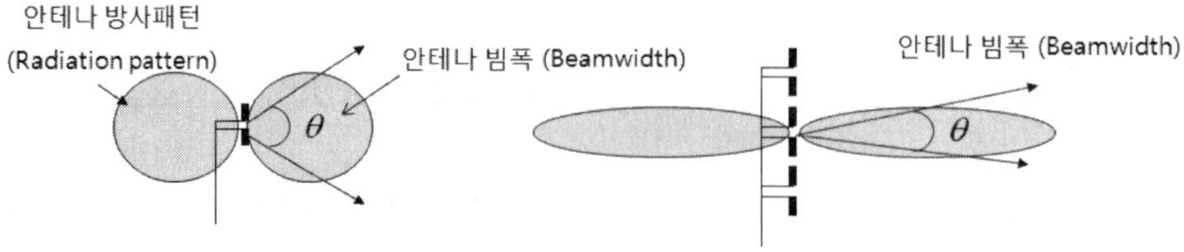

〈그림 2-5〉 안테나 방사패턴과 빔폭

안테나는 전파의 송수신세기를 원하는 방향에 따라 조정할 수 있다. 즉, 신호를 송수신할 때 360도 전체 방향으로 전파의 세기를 동일하게 송수신할 수도 있으며(무지향성 안테나), 120도 방향만 전파를 송수신할 수 있다(지향성 안테나). 이때 모든 방향이 아닌 한 방향으로 전파를 송신하면서 얻을 수 있는 이득을 안테나 이득이라고 한다. 안테나 이득(Antenna Gain)은 동일한 전력을 송신할 때 특정 기준의 안테나 세기에 대한 지향성 안테나 세기의 비율로서 정의한다. 〈그림 2-6〉의 (a)와 같이 전파가 한 점에서 360도 방향으로 동일하게 전파할 때 이것을 등방성(isotropic) 전파 세기라고 하며 데시벨 단위로 세기를 나타내면 0dBi(isotropic)라고 한다. (b)는 다이폴(dipole) 안테나를 이용하여 전파를 송수신할 때 방사패턴을 나타내고 있으며 전파의 세기가 가장 큰 지점을 dBd라고 하며 dBi보다 전파의 세기가 2.15dB 더 크다.

일반적으로 안테나 이득은 dBi 또는 dBd를 기준으로 상대적인 전파의 세기를 나타내는데 (c)와 같이 dBi를 dBd로변환하여 나타낼 경우 dBi보다 2.15dB를 빼주면 된다. 끝으로 안테나 방사전력은 공중선전력(Power : dBm) + 등방성안테나이득(Gi : dBi)으로 산출하는 EIRP(Effective Isotropically Radiated Power, 유효 등방성 복사 전력)와 공중선 전력(Power : dBm) + 반파장 다이폴 안테나 이득(Gd : dBd)으로 산출하는 ERP(Effective Radiated Power, 실효복사전력)로 나타낸다.

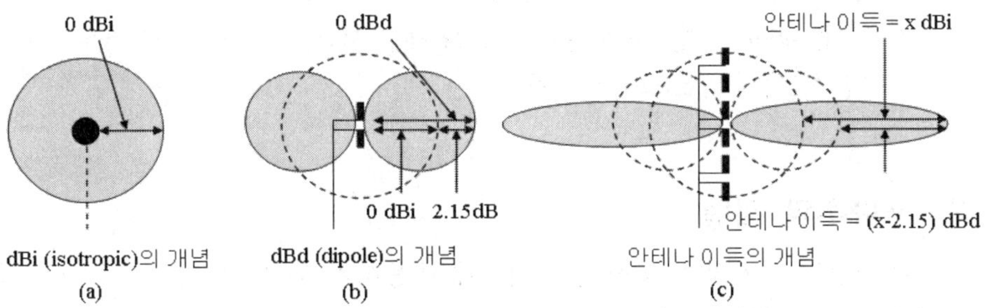

〈그림 2-6〉 안테나 이득의 개념

제2절 전파와 주파수

1. 전파의 정의

국제전기통신연합(ITU : International Telecommunication Union)은 전파를 "인공적 매개물이 없이 공간에 전파하는 3,000GHz 보다 낮은 주파수의 전자파"라고 정의하고 있다. 여기서 인공적 매개물이란 동축 케이블, 도파관과 같이 전파를 전달하기 위한 인위적인 매체를 말한다. 그러나 일반적으로 넓은 의미에서의 전파는 무선통신에 사용되는 주파수를 포함하여 적외선, 가시광선, 자외선, X선, 우주선 등을 총칭하는 것이라고 할 수 있다. 전파는 〈그림 2-7〉과 같이 사인 또는 코사인 파형으로 전파한다. 이러한 파형의 특징을 나타내는 전파의 용어는 다음과 같다.

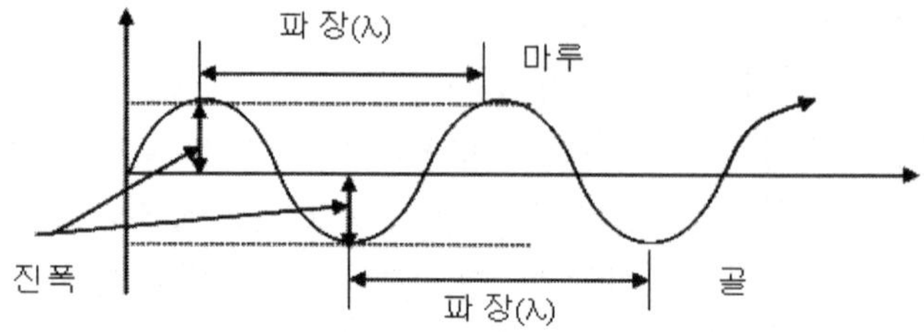

〈그림 2-7〉 전파의 용어

① 파동(wave motion) : 전파가 진행하는 움직임으로 파도의 물결 형태와 같음
② 파장(wavelength) : 마루에서 마루까지의 거리 또는 골에서 골까지의 거리
③ 마루(peak) : 파동이 진행하면서 그 위치가 변할 때 가장 높은 곳
④ 골(bottom) : 변화하는 위치가 가장 낮은 곳
⑤ 진폭(amplitude) : 마루의 높이나 골의 깊이
⑥ 주기(period) : 한 번의 진동에 소요되는 시간, 즉 마루에서 마루 또는 골에서 골까지 이르는데 소요되는 시간

2. 주파수의 개념

주파수는 전파의 특성을 통신·의학에 이용하기 위해 파장을 기준으로 정한 이용자의 약속이다. 단위는 “헤르츠(Hz)”를 사용하며 1Hz는 1초 동안 1번 진동한 것을 말한다. 예를 들어 이동전화 주파수인 800MHz 주파수는 1초에 8억 번 진동함을 의미한다.

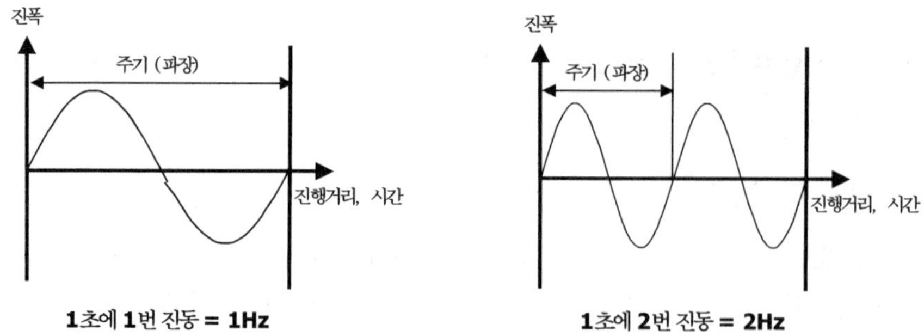

〈그림 2-8〉 주파수의 개념

3. 전파의 속도, 주파수, 파장의 관계

전파는 〈그림 2-8〉에서 보는 바와 같이 파장과 진폭, 주기로 구성되는데 주파수 및 파장의 관계는 다음과 같다

$$c(\text{전파속도}) = f(\text{주파수}) \times \lambda(\text{파장}) \text{ 또는 } f(\text{주파수}) = \frac{c(\text{전파속도})}{\lambda(\text{파장})} \quad (\text{식}2\text{-}1)$$

여기서 c는 전파의 속도로서 빛의 속도인 3×10^8m/s(30만km/sec)와 같다.

만일 1초 동안 20억 개의 진동이 일어나면($f = 2\times10^9$Hz), 해당 전파의 파장은 15cm가 된다. 일반적으로 안테나는 1/2 파장 또는 1/4 파장일 때 전파가 가장 잘 전파되는 성질을 가지는데, (식 2-1)에서 빛 또는 전파속도 c는 일정하므로 주파수와 파장은 반비례가 되어 주파수가 높아질수록 파장이 짧아진다. 따라서 800MHz 대역을 이용하는 셀룰러 이동통신 서비스를 위한 기지국 안테나의 길이가 1.7GHz 대역을 이용하는 PCS 또는 2GHz 대역을 이용하는 IMT-2000을 위한 기지국 안테나의 길이보다 더 길다.

전파인자(α)는 전파가 공기/진공이 아닌 매질을 통과할 때 속도가 떨어지는 비율을 의미한다. 이때 전파인자 α는 자유공간 1, 공기는 ≒1, 유리는 약 0.67 등 매질의 경도가 커지면서 작아진다. 이때 전파인자를 고려한 전파속도(v)는 다음과 같이 정의된다.

$$v(\text{전파속도}) = f(\text{주파수}) \times \lambda(\text{파장})(where\ \ v = c\times\alpha) \qquad (\text{식 }2\text{-}2)$$

주파수는 전파통신서비스를 이해하는데 중요한 개념이다. 주파수와 관련하여 전파통신서비스의 특징을 이해하는데 매우 중요한 주파수 대역과 주파수 대역폭을 정의하면 다음과 같다. 주파수 대역은 전파가 진행할 때 나타나는 일반적인 특징을 나타내며 주파수 대역폭은 정보의 전달 능력을 나타낸다. 만약 어떤 방송사가 200MHz에서 206MHz까지를 이용해서 방송을 한다고 가정할 때, 주파수 대역(Band)은 200MHz 주파수 대역의 전파 특성을 가지며, 주파수 대역폭(Bandwidth)은 6MHz라고 말할 수 있다.

4. 전자파의 파장과 안테나의 관계

안테나는 도선의 전기 신호를 공간의 전파 신호로 변환시키는 통신장비이다. 따라서 안테나의 길이는 전기 신호의 최대치와 최소치를 완전하게 송신하기 위해서는 최소한 전파의 파장보다 길어야 한다.

안테나 길이는 최대 최소의 진폭을 송신할 수 있는 1/2 파장을 사용한다. 이동통신 기지국은 1/2 파장 안테나를 사용하지만 휴대전화에서는 부품을 최소화하기 위해서 거울(Mirror) 현상을 이용하여 1/4 파장의 안테나를 사용한다. 200MHz 주파수 대역의

FM 라디오 수신기 안테나와 800MHz 주파수 대역의 이동통신 단말의 수신 안테나를 1/4 파장의 안테나로 설계하면 주파수와 파장은 역비례하므로 FM 라디오 안테나가 4배 더 길다.

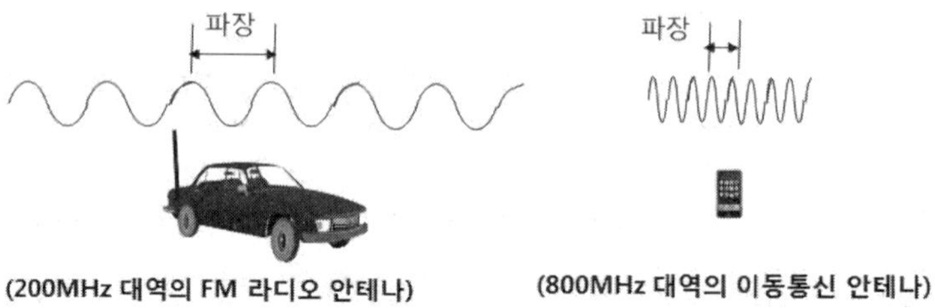

〈그림 2-9〉 파장과 안테나 길이

제3절 전파의 전달

1. 전파의 직진, 반사, 굴절(Direction, Reflection, Refraction)

사람들은 전파에 대해 눈에 보이지 않으므로 매우 이해하기 어려워한다. 그렇다면 눈으로 확인할 수 없을까? 요즘 컴퓨터 그래픽이 발달하여 전파의 특성을 형상화하는 경우도 있지만 그렇다고 해도 솔직히 피부에 닿지는 않는다. 하지만 전파와 동일한 특성을 갖는 빛을 이용한다면 눈으로 보이는 것처럼 이해할 수 있을 것이다. 다만 사람들은 그것이 전파의 특성과 동일하다는 것을 이해하지 못할 뿐이다. 우리 눈에 보이고 눈에 보이는 빛의 특성을 일상생활에서 살펴보면 전파의 특성을 좀더 쉽게 이해할 수 있을 것이다.

사람들은 평상시에 사물을 보면 늘 똑 바로 보이므로 사물이 똑 바로 보이는 것이 이상하다고 생각한 적이 없다. 하지만 물속의 젓가락이나 수영장의 물속에서 또는 놀이공원의 요술 거울에서 똑바로 있을 것이라고 생각된 사물이 생각하는 것처럼 똑바로 보이지 않는 경험을 한 적이 있다. 왜 사물이 휘어지고 구부러져 보이는 것일까? 전파는 공기라는 동일한 공간을 지날 때는 똑바로 진행하지만 물과 같이 다른 물질을 지날 때에는 똑바로 진행하지 못하고 구부러져 진행하거나 반사된다. 우리는 물속에서 멀리 쳐다보면 바깥이 보이지 않는다. 이것은 빛이 구부러져 물 바깥으로 빠져 나가지 못하는 현상 때문이다. 그리고 거울 앞에 서면 자신의 모습이 거울에서 반사되어 보인다. 우리는 기지국이 직접 보이는 곳에서는 통화가 잘되고 건물 뒤 또는 장애물이 많은 곳에서는 통화가 잘 되지 않는 경험을 해 본적이 있을 것이다. 사람들은 본능적으로 전파가 직진으로 진행한다는 사실을 느끼는 것이다.

이와 같이 전파는 직진하고 굴절하거나 반사되는 특성을 갖는다. 전파가 직진한다는 것은 한 지점에서 다른 지점으로 이동할 때 최단거리로 이동하는 것이라 할 수 있다. 따라서 전자파는 다른 밀도를 갖는 물질에 도달하면 〈그림 2-10〉과 같이 굴절하거나 반사한다.

직진파가 반사 또는 굴절(투과)할 때 전파의 세기는 직진파의 전파 세기(A)와 반사파의 전파 세기(B) 및 굴절파의 전파세기(C)의 합이 같으며, 또한 전파의 방향은 직진파의 굴절 및 반사하는 방향은 Snell이 수학적으로 예측하였다. 전파가 직진, 반사, 굴절할 때 전파의 세기와 전파의 방향은 다음과 같다.

$$A = B + C$$
$$n_1 \times \sin\theta = n_2 \times \sin\phi \quad \text{(식 2-3)}$$

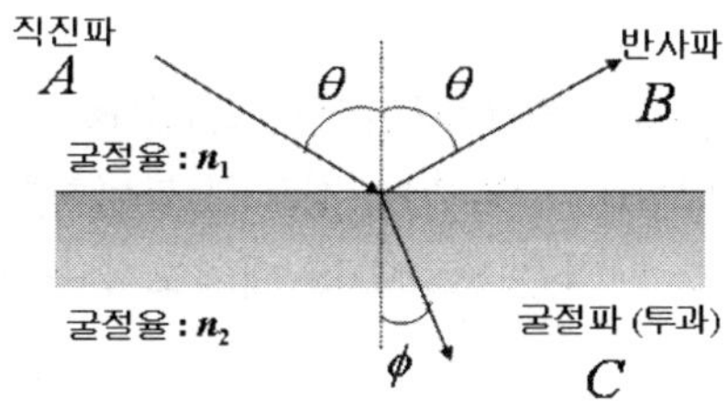

〈그림 2-10〉 전파의 직진, 반사, 굴절

전파가 다른 매질을 만나 투과할 때는 전파의 감쇠가 일어나는데 일반적으로 콘크리트의 경우 1/50, 숲 또는 유리를 지날 때 70% 정도이며, 철판의 경우 투과 감쇠가 매우 심하다. 투과의 경우 주파수가 낮을수록 감쇠가 커진다.

2. 전파의 회절(Diffraction)

전파는 빛과 같이 직진하지만, 전파가 도달할 수 없는 산이나 건물 뒷면에서도 라디오나 TV가 수신되고 휴대폰 통화도 되는 것은 전파의 회절 때문이다. 즉, 회절이란 〈그림 2-11〉과 같이 전파가 진행하다가 장애물을 만나면, 장애물을 돌아 뒤쪽까지 도달하는 현상을 말한다. 일반적으로 회절할 때 전파의 세기는 약 1/4로 감쇠한다.

흔히 휴대폰을 사용할 때 건물이나 산 등에 가려 기지국 안테나가 보이지 않는 곳에서 통화하는 경우가 훨씬 더 많다. 만약 전파가 회절성이 없이 직진성만 가지고 있다면, 휴대폰 통화는 물론 이동전화의 대중화는 상당히 어려움에 봉착했을 것이다. 그러므로 전파의 회절성은 이동통신에 있어서 없어서는 안될 중요한 특성이라 할 수 있다.

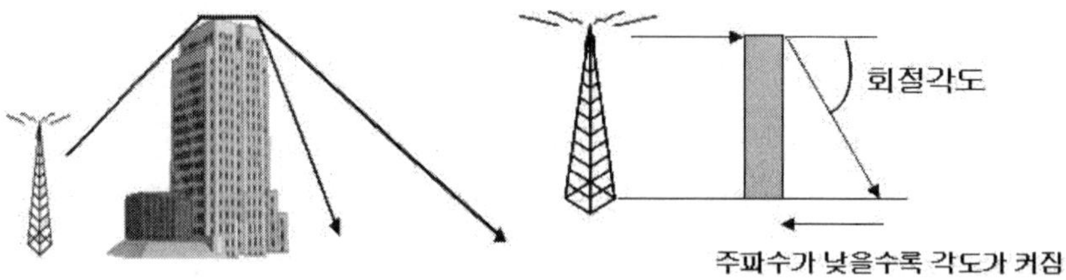

〈그림 2-11〉 전파의 회절

전파의 회절각도는 주파수의 제곱근($\sqrt{f}$)에 반비례하기 때문에 주파수가 높을수록 회절각도가 작고, 낮을수록 회절각도가 크다. 이것은 다음과 같은 식으로 나타낼 수 있다.

$$회절각도\ \theta \propto \frac{1}{\sqrt{f}} \qquad (식\ 2\text{-}4)$$

만약 800MHz와 1.7GHz를 비교한다면 1.7GHz 대역은 800MHz 주파수의 약 2배 이므로 회절각도는 800MHz의 약 70% 정도에 불과하다. 따라서 일반적으로 건물이 많은 도심환경에서 1.7GHz 대역은 800MHz 대역보다 전파음영지역이 많이 발생하게 된다.

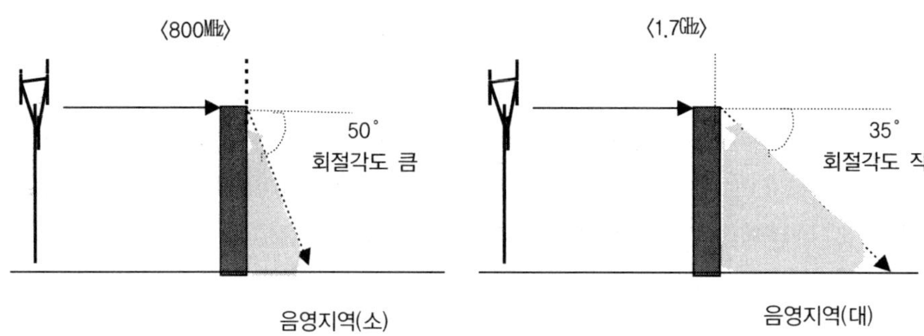

〈그림 2-12〉 800MHz와 1.7GHz의 회절각도 차이

주파수가 가장 높은 빛의 경우 건물 모서리에서 회절이 거의 일어나지 않기 때문에 빛이 닿지 않는 부분 즉, 음영지역이 많이 발생한다는 것을 알 수 있다.

3. 전파의 간섭(Interference)

우리는 전파의 간섭 현상을 바다 또는 호수에서 확인할 수 있다. 두개의 파도가 합쳐질 때 어떤 파도는 훨씬 큰 파도가 만들어지나 어떤 파도는 잔잔한 물결로 변하는 것을 볼 수 있다. 이러한 현상은 수영장, 집안의 욕조에서도 쉽게 확인할 수 있다. 이와 같이 2가지 이상의 동일한 전파가 합성될 때 이들의 모양이 일치하면 두 개의 전파가 합성되어 전파의 크기가 증가하고 모양이 반대인 경우 두 개의 전파가 상쇄되어 전파의 크기가 미약해지는 현상을 간섭이라고 한다.

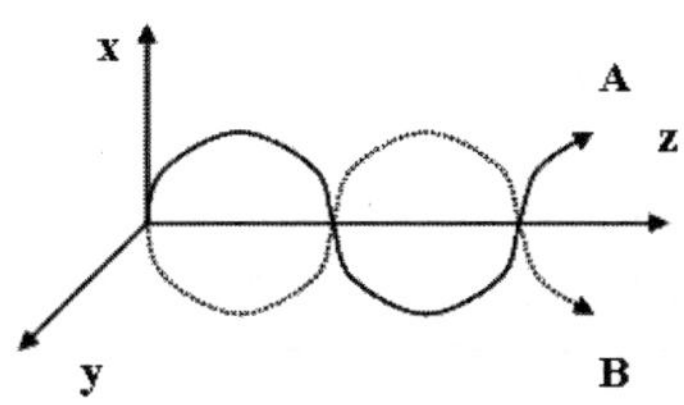

〈두 개의 전파가 합쳐 상쇄〉

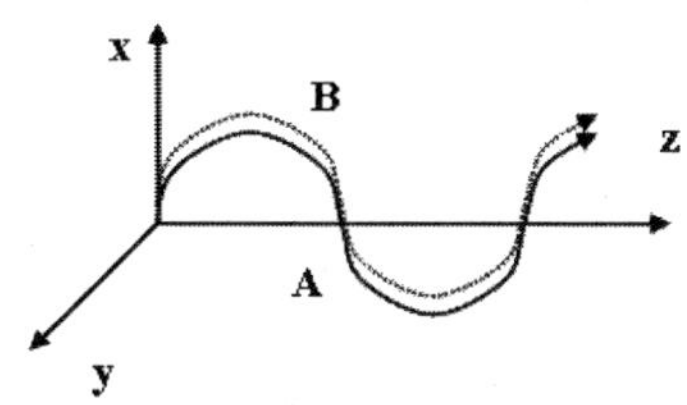

〈두 개의 전파가 합쳐 증폭〉

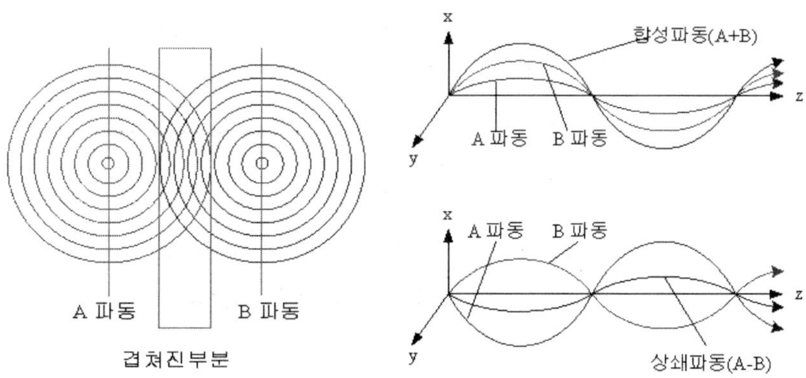

〈그림 2-13〉 전파의 간섭

4. 전파의 편파(Polarization)

전파의 편파(Polarized Wave) 특성은 공간상의 임의 지점에서 전계 성분이 상하로만 또는 좌우로만 진동하는 경우 다른 방향에서는 전파를 확인할 수 없는 현상을 말한다. 일상생활에서 편파의 현상을 찾기가 쉽지는 않다. 다만 어린이 장난감 등에서 이러한 현상을 확인할 수 있다. 즉 수직으로만 진동하는 빛을 통과하는 필터와 수평으로만 통과하는 필터를 장착하여 서로 겹치면 어떤 빛도 통과하지 못한다. 하지만 필터를 돌리면 물건이 나타나는데 어린이들에게는 마치 요술처럼 보이지만 과학 지식을 이용한 장난감일 뿐이다.

전파의 진동 방향에 따라 수직 편파와 수평 편파로 나눌 수 있으며 전계의 진동 방향과 크기 변화에 따라 선형 편파(Linear Polarized Wave), 원편파(Circular Polarized Wave), 타원 편파(Elliptical Polarized Wave)로 나눌 수 있다. 다음 그림은 x축 y축으로만 진동하는 편파를 설명한 것이다.

수직 편파는 전계 성분이 지면에 대하여 수직으로 분포하는 편파로서 주로 대지에 수직으로 세운 안테나에서 방사될 때 발생되며 수평 편파는 전계 성분이 지면에 대하여 수평으로 분포하는 편파로서 주로 TV 수신용 안테나와 파라볼라 안테나에서 수신할 때 수평신호를 수신한다. 이들 수직 편파와 수평 편파의 경우 전계 성분의 진동 방향과 크기 변화가 일정하므로 선형 편파 또는 직선 편파에 속한다.

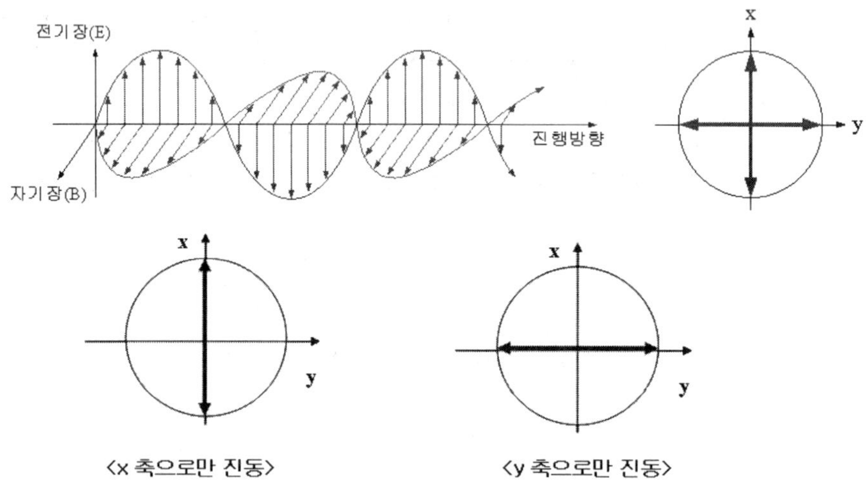

〈그림 2-14〉 전파의 간섭

전파의 전계 성분이 전파의 진행 방향과 수직한 면에서 회전하면서 그 궤적이 원을 그리는 편파를 원편파라고 하며 원편파는 다시 전계의 회전 방향에 따라 우편파(Right Polarized Wave)와 좌편파(Left Polarized Wave)로 나눌 수 있다. 우편파는 전계 성분의 회전 방향이 시계 방향이며 좌편파는 회전 방향이 반시계 방향인 편파를 말한다. 마지막으로 전자파의 전계 성분이 진행 방향과 수직한 면에서 회전하면서 궤적이 타원을 그릴 때를 타원편파라고하며 편파의 가장 일반적인 형태로서 선형 편파와 원편파는 타원 편파의 특수한 경우로 볼 수 있다.

5. 전파의 감쇠

전파는 안테나에서 자유공간으로 발사되면서부터 감쇠하는 특성을 갖는다. 일정한 거리를 진행하여 전파의 세기가 줄어드는 것을 경로 손실(Path Loss)이라고 하며 경로 손실 L은 다음과 같이 정의한다.

$$L(dB) = P_t(dB) - P_r(dB) \qquad \text{(식 2-5)}$$

여기서 P_t는 신호의 송신전력, P_r은 신호의 수신전력을 나타낸다.

이때 수신전력은 전파가 진행하는 거리에 따라 신호세기는 약해진다. 자유공간에서 전파의 감쇠특성을 수식으로 나타내면 다음과 같다.

$$P_r = \frac{P_t G_t G_r \lambda^2}{(4\pi)^2 r^2} = \frac{P_t G_t G_r}{4\pi r^2 f^2}, \quad r = \sqrt{\frac{P_t G_t G_r}{(4\pi)^2 P_r f^2}} \qquad \text{(식 2-6)}$$

여기서 λ는 파장, r는 전파의 이동거리, f는 전파의 주파수, G_t는 송신 안테나 이득, G_r는 수신 안테나 이득이다. 예를 들어 기지국 안테나에서 출발한 전파 신호의 세기가 P_t, 휴대전화에서 받는 전파 신호의 세기가 P_r이고 기지국과 휴대전화 사이의 거리가 r로 휴대전화에서 사용하는 파장 및 주파수가 λ, f가 된다.

자유공간의 전파경로 손실은 (식 2-6)에서 다음과 같이 구할 수 있다.

$$L_f(dB) = P_t(dB) - P_r(dB) = 20\log r + 20\log f + 21.98 - 10\log G_t - 10\log G_r \qquad \text{(식 2-7)}$$

신호세기는 파장의 제곱에 비례하고, 거리의 제곱에 반비례한다. 즉 송신출력이 같을 때 거리가 2배로 멀어지면 신호세기는 1/4로 줄어들고 동일거리에서 주파수가 2배 높아지면(파장이 2배 짧아지면) 신호세기가 1/4로 감소한다.

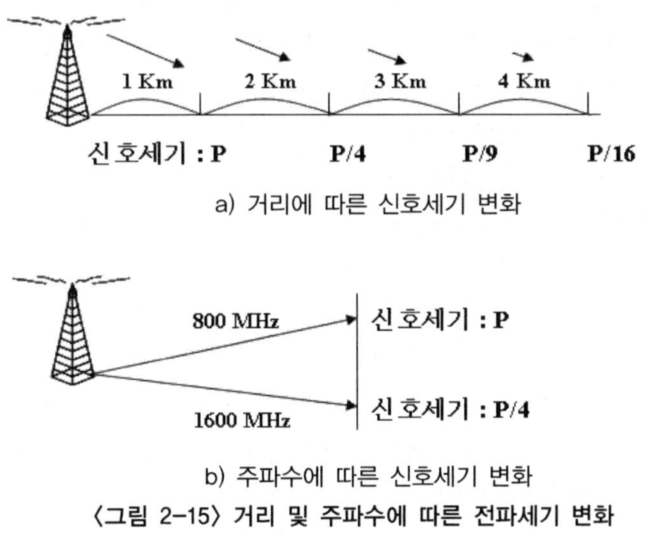

a) 거리에 따른 신호세기 변화

b) 주파수에 따른 신호세기 변화

〈그림 2-15〉 거리 및 주파수에 따른 전파세기 변화

800MHz 대역과 1.7GHz 대역의 이동통신에서 감쇠특성을 비교한다면, 1.7GHz 대역은 800MHz에 비해 주파수(파장)가 약 2배 높기 때문에 동일한 송신출력의 동일지점에

서의 신호세기는 1/4밖에 되지 않는다.

지금까지 살펴본 전파 특성을 고려한 전파 감쇠 현상을 여러 전파경로로 구분하여 나타내면 다음과 같다.

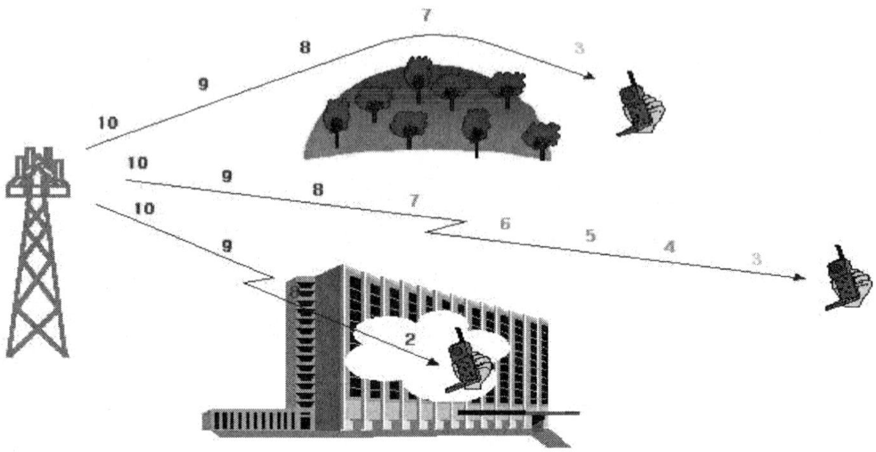

〈그림 2-16〉 여러 전파경로에 따른 전파 감쇠 현상

6. 페이딩(Fading) 특성

우리는 도로변에서 이동전화를 할 때 트럭이 지나가고 그 순간 통화가 끊어지는 경험을 한 적이 있을 것이다. 이것은 트럭에 의해 전파가 순간적으로 약해지면서 일어나는 현상이다. 이와 같이 사람이 이동하거나 본인은 서있는데 외부 물체가 지나갈 때 전파가 커지거나 작아지는 현상을 페이딩 현상이라고 한다. 즉 페이딩은 fade(사라지다)에서 유래된 말로서 일반적으로 수신되는 전파의 세기가 시간적으로 변동하는 것을 말한다. 기지국의 송신 안테나로부터 발사된 전파가 수신 안테나까지 여러 개의 다중경로를 통해 도달하여 신호가 합쳐짐에 따라 신호세기가 수시로 변화하게 된다. 페이딩은 건물, 차량 등의 장애물에 의한 반사파와 회절파의 영향에 의해 발생하며 이러한 페이딩 현상은 건물이 밀집된 도심 환경에서 심하게 발생한다.

이동통신이 타 고정 무선통신 시스템과 다른 가장 큰 환경상의 차이점이 바로 이 페이딩 현상이다. 이동통신의 페이딩은 기지국의 위치와 안테나 방향등에 따라 영향을 많이 받는다. 이동통신의 페이딩은 거리에 따라 일정하게 전파가 감쇠하지 않고 변화하는 느린 페이딩(long term fading 또는 log normal fading), 빠른 페이딩(short term fading 또는 Rayleigh fading), 그리고 이 두 개가 합쳐진 성격의 혼합 페이딩(Lician fading)의 세 가지 형태가 있다.

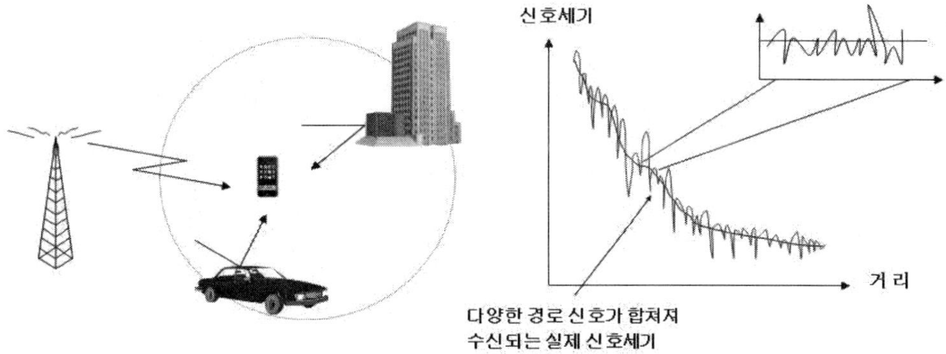

〈그림 2-17〉 페이딩 현상

long term 페이딩은 산, 언덕 등과 같은 지형의 굴곡에 의한 기지국 안테나의 유효 높이 변화로 발생하며 수신전계 변화의 속도가 느려 slow fading이라고도 하며 대수 정규 분포를 갖는다. 다른 셀 사이에서 적용하는 macroscopic diversity가 사용된다. Short term 페이딩은 고층건물, 철탑 등과 같이 인공구조물에 의해 발생하며 수신전계 변화의 속도가 신속한 fast 페이딩의 성격을 가지며 대도시지역의 이동통신환경에서 발생하는 페이딩을 대표하고 Rayleigh 분포를 갖는다. 동일 cell 내에서 적용되는 microscopic diversity가 사용된다. 끝으로 Rician 페이딩은 반사파와 직접파가 동시에 존재하는 경우에 발생하고 기지국과 단말기 사이에 가시경로가 확보되는 경우에 발생되며 Rician 분포를 갖는다. 직접파가 없는 경우에는 Rayleigh 페이딩과 동일하다.

이러한 페이딩 현상을 극복하는 기술로는 기지국에서 수신안테나를 2개 사용하여 도달경로가 다른 두 개의 신호를 수신하거나, 단말기에서 다중경로를 거친 여러 개 신호 가운데 시간차이를 두고 2~3개의 신호를 수신하여 복조하는 레이크리시버라는 기술을 이용하고 최근에는 여러 개의 안테나를 사용하기도 한다.

7. 도플러(Doppler) 효과

도플러 효과는 송신점의 주파수와 수신점의 주파수가 정지 상태에서 동일하다가 이동할 경우 주파수가 달라지는 현상을 말한다. 이동통신에서 도플러 효과는 빠른 페이딩의 주요 원인이기도 하다. 도플러 효과가 일어나는 원인은 전파가 송수신간에 가까워지는 방향으로 진행할 경우 파동이 진행방향으로 압축되고 이에 따라 수신 주파수가 증가하고, 송수신간에 멀어지는 방향으로 진행할 경우 파동이 진행방향으로 확대되어 수신되는 주파수가 작아지기 때문이다. 따라서 도플러 효과에 의해 수신되는 주파수는 단말기의 이동 속도에 달라지는데 이것을 나타내면 다음과 같다.

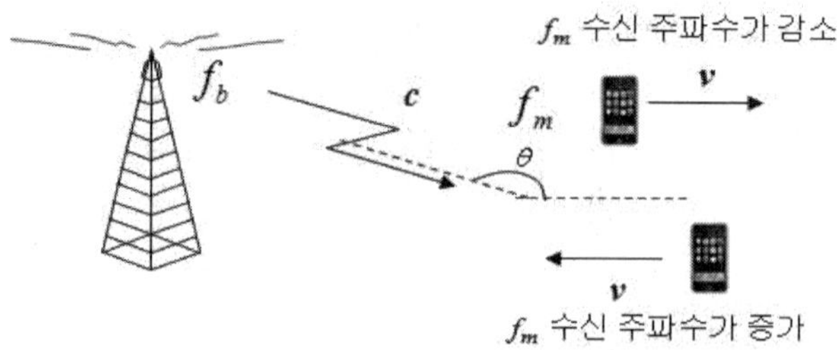

〈그림 2-18〉 도플러 효과

단말기의 이동 속도에 따른 단말기의 수신 주파수는 (식 2-8)과 같다.

$$f_m = f_b\left(1 + \frac{v\cos\theta}{c}\right) \qquad \text{(식 2-8)}$$

이때 θ는 단말기와 기지국을 잇는 직선과 단말기의 이동 방향이 이루는 각도를 나타낸다. 따라서 단말기가 기지국으로부터 수평으로 멀어지는 경우 θ는 180도이므로 (식 2-9)가 되고, 수평으로 가까워지는 경우 θ는 0도가 되어 (식 1-10)이 된다.

$$f_m = f_b\left(1 - \frac{v}{c}\right) \qquad \text{(식 2-9)}$$

$$f_m = f_b\left(1 + \frac{v}{c}\right) \qquad \text{(식 2-10)}$$

이때 f_m은 단말기의 수신 주파수, f_b는 기지국의 송신 주파수, v는 단말기 이동속도, c는 전파의 속도를 나타낸다.

또한 단말기의 이동 속도에 따른 주파수 변화량을 도플러 주파수 f_d라고 정의하고 f_d는 다음과 같이 구할 수 있다.

$$f_d = \frac{v\cos\theta}{\lambda} = \frac{f_b \times v\cos\theta}{c} \qquad \text{(식 2-11)}$$

이때 f_d는 도플러 주파수, λ는 기지국 송신 주파수의 파장을 나타낸다.

도플러 주파수의 측정은 자동차, 야구공, 축구공 등의 속도를 측정하는 스피드 측정 권총 제작 등에 활용될 수 있다.

연습문제

01 전기는 공간으로 자기장을 발생시킨다. 도체를 이용하여 공간의 자기장 신호를 전류 신호로 변환할 수 있음을 실험으로 증명한 사람은 누구인가?

02 도체에 전기가 흐를 때 공간으로 전기파와 자기파를 발생하여 전기파와 자기파의 상호 작용에 의해 전자파가 존재함을 예언한 사람은 누구인가?

03 전자파의 존재를 실험적으로 증명한 사람은 누구인가?

04 다음 그림을 보고 답하시오.

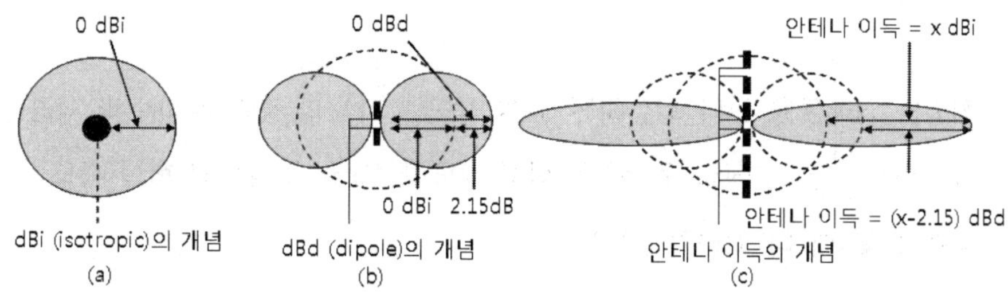

1) 다이폴 안테나 여러 개를 연결하여 11dBd 안테나를 제작하였다. 몇 dBi 안테나인가?

2) 200mW의 전력을 3dBi 안테나와 연결하여 방사할 때 EIRP는 얼마인가?

3) 10W의 전력을 10dBd 안테나와 연결하여 방사할 때 ERP는 얼마인가?

05 주파수 2Hz인 전파의 파형을 그리고 전파의 진폭, 파장, 주기를 나타내시오?

06 사람의 목소리는 약 4000Hz 미만의 음파에서 전체 에너지의 90%를 포함하고 있다. 만일 3000Hz의 중심주파수를 기준으로 음파에너지를 그대로 1/4 파장 안테나를 이용하여 전파로 변경하여 송신한다면 안테나 길이는 얼마인가?

07 국내 이동통신서비스는 800MHz, 1.8GHz, 2GHz, 2.5GHz에서 제공되고 있다. 일반적으로 기지국은 4개의 1/2 파장 안테나를 직렬로 구성하고 단말기는 1/4 파장 안테나를 이용하고 있다. 각 주파수 대역에 이용되는 기지국 및 단말기의 안테나 길이는 얼마인가? (전파속도 $c = 3 \times 10^8 \mathrm{m/s}$)

08 광중계기는 전파신호를 빛으로 변환하여 전파 음영지역을 서비스한다. 유리의 전파인자는 약 67%이므로 광케이블의 전파속도는 $v = 2 \times 10^8 \mathrm{m/s}$ 이다. 3km 지점에서 전파를 이용한 RF 중계기와 광중계기의 시간 차이는 얼마인가?

09 LGU+는 2.5GHz 이동통신주파수 대역에서 2500−2520, 2620−2640MHz 주파수를 LTE 서비스로 이용하고 있다. 이때 LGU+가 송수신용으로 동일한 10MHz 채널을 이용하면 송수신 주파수 대역폭과 채널수는 각각 무엇인가?

10 엘리베이터에서 이동전화가 잘 이루어지지 않는 것은 전파의 어떤 특성 때문인가?

11 전파는 장애물을 만나 회절하면 회절 각도는 다음과 같이 주파수의 제곱근에 반비례한다. ($\theta \propto \frac{1}{\sqrt{f}}$). 1GHz 주파수의 회절 각도와 4GHz 주파수의 회절 각도 가운데 어느 주파수가 몇 배 더 회절하는가?

12 두 개의 파도가 겹쳐지면 파도가 커질 수도 작아질 수도 있는데 이런 전파 특성을 무엇이라 하는가?

13 처음 출발한 전파가 여러 장애물에 의해 어떤 경우는 X축으로 전파하고 어떤 경우는 Y축으로 전파하는데 이런 전파 특성을 무엇이라 하는가?

14 전파는 자유공간에서 주파수와 거리에 따라 수신전력 P_r은 다음과 같이 감쇠한다.

$$P_r = \frac{P_t G_t G_r}{(4\pi)^2 r^2 f^2}, r = \sqrt{\frac{P_t G_t G_r}{(4\pi)^2 P_r f^2}}$$

P_r : 수신전력, P_t : 송신전력, G_t : 송신안테나 이득,
G_r : 수신안테나 이득, r : 거리 f : 주파수

1) 1GHz 주파수를 이용하여 이동통신서비스를 제공하고자 한다. 최초 1km 지점의 전파 세기가 10W일 때 10km지점 떨어진 곳에서 전파의 세기는 얼마인가?

2) 주파수를 2GHz로 이용할 경우 10km 지점의 전파의 세기는 얼마인가?

15 페이딩에는 빠른 페이딩, 느린 페이딩 2가지 종류가 있다. 도심에서 여러 경로의 전파가 합쳐져 나타나는 페이딩은 무엇인가?

16 기지국에서 송신한 주파수를 수신하는 휴대전화가 빠르게 움직일 때 수신하는 주파수가 빨라지거나 느려지는 것을 무엇이라 하는가?

제3장

이동통신 시스템의 구성

제1절 아날로그와 디지털 신호

1. 아날로그와 디지털 신호의 정의

우리는 일상생활에서 아날로그 디지털이란 말을 수 없이 들어왔다. 요즈음에는 통신뿐만 아니라 가전제품에서도 디지털 TV를 포함하여 디지털 바람이 불어 아날로그 제품이 점차 사라져 가고 있다. 그렇다면 'CDMA 디지털 이동통신 시스템'이라는 용어에서도 사용되는 디지털이란 무엇인가? 우선 사전적 의미를 찾으면 아날로그와 디지털은 다음과 같이 정의할 수 있다.

- 아날로그 : 어떤 양을 표시할 때 틈이 없이 연속적인 값으로 나타내는 것(무한한 경우의 수)
- 디지털 : 어떤 양을 표시할 때 일정한 크기의 비연속적인 값으로 나타내는 것(유한한 경우의 수)

수영장에 있는 저울에서 몸무게 잰다면 두 가지 종류의 저울이 있을 것이다. 하나는 바늘이 있는 저울 하나는 숫자로 표시되는 저울이다. 바늘로 표시되는 저울은 예를 들어 55kg와 56kg 사이에 있다면 55.5kg, 55.55kg, 55.555kg, … 등 알 수 없는 값들이 수없이 존재할 수 있음을 알고 있다. 하지만 디지털은 55.1, 55.2, …, 55.9kg 등 9가지 밖에 표시하지 않는다. 즉 평균적인 대표값을 찾게 된다. 이러한 차이점을 그림으로 나타내면 다음과 같다.

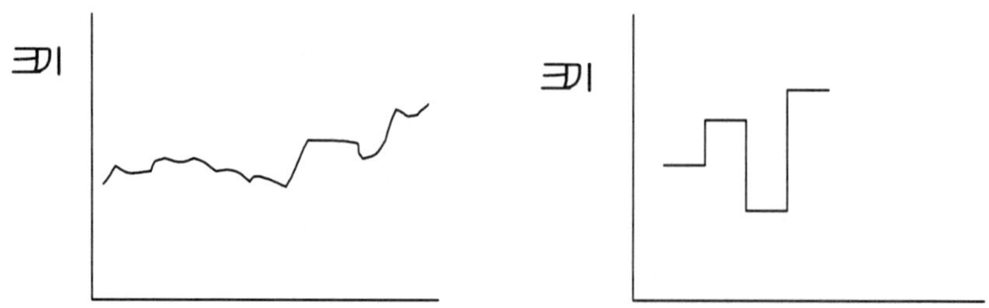

〈그림 3-1〉 아날로그와 디지털

아날로그와 디지털의 예를 들면 아날로그시계와 디지털시계, 음반 레코드와 Compact Disk, 아날로그 텔레비전과 디지털 텔레비전, 아날로그 이동전화와 디지털 이동전화 등이 있다.

2. 디지털화

이전에 아날로그 이동전화는 사람의 목소리를 그대로 마이크에 전달하고 마이크는 전기 신호로 바꾸어 상대방에게 전달하였다. 하지만 디지털 이동통신은 아날로그로 된 음성을 쪼개어 디지털 신호로 변환한 후 신호를 송신한다. 이것을 디지털화(Digitalization)라고 한다. 이렇게 하는 이유는 디지털 신호를 보내면 다른 사람의 목소리 등이 들어와 자기신호를 방해를 하여도 원래의 자신의 신호를 찾을 수 있기 때문이다. 이러한 과정을 〈그림 3-2〉에 나타내었다. 디지털의 장점은 뒤에서 다시 설명하기로 한다.

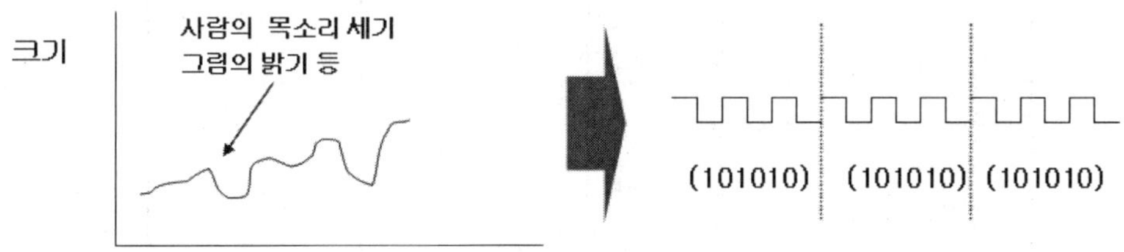

〈그림 3-2〉 아날로그 신호의 디지털화

3. 디지털 신호

디지털 신호는 다양한 형태로 나타낼 수 있다. 통신을 하면서 이용되는 여러 가지 디지털 통신 신호의 개념을 요약하면 다음과 같다.

① 메시지(message) : 유한한 심볼로 나타내는 글자열 -안녕하세요?

② 글자(character) : 유한한 심볼 집합 -알파벳, 한글 : ㅇ, ㅏ, ㄴ, …

☞ 글자열을 비트열에 매칭함으로써 디지털 통신 수행 : ASCII code, EBCDIC code 등

※ ASCII(American Standard Code for Information Interchange)
EBCDIC(Extended Binary Coded Decimal Interchange Code)

③ 2진 디지트(binary digit) – bit : 디지털통신의 기본 단위

④ 비트열(Bit stream) : 일정한 길이의 2진 디지트 집합

☞ bit ASCII code : H(0 0 0 1 0 0 1), O(1 1 1 1 0 0 1), W(1 1 1 0 1 0 1) → HOW

※ 통신에서는 표준 ASCII(7비트)를 사용하여 네트워크 호환성을 가지나 컴퓨터에서는 확장 ASCII(8비트)를 사용하므로 컴퓨터 간에 호환이 안될 수도 있다.

⑤ **심볼(디지털 메시지)(digital message)** : 임의의 의미를 가지는 비트 수

☞ 1비트(2가지 경우), 2비트(4가지 경우), 3비트(8가지 경우), 4비트(16가지), …

⑥ **디지털 파형(digital waveform)** : 디지털 심볼을 표현한 전압/전류 파형

☞ 기저대역 : 디지털 펄스-진폭(Amplitude), 펄스폭(Width), 위치(Position)

☞ RF대역 : 사인파(코사인파) - 진폭(Amplitude), 주파수(Frequency), 위상(Phase)

통신 신호 전달에 이용되는 7비트 아스키 코드표는 다음과 같다.

비트				5	0	1	0	1	0	1	0	1
				6	0	0	1	1	0	0	1	1
1	2	3	4	7	0	0	0	0	1	1	1	1
0	0	0	0		NUL	DLE	SP	0	@	P	'	p
1	0	0	0		SOH	DC1	!	1	A	Q	a	q
0	1	0	0		STX	DC2	″	2	B	R	b	r
1	1	0	0		ETX	DC3	#	3	C	S	c	s
0	0	1	0		EOT	DC4	$	4	D	T	d	t
1	0	1	0		ENO	NAK	%	5	E	U	e	u
0	1	1	0		ACK	SYN	&	6	F	V	f	v
1	1	1	0		BEL	ETB	'	7	G	W	g	w
0	0	0	1		BS	CAN	(	8	H	X	h	x
1	0	0	1		HT	EM	)	9	I	Y	i	y
0	1	0	1		LF	SUB	*	:	J	Z	j	z
1	1	0	1		VT	ESC	+	;	K	[	k	{
0	0	1	1		FF	FS	,	<	L	₩	l	|
1	0	1	1		CR	GS	-	=	M	]	m	}
0	1	1	1		SO	RS	.	>	N	^	n	~
1	1	1	1		SI	US	/	?	O	-	o	DEL

- NUL : Null
- SOH : Start of Heading
- STX : Start of text
- ETX : End of text
- EOT : End of transmissi
- ENQ : Enquiry
- ACK : Acknowledge
- BEL : Bell, Alarm
- BS : Back space
- HT : Horizontal tabul
- VT : Vertical tabulatio
- FF : Form feed
- CR : carriage return
- SO : Shift out
- SI : Shift in
- DLE : Data link escape
- DC : Device control
- NAK : negative acknow
- SYN : Synchronous idle
- ETB : End of transmiss
- CAN : Cancel
- EM : End of medium
- SUB : Substitute
- ESC : Escape
- FS : File separator
- RS : Record separato
- US : Unit separator
- SP : Space
- DEL : Delete

〈그림 3-3〉 통신을 위한 아스키 코드

제2절 아날로그 통신과 디지털 통신

1. 아날로그 통신과 디지털 통신의 정의

앞 절에서 설명하였듯이 만일 음성신호를 마이크에 그대로 전달하여 전기신호로 바뀌면 디지털로 변환되지 않고 신호가 상대방에게 전달되는데 만일 음성신호를 컴퓨터에서와 같은 마이크에 이야기하면 신호가 0과 1의 디지털 신호로 바뀌어 보내지게 된다. 이와 같이 소리의 변화를 그대로 전달하는 통신방식이 아날로그 통신방식이다. 반면 소리를 그대로 보내지 않고 아날로그 형태를 디지털 형태로 변환하여 통신하면 디지털 통신 방식이 되는데 이를 위해서는 아날로그 신호를 디지털 신호로 변환하여 주며 시간을 맞추고 다시 디지털 신호를 아날로그 신호로 바꾸어 주어야 하는 복잡한 기능이 추가되어야 한다. 이와 같이 아날로그 통신은 아날로그 신호의 크기를 그대로 가지고 상대방과 통신하는 방식이고 디지털 통신은 아날로그 신호를 디지털화한 신호 또는 원래부터 디지털인 신호를 가지고 상대방과 통신하는 방식이다.

2. 아날로그 통신과 디지털 통신의 비교

일반적으로 신호를 전송할 때 전송로의 신호 전달이 정확하지 않고 외부로부터 잡음 및 간섭이 일어나 신호의 왜곡이 발생한다. 아날로그는 왜곡된 신호에서 원래의 신호를 복원할 수 없으나 디지털 통신은 왜곡된 신호에서 원래의 신호를 복원할 수 있다. 이것을 신호의 재생(Regeneration)이라고 한다. 다음은 아날로그와 디지털 신호의 전달 과정을 나타낸다.

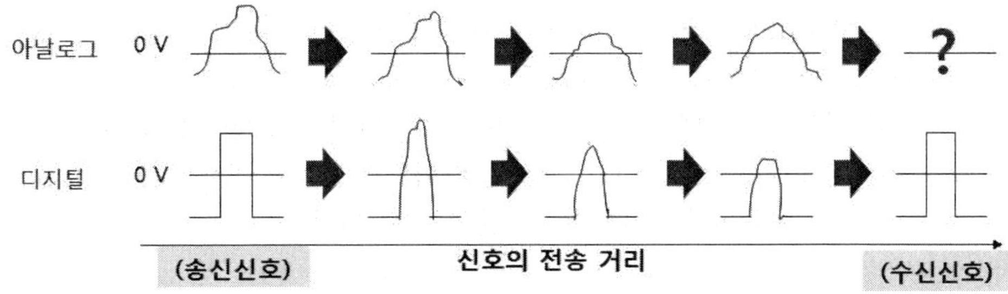

〈그림 3-4〉 아날로그와 디지털 통신 비교

3. 디지털통신의 장점

아날로그 신호를 디지털 신호로 바꾸어 주는 기술은(PCM) 이미 2차 세계 대전 기간에 개발되었지만 아날로그를 디지털로 빠르게 처리하는데 드는 비용이 너무 비싸서 실제적으로 1960년대에 이르러서야 디지털 통신 기술이 도입되기 시작했다. 반도체 기술의 급속한 발전과 함께 디지털 통신기술 도입도 빠르게 이루어졌는데 이것은 디지털 소자의 비용이 낮아졌기 때문이다. 아울러 보내는 정보량 대비 비용이 아날로그와 비교하여 급격히 낮아졌기 때문이다. 디지털 통신기술의 도입이 빠르게 도입된 이유는 무엇일까? 디지털 통신이 빠르게 도입되는 장점은 다음과 같다.

(1) 디지털 통신은 외부 신호의 방해에 대한 저항력이 크다.

통신할 때 자신의 신호는 잡음과 다른 사람의 신호에 의해 방해를 받는다. 아날로그 시스템은 자신의 신호와 다른 방해신호가 동일한 주파수로 섞이면 구분할 수 없다. 하지만 디지털은 0과 1만이 존재하므로 자신의 신호가 다른 신호와 섞이어 0.8 또는 1.2가 된다 하더라도 1로 인식함으로써 외부 방해신호를 제거할 수 있을 뿐만 아니라 다시 신호를 정확히 1로 재생할 수 있다. 설사 정보의 일부를 잃는다 하더라도 일정한 규칙을 가지고 잃어버린 데이터를 찾아낼 수도 있다. 즉 신호의 에러를 정정할 수 있는 능력이 있다.

(2) 디지털 통신은 신호를 통신 채널 조건에 맞추는 지능적인 성격을 갖는다.

통신채널 특히 전파를 이용하는 공간은 전파 신호를 전달하면서 시간적으로 크기, 주파수, 파장을 변화시킨다. 디지털 통신은 이러한 문제를 해결하기 위해 채널의 특성을 분석하여 왜곡을 일으키는 양을 미리 제거함으로써 채널을 안정적으로 만든다. 이것은 채널의 특성을 대단히 빠른 속도로 분석할 수 있는 컴퓨터의 역할이 크다. 이렇게 채널을 안정화시키는 동작을 등화(Equalization)라고 한다. 비슷한 개념으로 국제 전화 경우 내가 보낸 신호가 다시 반사되어 들리는 경험을 한 적이 있을 것이다. 이러한 메아리를 제거하기 위해 오는 신호를 미리 예측하여 반대 신호를 합침으로써 메아리 신호를 제거한다. 또한 여러 비트 가운데 몇 비트의 에러가 발생했는지 기준을 두고 감시하고 결과에 대해 채널 유지 여부를 결정할 수 있다.

(3) 디지털 통신은 소프트웨어에 의해 제어되는 유연성을 갖는다.

아날로그 시스템이 새로운 서비스 변경을 하려면 하드웨어를 모두 바꾸어야 했는데 디지털 통신은 소프트웨어로서 전화번호 변경, 시스템의 버전 업그레이드 등을 프로세서와 메모리를 통해 해결한다.

(4) 디지털 통신은 어떤 형태의 신호도 전송할 수 있는 창조성을 갖는다.

디지털 통신은 0과 1만을 신호로 보낸다. 따라서 음성, 데이터, 영상 등 모든 신호를 함께 보내고 받을 때만 잘 분리하면 되지만 아날로그는 송수신 시스템이 달라 불가능하다. 즉, 디지털통신은 한 개의 통신망으로 다양한 서비스를 제공할 수 있다.

(5) 디지털 통신은 비용 및 전송매체 이용의 효율성이 뛰어나다.

디지털 이동통신은 아날로그 이동통신보다 10배 이상의 채널을 사용하고 있다. 즉, 10배의 주파수 자원 효율성을 갖는다. 또한 디지털 통신 기술은 아날로그 통신보다 수천 배 많은 데이터를 보낼 수 있게 되면서 구리 사용량을 대폭 줄이게 되었다.

(6) 디지털 통신의 보안성

디지털 통신은 신호를 전송할 때 임의의 데이터를 추가 또는 변경하였다가 수신할 때 다시 복원하는 것을 쉽게 구현할 수 있다. 즉, 남에게 들키고 싶지 않은 데이터 전송이 용이하다.

제3절 일반적인 디지털 이동통신 시스템의 구성

1. 기본개념

통신 시스템의 목표는 같은 시간에 많은 양의 데이터를 효율적으로 전송하는 것이다. 따라서 디지털 통신 시스템의 각각의 구성 요소는 신호를 전달할 때 단위 시간 당 최대의 전송속도로 데이터를 전달하는 성능을 목표로 개발된다. 이동통신 시스템은 전송로인 전파를 효율적으로 이용하는 것으로 단위 시간당 전송속도를 높임으로써 주파수 자원을 효율적으로 활용한다.

〈그림 3-5〉는 일반적인 디지털 이동통신 시스템을 나타내고 있다. 디지털 이동통신 시스템에서 필수적인 기술은 보내고자하는 신호가 아날로그인 경우 디지털화하는 기술, 많은 주파수를 이용할 수 있는 높은 주파수로 디지털 신호들을 변조하는 기술, 변조된 신호를 멀리 보낼 수 있도록 증폭하여 송신하는 기술 등이다. 반대로 미약한 신호를 수신하여 증폭하고 수신된 높은 주파수를 낮은 주파수로 변경한 후 원래의 아날로그로 변환하면 상대방이 보낸 신호를 알 수 있게 되는 것이다. 물론 이것만으로 통신이 가능하지만 방해신호에 대한 저항력을 높이기 위해 채널부호화, 인터리빙, 암호화 등의 디지털 통신 기술을 추가하고 또한 여러 사람이 주파수를 효율적으로 사용하기 위해

음성 부호화, 다중접속 방식 등의 디지털 통신 기술을 이용한다. 이 장에서는 디지털 이동통신의 핵심기술들인 원천 부호화, 채널 부호화, 인터리빙, 변복조 그리고 다중접속/다중화 방식, 대역확산, 듀플렉스 등에 대해 설명한다.

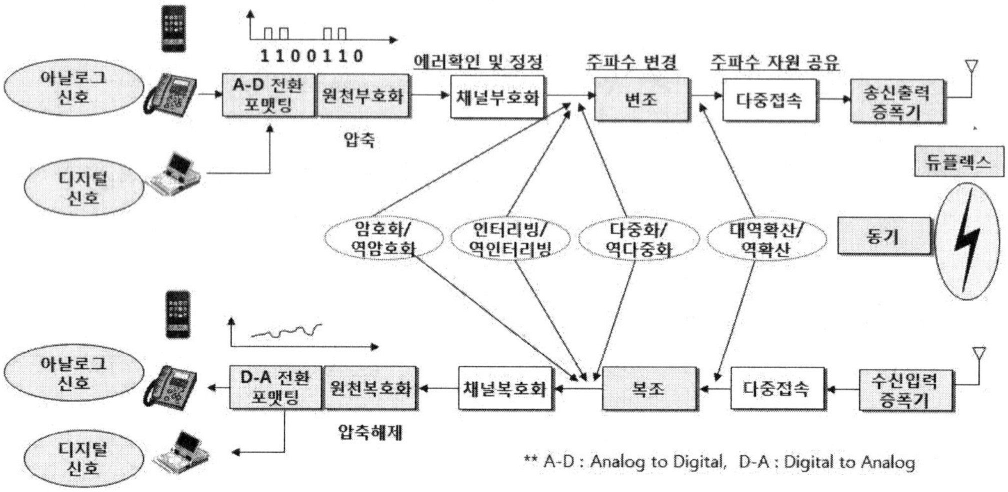

〈그림 3-5〉 디지털 통신 시스템 구성도

2. 디지털 통신 기술의 주요 기술

디지털 통신 시스템의 주요기술은 주파수를 효율적으로 이용하여 같은 시간, 같은 주파수를 가지고 가능한 많은 양의 데이터를 전송하는 것을 목표로 한다. 이를 위해 이용되는 구성요소를 설명하면 다음과 같다.

① 디지털 포맷팅 : 아날로그 또는 디지털 신호를 효율적인 전력과 성능의 파형으로 변환
② 원천 부호화 : 압축 기술을 이용하여 전파를 효율적인 이용
③ 암호화 : 다른 사람이 데이터를 훔쳐 볼 수 없도록 데이터를 변경
④ 채널 부호화 : 데이터에 비트를 추가하여 에러를 확인하고 정정할 수 있도록 함
⑤ 인터리빙 : 전파의 페이딩 등에 의한 집중에러를 방지
⑥ 변조 : 시스템 및 전송로에 적합한 주파수로 변경하여 전파를 효율적으로 이용
⑦ 다중접속/다중화 : 주파수를 여러 사용자가 효율적으로 나누어 사용할 수 있도록 함
⑧ 동기 : 디지털 신호의 송수신 시점을 확인

3. 디지털 통신 기술의 주요 기술의 종류

디지털 통신 시스템 구성 요소의 주요기술을 더욱 세분화하면 그림과 같다.

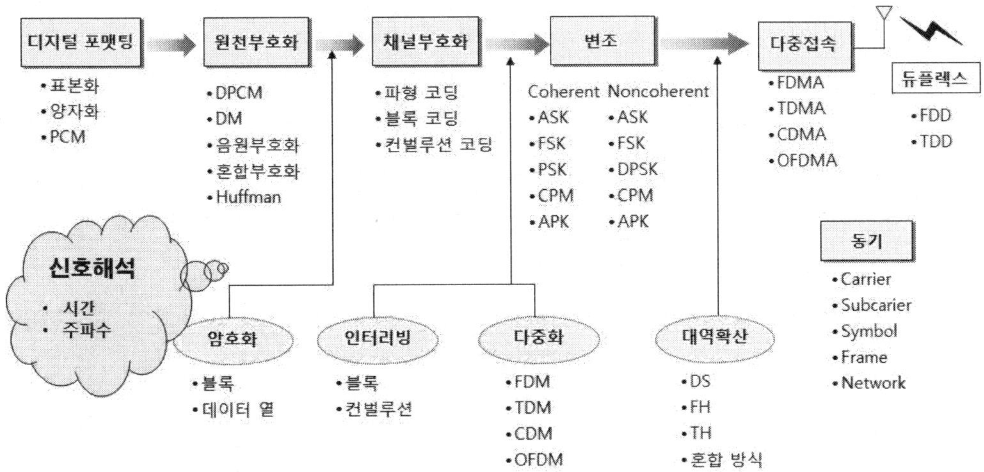

〈그림 3-6〉 디지털 통신 시스템 구성 요소의 주요 기술

제4절 디지털 통신의 데이터 전송 용량

셰논(Shannon)은 1940년대 후반 디지털 데이터의 전송 용량이 보내고자 하는 채널의 주파수 대역폭과 신호전력 및 잡음전력에 의해 제한된다는 것을 증명하고 (식 5-1)과 같은 셰논-하틀리의 채널 용량 공식(Shannon-Hartley's Channel Capacity Theorem)을 발표하였다.

$$C = B\ \log_2(1 + \frac{S}{N}) \qquad \text{(식 3-1)}$$

여기서 C는 채널의 데이터 전송 용량, B는 채널의 주파수 대역폭, S는 신호 전력, N은 잡음전력을 나타낸다.

(식 3-1)에서 채널이 에러가 없이 전송할 수 있는 디지털 데이터 전송 용량은 채널의 주파수 대역폭에 비례하고 신호전력 대 잡음전력비의 로그 값에 비례한다.

이동통신 시스템은 고속 데이터 전송을 위해 30kHz(아날로그 AMPS 방식) ➤ 1.25 MHz(cdma2000) ➤ 5MHz(WCDMA) ➤ 10MHz(WiBro) ➤ 20MHz(LTE) 등으로 채널

주파수 대역폭을 증가시켰다. 데이터 전송 능력을 높이기 위해 신호전력을 높여 채널 용량을 증가시킬 수 있지만 일정한 크기 이상으로 증가하면 로그 값에 의해 더 이상 증가하지 않는다. 따라서 데이터 전송능력을 높이기 위해서는 궁극적으로 채널의 주파수 대역폭을 높여야 한다. 4세대 이동통신서비스는 100Mbps 데이터 서비스를 위해 20 MHz 채널 주파수 대역폭을 고려한다.

일반적으로 주파수 대역폭을 증가하면 채널 용량이 늘어나지만 디지털 통신에서 디지털 비트 전력(E_b)과 단위 잡음전력(N_o) 비율이 0.693(−1.59dB) 이하이면(E_b/N_o= 0.693 또는 −1.59dB) 이하이면 에러가 발생할 수밖에 없는데 이것을 섀논의 한계(Shannon limit)라고 한다. 즉 E_b/N_o가 0.893 이하이면 매우 우수한 채널코딩을 사용하여도 에러가 발생함을 의미한다.

이동통신 시스템은 주어진 주파수 대역폭에서 섀논의 채널 용량에 달성하기 위해 효율적인 디지털 통신 기술을 도입하면서 지속적으로 발전하고 있다.

연습문제

01 수신하는 측에서 볼 때 아날로그와 디지털 신호를 어떻게 구분할 수 있는가?

02 디지털 통신의 기본 단위는 무엇인가?

03 통신에서 사용하는 ASCII 코드는 몇 비트 단위로 구분되는가?

04 디지털 통신의 장점을 열거하시오?

05 다음 디지털 통신의 각각의 기능을 바르게 연결하시오.

1) 디지털 포맷팅	가. 디지털 신호의 송수신 시점을 확인
2) 원천 부호화	나. 주파수를 여러 사용자가 효율적으로 나누어 사용할 수 있도록 함
3) 암호화	다. 아날로그 또는 디지털 신호를 효율적인 전력과 성능의 파형으로 변환
4) 채널 부호화	라. 압축 기술을 이용하여 전파를 효율적인 이용
5) 인터리빙	마. 시스템 및 전송로에 적합한 주파수로 변경하여 전파를 효율적으로 이용
6) 변조	바. 데이터에 비트를 추가하여 에러를 확인하고 정정할 수 있도록 함
7) 다중접속/다중화	사. 전파의 페이딩 등에 의한 집중에러를 방지
8) 동기	아. 다른 사람이 데이터를 훔쳐 볼 수 없도록 데이터를 변경

06 통신 채널이 전송할 수 있는 데이터의 전송용량은 채널의 주파수 대역폭과 신호대 잡음비에 의해 결정된다. 최대 용량을 나타내는 셰논의 채널 용량 공식은 무엇인가?

07 셰논은 잡음이 너무 크면 어떠한 디지털 기술을 이용하여도 에러가 발생할 수 있음을 증명하였는데 이것을 무엇이라 하는가?

08 WCDMA 시스템의 대역폭은 5MHz이고 음성 및 데이터의 신호 대 잡음비의 평균이 3이다. WCDMA의 데이터 전송속도는 얼마인가?

09 LTE 시스템의 전송속도가 80Mbps이고 신호 대 잡음비는 15이다. 이때 이용 중인 채널 대역폭은 얼마인가?

10 10MHz의 주파수 채널을 이용 중인 LTE 시스템의 전송속도가 20 Mbps이다. 신호전력을 300mW 수신하면 수신잡음의 전력은 얼마인가?

제4장 이동통신망의 구성

제1절 개요

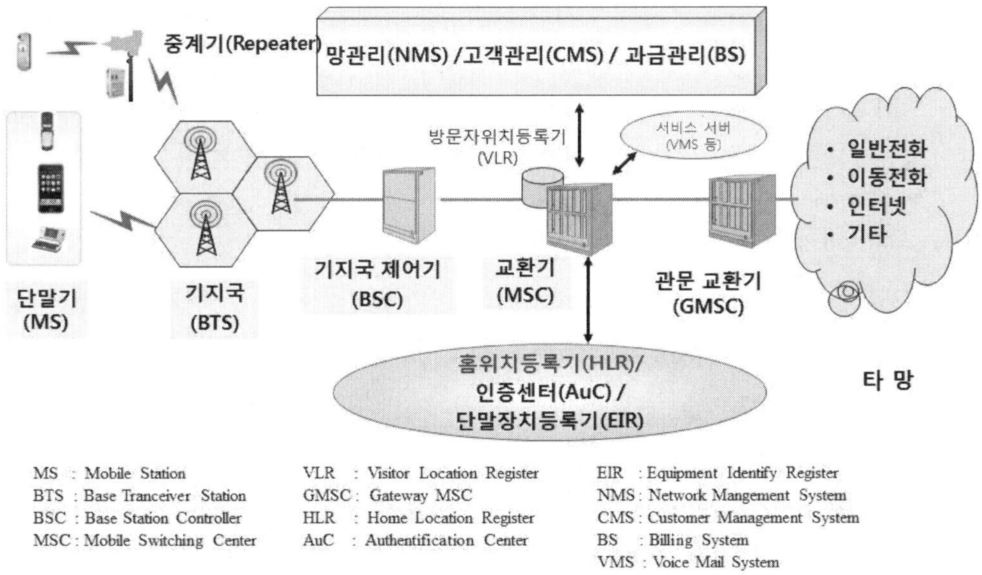

〈그림 4-1〉 이동통신 시스템 구성도

이동통신 시스템은 크게 단말기(MS), 기지국(BTS), 기지국 제어장치(BSC), 교환기(MSC), 홈위치등록기(HLR) 등으로 구성된다. 이동통신 시스템은 셀룰러 개념이 적용되었기 때문에 여러 개의 셀들을 관리하는 BSC 그리고 다수의 BSC를 연결하는 MSC 등으로 전체 시스템들이 계층적 구조로 되어 있다. 관문교환기(GMSC)는 교환기와 호를 교환하는 동일한 기능을 갖지만 주로 타망과 접속하여 다른 회사의 가입자와의 통화하는데 이용된다. 또한 HLR은 이동하는 단말기의 위치를 파악하여 MSC에게 알려줌으로써 쉽게 이동하는 단말기를 찾아 통신이 이루어지도록 한다. 한편 높은 품질의 이동통신서비스가 이루어질 수 있도록 시스템의 고장 등을 파악하는 망관리 장비, 고객의 요구를 관리하는 고객관리 장비, 서비스 요금을 부과하는 과금 장비 등이 포함된다.

제2절 IMT-2000망의 구성

1. 기본 개념

디지털 이동통신 시스템이 IMT-2000 시스템으로 발전하면서 가장 크게 변한 특징은 데이터 서비스의 보편화이다. 이는 음성위주로 서비스를 할 수 있도록 제공하였던 이동통신 시스템 구조에 근본적인 변화를 가져 왔다. 〈그림 4-2〉와 같이 데이터를 음성과 분리하여 서비스를 제공하는 새로운 시스템이 추가되기 시작하였다. 이것은 2000년 이후부터 급격히 증가하는 인터넷의 사용을 무선 분야까지 확대하는 결과를 낳았다. 즉 기지국으로 들어오는 음성 및 패킷데이터는 기지국 제어기에서 분리되어 음성은 과거의 교환기로 데이터는 패킷 교환기로 별도의 경로로 서비스가 이루어지면서 인터넷망에 적합한 빠른 무선 접속 기술을 요구하게 되었다. 이러한 요구가 IMT-2000 시스템 개발에 더욱 박차를 가하게 되었고 오늘날 동기식 및 비동기식 IMT-2000 시스템을 완성하게 되었다.

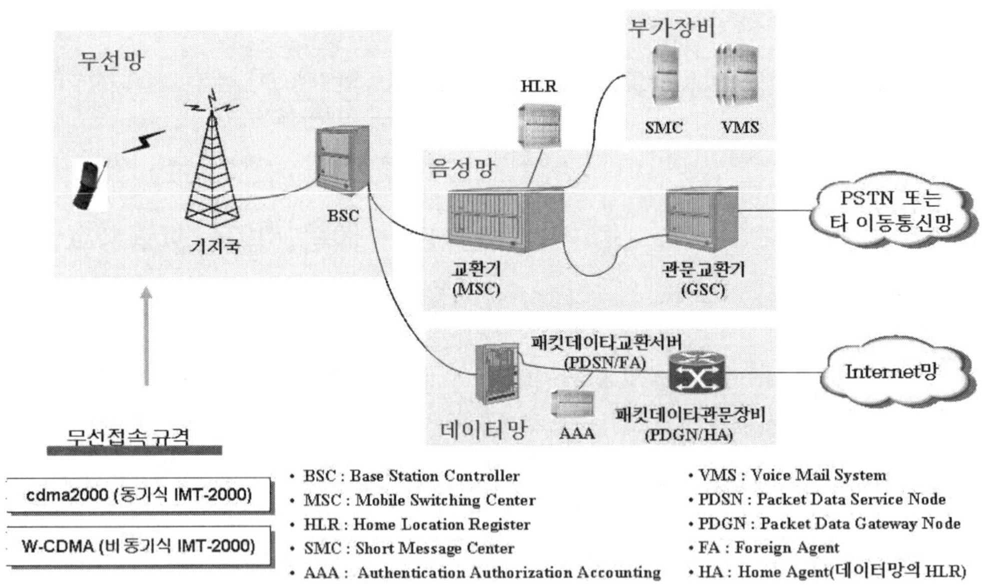

〈그림 4-2〉 일반적인 IMT-2000 망구성도

2. cdma2000 망구성

cdma2000 1x 망과 기존 IS-95A 망과의 가장 큰 차이점은 기존 IS-95A 망에서는 음성과 데이터 서비스의 구분이 없는 반면에 cdma2000 망은 음성과 같은 회선 서비스를 위한 망과 인터넷과 같은 패킷 서비스를 위한 망이 BSC에서 구분되어 있다는 점이다. cdma2000 망 구성은 다음과 같다.

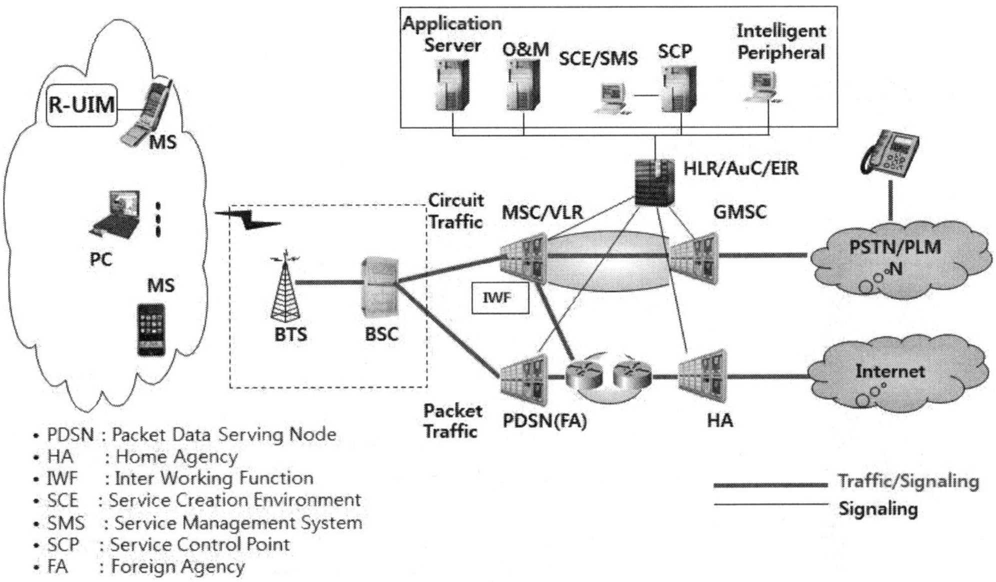

〈그림 4-3〉 cdma2000 망구성도

cdma2000 망은 IS-95A/B 망과 호환성을 갖는 구조로서, 가입자정보를 가지고 있는 HLR과 음성을 저장하는 VMS및 FAX메일을 저장하는 FMS(Fax Mail System) 등은 IS-95A/B 망과 같이 사용한다. 교환기, 방문자 위치 등록기, 관문 교환기, O&M, 단말장치 등록기 등은 일반적인 셀룰러 이동통신 시스템의 기능과 같으며, 인증센터는 IS-95A/B 망의 기능과 같다. BSC는 IS-95A/B 시스템과 비교하면 기지국으로부터 들어오는 음성 및 중/고속데이터를 분리하여 데이터의 경우 교환기를 통하지 않고 PDSN (Packet Data Serving Node)을 거쳐 데이터를 처리하는 시스템으로 진화하였다.

패킷 데이터 망의 내부에는 인터넷 연결을 위한 HA와 PDSN(FA)이 신설되어 IP Network를 통한 인터페이스 기능을 수행한다. PDSN의 기능은 MSC와 유사하지만 일반적으로 패킷 데이터 서비스에서 이용되며 IP라우터 기능, 보안, 이동성 관리, 인증, QoS 관리 등을 수행한다. HA의 기능은 GMSC와 유사하지만 일반적으로 패킷 데이터 서비스에서 이용되며 외부 패킷망의 연결, cdma2000 패킷망의 방화벽, SGSN간 로밍관리, PTM(Point to Multipoint) 센터 관리 등을 수행한다. IWF는 교환기를 이용한 회선데이터 서비스를 패킷데이터로 변환하는 기능을 수행한다. SCP, SMS, SCE 등의 지능망은 IS-95A에서 사용되고 있는 기존망과 호환성을 갖도록 하였다.

R-UIM(Removable User Identity Module) 카드는 전화번호 등 가입자가 통신을 이용하기 위한 모든 정보를 포함하고 있는 카드로서 단말기에 장착하여 사용된다.

R-UIM을 삽입하여 타인의 단말기를 이용하거나 타사업자 망을 이용하여 서비스 할 수 있으며, 또는 GSM 망에서도 서비스가 가능할 수 있도록 USIM(UMTS Subscriber Identity Module)카드를 삽입하여 사업자간에 로밍계약에 의한 서비스를 구현한다.

3. WCDMA 망구성

W-CDMA의 망구성도는 다음과 같다.

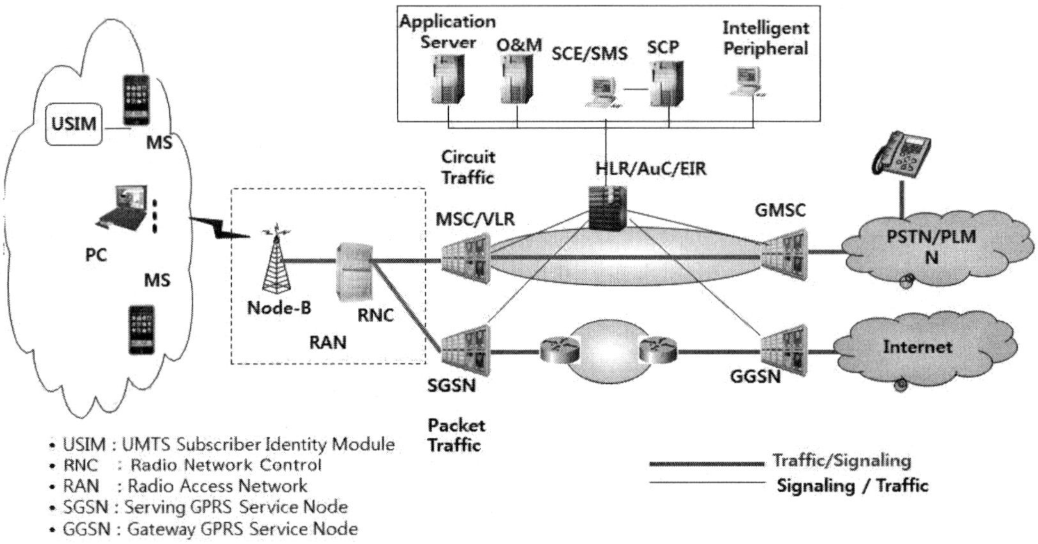

〈그림 4-4〉 WCDMA 망구성도

동기방식의 BSC 기능을 하는 RNC(Radio Network Controller)를 중심으로 회선 트래픽은 교환기(MSC)를 경유하여 처리되고 데이터 트래픽은 패킷단위로 SGSN을 통하여 처리된다. RAN(Radio Access Network)은 기지국(RTS : Radio Transceiver Subsystems)과 기지국제어기(RNC : Radio Network Controller)로 구성되어 있다. 교환기, 방문자 위치 등록기, 관문 교환기, O&M, 단말장치 등록기, 인증센터 등은 GSM 망의 기능과 유사하며 인증키는 Authentication Key, 인증 알고리즘은 Milenage 알고리즘을 이용하며 반드시 규격을 따라야 한다.

Node-B는 기지국 기능과 동일하다. RNC는 기지국으로부터 들어오는 음성 및 중/고속데이터를 회선망과 패킷망으로 분리하는 기능을 갖는다. SGSN은 GPRS 망의 기능과 같이 MSC와 유사하지만 일반적으로 패킷 데이터 서비스에서 이용되며 IP 라우터 기능, 보안, 이동성 관리, 인증, QoS 관리 등을 수행하고 GGSN은 GMSC와 유사하지만 일반적으로 패킷 데이터 서비스에서 이용되며 외부 패킷망의 연결, WCDMA 패킷망의 방화벽, SGSN간 로밍관리, PTM(Point to Multipoint) 센터 관리 등을 수행한다. USIM은 WCDMA망에서 GSM망의 SIM 카드와 동일한 기능을 수행한다.

제3절 IMT-Advanced 망의 구성

1. 와이맥스/와이브로/WirelessMAN Advanced 망구성

4세대 이동통신 시스템인 IMT-Advanced 시스템의 기본 개념은 핵심망을 패킷망으로 구성하여 데이터 전송속도의 효율성을 높이는 것이다. 2006년 최초 서비스된 와이브로(WiBro)는 핵심망을 패킷망으로 통일하여 서비스에 성공한 최초의 이동통신서비스이다. 와이브로를 포함한 국제 표준인 와이맥스(WiMax)는 2007년 IMT-2000 표준이 되면서 동시에 기존 와이맥스 시스템을 진화시키면서 ITU에서 IMT-Advanced 기술로 선정되고 이름을 WirelessMAN-Advanced로 정하였다. 편의상 와이맥스로 통일한다.

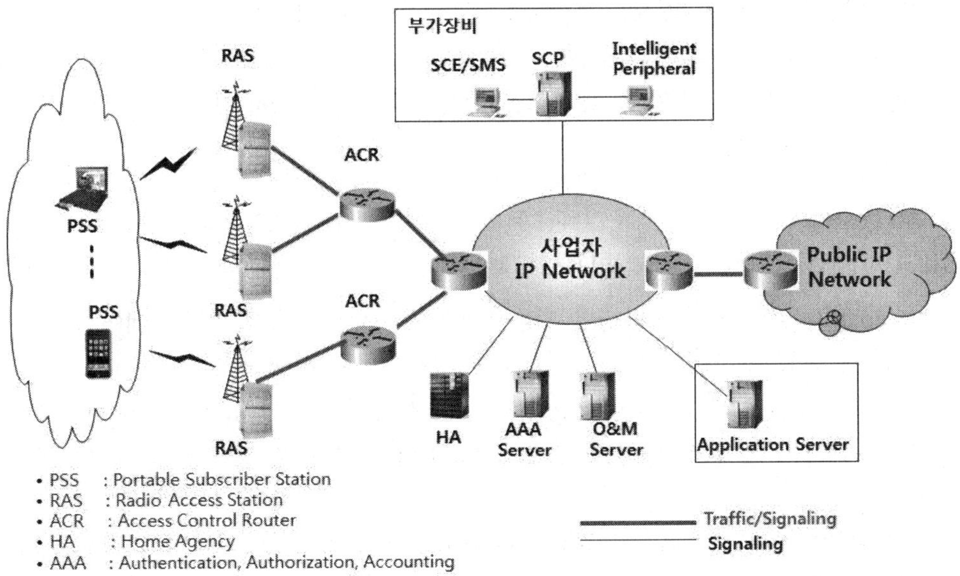

〈그림 4-5〉 와이브로 시스템의 망구성도

와이맥스 서비스는 이동통신이면서 도심지역의 초고속 무선인터넷 서비스를 목적하고 있음을 반영하여 피코셀(100m), 마이크로셀(400m), 매크로셀(1km)로 구분하고 최대 이동속도 60km/h의 이동성 및 IP 기반 서비스가 기지국간 및 기지국 제어기간 핸드오프를 지원되어야 한다. 또한 서비스는 실시간 및 비실시간 서비스에 따른 QoS가 지원되어야 하며 다른 무선데이터망과의 연동되어야 한다. 이를 반영한 와이브로의 망 구성은 다음과 같다.

와이브로 시스템은 단말기, 기지국, 기지국 제어국으로 구성되어 있으나, 음성 및 패킷 데이터를 교환하는 교환기가 별도로 존재하지 않는다. 각 망구성 요소의 기능은 다음과 같다.

(1) 단말기(PSS : Portable Subscriber Station)

절전기능(Sleep mode 적용), 휴대인터넷 무선 접속 기능, IP 기반 서비스 접속 기능, IP 이동성 기능, 단말/사용자 인증 및 보안 기능, 멀티캐스트 서비스 수신 기능, 타망과 연동 기능 등

(2) 기지국(RAS : Radio Access Station)

휴대인터넷 무선접속기능, 무선 자원 관리 및 제어 기능, 이동성(핸드오프) 지원 기능, 인증 및 보안 기능, QoS 제공 기능, 하향링크 멀티캐스트 기능, 과금 및 통계정보 생성 및 통보 기능 등

(3) 기지국 제어국(ACR : Access Control Router)

IP 라우팅 및 이동성 관리 기능, 인증 및 보안 기능, QoS 제공 기능, IP 멀티캐스트 기능, 과금 서버에 과금 서비스 제공 기능, ACR 내의 RAS간 이동성 제어 기능, 자원 관리 및 제어 기능 등

2. cdma2000 망의 진화/UMB

cdma2000 망의 진화 방향은 All-IP 망에 기반하여 음성, 영상, 데이터 모두 패킷망으로 서비스하고 교환 기능은 신호와 데이터가 분리하여 처리하는 것이다. 이를 구현한 UMB(Ultra Mobile Broadband) 기술은 시장의 호응이 적어 ITU의 IMT-Advanced 후보 기술로 제안되지 못하였다. cdma2000의 진화된 망구성 개념은 〈그림 4-6〉과 같다.

미래 이동통신망이 All IP(Internet Protocol) 망으로 발전하면서 새로운 망의 형태가 되는데 주요 구성 요소는 다음과 같다. 첫째 HSS 장비는 기존망의 HLR 기능과 AAA 기능을 포함하는 장비로 이동성, 호설정, 가입자 인증, 보안 관리기능을 수행한다. AGW는 기존 PDSN 기능과 기타 핵심망을 접속하는 기능을 포함하고 있다. MGW는 기존 MSC의 데이터 교환과 같은 기능을 수행하며 Circuit Switched(CS) 또는 IP Multimedia(IMS) 데이터에 따라 CS-MGW 또는 IMS-MGW 라고 불린다. CSCF는 IP

Multimedia의 call session을 설정하는 기능을 수행한다. P-CSCF(Proxy-CSCF)는 사용자 단말의 최초 접속점으로 SIP(Session Initiation Protocol) 메시지를 받아 다른 CSCF로 전달한다. S-CSCF(Serving CSCF)는 HSS로부터 사용자 프로필을 받아 사용자 정보를 저장하고 사용자의 세션에 대한 제어를 수행한다. I-CSCF(Interogating CSCF)는 타 사업자망과 연동시 망구성, 망용량, 망내 연결정보 등의 정보를 암호화하여 정보가 외부로 유출되는 것을 방지한다.

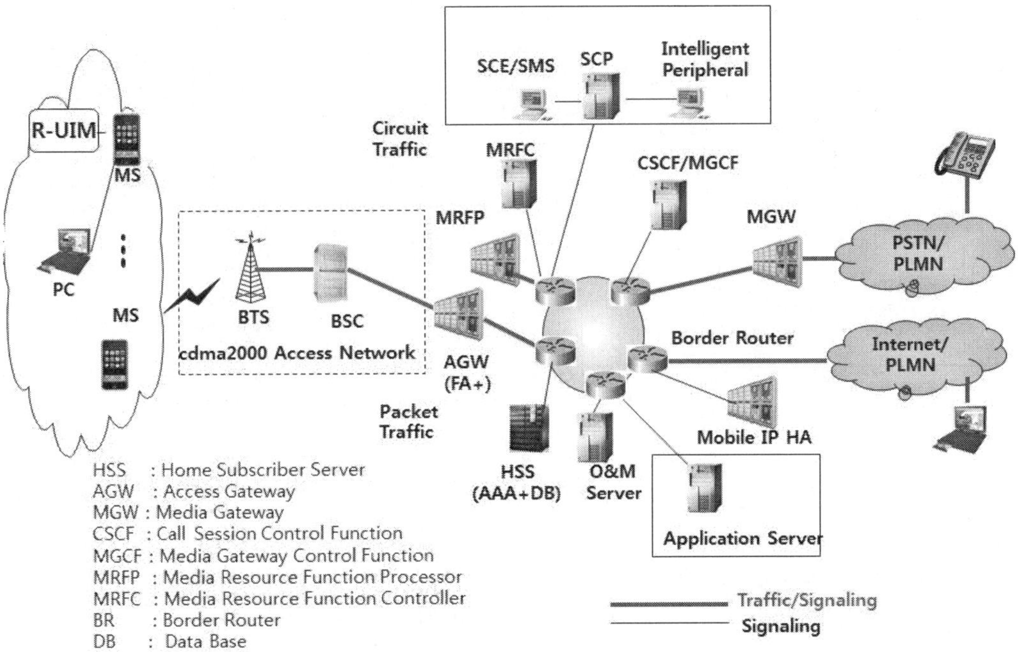

〈그림 4-6〉 cdma2000 망의 진화

MGCF는 CSCF와 통신하면서 IMS-MGW의 미디어 채널을 관리하며 외부 시스템의 신호와 IMS 신호의 프로토콜 전환을 수행한다. MRFC는 MRFP에 있는 미디어 스트림 서비스의 자원을 제어한다. MRFP는 미디어 스트림 서비스 자원의 혼합, 처리 및 흐름을 관리한다. BR은 멀티미디어 및 기존 서비스 모두를 지원하며 핵심망과 다른 망과의 접속을 제공한다.

3. WCDMA 망의 진화/LTE/LTE-Advanced

WCDMA 망의 진화 방향은 All-IP 망에 기반하여 음성, 영상, 데이터 모두 패킷망으로 서비스하고 교환 기능은 신호와 데이터가 분리하여 처리하는 것이다. LTE(Long Term Evolution) 및 LTE-Advanced는 WCDMA 진화 개념을 구현한 것으로 LTE-

Advanced는 ITU의 IMT-Advanced 기술로 승인 받았다. WCDMA의 진화된 망구성 개념은 다음과 같다.

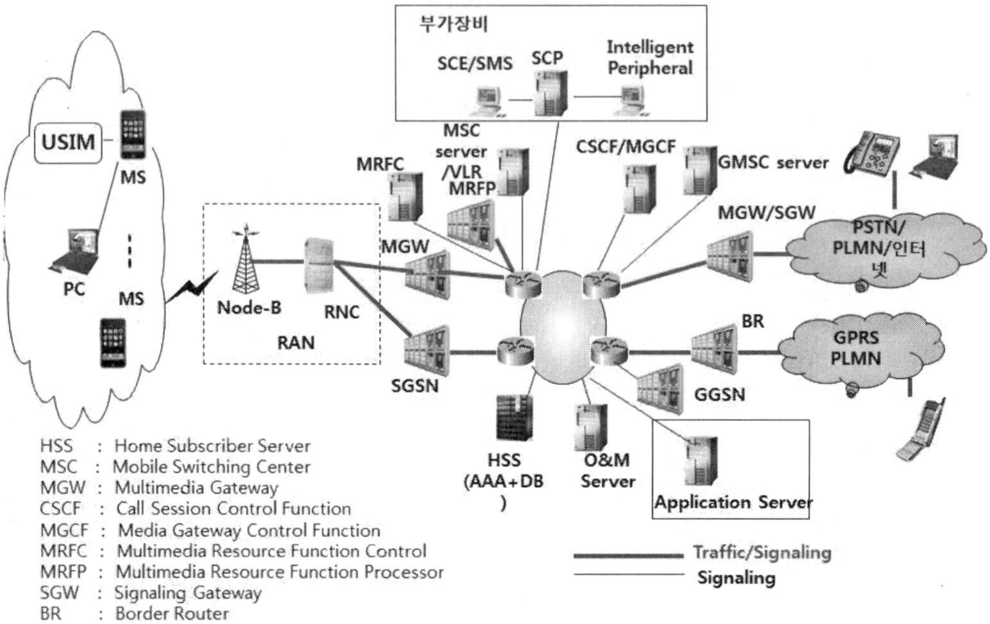

〈그림 4-7〉 WCDMA 망의 진화

WCDMA와 cdma2000의 All IP 망의 구성은 각각의 표준화 기관이 핵심망의 표준화를 상호 협조하여 추진함으로써 약간의 용어 차이와 약간의 기능 차이를 제외하고는 유사하다. 따라서 cdma2000에서 설명한 HSS, MGW, CSCF, MGCF, MRFC, MRFP 기능은 같다. MSC Server는 기존 MSC 기능에서 제어용 신호만을 처리하는 장비이며, SGW는 기존 SS7 신호망과 IP Multimedia 망의 트랜스포트 프로토콜 전환 기능을 수행하고, BR은 GPRS 이동통신망과 패킷 서비스를 연동하는 기능을 수행한다.

연습문제

01 이동통신 시스템이 3세대 이동통신 시스템으로 발전하면서 기존 2세대 시스템과 비교하여 가장 큰 변화를 가져온 것은 무엇인가?

02 와이브로 시스템이 기존 IMT-2000 시스템과 구별되는 가장 큰 특징이며 무엇인가?

03 4세대 이동통신인 LTE-Advanced는 회선망인가 패킷망인가?

제5장

이동통신서비스 통화품질

제1절 개요

우리가 일상생활에서 이동전화를 사용하면서 전화가 걸리지 않거나 도중에 끊기거나 시끄러운 소리가 들리는 경우를 많이 경험할 것이다. 아래 그림은 이와 같은 상황을 형상화 한 것이다.

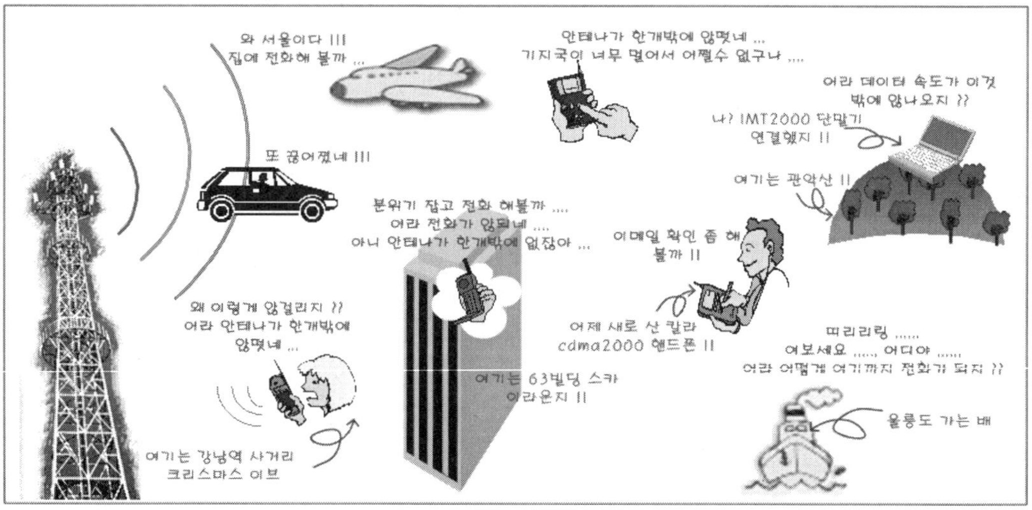

〈그림 5-1〉 통화 환경에 따른 장애 현상

제2절 통화 품질 장애 발생

이동통신을 사용하면서 나타나는 통화 품질 장애 현상은 크게 첫째 통화가 이루어지지 않는 경우 둘째 통화중 끊어지는 경우 셋째 통화중 혼신이나 잡음이 생기는 경우 등으로 구분할 수 있다. 이와 같은 통화 품질 장애 발생은 이동통신망에서는 전파 환경, 네트워크, 단말기 등에서 발생할 수 있으며 기타 타망에서 장애가 발생하여 통화 품질에 영향을 줄 수 있다. 이것을 그림으로 나타내면 다음과 같다.

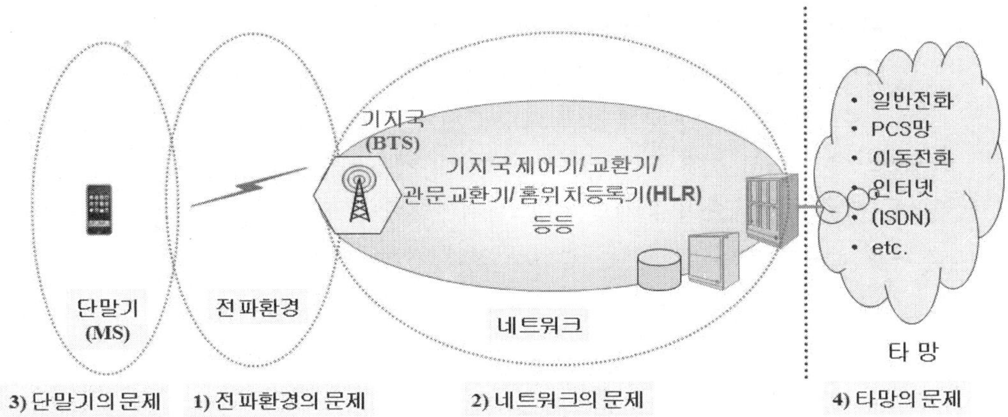

〈그림 5-2〉 통화 품질 장애 발생

제3절 통화 품질 장애 원인

1. 통화가 이루어지지 않는 경우

전화를 걸때 전화가 걸리지 않는 경우는 두 가지이다. 첫째, 전파 환경 상의 문제가 있을 수 있다. 즉 전화를 거는 사람이 서비스가 되지 않는 지역에 있는 경우이다. 일반적으로 국내의 이동통신서비스 경우 서비스 대상지역에 대한 면적대비 서비스 지역 비율이 약 75%, 인구대비 서비스 면적 비율 약 99%로 관리하고 있다. 또 한 가지는 서비스 지역이더라도 전파 음영지역이 발생하는 경우로 대형 건물 등 장애물로 인하여 전파를 받지 못하는 경우이다. 둘째, 네트워크의 문제로 이동전화 교환국 및 기지국의 용량이 부족하거나 고장인 경우로 볼 수 있다. 셋째 단말기의 문제로서 단말기의 소프트웨어 및 하드웨어의 문제일 수 있다. 넷째 타망의 장애 발생으로 통화가 이루어지지 않을 수 있다.

2. 통화중 끊어지는 경우

통화중에 끊어지는 경우는 첫째 전파 환경의 문제로서 현재는 서비스가 되는 지역이지만 서비스가 안 되는 전파가 없는 지역으로 들어가는 경우, 자신의 신호가 동일채널/인접채널에 의한 간섭 신호를 많이 받을 때 끊어지는 경우, 고압선 및 낙뢰 등 간섭 전파를 발생하는 위치에 있을 때 통화가 끊어지는 경우 등이 있다. 둘째 네트워크의 문제로서 버스를 타거나 걸어가면서 자신이 서비스 받고 있는 기지국이 바뀌어 핸드오프를 하는데 새로운 기지국에 채널이 없는 경우가 가장 큰 원인이다.

3. 통화중 혼신 또는 잡음이 생기는 경우

통화중에 남의 목소리가 들리거나 잡음이 들려 상대방의 신호가 들리지 않는 경우가 있다. 첫째 전파환경의 문제로서 전파의 세기가 약한 곳에서 통화할 때 잡음이 발생하는 경우와 전파를 이용한 무선장비로부터 방해를 받을 때 잡음이 발생하는 경우 등이 있다. 둘째 네트워크의 문제로서 교환 시스템에서 다른 사용자의 신호를 중계하여 수신하였을 때 혼신이 발생하는 경우가 있다.

제4절 통화품질 측정 방법

사업자가 망을 운용할 때 고객이 만족하는 통화품질을 유지하는 것이 가장 중요한데 통화품질에 대해 고객이 만족할 수 있는 통화품질 설정 기준에는 주관적인 방법과 개관적인 통계 데이터 방법이 있다.

주관적(Subjective)인 방법으로는 MOS(Mean Opinion Score)를 가장 많이 사용하는데 고객들에게 직접 5단계의 평가(Excellent, Good, Fair, Poor, Unsatisfactory)를 채점하는 방식으로 유선전화는 4.3, 이동전화는 4이상을 요구하고 있다. 다른 방법으로는 DRT(Diagnostic Rhyme Test)인데 이것은 단어요해도(intelligibility)시험의 하나로 자음이 다른 단어들을 구분하게 하여 그 결과를 평가하는 방법으로 직접 통화품질을 나타낼 수 있는 장점이 있으나 측정에 많은 시간과 노력이 소모된다.

객관적(objective)인 방법으로 아날로그에서는 SINAD(Signal Interference Noise And Distortion) (전체출력/간섭과 잡음에 의한 왜곡 전력)을 많이 사용하였으나 디지털 이동통신에서는 송신한 정보 데이터 가운데 몇 개의 비트, 프레임 또는 Packet이 에러가 발생했는지를 측정하는 BER(Bit Error Rate), FER(Frame Error Rate), PER(Packet Error Rate)을 많이 사용한다. 특히 이동통신에서는 버스트 에러가 많이 발생하므로 FER, PER이 특히 중요하다.

연습문제

01 통화가 이루어지지 않은 원인에 대해 설명하시오.

02 통화중 끊어지는 원인에 대해 설명하시오.

03 통화중 혼신이나 잡음이 발생하는 원인에 대해 설명하시오.

04 통화품질 측정을 위한 주관적인 방법과 객관적인 방법(아날로그, 디지털)을 나열하시오.

매트랩 실습

매트랩 실습은 다음과 같은 순서로 진행한다.

1. 실습과제의 목적과 내용을 이해한다.
2. 매트랩 프로그램의 명령어를 학습하여 프로그램을 이해한다.
3. 매트랩 프로그램의 편집 창을 이용하여 프로그램을 작성한다.
4. 매트랩 프로그램의 실행결과를 확인한다.
5. 실습과제에서 요구하는 파라미터 변화에 따른 결과를 분석한다.
6. 결과분석 자료를 정리하여 발표하고 토론한다.

1. 전파의 세기 측정

1.1 실습 목적

이동통신은 이동통신망설계, 망구축, 최적화, 시험서비스, 시범서비스, 상용서비스 단계로 서비스를 준비한다. 이동통신망 설계는 하드웨어 망구축 이전에 소프트웨어로 이동통신망을 설계하는 단계이다. 이동통신망 설계에서 우선적으로 시행하여야 할 작업은 기지국의 셀반경을 예측하는 것이다. 지도상에서 서비스 예상지역의 기지국을 배치하고 전파의 전파모델을 프로그램으로 시뮬레이션 함으로써 하드웨어 구축 이전에 서비스 영역의 문제점이 없는지를 파악한다.

매트랩을 이용하여 다양한 전파환경의 파라미터 변화에 따른 전파의 세기 변화를 이해함으로서 이동통신 망설계 개념을 이해한다.

1.2 실습 과제

전파의 세기는 거리와 주파수 대역에 따라 감쇠하는 특성이 있다. 또한 전파가 전달되는 환경에 따라 같은 거리와 주파수 대역에서도 결과값이 달라질 수 있다. 실제 이동통신서비스 환경에서 주파수 대역과 전파 환경의 차이에 따라 전파의 세기가 어떻게 달라지는지 매트랩을 이용하여 산출하고 각 결과 값을 비교 분석함으로써 전파의 감쇠 특성을 확인한다. 실습은 800MHz 및 2GHz 전파모델을 이용하여 실시한다.

1.3 전파의 세기 측정에 이용될 전파모델

1) 오꾸무라-하다 모델(Okumura-Hada Model)

① 도심(Urban)

$$L_u(dB) = 69.55 + 26.15\log f - 13.82\log h_t - a(h_m) + (44.9 - 6.55\log h_t)\log r \quad \text{(식 M1-1)}$$

여기서, - f (주파수) : $150 \le f \le 1500\text{MHz}$
- h_t (송신안테나 높이) : $30\text{m} \le h_t \le 200\text{m}$
- h_m (수신안테나 높이) : $1\text{m} \le h_m \le 10\text{m}$
- r (송수신점간 거리) : $1\text{km} \le r \le 20\text{km}$

이때 $a(h_m)$은 중소도시와 대도시의 경우 다음과 같이 다르게 적용한다.

중소도시 $a(h_m) = (1.1\log f - 0.7)h_m - (1.56\log f - 0.8)$ (식 M1-2)

대도시 $a(h_m) = 8.29(\log 1.54h_m)^2 - 1.1 \ (f \le 300\text{MHz})$ (식 M1-3)

$a(h_m) = 3.2(\log 11.75h_m)^2 - 4.97 \ (f \ge 300\text{MHz})$ (식 M1-4)

② 부도심(Suburban)

$$L_{su}(dB) = L_u - 2\left[\log\left(\frac{f}{28}\right)\right]^2 - 5.4 \quad \text{(식 M1-5)}$$

③ 교외(Rural)

$$L_r(dB) = L_u - 4.78\log^2 f + 18.33\log f - 40.94 \quad \text{(식 M1-6)}$$

2) COST-231 하다 모델(COST-231 Hada Model)

$$L_u(dB) = 46.3 + 33.9\log f - 1.82\log h_t - a(h_m) + (44.9 - 6.55\log h_t)\log r + C_M \quad \text{(식 M1-7)}$$

여기서, - f (주파수)는 $1500 \le f \le 2000\text{MHz}$
- C_M은 도심에서 3dB
- 기타 지역 0dB이다.

3) IMT-Advanced 채널모델

ITU는 IMT-Advanced 시스템을 개발하기 위해 IMT-Advanced 채널모델을 제안하여 적용하였다. IMT-Advanced 채널모델은 도심매크로셀(Urban Macro Cell), 도심마이크로셀(Urban Micro Cell), 부도심매크로셀(Suburban Macro Cell), 교외매크로셀(Rural Macro Cell), 실내/핫스팟셀(Indoor/Hotspot Cell) 각각의 환경으로 구분되고, 각각의 환경은 다시 가시환경(Line of Sight), 비가시환경(Non Line of Sight)으로 총 11개의 채널모델을 제시한다(도심마이크로셀의 경우 실외/실내 환경 추가). 채널모델의 적용 주파수 대역은 2~6 GHz 주파수 대역인데 교외매크로셀 환경은 450 MHz까지 적용할 수 있다. 여기서 여러 채널 모델 가운데 3가지의 예만 나타내면 다음과 같다.

① 도심마이크로셀 (비가시환경) - 정육각형셀 환경

$$PL_{umi} = 36.7\log_{10}(d) + 22.7 + 26\log_{10}(f_c) \qquad \text{(식 M1-8)}$$

여기서, - 적용 거리 : $10\text{m} < d < 2000\text{m}$
- 기지국 높이 : $h_{BS} = 10\text{m}$
- 단말기 높이 : $h_{UT} = 1 \sim 2.5\text{m}$

※ umi : urban micro

② 부도심매크로셀 (비가시환경)

$$\begin{aligned} PL_{sum} = {} & 161.04 - 7.1\log_{10}(W) + 7.5\log_{10}(h) \\ & - (24.37 - 3.7(h/h_{BS})^2)\log_{10}(h_{BS}) \\ & + (43.42 - 3.1\log_{10}(h_{BS}))(\log_{10}(d) - 3) + 20\log_{10}(f_c) \\ & - (3.2(\log_{10}(11.75h_{UT}))^2 - 4.97) \end{aligned} \qquad \text{(식 M1-9)}$$

여기서, - 적용 거리 : $10\text{m} < d < 5000\text{m}$
- 기지국 높이 : $10\text{m} < h_{BS} < 150\text{m}$
- 단말높이 : $1\text{m} < h_{UT} < 10\text{m}$
- 도로폭 : $5\text{m} < W < 50\text{m}$
- 건물높이 : $5\text{m} < h < 50\text{m}$

※ sum : suburban macro

③ 교외매크로셀 (비가시환경)

$$\begin{aligned} PL_{rm} &= 161.04 - 7.1\log_{10}(W) + 7.5\log_{10}(h) \\ &\quad - (24.37 - 3.7(h/h_{BS})^2)\log_{10}(h_{BS}) \\ &\quad + (43.42 - 3.1\log_{10}(h_{BS}))(\log_{10}(d) - 3) + 20\log_{10}(f_c) \\ &\quad - (3.2(\log_{10}(11.75\,h_{UT}))^2 - 4.97) \end{aligned} \qquad \text{(식 M1-10)}$$

여기서, – 적용 거리 : $10\text{m} < d < 5000\text{m}$

– 기지국 높이 : $10\text{m} < h_{BS} < 150\text{m}$

– 단말높이 : $1\text{m} < h_{UT} < 10\text{m}$

– 도로폭 : $5\text{m} < W < 50\text{m}$

– 건물높이 : $5\text{m} < h < 50\text{m}$

※ rm : rural macro

1.4 실습 예제

토의 내용

실습 예제 1.4.1, 1.4.2, 1.4.3, 1.4.4에서 다음 파라미터를 변경할 경우 전파의 세기 변화를 분석하고 토론한다.
(1) 전파환경 지역 / (2) 주파수 대역 / (3) 거리 / (4) 기지국 및 단말기 안테나 높이 / (5) 기타

예제 1.4.1 전파의 세기 측정 실습 1

서울 강남역에서 기지국 송신전력 10W, 안테나 이득 10dBi, 안테나 높이 20m, 주파수 850MHz, 거리 1km, 단말기 안테나 높이 3m, 안테나 이득 3dBi일 때 단말기 수신 전력은 얼마인가?

```
>> % mc141_okumurahada_city.m
>> %
>> % Okumura-Hada Model을 이용한 전파세기 측정
>> %
>> % Frequency              :  150 MHz to 1500 MHz
>> % Transmitter Height     :  up to 200 m
>> % Link distance          :  less than 20 km
>> %
>> clear
```

```
>> clc
>> format compact
>> hb=20
>> disp('m')
>> f=850
>> disp('MHz')
>> d=1
>> disp('km')
>> hm=3
>> disp('m')
>> ch=3.2*(log10(11.75*hm))^2-4.97
>> Lu=69.55+26.15*log10(f)-13.82*log10(hb)-ch+[44.9-6.55*log10(hb)]*log10(d)
>> disp('dB')
>> disp(' ')
>> disp('850MHz 도심 단말기 수신전력 ')
>> Pt=10000
>> disp('mw')
>> Gt=10
>> disp('dBi')
>> Gr=3
>> disp('dBi')
>> Peirp=10*log10(Pt)+Gt
>> Pr=Peirp-Lu+Gr
>> disp('dBm')
>> format
```

예제 1. 4. 2 전파의 세기 측정 실습 2

이천시 부도심에서 기지국 송신전력 10W, 안테나 이득 10dBi, 안테나 높이 20m, 주파수 850MHz, 거리1km, 단말기 안테나 높이 3m, 안테나 이득 3dBi일 때 단말기 수신 전력은 얼마인가?

```
>> % mc142_okumurahada_suburban.m
>> %
>> % Okumura-Hada Model을 이용한 전파세기 측정
>> %
>> clear
>> clc
>> format compact
```

```
>> hb=20
>> disp('m')
>> f=850
>> disp('MHz')
>> d=1
>> disp('km')
>> hm=3
>> disp('m')
>> ch=0.8+(1.1*log10(f)-0.7)*hm-1.56*log10(f)
>> Lu=69.55+26.15*log10(f)-13.82*log10(hb)-ch+...
>> [44.9-6.55*log10(hb)]*log10(d)
>> Lsu=Lu-2*(log10(f/28))^2-5.4
>> disp('dB')
>> disp(' ')
>> disp('850MHz 부도심 단말기 수신전력 ')
>> Pt=10000
>> disp('mw')
>> Gt=10
>> disp('dBi')
>> Gr=3
>> disp('dBi')
>> Peirp=10*log10(Pt)+Gt
>> Pr=Peirp-Lsu+Gr
>> disp('dBm')
>> format
```

예제 1.4.3 전파의 세기 측정 실습 3

서울 강남역에서 기지국 송신전력 10W, 안테나 이득 10dBi, 안테나 높이 20m, 주파수 2GHz, 거리 1km, 단말기 안테나 높이 3m, 안테나 이득 3dBi일 때 단말기 수신 전력은 얼마인가?

```
>> % mc143_cost231hada_city.m
>> %
>> % COST231-Hada Model을 이용한 전파세기 측정
>> %
>> clear
>> clc
>> format compact
```

```
>> hb=20
>> disp('m')
>> f=2000
>> disp('MHz')
>> d=1
>> disp('km')
>> hm=3
>> disp('m')
>> ch=3.2*(log10(11.75*hm))^2-4.97
>> c=3
>> Lu=46.3+33.9*log10(f)-1.82*log10(hb)...
>> -ch+[44.9-6.55*log10(hb)]*log10(d)+c
>> disp('dB')
>> disp(' ')
>> disp('2000MHz 도심 단말기 수신전력 ')
>> Pt=10000
>> disp('mw')
>> Gt=10
>> disp('dBi')
>> Gr=3
>> disp('dBi')
>> Peirp=10*log10(Pt)+Gt
>> Pr=Peirp-Lu+Gr
>> disp('dBm')
>> format
```

예제 1.4.4 전파의 세기 측정 실습 4

이천시 부도심에서 기지국 송신전력 10W, 안테나 이득 10dBi, 안테나 높이 20m, 주파수 2GHz, 거리 1km, 단말기 안테나 높이 3m, 안테나 이득 3dBi일 때 단말기 수신 전력은 얼마인가?

```
>> % mc144_cost231hada_suburban.m
>> %
>> % COST231-Hada Model을 이용한 전파세기 측정
>> %
>> clear
>> clc
>> format compact
```

```
>> hb=20
>> disp('m')
>> f=2000
>> disp('MHz')
>> d=1
>> disp('km')
>> hm=3
>> disp('m')
>> ch=0.8+(1.1*log10(f)*0.7)*hm-1.56*log10(f)
>> c=0
>> Lu=46.3+33.9*log10(f)-1.82*log10(hb)...
>> -ch+[44.9-6.55*log10(hb)]*log10(d)+c
>> Lsu=Lu-2*(log10(f/28))^2-5.4
>> disp('dB')
>> disp(' ')
>> disp('2000MHz 부도심 단말기 수신전력 ')
>> Pt=10000
>> disp('mw')
>> Gt=10
>> disp('dBi')
>> Gr=3
>> disp('dBi')
>> Peirp=10*log10(Pt)+Gt
>> Pr=Peirp-Lsu+Gr
>> disp('dBm')
>> format
```

예제 1.4.5 전파 세기 측정 실습 5

성남시 부도심에서 기지국 송신전력 10W, 안테나 이득 27dBi, 안테나 높이 50m, 주파수 3.5 GHz, 거리150m, 도로폭 20m, 건물높이 35m, 단말기 안테나 높이 3m, 안테나 이득 12dBi 일 때 단말기 수신 전력은 얼마인가?

```
>> % mc145_IMT-Advanced Channel model_suburban.m
>> %
>> % IMT-Advanced Channel Model을 이용한 전파세기 측정
>> %
>> clear
>> clc
```

```
>> format compact
>> hb=50 % 기지국 높이
>> disp('m')
>> f=3.5 % 주파수
>> disp('GHz')
>> d=150 % 거리
>> disp('m')
>> hm=3 % 단말기 높이
>> disp('m')
>> W=20 % 도로폭
>> disp('m')
>> h=35 % 건물 높이
>> disp('m')
>> Lsum=161.04-7.1*log10(W)+7.5*log10(h)-(24.37-3.7*(h/hb)^2)...
>> *log10(hb)+(43.42-3.1*log10(hb))*(log10(d)-3)+20*log10(f)-(3.2...
>> *(log10(11.75*hm))^2-4.97)
>> disp('dB')
>> disp(' ')
>> disp('3.5 GHz 부도심 단말기 수신전력 ')
>> Pt=10000
>> disp('mw')
>> Gt=27
>> disp('dBi')
>> Gr=12
>> disp('dBi')
>> Peirp=10*log10(Pt)+Gt
>> Pr=Peirp-Lsum+Gr
>> disp('dBm')
>> format
```

제 II 부

이동통신 신호의 해석

제 6 장 이동통신의 신호와 잡음
제 7 장 신호와 잡음의 세기
제 8 장 신호와 잡음의 해석
☆ 연습문제
☆ 매트랩 실습

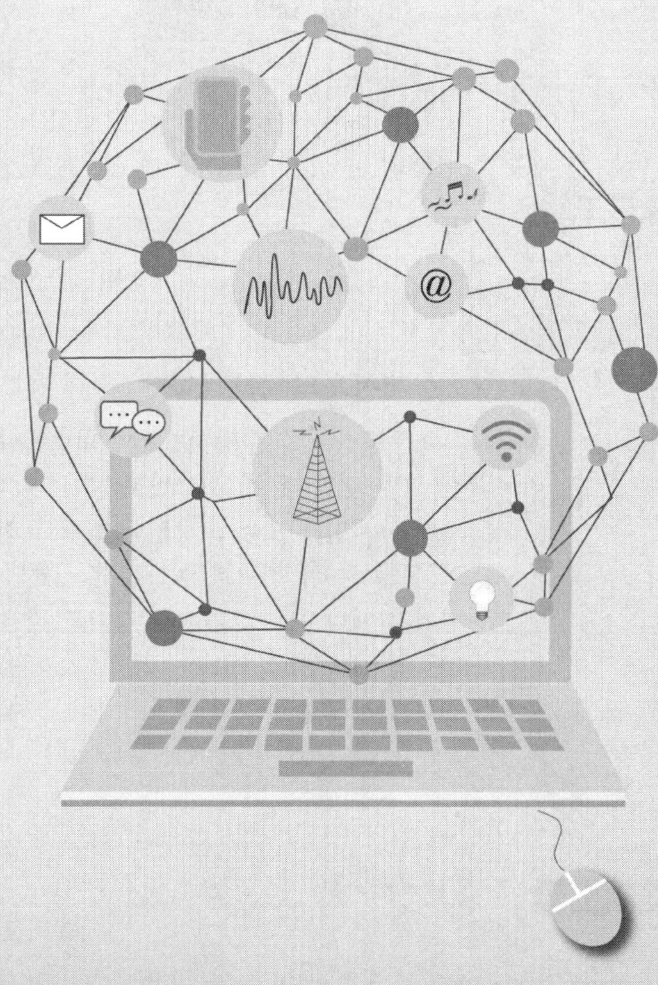

제6장

이동통신의 신호와 잡음

제1절 개요

1. 이동통신 신호와 잡음의 형태

스마트 미디어를 통행 전달되는 음성과 데이터 신호는 변조된 후 안테나를 통해 전파로 전달되는데 여러 정현파 신호와 잡음이 합쳐져서 시간적으로 매우 불규칙한 파형으로 전달된다.

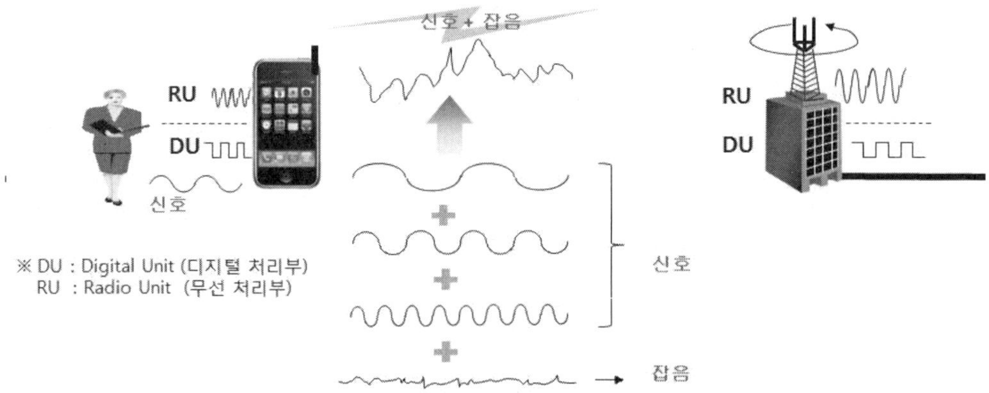

〈그림 6-1〉 이동통신 신호와 잡음의 형태

2. 실재신호와 잠재신호

이동통신 신호는 통신기기의 회로에서 아날로그 및 디지털 펄스 신호를 높은 주파수의 교류 전압 및 전류로 변조되고 안테나를 통해 파동 형태의 전파로 전달된다. 파동 형태는 사인파 또는 코사인파 형태로 전달된다. 이동통신 신호의 에너지는 모든 시간에 동일하여야 하므로 이동통신 신호의 실재신호(코사인파)와 잠재된 신호(사인파)가 합쳐진 에너지는 동일하다. 상기와 같은 특정 시간의 전체 에너지는 사인과 코사인의 합으로 나타낼 수 있다. 이것을 식으로 나타내면 $\sin^2\theta + \cos^2\theta = 1$과 같다. 이 식의 증명은 부록 B 1. 통신신호와 복소수에서 설명한다.

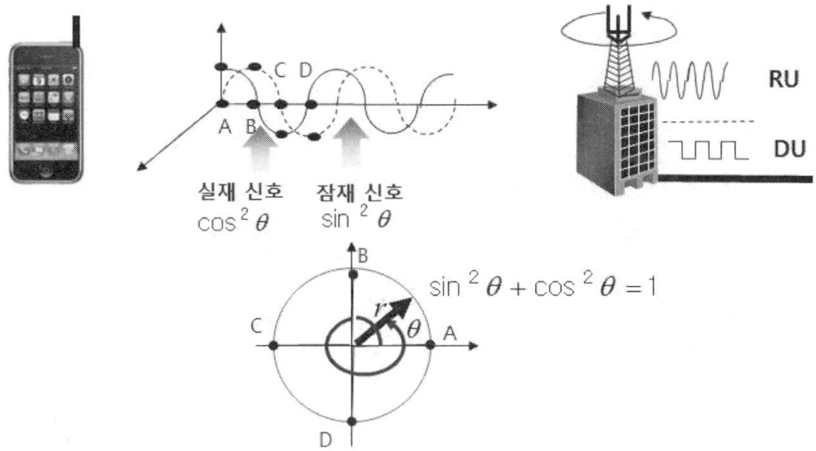

〈그림 6-2〉 신호의 전파

3. 잡음의 발생

이동통신 신호가 무선설비를 이용하여 전달되는 동안 신호를 방해하는 여러 가지 잡음이 무선설비 내부와 외부에서 발생할 수 있다. 또한 신호를 측정하기 위한 측정 장비 내부와 외부에서 잡음이 발생할 수 있다. 다양한 잡음의 종류와 특성에 대한 이해는 이동통신서비스를 이해하는데 중요하다.

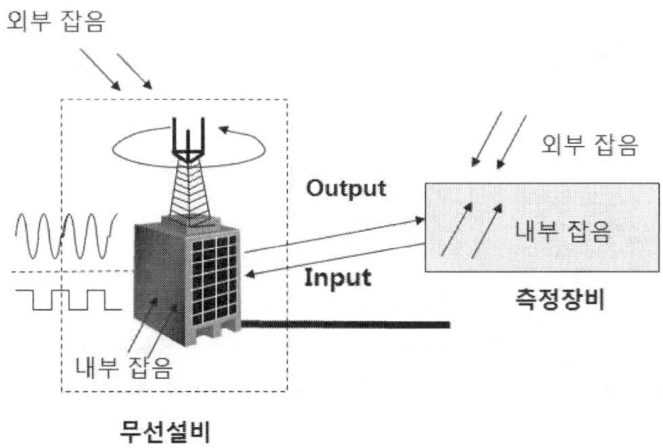

〈그림 6-3〉 잡음의 발생

제2절 신호의 종류와 특징

1. 신호의 분류

이동통신에서 신호의 전달과정을 이해하기 위해서는 우선 통신신호를 이해하여야 한다. 신호란 송신측과 수신측의 약속에 의해 구분할 수 있는 규칙에 의해 이루어진다. 따라서 송신측에서 만든 신호는 일정한 규칙에 의해 분류할 수 있는데 일반적인 신호의 분류 방법을 설명하면 다음과 같다.

(1) 결정 신호와 임의 신호

결정신호(Deterministic Signal)는 특정 시간의 값이 정확히 예측되는 신호이다. 예를 들어 $x(t)=1/(1+t)$에서 특정 시간의 값을 1개의 값으로 결정된다. $t=1$에서 1/2이고 $t=2$에서는 1/3의 크기를 갖는 신호이다.

임의신호(Random Signal)은 특정 시간의 값이 확률을 가지고 예측되는 신호(신호 크기를 확률로 표현)로 특정시간에 정해진 값이 없고 확률의 크기로만 나타난다. 즉 $t=1$ 에서 1이 될 확률은 50%, 3이 될 확률은 30%로 표현되므로 특정 값을 정할 수 없다. 일반적으로 이동통신 시스템에서는 특정 시간의 신호와 잡음의 크기를 정확한 수학식으로 표현할 수 없어 확률적으로 해석하게 된다.

(2) 주기 신호와 비주기 신호

주기신호(Periodic Signal)는 일정 시간마다 신호의 세기가 반복되는 신호로 수식적으로 $x(t)=x(t+T_0)$ for $-\infty<t<\infty$ 같이 나타낸다. 예를 들어 코사인파형 신호는 1주기 마다 같은 값이 반복된다.

비주기신호(Nonperiodic Signal)는 반복되는 시간 T_0가 존재하지 않는 신호이다. 예를 들어 디지털 펄스를 한번 발생하고 끝나면 이것은 같은 값이 다시 돌아오는 주기가 없기 때문에 비주기 신호이다. 일반적으로 통신신호는 비주기 신호이나 집안의 교류전압은 60Hz로 반복되므로 주기 신호로 이해할 수 있다.

(3) 아날로그와 이산 신호

아날로그신호(Analog Signal)는 시간에 대해 연속적인 신호로 수학적으로 $x(t)$와 같이 표현된다. 이때 t가 어떠한 수도 올 수 있다.

이산신호(Discrete Signal)는 일정한 시간에만 존재하는 신호로 수학적으로 $x(kT)$로 표현된다. 이때 입력 시간은 k배의 시간에만 값이 존재한다. 여기서 k는 임의의 정수이다.

(4) 에너지(Energy) 신호와 전력(Power) 신호

1) 에너지와 에너지 신호

- 에너지는 일을 할 수 있는 능력으로 정의한다. 전기는 전자의 이동으로 전하주위에 전자장을 형성함으로써 전기 에너지를 발생한다. 에너지의 단위는 줄(J : Joule) 이며 전기에너지는 $J = V \times I \times s$로 산출한다. 이때 V는 전압(Volt), I는 전류, s 시간(second)이다. 전압의 단위 V(Volt)는 1쿨롱의 전하가 두 점 사이에서 이동할 때의 일의 양이 1J일 때 전위차를 의미하며 전류의 단위 A(Ampere)는 도선의 단면적을 1초 동안 1쿨롱의 정전하(양전자)가 통과하는 양을 의미한다.
- 에너지 신호는 에너지의 크기로 신호가 구분된다. 에너지 신호는 통신에서 신호가 검출되는 성능을 나타내는 것으로 높은 에너지가 낮은 에너지보다 데이터를 검출하는 성능이 우수함을 나타낸다.

2) 전력과 전력 신호

- 전력은 단위 시간에 전기장치에 공급되는 전기 에너지로 정의한다. 전력의 단위는 와트(Watt)이며 $P = V \times I$로 산출한다.
- 전력 신호는 전력의 크기로 신호가 구분된다. 전력신호는 에너지가 전달되는 속도를 나타내므로 송신기로 전달되는 신호의 전압 및 안테나에서 방사되는 전자장의 세기를 결정한다.

2. 통신에서 에너지 신호와 전력 신호의 의미

에너지 신호와 전력신호의 의미는 지금까지 설명한 신호의 분류를 이용하여 다음과 같이 해석할 수 있다.

(1) 에너지신호

에너지 신호는 유한한 에너지를 가지고 평균 전력은 0이다. 에너지 신호는 앞에서 정의한 신호의 분류 방식으로 해석하면 결정 신호와 비주기적인 신호의 특징을 갖는다.

(2) 전력신호

전력신호는 무한한 에너지를 가지고 유한한 평균전력을 가진다. 전력 신호를 앞에서 정의한 신호의 분류 방식으로 해석하면 임의 신호와 주기적인 신호는 전력 신호의 특징을 갖는다.

이동통신에서 신호의 의미를 해석하면 다음과 같다. 실제생활에서는 유한한 에너지를 가지는 신호를 전송하므로 에너지 신호의 성격을 가지나 주기적인 신호(반송파)와 다양한 전파환경에 의해 임의 신호의 성격을 가진다. 에너지 신호를 주기가 무한대인 주기 신호로 간주하여 해석하여 신호를 전력 신호로 표현하면서 송신기의 전압 및 안테나에서 방사되는 전자장의 세기를 결정한다.

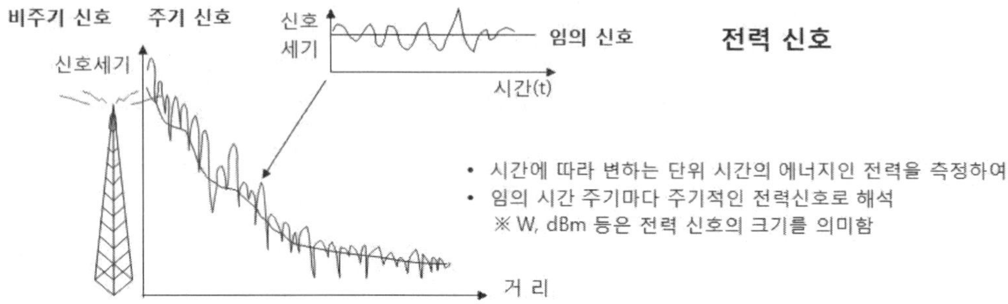

〈그림 6-4〉 이동통신 신호의 분류

3. 통신에서 에너지 신호와 전력 신호의 종류

다음의 간단한 신호에서 정현파 신호와 펄스열 신호는 전력 신호, 단일펄스, 디지털 심볼은 에너지 신호이다.

(1) 정현파 신호

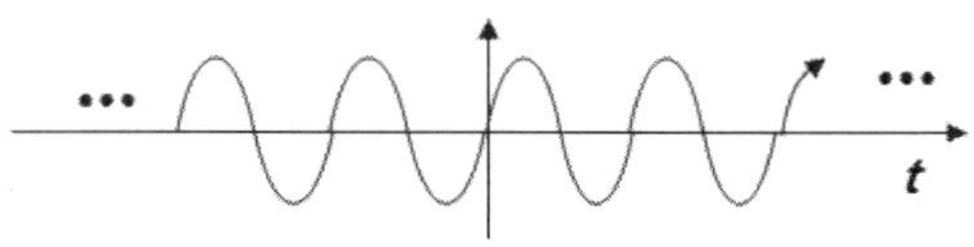

(2) 펄스열 신호

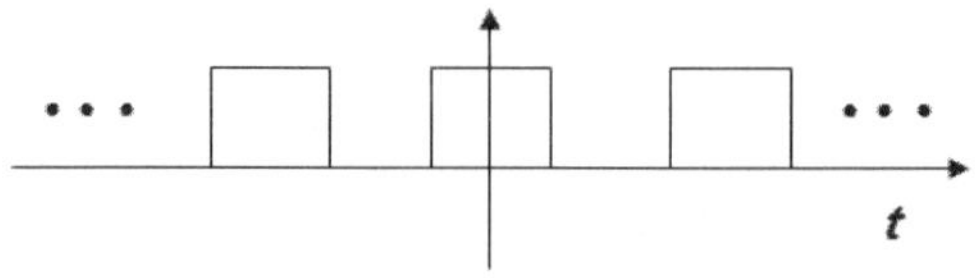

(3) 단일 펄스 신호

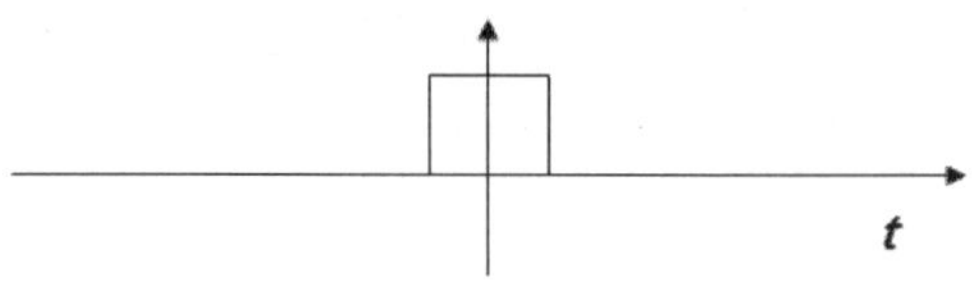

(4) 디지털 심볼

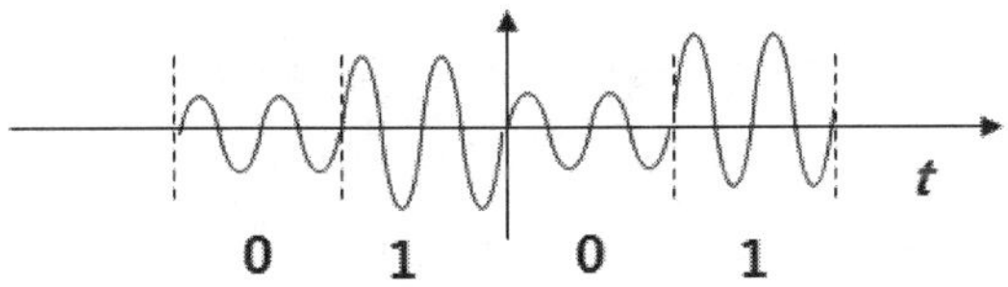

〈그림 6-5〉 에너지 신호와 전력신호의 종류

제3절 잡음의 종류와 특징

1. 이동통신 신호 전달을 방해하는 주요 잡음

(1) 열잡음(Thermal Noise)

열잡음은 전기 도체 내부에 있는 전하의 불규칙한 열운동에 의해 발생한다. 시간 측면에서 특정 시간의 신호 세기는 가우시안 확률 분포(Gaussian probability)를 나타낸다. 주파수 측면에서 모든 주파수 대역에 걸쳐 동일한 진폭(White)을 나타내는 주파수 특성이 있다. 이동통신 신호의 전달은 반드시 열잡음과 함께 전달되므로 통신 채널은 열잡음이 포함된 백색가우시안잡음(Additive White Gaussian Noise) 채널로 모델링 한다. 열잡음의 전력(P)은 다음과 같다.

$$P = k_B TB(Watts) \quad \text{(식 6-1)}$$

여기서, k_B(볼쯔만 상수[Boltzmanm's constant]) : 1.38×10^{-23}(Joules/K)
-절대온도당 에너지
T(절대온도) : 저항체의 절대온도
B(주파수 대역폭) : 저항체에서 사용되는 주파수 대역폭

절대온도 0도는 섭씨 −273.15°C이므로 상온 17°C는 약 절대온도 290°(290°K)이다. 상온 17°에서 열잡음은 −174dBm/Hz이므로 10MHz 채널 대역폭의 열잡음은 -100dBm/10MHz가 된다. 따라서 이동통신 신호는 전력이 약 -100dBm/10MHz 이상이어야 신호 수신이 가능하다. 열잡음 이외의 잡음이 더해지면 이를 극복할 수 있는 만큼 신호전력을 높여야 한다.

1) 열잡음의 특성을 이해하기 위한 가우시안 분포 및 확률밀도함수

성인 남성 1000명을 대상으로 몸무게를 측정하고 몸무게 단위별로 해당 인원수의 분포를 그려보았더니 평균 65kg을 기준으로 좌우로 유사한 모양을 나타내고 있다. 대상인원을 크게 하면 몸무게 단위별 분포는 평균을 중심으로 확률적으로 부드럽게 감소하는 형태로 나타나는데 이것을 프랑스 수학자 가우스의 업적을 기려 가우시안 분포(Gaussian Distribution)라고 하며 정규분포(Normal Distribution)라고도 한다. 가우시안 분포에서 각 기준 값에 대한 빈도수를 나타내는 함수를 가우시안 확률밀도함수라고 하는데 표본수가 크게 늘어나면 대부분의 자연 현상들은 가우시안 확률분포함수의 특성을 가진다. 통신시스템에서 발생하는 열잡음의 전압도 가우시안 확률밀도함수의 특성으로 나타난다. 만일 5V의 전압이 인가되면 $5V+n(t)$로 열잡음의 전압은 평균 5V 세기로 발생하되 순시 전압은 가우시안 확률밀도함수의 전압세기가 더해져 나타난다.

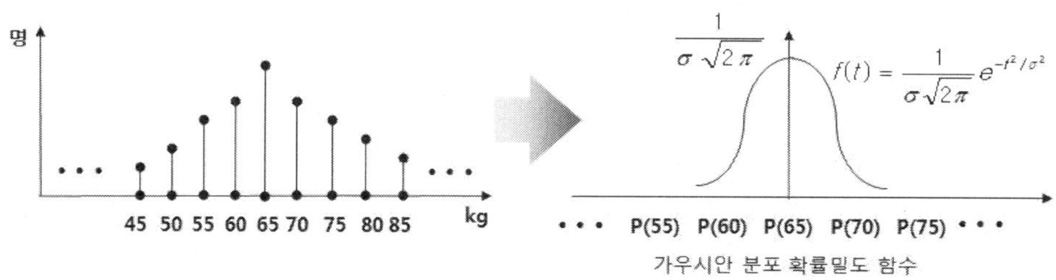

〈그림 6-6〉 가우시안 확률분포

2) 열잡음의 시간과 주파수에 따른 전압과 전력 특성

열잡음의 전력은 모든 주파수 대역에서 동일한 진폭을 나타낸다. 이것은 모든 주파수대역에서 열잡음이 존재하므로 이동통신서비스에서 열잡음을 피할 수 없음을 의미한다.

〈그림 6-7〉 열잡음의 시간과 주파수 특성

3) 백색 가우시안 잡음(White Gaussian Noise)

가우시안 잡음(Gaussian Noise)은 열잡음의 전압 세기가 가우시안 확률분포의 통계적 속성을 가지는 것을 의미하며 백색 잡음(White Noise)은 잡음의 주파수 특성이 모든 주파수 대역에 대해서 균일한 전력밀도 스펙트럼을 가지며 명칭은 백색광에서 유래하였다. 백색 가우시안 잡음은 시간과 주파수에 따른 잡음 신호 세기 특성이 가우시안 잡음 특성과 백색 잡음 특성을 함께 가지고 있음을 나타낸다.

(2) 간섭잡음(Interference noise)

인공적으로 만들어진 다양한 신호에 의해 발생되는 잡음이다. 일반적으로 이용하는 주파수와 인접한 다른 전파서비스 또는 다른 사용자로부터 방해를 받게되는 잡음이다. 예를 들어 800MHz 대역의 주파수에서 이동통신과 TRS 서비스가 이루어지는데 동일한 서비스를 제공하는 SKT, KT, LGU+ 사이 또는 TRS와 이동사업자간에 간섭잡음이 발생한다. 사업자간 또는 사용자간 간섭잡음을 최소화하기 위해 보호대역(가드밴드 : Guard Band)을 설정하기도 하나 완전히 제거할 수는 없다.

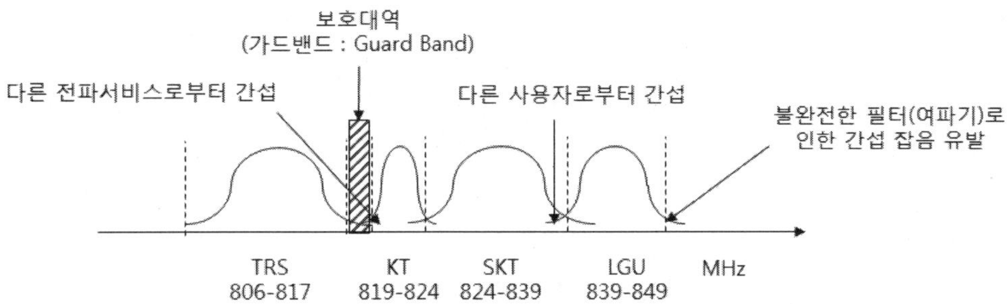

〈그림 6-8〉 간섭잡음

(3) 상호변조 잡음(Intermodulation noise)

서로 다른 주파수를 이용하여 신호를 전달할 때 비선형 특성을 가지는 동일 매질을 이용하는 경우에 상호 변조되어 발생하는 잡음이다. 상호 변조 잡음에 대한 해석은 제11장에서 자세히 설명한다.

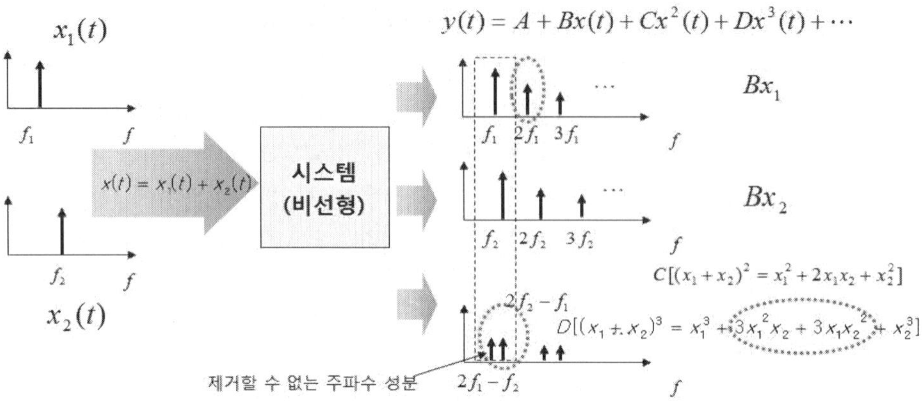

〈그림 6-9〉 상호변조 잡음

(4) 양자화 잡음(Quantification noise)

아날로그 신호를 디지털 신호로 전환할 때 실제 아날로그 신호와 디지털 신호의 차이로 발생하는 잡음이다. 양자화 잡음의 해석은 제12장에서 자세히 설명한다.

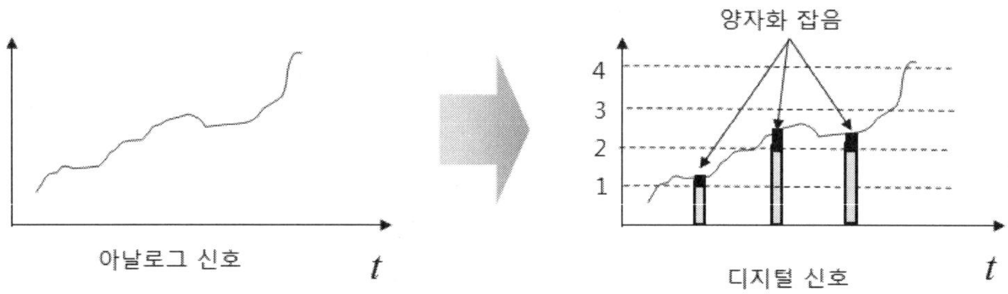

〈그림 6-10〉 양자화 잡음

(5) 버스트 잡음(Burst noise)

디지털 펄스 신호와 같은 갑작스러운 천이(수백 마이크로볼트 이상)가 이루어질 때 발생하는 잡음이다. 발생 주파수는 약 100Hz 이내로 가청주파수에 영향을 미친다.

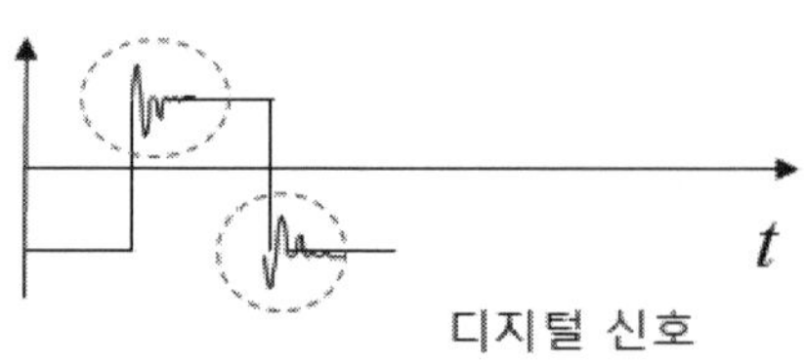

〈그림 6-11〉 버스트 잡음

(6) 플릭커 잡음(Flicker noise)

플릭커 잡음은 직류 전류에 의해서 발생하므로 대부분의 시스템에서 발생하는 잡음이다. 이것은 $1/f$ 잡음($1/f$ noise)이라고도 하는데 주파수에 반비례하여 세기가 감소하므로 고주파에서는 세기가 약하나 저주파에서 세기가 커진다. 이동통신은 높은 주파수에서 동작하므로 비교적 영향이 적으나 플릭커 잡음에 의해 작은 위상의 변화를 일으키는 잡음이 발생할 수 있어 정밀한 주파수를 유지하여야 하는 발진기(Oscillator)에서 영향을 미칠 수 있다.

(7) 누화잡음(Crosstalk noise)

신호들이 섞이는 혼신 잡음으로 여러 신호를 전달하는 매질들을 함께 전송할 때 발생한다. 이동통신에서는 전송로 및 교환망에서 발생할 수 있다.

2. 이동통신 시스템의 내부 소자에 의한 잡음

(1) 샷잡음(Shot noise)

전하의 불규칙한 흐름에 의해 발생하는데 일반적인 전도체 또는 저항체에서 발생하지 않고 매우 작은 저항체에 의한 발생으로 임의로 발생하는 잡음이다.

(2) 시간 천이 잡음(Transit-time noise)

반도체의 전하가 에미터(Emitter)에서 콜렉터(Collector)로 이동할 때 주파수가 높아지고 증폭되는 신호의 주기가 짧아지면서 잡음이 발생한다. 트랜지스터의 잡음은 주파수와 함께 증가한다.

(3) 쇄도잡음(Avalanche noise)

반도체에서 쇄도사태(avalanche breakdown) 발생시 발생하는 잡음이다.

3. 기타 잡음

(1) 임펄스 잡음(Impulse noise)

번개, 전자제품의 방해, 통신시스템의 결함 등으로 짧은 시간에 일시적으로 발생하는 잡음이다.

(2) 산업잡음(Industrial noise)

자동차와 비행기의 점화 장치, 고전압선, 형광 램프 등 전하 방출에 의한 잡음이다.

(3) 대기잡음(Atmospheric noise)

번개의 전하 방출과 강한 비에 의한 전파 에너지 흡수 등과 같은 대기 자연 현상에 의한 잡음이다.

(4) 태양 잡음(Solar noise)

태양으로부터의 전하 방출은 일정하나 태양 흑점 폭발 등으로 코로나의 방출이 커지면 추가적인 잡음이 발생한다.

(5) 우주 잡음(Cosmic noise)

우주 잡음은 별로부터 발생되는데 8MHz~1.43GHz에서 발생한다.

연습문제

01 이동통신 신호는 기본적으로 어떠한 파형의 형태를 가지고 있는가?

02 실제로 나타나는 전력과 잠재적인 전력의 합이 동일함을 나타내는 식을 나타내시오

03 전력은 특정 시간의 값이 확률로만 나타내는 신호를 무엇이라 하는가?

04 신호가 반복되지 않는 신호를 무엇이라 하는가?

05 일정한 시간마다 존재하는 신호를 무엇이라 하는가?

06 단위 시간에 전기 장치에 공급되는 전기 에너지를 무엇이라 하는가?

07 이동통신의 신호의 성격을 설명하시오.(결정/임의, 주기/비주기, 에너지/전력)

08 전력신호와 에너지신호의 예를 1가지씩 그리시오.

09 열잡음의 시간특성을 설명하시오.

10 열잡음의 주파수 특성을 설명하시오.

11 이동통신에서 신호전달을 분석할 때 열잡음의 특성을 포함한 채널을 무엇이라 하는가?

12 인공적으로 만들어지는 신호에 의해 발생하는 잡음은?

13 간섭 잡음을 피하기 위해 이용되지 않는 주파수 대역은?

14 서로 다른 주파수를 가지는 신호를 비선형 특성을 가지는 동일 매질을 이용할 때 발생하는 잡음은?

15 아날로그 신호를 디지털 신호로 변환할 때 발생하는 잡음은?

16 디지털 펄스 신호는 급격히 신호가 변하는데 이때 발생하는 잡음은?

17 이동통신 신호를 발생하기 위해 직류 전압을 인가할 때 발생하는 잡음은?

18 이동통신 시스템의 소자 내부에서 발생하는 잡음의 종류는?

19 자연에서 나타내는 잡음의 종류는?

제7장

신호와 잡음의 세기

제1절 개요

이동통신 신호와 잡음의 세기는 단위 시간의 에너지인 전력 및 전압으로 나타내며 세기의 단위는 W, mW, V, mV, μV 등으로 나타낸다. 통신신호는 기지국에서 매우 높은 전력으로 방사되어도 일반적으로 거리의 4승에 반비례하여 짧은 거리를 전파하여도 단말기에서는 매우 작은 신호를 받게 된다. 따라서 전력 및 전압이 인지하기 어려울 정도로 작을 경우 인지할 수 있는 수치로 대체한 데시벨을 이용하여 세기를 표현한다.

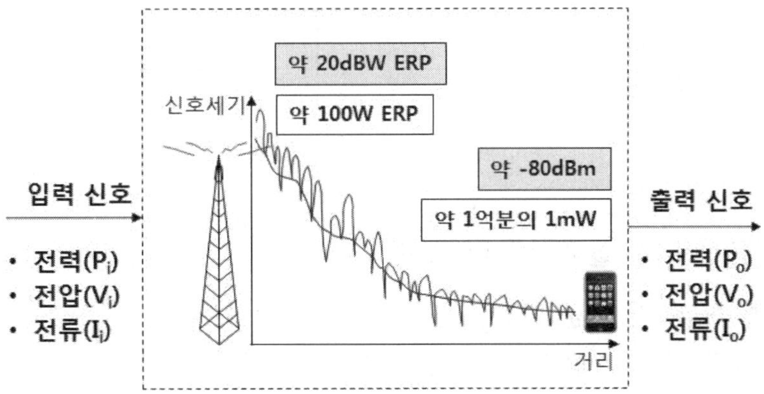

〈그림 7-1〉 이동통신 신호의 세기 표현

제2절 평균전력과 실효전압

1. 전력과 에너지 값

(1) 순시전력 신호의 값

일반적인 전기신호의 순시 전력은 다음과 같이 전압, 전류, 저항에 의해 표현된다.

(옴의 법칙) $v(t) = i(t)R$ (식 7-1)

(전력의 정의) $p(t) = v(t) \times i(t) = \dfrac{v^2(t)}{R} = i^2(t) \times R$ (식 7-2)

(일반적인 전력의 표현) $p(t) = x^2(t)$ 이 때 $R = 1$ (식 7-3)

(2) 전력 신호의 값(신호가 무한대로 존재하면서 주기적으로 반복)

$$P = \frac{1}{T}\int_{-T/2}^{T/2} x^2(t)dt$$

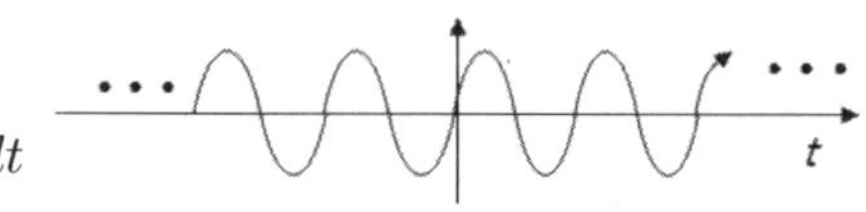

(식 7-4)

(3) 에너지 신호의 값(신호가 일정 시간만 존재)

$$E = \int_{-\infty}^{\infty} x^2(t)dt$$

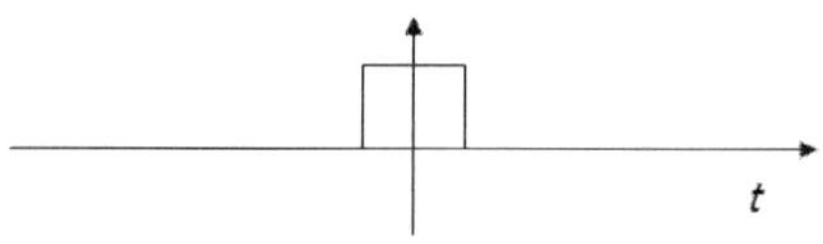

(식 7-5)

2. 평균전력과 실효전압의 개념

(1) 평균전력의 개념

평균전력은 주기적인 신호의 전력 변화를 주기 동안 동일한 전력으로 표현하는 것이다. 이동통신 시스템에서 단위 시간에 전기 장치에 공급되는 전기에너지의 세기를 의미한다.

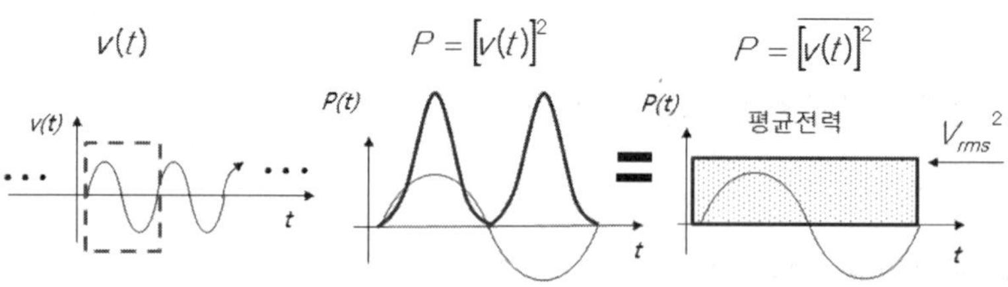

〈그림 7-2〉 평균전력의 개념

정현파 신호의 전력은 다음과 같으며 자세한 전력 산출은 부록 B.3 급수와 미적분에서 설명한다.

$$P = \frac{1}{T}\int_{-\frac{T}{2}}^{\frac{T}{2}} A^2 \cos^2 \omega t dt = \frac{A^2}{2} = V_r^2 \qquad \text{(식 7-6)}$$

(2) 실효전압의 개념

실효전압은 rms(root mean square) 전압이라고 한다. 실효전압은 주기적인 신호의 전력 변화를 주기 동안 동일한 전압으로 표현하는 것이다. 실효전압은 교류 전압 신호의 전력과 동일한 전력을 가지는 직류 전압 신호를 표현한다. 교류 신호는 순시적으로 세기가 시간에 따라 변하는데 동일한 전력을 가지는 직류 신호로 표현하면 시간과 관계없이 신호의 세기를 나타낼 수 있다. 실효전압은 직류전압이므로 V_{rms}로 표시한다.

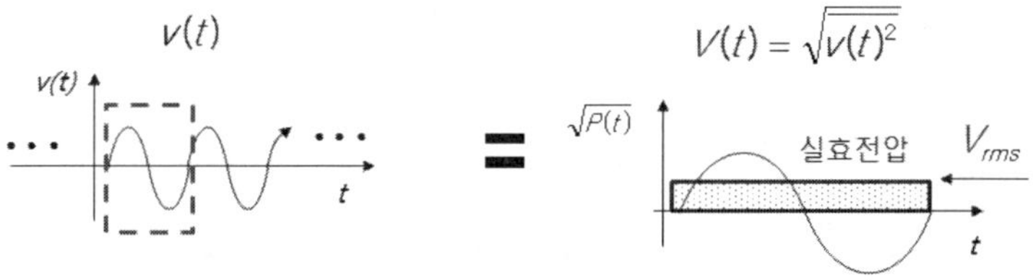

〈그림 7-3〉 실효전압의 개념

(3) 전력신호와 실효전압의 관계(저항 1Ω)

전력신호의 진폭 A와 실효전압 V_{rms} 사이에 다음과 같은 관계가 있다.

$$P = \frac{A^2}{2} = V_r^2 \Rightarrow V_r = \frac{A}{\sqrt{2}} \qquad \text{(식 7-7)}$$

가정에서 사용하는 교류전압 100 V_{ac}, 220 V_{ac}는 실효전압 값을 의미한다.

$$v(t) = 100\sqrt{2}\cos(2\pi \times 60 \times t)$$
$$v(t) = 220\sqrt{2}\cos(2\pi \times 60 \times t)$$

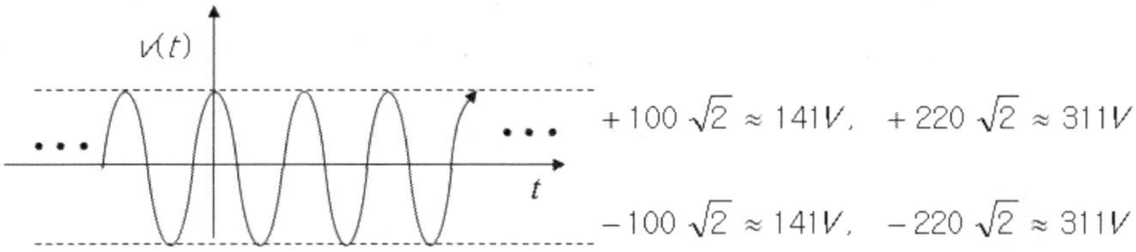

〈그림 7-4〉 실효전압의 예

제3절 신호와 잡음의 세기 표현

1. 신호와 잡음의 세기

이동통신 신호의 세기는 값이 매우 작아 수치가 일상적인 범위를 벗어난다. 예를 들어 이동통신의 수신신호 세기는 약 1억분의 1mW 정도로 매우 작은 숫자이다. 로그를 이용하여 작은 수로 바꾸어 사용할 수 있으나 너무 숫자기 작아 인지하기 어렵다. 따라서 일반적인 세기 표현과 더불어 로그에 10을 곱한 데시벨(decibel)을 이용하여 전파신호세기를 표현한다.

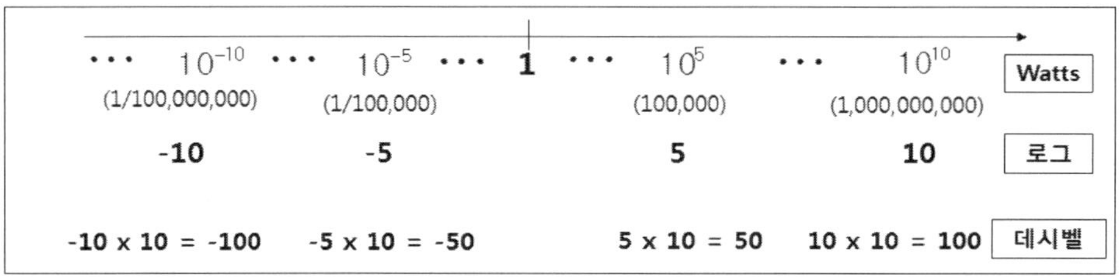

〈그림 7-5〉 신호와 잡음의 세기 표현

2. 데시벨(Decibel : DB)의 개념

로그 값을 그대로 사용할 경우 숫자가 너무 작아져 불편하므로 전파의 세기가 전력일 경우 10을 밑으로 하는 로그 값에 10을 곱한 것을 데시벨(dB)로 정의한다.

$$(dB) = 10\log_{10} N \quad \Rightarrow \quad N = 1000 \text{ 일때, } (dB) = 10\log_{10} 1000 = 10 \times 3 = 30$$

3. 절대 개념의 데시벨

(1) 절대 데시벨

절대 데시벨은 특정 비교값과 비교한 크기를 데시벨로 나타낸다. 절대적인 레벨 표시의 예로서 dBm(dBmW), dBW, dBv, dB(μP) 등이 있으며 각각의 식을 나타내면 다음과 같다.

(1) $dBm = 10\log_{10}\dfrac{\text{측정전력}(mW)}{1mW}$

(2) $dBW = 10\log_{10}\dfrac{\text{측정전력}(W)}{1W}$

(3) $dBv = 10\log_{10}\dfrac{\text{측정전력}(v)}{1v}$

(4) $dB = dB(\mu P) = dB(SPL) = 10\log_{10}\dfrac{[\text{측정소리세기}_{rms}(\mu P)]^2}{[20\mu P(air) or 1\mu P(water)]^2}$ (식 7-8)

※ SPL : Sound Pressure Level

(2) 절대 데시벨의 응용

1) 이동통신

열잡음의 전력은 $P = k_B TB(Watts)$로 산출한다.(제6장 참조) 이때 절대온도 0도는 섭씨 -273.15도이므로 절대온도 290도(290K)는 약 섭씨 17도이다. 절대온도 290도에서 열잡음은 -174dBm/Hz이므로 10MHz 채널대역폭의 열잡음은 -104 dBm/10MHz이다. 이때 잡음 전력은 다음과 같이 구할 수 있다

$$\begin{aligned} P(dB) &= k_B TB(Watts) \\ &= dB[1.38\times 10^{-23}(Joules/K)\times 290K \times 10^7 Hz] \\ &= -174dBm/Hz + 70dBHz \\ &= -104dBm \end{aligned}$$

따라서 이동통신 신호는 최소한 열잡음을 극복할 수 있는 -100dBm/10MHz 이상의 신호를 수신하여야만 신호를 인지할 수 있다.

2) 소리의 세기 단위(데시벨)

소리 세기 단위는 파스칼(Pascal)이다. 일상적으로 소리의 세기 단위로 데시벨(Decibel)을 사용하고 있는데, 데시벨은 절대 개념 데시벨의 단위인 dBμP을 줄여서 사용하는 것으로 소리 단위인 파스칼(Pascal)의 절대 개념의 데시벨 단위이다. 절대기준 20 μP은 인간이 공기 중에서 평균적으로 들을 수 있는 최소 세기로서 모기가 3m 떨어졌을 때 발생하는 소리의 크기이다.(물속에서는 1 dBμP) 가정에서 일상 소음은 40dB, 일상대화는 60dB, 자동차 도로 소리 70dB, 일반 음악 85dB, 록밴드 110dB, 제트엔진 150dB이다. 120dB 이상은 고막을 파열시킬 수 있으므로 장기간 80dB 이상 청취는 청각장애를 발생시킬 수 있다.

4. 상대 개념의 데시벨

(1) 상대 데시벨

두 값을 비교하여 상대적인 크기의 값을 데시벨로 나타낸다. 입출력신호의 값을 비교한 상대적인 크기 표시로 dB로 나타낸다. 전력은 전압(전류)의 제곱이므로 2배의 차이가 나는데 전력과 전압(전류)의 관계는 부록 B.2 신호세기와 지수로그에서 설명한다.

$$(1)\ 전력(dB) = 10\log_{10}\frac{P_o}{P_i}$$

$$(2)\ 전력(dB) = 20\log_{10}\frac{I_o}{I_i} \qquad (식\ 7\text{-}9)$$

$$(3)\ 전력(dB) = 20\log_{10}\frac{V_o}{V_i}$$

기준 값과 비교한 상대적인 크기 표시로서 dBc(relative to carrier)를 나타내는데 dBc의 개념은 다음과 같다.

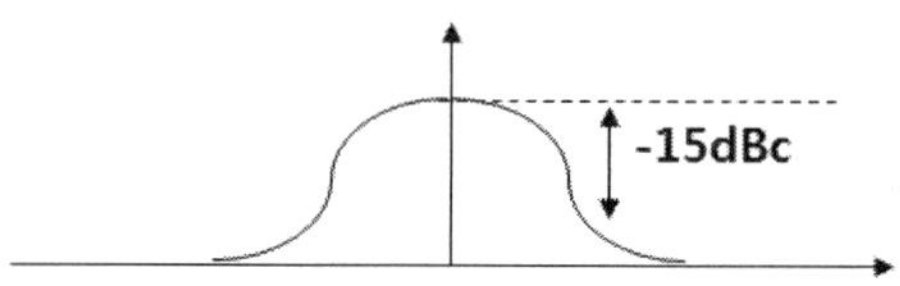

(2) 상대 데시벨의 응용

1) 안테나 이득(1장에서 자세한 설명)

등방성 안테나 또는 다이폴 안테나와 비교하여 상대적 크기를 나타내는데 이것은 상대 개념 데시벨의 응용이다.

- 등방성 안테나 이득의 상대적인 크기 : dBi
- 다이폴 안테나 이득의 상대적인 크기 : dBd

2) 채널대역폭의 정의

데시벨의 이동통신 시스템을 구성하는 필터, 믹서, 증폭기 등 모든 구성 요소는 일정한 주파수 대역폭에서만 동작하도록 허용되어 있는데 이것을 채널 대역폭이라고 한다. 이동통신의 채널대역폭을 정의할 때 3dB 대역폭을 사용하는데 최대전력과 비교하여 3dB 만큼 감소한 전력을 -3dBc라고 나타낸다. 채널대역폭은 최대 전력을 나타내는 중심주파수로부터 -3dBc를 나타내는 상하향 주파수 범위를 3dB 대역폭이라고 한다.

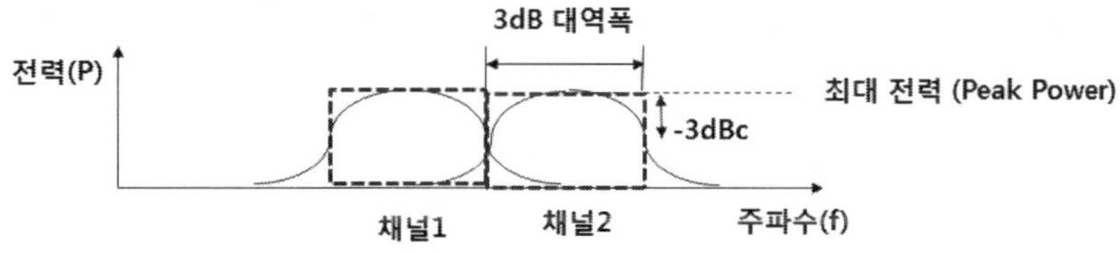

〈그림 7-6〉 3dB 채널 대역폭

(3) 통신 신호 세기에서 의미 있는 데시벨 값의 해석

주요 데시벨 단위로 0, 3, 10dB를 표시한다. 데시벨은 덧셈개념으로 모든 숫자의 값을 산출할 수 있다. 예를 들어 7dB는 10dB-3dB로 분리하여 계산할 수 있다.

〈표 7-1〉 주요 데시벨 값

구분	절대개념 데시벨 (dBm)	상대개념 데시벨 (dB)
0	1mW	출력신호가 입력신호와 동일 (이득도 없고 손실도 없음)
3	2mW	출력신호가 입력신호 전력의 2배로 증가 (전압, 전류는 √2배 증가)
10	10mW	출력신호가 입력신호 전력의 10배로 증가 (전압, 전류는 √10배 증가)
20	100mW	출력신호가 입력신호 전력의 100배로 증가 (전압, 전류는 √100배 증가)
-3	0.5mW	출력신호가 입력신호 전력의 1/2로 감소 (전압, 전류는 1/√2배 증가)
-10	0.1mW	출력신호가 입력신호 전력의 1/10로 감소 (전압, 전류는 1/√10배 감소)
-20	0.01mW	출력신호가 입력신호 전력의 1/100로 감소 (전압, 전류는 1/√100배 감소)

(4) 데시벨을 이용한 통신신호 세기 계산

다단계 시스템에서 입출력 신호의 세기는 곱하기로 계산되나 데시벨은 더하기 계산되므로 간편하게 신호의 세기를 계산할 수 있다. 다음은 직렬로 연결된 다단계 증폭기 시스템의 출력 신호를 간단히 덧셈으로 산출한다.

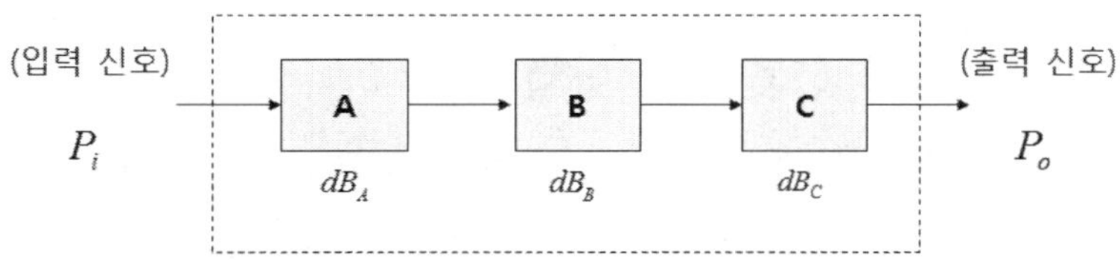

$$P_0 = P_i \times A \times B \times C$$

$$10 \log_{10} P_0 = 10 \log_{10}(P_i \times A \times B \times C)$$

$$P_0(dB) \ = P_i(dB) + dB_A + dB_B + dB_C$$

〈그림 7-7〉 다단계 시스템의 데시벨 개념

다음은 실제 평균적인 이동통신 기지국의 증폭기 및 안테나 시스템을 고려하여 구성한 것이다.

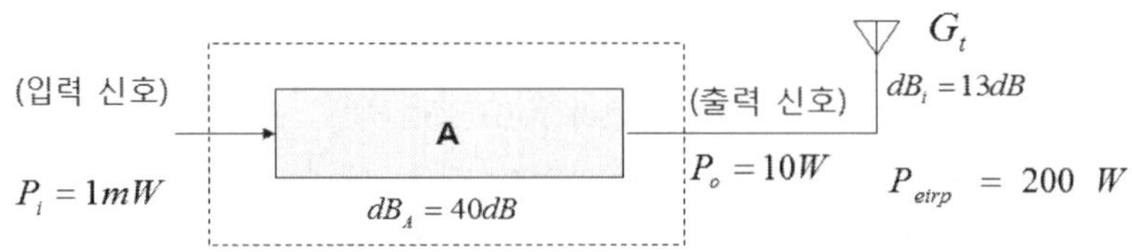

〈그림 7-8〉 데시벨 개념의 예제

제4절 이동통신 시스템의 성능

1. 통신 시스템의 성능 표현

통신 시스템의 성능을 나타내는 일반적인 공식은 셰논의 채널 용량 공식(Shannon's Channel Capacity Theorem)이다.(제3장 참조)

$$C = B\log_2(1 + \frac{S}{N}) \qquad (식\ 7\text{-}10)$$

이때 C는 채널 용량, B는 채널의 주파수 대역폭, S는 신호 전력, N은 잡음 전력을 의미한다. 셰논의 공식은 이용 가능한 대역폭, 채널, 전력으로 허용된 시간에 최대 데이터 전송 능력을 나타낸다. 채널대역폭 B는 주어진 조건이므로 이동통신사업자가 조정할 수 있는 변수가 아니다. 따라서 이동통신 시스템의 성능을 개선하기 위해서는 S/N을 최대로 하여야만 데이터 전송 속도를 높일 수 있다. 신호 대 잡음을 나타내는 표현은 다양하다.

2. 신호와 잡음의 성능 측정 방법

(1) 신호 대 잡음 전력비(Signal to Noise Power Ratio)

S/N 또는 SNR이라고 한다. 일반적인 통신신호의 성능을 나타낸다.

$$SNR(dB) = 10\log_{10}\frac{S}{N} \qquad (식\ 7\text{-}11)$$

이때 S는 신호전력, N은 잡음전력이다.

(2) 반송파 대 잡음 전력비(Carrier to Noise Power Ratio)

C/N 또는 CNR이라고 한다. 전파신호를 복조하기 전에 신호전력 대 잡음전력의 세기를 비교한다.

$$CNR(dB) = 10\log_{10}\frac{C}{N} \qquad \text{(식 7-12)}$$

이때 C는 반송파 전력, N은 잡음전력이다.

(3) SINAD(Signal to noise and distortion ratio)

아날로그 통신에서 신호의 품질을 나타낸다. 변조된 오디오 신호와 변조된 오디오 신호를 제거한 잡음 및 왜곡된 신호의 세기를 비교한다.

$$SINAD(dB) = 10\log_{10}\frac{P_{signal} + P_{noise} + P_{distortion}}{P_{noise} + P_{distortion}} \qquad \text{(식 7-13)}$$

이때 P_{signal}은 신호전력, P_{noise}은 잡음전력, $P_{distortion}$은 신호 왜곡전력이다.

(4) 비트 에너지 대 잡음 전력비(bit energy to Noise Power Ratio)

E_b/N_0비라고 한다. 디지털 통신에서 신호의 성능을 나타낸다. 비트에너지와 정규화된 잡음의 전력의 세기를 비교한다.

$$Eb/N_0(dB) = 10\log_{10}\frac{E_b}{N_o} \qquad \text{(식 7-14)}$$

이때 E_b는 비트 에너지, N_0는 정규화 잡음전력이다.

(5) 신호 대 양자화 잡음 전력비(Signal to Quantization Noise Power Ratio)

SQNR이라고 한다. 아날로그 신호를 디지털 변환할 때 성능을 나타낸다. 신호전역 대 양자화로 인한 잡음의 크기를 비교한다.

$$SQNR(dB) = 10\log_{10}\frac{S}{QN} \qquad \text{(식 7-15)}$$

이때 S는 신호전력, QN은 양자화 잡음전력이다.

(6) 최대 신호 대 잡음 전력비(Peak Signal to Noise Power Ratio)

PSNR이라고 한다. 영상코딩에서 재생된 영상의 품질 정도를 나타낸다. 최대전력은 압축이전 신호전력이고 잡음은 압축할 때 발생하는 잡음전력을 나타낸다.

$$PSNR(dB) = 10\log_{10}\frac{PS}{N} \qquad \text{(식 7-15)}$$

이때 PS는 최대 신호 전력, N는 잡음전력이다.

(7) 잡음인자(Noise Factor) : *F*

출력신호가 입력신호와 비교하여 신호 대 잡음비가 얼마만큼 나빠지는지를 측정하기 위한 측정 기준으로 약자로 F를 사용한다.

$$F = \frac{\text{입력신호}S/N}{\text{출력신호}S/N} = \frac{(S/N)_i}{(S/N)_o} \qquad \text{(식 7-16)}$$

(8) 잡음지수(Noise Figure) : *NF*

잡음인자에 상용로그를 취하여 출력신호의 S/N비 저하를 측정한다. 통신시스템의 구성요소는 NF가 작아야 좋은 성능을 갖는 것이다.

$$NF(dB) = 10\log_{10}\left[\frac{\text{입력신호}S/N}{\text{출력신호}S/N}\right] = 10\log_{10}\left[\frac{(S/N)_i}{(S/N)_o}\right] \qquad \text{(식 7-17)}$$

3. 기타 이동통신 성능 측정 방법

(1) 최대 신호 대 평균 전력비(Peak to Average Power Ratio)

크레스트 인자(Crest Factor)라고 하며 PAR로 표시한다. 디지털 통신에서 변조된 신호의 최대전력이 평균전력에서 벗어나 정도를 측정한다. LTE/LTE-A에서 이용되는 OFDM의 경우 PAR이 12dB에 이른다. PAR이 높으면 평균전력에 비해 선형성이 요구되는 구간이 높아져 증폭기 효율이 저하된다.

$$PAR(dB) = 10\log_{10}\frac{P}{A} \qquad \text{(식 7-18)}$$

이때 P는 최대전력, A는 평균전력이다.

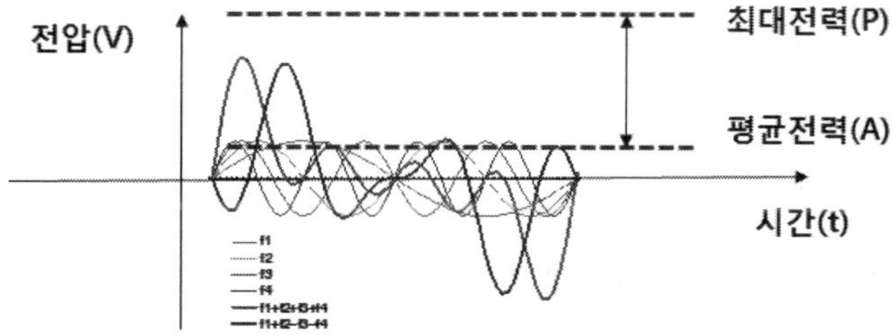

〈그림 7-9〉 PAR 개념

(2) 에러 벡터 매그니튜드(Error Vector Magnitude

EVM이라고 하고 디지털 무선 송수신 장비의 성능을 나타낸다. 신호의 진폭 및 위상의 변화로 인한 에러를 측정한다.

$$EVM(dB) = 10\log_{10}\frac{P_{error}}{P_{reference}} \quad \text{(식 7-19)}$$

$$EVM(\%) = \sqrt{\frac{P_{error}}{P_{reference}}} \times 100 \quad \text{(식 7-20)}$$

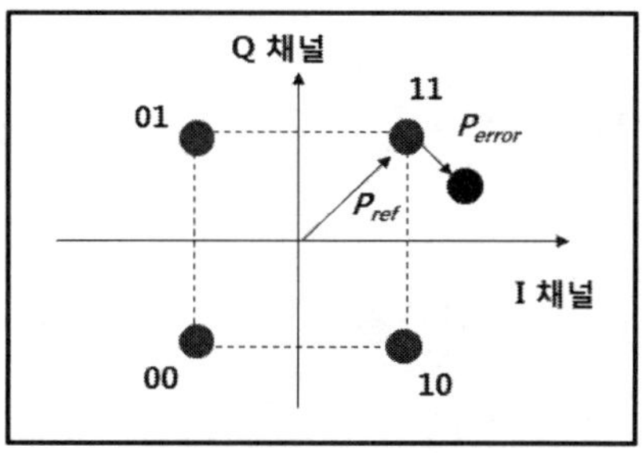

〈그림 7-10〉 EVM 개념

연습문제

01 이동통신 신호와 잡음의 세기를 나타내는 단위로 3가지만 나열하시오.

02 전압 또는 전류가 $x(t)$ 이고 저항이 1옴일 때 다음을 표현하시오.

1) 순시전력 P

2) 주기신호 전력 P

3) 비주기신호 에너지 E

03 정현파 $x(t) = A\cos\omega t$ 일 때

1) 평균전력 P는 무엇인가?

2) 실효전압 V는 무엇인가?

04 저항 1Ω에 걸리는 전압 $v(t) = 3\sqrt{2}\cos 60t\ (V)$의 평균전력 및 실효전압은 무엇인가?

05 실효전압 100 V_{ac}의 최대전압은 무엇인가?

06 이동통신 신호의 크기를 표현할 때 데시벨을 사용하는 이유는 무엇인가?

07 소리세기의 절대 데시벨 단위는 무엇인가?

08 전력과 전압 또는 전류의 상대 데시벨은 어떤 관계인가?

09 이동통신에서 열잡음은 피할 수 없는 잡음이다. 상온 17도에서 열잡음이 -174dBm이면 20MHz 대역폭을 이용하는 채널의 잡음전력은 얼마인가?

10 일상 대화에서 나오는 소리의 세기는 얼마인가?

11 상대개념 데시벨의 단위인 dBc를 설명하시오.

12 입출력 신호의 크기 레벨을 표현할 때 이득도 없고 손실도 없을 때의 크기를 데시벨로 나타내시오.

13 입력신호에 대한 출력신호의 전력비가 1/2, 1/10, 1/100로 되는 크기를 각각 데시벨로 나타내시오.

14 기지국 전력이 40dBW, 단말기 수신전력이 -80dBm일 때 각각 W와 mW로 나타내시오.

15 17dBm은 몇 mW인가?

16 다음의 3단 통신시스템에서 증폭기 A, B, C 각 단의 이득이 각각 +10dB, +5dB, +15dB 이고 P_i가 1mW일 때 P_o는 얼마인가?

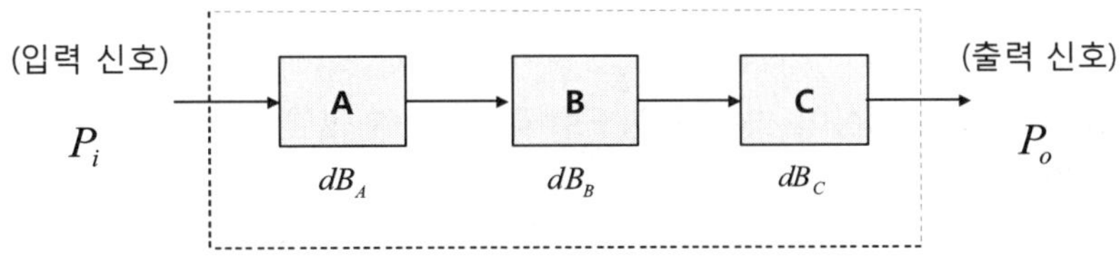

17 다음 송신시스템에서 입력전력(P_i)과 안테나 방사전력(P_{eirp})은 얼마인가?

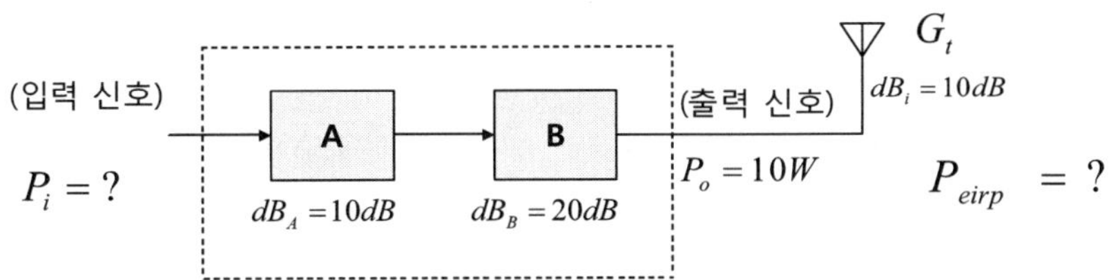

18 이동통신 시스템에서 음성의 SNR이 아날로그시스템 18dB, GSM 12dB, cdma2000 6dB일 때 신호가 잡음의 몇 배를 의미하는가?

19 아날로그 통신의 음성품질을 측정하는데 이용되는 성능 측정 방법은?

20 아날로그 신호를 디지털 신호로 변환할 때 발생하는 양자화잡음을 측정하는데 이용되는 성능 측정 방법은?

21 디지털 영상신호의 품질을 측정하는데 이용되는 성능 측정 방법은?

22 안테나의 입력신호가 10W이고 입력잡음이 0.1W, 안테나의 출력신호가 100W이고 출력잡음이 2W인 잡음지수(NF : Noise Figure)는 몇 dB인가?

23 증폭기의 입력신호가 10mW이고 입력잡음이 0.1mW, 출력잡음이 1W인 증폭기의 잡음지수(NF : Noise Figure)가 10dB일 때 출력신호의 전력은 몇 W인가?

24 이동통신 시스템의 최대전력이 1W이고 평균전력이 100mW일 때 PAR은 얼마인가?

25 신호의 진폭과 위상이 벗어난 정도로 디지털송수신 장비의 성능을 측정하는 방법은 무엇인가?

제8장

신호와 잡음의 해석

제1절 이동통신 신호의 변화 측정

1. 이동통신 신호의 변화

이동통신 신호는 통신사업자의 주파수 대역(800/900MHz 대역, 1.8/2/2.3/2.6GHz 대역)으로 여러 정현파로 변조된 후 안테나를 통해 전파하는데 열잡음을 비롯한 다양한 잡음이 신호와 결합하여 시간적으로 매우 불규칙한 파형으로 전달된다.

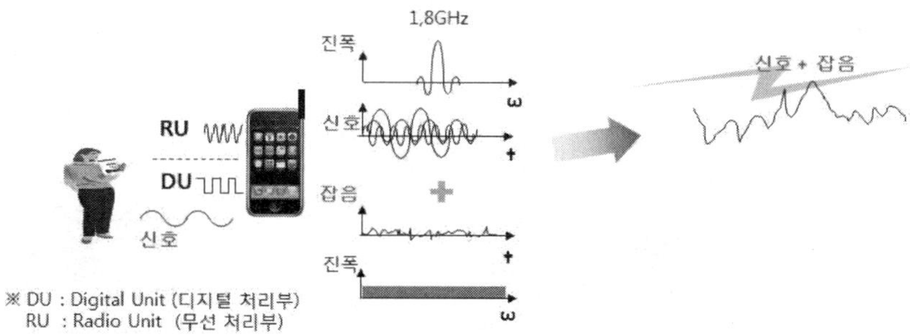

〈그림 8-1〉 이동통신 신호의 변화

2. 이동통신의 신호와 잡음의 측정

이동통신 신호의 변화는 시간과 주파수에 따른 세기의 변화를 의미한다.

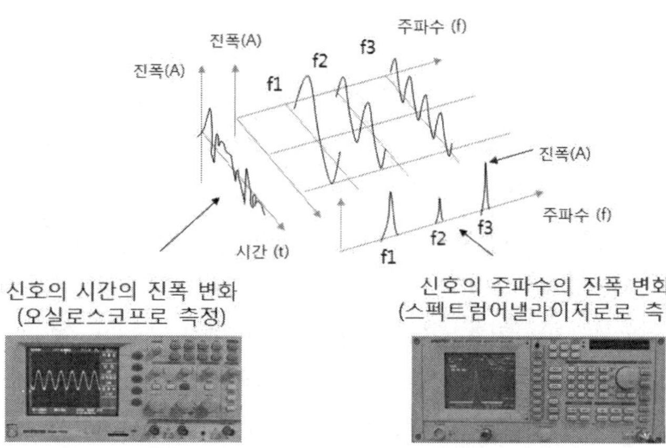

〈그림 8-2〉 이동통신의 신호와 잡음 측정

① 오실로스코프(Osciloscope)는 시간에 따른 세기의 변화를 측정
② 스펙트럼어낼라이저(Spectrum Analyzer)는 주파수에 따른 세기의 변화를 측정

강의실에서는 라디오, TV, 휴대전화 등의 다양한 전파통신서비스가 이루어지고 있다. 따라서 각 서비스를 전달하는 전파가 함께 존재하면서 시간과 주파수의 세기 변화로 신호를 전달한다. 따라서 신호 해석은 시간 영역과 주파수 영역에서 각각 가능하다. 다음 그림에는 강의실에서 AM라디오 1개 방송, 지상파 TV 1개 방송, FM 라다오 1개 방송, 2개의 주파수를 이용하는 이동통신서비스가 함께 존재할 때 오실로스코프와 스펙트럼 어낼라이저로 신호와 잡음을 측정한 결과를 나타내었다.

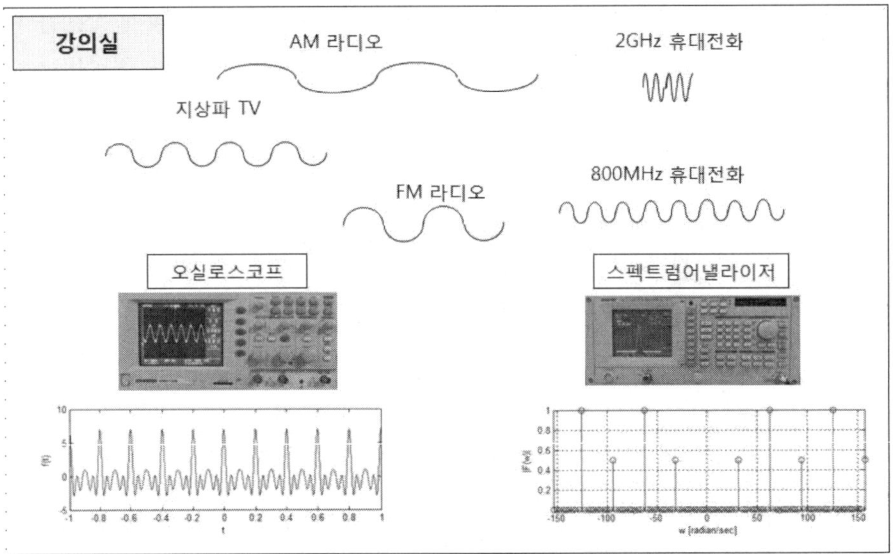

〈그림 8-3〉 다양한 전파통신서비스의 공존과 분석

3. 신호 해석의 개념

사람이 오감의 신호를 인지하는 것은 시간에 따른 세기의 변화를 전달받기 때문이다. 여러 전파가 함께 사용되면 시간적으로 여러 신호가 섞여 신호의 도출 및 측정이 어렵고 또한 통신시스템을 구성하는 구성 요소의 특성이 주파수 특성에 기초하여 제작 운용되므로 시간영역보다는 주파수 영역에서 신호해석이 유리하다. 따라서 시간에 따른 변화의 세기를 나타낸 신호(시간영역)를 주파수에 따른 변화의 세기를 나타낸 신호(주파수 영역)로 변환하여 이동통신 신호의 해석을 쉽게 할 수 있다. 하지만 사람이 신호를 인지하는 것은 시간에 따른 신호세기의 변화이므로 최종적으로 주파수에 따른 신호를 시간에 따른 신호 세기로 변환하여야 한다.

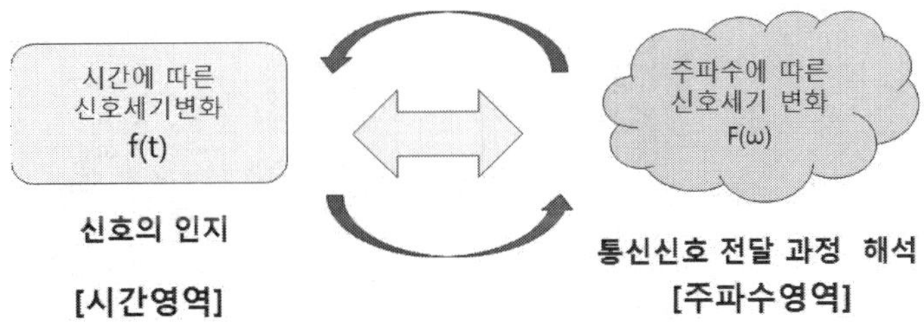

〈그림 8-4〉 신호의 해석 방법

4. 신호의 주파수 해석

(1) 기본 개념

통신신호의 주파수 해석은 주파수 영역에서 주파수 특성(주파수에 따른 진폭 및 위상 값)을 찾는 것이다. 푸리에 해석(Fourier Analysis)이라고도 한다.

(2) 푸리에 급수(Fourier Series) 해석

주기함수의 특성을 갖는 통신신호의 주파수 특성을 해석한다. 푸리에 변환에 포함된다.

(3) 푸리에 변환(Fourier Transform) 해석

주기함수를 포함한 모든 통신신호의 주파수 특성을 해석한다. 주파수 변환이라고도 한다.

5. 이동통신 신호의 수학적 표현

모든 자연의 신호는 여러 사인파와 코사인파를 합쳐서 표현할 수 있다. 따라서 모든 신호의 수식이 간편해지고 신호의 해석도 쉽게 할 수 있다. 따라서 이동통신 신호도 여러 개의 정현파(사인파 또는 코사인파)로 전달되는 것으로 해석할 수 있다. 이동통신 신호의 객관적인 크기를 표현하기 위해 사인 또는 코사인파와 같이 신호 크기가 일정하게 반복하는 경우 단위 시간에 반복하는 횟수를 나타내는 주파수와 특정 시간에 위치를 나타내는 위상을 이용하여 수학적으로 표현한다. 정현파의 수학식은 특정 시간의 시간영역과 주파수 영역의 세기를 동시에 표현할 수 있다.

$$f(t) = A(t)\cos(\omega t + \phi) = A(t)\cos(2\pi f t + \phi) \qquad \text{(식 8-1)}$$

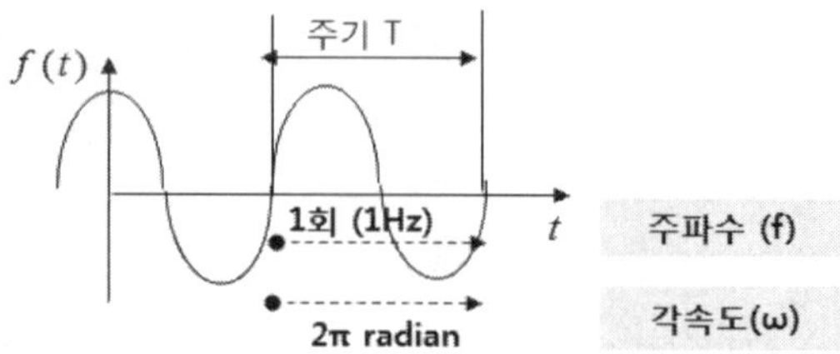

여기서, 주기 T : 1회 진동하는 시간,

주파수 f : 초당 진동하는 횟수 [Hz(Hertz)]

각속도 ω : 초당 회전하는 각도 [radian/sec]

주파수와 주기 관계 : $f = 1/T$

주파수와 각속도 관계 : $\omega = 2\pi f$

제2절 푸리에 급수의 해석

1. 푸리에 급수의 개념

푸리에는 임의의 주기함수는 사인파와 코사인파의 무한급수로 전개됨을 증명하였다. 다음 그림과 같이 왼쪽의 임의의 파형을 분석하면 오른쪽의 여러 개의 정현파로 분리된다. 다시 말하면 오른쪽의 여러 개의 정현파가 합쳐지면 왼쪽의 불규칙한 파형이 만들어진다.

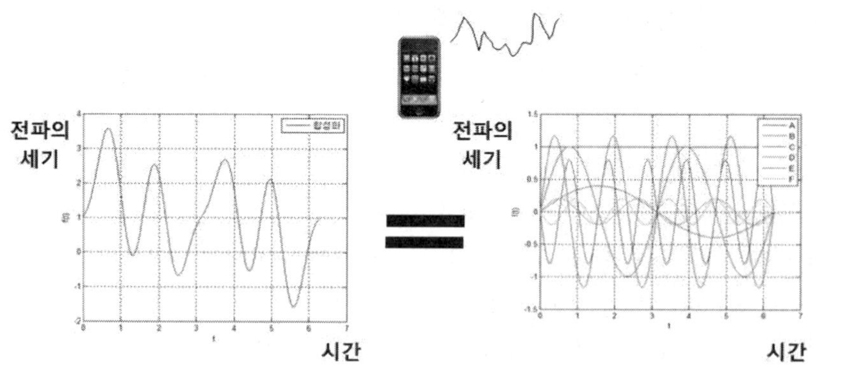

<임의의 이동통신신호> <임의의 이동통신신호를 6개 정현파로 분리>

〈그림 8-5〉 푸리에 급수의 개념

2. 이동통신 신호와 푸리에 급수

푸리에 급수는 이동통신 신호 해석을 위해 브릿지(Bridge) 역할을 수행한다. 주기신호는 무한대로 반복하는 신호이므로 실제 통신에서 나타나는 신호 형태가 아니다. 비주기적인 특성을 나타내는 이동통신 신호의 주파수 해석을 주기적인 정현파로 해석하기 위해서는 푸리에 급수에서 주기를 무한대로 가정하여 도출한다. 따라서 푸리에 급수는 일반적인 이동통신 신호 해석을 위한 브릿지 역할을 수행한다.

푸리에 급수는 주기적인 특성을 갖는 통신 신호를 여러 개의 주기 함수인 함수로 대체하는 것으로 주기함수인 삼각함수로도 대체할 수 있다. 만일 $f(t)$가 주기함수라면 여러 개의 정현파로 $f(t)$를 나타낼 수 있다.

$$\begin{aligned} f(t) = a_0 &+ a_1 \cos\omega_0 t + \cdots + a_n \cos n\omega_0 t + \cdots \\ &+ b_1 \sin\omega_0 t + \cdots + b_n \sin n\omega_0 t + \cdots \end{aligned} \qquad \text{(식 8-2)}$$

3. 푸리에 계수와 푸리에 계수 값 산출

급수를 이용하여 주기함수 $f(t)$를 다시 간단히 표현하면 다음과 같다.

$$f(t) = a_0 + \sum_{n=1}^{\infty}(a_n \cos n\omega_0 t + b_n \sin n\omega_0 t) \qquad \text{(식 8-3)}$$

여기서, a_0 : 직류성분($\omega = 0$)이며 주기가 0에 가까운 주기함수

ω_0 : 기본파(Fundamental Wave) 신호 성분

$2\omega_0$: 2차 고조파(Second Harmonics) 신호 성분

$n\omega_0$: n차 고조파(n_{th} Harmonics) 신호 성분

주기신호 $f(t)$의 급수식에서 a_0, a_n, b_n을 푸리에 계수라고 한다. 푸리에 계수 값을 구하면 임의의 주기함수를 합성하여 원하는 신호파형을 만들 수 있다. 푸리에 계수를 구할 때 시간적으로 반복하는 주기 구간의 정의가 필요한데, 일반적으로 $0 < t < 2\pi$, $-\pi < t < \pi$, $0 < t < T$, $-T/2 < t < T/2$ 등으로 나타낸다.

(1) a_0 계수 산출

양변을 1주기 구간($-\pi$, π)을 적분하면 우항의 경우 a_0를 제외하고 모두 0가 되므로 $f(t)$를 1주기 구간을 적분하고 주기로 나누어 구함

$$a_0 = \frac{1}{2\pi}\int_{-\pi}^{\pi} f(t)dt \qquad \text{(식 8-4)}$$

(2) a_n 계수 산출

양변에 $\cos m\omega_0 t$를 곱한 후 1주기 구간을 적분하면 같은 코사인 함수의 주파수가 $n=m$인 경우를 제외하면 모두가 0가 되므로 좌항에서 $f(t)$에 $\cos m\omega_0 t$를 곱한 함수의 1주기 구간을 적분하고 주기로 나누어 구함

$$a_n = \frac{1}{\pi}\int_{-\pi}^{\pi} f(t)\cos n\omega_0 t dt \qquad \text{(식 8-5)}$$

(3) b_n 계수 산출

양변에 $\sin m\omega_0 t$를 곱한 후 1주기 구간을 적분하면 같은 sin 함수의 주파수가 $n=m$인 경우를 제외하면 모두가 0가 되므로 좌항에서 $f(t)$에 $\sin m\omega_0 t$를 곱한 함수의 1주기 구간을 적분하고 주기로 나누어 구함

$$b_n = \frac{1}{\pi}\int_{-\pi}^{\pi} f(t)\sin n\omega_0 t dt \qquad \text{(식 8-6)}$$

4. 푸리에 계수를 이용한 신호 파형 생성

다음 주기 펄스 신호의 푸리에 계수를 산출하면 다음과 같다.

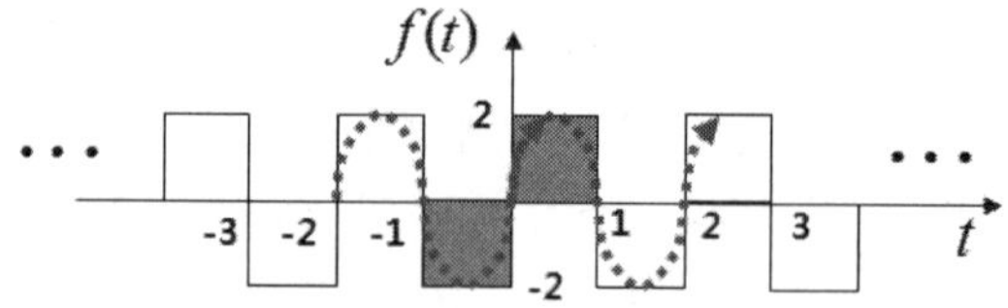

일반적인 삼각함수 푸리에 급수는 다음과 같다.

$$f(t) = a_0 + \sum_{n=1}^{\infty}(a_n \cos n\omega_0 t + b_n \sin n\omega_0 t)$$

여기서는 개념적인 설명을 하고 수학 해석은 부록 B.3 5. 푸리에 급수와 푸리에 변환에서 자세히 설명한다.

a_0는 양변을 1주기 구간인 [−1, 1]을 적분하면 우항의 경우 a_0를 제외하고 모두 0가 되므로 $f(t)$를 1주기 구간을 적분하는 것으로 양측의 + 면적과 − 면적이 동일하므로 0가 된다.

$$\int_{-1}^{1} f(t)dt = \int_{-1}^{1}\left[a_0 + \sum_{n=1}^{\infty}(a_n \cos n\omega_0 t + b_n \sin n\omega_0 t)\right]dt$$

$$0 = 2\mathrm{a}_0$$

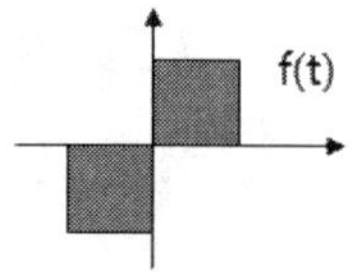

a_n 은 양변에 $\cos m\omega_0 t$를 곱한 후 1주기 구간을 적분하면 같은 코사인 함수의 주파수가 $n=m$인 경우를 제외하면 모두가 0가 된다. $f(t)$와 정현파가 곱해지면 +면적과 − 면적이 동일하여 0가 된다.

$$\int_{-1}^{1} f(t)\cos m\omega_0 t dt = \int_{-1}^{1}\left[a_0 + \sum_{n=1}^{\infty}(a_n \cos n\omega_0 t + b_n \sin n\omega_0 t)\right]\cos m\omega_0 t dt$$

$$= 2\times\frac{1}{2}\mathrm{a}_\mathrm{n} = a_n$$

$$a_n = \int_{-1}^{1} f(t)\cos n\omega_0 t dt = 0$$

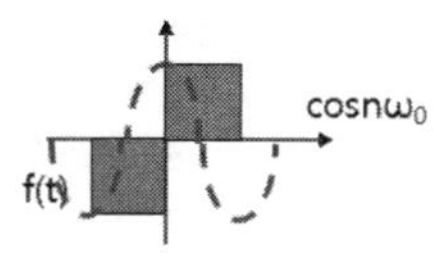

b_n은 양변에 $\sin m\omega_0 t$를 곱한 후 1주기 구간을 적분하면 같은 사인 함수의 주파수가 $n=m$인 경우를 제외하면 모두가 0가 된다. $f(t)$와 정현파가 곱해지면 +면적과 +면적이 되어 b_n은 주파수에 따라 진폭이 다른 값을 가진다.

$$\int_{-1}^{1} f(t)\sin m\omega_0 t dt = \int_{-1}^{1}\left[a_0 + \sum_{n=1}^{\infty}(a_n \cos n\omega_0 t + b_n \sin n\omega_0 t)\right]\sin m\omega_0 t dt$$

$$= 2\times\frac{1}{2}\mathrm{b}_\mathrm{n} = b_n$$

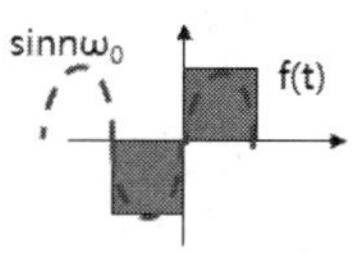

$$b_n = \int_{-1}^{1} f(t)\sin n\omega_0 t dt = \frac{4}{n\pi}[1-(-1)^n]$$

따라서 주기 펄스 신호의 푸리에 계수 a_0, a_n, b_n을 대입하여 푸리에 급수를 구하면 다음과 같다.

$$f(t) = a_0 + \sum_{n=1}^{\infty}(a_n \cos n\omega_0 t + b_n \sin n\omega_0 t)$$

$$= \frac{8}{\pi}\sum_{n=odd}^{\infty}\frac{1}{n}[\sin n\pi t]$$

$$= \frac{8}{\pi}[\sin \pi t + \frac{1}{3}\sin 3\pi t + \frac{1}{5}\sin 5\pi t + \frac{1}{7}\sin 7\pi t + \frac{1}{9}\sin 9\pi t + \cdots]$$

이때 기본파를 포함하여 5개의 사인파로 신호를 생성하면 다음과 같다.

$$f(t) = \frac{8}{\pi}[\sin \pi t + \frac{1}{3}\sin 3\pi t + \frac{1}{5}\sin 5\pi t + \frac{1}{7}\sin 7\pi t + \frac{1}{9}\sin 9\pi t]$$

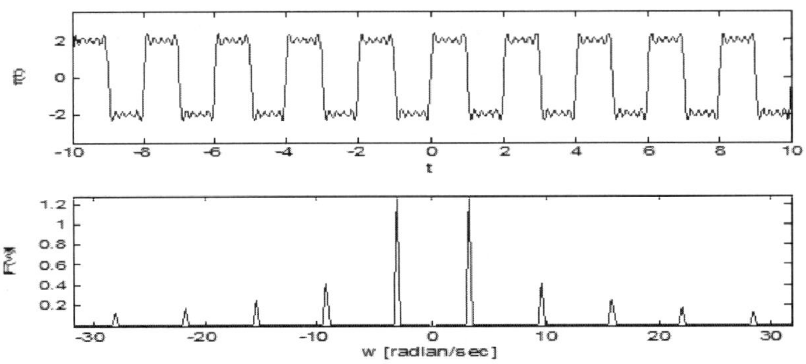

〈그림 8-6〉 사각 주기 펄스 신호의 푸리에 급수

사각 주기 펄스 신호의 주기는 (−1, 1)가 되어 $T = 2$가 되고 따라서 첫 번째 주파수는 $f_0 = 1/2$이고 라디안으로 나타내면 $\omega_0 = \pi$가 된다.

5. 합성된 삼각함수의 푸리에 급수

푸리에 급수를 코사인 및 사인으로 표현하는 경우는 다음과 같다.

$$f(t) = a_0 + \sum_{n=1}^{\infty}(a_n \cos n\omega_0 t + b_n \sin n\omega_0 t)$$

이때 푸리에 급수 식에서 푸리에 계수 3개를 구하는 것을 간소화하기 위해 코사인으로만 표현하면 다음과 같이 푸리에 계수를 a_0와 A_n 2개로 줄일 수 있다.

$$f(t) = a_0 + \sum_{n=1}^{\infty}(a_n \cos n\omega_0 t + b_n \sin n\omega_0 t) = a_0 + \sum_{n=1}^{\infty} A_n \cos(n\omega_0 t - \phi_n)$$

$$where \quad a_n = A_n \cos\phi_n, \; b_n = A_n \sin\phi_n, \; \phi_n = \tan^{-1}(\frac{b_n}{a_n}) \qquad \text{(식 8-7)}$$

또한 사인으로만 표현하면 다음과 같이 푸리에 계수를 a_0와 b_n 2개로 줄일 수 있다.

$$f(t) = a_0 + \sum_{n=1}^{\infty}(a_n \cos n\omega_0 t + b_n \sin n\omega_0 t) = a_0 + \sum_{n=1}^{\infty} B_n \sin(n\omega_0 t + \theta_n)$$

$$where \quad a_n = B_n \sin\theta_n, \; b_n = B_n \cos\theta_n, \; \theta_n = \tan^{-1}(\frac{a_n}{b_n}) \qquad \text{(식 8-8)}$$

하지만 코사인 또는 사인 합성의 푸리에 급수는 푸리에 계수는 2개로 줄어들지만 주파수에 따라 위상이 바뀌므로 복잡하다.

6. 복소 지수 형식의 푸리에 급수

복소 지수 형식의 푸리에 급수형식을 쓰면 적분의 계산이 매우 용이하다. 또한 푸리에 계수가 3개에서 1개로 줄어 간단해진다. 신호 $f(t)$의 복소수 형식 푸리에 급수는 신호 $f(t)$의 $n\omega_0$ 주파수에 해당하는 정현파의 진폭 F_n(푸리에 계수)을 산출하면 신호 $f(t)$의 푸리에 급수는 다음과 같이 간단해진다.

$$\begin{aligned} f(t) &= a_0 + \sum_{n=1}^{\infty}(a_n \cos n\omega_0 t + b_n \sin n\omega_0 t) \\ &= \sum_{n=-\infty}^{\infty} F_n e^{jn\omega_0 t} \quad (\omega_0 = \frac{2\pi}{T}) \end{aligned} \qquad \text{(식 8-9)}$$

$$F_n = \frac{1}{T}\int_{-\frac{T}{2}}^{\frac{T}{2}} f(t) e^{-jn\omega_0 t} dt \qquad \text{(식 8-10)}$$

신호 $f(t) = \cos 2\pi 5t$ 푸리에 급수는 $f = 5$일 때만 신호가 존재하는 것을 알 수 있고 따라서 진폭값은 $f = 5$ 또는 $\omega = 2\pi f$(약 $10\pi \doteqdot 31.4$radian)인 경우만 존재한다. 그런데 복소수 형태의 푸리에 급수는 코사인 함수가 양수와 음수로 나누어지므로 진폭이

1/2로 나뉘어져서 나타난다.

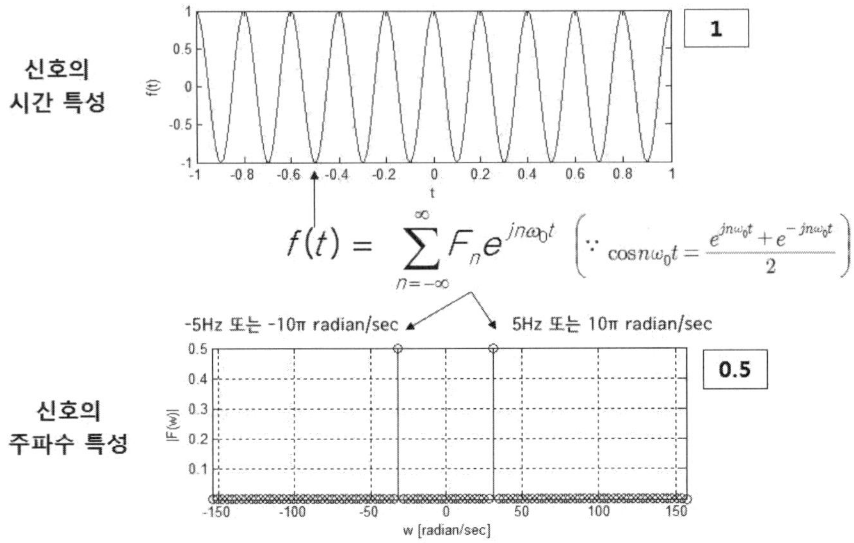

〈그림 8-7〉 코사인 신호의 푸리에 급수

7. 신호를 시간에서 주파수로 변환할 때 특징

코사인 신호를 복소수 형식으로 표현하면 다음과 같다.(부록 B.2 1. 신호 형태와 복소수 참조) 아래의 식을 관찰하면 다음과 같이 시간과 주파수의 변환이 이루어질 때 중요한 특징을 이해할 수 있다.

$$\cos\omega_0 t = \frac{e^{j\omega_0 t} + e^{-j\omega_0 t}}{2} = \frac{e^{j\omega_0 t} + e^{j(-\omega_0)t}}{2} \qquad \text{(식 8-11)}$$

첫째, 전파 통신 신호의 해석을 위해 시간축에 나타나는 사인파 또는 코사인파를 주파수축으로 나타낼 때 양수와 음수로 나타난다.

전파통신 신호를 수학적으로 표현하는 과정에서 실제로 존재하는 에너지와 잠재적인 에너지를 가지고 있는데 전파통신 에너지를 완전히 표현하기 위해 복소수로 나타내는 과정에서 음수 영역의 주파수가 잠재적인 에너지를 표현한다.

둘째, 주파수 스펙트럼의 진폭특성은 좌우대칭이다.

진폭특성은 $w = 0$ 축에 대하여 대칭성격을 갖는데 이것은 양의 주파수 영역과 음의 주파수 영역에서 허수 부분이 상쇄하게 된다. 또한 양수와 허수로 진폭이 $\frac{1}{2}$로 줄어든다.

셋째, 신호의 전력을 계산할 때는 음수 영역의 주파수 대역도 포함한다.

양과 음의 주파수 영역 모두 전파신호의 에너지를 나타내므로 양과 음의 주파수 영역 에너지를 모두 합하여 신호의 전력을 산출하여야 함

제3절 푸리에 변환의 해석

1. 이동통신 신호와 푸리에 변환

(1) 푸리에 변환의 개념

푸리에 변환은 주기함수를 포함한 비주기 함수의 주파수 해석에 이용된다. 따라서 일반적으로 비주기 신호인 이동통신 신호 해석에 이용된다. 푸리에 급수에서 비주기 신호의 주기를 무한대로 가정하면 비주기 신호의 주파수 특성을 구할 수 있다. 고조파 주파수 간격 f_0가 0에 가까우면 그림과 같이 연속적인 주파수 성분의 크기로 나타난다.

$$T \rightarrow \infty \text{에서} \qquad f_0 = \frac{1}{T} \rightarrow 0$$

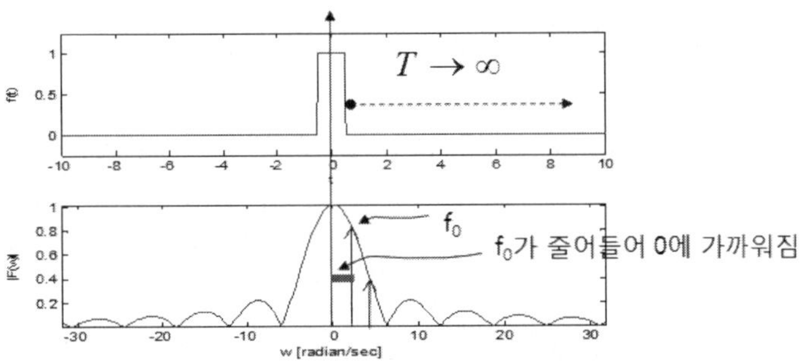

〈그림 8-8〉 푸리에 변환 개념

(2) 주파수변환 식의 유도

주파수 변환은 통신시스템에서 신호의 변조 등 주로 신호의 주파수 특성을 쉽게 구하는데 사용된다. 복소 지수 형식의 푸리에 급수를 이용하면 주파수 변환식을 유도할 수 있다.

$$f(t) = \sum_{n=-\infty}^{\infty} F_n e^{jn\omega_o t} \quad \Rightarrow \quad F_n = \frac{1}{T}\int_{-\frac{T}{2}}^{\frac{T}{2}} f(t)e^{-jn\omega_o t}dt$$

복소형식의 푸리에급수에서 주기 T를 무한대로 가정하면(즉, 비주기 신호가 된다.) 다음과 같이 기본파는 0에 가까워지고 이것은 이산신호가 아닌 연속신호로 변화한다. 이때 단위주파수당 진폭의 세기를 표현하는 F_n/d_ω를 $F(\omega)$로 정의할 수 있다.

$$T \to \infty, \quad \omega_0 = \frac{2\pi}{T} \to 0, \quad \mathrm{n}\omega_0 \equiv \omega, \quad TF_n = F_n / d\omega \equiv F(\omega)$$

비주기 신호의 주파수 특성을 구하는 푸리에 변환 변환식은 다음과 같이 구할 있다.

$$F_n = \frac{1}{T}\int_{-\frac{T}{2}}^{\frac{T}{2}} f(t)e^{-jn\omega_o t}dt \quad \Rightarrow \quad F(\omega) = \int_{-\infty}^{\infty} f(t)e^{-j\omega t}dt \qquad \text{(식 8-12)}$$

(3) 푸리에 변환과 역변환(Inverse Fourier Transform)

$f(t)$와 $F(\omega)$는 동일한 신호를 시간과 주파수로 각각 나타낸 것으로 상호 변환할 수 있다. 따라서 푸리에 변환으로 주파수 영역을 나타내는 신호를 시간 영역의 신호로 변환할 수 있는데 이것을 푸리에 역변환이라고 한다. 푸리에 역변환식은 다음과 같다.

$$f(t) = \frac{1}{2\pi}\int_{-\infty}^{\infty} F(\omega)e^{j\omega t}d\omega \qquad \text{(식 8-13)}$$

푸리에 변환과 역변환의 개념을 정리하면 다음과 같다.

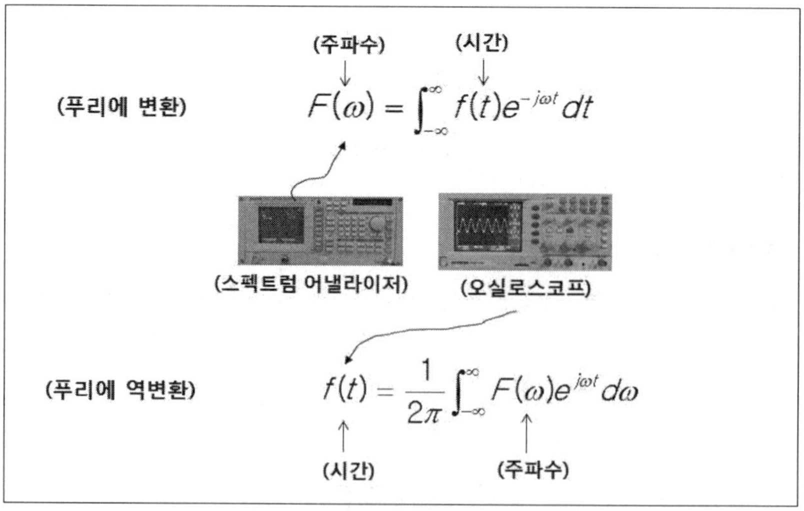

〈그림 8-9〉 푸리에 역변환의 개념

(4) 주파수 변환에서 진폭의 크기

주파수의 진폭은 f 또는 ω에 따른 함수 $F(f)$, $F(\omega)$로 나타낸다. $F(f)$, $F(\omega)$는 주파수 변환에서 얻은 진폭의 크기로 위상에 따라 +와 -로 나타난다. 일반적으로 진폭의 크기만을 나타내므로 $F(f)$, $F(\omega)$의 절대값 $|F(f)|$, $|F(\omega)|$로 주파수의 진폭을 나타낸다.(일반적인 스펙트럼 어낼라이저)

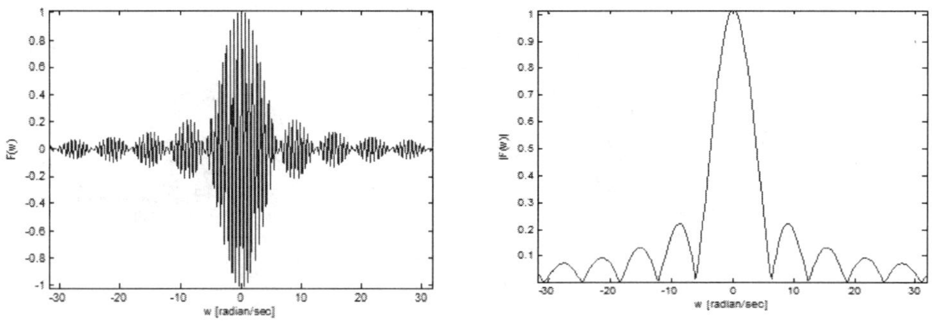

F(ω) **| F(ω) |**

〈그림 8-10〉 푸리에 변환 신호의 진폭

주파수를 나타내는 x축이 f, ω로 달라도 $F(f)$, $F(\omega)$의 크기는 동일하다. x축의 주파수는 f 또는 ω 이며 $\omega = 2\pi f$ 관계가 있다. 하지만 y축은 단위 주파수의 진폭을 나타내므로 진폭은 동일한 크기를 가진다.

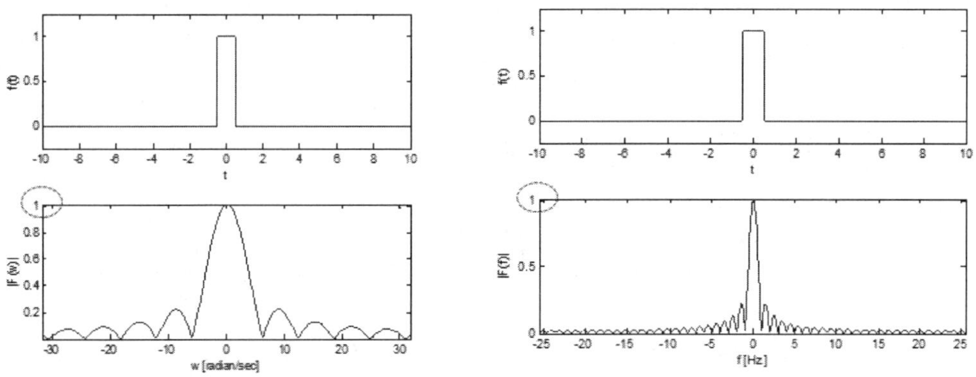

〈그림 8-11〉 주파수와 각주파수의 진폭 비교

2. 이동통신 신호의 푸리에 변환

(1) 개요

디지털 신호의 형태는 사각형, 반원형, 지수형 등 다양한 형태의 신호가 있을 수 있다. 신호 파형의 주파수 변환 형태를 살펴봄으로써 전달시스템에서 신호의 전달을 이해할 수 있다.

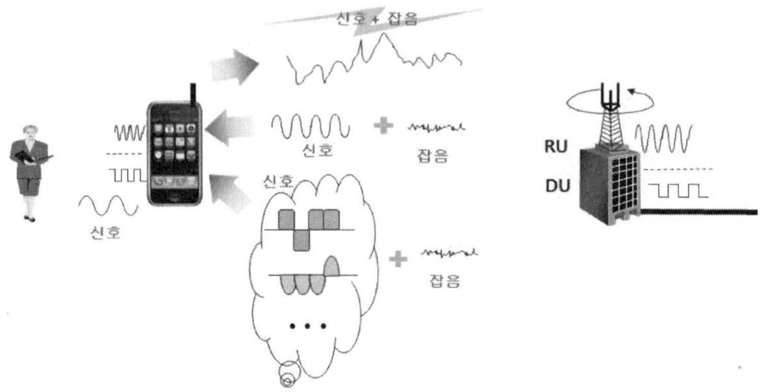

〈그림 8-12〉 다양한 이동통신 신호의 형태

(2) 신호와 잡음의 푸리에 변환

통신 신호는 시간영역 및 주파수 영역 두 가지 방법으로 신호의 크기를 표현할 수 있는데 시간으로 표현한 신호와 주파수 변환한 신호를 주파수 변환쌍이라고 한다. 각 시간 신호가 주파수 신호로 푸리에 변환한 식의 증명은 "부록 B.2 2. 푸리에 급수와 푸리에 변환"에서 설명한다. 여기서는 시간적으로 변화하는 이동통신의 입력신호의 형태가 주파수 영역에서는 어떤 형태를 가지는지 살펴본다.

1) 정현파 신호(Sinusoidal Signal)

$f(t) = \cos \omega_0 t$ → $F(\omega) = \pi[\delta(\omega + \omega_0) + \delta(\omega - \omega_0)]$

시간   주파수

2) 사각파 신호(Rectangular Signal) : $rect(t)$

사각파 신호는 디지털 펄스를 모델링한 특이함수로서 일정한 시간 폭만큼만 1의 값을 가지고 기타 시간에는 0이 되는 신호이다.

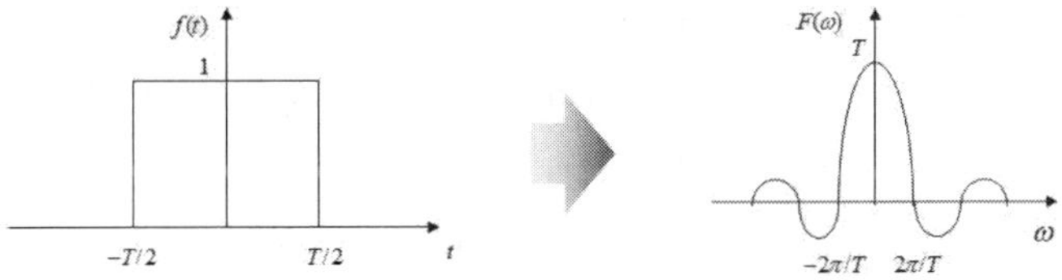

$$f(t) = rect\left(\frac{t}{T}\right) \equiv \begin{cases} 1 & (|t| \le \frac{T}{2}) \\ 0 & (|t| > \frac{T}{2}) \end{cases} \quad \Rightarrow \quad F(\omega) = T\left[\frac{\sin(\frac{T\omega}{2})}{\frac{T\omega}{2}}\right] = TSa\left(\frac{T\omega}{2}\right)$$

시간   주파수

3) 충격파 신호(Impulse Signal) : $\delta(t)$(*Dirac Delta Function*)

충격파 신호는 시간 축에서 순간적으로 발생하는 단위 펄스로 시간이 0에 가까운 짧은 펄스로서 일반적으로 면적이 1인 단위 충격파 신호로 정의된다.

$$\delta(t) = \begin{cases} +\infty & (t = 0) \\ 0 & (t \neq 0) \end{cases} \quad \Rightarrow \quad F(\omega) = 1$$

$$\int_{-\infty}^{\infty} \delta(t)dt = 1 \qquad F(\omega) = \int_{-\infty}^{\infty} \delta(t)e^{-j\omega t}dt = e^{j0} = 1$$

시간   주파수

※ 특이함수(Singularity Function)

특이함수는 불연속이 발생하는 특이점(Singularity Points)을 가지고 있는 불연속함수로 정의되고 디지털 펄스를 나타내는 사각파 함수, 잡음을 나타내는 임펄스 함수와 같이 특정 시간에 불연속점이 발생한다. 신호를 특이함수로 모델링하는 것은 푸리에 변환 등 신호해석에 유용하기 때문이다.

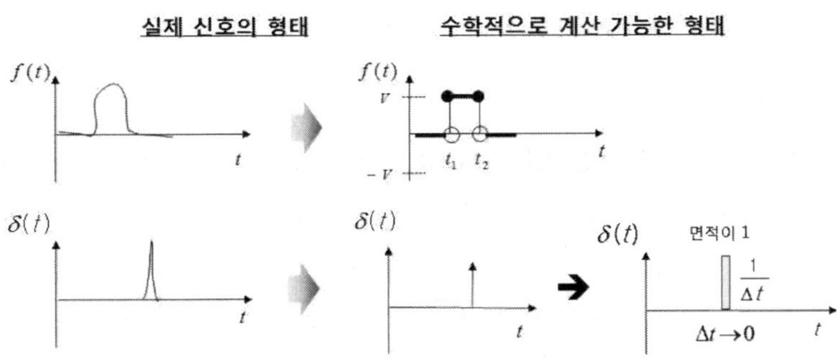

〈그림 8-13〉 특이함수의 개념

4) 단위 계단 신호(Unit Step Signal) : $u(t)$

직류 입력 전압은 $t=0$부터 신호가 존재하는 형태인데 $t=0$에서는 1도 아니고 0도 아닌 특이함수로 모델링한다. 주파수 변환을 위해 좌우대칭인 시그넘 함수를 이용하여 주파수 변환식을 구한다.

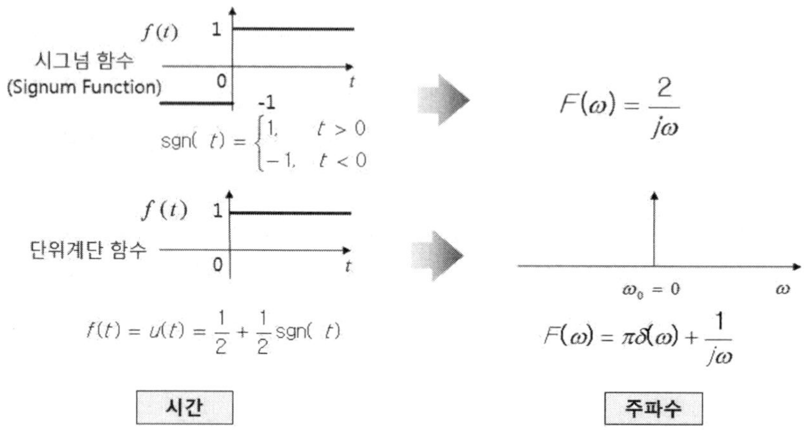

5) 지수 신호(exponential signal)

지수 신호의 푸리에 변환 특성은 주파수가 커짐에 따라 급격히 작아지므로 인접 채널의 간섭을 작게 할 수 있다.

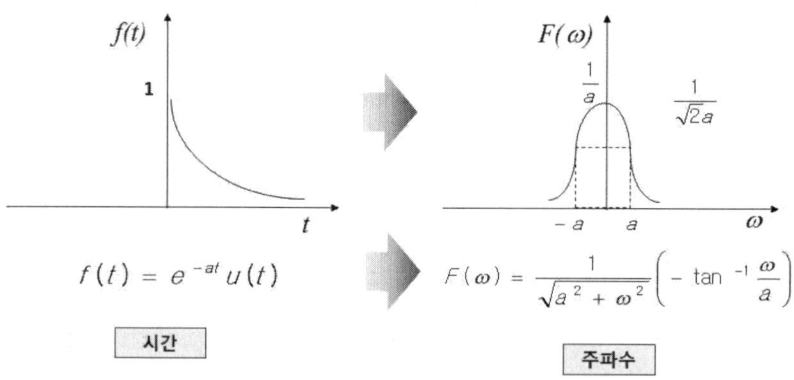

6) 주기 충격파 신호(Periodic Impulse Function) : $\delta_T(t)$

아날로그 신호를 디지털 신호로 변환하는 과정에서 아날로그 신호의 각 표본 구간에서 일부 시간만 신호가 존재하고 기타 시간은 신호가 없는 것을 모델링한 특이 함수이다. 콤함수(Comb Function) 또는 임펄스열(Impulse Sequence or Impulse Train)이라고 한다.

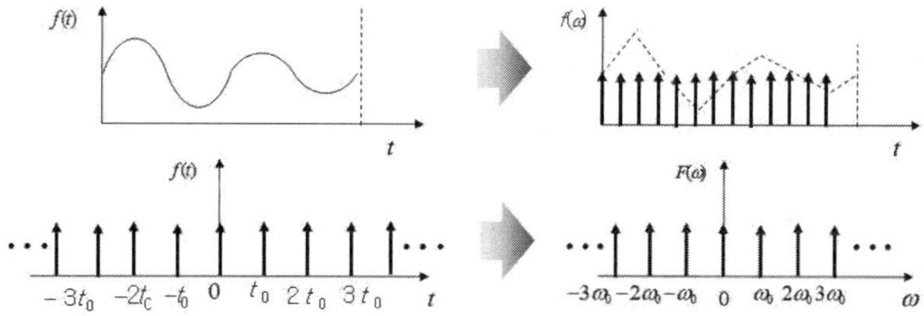

$$\delta_T(t) \equiv \sum_{n=-\infty}^{\infty} \delta(t - nt_0)$$

$$F(\omega) = \omega_0 \sum_{n=-\infty}^{\infty} \delta(\omega - n\omega_0)$$

시간 | 주파수

7) 샘플링 신호(Sampling Sinal)

샘플링 신호는 자연계의 신호를 모델링한 것이 아니고 주파수 변환을 하였을 때 주파수 특성이 이상적으로 나타나기 위한 임의의 신호를 모델링 한 것이다.

$$Sa(Wt) \equiv \frac{\sin(Wt)}{Wt}$$

$$F(\omega) = \frac{\pi}{W} rect\left(\frac{\omega}{2W}\right)$$

* W=π 인 경우를 *sinc(t)* 함수라고 함

시간 | 주파수

8) 삼각파 신호(Triangular Signal)

삼각파 신호(Triangular Signal)는 사각파 펄스 신호를 수신할 때 자신의 신호를 확인하는 과정에서 나타나는 신호로서 "자기상관함수"에 의한 신호 전력 검출에 사용된다.

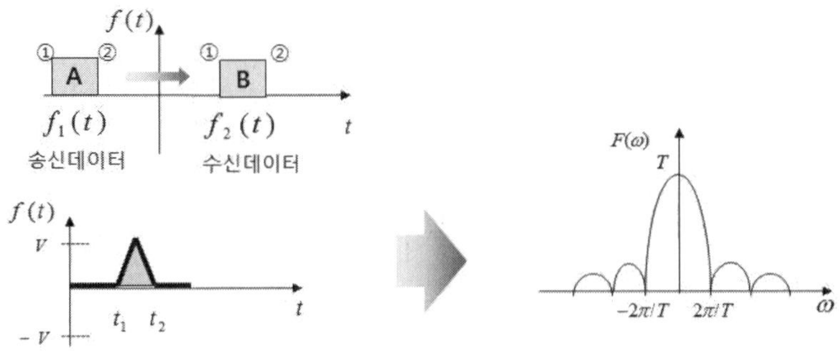

$$f(t) = tri(t,T) \equiv \begin{cases} 1 - \dfrac{|t|}{T} & (|t| \le T) \\ 0 & (|t| > T) \end{cases} \qquad F(\omega) = T\left[\frac{\sin(\frac{T}{2}\omega)}{\frac{T}{2}\omega}\right]^2 = TSa^2\left(\frac{T\omega}{2}\right)$$

시간 주파수

제4절 푸리에 변환 성질을 이용한 신호 해석

1. 주파수 변환쌍을 이용한 신호 해석

(1) 주파수 변환쌍의 쌍대성(Duality)

통신 신호는 시간영역 및 주파수 영역에서의 신호 형태를 가지고 있는데 시간영역 신호($f(t)$)와 주파수 영역 신호($F(\omega)$)는 상호 유사성이 있어 주파수 영역의 신호를 갖는 시간 영역 신호($F'(t)$)의 주파수 영역 신호는 시간영역의 신호와 유사한 형태($f(\omega)$)를 가지는 성질이 있는데 이것을 주파수 변환쌍의 쌍대성이라고 한다.

(2) 주파수 변환의 쌍대성을 이용한 신호 해석

통신신호의 시간 신호($F'(t)$)가 이미 알고 있는 주파수 신호($F(\omega)$)이고 이 주파수 신호의 시간신호 형태($f(t)$)를 알면 주파수 영역의 신호 형태 ($f(\omega)$)를 추정할 수 있다.

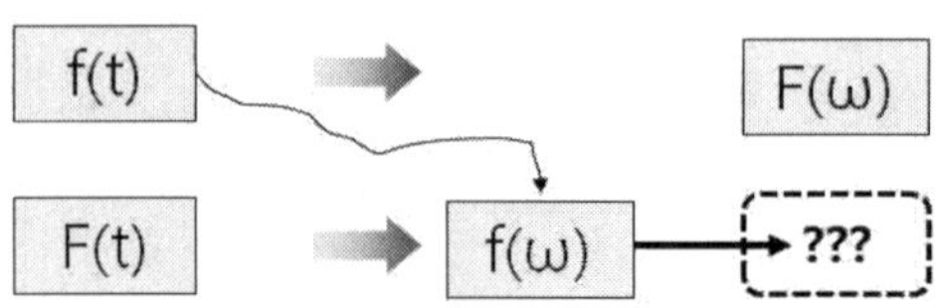

〈그림 8-14〉 주파수 변환쌍의 쌍대성 개념

(3) 주파수 변환쌍을 이용한 신호의 주파수 특성 해석

1) 상수(Constant)와 충격파 함수(Impulse Function)

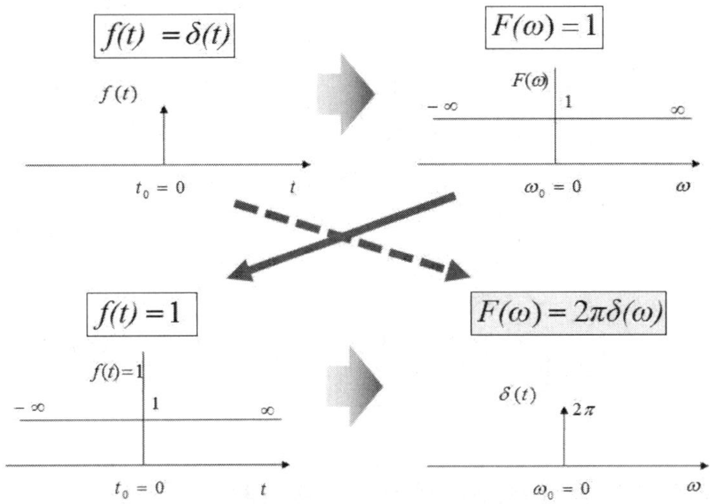

2) 사각파 함수와 샘플링 함수

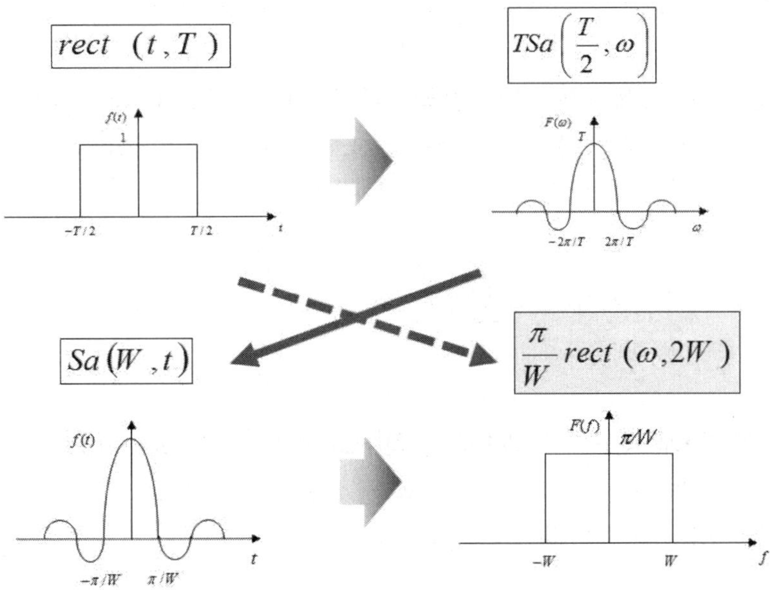

3) 주기 충격파 함수(Periodic Impulse Function)

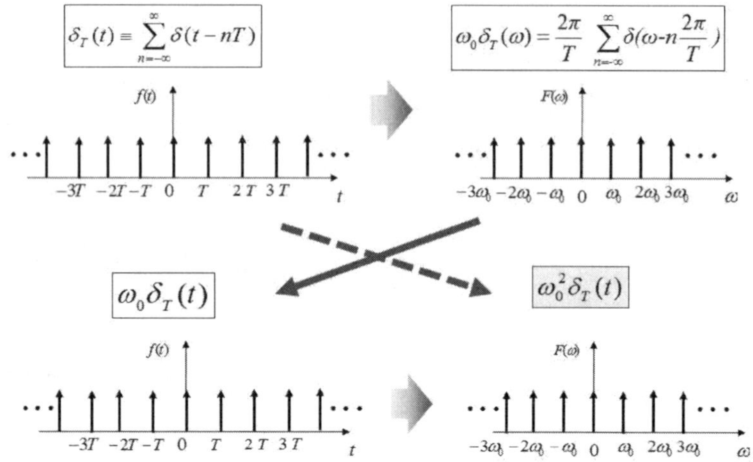

2. 시간과 주파수 영역의 전력 및 에너지

(1) 개요

동일한 통신신호를 시간 및 주파수 영역으로만 달리 해석한 것이므로 시간 영역의 전력 및 에너지는 주파수 영역의 전력 및 에너지와 같다.

(2) 평균 전력에 대한 파시발의 정리(Parseval's Theorem)

시간영역 신호 $f(t)$와 주파수영역 신호 $F(\omega)$는 주기적인 동일한 신호이다. 따라서 $f(t)$의 전력과 $F(\omega)$의 전력은 같아야 한다.

$$P = \frac{1}{T}\int_{-\frac{T}{2}}^{\frac{T}{2}} |f(t)|^2 dt = \sum_{-\infty}^{\infty} |F_n|^2 \qquad \text{(식 8-14)}$$

(3) 에너지에 대한 파시발의 정리(Parseval's Theorem)

시간영역 신호 $f(t)$와 주파수영역 신호 $F(\omega)$는 동일한 신호이다. 따라서 $f(t)$의 에너지와 $F(\omega)$의 에너지는 같아야 한다.

$$E = \int_{-\infty}^{\infty} |f(t)|^2 dt = \frac{1}{2\pi}\int_{-\infty}^{\infty} |F(\omega)|^2 d\omega \qquad \text{(식 8-15)}$$

(4) 파시발의 정리의 도식적 이해

파시발의 정리 개념을 간단한 예를 들어 도식적으로 이해한다. $f(t)=\cos\omega t$ 신호의 경우 시간영역에서 전력을 산출하면 진폭이 1이므로 $P=1/2\,W$로 구해진다. 주파수 영역에서 전력을 구하면 1Hz의 진폭이 양과 음으로 0.5씩 되고 각각 제곱을 취하여 합하면 시간영역에서의 전력 0.5W와 동일한 전력임을 확인할 수 있다.

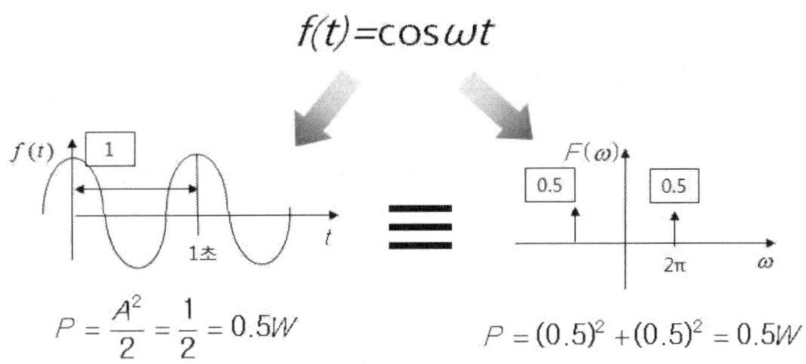

3. 통신신호의 해석에 유용한 성질

(1) 호환성

임의 신호의 시간과 주파수 영역의 형태를 알고 있으면 상호 시간 영역과 주파수 영역을 바꾸어서 신호의 형태를 이해할 수 있다.

$$F[f(t)] = F(\omega)\text{ 일 때}$$
$$F[F(t)] = 2\pi f(-\omega)$$

➡ 주파수 변환쌍의 쌍대성으로 신호의 주파수 특성 이해

(2) 선형성

특정 신호의 크기 변화는 시간 영역이든 주파수 영역이든 특정 신호에만 영향을 미친다.

$$F[a_1 f_1(t) \pm a_2 f_2(t)] = \underset{\uparrow\ \text{KBS}}{a_1 F_1(\omega)} \pm \underset{\uparrow\ \text{SBS}}{a_2 F_2(\omega)}$$

➡ 선형 시스템

(3) 주파수 천이

2개의 주파수를 믹서(Mixer)로 곱하면 새로운 주파수로 천이한다.

$$F[f(t)e^{j\omega_0 t}] = F(\omega - \omega_0)$$

$$F[f(t)\cos\omega_0 t] = \frac{1}{2}[F(\omega+\omega_0) + F(\omega-\omega_0)]$$ ➡ 주파수 변조

음성(4kHz)　800MHz　800MHz 주파수 대역으로 이전

(4) 시간지연

시간이 지연되면 정현파의 위상이 변한다.

$$F[f(t - t_0)] = e^{-j\omega t_0}F(\omega)$$ ➡ 시간 지연은 위상 지연을 의미함

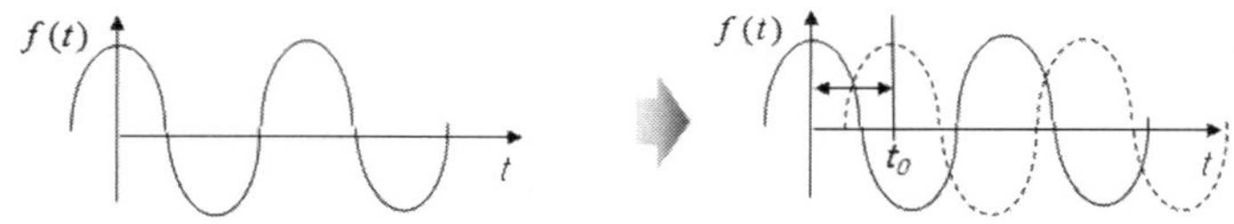

(5) 시간변환

$$F[f(at)] = \frac{1}{|a|}F\left(\frac{\omega}{a}\right)$$ ➡ 펄스시간이 짧아지면 주파수 대역폭이 커지고 진폭은 비례하여 작아짐 (CDMA, WCDMA 주파수 대역폭과 진폭)

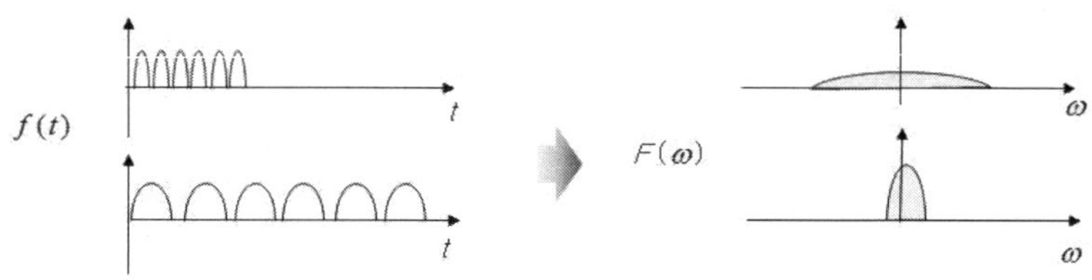

(6) 시간 컨벌루션

$$F[f_1(t) * f_2(t)] = F_1(\omega)F_2(\omega)$$ ➡ 신호와 시스템의 동작을 단순화

- 제9장에서 자세히 설명

(7) 주파수 컨벌루션

$$F[f_1(t)f_2(t)] = F_1(\omega) * F_2(\omega)$$ ➡ 아날로그 신호의 표본화

- 제12장에서 자세히 설명

연습문제

01 이동통신 신호의 변화를 알 수 있는 방법은 무엇인가?

02 이동통신 신호의 시간적인 변화를 측정할 수 있는 장비는?

03 이동통신 신호의 주파수적인 변화를 측정할 수 있는 장비는?

04 현재 자신이 있는 위치에서 사용 중인 전파서비스의 종류를 5개 이상 나열하시오.

05 신호를 해석할 때 사람이 인지할 수 있는 영역은?

06 신호를 해석할 때 인지하기 어렵지만 통신신호 전달과정을 해석할 때 유용한 영역은?

07 주기적인 특성을 가지는 통신신호의 주파수 해석 방법은 무엇인가?

08 비주기적인 특성을 가지는 통신신호의 주파수 해석 방법은 무엇인가?

09 주파수의 정의는 무엇인가?

10 각속도의 정의는 무엇인가?

11 주기적인 형태의 함수는 무한개의 사인파와 코사인파의 합으로 나타낼 수 있음을 증명한 사람은 누구인가?

12 이동통신 신호 $f(t)$의 푸리에 급수는 다음과 같다.

$$f(t) = 5 + \sum_{n=1}^{\infty} \frac{3}{n}[1-(-1)^n]\sin n w_0 t$$

이 식에서 직류전압, 기본파, 5고조파, 10고조파의 진폭은 무엇인가?

13 이동통신 신호 $f(t)$의 푸리에 급수는 다음과 같다.

$$f(t) = a_0 + \sum_{n=1}^{\infty}(a_n \cos n\omega_0 t + b_n \sin n\omega_0 t) = \frac{8}{\pi}\sum_{n=odd}^{\infty}\frac{1}{n}[\sin n\pi t]$$

이동통신 신호를 제10고조파 이후 신호는 제거하고 보낼 경우 $f(t)$를 나타내시오.

14 복소형식의 푸리에 급수는 다음과 같다.

$$f(t) = \sum_{n=-\infty}^{\infty} F_n e^{jn\omega_0 t} \quad (\omega_0 = \frac{2\pi}{T}) \qquad F_n = \frac{1}{T}\int_{-\frac{T}{2}}^{\frac{T}{2}} f(t) e^{-jn\omega_0 t} dt$$

상기 식에서 F_n의 의미를 설명하시오.

15 푸리에 급수의 복소지수 형식에서 주기가 어떤 조건에서 푸리에 변환식을 구할 수 있는가?

16 비주기 신호 $f(t)$의 주파수 특성을 알 수 있는 푸리에 변환식을 나타내시오.

17 주파수 신호 $F(w)$의 시간적인 특성을 알기위한 푸리에 역변환식을 나타내시오.

18 다음의 이동통신의 주파수 특성을 그림으로 나타내시오.

1) 사각파 펄스 신호

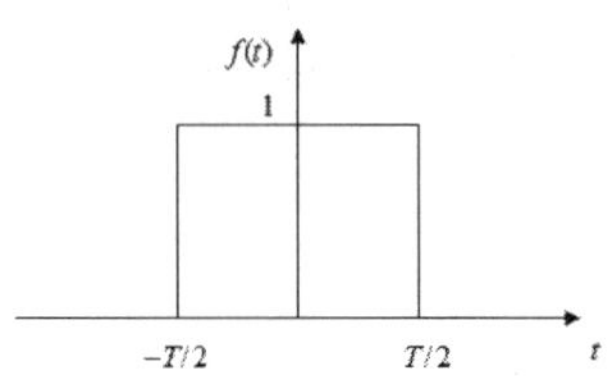

2) 충격파 신호

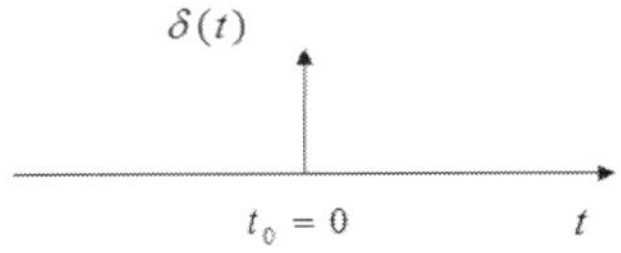

3) 지수 신호

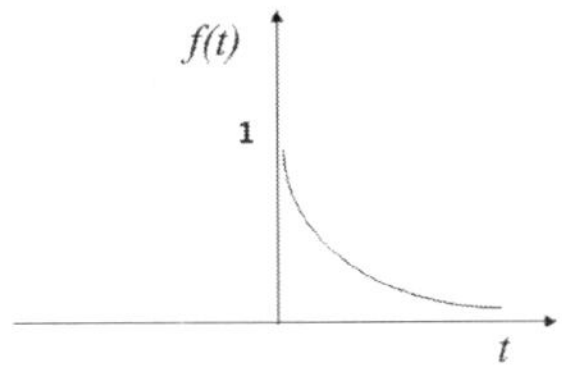

4) 샘플링 신호

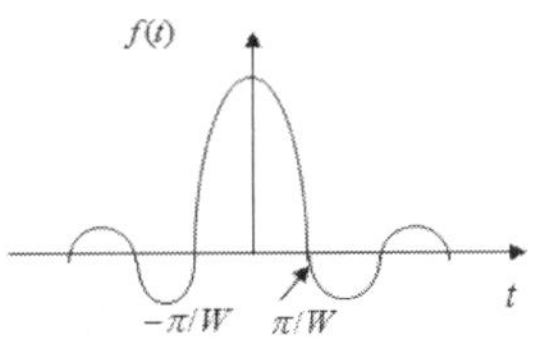

19 시간영역 신호($f(t)$)와 주파수 영역 신호($F(\omega)$)는 상호 유사성이 있어 주파수 영역의 신호를 갖는 시간 영역 신호($F'(t)$)의 주파수 영역 신호는 시간영역의 신호와 유사한 형태($F(\omega)$)를 가지는 성질이 있는데 이것을 무엇이라 하는가?

20 다음 그림을 보고 샘플링 신호의 주파수 특성을 그리시오.

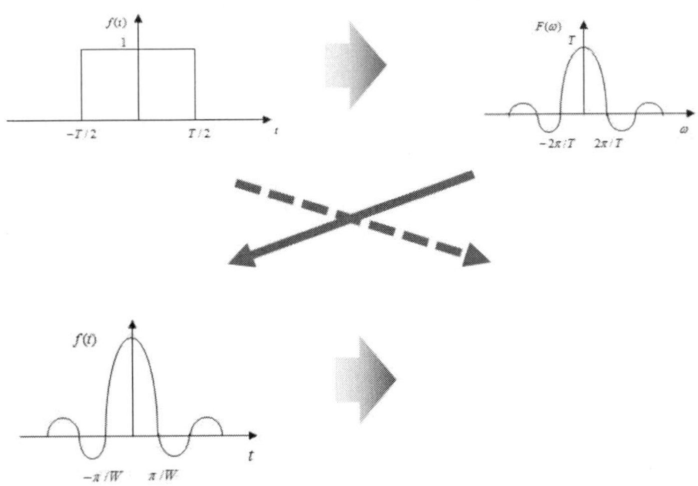

21 동일한 통신신호를 시간 및 주파수 영역으로만 달리 해석한 것이므로 시간 영역의 전력 및 에너지는 주파수 영역의 전력 및 에너지와 같다. 이것을 무슨 정리라고 하는가?

22 비주기신호의 에너지가 시간영역과 주파수 영역 모두 같은 것을 나타내는 식을 쓰시오.

23 다음 식은 통신시스템에서 무엇을 의미하는가?

1) $a_1 f_1(t) \pm a_2 f_2(t) \Leftrightarrow a_1 F_1(\omega) \pm a_2 F_2(\omega)$

2) $f(t)\cos\omega_0 t \Leftrightarrow \frac{1}{2}\left[F(\omega+\omega_0)+F(\omega-\omega_0)\right]$

3) $f(t-t_0) \Leftrightarrow e^{-j\omega t_0} F(\omega)$

4) $f(at) \Leftrightarrow \frac{1}{|a|} F\left(\frac{\omega}{a}\right)$

5) $f_1(t) * f_2(t) \Leftrightarrow F_1(\omega) F_2(\omega)$

6) $f_1(t) f_2(t) \Leftrightarrow \frac{1}{2\pi} F_1(\omega) * F_2(\omega)$

매트랩 실습

매트랩 실습은 다음과 같은 순서로 진행한다.

1. 실습과제의 목적과 내용을 이해한다.
2. 매트랩 프로그램의 명령어를 학습하여 프로그램을 이해한다.
3. 매트랩 프로그램의 편집 창을 이용하여 프로그램을 작성한다.
4. 매트랩 프로그램의 실행결과를 확인한다.
5. 실습과제에서 요구하는 파라미터 변화에 따른 결과를 분석한다.
6. 결과분석 자료를 정리하여 발표하고 토론한다.

1. 전파서비스 신호의 특성

1.1 실습 목적

일상생활에 이용하는 전파서비스는 모두가 전파를 이용하고 있으며 시간적으로 합쳐져서 구분할 수 없으나 주파수로는 나뉘어져 구분되어 있음을 실습을 통해 이해한다.

1.2 실습 과제

임의의 여러 정현파들을 합성한 파형에 대해 주파수로 분해하여 각 주파수 진폭을 확인한다.

1.3 실습 예제

예제 2.8.1 합성 신호의 시간 특성과 주파수 특성

토의 내용

(1) 임의의 정현파 신호 여러 개를 합성한 신호와 합성 신호의 주파수 특성을 확인한다.
(2) 불규칙한 시간 파형과 주파수 특성을 분석하고 토론한다.

```
%% mc281_signal_combine.m
%
% 여러 가지 신호가 합쳐진 신호의 시간 및 주파수 영역 표현

%% 0. 초기화
clear all
close all
clc

%% 1. 시간 신호
fs = 300;                          % 샘플링 주파수(Hz)
dur = 1;                           % 시간 길이(sec)

t = 0:1/fs:dur-1/fs;               % 시간 축
x = ...                            % 시간 신호 만들기
     (3)*sin(2*pi*20*t) ...        % 크기 3의 20 Hz 성분
   + (2)*sin(2*pi*35*t) ...        % 크기 2의 35 Hz 성분
   + (4)*sin(2*pi*50*(t));         % 크기 4의 50 Hz 성분

%% 2. 주파수 신호
m = length(x);                     % 신호 샘플 개수

f = (0:m-1)*(fs/m);                % 주파수 축
y = fft(x);                        % 주파수 신호 (신호-주파수 변환), 복소수값

f0 = (-m/2:m/2-1)*(fs/m);          % 주파수 축 - 0 Hz 중심으로 표현
y0 = fftshift(y);                  % 주파수 신호 - 0 Hz 중심으로 표현

y0_amp = abs(y0)/m;                % 주파수 신호 크기, 실수값

%% 3. 그래프 그리기

figure()

subplot(2,1,1)                     % 시간 신호 그래프
plot(t,x)
xspan = max(x)-min(x);
axis([min(t), max(t), min(x)-xspan/4, max(x)+xspan/4])
xlabel('Time (sec)')
ylabel('Amplitude')
grid on
subplot(2,1,2)                  % 주파수 신호 그래프
plot(f0,y0_amp)
```

```
ylim([-0.2 2.2])                    % y축 범위를 정함 (-0.2~2.2)
xlabel('Frequency (Hz)')
ylabel('Amplitude')
grid on

% 파일로 출력
print -dpng fig281
```

2. 푸리에 급수의 개념

2.1 실습 목적

푸리에 급수의 개념을 이해하고 푸리에 변환 과정을 이해한다.

2.2 실습 과제

이동통신 신호의 해석은 시간에 따른 세기의 변화로도 해석할 수 있고 주파수에 따른 세기의 변화로도 해석할 수 있음을 확인한다.

2.3 실습 예제

예제 2.8.2 푸리에 급수의 개념

토의 내용

(1) 사각파 주기 펄스 신호의 푸리에 급수를 확인한다.
(2) 사각파 주기 펄스 신호를 만들기 위해 주기 함수의 개수 N의 변화에 따른 신호 파형의 변화를 분석하고 토론한다.

```
%% 사각 주기 펄스 신호의 푸리에 급수 표현

%% 0. 초기화
clear all
close all
clc
```

```
%% 1. 시간 신호
fs = 1000;                          % 샘플링 주파수(Hz)
dur = 1;                            % 시간 길이(sec)
t = 0:1/fs:dur-1/fs;                % 시간 축
% 사각 주기 펄스의 푸리에 급수
% http://en.wikipedia.org/wiki/Square_wave
f = 5;                              % 사각파 주기 [Hz]
N = 5;                              % 급수 갯수
x = zeros(1,length(t));             % 초기값 0
for k = 1:N
    temp = 4/pi * sin(2*pi*(2*k-1)*f.*t) ./ (2*k-1);
    x = x + temp;
end

%% 2. 주파수 신호
m = length(x);              % 신호 샘플 개수

f = (0:m-1)*(fs/m);         % 주파수 축
y = fft(x);                 % 주파수 신호 (신호-주파수 변환), 복소수값

f0 = (-m/2:m/2-1)*(fs/m);   % 주파수 축 - 0 Hz 중심으로 표현
y0 = fftshift(y);           % 주파수 신호 - 0 Hz 중심으로 표현

y0_amp = abs(y0)/m;         % 주파수 신호 크기, 실수값

%% 3. 그래프 그리기

figure()

subplot(2,1,1)               % 시간 신호 그래프
plot(t,x)
xlabel('Time (sec)')
ylabel('Amplitude')
grid on

subplot(2,1,2)              % 주파수 신호 그래프
plot(f0,y0_amp)
xlim([ -100 100])           % x축 범위를 축소 (500 -> 100)
xlabel('Frequency (Hz)')
ylabel('Amplitude')
grid on

% 파일로 출력
print -dpng fig282
```

예제 2.8.3 푸리에 급수에서 푸리에 변환 유도

토의 내용

(1) 사각파 주기 펄스 신호의 푸리에 급수를 확인한다.
(2) 사각파 펄스 신호의 주기 f의 변화에 따른 주파수 특성 변화를 분석하고 토론한다.

```
%% mc283_rect_t_infinite.m
%
% 사각 주기 펄스 신호의 주기가 무한대로갈 경우

%% 0. 초기화
clear all
close all
clc

%% 1. 시간 신호
fs = 1000;                   % 샘플링 주파수 (Hz)
dur = 500;                   % 시간 길이 (sec)
t = 0:1/fs:dur-1/fs;         % 시간 축

% 사각 주기 펄스의 푸리에 급수
T = 1;                       % 펄스폭
f = 10;                      % 사각파 주기 [Hz]
N = 100;                     % 사각파 갯수
x = zeros(1,length(t));      % 초기값 0
for k = 1:N
    temp = (abs(t-f*k)<(T/2)) + (abs(t-f*k)==(T/2))*0.5;
    x = x + temp;
end

%% 2. 주파수 신호
m = length(x);               % 신호 샘플 개수

f = (0:m-1)*(fs/m);          % 주파수 축
y = fft(x);                  % 주파수 신호 (신호-주파수 변환), 복소수값

f0 = (-m/2:m/2-1)*(fs/m) ;   % 주파수 축 - 0 Hz 중심으로 표현
y0 = fftshift(y);            % 주파수 신호 - 0 Hz 중심으로 표현

y0_amp = abs(y0)/m;          % 주파수 신호 크기, 실수값
```

```
%% 3. 그래프 그리기

figure()

subplot(2,1,1)                % 시간 신호 그래프
plot(t,x)
xspan = max(x)-min(x);
axis([min(t), max(t), min(x)-xspan/4, max(x)+xspan/4])
xlabel('Time (sec)')
ylabel('Amplitude')
grid on

subplot(2,1,2)                % 주파수 신호 그래프
plot(f0,y0_amp)
xlim([ -5 5])                 % x축 범위를 축소 (500 -> 5)
xlabel('Frequency (Hz)')
ylabel('Amplitude')
grid on

% 파일로 출력
print -dpng fig283
```

3 푸리에 변환의 개념

2.1 실습 목적

푸리에 변환을 이용하여 이동통신 신호의 주파수 특성을 이해한다.

2.2 실습 과제

이동통신 신호는 이동통신 시스템을 통해 신호가 전달되고, 이동통신 시스템은 주파수 특성에 민감하다. 이 실습은 이동통신 신호의 변화에 따른 주파수 특성을 확인한다.

2.3 실습 예제

(1) 이동통신 신호의 이해

이동통신 신호는 cos(t) 신호, sin(t) 신호, 사각파 펄스 신호, 삼각파 펄스 신

호, 샘플링 신호, 임펄스 신호 등 다양한 신호들이 있다.

실습 프로그램을 작성할 때 이동통신 신호의 표현은 매트랩 프로그램 내부에서 직접 생성할 수 있고 function mode m file 형식의 파일을 만들어 호출하여 생성할 수 있다.

다음은 가장 많이 사용하는 사각파 신호와 샘플링 신호의 function m file을 다음과 같이 작성하여 실습하고자 하는 프로그램과 같은 디렉토리에 저장한다.

▸ x=rect(x,T) : 사각파 펄스 신호

편집 창에서 다음과 같이 코딩하고 파일명은 function 이름과 동일한 rect로 저장한다.

```
%% 사각 펄스 신호 function m file 만들기

function x=rect(t, T)

x = zeros(1,length(t));                    % 시간 신호 만들기 (초기값 0)
for ii=1:length(t)
    if (t(ii) >= -T) && (t(ii) < T)
        x(ii) = 1;
    end
end
```

▸ x=sa(W,t) : 샘플링 펄스 신호

편집창에서 다음과 같이 코딩하고 파일명은 function 이름과 동일한 sa로 저장한다.

```
%% 샘플링 신호 function m file 만들기

function x=sa(W, t)

x = zeros(1,length(t));
for ii=1:length(t);
    if t(ii)==0
        x(ii)=1;
    else
        x(ii)=sin(W*t(ii))/(W*t(ii));
    end
end
```

▸ x=gaussian(t) : 가우시안 신호

편집창에서 다음과 같이 코딩하고 파일명은 function 이름과 동일한 gaussian으로 저장한다.

```
%% 가우시안 신호 function m file 만들기

function x=gaussian(t)

x = zeros(1,length(t));
x = exp(-t.*t/2)/sqrt(2*pi);
```

▸ x=1/T.*rect(t,T) : 잡음을 나타내는 임펄스 신호

임펄스 신호는 사각파 펄스 function m file을 이용하여 신호를 표현할 수 있다.

▸ x=ones(1, length(t)) : DC 전압을 나타내는 단위 신호

2) 이동통신 신호의 푸리에 변환과 역변환

예제 2.8.4 이동통신 신호의 푸리에 변환

토의 내용

(1) 다양한 이동통신 신호를 이해한다.
(2) 이동통신 신호의 기본 형태인 사각파 펄스 신호의 푸리에 변환 및 역변환을 실행한다.
(3) 사각파 펄스 신호의 폭을 다르게 하면서 시간과 주파수 신호의 변화를 분석하고 토론한다.

```
%% mc284_rect_sa_impulse_unit_time_freq_time.m
%
% 다양한 이동통신 신호의 푸리에 변환

%% 0. 초기화
clear all
close all
clc
```

```
%% 1. 시간 신호
fs = 1000;                          % 샘플링 주파수 (Hz)
dura = -10;                         % 시간 길이 (sec)
durb = 10;
t = dura:1/fs:durb-1/fs;            % 시간 축

%% 프로그램 이용한 시간 신호 만들기 (사각 펄스 신호)
T = 1 ;
x = zeros(1,length(t));             % 시간 신호 만들기 (초기값 0)
for ii=1:length(t)
    if (t(ii) >= -T) && (t(ii) < T)
        x(ii) = 1;
    end
end

%% 함수 이용한 시간 신호 만들기 (다양한 신호 함수)
%T = 1;                             % 펄스폭
%x = rect(t,T);                     % 사각 펄스 신호

%T = 0.0001;
%x = 1/T.*rect(t,T) ;               % 임펄스 신호

%W = pi;
%x = sa(W, t);                      % 샘플링 신호

%x = 1;                             % 유니트 신호

%% 2. 주파수 신호
m = length(x);                      % 신호 샘플 개수

f = (0:m-1)*(fs/m);                 % 주파수 축
y = fft(x);                         % 주파수 신호 (신호-주파수 변환), 복소수값

f0 = (-m/2:m/2-1)*(fs/m) ;          % 주파수 축 - 0 Hz 중심으로 표현
y0 = fftshift(y);                   % 주파수 신호 - 0 Hz 중심으로 표현

y0_amp = abs(y0)/m*(durb-dura);     % 주파수 신호 크기, 실수값

%% 3. 시간 신호

FT_t = ifft(y);
```

```
%% 4. 그래프 그리기

figure()

subplot(3,1,1)            % 시간 신호 그래프
plot(t,x)
xspan = max(x)-min(x);
axis([min(t), max(t), min(x)-xspan/4, max(x)+xspan/4])
xlabel('Time (sec)')
ylabel('Amplitude')

subplot(3,1,2)            % 주파수 신호 그래프
plot(f0,y0_amp)
yspan = max(y0_amp)-min(y0_amp);
axis([min(f0), max(f0), min(y0_amp)-yspan/4, max(y0_amp)+yspan/4])
xlim([-20 20])            % x축 범위를 축소 (500 -> 50)
xlabel('Frequency (Hz)')
ylabel('Amplitude')

subplot(3,1,3)            % 시간 신호 그래프
plot(t,FT_t)
xspan = max(x)-min(x);
axis([min(t), max(t), min(x)-xspan/4, max(x)+xspan/4])
xlabel('Time (sec)')
ylabel('Amplitude')

% 파일로 출력
print -dpng fig284
```

제 III 부

이동통신 신호의 전달

제9장 이동통신 시스템의 구성
제10장 이동통신 신호의 전달 과정
제11장 이동통신 시스템의 성능 개선
☆ 연습문제
☆ 매트랩 실습

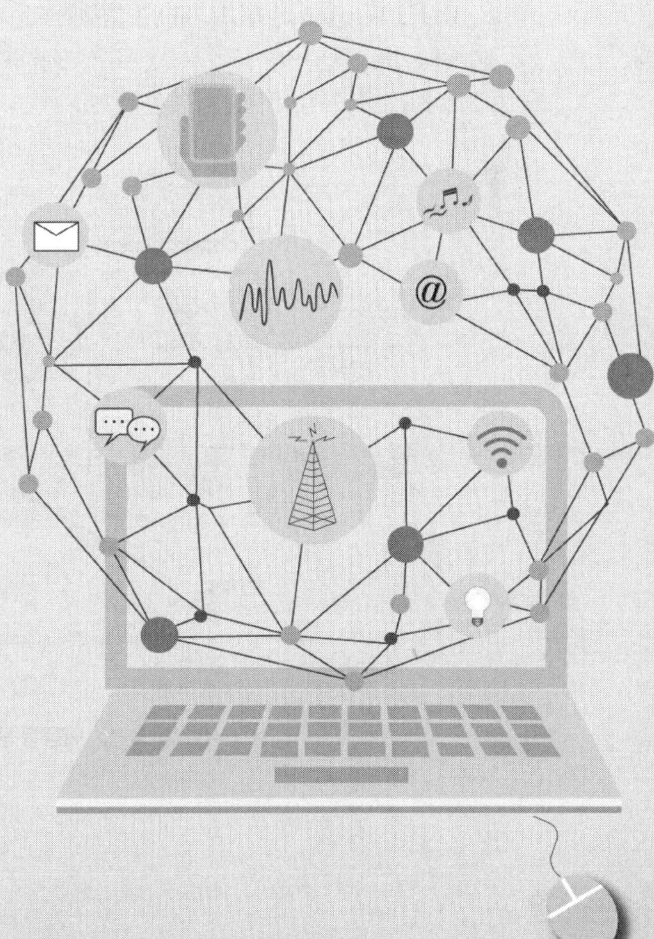

제9장

이동통신 시스템의 구성

제1절 기지국 및 단말기의 기본 구조

이동통신 신호는 기지국에서 단말기로 또는 단말기에서 기지국으로 전달된다. 이때 이동통신 신호는 기지국 또는 단말기 내부의 여러 단계를 거쳐 신호가 전달된다. 따라서 이동통신 신호 전달과정에 앞서 이동통신 시스템의 구성을 살펴볼 필요가 있다.

〈그림 9-1〉은 이동통신 시스템의 구성 요소를 간단히 요약한 것이다. 기지국 및 단말기는 크기만 다를 뿐 기본적으로 디지털처리부(Digital Unit)과 RF처리부(RF Unit)로 나누어지고 기타 안테나, 전력장치, 주변장치 등으로 구성된다. DU는 다시 디지털 기저대역부와 아날로그 기저대역로 나누진다. RU는 디지털신호가 변조된 이후 신호를 처리하는데 중간주파수(IF : Intermediate Frequency) 시스템과 RF 시스템(RF : radio frequency)으로 나뉘어진다. 전력장치는 화로전원공급, 충전 등을 지원한다. 주변장치는 입출력 장치로 마이크, 키패드, 디스플레이, 카메라, 블루투스와 같은 외부 통신 모듈과 통신을 지원한다.

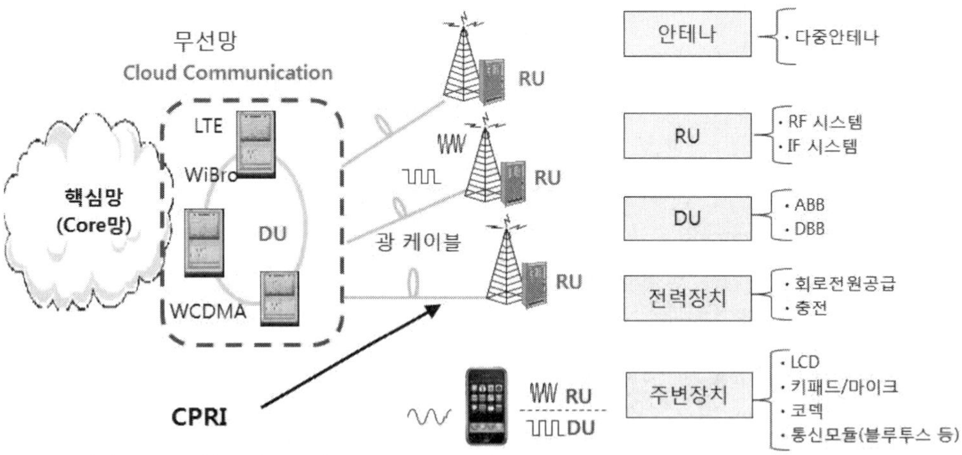

※ CPRI : Common Public Radio Interface (무선 장비 인터페이스 표준)
ABB : Analog Baseband Block
DBB : Digital Baseband Block

〈그림 9-1〉 이동통신 기지국 및 단말기의 기본 구조

기지국은 이전에는 RU와 DU가 하나의 시스템으로 결합되어 있었으나 최근에는 DU를 분리하여 한 곳에 집중함으로써 DU의 자원을 공유하는 형태로 시스템이 변화하였다. 이때 DU와 RU 사이에서 광케이블 등으로 원격으로 연결되어 있어 표준화된 인터페이스가 요구되었다. CPRI는 원격으로 떨어져 있는 DU와 RU의 인터페이스 표준이다. CPRI의 표준은 에릭슨, 노키아지멘스, ALU 등 제조업체 들이 함께 표준화를 추친하였다.

제2절 기지국 및 단말기의 세부 구조

이동통신 시스템의 세부 구조를 나타내면 다음과 같다. 기지국과 단말기는 공통적으로 안테나, RF/IF 시스템, 디지털기저대역 블록, 아날로그 기저대역 블록으로 구성되어 있다. 그리고 단말기의 경우 마이크와 스피커의 입출력 장치 및 음성코덱이 요구된다. 핵심망 및 무선망으로부터 광케이블 전송로를 이용하여 디지털 데이터를 수신하는 장비가 추가된다. 기타 통신과 모니터링을 위한 디스플레이 등의 주변장치가 포함된다.

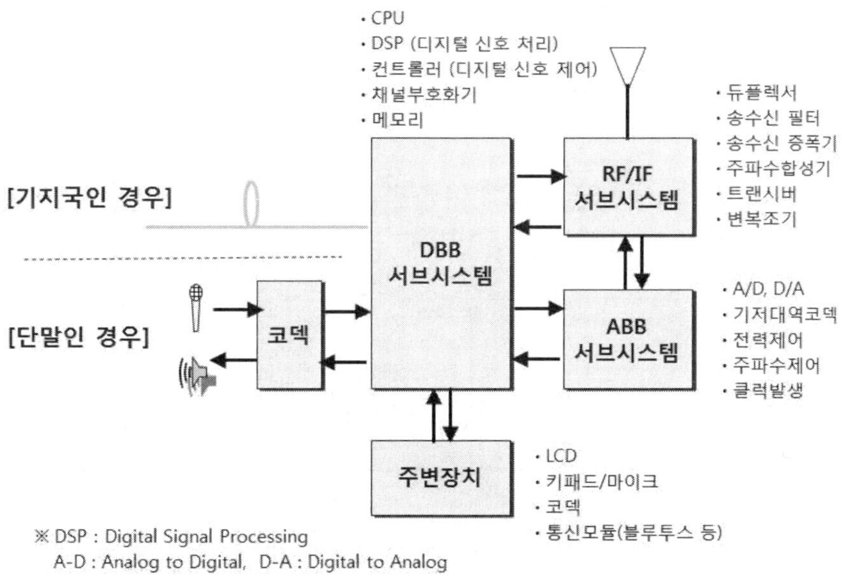

〈그림 9-2〉 이동통신 기지국 및 단말기의 세부 구조

디지털 기저대역 블록은 두뇌에 해당되는 역할로 모든 디지털 신호 처리를 담당한다. 디지털 기저대역 블록은 디지털신호처리 프로세서, CPU, 디지털 신호 제어기, 채

널 부호화기, 메모리 등으로 구성된다. 아날로그 기저대역 블록은 외부 아날로그 신호를 받아 디지털화하거나 디지털 신호를 RF 처리부 신호로 변경하는 기능을 수행한다. 또한 아날로그 기저대역의 주파수 제어와 시스템의 전력제어 기능을 수행한다. RF 서브시스템은 아날로그 기저대역 블록으로부터 수신한 아날로그 기저대역신호를 변조하는 변조기, 다양한 주파수를 공급하는 주파수 합성기, IF/RF 변환을 수행하는 트랜시버, 신호를 크게 하는 증폭기, 할당된 주파수 대역폭에서만 송수신할 수 있도록 하는 필터 등으로 구성되어 있다.

제3절 기지국 및 단말기에서 이동통신 신호의 전달

이동통신 신호가 이동통신 시스템에서 전달되는 과정을 요약하면 다음과 같다. 이동통신 신호는 보내고자 하는 신호만큼의 주파수로 필터링하고 디지털로 변환한다. 디지털 변환된 신호는 DU에서 디지털신호 처리 과정을 거쳐 기저대역 변조되어 RF 처리부에 공급된다. RF 처리부에서 중간주파수 및 RF 주파수로 변조되고 증폭과 필터링 과정을 거쳐 안테나를 통해 전파된다. 이동통신 신호는 기지국 및 단말기의 구성 요소를 단계적으로 거치면서 시간 및 주파수의 변화가 일어난다.

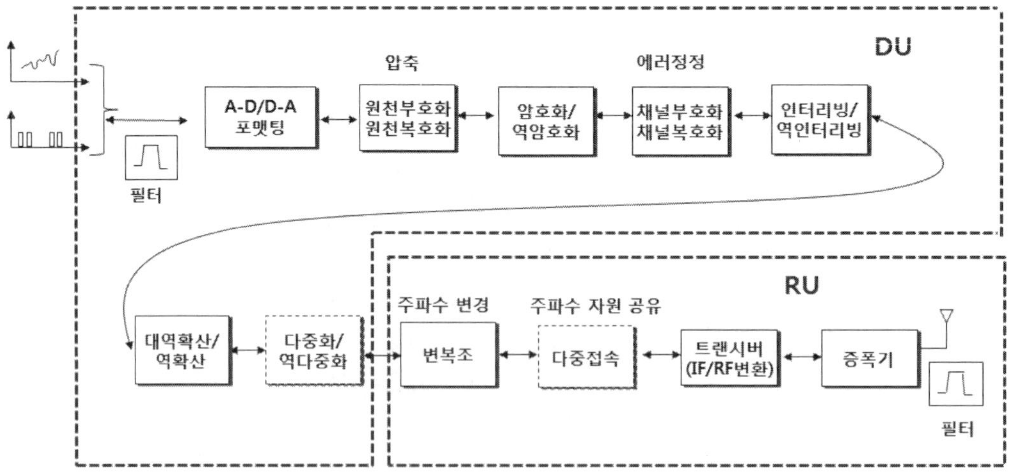

〈그림 9-3〉 기지국 및 단말기에서 이동통신 신호의 전달

제4절 LTE 시스템의 순방향 이동통신 신호 전달

이동통신 신호의 전달과정의 사례로써 LTE 이동통신 시스템에서 다운링크 공유채널(DL-SCH : Downlink Shared CHannel)의 전달과정을 살펴보면 다음과 같다. 아래의 절차는 1개의 반송파에서 이루어지는 절차인데 여러 개의 반송파를 결합하여 송신하는 반송파 결합(Carrier Aggregation) 기술 경우에도 각 반송파가 독립적으로 데이터를 전송하므로 반송파 결합에도 동일한 절차이다.

데이터의 1ms 서브프레임에 최대 2개의 전송 블록(Transport Block)이 입력되면 에러 확인을 위한 CRC 24비트가 추가되는데 전송 블록이 나누어지면 나누어진 전송블록별로 CRC 비트가 추가된다. 다음 에러 정정을 위해 부호화율 1/3인 터보코드의 채널코딩이 이루어진다. Rate Matching과 HARQ는 채널부호화기로부터 전달된 코드비트로부터 전송 비트들을 정확히 추출한다. 다음으로 QPSK, 16QAM, 64QAM으로 변조되고 여러 개의 안테나를 사용할 경우 데이터를 각 안테나별로 매핑하여 전송한다. 상기에서 설명한 내용을 요약하면 다음과 같다.

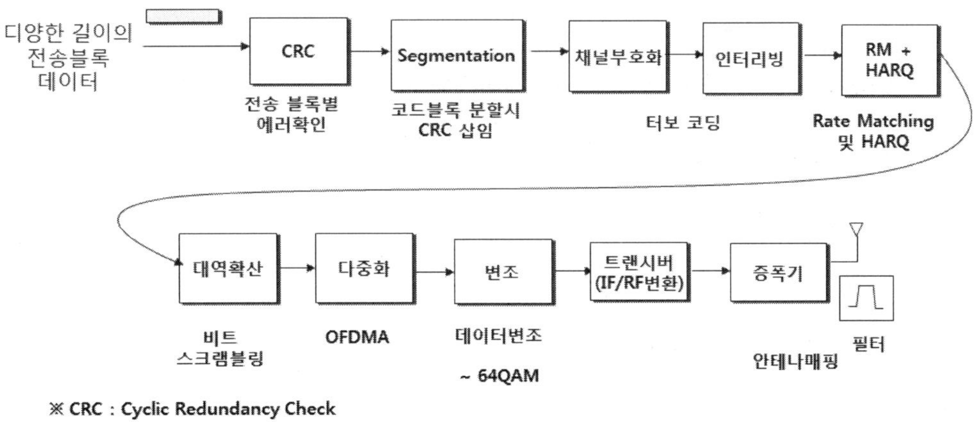

〈그림 9-4〉 LTE 시스템의 다운링크 공유채널 이동통신 신호 전달

연습문제

01 이동통신 기지국 및 단말기의 기본 구성 장치 5개를 나열하시오.

02 RU와 DU 사이의 공통 무선 접속 표준을 무엇이라 하는가?

03 RU의 구성 요소를 나열하시오.

04 디지털 기저대역 블록 구성 요소를 나열하시오.

05 아날로그 기저대역 블록 구성 요소를 나열하시오.

06 LTE 하향링크 공유채널을 통해 데이터를 전송할 때

1) 전송블록별로 에러 확인을 위해 적용하는 기술은?

2) 채널코딩은?

3) 변조방식은?

4) 무선접속 방식은?

제10장

이동통신 신호의 전달 과정

제1절 시스템의 입출력 신호 해석

1. 전달함수의 개념

전달함수(Transfer Function)는 신호와 잡음이 임의의 시스템을 거쳐 전달될 때 신호의 변화를 나타내는 함수이다. 이때 시스템의 전달함수는 선형 시불변 시스템(Linear Time Invariant System)이어야 한다.

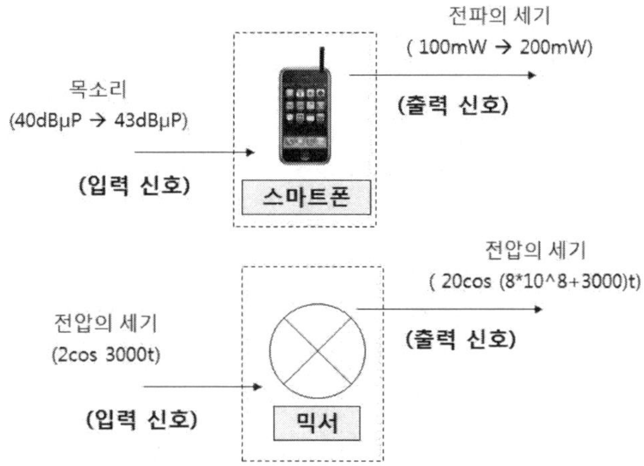

〈그림 10-1〉 전달함수의 개념

2. 전달함수의 활용

전달함수는 시스템의 시간 또는 주파수 영역의 신호 변화를 나타내는 함수로서 시스템의 전달함수를 알면 입력신호에 대한 출력 신호를 알 수 있다. 입력 신호를 시간적으로 해석할 경우 컨볼루션(Convolution)으로 출력신호를 추출하고 입력 신호를 주파수적으로 해석할 경우 간단히 곱(Product)으로 출력신호를 추출한다.

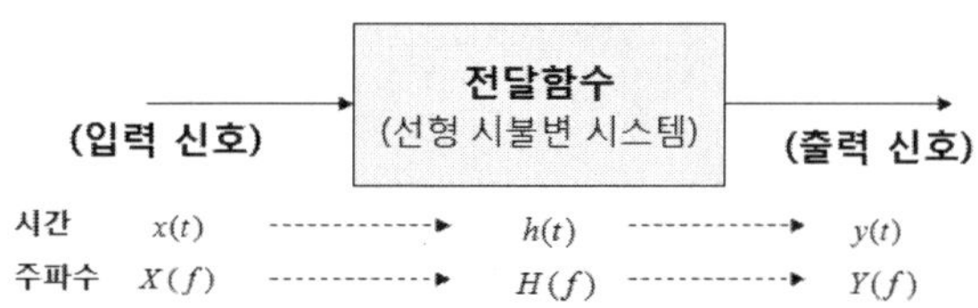

〈그림 10-2〉 전달함수의 활용

3. 선형 시불변 시스템

선형시스템(Linear System)은 입력 신호에 대한 출력 신호 크기 변화가 입력 신호의 크기에 비례하여 나타나는 특성이다. 예를 들어 증폭기가 1mW에서 증가하는 양이 2배이고 다른 입력신호에 대해서도 항상 2배의 크기가 유지되면 선형 시스템의 특성을 가지고 있는 것이다.

$$y_1(t) = T\{x_1(t)\}, y_2(t) = T\{x_2(t)\}$$
$$\Rightarrow ay_1(t) + by_2(t) = T\{ax_1(t) + bx_2(t)\} \qquad \text{(식 10-1)}$$

시불변 시스템(Time Invariant System)은 입력신호에 대한 출력신호의 특성이 시간에 따라 변하지 않는 것이다. 오늘 저항이 10옴인 성질을 가지는 증폭기가 다음 날 20옴이 되면 시불변 시스템이 아니다.

$$y(t) = T\{x(t)\} \text{ 일 때}$$
$$y(t - t_0) = T\{x(t - t_0)\} \qquad \text{(식 10-2)}$$

여기서, t_0는 지연 시간이다.

4. 왜곡이 없는 신호 전달

신호의 왜곡이 없는 시스템은 입력신호가 단지 일정한 시간 지연과 일정한 크기의 변화를 가져야만 출력 신호를 왜곡없이 산출 할 수 있다. 입력신호에 대한 왜곡이 없는 시간 및 주파수 출력신호는 다음과 같은 식으로 표현된다.

$$y(t) = Kx(t - t_0)$$
$$Y(f) = KX(f)e^{-j2\pi f t_0} \qquad \text{(식 10-3)}$$

제2절 시간 영역에서 출력 신호 산출

1. 컨볼루션 연산

일반적인 컨볼루션 연산은 다음과 같은 식으로 나타낸다.

$$f_1(t) * f_2(t) \equiv \int_{-\infty}^{\infty} f_1(\tau) f_2(t-\tau) d\tau = \int_{-\infty}^{\infty} f_1(t-\tau) f_2(\tau) d\tau \qquad \text{(식 10-4)}$$

그런데 일반적으로 시간 $t = 0$ 이전에 시스템의 출력이 나오지 않으므로 컨볼루션의 식은 다음과 같이 나타낼 수 있다.

$$f_1(t) * f_2(t) \equiv \int_{0}^{\infty} f_1(\tau) f_2(t-\tau) d\tau = \int_{0}^{\infty} f_1(t-\tau) f_2(\tau) d\tau \qquad \text{(식 10-5)}$$

컨볼루션은 신호가 시스템을 통과할 때 시스템에서 동작하는 시간 동안 발생하는 신호의 크기를 모두 나타내기 위해 만들어 낸 개념이다. 예를 들어 권투 선수가 상대방으로부터 펀지를 맞았을 때 영향은 수 초간 지속될 것이다. 충격이 가시기 전에 또 다른 펀치를 맞을 때의 충격은 이전에 맞은 충격과 합쳐야 할 것이다. 통신에서도 현재의 입력신호와 이전의 입력 신호를 합쳐서 현재의 출력 신호를 계산하여야 한다. 다음 그림은 입력 신호와 출력 신호의 동작을 도식적으로 나타낸 것이다.

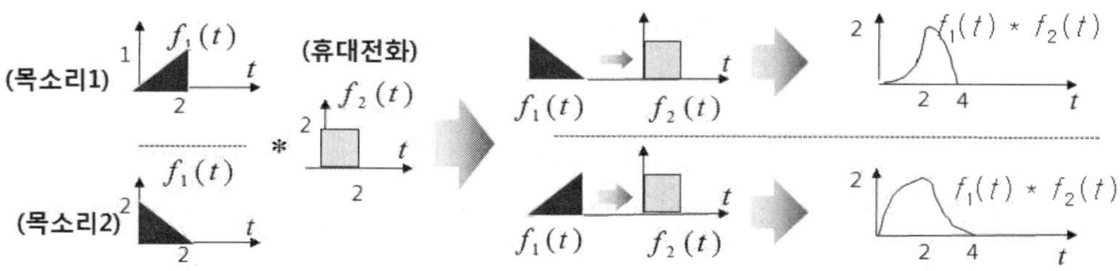

〈그림 10-3〉 컨볼루션의 개념

다음과 같은 컨볼루션의 성질을 이해하면 신호 해석이 쉬워진다.

(1) 시간영역의 컨볼루션 연산은 주파수영역에서 곱

$$F[f_1(t)*f_2(t)] = F_1(\omega)F_2(\omega) \qquad \text{(식 10-6)}$$

(2) 시간영역의 곱은 주파수영역에서 컨볼루션 연산

$$F[f_1(t)f_2(t)] = F_1(\omega)*F_2(\omega) \qquad \text{(식 10-7)}$$

(3) 충격파 함수의 컨볼루션

$$f(t)*\delta(t-t_0) = \int_{-\infty}^{\infty} f(\tau)\delta(t-t_0-\tau)d\tau = f(t-t_0) \qquad \text{(식 10-8)}$$

2. 충격파 신호에 의한 시간 영역의 출력신호 산출

시간 영역의 전달함수 $h(t)$는 시스템에 충격파를 입력하여 산출한다.

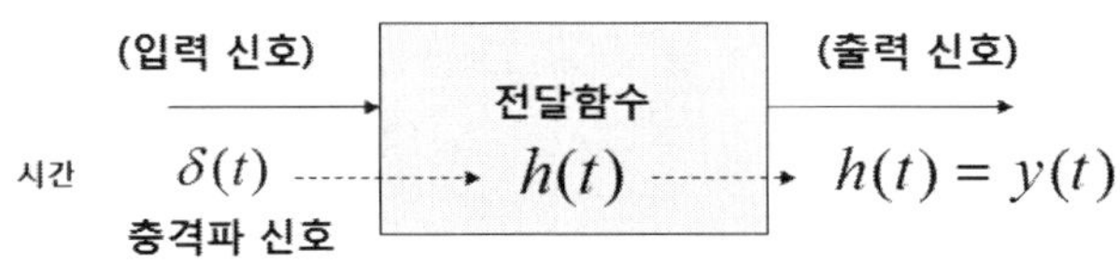

〈그림 10-4〉 시간영역의 전달함수 산출

출력신호는 전달함수 $h(t)$와 입력 신호를 컨볼루션하여 산출한다.

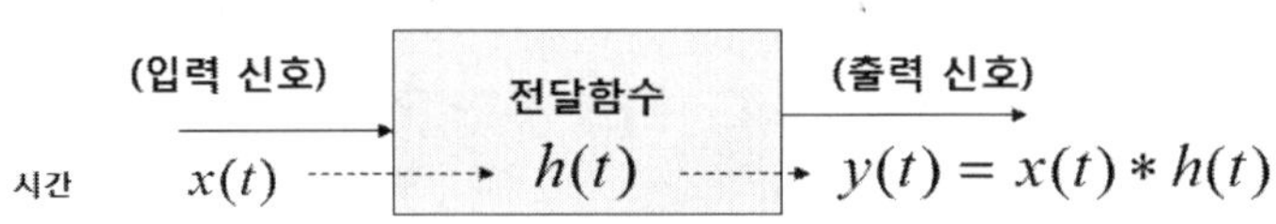

〈그림 10-5〉 시간영역의 출력신호 산출

제3절 주파수 영역에서 출력 신호 산출

1. 주파수 전달함수

주파수 전달함수(Frequency Transfer Function) $H(\omega)$는 $h(t)$를 주파수 변환하여 산출한다. 주파수 영역의 출력신호는 입력신호와 전달함수를 간단히 곱하여 산출한다.

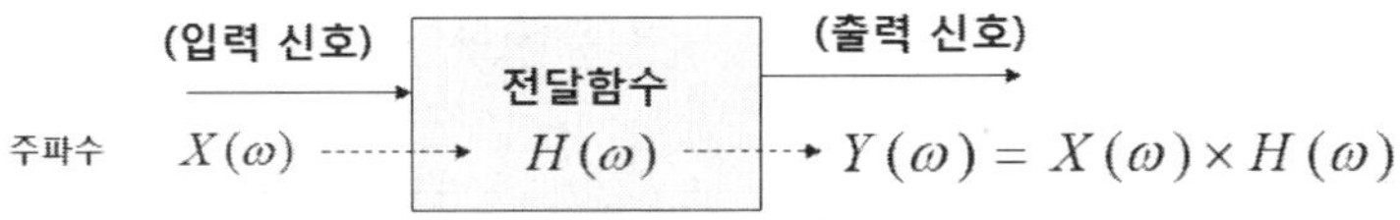

〈그림 10-6〉 주파수영역의 출력신호 산출

2. 출력신호 $Y(\omega)$의 진폭과 위상

출력신호 $Y(\omega)$는 진폭은 입력신호와 전달함수의 진폭을 곱하여 산출하고 위상은 입력신호와 전달함수의 위상을 더하여 산출한다.

$$\begin{aligned} Y(\omega) &= X(\omega) \times H(\omega) = |X(\omega)| e^{jX(\omega)} \times |H(\omega)| e^{jH(\omega)} \\ &= \{|X(\omega)| \times |H(\omega)|\} e^{j\{X(\omega)+H(\omega)\}} \end{aligned} \quad \text{(식 10-9)}$$

제4절 이동통신 신호의 전달에서 시스템의 한계

1. 개요

통신시스템은 통신신호를 송신할 때 전송할 데이터를 원하는 시간에 보내기 위해 전송 데이터 속도를 높이고자 한다. 하지만 셰논-하틀리(Shannon-Hartley)의 공식에서 신호전력(S)과 채널대역폭(B)를 크게 하거나 잡음전력(N)을 낮추는데 한계가 있으므로 전송 데이터의 속도를 무한히 높일 수 없다.

$$C = B \log_2 (1 + \frac{S}{N}) \quad \text{(식 10-10)}$$

신호전력(S)의 증가는 증폭기의 비선형성이 한계이고 채널대역폭(B)의 증가는 가용 주파수 대역폭의 한계, 시스템의 기술적 한계, 주파수 간섭의 한계가 있으며 잡음전력(N)을 낮추는 데는 시스템의 기술적 한계가 있다.

2. 이동통신 시스템의 성능에 미치는 영향

디지털 신호의 프로세서 처리 해석은 시간적인 해석이 단순하지만 아날로그에서 디지털 변환 및 변조 이후 RF 시스템 해석에는 주파수 해석이 간단하고 쉽다.

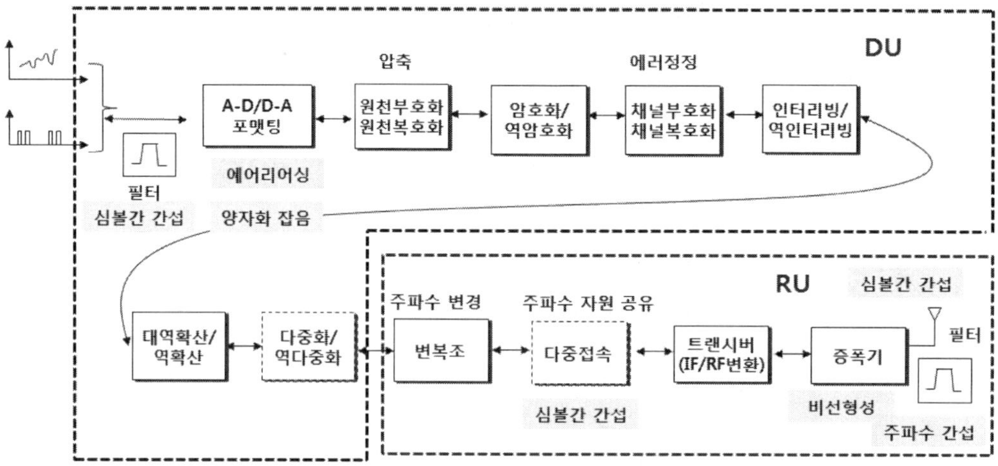

〈그림 10-7〉 이동통신 시스템의 성능에 미치는 영향

3. 증폭기

(1) 개요

증폭기(Amplifier)는 신호전력(S)을 높이고 잡음을 낮추어 시스템의 성능을 높인다. 이동통신 증폭기는 신호의 증폭을 최대로 높이는 고출력 증폭기 (HPA : High Power Amplifier)와 잡음을 최소화하면서 증폭하는 저잡음 증폭기(LNA : Low Noise Amplifier)가 있다. 송신전력에서는 신호전력이 잡음과 비교하여 매우 높은 전력이므로 잡음이 문제가 되지 않으나 수신전력은 잡음과 비교하여 매우 작아 잡음을 최대한 억제해야 하는 기능이 중요하다.

(2) 증폭기의 신호 전달

증폭기는 시간에 무관하게 항상 입력신호의 모든 주파수에 대해 10,000배를 증폭한다.

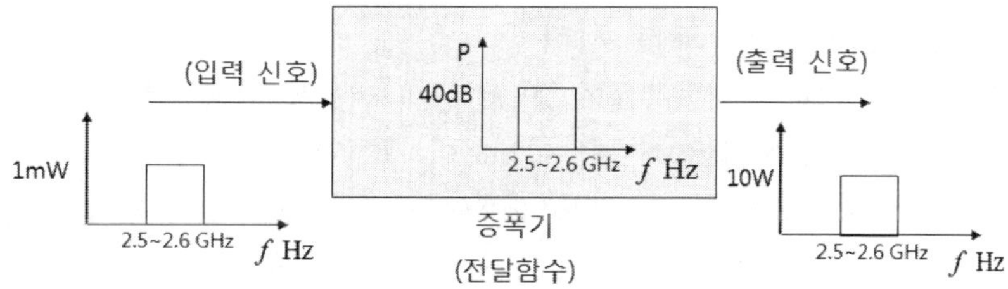

〈그림 10-8〉 증폭기의 신호 전달

(3) 비선형성

증폭기는 능동소자의 문제로 비선형성(Nonlinearity)이 발생하여 신호 전력을 높이는데 한계가 있다. 증폭기의 비선형성은 PAR이 높은 시스템(OFDM)의 경우 효율성이 떨어진다.

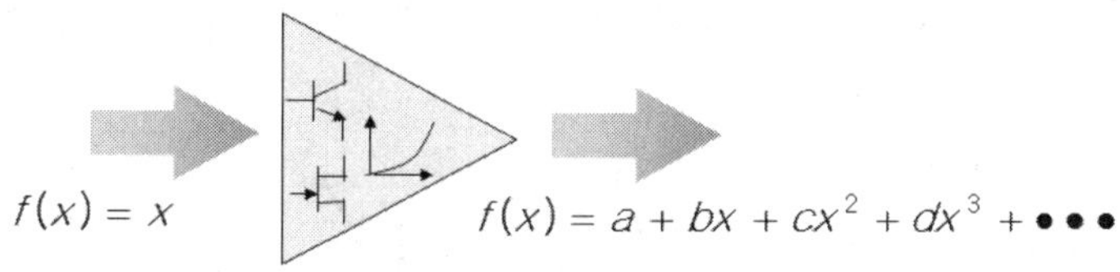

〈그림 10-9〉 능동소자의 비선형성

(4) 비선형소자의 상호 변조에 의한 신호 왜곡

비선형소자의 상호 변조 왜곡(IMD : Inter Modulation Distortion)은 상호 변조 주파수를 발생시켜 선형 시스템에 왜곡을 일으킨다.

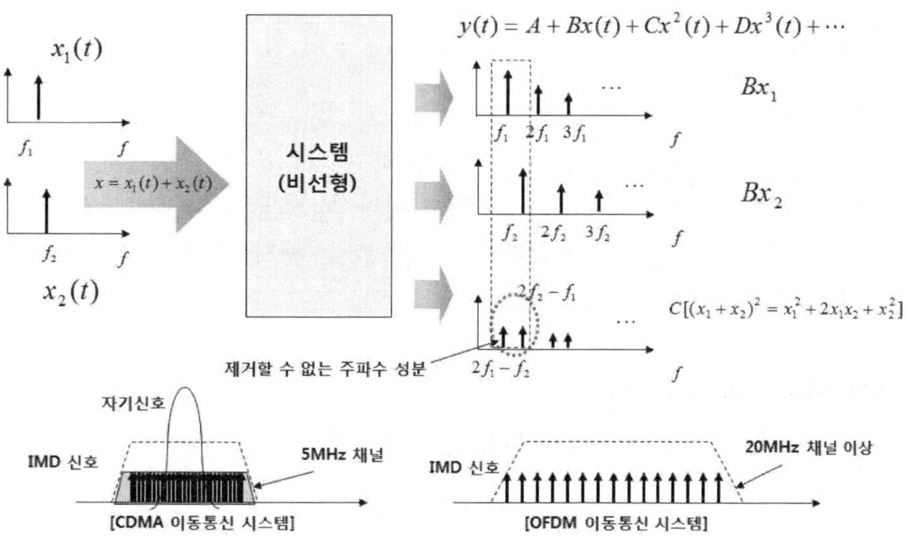

〈그림 10-10〉 상호 변조 왜곡

(5) 비선형성에 의한 효율 저하

신호전력 증폭을 위한 증폭기, 믹서 등의 이동통신 시스템의 구성요소는 다이오드, 트랜지스터 등의 비선형 소자를 이용하여 구현된다.

비선형소자의 신호 왜곡으로 신호전력을 계속 높일 수가 없다.

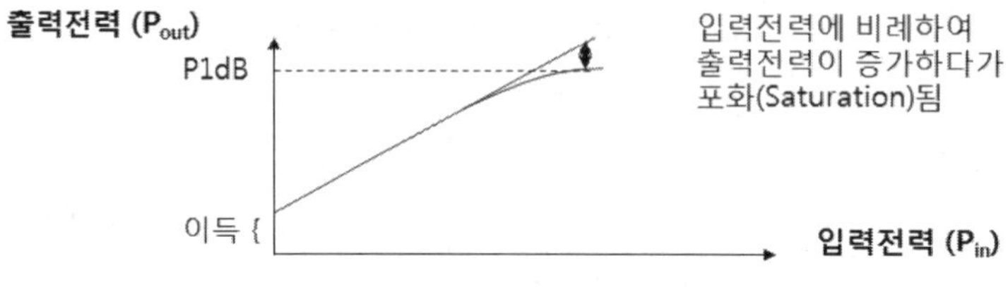

〈그림 10-11〉 증폭기 포화

비선형소자의 상호 변조 신호 왜곡에 의해 신호전력을 계속 높일 수가 없다.

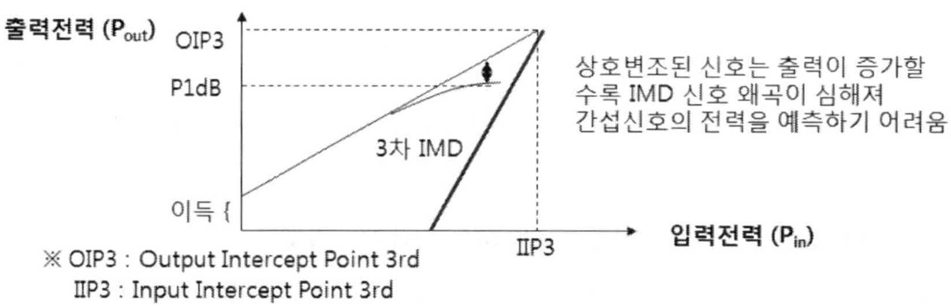

〈그림 10-12〉 상호 변조 왜곡에 의한 신호전력의 한계

4. 여파기

(1) 개요

신호를 전달할 때 원하는 신호만 전달하고 원하지 않는 신호는 차단하여 전달되지 못하도록 하는 것을 여파기(Filter)라고 한다. 전기 및 전파 신호를 전달하는 시스템은 주파수에 따라 전달 특성이 달라지므로 여파기는 주파수에 따른 고유한 응답 특성을 가진다.

(2) 여파기의 신호 전달

여파기는 시간에 무관하게 항상 주어진 주파수대역만 통과시킨다.

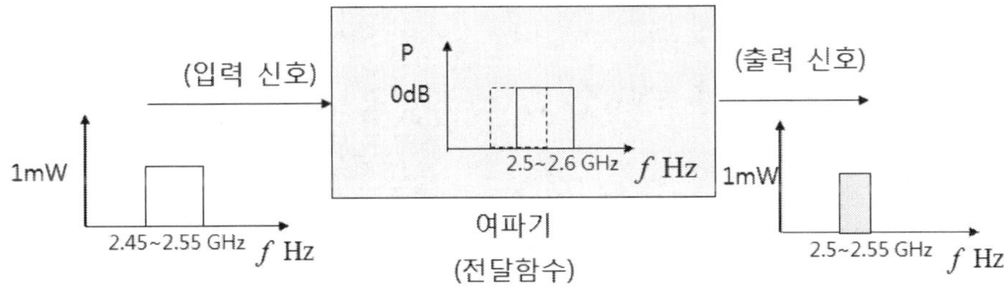

〈그림 10-13〉 여파기의 신호 전달

(3) 이상적인 여파기

다음은 신호를 통과하는 영역에 따른 다양한 형태의 여파기를 나타내고 있다. 특정 주파수 영역에서 완전히 신호를 통과하거나 제거하는 경우를 이상적인 여파기라고 한다.

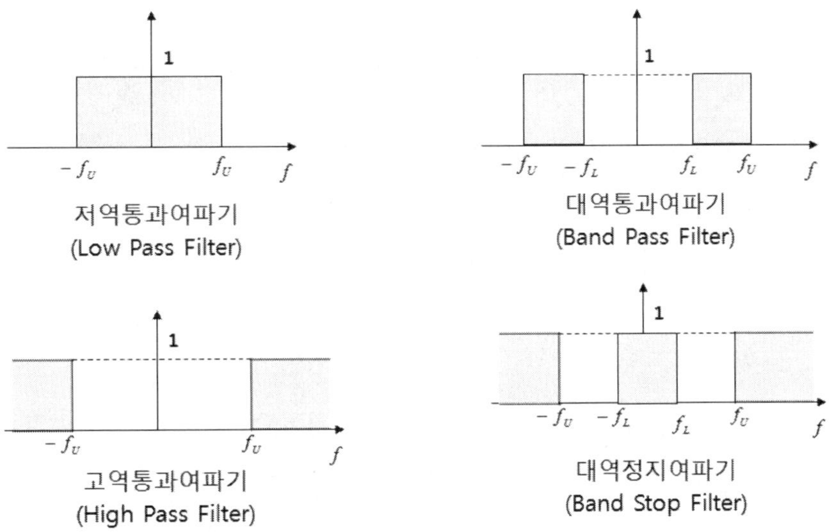

〈그림 10-14〉 이상적인 여파기의 전달함수 특성

(4) 실제의 여파기

통신시스템에서 여파기를 실제로 구현하면 소자의 특성상 이상적인 필터를 구현하기가 어렵다. 다음 그림은 실제로 저항과 콘덴서를 이용하여 여파기를 구현할 때 나타나는 주파수 특성을 보여주고 있다.

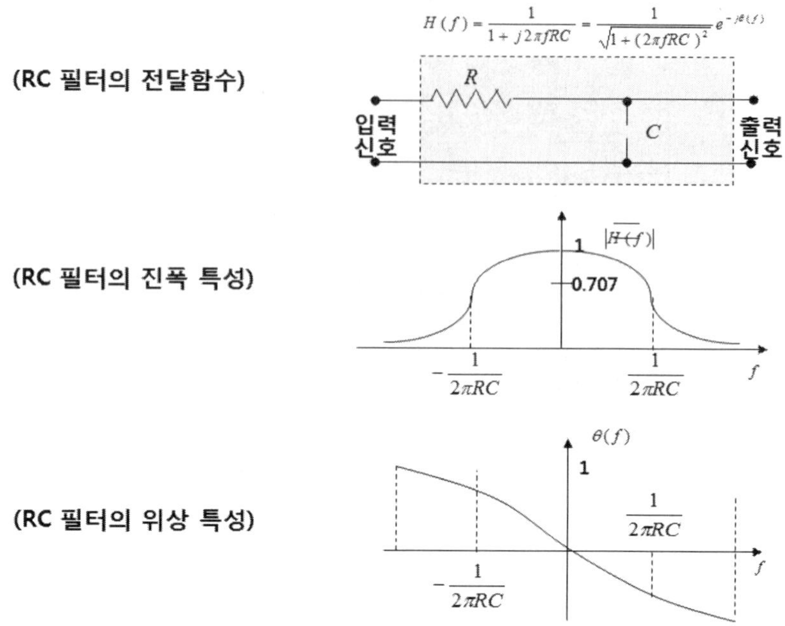

〈그림 10-15〉 실제 여파기의 전달함수 특성

(5) 입력신호의 여파기 대역폭

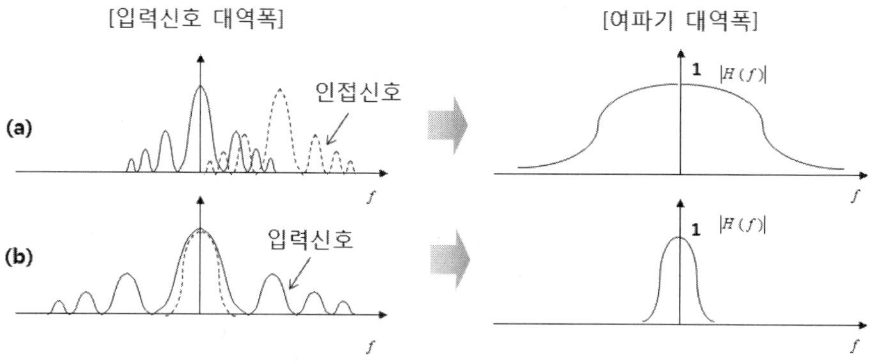

〈그림 10-16〉 입력신호와 여파기 대역폭의 관계

입력신호와 여파기의 대역폭은 가능한 같은 크기로 맞추는 것이 바람직하다. 입력신호가 여파기를 통과할 때 출력신호는 주파수 영역에서 단순히 곱으로 나타난다. 이때 a)의 경우 입력신호를 모두 통과할 수 있지만 인접한 신호를 함께 통과시킬 수 있어 간섭이 증가한다. 반면 b)의 경우 입력신호를 모두 통과시킬 수 없어 신호를 잃어버릴 수 있다.

(6) 기저대역과 RF대역의 대역폭

통신시스템에서 기저대역(Baseband)과 RF대역(Radio Frequency Band)의 대역폭은 다음 그림과 같이 같은 신호라도 2배가 증가한다.

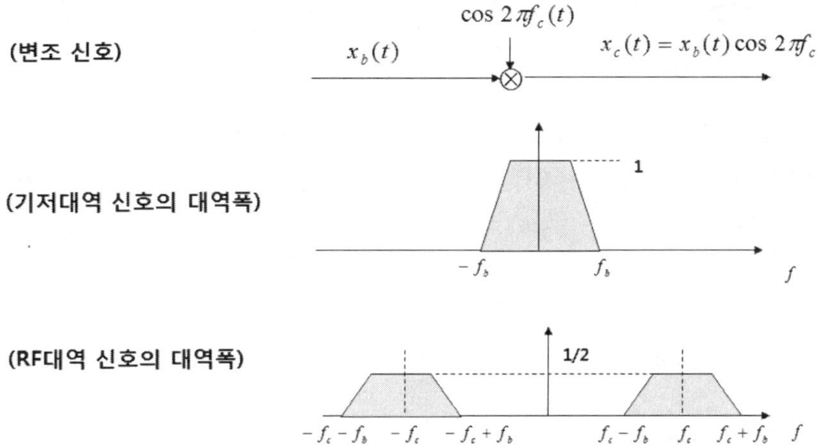

〈그림 10-17〉 기저대역과 RF대역의 대역폭 관계

(7) 주파수 대역폭의 정의

이상적인 여파기를 구현하기 어려운 상황에서 주파수 대역폭을 정의하는 것은 매우 중요하다. 실제 여파기에서는 사용 가능한 대역폭을 따로 정의해서 사용한다. 통신 시스템을 구현할 때 실제로 어디까지 여파기의 설계대역폭으로 구현할 것인가? 다양한 주파수 대역폭의 정의를 요약하면 다음과 같다.

1) 3dB 대역폭(Half power bandwidth)

최대전력의 1/2 이상이 되는 주파수 대역

2) 잡음등가 대역폭(noise equivalent bandwidth 또는 equivalent rectangular)

신호전력이 최대치와 같은 세기로 유지되는 신호 대역폭과 같다고 가정한 주파수 대역

3) Null to Null 대역폭(Null to Null bandwidth)

최대 전력에서 첫 번째 0 값이 나오는 주파수 대역

4) 점유주파수 대역폭(Fractional power containment bandwidth)

송신전력 가운데 99% 전력이 포함된 주파수 대역

5) 상대전력대역폭(Bounded power spectral density)

최대 전력과 비교하여 일정한 비율만큼 감소한 주파수 대역

6) 절대대역폭(Absolute bandwidth)

신호전력이 존재하는 모든 대역으로 실제로 무한대의 대역이므로 통신 시스템에서 의미는 없음

상기 주파수 대역폭 정의 가운데 3dB 대역폭이 자주 사용된다. 하지만 이동통신 시스템의 기술기준에는 점유주파수대역폭이 적용되어 사용된다. 나머지 정의도 사안에 따라 이용된다.

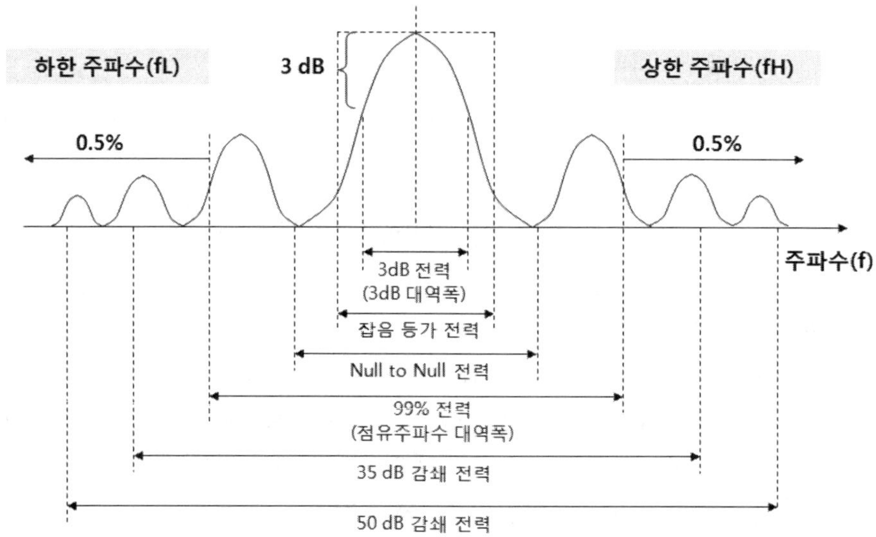

〈그림 10-18〉 다양한 주파수 대역폭의 도식적인 표현

상기 주파수 대역폭 정의 가운데 3dB 대역폭의 예를 나타내면 다음 그리과 같다. 1mW의 입력 신호를 시스템에 입력할 때 출력신호의 변화를 나타내고 있다.

(8) 여파기의 이동통신 응용

단말(Mobile Station)이나 기지국(Base Station)은 전파를 송신할 때 인접한 채널에 간섭을 주지 않도록 자신이 사용하는 채널대역폭 이외의 송신 전력을 제한하도록 규격을 정하는데 이것을 SEM(Spectrum Emission Mask)라고 한다. 송신이 허락된 주파수 대역폭을 채널대역폭, 채널대역폭 외부에서 대역외 방사 대역(Out of Band), 스퓨리어스 방사 대역(Spurious Band)의 전력을 제한한다.

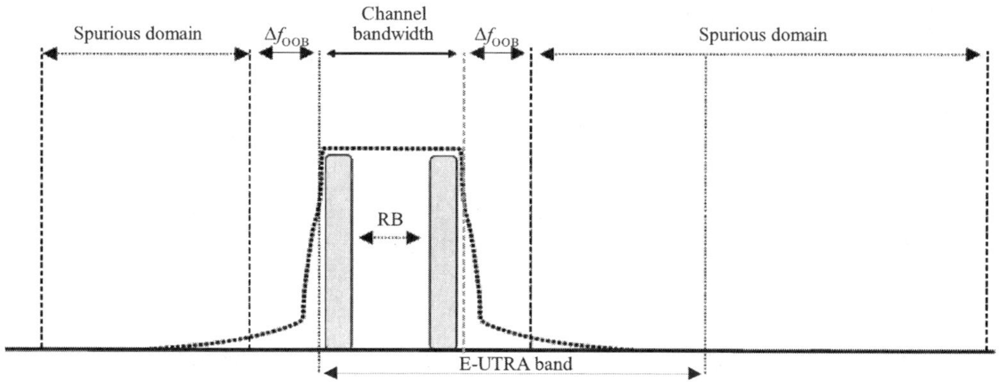

〈그림 10-19〉 E-UTRA 단말기의 SEM

〈표 10-1〉 E-UTRA SEM(spectrum emission mask) (E-UTRA bands ≤ 3GHz)

Δf_{OOB} (MHz)	Spectrum emission limit (dBm)/channel bandwidth						
	1.4 MHz	**3.0 MHz**	**5 MHz**	**10 MHz**	**15 MHz**	**20 MHz**	**Measurement bandwidth**
±0-1	−8.5	−11.5	−13.5	−16.5	−18.5	−19.5	30 kHz
±1-2.5	−8.5	−8.5	−8.5	−8.5	−8.5	−8.5	1 MHz
±2.5-2.8	−23.5	−8.5	−8.5	−8.5	−8.5	−8.5	1 MHz
±2.8-5		−8.5	−8.5	−8.5	−8.5	−8.5	1 MHz
±5-6		−23.5	−11.5	−11.5	−11.5	−11.5	1 MHz
±6-10			−23.5	−11.5	−11.5	−11.5	1 MHz
±10-15				−23.5	−11.5	−11.5	1 MHz
±15-20					−23.5	−11.5	1 MHz
±20-25						−23.5	1 MHz

연습문제

01 신호와 잡음이 임의의 시스템을 거쳐 전달될 때 전달되는 시스템에서 시간 또는 주파수 영역의 신호 변화를 나타내는 함수는 무엇인가?

02 신호를 전달하는 시스템이 신호의 크기에 따라 전달 특성이 달라지지 않고 시간에 따라 전달 특성이 달라지지 않는 시스템을 무엇이라 하는가?

03 입력신호 $x(t)$가 왜곡이 없이 전달될 때 전달된 출력신호 $y(t)$를 식으로 나타내시오.

04 시간영역에서 출력신호를 얻기 위한 입력신호와 전달함수의 연산 방식은 무엇인가?

05 어떤 함수의 입력값에 대한 시스템의 응답 함수를 전달함수라고 하는데 이때 전달함수 값을 구하기 위해 입력되는 신호는 어떤 신호인가?

06 입력 신호의 주파수 특성을 $F(w)$, 전달함수의 주파수 특성을 $H(w)$라고 할 때 출력 신호의 주파수 특성 $Y(w)$를 구하는 식은 무엇인가?

07 시스템의 채널 용량 한계를 나타내는 식을 쓰시오.

08 이동통신 시스템의 성능을 제한하는 원인 3가지 이상 나열하시오.

09 이동통신 시스템의 송수신에서 사용하는 증폭기는 무엇인가?

10 시스템의 비선형성이 PAR인 높은 시스템에 비효율적인 이유는?

11 비선형소자에 의한 간섭은 무엇인가?

12 비선형 특성으로 최대 전압을 규정하는 기준 가운데 포화전력과 3차 고조파 전압과 비교한 선형 출력을 정의한 것은?

13 신호를 전달할 때 원하는 신호만 전달하고 원하지 않는 신호는 차단하여 전달되지 못하도록 하는 것을 무엇이라 하는가?

14 이상적인 LPF(저역통과여파기), BPF(대역통과여파기)를 그림으로 나타내시오.

15 RC LPF의 주파수에 대한 진폭 특성을 그림으로 나타내시오.

16 기저대역 신호의 대역폭보다 BPF 대역의 대역폭이 작으면?

17 기저대역 신호 대역폭과 RF 신호 대역폭의 관계는?

18 다음 그림에서 (　　)에 적당한 용어를 쓰고 설명하시오.

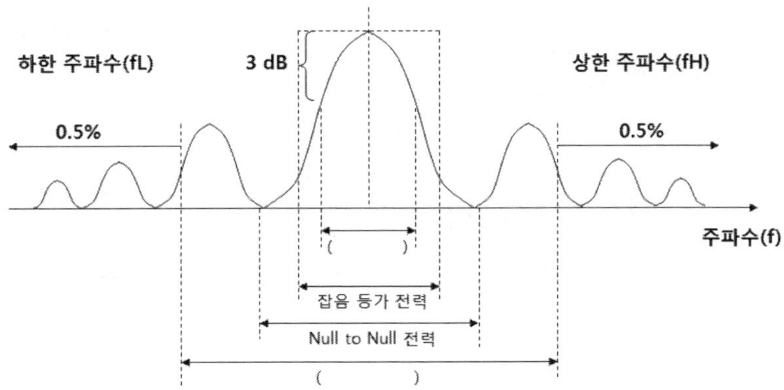

19 이동통신에서 단말기 및 기지국이 정해진 주파수 대역이외 간섭을 방지하기 위한 기준을 무엇이라 하는가?

20 채널 대역폭 외에 다른 사용자에게 영향을 주는 간섭은?

제11장

이동통신 시스템의 성능 개선

제1절 이동통신 시스템의 한계 극복

신호전력은 증폭기의 비선형성에 의해 제약을 받지만 이동통신 시스템의 소형셀의 확대로 신호전력의 확대보다는 잡음의 최소화가 중요한 요소이다. 잡음전력은 CDMA의 경우 기지국 및 다른 사용자의 배경잡음이 있다. OFDM은 CDMA 이동통신 시스템의 배경잡음을 문제점을 개선하였다.

주파수 대역폭의 확대는 광대역 주파수 대역폭에 대해 선형성 및 인접심볼간 간섭 방지를 유지할 수 있는 기술의 한계로 제한되어 왔다. 기술의 발달은 선형성 및 인접심볼간섭을 극복하면서 광대역 주파수 대역폭을 확대하는 방향으로 발전하였다.

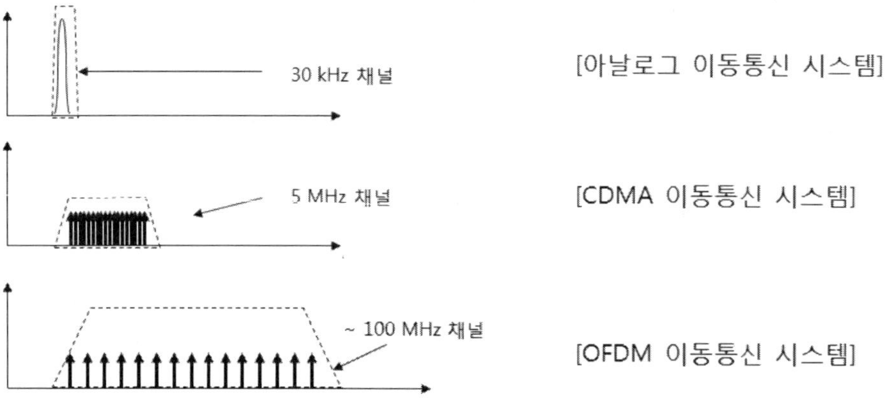

〈그림 11-1〉 이동통신 시스템의 채널대역폭 확대

제2절 주파수 대역폭의 한계 극복

1. OFDM의 주파수 대역폭의 한계 극복

OFDM 기술을 채택한 LTE 이동통신 시스템은 다중 반송파를 이용한 펄스폭의 확대로 인접심볼간섭을 극복하면서 주파수 대역폭의 한계를 극복하였다.

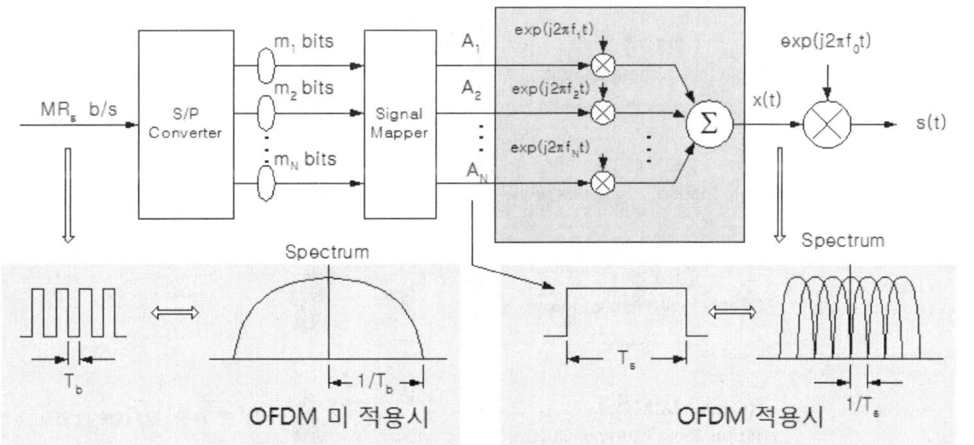

〈그림 11-2〉 OFDM의 원리

OFDM 무선접속 방식의 다중 반송파 전송으로 펄스폭이 길어지면서 심볼간 간섭을 줄여 데이터 전송을 고속화할 수 있다. 주파수 대역폭의 확대는 다중 반송파의 수에 비례하며 OFDM은 기존 CDMA의 채널대역폭 한계인 5MHz를 20MHz까지 확대하였다.

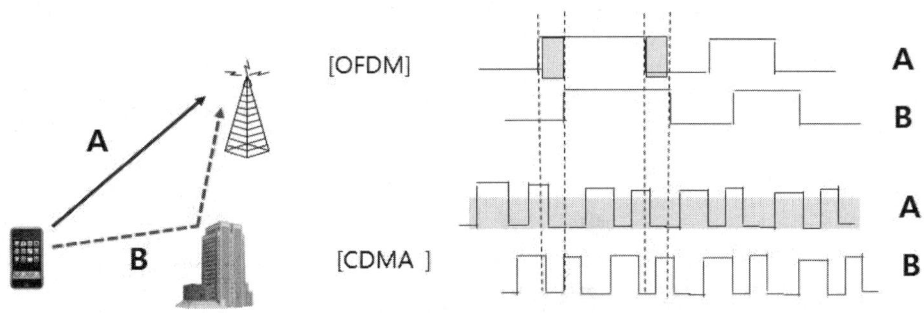

〈그림 11-3〉 OFDM의 인접심볼간섭 극복

2. MIMO의 셰논-하틀리(Shannon-Hartley) 공식의 한계 극복

수신 다이버시티를 높여 셰논 공식의 신호전력을 높이는 SIMO, MISO 기술들은 동일한 안테나가 동일한 신호를 전송하면서 여전히 셰논의 채널 용량 한계를 넘지 못한다. 하지만 MIMO는 안테나마다 다른 데이터를 전송하여 동일한 주파수에서 공간적으로 채널을 분리하여 데이터를 전송하므로 가능하다. 단, MIMO 사용은 SNR인 높고 다중 경로가 많이 일어나서 공간적으로 분리될 수 있는 채널 환경일 때 가능하다.

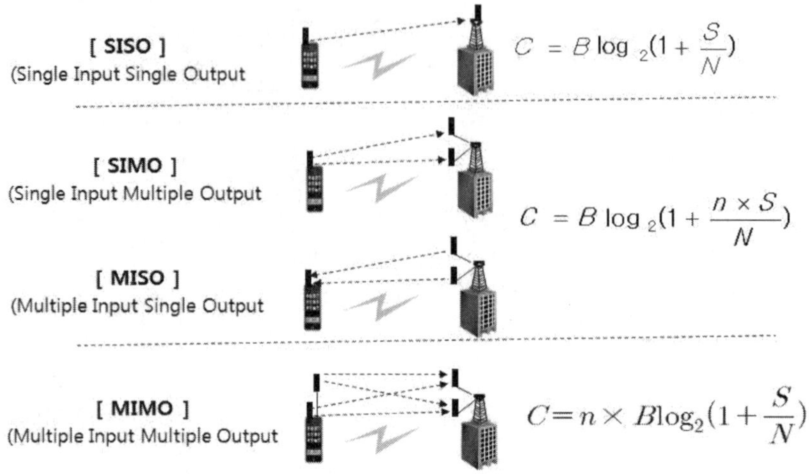

〈그림 11-4〉 다중안테나 채널 용량

MIMO 시스템은 다중 안테나를 이용한 공간 자원 활용(n은 안테나 수)을 추가하면서 셰논의 채놀 용량 한계를 극복하였다.

$$C = n \times B\log_2\left(1+\frac{S}{N}\right) \qquad (식\ 11\text{-}1)$$

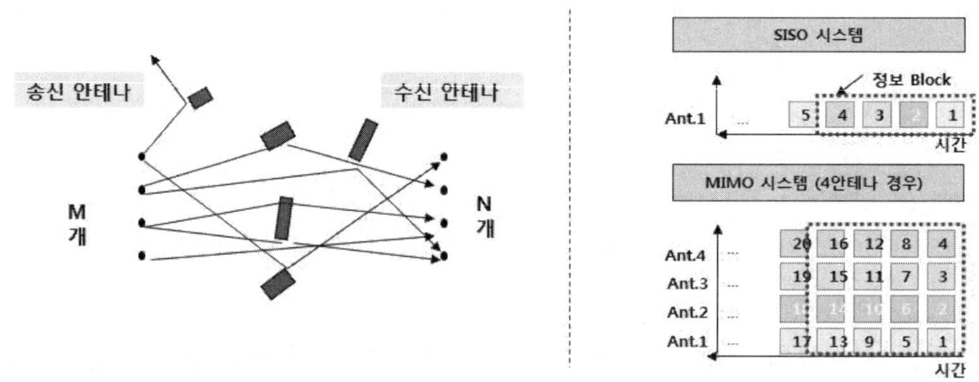

〈그림 11-5〉 MIMO 개념

아래의 행렬식은 2×2 MIMO 안테나 시스템이 여러 안테나를 이용하여 송수신할 경우 여러 전파경로의 상호 작용을 표현한 것이다.

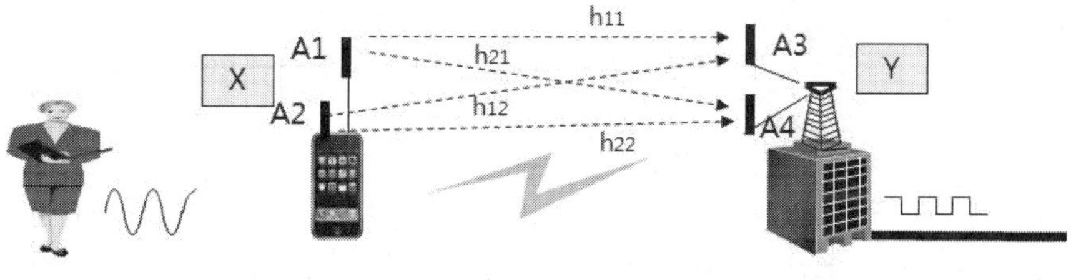

$$\begin{bmatrix} y_1 \\ y_2 \end{bmatrix} = \begin{bmatrix} h_{11} & h_{12} \\ h_{21} & h_{22} \end{bmatrix} \bullet \begin{bmatrix} x_1 \\ x_2 \end{bmatrix} + \begin{bmatrix} n_1 \\ n_2 \end{bmatrix}$$

〈그림 11-6〉 MIMO 시스템의 전파 전송 경로

3. 반송파 결합(Carrier Aggregation) 기술

LTE 이동통신 시스템은 3GPP에서 Release 8 표준(2008년 12월)을 완료하고 채널 대역폭은 20MHz까지 제시하였다. LTE-Advanced 이동통신 시스템은 3GPP에서 3GPP Release 10 표준(2011년 3월)을 완료하고 20MHz 채널 5개를 결합하여 100MHz를 이용하여 최대 3Gbps까지 데이터 전송속도를 높였다.

채널 대역폭의 한계 극복은 반송파 결합 기술(Carrier Aggregation) 기술에 의한 것으로 3GPP Release 10 표준에서는 하향링크 및 FDD 또는 TDD 반송파끼리만 결합하는 방식이었는데 3GPP Release 11 표준(2012년 3월) 에서는 상하향 반송파 결합 기술이 적용되고 3GPP Release 12 표준(2015년 3월 표준)에서 FDD와 TDD의 반송파를 함께 결합하는 기술을 표준화하였다. 3GPP는 반송파 결합에 이용되는 각각의 반송파를 컴포넌트 캐리어(Component Carrier)라고 한다.

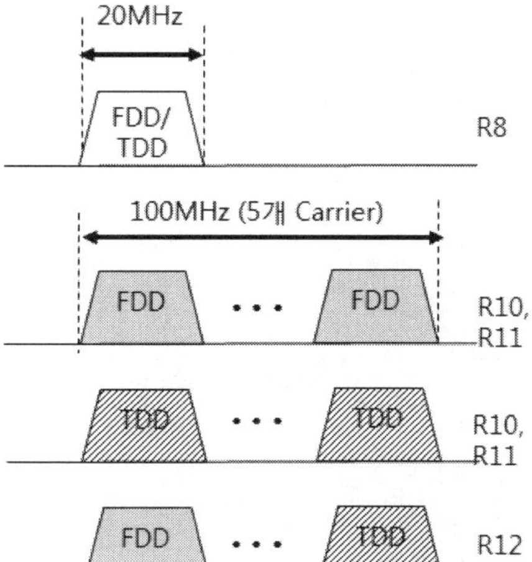

〈그림 11-7〉 반송파 결합기술의 진화

제3절 LTE-Advanced 이동통신시스템의 채널 용량

LTE-Advanced 시스템에서 데이터를 전송하기 위한 최소 주파수 자원의 단위인 OFDMA의 서브캐리어(Subcarrier)로서 1개의 서브캐리어(Subcarrier)는 15 kHz이다. RB(Resource Block)는 12개의 서브캐리어로 구성된 주파수 자원으로 1 RB = 15 kHz × 12(SC) = 180 kHz가 된다. LTE 시스템은 요구되는 데이터 전송속도에 따라 RB 자원을 증가시키면서 서비스를 제공하게 된다.

LTE 최대 데이터 전송속도는 단말기 능력(UEC : User Equipment Capability) 5번의 하향링크 최대 전송 용량 약 300Mbps이었으나 LTE-Advanced에서는 반송파 결합 기술을 적용하여 하향링크 최대속도를 UEC 8의 약 3Gbps까지 데이터를 전송한다.

〈표 11-1〉 LTE-Advanced 기술 규격

주파수 범위		UMTS FDD and TDD Bands					
채널 1RB=180 kHz		1.4MHz	3MHz	5MHz	10MHz	15MHz	20MHz
		6RB	15RB	25RB	50RB	75RB	100RB
변조방식	Downlink	QPSK, 16QAM, 64QAM					
	Uplink	QPSK, 16QAM, 64QAM(Option for Handset)					
다중접속	Downlink	OFDMA (Orthogonal Frequency Division Multiple Access)					
	Uplink	SC-FDMA (Single Carrier - Frequency Division Multiple Access)					
MIMO	Downlink	Wide choice of MIMO configuration option for TX Diversity					
	Uplink	Multi User Coordinate MIMO					
최대전송속도 (Mbps)	Downlink	150 (UE Category 4, 2 x 2 MIMO, 20MHz) 300 (UE Category 5, 4 x 4 MIMO, 20MHz)					
	Uplink	75 (20MHz)					

〈표 11-2〉 LTE-Advanced 데이터 전송속도

UEC	대역폭 (MHz)	DL CA	QAM	DL MIMO	DL 최고 속도 (Mbps)	UL 64QAM	UL 최고 속도 (Mbps)	3GPP 표준
0	20	1	64	1	1	X	1	R12
1	20	1	64	1	10.3	X	5.2	R8
2	20	1	64	2	51	X	25.5	R8
3	20	1	64	2	102	X	51	R8
4	20	1	64	2	150.8	X	51	R8
5	**20**	**1**	64	**4**	**299.6**	**O**	**75.4**	**R8**
6	20	2	64	2 또는 4	301.5	X	51	R10
7	20	2	64	2 또는 4	301.5	X	102	R10
8	**100**	**1**	64	**8**	**2,998.6**	**O**	**1,497.8**	**R10**
9	20	3	64	2 또는 4	452.2	X	51	R11
10	20	3	64	2 또는 4	452.2	X	102	R11
11	20	4	256	2 또는 4	603.0	X	51	R12
12	20	4	256	2 또는 4	603.0	X	102	R12

연습문제

01 이동통신 시스템의 채널 용량을 제한하는 원인을 극복하기 위해 비선형성과 전파채널의 인접심볼간섭을 줄여 채널대역폭을 확장하는 기술은?

02 공간 자원의 채널을 구분하여 섀논의 채널 용량 한계를 극복한 기술은?

03 MIMO 기술을 이용할 경우 섀논-하틀리의 공식은 어떻게 변하는가?

04 단일 채널의 최대 용량 한계를 극복하기 위해 반송파들을 묶어 신호를 전달하는 기술은?

05 LTE-Advanced에서는 반송파 결합을 위한 각각의 반송파를 무엇이라 하는가?

06 LTE-Advanced 시스템이 전송할 수 있는 최대 채널 대역폭과 최대 전송속도는?

매트랩 실습

매트랩 실습은 다음과 같은 순서로 진행한다.

1. 실습과제의 목적과 내용을 이해한다.
2. 매트랩 프로그램의 명령어를 학습하여 프로그램을 이해한다.
3. 매트랩 프로그램의 편집 창을 이용하여 프로그램을 작성한다.
4. 매트랩 프로그램의 실행결과를 확인한다.
5. 실습과제에서 요구하는 파라미터 변화에 따른 결과를 분석한다.
6. 결과분석 자료를 정리하여 발표하고 토론한다.

1. 이동통신 신호의 전달 과정

1.1 실습 목적

이동통신 시스템의 구성 요소를 통과하는 신호의 전달 과정을 이해한다.

1.2 실습 과제

사각파 펄스 신호가 필터(전달함수)를 통과하여 나타나는 입출력 변화를 분석함으로써 시간 및 주파수 특성의 변화를 확인한다.

1.3 실습을 위한 function m file 만들기

제2부 이동통신 신호의 해석 실습을 위해 만든 사각파 펄스 함수와 가우시안 함수의 function m file을 복사하여 제3부 이동통신 신호의 전달 실습 디렉토리에 저장한다.

1.4 실습 예제

예제 3.10.1 이상적인 필터의 전달 특성

토의 내용

사각파 펄스 신호(또는 잡음이 섞인 사각파 펄스 신호)를 생성하여 이상적인 필터를 통과하여 전달되는 과정을 분석하고 토론한다.

```
%% mc3101_rect_noise_ideal filter.m
%
% 입력신호의 시간 특성              : 사각파 신호 x + gaussian noise
% 입력신호의 주파수 특성            : 사각파 신호의 주파수 변환 신호 y
% 이상적인 필터의 주파수 특성       : H_ideal
% 필터 통과 출력신호 주파수 특성    : XH_ideal

%% 0. 초기화
clear all
close all
clc

%% 1. 시간 신호
fs = 1000;                        % 샘플링 주파수 (Hz)
dura = -10;                       % 시간 길이 (sec)
durb = 10
t = dura:1/fs:durb-1/fs;          % 시간 축

T = 1;                            % 펄스폭
x = rect(t,T);                    % 사각 펄스 신호

% T = 1;                          % 펄스폭
% x = rect(t,T) + gaussian(t);    % 사각 펄스 신호 + 가우시안 잡음

%% 2. 주파수 신호
m = length(x);                    % 신호 샘플 개수

f = (0:m-1)*(fs/m);               % 주파수 축
y = fft(x);                       % 주파수 신호 (신호-주파수 변환), 복소수값

f0 = (-m/2:m/2-1)*(fs/m) ;        % 주파수 축 - 0 Hz 중심으로 표현
y0 = fftshift(y);                 % 주파수 신호 - 0 Hz 중심으로 표현

y0_amp = abs(y0)/m*(durb-dura);   % 주파수 신호 크기, 실수값

%% 3. 이상적인 필터 만들기

T = 2;                            % 필터 주파수대역폭
H_ideal = rect(f0,T);             % 이상적인 필터
```

```
%% 4. 필터에 신호 통과시키기

XH_ideal = y0_amp.*H_ideal;           % 필터를 지난 후, 신호의 주파수영역 크기

%% 4. 그래프 그리기

figure()

subplot(4,1,1)                        % 시간 신호 그래프
plot(t,x)
xspan = max(x)-min(x);
axis([min(t), max(t), min(x)-xspan/4, max(x)+xspan/4])
xlabel('Time (sec)')
ylabel('Amplitude')
legend('time signal');

subplot(4,1,2)                        % 주파수 신호 그래프
plot(f0,y0_amp)
xlim([-20 20])                        % x축 범위를 축소 (500 -> 50)
xlabel('Frequency (Hz)')
ylabel('Amplitude')
legend('Spectral signal');

subplot(4,1,3)                        % 이상적인 필터 주파수 특성
plot(f0,H_ideal, 'r');
xlim([-20 20])                        % x축 범위를 축소 (500 -> 50)
xlabel('Frequency (Hz)')
ylabel('Amplitude')
legend('Ideal filter');

subplot(4,1,4)                        % 주파수 신호 그래프
plot(f0,y0_amp, f0, XH_ideal, 'g')
xlim([-20 20])                        % x축 범위를 축소 (500 -> 50)
xlabel('Frequency (Hz)')
ylabel('Amplitude')
legend('Input signal','Output signal');

% 파일로 출력
print -dpng fig3101
```

예제 3.10.2 가우시안 필터의 전달 특성

토의 내용

사각파 펄스 신호(또는 잡음이 섞인 사각파 펄스 신호)를 생성하여 가우시안 필터를 통과하여 전달되는 과정을 분석하고 토론한다.

```
%% mc3102_rect_noise_gaussian filter.m
%
% 입력신호의 시간 특성              :  사각파 신호 x + gaussian noise
% 입력신호의 주파수 특성            :  사각파 신호의 주파수 변환 신호 y
% 가우시안 필터의 주파수 특성       :   H_g
% 필터 통과 출력신호 주파수 특성    :   XH_g

%% 0. 초기화
clear all
close all
clc

%% 1. 시간 신호
fs = 1000;                          % 샘플링 주파수 (Hz)
dura = -10;                         % 시간 길이 (sec)
durb = 10;
t = dura:1/fs:durb-1/fs;            % 시간 축

T = 1;                              % 펄스폭
x = rect(t,T);                      % 사각 펄스 신호

% T = 1;                            % 펄스폭
% x = rect(t,T) + gaussian(t);      % 사각 펄스 신호 + 가우시안 잡음

%% 2. 주파수 신호
m = length(x);                      % 신호 샘플 개수

f = (0:m-1)*(fs/m);                 % 주파수 축
y = fft(x);                         % 주파수 신호 (신호-주파수 변환), 복소수값

f0 = (-m/2:m/2-1)*(fs/m) ;          % 주파수 축 - 0 Hz 중심으로 표현
y0 = fftshift(y);                   % 주파수 신호 - 0 Hz 중심으로 표현
```

```
y0_amp = abs(y0)/m*(durb-dura);        % 주파수 신호 크기, 실수값

%% 3. 가우시안 필터 만들기

H_g = gaussian(f0)*sqrt(2*pi)*2.35;  % 가우시안 필터

%% 4. 필터에 신호 통과시키기

XH_g = y0_amp.*H_g;     % 필터를 지난 후, 신호의 주파수영역 크기

%% 4. 그래프 그리기

figure()

subplot(4,1,1)              % 시간 신호 그래프
plot(t,x)
xspan = max(x)-min(x);
axis([min(t), max(t), min(x)-xspan/4, max(x)+xspan/4])
xlabel('Time (sec)')
ylabel('Amplitude')
legend('time signal');

subplot(4,1,2)              % 주파수 신호 그래프
plot(f0,y0_amp)
xlim([-20 20])              % x축 범위를 축소 (500 -> 50)
xlabel('Frequency (Hz)')
ylabel('Amplitude')
legend('Spectral signal');

subplot(4,1,3)              % 가우시안 필터 주파수 특성
plot(f0,H_g, 'r');
xlim([-20 20])              % x축 범위를 축소 (500 -> 50)
xlabel('Frequency (Hz)')
ylabel('Amplitude')
legend('Gaussian filter');

subplot(4,1,4)              % 주파수 신호 그래프
plot(f0,y0_amp, f0, XH_g, 'g')
xlim([-20 20])              % x축 범위를 축소 (500 -> 50)
xlabel('Frequency (Hz)')
ylabel('Amplitude')
legend('Input signal','Output signal');

% 파일로 출력
print -dpng fig3102
```

제 IV 부

이동통신 시스템의 구성요소와 기능

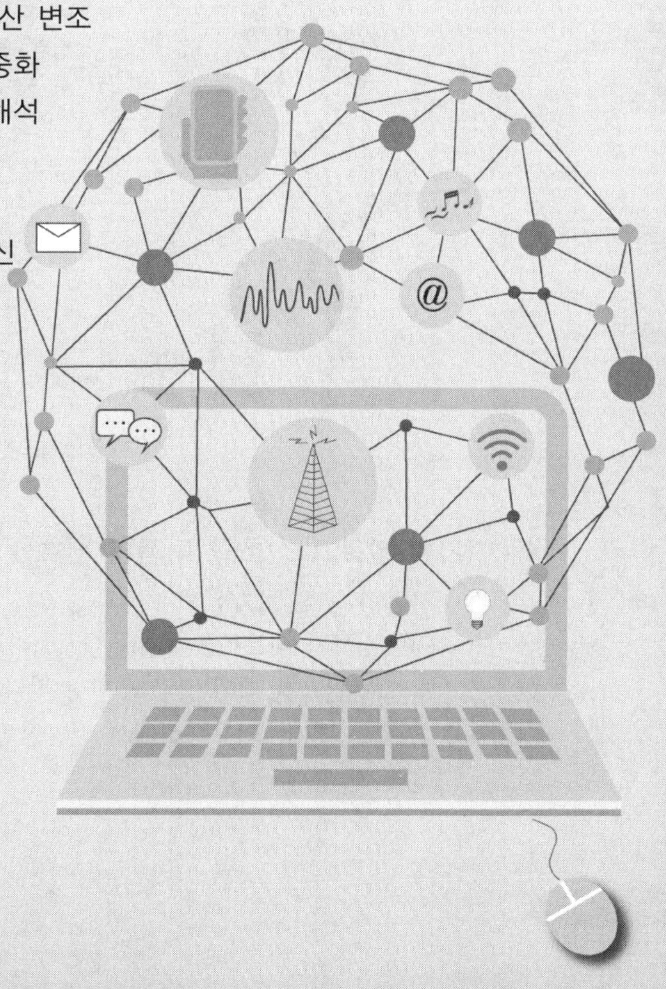

아날로그-디지털 변환

제1절 개요

1. 통신신호의 전달

(1) 통신신호의 형태

사람이 신호를 보내고 받는 기본적인 신호의 형태는 아날로그 형태이지만 오늘날 미디어를 매개로 한 통신 신호의 형태는 대부분 디지털 형태로 이루어진다. 전파를 이용한 통신의 형태를 일반화하면 다음과 같다.

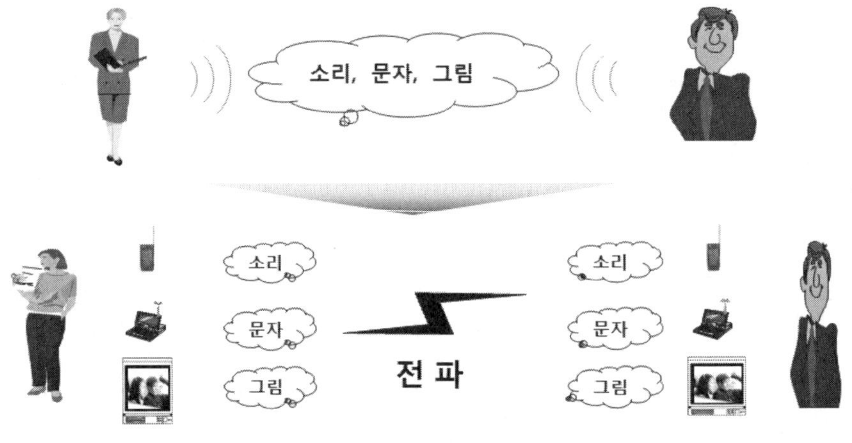

〈그림 12-1〉 전파를 이용한 통신의 형태

(2) 아날로그 신호와 디지털 신호를 전달하는데 필요한 주파수와 비트수

사람이 통신하는 신호의 형태는 인간의 오감이 기본으로 현재에는 청각(소리)과 시각(빛) 정보가 대부분을 차지한다. 소리는 인간이 통신하는 신호 가운데 주파수가 가장 적으므로 필요한 데이터 량도 가장 적다. 빛은 소리보다 훨씬 많은 주파수와 데이터 량을 필요로 한다. 이동통신에서 일반적인 신호의 주파수 소요량과 데이터 량을 요약하면 다음과 같다.

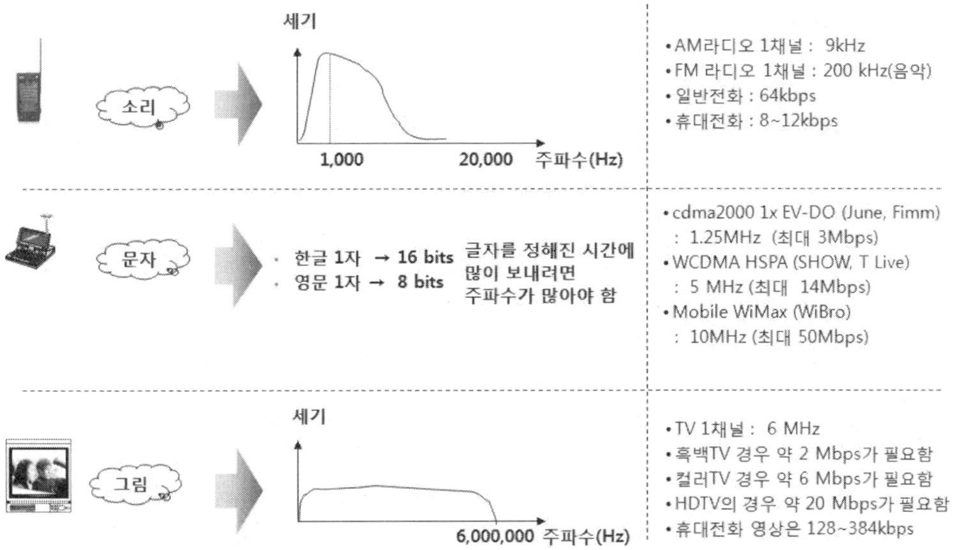

〈그림 12-2〉 이동통신 신호의 소요 주파수 및 데이터량

(3) 주파수 대역에 따른 전파통신서비스의 이용

주파수 대역이 높아질수록 이용할 수 있는 대역폭이 넓어진다. 예를 들어 1MHz 대역의 10%는 10kHz이지만 1GHz의 10%는 10MHz가 된다. 따라서 디지털 신호의 정보량을 많이 보내기 위해서는 높은 주파수 대역이 유리하나 3GHz 이상에서 전파의 직진성이 높아 이동통신의 특성이 약화되며 6GHz 이상에서는 이동통신용으로 이용하기가 어렵다.

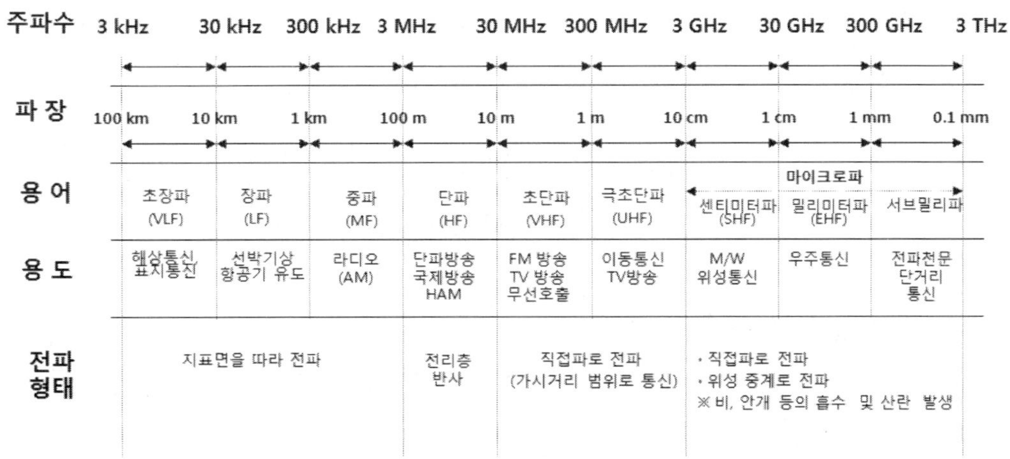

〈그림 12-3〉 주파수 대역에 따른 전파통신서비스 이용

2. 아날로그와 디지털 통신의 비교

아날로그 신호의 전달은 잡음에 의해 영향을 받아 파형의 왜곡이 발생한다. 아날로그 신호가 잡음 없이 전달되면 가장 완벽한 통신이 이루어지지만 실제 통신에서 정도에 차이가 있으나 잡음의 발생은 필연적이다. 또한 아날로그 신호의 잡음은 원 신호와 구분되지 않아 제거하기 어렵다.

디지털 신호의 전달은 잡음의 영향에 따라 에러가 발생한다. 디지털 신호는 원래 아날로그 신호를 동일한 신호로 변환하지 못한다. 다만 디지털 정보량을 크게 하거나 작게 함에 따라 디지털 신호의 품질이 달라진다. 디지털 신호는 잡음에 의해 에러가 발생하지만 제거할 수 있으므로 일정한 품질을 유지할 수 있다.

아날로그 신호와 디지털 신호의 품질을 비교하면 아날로그 신호는 일정한 잡음에 의해 품질이 좋아지는데 한계가 있으나 디지털 신호는 디지털 정보량이 많을수록 아날로그 신호의 파형에 가까우므로 품질은 디지털 신호의 정보량에 따라 다르다. 영상신호의 예를 들면 비디오 CD(MPEG1) < VHS < DVD(MPEG2)인 관계가 있는데 이것은 MPEG2가 MPEG1보다 훨씬 많은 정보량을 사용하고 VHS 잡음보다는 적은 에러를 가지기 때문이다.

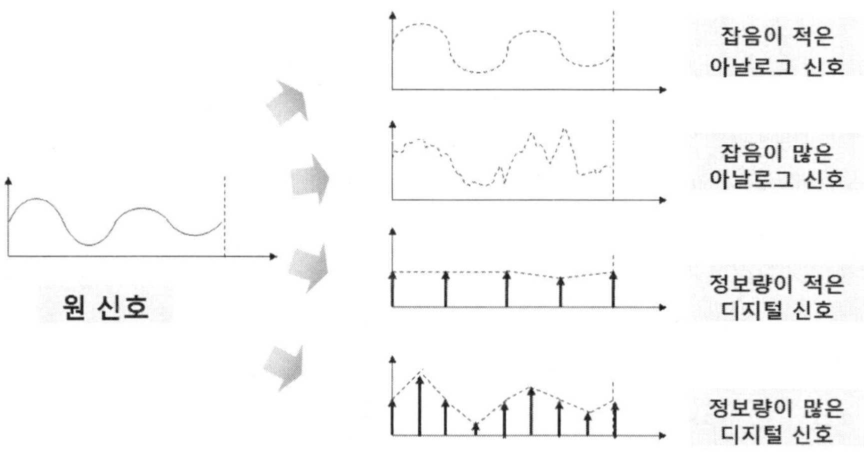

〈그림 12-4〉 정보량에 따른 신호의 품질

3. 디지털신호 생성 위치

디지털통신을 위해서는 가장 먼저 아날로그 신호를 디지털 신호로 변환하여야 한다. 일반적인 디지털통신 시스템에서 디지털 신호의 생성 위치를 표시하면 다음과 같다.

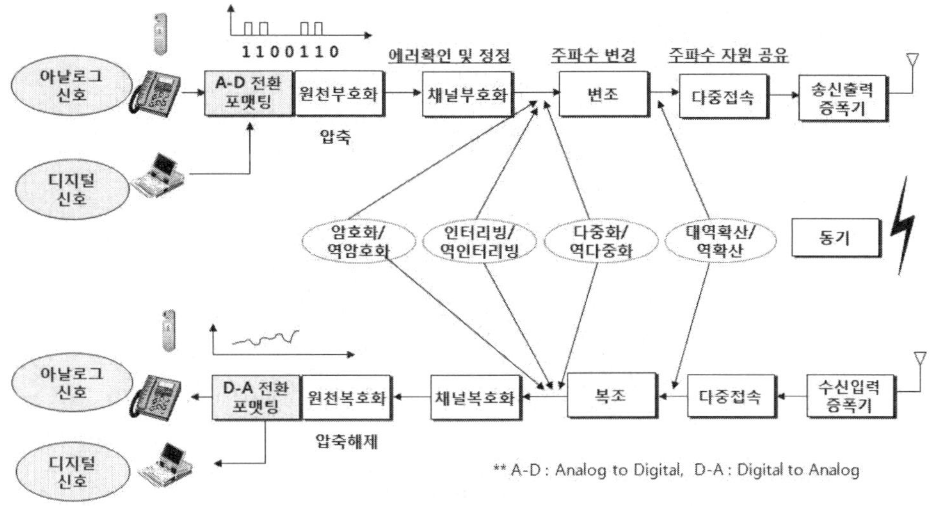

〈그림 12-5〉 디지털 신호 생성 위치

4. 기저 대역 신호의 생성 및 송신

음성과 같은 아날로그 신호 및 구형파와 같은 디지털 펄스 신호의 주파수 성분은 모두 0Hz 근방에 위치하고 있다. 따라서 이것을 기저대역 신호라고 한다. 아날로그 신호를 기저대역의 디지털 신호로 생성(Formatting)한 후 기저대역에서 전송에 적합한 파형 부호화가 이루어지면 프린터와 같은 근거리에서 통신하는 경우 직접 송신하고 이동통신과 같이 멀리 통신하는 경우 변조하여 송신한다. 다음 그림은 디지털 신호의 생성 및 신호를 송신하는 개념을 보여주고 있다.

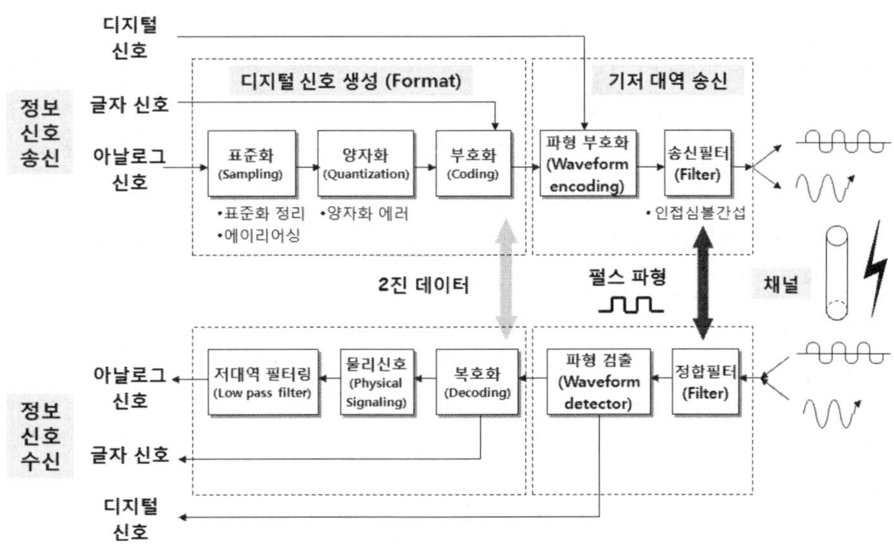

〈그림 12-6〉 디지털 신호의 생성 및 송신

5. 디지털 신호의 생성

일반적으로 아날로그 신호의 디지털 신호 생성은 표본화, 양자화, 부호화 3단계 과정을 이용하여 이루어진다. 3단계 과정을 요약하면 다음과 같다.

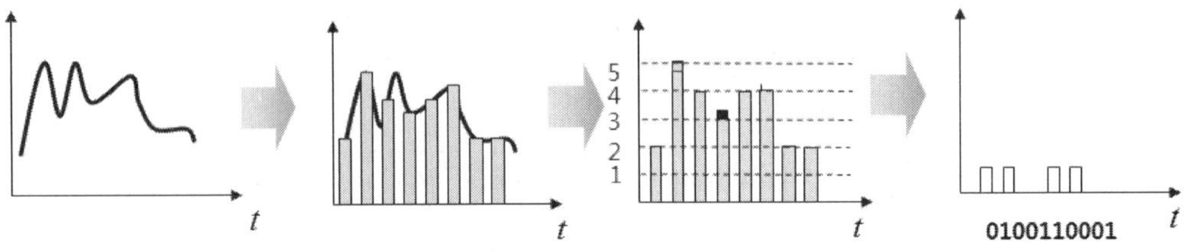

표본화 (Sampling)	양자화 (Quantization)	부호화 (Coding)
연속적인 아날로그 신호를 이산적인 신호로 만드는 과정	아날로그 신호의 세기를 디지털 신호의 세기로 만드는 과정	디지털 신호의 세기를 디지털 부호로 만드는 과정
시간당 몇 개의 샘플을 가져야 원래의 모양을 유지할까?	신호 세기를 몇 개의 레벨로 나누어야 원래의 모양을 유지할까?	디지털 신호의 세기를 몇 비트의 디지털 부호로 나타낼까?
•사람의 목소리 ? ⇒1초당 8000번 •음악 연주곡? ⇒1초당 44,100번	**•사람의 목소리 ? ⇒1개의 샘플당 256 레벨중 1개 •음악 연주곡? ⇒1개의 샘플당 65,536 레벨중 1개**	**•(목소리) 1개의 샘플을 8비트로 표현 ⇒8000 x 8 = 64 kbps •(연주곡) 1개의 샘플을 16비트로 표현 ⇒44,100 x 16 = 705.6 kbps**

〈그림 12-7〉 디지털 신호의 생성 과정

표본화 단계에서 아날로그 신호 세기를 펄스의 진폭(PAM : Pulse Amplitude Modulation), 펄스의 위치 (PPM : Pulse Position Modulation), 펄스의 폭(PWM : Pulse Width Modulation)으로 나타내는 것을 아날로그 펄스 변조라고 한다. 디지털 통신에서는 일반적으로 PAM 신호를 이용하여 표본화 신호를 생성한다.

양자화 단계에서는 아날로그 펄스 신호의 크기를 유한한 수의 펄스로 변환하고 부호화 단계에서 디지털 펄스 신호로 변조하는데 이것을 디지털 펄스 변조라 한다. 아날로그 펄스 신호인 PAM 신호는 디지털 펄스 신호인 PCM(Pulse Code Modulation)으로 변환된다.

디지털통신에서는 PAM 신호를 이용하여 표본화 신호를 생성한다.

제2절 표본화

1. 기본 개념

아날로그 신호를 디지털 신호로 만드는 첫 번째 과정으로 일정 시간마다 아날로그 신호 세기의 변화를 대표하는 1개의 값(표본값)을 추출하는 과정을 표본화라고 한다.

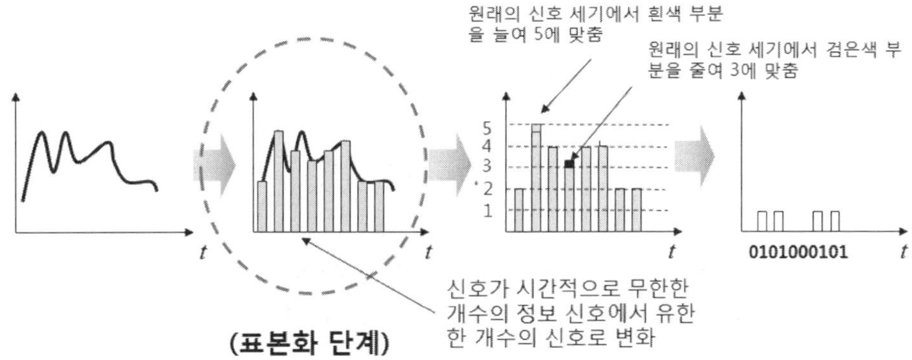

〈그림 12-8〉 표본화 단계의 위치

2. 펄스진폭변조

(1) 개요

펄스 진폭 변조는 아날로그 신호를 표본화할 때 표본 시간 동안 원래의 신호 변화를 그대로 나타내는 상단이 평탄하지 않은 자연 표본화 신호와 표본 시간 동안 상단이 평평한 신호가 있다. 자연 표본화된 PAM 신호(Natural sampling PAM)를 가지고 디지털 신호를 만드는 것은 현실적으로 어려우므로 상단이 평평한 표본화 신호를 이용하여 디지털 신호를 만든다. 상단이 평평한 표본화 신호를 만드는 회로를 Sample and Hold 회로라고 한다. 상단이 평평한 표본화 신호는 자연 표본화된 신호와의 차이만큼 원래의 신호를 왜곡하게 된다.

(2) 자연 표본화된 PAM과 구형 표본화된 PAM 신호 비교

1) 자연 표본화된 PAM 신호의 생성과 원신호와의 비교

자연 표본화된 PAM 신호는 원신호에 구형파 펄스열이 곱해진 형태로 펄스열의 주파수 변환식이 원신호와 컨볼루션되어 원신호를 그대로 복원할 수 있다.

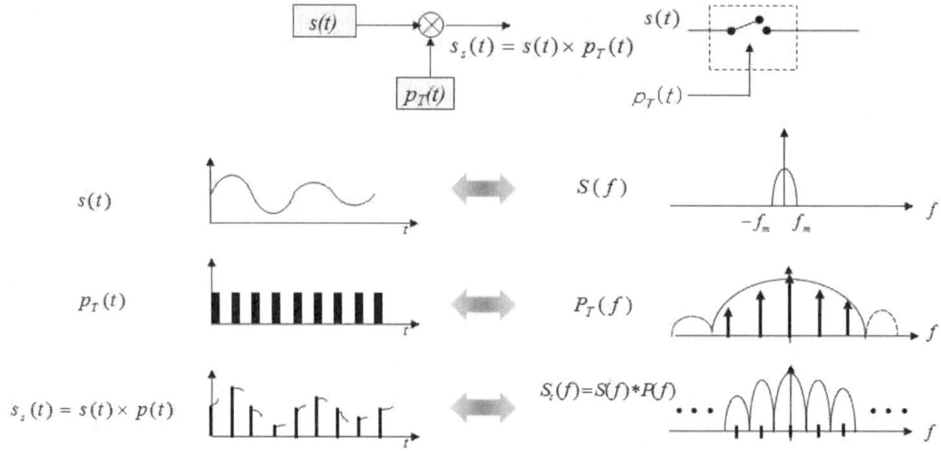

〈그림 12-9〉 자연 표본화된 PAM 신호의 생성과 원신호와의 비교

2) 구형 표본화된 PAM 신호의 생성과 원신호와의 비교

구형 표본화된 PAM 신호는 단일 구형파가 원신호의 임펄스열 곱과 컨볼루션된 신호로 주파수영역에서 그대로 곱하게 되는데 단일 구형파의 주파수 특성이 높은 주파수 대역에서 감쇠가 급격히 이루어져 원신호의 일부가 제거되어 왜곡이 발생한다.

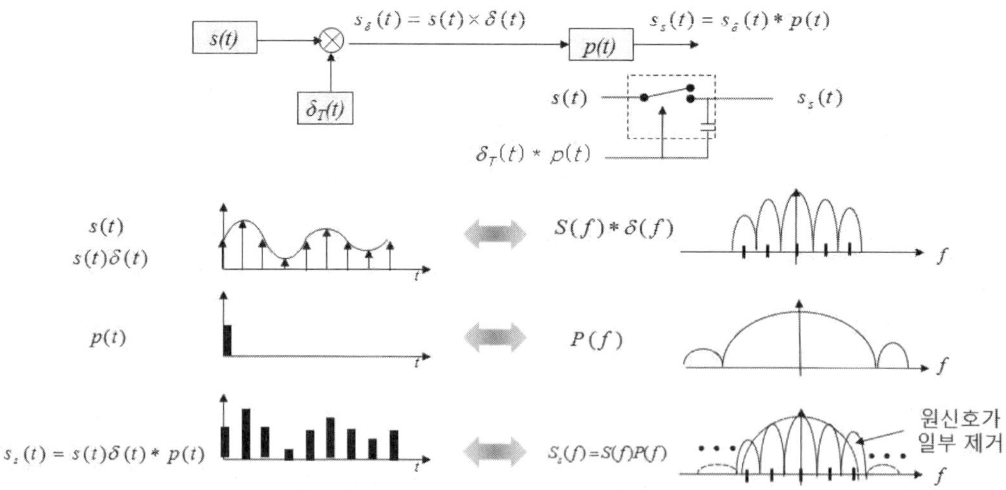

〈그림 12-10〉 구형 표본화된 PAM 신호의 생성과 원신호와의 비교

3. 나이키스트 표본화 이론

(1) 표본화 수와 신호의 복원 관계

아날로그 신호를 디지털 신호로 만들기 위한 표본화 과정에서 표본수를 늘리면 원신호에 가깝고 표본수가 적으면 원신호를 복원하기 어렵다. 이와 같은 결과를 그림으로 나타내면 다음과 같다.

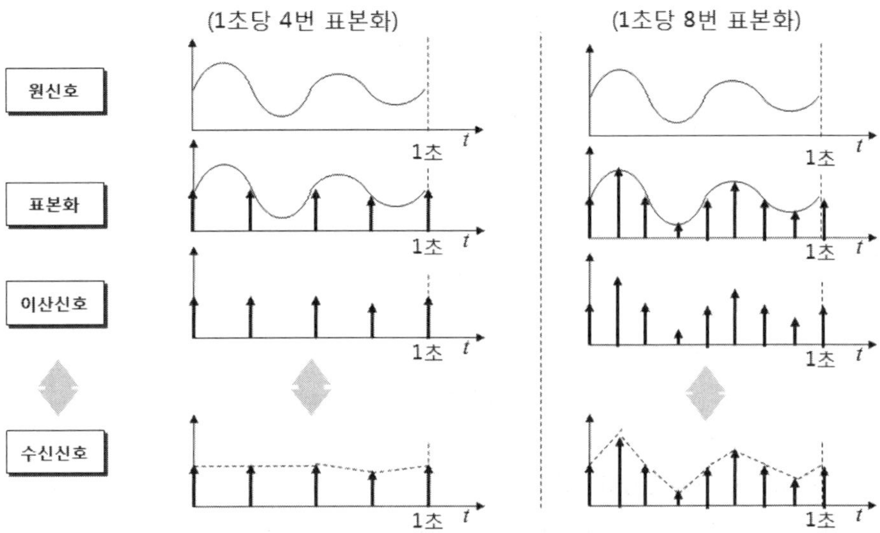

〈그림 12-11〉 표본수와 원신호 복원 관계

(2) 나이키스트 표본화 정리(Sampling Theorem)

나이키스트는 표본화된 신호에서 원래의 신호를 왜곡이 없이 복원하기 위한, 신호의 대역제한 주파수 f_m과 샘플링 주파수 f_s는 다음 관계가 있음을 증명하였다.

$$f_s \geq 2 \times f_m \ (\text{여기서, } f_s = \frac{1}{T_s}) \qquad \text{(식 12-1)}$$

(3) 나이키스트 주파수(Nyquist Frequency)

아날로그 원신호를 완전히 복원하는 최소한의 주파수를 나이키스트 율(Nyquist Ratio)이라고 한다. 표본화 신호로부터 원래의 신호로 정상복원이 가능한 최소 표본화 주파수이다.

$$f_s = 2 \times f_m \qquad \text{(식 12-2)}$$

실제 엔지니어링은 약간의 마진을 두어 $f_s = 2.2 f_m$을 기준으로 하기도 한다.

(4) 표본화 정리의 증명

표본화 신호의 주파수 스펙트럼 $S(f)$는 $f_s \geq 2f_m$ 일 때 중첩 없이 저역통과필터(LPF)로 신호를 복원할 수 있다.

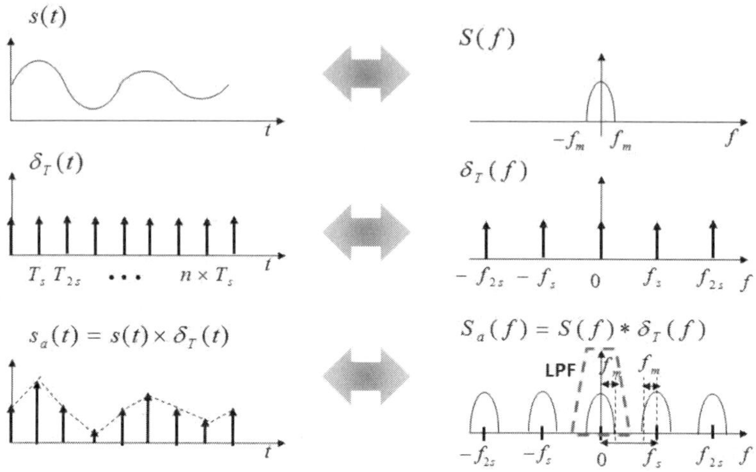

〈그림 12-12〉 나이키스트 정리 증명

(5) 에이리어싱(Aliasing)

원신호의 주파수 대역폭과 표본화 주파수의 관계가 $f_s < 2f_m$ 일 때 주파수영역의 스펙트럼이 겹쳐, 원래 신호의 정상복원이 불가능해지는 현상이다. 주기 충격파 표본화 함수의 주파수 변환에 의해 f_s마다 원신호의 중심주파수가 발생하는데 원신호가 겹쳐지지 않기 위해서는 $f_s \geq 2f_m$ 조건이 만족 되어야 한다.

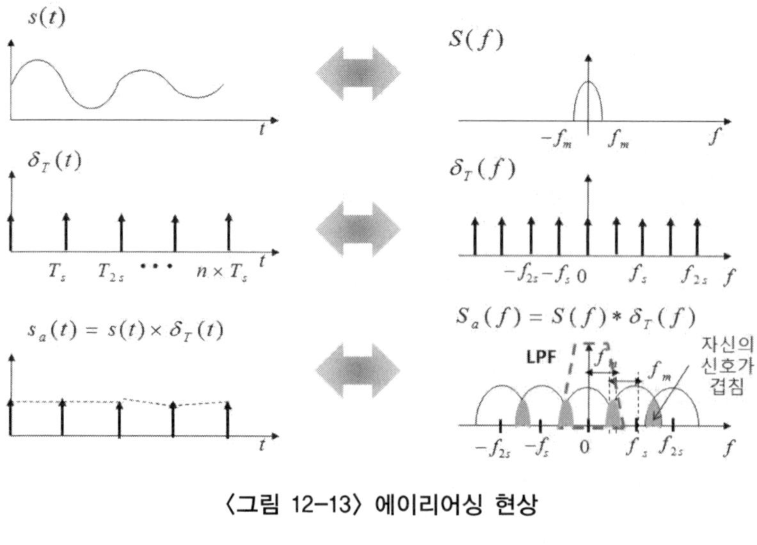

〈그림 12-13〉 에이리어싱 현상

제3절 양자화

1. 기본개념

아날로그 신호를 디지털 신호로 만드는 두 번째 과정으로 표본화된 신호의 세기의 정보가 무한한 정보의 개수를 가지는 아날로그 정보이므로 일정 범위의 신호 세기를 대표하는 1개의 값(양자화 값)을 추출하는 과정을 양자화라고 한다.

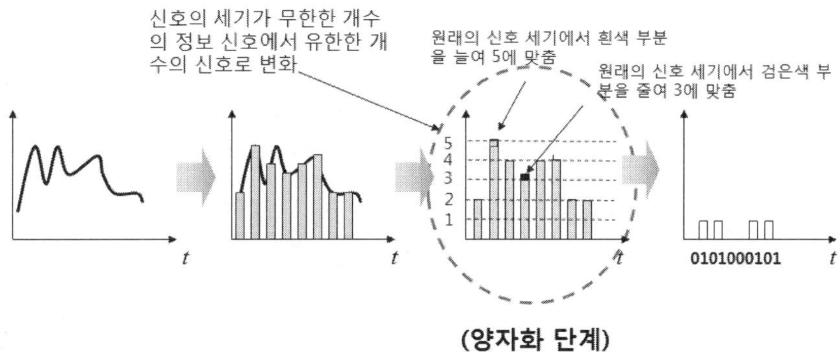

〈그림 12-14〉 양자화 단계의 위치

2. 균일 양자화와 비균일 양자화

(1) 균일양자화

양자화 값을 추출하는 신호 세기의 범위가 일정한 경우로 입력 신호에 비례해서 양자화 단계를 균등 할당한다.

(2) 비균일 양자화

양자화 값을 추출하는 신호 세기의 범위가 일정하지 않은 경우로 입력 신호에 비례하지 않게 양자화 단계를 비균일 할당한다. 일반적인 경우 입력 신호가 큰 부분은 레벨을 크게 하고 작은 부분은 세분화하여 단계를 비균등하게 할당함으로써 적은 비트를 사용해 넓은 범위의 레벨 값을 표현한다.

목소리 또는 빛의 세기와 같은 아날로그 신호는 정보가 신호 세기에 균등하게 있지 않다. 목소리가 작은 상태에서 신호 세기의 변화와 프린터, 스캐너, 팩스와 같이 빛의 세기로 정보를 전달하는 경우 작은 신호 세기에 정보가 몰려 있어 비균일 양자화가 적합하다. 이때 작은 신호를 세분화하면 레벨을 구분하기 어려우므로 양자화하기 전에 작은 신호는 크게 하고 큰 신호는 작게 한 후에 양자화를 수행(이와 같은 기능을 수행하는 것을 압신기(컴팬더)라고 한다(Compander = comperessor + expander).

(3) 균일 양자화와 비균일 양자화 비교

왼쪽은 8V의 진폭을 1V씩 균일하게 등분하여 8개의 양자화 레벨을 생성하고 오른쪽은 8V의 진폭을 중앙부터 0.25V, 0.5V, 1V, 2.25V로 불균등하게 8개 레벨을 생성한다.

이때 오른쪽의 경우 8V를 0.25V로 레벨을 나누면 32개의 레벨이 만들어지고 이것은 중앙의 경우 32레벨로 세분화하여 아날로그 신호를 양자화한다는 의미를 나타낸다.

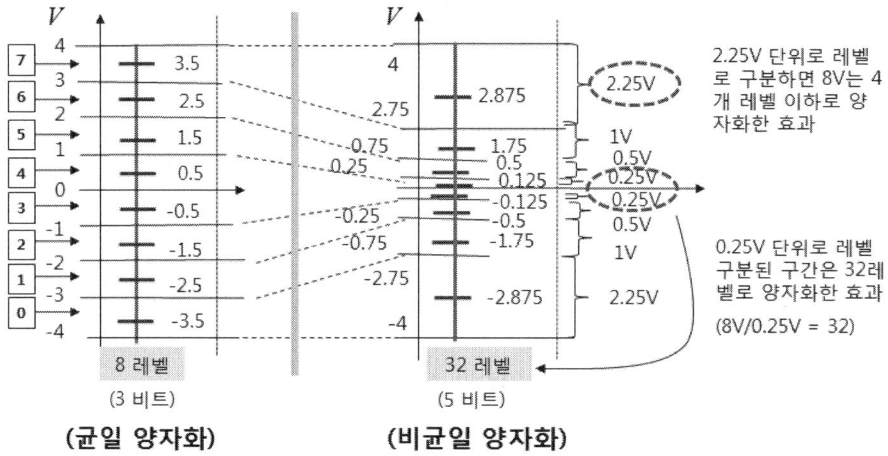

〈그림 12-15〉 균일양자화와 비균일 양자화 비교

3. 음성 신호의 비균일 양자화

(1) PCM 음성전화의 전송 기술

음성신호의 경우 소리가 작을 때 정보를 구분하기 어려우므로 컴팬더를 이용하여 양자화를 하는 것이 필요하다. 국제전기통신연합 표준화 기구(ITU-T)에서는 G.711 표준에서 음성의 디지털 신호를 만들 때 신호의 압축 및 확대 비율을 표준화하였는데 μ-Law(북미, 일본, 한국)방식과 A-Law(유럽) 방식의 2개 표준이 있다. 이때 μ-Law 컴팬더는 μ=0일 때 선형이고 값이 클수록 큰 폭의 컴팬딩을 하는데 μ=255가 기준으로 이상적인 조건에서 MOS가 4.53이다. A-Law 컴팬더는 A=1일 때 선형이고 값이 클수록 큰 폭의 컴팬딩을 하는데 A=87.6이 표준이다. LTE 시스템의 AMR 코덱은 A-Law로 컴팬딩을 한 후 13비트의 양자화를 수행한다.

(2) PCM 음성전화의 μ-Law(μ=255) 비균일 양자화

다음은 신호를 송신할 때와 수신할 때 컴팬더를 이용한 신호 변환을 나타낸 것이다.

$$\mu - law \text{ 원신호} \Rightarrow \text{변환신호} \quad F(x) = \mathrm{sgn}(x)\frac{\log_e(1+\mu|x/x_{\max}|)}{\log_e(1+\mu)} \quad (-1 \le x \le 1) \qquad \text{(식 12-3)}$$

$$\mu - law \text{ 변환신호} \Rightarrow \text{원신호} \quad F^{-1}(y) = \mathrm{sgn}(y)\frac{(1+\mu)^{|y|}-1}{\mu} \quad (-1 \le y \le 1) \qquad \text{(식 12-4)}$$

(3) 음성신호의 컴팬더 신호처리(μ=255)

다음 그림은 송신측에서 입력신호를 컴팬더를 활용하여 신호세기가 약한 부분은 확대하고 신호세기가 큰 부분은 압축하여 비균일 양자화하고 수신측에서 반대로 신호세기가 약한 부분은 압축하고 신호세기가 큰 부분은 확대하는 과정을 나타낸 것이다.

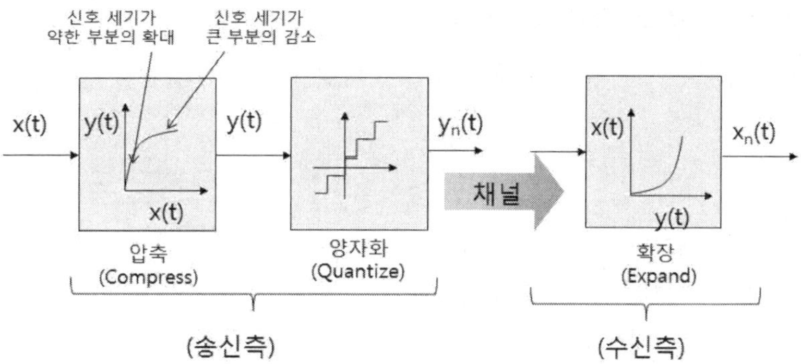

〈그림 12-16〉 컴팬더의 송수신 신호 세기 변환

다음 그림은 아날로그 신호의 파형을 비균일 양자화하여 송신하고 수신된 비균일 양자화 디지털 신호를 컴팬더를 이용하여 원래의 신호를 복원하는 과정을 나타낸 것이다.

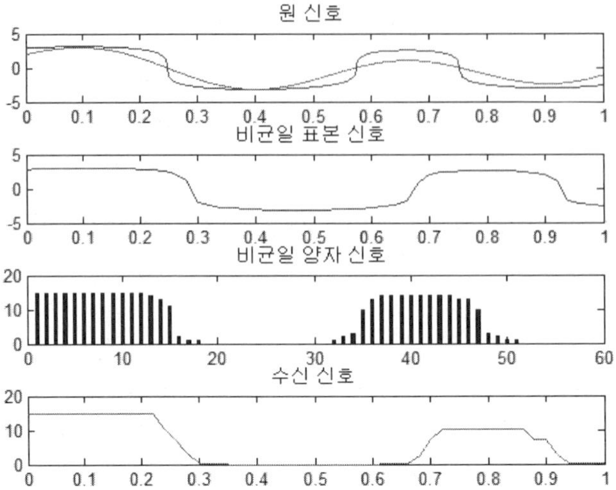

〈그림 12-17〉 비균일 양자화 신호의 송수신 과정

4. 양자화 레벨과 양자화 잡음

양자화 잡음(N_q)은 표본화된 신호와 양자화 레벨과의 차이를 잡음으로 해석한 것이다.

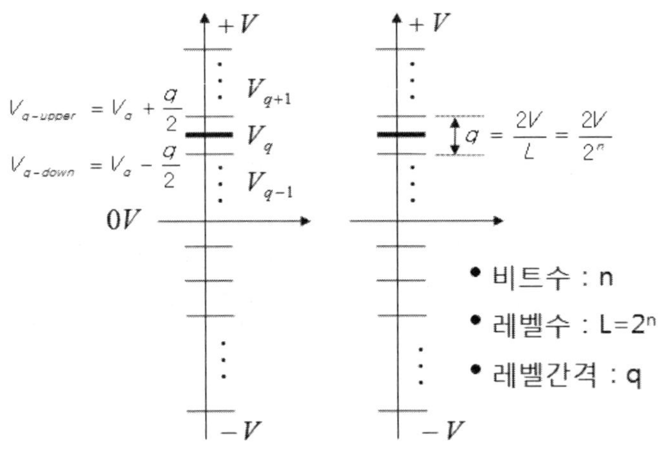

〈그림 12-18〉 양자화 잡음 개념

양자화 잡음은 양자화 간격 q에 따라 달라지며 다음과 같다.(증명은 부록 B.3.1 (4) 미적분의 응용 참조)

$$\text{양자화잡음 } N_q = \frac{q^2}{12} \qquad \text{(식 12-5)}$$

양자화 잡음에 의한 신호 품질의 영향은 신호 대 양자화 잡음 전력비(SQNR)로 나타낸다. 만일 비트수가 n이고 따라서 레벨수가 $L=2^n$ 레벨이고 균등양자화를 하고 양자화 간격 q, 신호의 평균 전력이 S라고 할 때 S와 SQNR은 다음과 같이 구해진다.

$$\text{신호전력 } S=\left(\frac{2V}{2}\right)^2=\left(\frac{Lq}{2}\right)^2=\frac{L^2q^2}{4} \quad \text{(식 12-6)}$$

$$\begin{aligned} SQNR(dB) &= 10\log_{10}\left(\frac{S}{N_q}\right)=10\log_{10}\left(\frac{L^2q^2/4}{q^2/12}\right) \\ &= 10\log_{10}(3L^2)=10\log_{10}(3\times 2^{2n}) \\ &= 10\log_{10}3+10\log_{10}2^{2n} \\ &\cong 6\cdot n(dB)+\text{상수} \end{aligned} \quad \text{(식 12-7)}$$

정보비트를 n비트로 균일 양자화할 때, 비트 수 n이 1비트씩 증가하면 다음과 같이 약 6dB씩 개선됨을 확인할 수 있다.

제4절 부호화

1. PCM 부호화

아날로그 신호에서 A/D 변환을 거쳐 디지털 신호를 만드는 디지털화(Digitization) 과정의 마지막 단계이다.

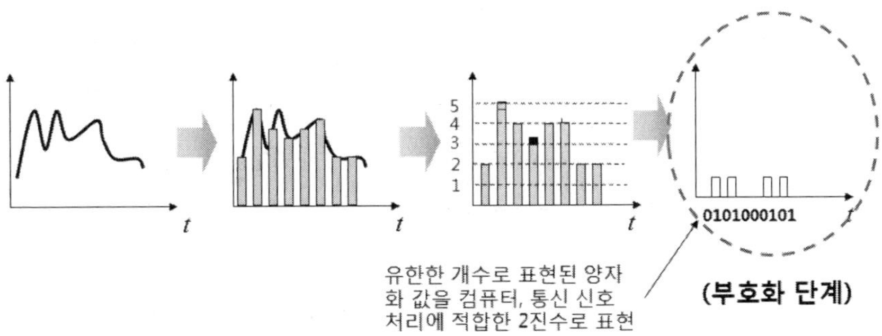

〈그림 12-19〉 부호화 단계의 위치

1과 0으로 이루어진 PCM 코드를 DC 레벨로 전송하기 위해서 다양한 형태의 전기적 펄스 파형들을 사용하는데 보통 ±전압을 사용, 평균적인 DC 레벨을 0으로 유지하나 여러 가지 이유로 다양한 파형을 이용한다.

2. 2진 데이터의 파형 결정

(1) 파형 부호화

아날로그신호를 표본화, 양자화를 거쳐 PCM 코드를 생성하고 PCM 코드를 PCM 펄스로 구분하여 표현하는데 전력, 주파수 대역폭, 데이터 송수신 성능을 높일 수 있는 파형의 부호를 결정한다.

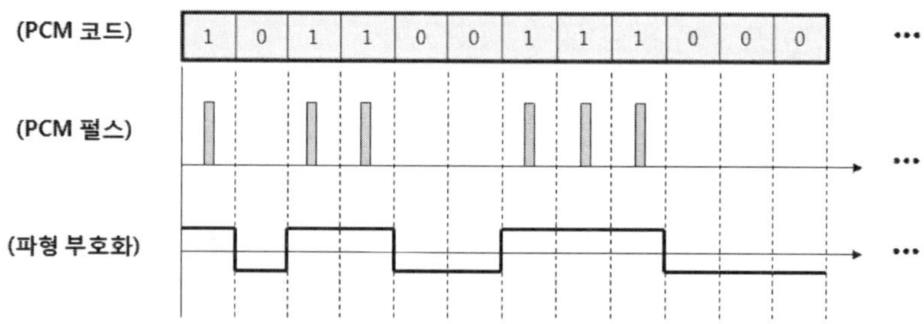

〈그림 12-20〉 PCM 파형 부호화

(2) 파형 부호화의 종류

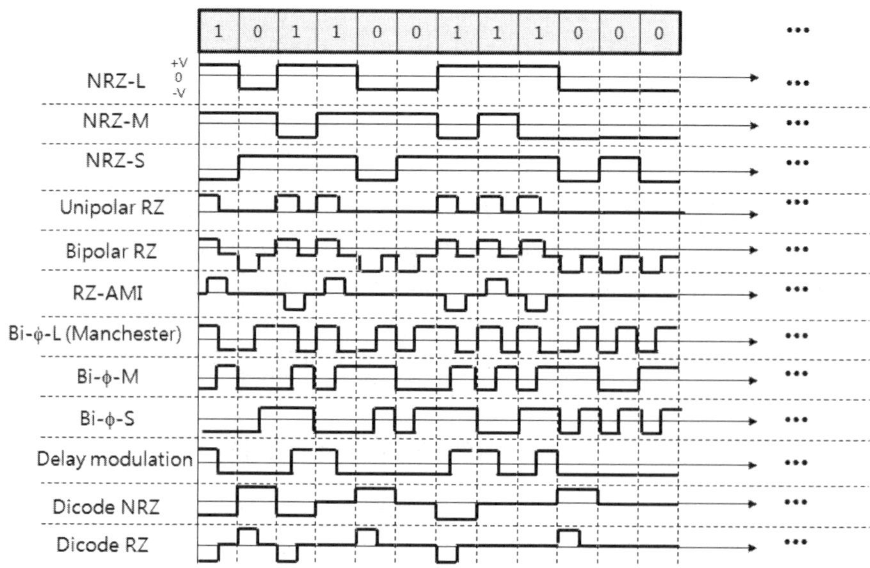

〈그림 12-21〉 PCM 파형 부호화 종류

(3) 파형 부호화의 선택

기저대역 파형 부호 방식의 선택은 DC성분의 크기, 동기 신호의 추출, 오류 검출 능력, 부호의 대역폭, 차등 부호화의 효율성, 잡음에 대한 저항력 등을 고려하여 선택한다. 주요 고려사항은 다음과 같다.

1) DC 성분의 크기

낮은 주파수의 민감도가 떨어지는 자기유도 방식의 시스템에서 DC 성분을 제거한 부호 방식을 선택하는 것이 유리함

2) 동기신호의 추출

모든 디지털 시스템은 심볼 또는 비트 동기를 하는데 맨체스터 코드의 경우 비트의 중간에 천이를 함으로써 비트 길이에서 동기 정확성을 높임

3) 오류 검출 능력

추가적인 에러 비트 추가 없이 데이터 에러 능력을 추가

4) 부호의 대역폭

멀티레벨 부호화는 대역폭을 줄임으로써 정보 전송능력을 높임

5) 차등부호화의 효율성

데이터의 천이가 적은 시스템의 경우 차등 부호화를 적용하면 극성 변화를 줄여 시스템의 안정성을 높일 수 있음

6) 잡음에 대한 저항력

잡음에 대한 저항 능력으로 NRZ 파형은 RZ 파형보다 잡음에 대한 저항력이 높음

(4) 파형 부호화의 특징

1) NRZ(Non Return to Zero)

가장 일반적으로 사용되는 부호화 방식

2) NRZ-L(NRZ-Level)

1과 0이 각각 +V, -V 레벨을 구성하며 주로 디지털 로직에서 이용

3) NRZ-M(NRZ-Mark)

1이 나올 경우에만 레벨을 변경하는 방식으로 차등 부호화 특징을 가지며 주로 마그네틱 녹음 시스템에 이용

4) NRZ–S(NRZ-Space)

0이 나올 경우에만 레벨을 변경하는 방식

5) RZ(Return to Zero)

주로 기저대역 송신 및 마크네틱 녹음 시스템에 이용

6) unipolar RZ

1은 비트의 반만 +V 레벨을 표시하고 0은 표시하지 않음

7) bipolar RZ

1과 0 모두 비트의 반만 +V 레벨을 표시

8) RZ-AMI(RZ -Alternate Mark Inversion)

1은 순서대로 바꾸면서 비트의 반만 +1레벨을 표시하고 0은 표시하지 않음. 주로 원격 측정에 이용

9) 위상 부호화(phase encoded)

주로 광통신, 위성통신 등의 방식에서 이용

10) Bi–φ–L(Bi phase Level) [Mancheter Coding]

1비트 안에서 1은 +V에서 0으로 0은 0에서 +V로 변화하여 1과 0을 표시

11) Bi–φ–M(Bi phase Mark)

1비트 안에서 1은 0에서 +V로 변화하고 0은 레벨변화 없음

12) Bi–φ–S(Bi phase Space)

1비트 안에서 1은 레벨변화 없고 0은 +V에서 0으로 변화

13) Delay Modulation [Miller Coding]

1비트 안에서 1은 +V에서 0으로 변화하고 0은 레벨변화 없음

14) Dicode NRZ

1은 –V 레벨 0은 +V 레벨로 표시하되 변화가 없으면 표시하지 않음

15) Dicode RZ

1은 –V 레벨 0은 +V 레벨로 1비트 안에서 반만 표시하고 변화가 없으면 표시하지 않음

제5절 기저대역 송신 및 수신

1. 기저대역 송신

(1) 송신필터로 PCM 파형 신호의 대역폭을 제한하여 송신

일반적으로 입력 신호(펄스 신호)는 무한대의 대역폭을 가지고 있으므로 주파수의 효율적인 이용을 위해 저역통과필터(Low Pass Filter)를 통과함으로써 신호 대역폭의 일부만을 통과시킨다.

(2) 인접심볼간섭(ISI : Inter Symbol Interference)

송신단에서 전송 주파수대역폭을 제한하기 위해 LPF를 통과시키면서 입력신호의 파형의 펄스폭이 확산되어 다음 펄스신호의 파형을 변화시키는 현상이다. 상기 결과로 인접한 신호에 에러가 발생할 수 있다.

(3) 송신필터와 인접심볼간섭

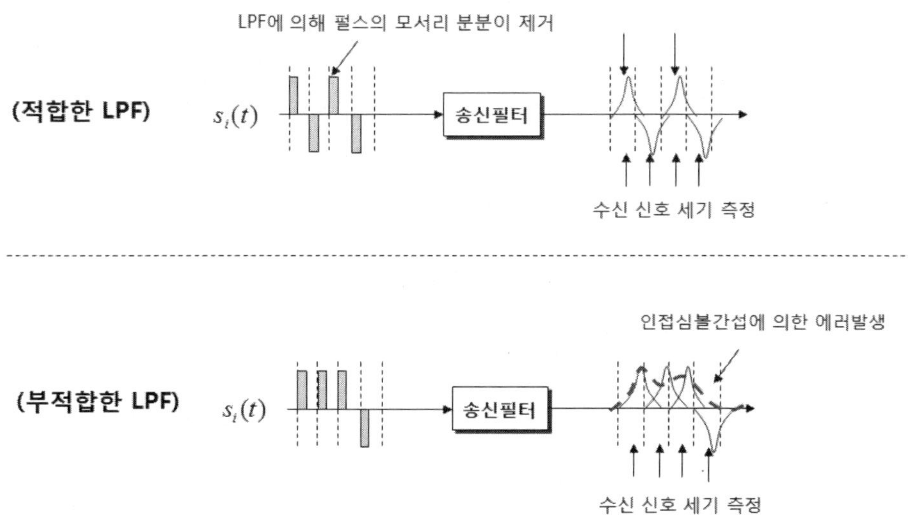

〈그림 12-22〉 송신 필터에 의한 인접심볼간섭 발생 현상

(4) 인접심볼간섭을 감소시키기 위한 펄스 형태

입력신호를 전달하는 송신 필터는 사각형으로 보낼 경우 이상적이나 실제로 구현하기 어려우므로 실현 가능한 범위에서 인접 신호에 간섭을 최소화할 수 있는 필터 특성

을 구현하는데 가장 널리 사용되는 것이 Raised Cosine Filter 로서 구현식은 다음과 같다.

$$H(f)=\begin{cases}1 & \text{for } |f|<2W_0-W\\ \cos^2\left(\dfrac{\pi}{4}\times\dfrac{|f|+W-2W_0}{W-W_0}\right) & \text{for } 2W_0-W<|f|<W\\ 0 & \text{for } |f|>W\end{cases} \quad (\text{식 } 12\text{-}8)$$

이때 W는 절대적인 주파수 대역폭, W_0는 나이키스트율을 가지는 최소 대역폭 $(1/2T)$이다. T는 심볼의 전송 속도인 R_s의 역수이다.

Raised Cosine Filter의 주파수 특성을 그림으로 나타내면 다음과 같다. 이때 이상적인 사각파 형태의 필터 모양과 이상적인 필터의 대역폭의 2배 사이에 완만한 필터링을 위해 roll-off factor(r)를 아래 식과 같이 정의한다. 이때 이상적인 사각파 필터인 경우 W와 W_0가 같아 $r=0$가 되고, W가 W_0의 2배가 될 때 $r=1$이 된다.

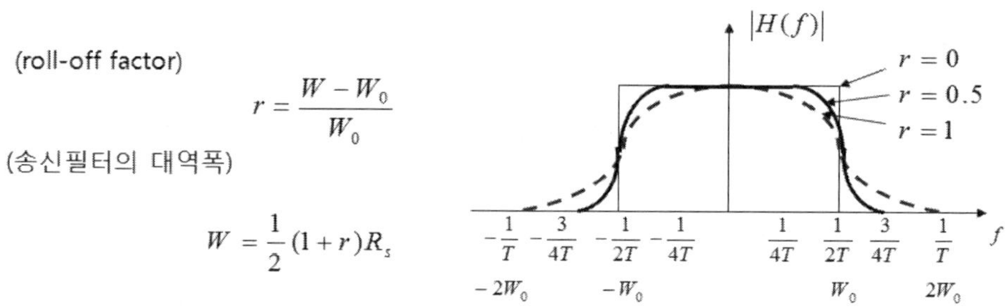

〈그림 12-23〉 Raised Cosine Filter의 주파수 특성

roll-off factor에 따른 Raised Cosine Filter의 송신 필터 출력 신호 결과를 보면 $r=1$인 경우 인접 신호가 매우 작은 것을 확인할 수 있다.

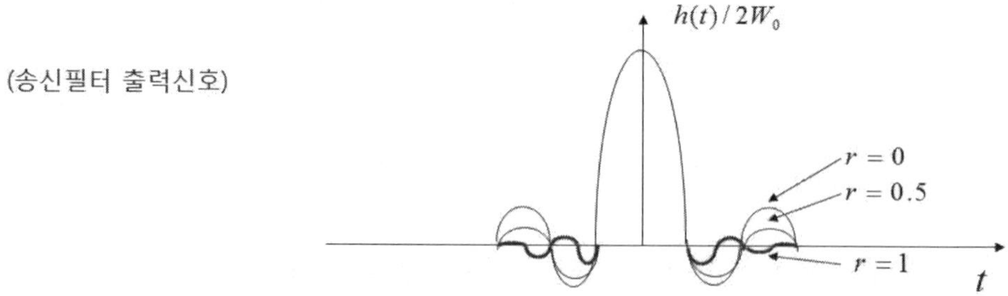

〈그림 12-24〉 Raised Cosine Filter과 인접심볼간섭 관계

(5) 등화기

실제 시스템 설계에서는 채널의 특성이 충분히 정확하게 유지되지 않으므로 수신기에서 채널에 의한 왜곡을 보상하는 것을 등화(Equalization)라고 하고 구성 요소를 등화기(Equalizer)라고 한다. 디지털통신에서 채널에 의한 왜곡은 음성의 경우 가입자망의 일부만 이용하고 주파수 대역도 수 kHz에 지나지 않아 크게 영향을 받지 않으나 고속 데이터를 위한 DSL의 경우 수 MHz 주파수 대역이어서 감쇠 왜곡이 심하게 일어난다. 상대적으로 주파수 대역폭이 넓은 영상전화의 경우도 영향을 받는다. 등화기의 종류는 다음과 같다.

① Linear Equalizer(MMSE) : 필터 출력과 전송 데이터의 최소 에러인 선형 필터로 설계

② Linear Equalizer(zero forcing) : 선형 필터로 채널의 역수를 근사

③ Decision Feedback Equalizer : 원래의 심볼에서 제거된 심볼을 필터링된 신호에 추가

④ Adaptive Equalizer : 필터 계수를 포함한 등화기 파라미터를 환경에 맞추어 변경

⑤ Blind Equalizer : 송신 데이터망의 통계치를 활용하여 등화함

⑥ Turbo Equalizer : 컨볼루션 코딩을 할 때 터보 디코딩에 적용

⑦ Viterbi Equalizer : 최대 유사성(mxaimum likelihood) 최적 방법을 활용한 등화기

1) Linear Equalizer(zero forcing)

주파수 변화를 일으키는 신호 왜곡 부분을 나타내는 주파수 특성을 $H(f)$라고 하면 이때 $H(f)$를 예측하여 알 수 있다면 $H(f)$의 역수를 미리 곱함으로써 신호 왜곡 부분을 수정할 수 있다.

등화기의 주파수 특성을 $1/H(f) = E(f)$라고 하면 다음과 같이 원래의 신호를 복원한다.

(등화기 사용 전) $S(f)H(f) = S^*(f)$ (식 12-8)

(등화기 사용 후) $S(f)H(f)E(f) = S^*(f)E(f) = S(f)$ (식 12-9)

2) Adaptive Equalizer

필터 출력 디지털 신호 $[y(k)]$, 필터 입력 디지털신호 $[x(k)]$, 필터 계수 $[c(k)]$라고 할 때 $[c(k)]$ 파라미터를 전송채널의 환경에 따라 수시로 변경하여 등화한다.

$$[y(k)] = [x(k)] * [c(k)] \quad \text{(식 12-10)}$$

2. 2진 데이터의 수신

(1) 기본 개념

수신하는 신호의 값을 결정하는 것이다. 예를 들어 2진 데이터를 송수신할 때 수신되는 신호 값이 0인지 1이지를 판정하는 것이다. 이때 판정 기준은 최대 유사성(Maximum likelihood) 특성을 이용하여 최소 에러(Minimum Error)를 갖도록 수신 데이터의 값을 결정한다. 수신 신호의 값을 결정하는 방법은 첫째 송신신호와 수신신호의 정합관계를 측정하는 정합필터(Matched Filter)를 이용하는 방법과 둘째 송신신호와 수신신호의 상관관계를 측정하는 상관기(Correlator) 수신 방법이 있다.

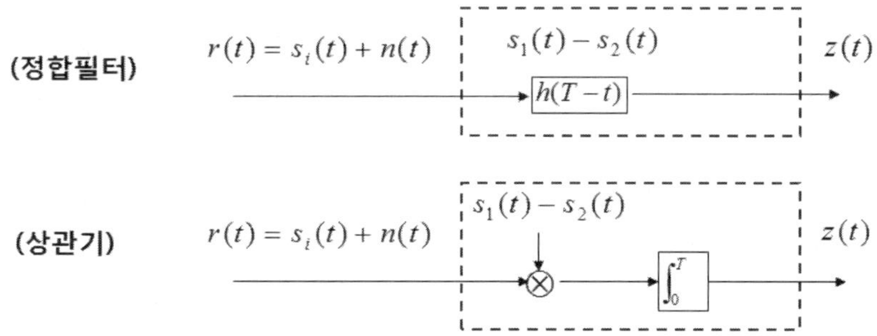

〈그림 12-25〉 2진 데이터의 수신 방법

(2) 정합 필터의 구현

정합필터는 데이터를 심볼기간 만큼 신호를 수신하여 예측하는 신호와 수신신호를 컨볼루션한 후에 기준 신호와 가까운 값을 결정한다.

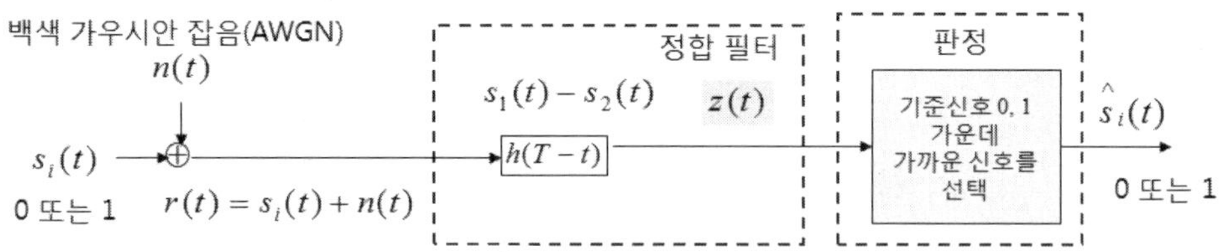

〈그림 12-26〉 정합필터에 의한 2진 데이터 수신

(3) 상관기의 구현

상관기는 수신신호와 예측신호의 심볼 간 동기를 맞추고 적분하여 일치되는 값이 큰 신호를 수신 신호로 결정한다.

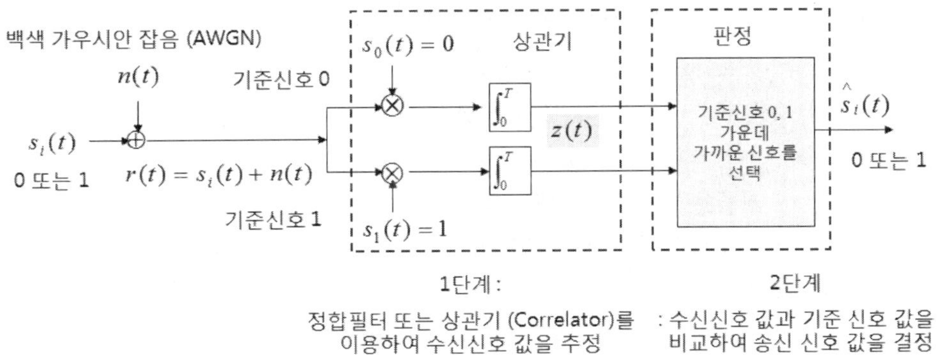

〈그림 12-27〉 상관기에 의한 2진 데이터 수신

제6절 이동통신의 응용

1. 디지털 신호의 전송 속도

표본화, 양자화, 부호화를 거친 디지털 신호의 전송속도는 다음과 같이 산출된다.

전송속도(bits/sec) = 표본화 샘플수(sample/sec) × 샘플당 비트수(bits/sample)

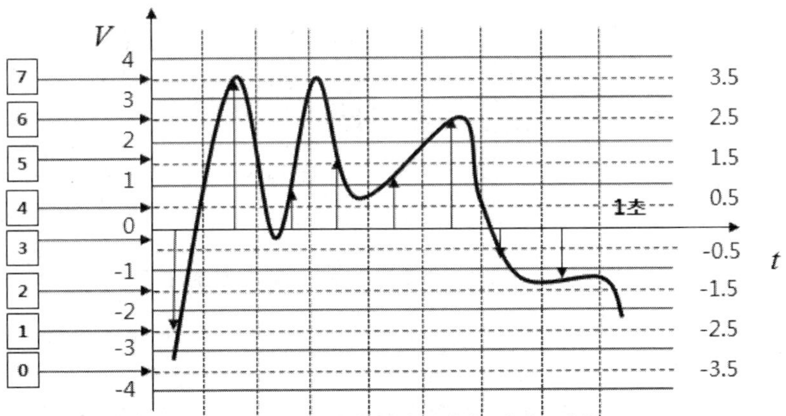

자연포본값	-2.4	3.6	0.8	1.6	1.1	2.6	-0.6	-1.3
양자화 표본값	-2.5	3.5	0.5	1.5	1.5	2.5	-0.5	-1.5
10진 부호	1	7	4	5	5	6	3	2
PCM 부호	001	111	100	101	101	110	011	010

〈그림 12-28〉 표본화, 양자화, 부호화와 데이터 전송속도

초당 표본 수를 증가하면 데이터 량이 증가한다(표본화). 즉, 초당 표본수를 100,

1000, 10000으로 증가하면 원래의 신호에 가까우나 데이터 량은 증가한다.

샘플당 비트수를 증가하면 데이터 량이 증가한다(양자화). 신호의 크기 변화에 따라 64레벨, 256레벨, 512레벨, 1024레벨 등으로 증가하면 원래의 신호에 가까우나 데이터 량은 증가한다. 디지털 신호 크기로 조정된 신호는 임의의 2진 비트로 표현된다(부호화). 상기 레벨은 6비트, 8비트, 9비트, 10비트 부호로 표현된다.

〈그림 12-28〉의 사례에서 표본화, 양자화, 부호화를 거친 디지털 신호의 전송 속도를 계산하면 다음과 같다.

- 8sample/1초 × 3비트/sample = 24비트/1초

2. 디지털 음성 신호의 전송

(1) 디지털 음성 신호 전송 개념

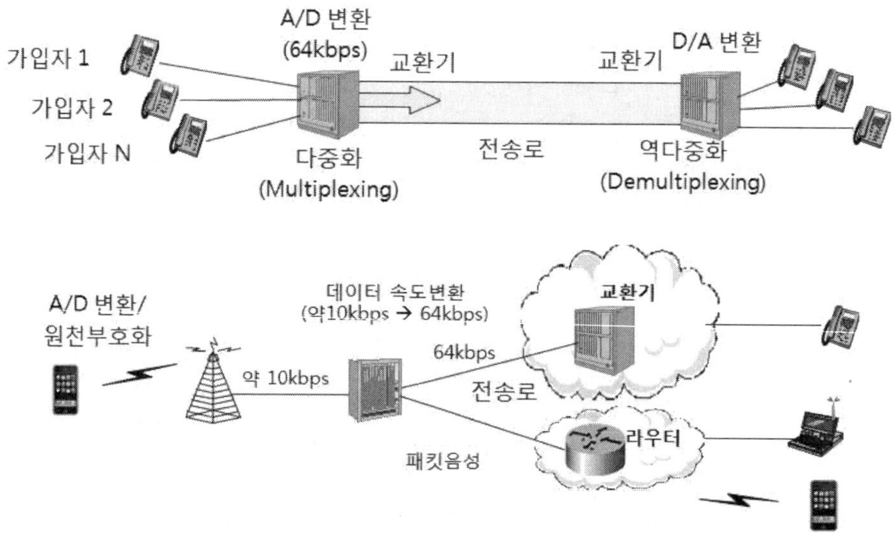

〈그림 12-29〉 디지털 음성 신호의 전송 개념

(2) E1 전송로

유럽에서 개발되어 ITU-T 권고안으로 채택된 디지털전화망의 음성 전송 방식으로 미국, 캐나다, 일본 외 대부분의 국가에서 이용되며 한국도 E1 방식을 이용한다. 2.048 Mbps 전송속도로 64Kbps PCM 음성전화 30명을 수용한다.(2채널은 신호 전송용)

Level	Standard	Rate	채널	Frame/s	Code	Amplitude
E1	G.704/732	2.048 Mbit/s ± 50 ppm	32	8,000	HDB3	2.37-3.00 V
E2	G.742	8.448 Mbit/s ± 30 ppm	128	9,962.2	HDB3	2.37 V
E3	G.751	34.368 Mbit/s ± 20 ppm	512	22,375.0	HDB3	1.00 V
E4	G.751	139.264 Mbit/s ± 15 ppm	2048	47,562.8	CMI	1.00 V

ITU-T의 E1 전송로 PCM 전송 프레임 구조는 다음과 같다.

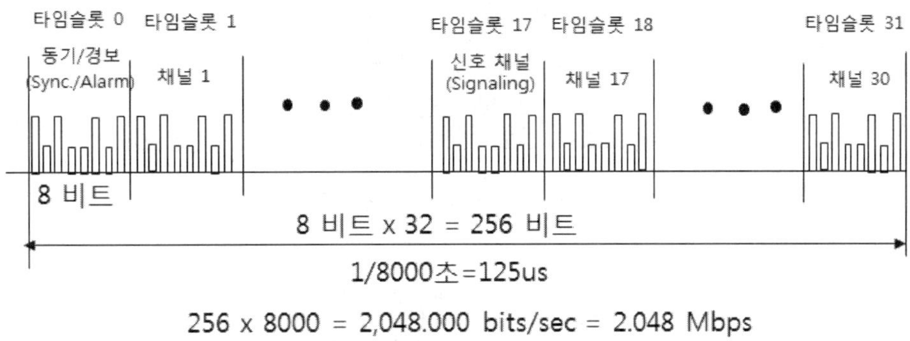

〈그림 12-30〉 E1 전송로 프레임 구조

(3) T1 전송로

미국 AT&T BellLab 연구소에서 1962년 개발한 디지털전화망의 음성 전송 방식으로 주로 미국, 캐나다, 일본에서 이용한다. 1.544Mbps 전송속도로 표준화하여 64Kbps PCM 음성전화 24명을 수용한다.

구분I	Rate	채널
DS1	1.544 Mbit/s	24
DS1C	3.152 Mbit/s	48
DS2	6.312 Mbit/s	96
DS3	44.736 Mbit/s	672
DS4	274,176	4032
DS5	400,352	5760

AT&T의 T1 전송로 PCM 전송 프레임 구조는 다음과 같다.

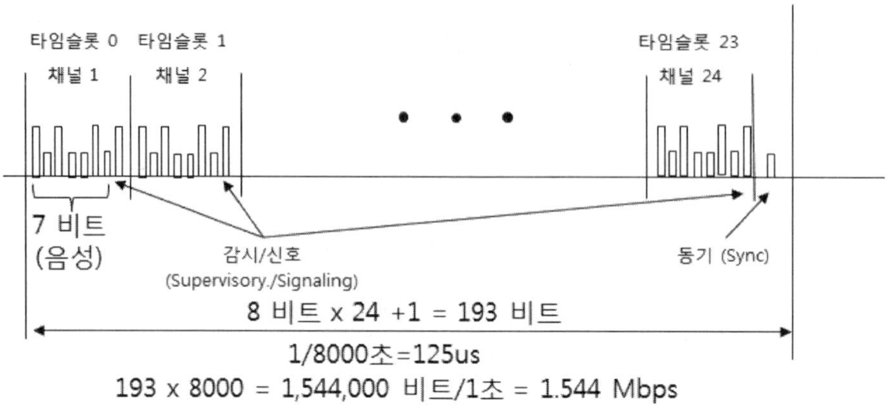

〈그림 12-31〉 T1 전송로 프레임 구조

3. 전송망

전송망은 전송매체(통신케이블 또는 전자파)를 이용하여 각종 정보(음성, 데이터, 영상 등)를 어떤 지점으로부터 다른 지점으로 송·수신 하는 기능을 수행한다.

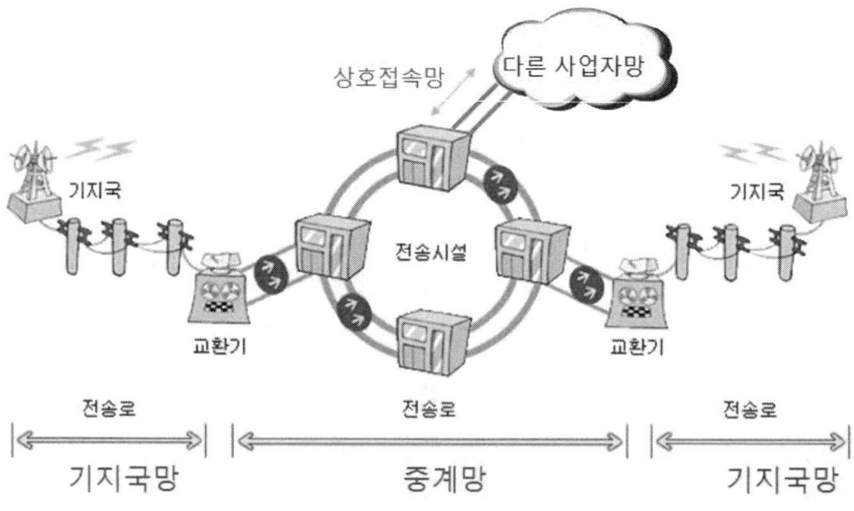

〈그림 12-32〉 이동통신 전송망 구성

다음은 국내 전송망 구축 사례이다.

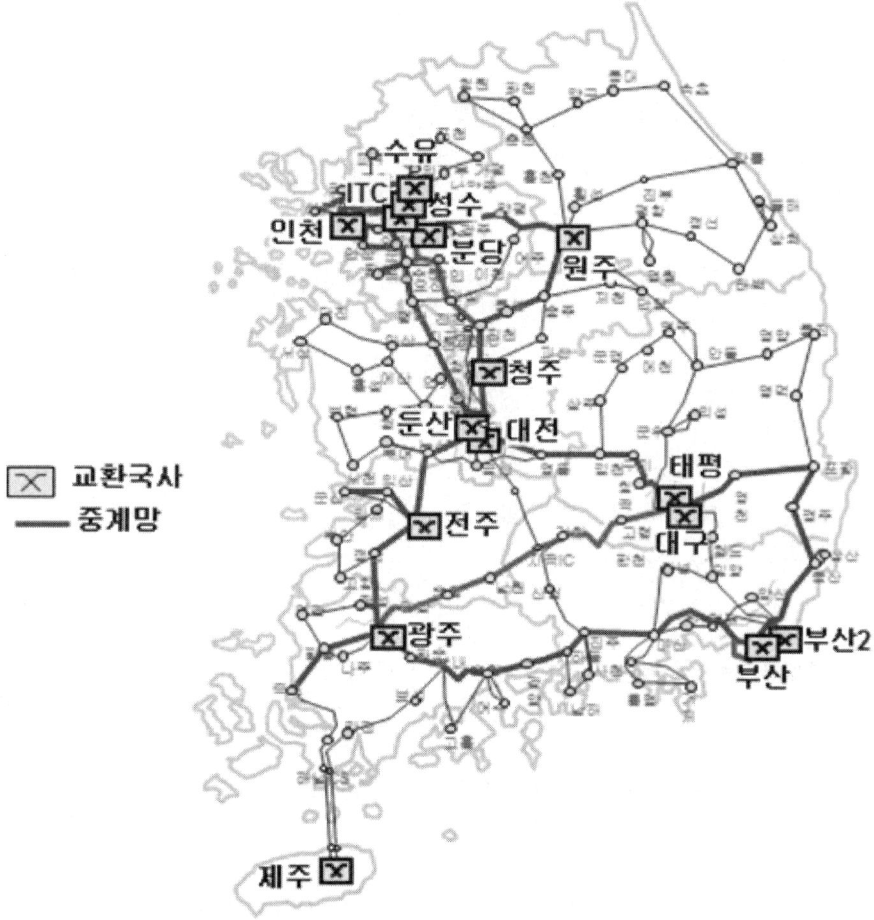

연습문제

01 디지털 통신에서 가장 먼저 해야 할 일은 아날로그 신호를 디지털 신호로 바꾸는 것이다.(Analog to Digital) 디지털 신호를 생성하기 위한 3단계 절차는 무엇인가?

02 디지털 신호를 전송채널에 적합한 신호로 파형을 만드는 절차를 무엇이라 하는가?

03 기저대역 신호에 대해 설명하시오.

04 디지털 신호를 전송채널에 적합하게 변조하지 않고 디지털 신호를 원래의 파형 그대로 송신하는 것을 무엇이라 하는가?

05 표본화의 표본을 추출하기 위한 펄스변조 방식의 종류를 나열하시오

06 디지털통신에서 사용하는 펄스변조방식은 무엇인가?

07 표본화된 신호에서 샘플링 주파수 f_s가 신호의 대역제한 주파수 f_m의 2배 이상이 되어야 원래의 신호를 왜곡 없이 복원할 수 있음을 증명한 사람은 누구인가?

08 표본화된 샘플링 신호로부터 원래의 신호로 정상복원이 가능한 최소 샘플링 주파수를 무엇이라 하는가?

09 표본화 주파수가 나이키스트(Nyqusit) 주파수보다 낮을 때 신호의 주파수 스펙트럼이 겹쳐져서 원래의 신호를 복원할 수 없는 것을 무엇이라고 하는가?

10 음성신호가 4000Hz의 주파수대역폭을 가질 때 원래의 음성 신호를 복원하는데 필요한 초당 몇 번 이상 표본화하여야 하는가?

11 음악연주 소리는 약 20kHz의 주파수 대역폭을 가지는데 이때 이 음악 연주 소리를 복원하기 위해 필요한 최소 표본화 펄스간의 시간은 얼마인가?

12 음악 연주곡을 디지털 신호로 만들기 위한 표본화 과정에서 22,050Hz의 주파수를 나이키스트 이론에 의한 표본화 경우와 엔지니어링 개념을 적용하여 표본화 경우 각각 표본화율은 얼마인가?

13 양자화하는 방법에는 양자화 단계를 나누는 방법에 따라 2가지 방법이 있는데 다음에서 설명하는 양자화 방법은 각각 무엇인가?

1) 입력 신호에 비례해서 양자화 단계를 균등 할당하는 양자화 방법

2) 적은 비트로 넓은 범위의 레벨 값을 표현하기 위한 양자화 방법

14 음성, 스캐너, 팩스, 프린터에서 사용하는 양자화 방법은 무엇인가?

15 ITU-T 표준 방법 가운데 우리나라에서 사용하는 PCM 음성전화의 양자화 방법은 무엇인가?

16 신호세기가 작은 부분은 확대하고 신호 세기가 큰 부분은 감소함으로써 작은 신호 세기에 몰려 있는 신호를 더욱 세분화하여 양자화하기 위한 디지털 시스템의 구성 요소는 무엇인가?

17 어떤 신호를 0~4kHz로 주파수대역을 제한하여 나이키스트(Nyquist) 율로 표본화한 후 각 표본을 8비트로 양자화하여 전송하려고 한다. 이때의 전송속도는 몇 kbps인가?

18 음성신호를 4kHz로 제한하고 256 레벨로 양자화한 아날로그 신호의 디지털 신호의 데이터 전송속도는 얼마인가?

19 음악 데이터를 16비트 스테레오 PCM으로 녹음하려고 한다. 44,100Hz 샘플링을 취하고 5분간 녹음한다면 음악의 데이터량은 얼마인가?

20 양자화잡음(N_q)은 양자화 레벨이 q일 때 크기를 표현하시오.

21 −128V~+128V 범위의 아날로그 신호를 8비트로 디지털화할 때 한 단계 전압은 몇 V인가?

22 −51.2V~+51.2V 범위의 아날로그 신호를 0.1(V) 레벨 단위로 신호를 양자화할 때 몇 비트가 필요한가?

23 현재 이동통신 음성 품질은 4비트로 양자화하여 2dB 신호대 잡음 간섭비이다. 18dB를 만족시키기 위한 양자화 비트수는?

24 전력, 주파수 대역폭, 데이터 송수신 성능을 높일 수 있는 PCM 파형을 결정하는 것을 무엇이라 하는가?

25 일반적으로 입력 신호(펄스 신호)는 무한대의 대역폭을 가지고 있다. 따라서 주파수의 효율적인 이용을 위해 송신측에서 신호 대역폭의 일부만을 통과시키기 위해 사용되는 것은 무엇인가?

26 인접심볼간섭(Inter Symbol Interference)을 줄이기 위해 널리 사용되는 필터는 어떤 것이 있는가?

27 실제 시스템 설계에서는 채널의 특성이 충분히 정확하게 유지되지 않으므로 수신기에서 채널에 의한 왜곡을 보상하는 디지털통신 시스템의 구성 요소는?

28 통신 시스템의 수신기에서 데이터를 수신하여 수신 값을 결정하는 2단계는 무엇인가?

29 E1, T1 전송로의 각각의 데이터 전송속도와 동시 전달할 수 있는 가입자 수는 각각 얼마인가?

30 전송매체(통신케이블 또는 전자파)를 이용하여 각종 정보(음성, 데이터, 영상 등)를 어떤 지점으로부터 다른 지점으로 송·수신 하는 기능을 수행하는 것을 무엇이라 하는가?

31 최대 전송속도 6.4Mbps인 전송로를 이용하여 데이터를 전송하려고 한다. 주파수 대역이 0~4kHz로 제한된 신호를 8비트 PCM으로 디지털화할 때

1) 이 신호의 전송에 필요한 전송속도는 몇 kbps인가?

2) 이 전송로에 같은 종류의 신호를 최대 몇 채널까지 동시에 수용할 수 있는가?

32 영화 비디오 채널 속도가 10Mbps일 때 2.5Gbps 광케이블을 통해 전송할 수 있는 채널 수는 몇 개인가?

매트랩 실습

매트랩 실습은 다음과 같은 순서로 진행한다.

1. 실습과제의 목적과 내용을 이해한다.
2. 매트랩 프로그램의 명령어를 학습하여 프로그램을 이해한다.
3. 매트랩 프로그램의 편집 창을 이용하여 프로그램을 작성한다.
4. 매트랩 프로그램의 실행결과를 확인한다.
5. 실습과제에서 요구하는 파라미터 변화에 따른 결과를 분석한다.
6. 결과분석 자료를 정리하여 발표하고 토론한다.

1. 실습을 위한 function m file 만들기

제2부 이동통신 신호의 해석 실습을 위해 만든 사각파 펄스 함수, 샘플링 함수, 가우시안 함수의 function m file을 복사하여 제12장 아날로그 디지털 변환 실습 디렉토리에 저장한다. 또한 추가적으로 컴팬딩을 위한 함수(mulaw, invmu, signum)와 Raised Cosine 필터 함수를 나타내는 function m file을 실습 디렉토리에 저장한다.

1) mulaw 함수 : y=mulaw(x, mu)

```
function y = mulaw(x,mu)

xmax=max(abs(x));
y=(log(1+mu*abs(x/xmax))./log(1+mu)).*eval('signum(x)');
```

2) invmu 함수 : x=mulaw(y,mu)

```
function x = invmu(y,mu)

x=(((1+mu).^(abs(y))-1)./mu).*eval('signum(y)');
```

3) signum 함수 : y=signum(x)

```
function y = signum(x)

y = zeros(1,length(x));

for ii=1:length(x)
    if x(ii)./abs(x(ii)) < 0
        y(ii) = -1;
    elseif x(ii)./abs(x(ii)) > 0
        y(ii) = 1;
    else
        y(ii) = 0;
    end
end
```

4) Raised Cosine 필터

```
function y = raisedcosin(x,T2)

beta = 0.5; % roll-off factor
y = zeros(1,length(x));

for ii=1:length(x)
    if abs(x(ii)/(2*pi)) < (1-beta)/(2*T2)
        y(ii) = T2;
    elseif abs(x(ii)/(2*pi)) > (1-beta)/(2*T2) && abs(x(ii)/(2*pi)) < (1+beta)/(2*T2)
        y(ii) = T2/2*( 1+ cos(  pi*T2/beta*( abs(x(ii)/(2*pi)) - (1-beta)/(2*T2) ) ) );
    else
        y(ii) = 0;
    end
end
```

2. 아날로그 신호의 디지털 신호 변환

2.1 실습 목적

아날로그 신호의 디지털 신호 변환 과정을 이해한다.

2.2 실습 과제

임의의 아날로그 신호가 표준화, 양자화, 부호화의 단계를 거쳐 디지털 신호로 변화하는 과정을 확인한다.

2.3 실습 예제

토의 내용

(1) 임의의 아날로그 신호의 표본화 숫자를 변경하며 임의의 아날로그 신호의 파형의 변화를 분석하고 토론한다.
(2) 임의의 아날로그 신호의 양자화 레벨 숫자를 변경하며 표본 값의 변화를 분석하고 토론한다.

예제 4.12.1 아날로그 디지털 변환

```
%% mc4121_A-D 변환.m
%
% 신호의 표본화 / 양자화 / 부호화
% 원신호(표본화)-> 표본 신호(양자화)-> 양자 신호(부호화)-> PCM 코드값

%% 0. 초기화
clear all
close all
clc

%% 1. 원신호(임의 아날로그 신호)
t1 = 0:0.001:1;                                    % 원신호의 시간 축
x1 = 2*sin(12*t1) + 2*cos(5*t1) - 1*sin(7*t1);    % 원신호 값

%% 2. 표본화 및 표본 신호
T_sample = 0.2;                                    % 표본화 시간 간격
t2 = 0:T_sample:1;                                 % 표본 신호의 시간축
x2 = 2*sin(12*t2) + 2*cos(5*t2) - 1*sin(7*t2);    % 표본 신호 값
```

```
%% 3. 양자화 및 양자 신호
x2_max = max(x2);   % 표본 신호의 최대값
x2_min = min(x2);   % 표본 신호의 최소값

B = 4;                              % 양자화 비트수
level = linspace(x2_min, x2_max, 2^B + 1);
% 표본값의 최대 최소 사이에서 2^B 개수의 균일한 양자레벨 설정

x3 = zeros(1,length(x2));   % 양자 신호 값
for ii = 1:length(x2)
    for jj = 1:2^B
        if x2(ii) <= level(jj+1)
            x3(ii) = jj-1;
            break
        end
    end
end

%% 4. 부호화 및 PCM 코드값

x4 = de2bi(x3);                              % PCM 코드값
x4_vector = reshape(x4',1,length(x3)*B); % 벡터로 표현

%% 5. 그래프 그리기

figure()

subplot(4,1,1)
plot(t1,x1,'r')
title('원신호')

subplot(4,1,2)
plot(t1, x1, 'r'), hold on
plot(t2, x2, 'b')
title('표본 신호')

subplot(4,1,3)
bar(x3, 0.3)
title('양자 신호')

subplot(4,1,4)
stem(x4_vector, 'filled')
title('PCM코드')

% 파일로 출력
print -dpng fig4121
```

3. 아날로그 디지털 변환(비균일 양자화)

3.1 실습 목적

균일 및 비균일 양자화의 아날로그 디지털 차이를 이해한다.

3.2 실습 과제

동일한 아날로그 신호에 대하여 균일 양자화 방식의 디지털 신호와 비균일 양자화 신호의 파형을 비교한다.

3.3 실습 예제

토의 내용

균일 양자화와 비균일 양자화를 위해 컴팬더를 사용한 신호 파형과 양자화의 차이점을 분석하고 토론한다.

예제 4.12.2 아날로그 디지털 변환(비균일 양자화)

```
%% mc4122_nonlinear_txrx.m
%
% function m file 작성 (mulaw.m, invmu.m, signum.m )

%% 0. 초기화
clear all
close all
clc

%% 1. 원신호(임의 아날로그 신호)
t1 = 0:0.001:1;                                    % 원신호의 시간 축
x1 = 2*sin(12*t1) + 2*cos(5*t1) - 1*sin(7*t1);    % 원신호 값
x1max = max(abs(x1));

mu=255;
y = mulaw(x1/x1max,mu);                            % mu-law 출력
y1=y*x1max;]

%% 2. 원신호의 컴팬딩과 표본화
T_sample = 0.02;                                   % 표본화 시간 간격
```

```
t2 = 0:T_sample:1;                                    % 표본 신호의 시간축
x2 = mulaw((2*sin(10*t2) + 2*cos(5*t2) - 1*sin(7*t2))/x1max,mu)*x1max ; % 표본
신호 값

%% 3. 양자화 및 양자 신호
x2_max = max(x2);                                     % 표본 신호의 최대값
x2_min = min(x2);                                     % 표본 신호의 최소값

B = 4;                                                % 양자화 비트수
level = linspace(x2_min, x2_max, 2^B + 1);
% 표본값의 최대 최소 사이에서 2^B 개수의 균일한 양자레벨 설정,

x3 = zeros(1,length(x2));                             % 양자 신호 값
for ii = 1:length(x2)
    for jj = 1:2^B
        if x2(ii) <= level(jj+1)
            x3(ii) = jj-1;
            break
        end
    end
end

%% 4. 복원된 수신 신호
x3max = max(abs(x3));
mu=255;
x4 = x3max*invmu(x3/x3max, mu);
x5 = x3max*x4 ;

%% 5. 그래프 그리기

figure()

subplot(4,1,1)
plot(t1, x1, 'r', t1, y1, 'b')
title('원 신호')

subplot(4,1,2)
plot(t2, x2, 'b')
title('비균일 표본 신호')

subplot(4,1,3)
bar(x3, 0.3)
title('비균일 양자 신호')
```

```
subplot(4,1,4)
plot(t2, x5, 'r')
title('수신 신호')

% 파일로 출력
print -dpng fig4122
```

4. 사각파 펄스의 Raised Cosine 필터 통과

4.1 실습 목적

균일 및 비균일 양자화의 아날로그 디지털 차이를 이해한다.

4.2 실습 과제

동일한 아날로그 신호에 대하여 균일 양자화 방식의 디지털 신호와 비균일 양자화 신호의 파형을 비교한다.

4.3 실습 예제

토의 내용

(1) 사각파 펄스 신호를 생성하여 Raised Cosine 필터를 통과시킨다.
(2) 신호와 필터를 통과한 출력신호의 주파수 특성을 분석하고 토론한다.

예제 4.12.3 사각파 신호의 Raised Cosine 필터 통과

```
%% mc4123_raisedcosinfilter_output.m
%
% 사각파 펄스 신호를 raisedcosin filter를 통과시킬 때 통과된 신호의 형태

%% 0. 초기화
clear all
close all
clc
```

```
%% 1. 시간 신호
fs = 1000;                          % 샘플링 주파수 (Hz)
dura = -10;                         % 시간 길이 (sec)
durb = 10;
t = dura:1/fs:durb-1/fs;            % 시간 축

T = 0.1;                            % 펄스폭
x = rect(t,T);                      % 사각 펄스 신호

%% 2. 주파수 신호
m = length(x);                      % 신호 샘플 개수

f = (0:m-1)*(fs/m);                 % 주파수 축
y = fft(x);                         % 주파수 신호 (신호-주파수 변환), 복소수값

f0 = (-m/2:m/2-1)*(fs/m) ;          % 주파수 축 - 0 Hz 중심으로 표현
y0 = fftshift(y);                   % 주파수 신호 - 0 Hz 중심으로 표현

y0_amp = abs(y0)/m*(durb-dura);     % 주파수 신호 크기, 실수값

%% 3. Rased Cosine 필터 만들기
T2 = 0.5;                           % 심볼의 전송속도의 역수로 1 이하의 값
H_rc = raisedcosin(f0, T2)/T2 ;

%% 4. 필터에 신호 통과시키기

XH_rc = y0_amp.*H_rc;               % 필터를 지난 후, 신호의 주파수영역 크기

%% 4. 그래프 그리기

figure()

subplot(4,1,1)                      % 시간 신호 그래프
plot(t,x)
xspan = max(x)-min(x);
axis([min(t), max(t), min(x)-xspan/4, max(x)+xspan/4])
xlabel('Time (sec)')
ylabel('Amplitude')
legend('time signal');
grid on
```

```
subplot(4,1,2)              % 주파수 신호 그래프
plot(f0,y0_amp)
xlim([-50 50])              % x축 범위를 축소 (500 -> 50)
xlabel('Frequency (Hz)')
ylabel('Amplitude')
legend('Spectral signal');
grid on

subplot(4,1,3)              % Raised Cosine  필터 주파수 특성
plot(f0,H_rc, 'r');
xlim([-50 50])              % x축 범위를 축소 (500 -> 50)
xlabel('Frequency (Hz)')
ylabel('Amplitude')
legend('RC filter');
grid on

subplot(4,1,4)              % 주파수 신호 그래프
plot(f0,y0_amp, f0, XH_rc, 'g')
xlim([-50 50])              % x축 범위를 축소 (500 -> 50)
xlabel('Frequency (Hz)')
ylabel('Amplitude')
legend('Input signal','Output signal');
grid on

% 파일로 출력
print -dpng fig4123
```

5. 2진 수신 데이터 검출 상관기 구현

5.1 실습 목적

수신기에서 수신되는 디지털 신호의 검출 과정을 이해한다.

5.2 실습 과제

임의의 이진 데이터를 수신하여 0과 1을 결정하는 과정을 이해하여 디지털통신의 데이터 검출 과정을 확인한다.

5.3 실습 예제

토의 내용

이진 데이터의 검출과 판정 과정을 분석하고 토론한다.

예제 4.12.4 수신기의 상관기 구현

```
% mc4124_correlator.m

clear all
close all
clc

% 상관기

SNR_dB = 5; %[dB]
SNR = 10^(0.1*SNR_dB);

Ns = 5;
Ts = 100;
t = linspace(0,1,Ts);

f_0 = 5;
f_1 = 10;

data = cast(rand(Ns,1)>0.5, 'double');

symbol_0 = cos(2*pi*f_0.*t)';
symbol_1 = cos(2*pi*f_1.*t)';

symbol = zeros(Ns*Ts,1);
t_r = zeros(Ns*Ts,1);
for ii = 1:Ns
    if data(ii) == 0
        symbol( (ii-1)*Ts+1 : ii*Ts) = symbol_0;
    else
        symbol( (ii-1)*Ts+1 : ii*Ts) = symbol_1;
    end
    t_r( (ii-1)*Ts+1 : ii*Ts) = t + (ii-1);
end
```

```
noise = sqrt(1/SNR).*randn(length(symbol),1);

r = symbol + noise;

r_data = zeros(Ns,2);
r_corr_0 = zeros(length(symbol),1);
r_corr_1 = zeros(length(symbol),1);

for ii = 1:Ns

    r_corr_0( (ii-1)*Ts+1 : ii*Ts) = r( (ii-1)*Ts+1 : ii*Ts) .* symbol_0;
    r_corr_1( (ii-1)*Ts+1 : ii*Ts) = r( (ii-1)*Ts+1 : ii*Ts) .* symbol_1;

    r_data(ii,1) = sum(r_corr_0( (ii-1)*Ts+1 : ii*Ts))/Ts;
    r_data(ii,2) = sum(r_corr_1( (ii-1)*Ts+1 : ii*Ts))/Ts;
end

% 그래프 그리기

figure()
subplot(4,1,1)
for ii=1:Ns
    if data(ii) == 0
        plot(t_r( (ii-1)*Ts+1 : ii*Ts), symbol( (ii-1)*Ts+1 : ii*Ts), 'linewidth',2,'Color',
[0 0.5 1])
    else
        plot(t_r( (ii-1)*Ts+1 : ii*Ts), symbol( (ii-1)*Ts+1 : ii*Ts), 'linewidth',2,'Color',[1 0.2 0])
    end
    hold on
end
set(gca, 'ylim', [-2 2])
title('전송된 신호','fontsize', 12)
xlabel('time')
ylabel('signal')
grid on
subplot(4,1,2)
for ii=1:Ns
    if data(ii) == 0
        plot(t_r( (ii-1)*Ts+1:ii*Ts), r( (ii-1)*Ts+1 : ii*Ts), 'linewidth',2,'Color',[0 0.5 1])
    else
        plot(t_r( (ii-1)*Ts+1 : ii*Ts), r( (ii-1)*Ts+1 : ii*Ts), 'linewidth',2,'Color',[1 0.2 0])
    end
```

```
    hold on
end
set(gca, 'ylim', [-2 2])
grid on
title('수신된 신호','fontsize', 12)
xlabel('time')
ylabel('signal')

subplot(4,1,3)
plot(t_r, r_corr_0, 'linewidth',2,'Color',[0 0.5 1])
hold on
plot(t_r, r_corr_1, 'linewidth',2,'Color',[1 0.2 0])
grid on
set(gca, 'ylim', [-2 2])
title('상관기: 수신된 신호에 알고 있는 신호를 곱함  ','fontsize', 12)
xlabel('time')
ylabel('signal')

subplot(4,1,4)
stem(r_data(:,1), 'linewidth',2,'Color',[0 0.5 1])
hold on
stem(r_data(:,2),'linewidth',2,'Color',[1 0.2 0])
grid on
set(gca, 'xlim', [0.5 5.5]);
title('상관기: 심볼 주기마다 적분한 후의 값 ','fontsize', 12)
xlabel('time')
ylabel('signal')

print -dpng  fig4124
```

제13장

원천 부호화와 복호화

제1절 개요

1. 기본 개념

원천부호화(Source Coding)는 원래의 아날로그 및 디지털 데이터 신호를 디지털화 및 압축하는 것을 말한다. 아날로그 및 디지털 신호를 가능한 작은 디지털 비트수로 부호화하고 (Coding) 다시 원래의 아날로그 및 디지털 신호로 복호화하는(Decoding) 기능을 코덱(CODEC)이라고 한다. 코덱은 부호화기(Coder)와 복호화기(Decoder)의 합성어이다. 코덱 가운데 음성의 신호를 부호화/복호화하는 것을 음성 코덱이라고 하며 줄여서 보코더(Vocoder : Voice Coder)라고 한다.

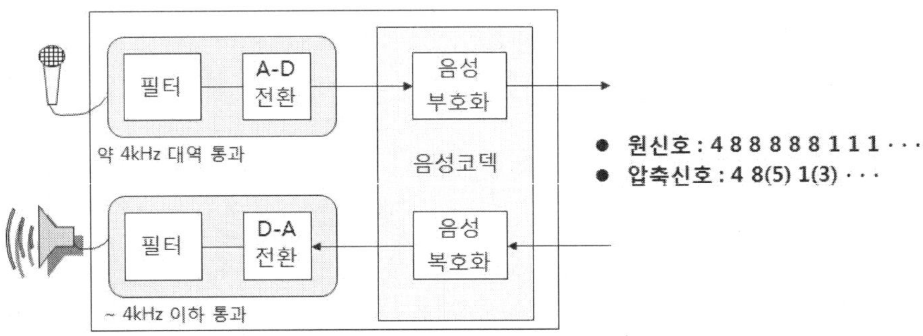

〈그림 13-1〉 원천 부호화의 기본 개념

2. 원천부호화의 위치

원천부호화는 원래의 아날로그 및 디지털 데이터 신호를 디지털화 및 압축하는 부분으로 아날로그 및 디지털 신호를 가능한 작은 디지털 비트수로 부호화하고(Coding) 다시 원래의 아날로그 및 디지털 신호로 복호화한다. 원천부호화의 위치를 전체 디지털 이동통신 시스템에서 나타내면 다음 그림과 같다.

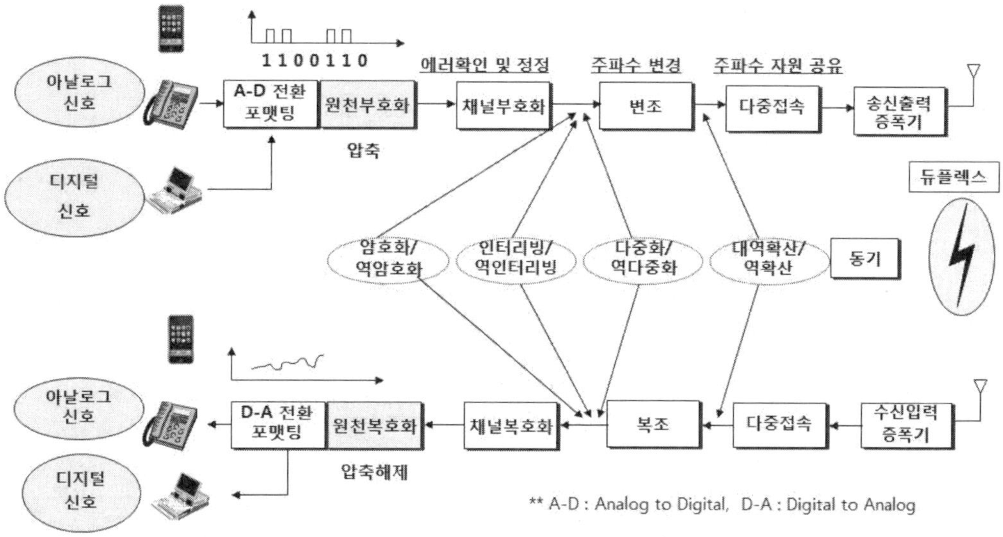

〈그림 13-2〉 원천 부호화의 위치

3. 원천부호화의 종류

원천부호화의 종류는 신호의 크기를 예측하여 비트수를 줄이는 예측 부호화 방법, 신호의 확률에 따라 코드 길이를 다르게 하는 엔트로피 부호화 방법, 통신 신호의 수학적 해석을 이용하여 데이터를 압축하는 변환 부호화 방법, 상기의 방법을 결합한 혼합 부호화 방법 등이 있다.

예측부호화 방법으로는 델타 변조(DM), 차등 펄스부호변조(DPCM), 선형 예측 부호화(Linear Predictive Coding) 방식 등이 있으며, 엔트로피 부호화 방법으로는 가변길이 부호화, 허프만 코딩(Huffman Coding), 산술부호화 방법 등이 있고, 변환부호화 방법으로는 FFT(Fast Fourier Transform), DCT(Discrete Cosine Transform) 방식 등이 있으며 혼합부호화으로는 QCELP(Qualcomm Code Exited Linear Predictive), AMR(Adaptive Multi Rate), MPEG(Motion Picture Expert Group) 방식 등이 있다.

제2절 원천 부호화 기술

1. 차등 펄스부호변조

(1) 개요

차등 펄스부호변조(DPCM : Differential Pulse Code Modulation)는 현재 표본(Sample)과 이전 표본을 비교한 차이만큼만 양자화를 하여 데이터를 압축하는 것이다.

현재 표본과 이전 표본을 비교한 차이를 PCM보다 적은 비트로 전송한다. 이전 표본의 정보를 저장하여 현재 표본의 데이터 양을 줄인다.

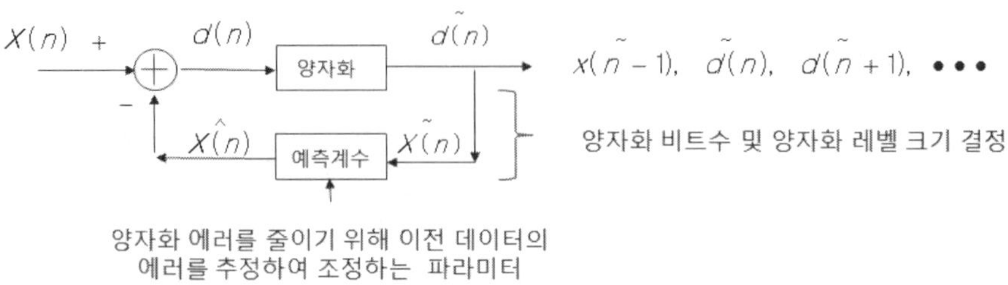

〈그림 13-3〉 DPCM의 개념

다음 그림은 일반적으로 음성 신호의 경우 샘플당 양자화를 256레벨 8비트로 수행하는데 차등 펄스부호변조 방식은 첫 번째 샘플만 256 레벨 8비트로 양자화하고 두 번째 샘플부터는 신호의 변화가 적으므로 16레벨 4비트로 수행하는 과정을 나타내고 있다.

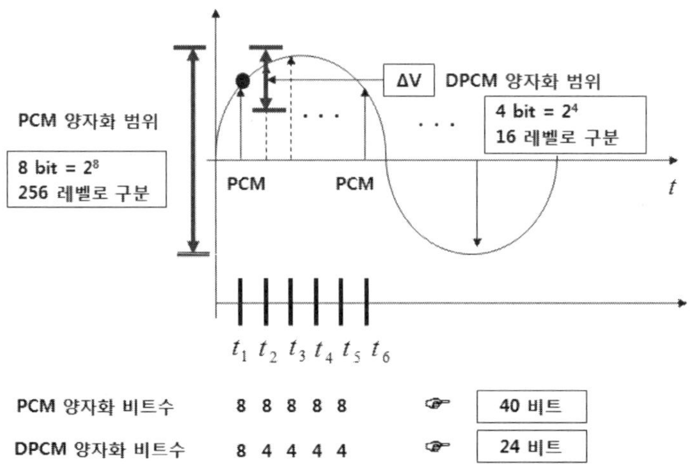

〈그림 13-4〉 차등 펄스부호변조의 개념 구현

이때 $d(n)$을 양자화하는 비트 수를 1개로 할 경우 1-bit DPCM 또는 델타 변조(Delta Modulation)라고 하고 양자화 레벨의 크기가 시간에 따라 가변적인 경우 적응 델타변조(ADM : Adaptive DM)라고 한다. 또한 $d(n)$을 양자화하는 비트수를 여러 개로 할 경우 DPCM이라고 하고 양자화레벨의 크기가 시간에 따라 가변적일 경우 적응 DPCM(Adaptive DPCM)이라고 한다.

(2) 델타 변조(DM : Delta Modulation)

현재 표본(Sample)과 이전 표본을 비교한 차이를 1비트만으로 전송하는데 표본 값이 이전 값보다 크면 1, 작으면 0을 전송한다. 신호의 변화가 크면 원래의 신호와 양자화 잡음이 증가하므로 표본화 수와 양자화 레벨의 크기를 증가하여야 한다. 다음 그림은 완만하게 변하는 아날로그 신호와 급격히 변하는 아날로그 신호에 대해 동일한 DM을 수행한 결과로서 급격히 변하는 아날로그 신호에 대해 원신호의 형태를 따라가지 못하는 것을 확인할 수 있다.

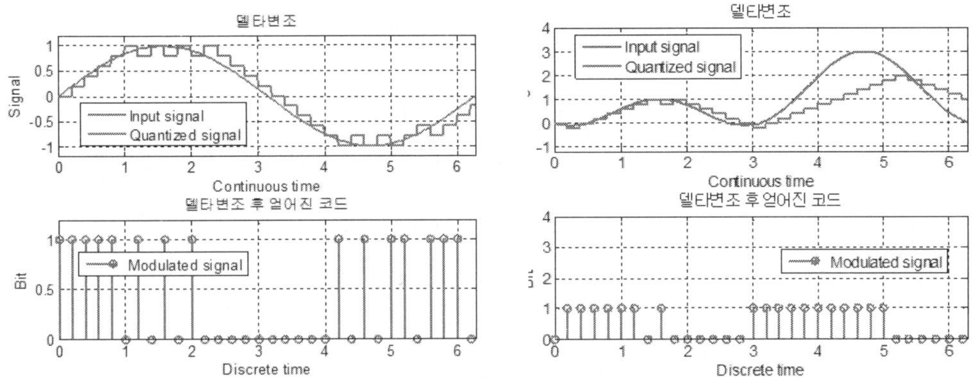

(a) 완만히 변하는 신호　　　　　　(b) 급격히 변하는 신호

〈그림 13-5〉 델타 변조의 예

(3) 적응 델타 변조(ADM : Adaptive Delta Modulation)

ADM은 현재 표본과 이전 표본을 비교한 차이를 1비트만으로 전송하는 것은 DM과 동일하나 여러 번 계속 상승 또는 하강할 경우 신호 변화가 큰 것으로 인지하고 양자화 레벨의 크기를 변화시킨다. 다음은 동일한 아날로그 신호에 대해 DM과 ADM의 결과를 나타낸다.

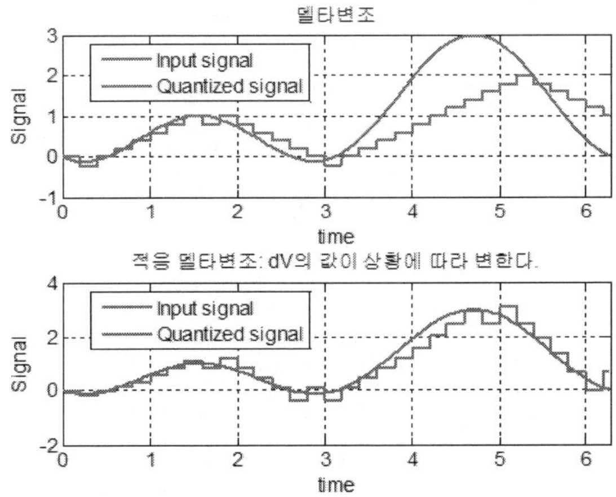

〈그림 13-6〉 DM과 ADM의 비교

(4) 차등 펄스부호변조(DPCM)

다음 그림은 임의의 아날로그 신호에 대해 차등펄스부호변조 신호를 원천부호화한 결과를 나타낸다. PCM은 3비트(8레벨)로 양자화하고 DPCM은 2비트(4레벨)로 하여 펄스변조하므로 PCM은 1부터 8레벨까지 양자화를 하지만 DPCM은 1부터 4레벨까지만 양자화를 수행한다.

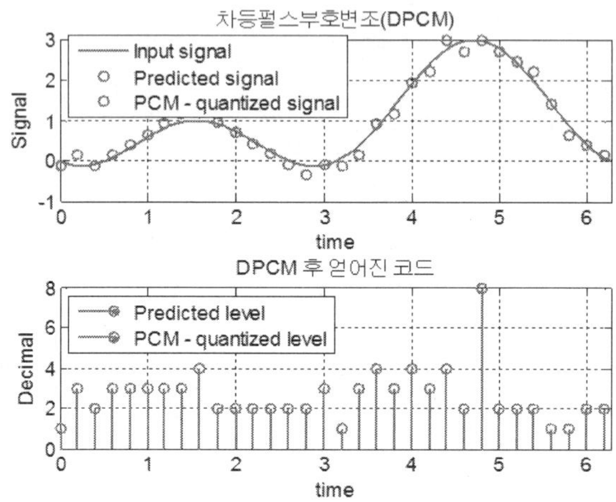

〈그림 13-7〉 차등 펄스부호변조의 예

(5) 적응 차등 펄스부호변조(ADPCM : Adaptive DPCM)

ADPCM은 이전 표본과 현재 표본의 차이만을 PCM하여 전송하는 DPCM과 동일하나 양자화 레벨을 변화시키면서 신호의 급격한 변화에 유연성이 있다. 다음 그림은 동일한 아날로그 신호의 DPCM과 ADPCM의 펄스변조 결과이다.

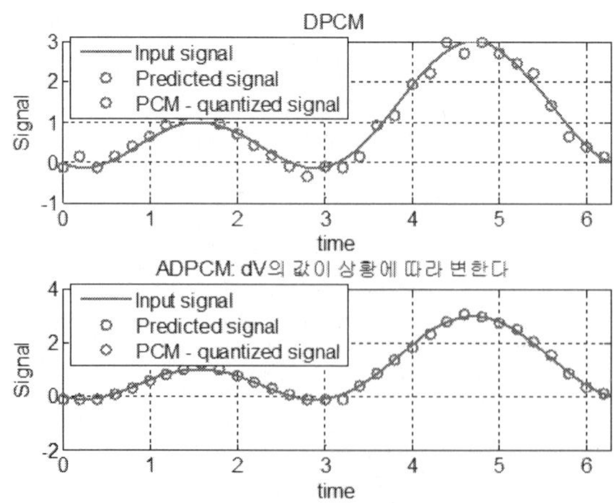

〈그림 13-8〉 DPCM과 ADPCM의 비교

2. 블록 부호화

(1) 개요

블록 부호화(Block Coding)는 현재 표본과 이전 표본을 비교하는 것은 차등 부호화와 동일하나 출력 표본이 여러 개로 나오도록 구성하여 차등펄스부호변조와 비교하여 동일한 비트수로 높은 SNR을 구현한다. PCM 부호화의 경우 표본당 1비트를 추가하면 6dB만큼 SNR이 좋아지지만 블록 부호화의 경우 훨씬 좋은 SNR을 얻을 수 있다. 이때 1 : N 매핑 방법에 따라 여러 가지 기술로 나누어진다.

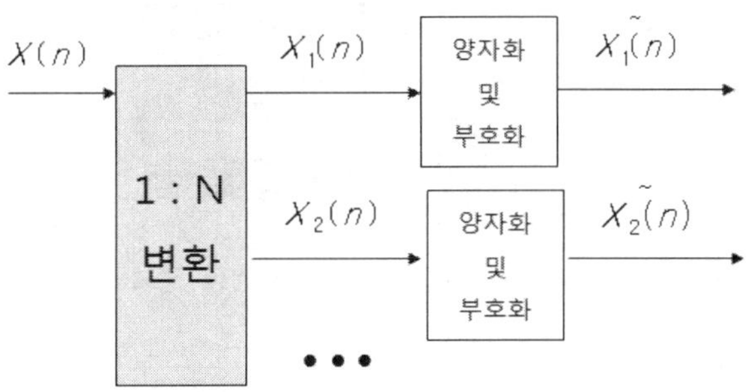

〈그림 13-9〉 블록 부호화의 개념

(2) 벡터 양자화(Vector Quantizing)

DPCM의 확장 개념으로 여러 개의 PCM을 병행하여 부호화하는 개념이다. TV의 RGB 영상을 적색(Red), 녹색(Green), 파랑(Blue)로 독립적으로 부호화하는 방법이다.

(3) 변환 부호화(Transform Coding)

N으로 변환된 부호화기에서 N개의 부호화기가 각각의 데이터에 기반하여 독립적으로 부호화를 수행한다. 신호들을 주파수 대역으로 분리하기 때문에 주파수 부호화기(Spectral Encoder)라고도 한다. 변환 부호화 방식으로 DFT(Discrete Fourier Transform), DCT(Discrete Cosine Transform) 등이 있다.

(4) 서브밴드 부호화(Subband coding)

변환 부호화의 특별한 경우로 여러 필터로 채널을 나누어 부호화를 수행한다. 예를 들어 4000Hz를 400Hz씩 필터로 나누어 10개의 출력 신호를 만들고 각각 양자화를 수행한다.

3. 엔트로피 부호화

(1) 개요

실제 송신하고자 하는 데이터의 심볼과 코드가 나타내는 심볼 수가 일치하도록 하여 최소의 데이터를 보내도록 하는 부호화 기술이다. 발생확률이 높은 심벌신호에는 짧은 길이의 코드를 할당하고, 발생확률이 낮은 심벌신호에는 길이가 긴 코드를 할당하여 전송되는 데이터의 평균코드 길이를 줄이는 부호화 방식으로 가변길이 부호화라고도 하며 대표적인 기술로 허프만 코딩(Huffman Coding) 방식이 있다.

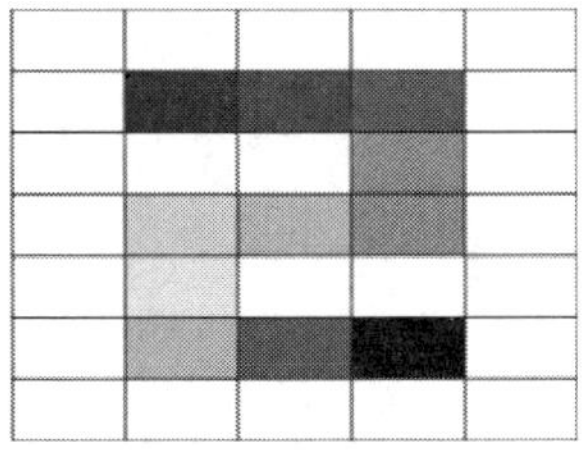

〈그림 13-10〉 영상 정보의 예

상기 그림에서 픽셀 1개의 세기는 9가지로 구분된다. 따라서 9가지 세기를 구분하려면 일반적으로 3비트(8레벨)로는 부족하므로 4비트(16레벨)가 필요하게 되고, 35개 픽셀의 세기 정보를 나타내려면 총 140개 비트가 필요하다. 그런데 흰색이 가장 많으므로 흰색의 코드는 1개의 비트, 두 번째 많은 검은 색의 코드는 2비트, 세 번째는 3비트 등등으로 표현하면 평균적인 비트 수를 줄일 수 있다.

(2) 허프만 부호화(Huffman Coding)

앞 절의 영상정보를 허프만 부호화 방식으로 부호화하는 개념은 다음과 같다. 수신측에서 데이터의 심볼을 구분할 수 있도록 코드를 부여한다. 처음 1을 받으면 A임을 확인. 0을 받으면 B~I 모두 가능하므로 2번째 비트를 받아 확인하는 등 반복하여 심볼을 추정한다.

$X_i(n)$	$P_i(n)$	code	n_i	$n_iP(X_i)$
A	0.1143	1	1	0.1143
B	0.0571	00	2	0.1142
C	0.0571	011	3	0.1713
D	0.0571	0101	4	0.2284
E	0.0286	01000	5	0.1430
F	0.0286	010011	6	0.1716
G	0.0286	0100100	7	0.2002
H	0.0286	01001011	8	0.2288
I	0.0286	01001010	8	0.2288
				$\bar{n} = 1.6006$

〈그림 13-11〉 허프만 코딩의 코드 부여 방법

일반적인 방식과 허프만 방식으로 부호화할 때 픽셀당 평균 비트 수를 비교하면 다음과 같다. 일반 부호화 방식의 픽셀당 평균 비트 수는 4비트이지만 허프만 방식의 픽셀당 평균 비트 수는 약 1.6006비트가 된다.

$$\bar{n} = \sum_{i=1}^{9} n_i P(X_i) \cong 1.6006 \quad \text{(식 13-1)}$$

제3절 음성 부호화

1. 개요

아날로그인 음성 신호는 1971년 ITU-T에서 PCM 방식으로 64kbps로 표준화(G.711)함으로써 디지털음성 신호의 통신을 시작하게 되었다. G.711은 300~3400Hz 음성을 8kHz로 표본화하여 256레벨 8비트로 양자화하였다. 1988년 ITU-T에서 음성 신호를 ADPCM 방식으로 표준화(G.721)하였는데 음성 신호를 32kbps로 압축하였고 위성 분야에서 이용되었다. 1988년 ITU-T에서 SB-ADPCM 방식을 표준화(G.722)하였는데 7 kHz 대역폭을 48, 56, 64kbps으로 아날로그 신호를 디지털 신호로 표본화하였다. SB-ADPCM 방식은 주로 라디오 방송, 영상 회의 및 마이크 스피커 등에 이용된다. 1992년 ITU-T에서 LD-CELP 방식을 표준화(G.728)하였는데 음성을 16kbps까지 압축할 수 있으며 효율적인 주파수 사용이 중요한 이동통신에서 이용되었다. 1993년 MPEG에서 MPEG-1 오디오 방식을 표준화(384kbps 이하의 CD 수준 품질로 압축)하였는데 다음과 같이 MPEG－1 layer 1(292kbps), MPEG－1 layer 2(192kbps), MPEG －1 layer 3(128kbps)의 3개의 경우가 있는데 MPEG－1 layer 3는 MP3라는 음향 기기로 잘 알려져 있다. 1994년 MPEG에서 MPEG-2 오디오 방식으로 5.1 채널에 6개의 음성 다중이 가능한 음성 부호화 방식으로 압축하였다. CD 수준의 음질은 2(channel) × 44.1kHz sample/sec × 16bits/sample = 1411.2kbps로 음성부호화한 품질을 의미한다.

2. 음성 부호화의 종류

(1) 개요

원천 부호화 가운데 음성의 특징을 이용하여 음성을 디지털 부호화하는 방식은 파형 부호화, 음원 부호화, 혼합 부호화 방식의 3가지 방식이 있다. 파형 부호화는 주로 일반적인 소리를 부호화하는데 이용될 수 있는데 음성의 원음을 시간 및 주파수로 나누어 디지털화한 후 전송하는 방식이다. 음원 부호화는 사람의 목소리와 같이 음원 자체의 특성을 분석하여 고유 파라미터로 모델링하여 전송하는 방식이다. 혼합 부호화는 파형 부호화 방식과 음원 부호화 방식을 혼합한 방식이다.

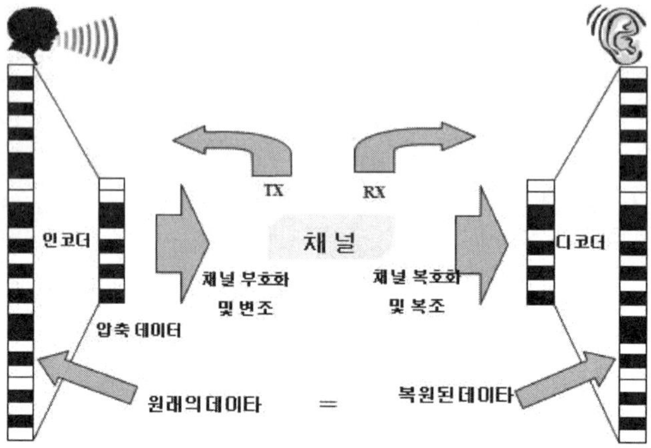

〈그림 13-12〉 음성 부호화의 개념

(2) 파형 부호화

파형 부호화는 음성의 원음을 시간으로 나누어 디지털화한 후 전송하는 방식으로 사람의 목소리뿐만 아니라 일반적인 모든 소리를 표현할 수 있다. 일찍이 Nyquist는 일반적으로 원래의 정보가 가지고 있는 주파수 대역폭의 2배 이상 표본화를 하면 표본화된 디지털 신호가 원래의 정보를 복원할 수 있다는 것을 증명하였다. 이때 원래의 신호를 복원하기 위한 최소 표본수인 주파수 대역폭의 2배를 Nyquist rate라고 하며 (식 13-2)와 같이 나타낸다.

$$N_s = 2 \times f_m \qquad \text{(식 13-2)}$$

여기서 N_s는 표본수, f_m은 원래의 정보가 가지고 있는 주파수 대역폭이다.

예를 들어 목소리의 경우 약 4000Hz의 주파수 성분이 있고 따라서 원래의 정보를 복원하기 위해 4000Hz의 2배인 초당 8000번을 표본화하고 각각의 크기를 256 단계의 크기로 표현한 후 각각을 8bit로 표현하여 주면 1초당 64kbps로 디지털 신호로 바꿀 수 있다. 따라서 역으로 1초당 64kbps 데이터를 받을 수 있으면 사람의 목소리를 복원할 수 있다.

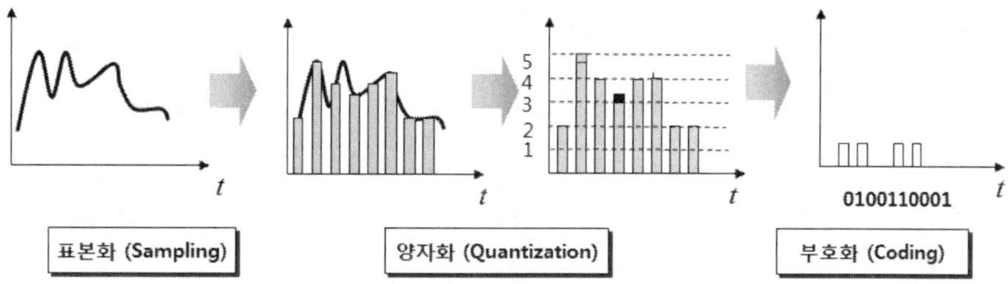

• **Nyquist rate** $: N_s = 2 \times f_m$

• 사람의 목소리 주파수 대역폭 : 4000 Hz
• 표본화 수 : 8000번
• 표본의 크기 : 256 level -> 8 bit

• 8000 x 8 = 64000 bit = 64 kbps

〈그림 13-13〉 일반적인 목소리의 파형 부호화

(3) 음원 부호화

사람의 음성 신호를 표현할 수 있는 파라미터와 사람의 청각 특성을 이용하여 부호화하는 방식이다. 서브밴드로 나누어 부호화하고 필터계수를 LPC(Linear Prediction Coder)를 이용하여 파라미터를 조정한다. 압축율을 매우 높일 수 있으나 부자연스러움과 말하는 사람의 특성을 알기 어렵다. 예를 들어 16개의 필터를 이용한 보코더의 전송율은 다음과 같다. 전송율은 R=40sample/초/필터×16필터×3bit/sample=1,900bps로 약 2kbps를 나타낸다.

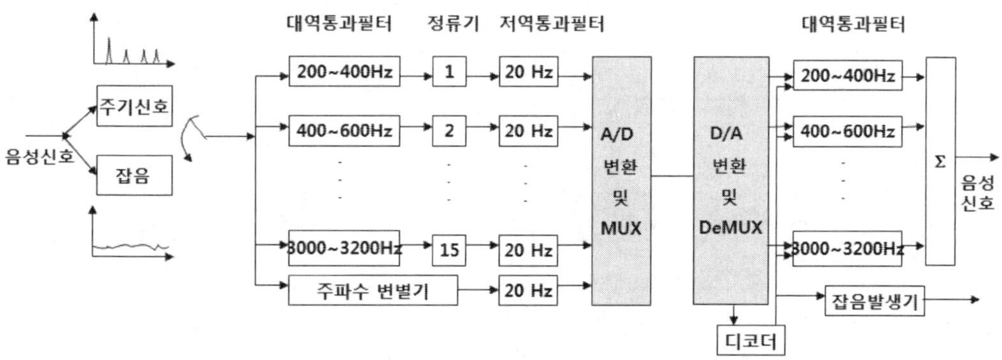

〈그림 13-14〉 선형 예측 음성 부호화

(4) 혼합 부호화

음성신호는 약 20ms 단위로 주파수 특성이 안정적임을 고려하여 음성 신호의 특징을 모델링한다. 음원 부호화 방식도 음성 신호의 유성음, 무성음, 잡음 특성을 이용하는 것은 유사하나 혼합 부호화 방식은 짧은 시간마다 변하는 음파의 파라미터를 변경 반영하면서 음색까지도 전달한다.

혼합 부호화방식의 예로 LTE 시스템의 AMR 부호화기를 분석하면 다음과 같다.

첫째, 음성신호를 20ms마다 160 표본으로 표본화(초당 8000번), 표본당 13비트 PCM 부호화하면 압축전 전송속도는 104kbps가 된다. 둘째, 음성 신호를 분석하여 유성음, 무성음, 잡음을 표현하는 펄스(Regular Pulse Excitation)로 분리 부호화한다. 셋째 코드북에서 코드 패턴을 추출하여 압축하여 송신한다. 이때 압축 이전 2080비트에 이르는 정보 비트는 전송속도로 압축된다.

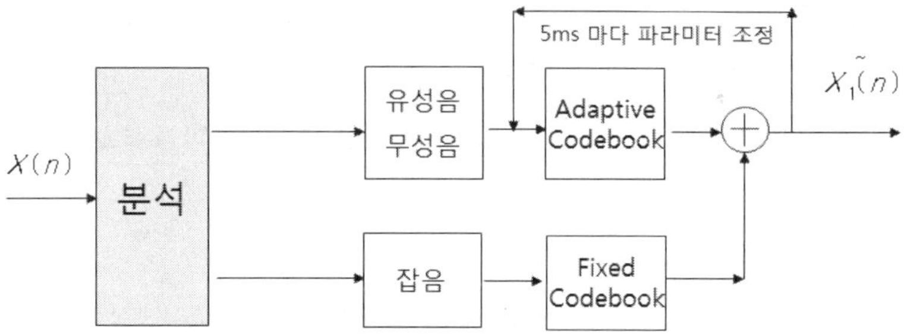

〈그림 13-15〉 AMR 부호화기의 개념

LTE 시스템의 AMR 부호화기의 전송속도는 다음과 같다.

〈표 13-1〉 LTE 시스템의 AMR 부호회기의 전송속도

Codec mode	프레임(20ms)당 비트수	Source codec bit-rate
AMR_12.20	244	12.20 kbps (GSM EFR)
AMR_10.20	204	10.20 kbps
AMR_7.95	159	7.95 kbps
AMR_7.40	148	7.40 kbps (IS-641)
AMR_6.70	134	6.70 kbps (PDC-EFR)
AMR_5.90	118	5.90 kbps
AMR_5.15	103	5.15 kbps
AMR_4.75	95	4.75 kbps
AMR_SID	연속	1.80 kbps

※ SID : Silence Descriptor)

제4절 영상 부호화

1. 영상 부호화의 원리

한 개의 최소 영상정보 단위를 화소(픽셀 : Pixel)라고 하며 화소 단위로 빛의 세기를 양자화하여 부호로 표현하는 것이 영상정보의 부호화 방법이다. TV 또는 컴퓨터의 모니터를 좌에서 우로 위에서 아래로 스캐닝하여 빛의 세기를 측정한다. 글자만 있는 책자의 경우 밝은 부분은 1, 어두운 부분은 0이 되며, 흑백 사진의 경우 그레이 색의 레벨을 256레벨로 할 경우 1개의 픽셀을 8 비트로 표현한다. 또한 컬러 사진의 경우 R(red), G(green), B(blue) 각각에 대해 256레벨로 할 경우 1개 픽셀은 8×3=24비트로 표현하게 된다. 예를 들어 영상을 5×7=35픽셀의 모니터로 표현하는 경우 1프레임의 흑백영상은 35비트, 1프레임의 그레이 영상은 5×7×8=280비트, 1프레임의 컬러영상은 840비트가 필요해지고, 동영상을 위해 1초당 16프레임으로 정보를 보내려면 각각 560비트, 4480비트, 13440비트가 요구된다.

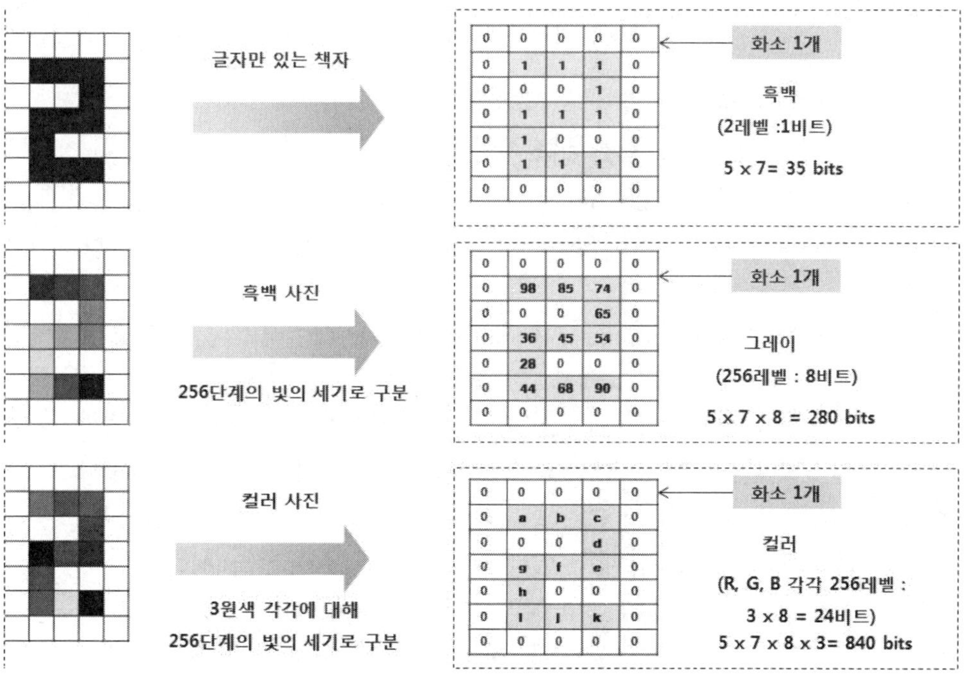

〈그림 13-16〉 영상 부호화의 개념

2. 팩스 부호화

(1) 개요

팩스는 문자, 도면, 사진 등의 정지화면을 화소 단위로 분해하여 양자화 및 부호화를 통해 빛의 세기를 전기 신호로 바꾸어 전송하고 수신 측에서 전기 신호를 받아 원래의 신호를 복원하는 통신 방식이다. 팩시밀리는 ITU-T에서 아날로그 전화회선을 이용한 G1, G2, G3와 ISDN을 이용한 G4 방식 등 4가지 방식으로 이루어졌으나 G1, G2는 잘 이용되지 않으며 9.6kbps인 G3 방식이 가장 널리 이용된다. ITU-T에서는 1980년 G3 팩시밀리 신호를 표준화하여(T.4), 9.6kbps 전송속도로 데이터를 전송하도록 표준화하였다. G3 표준은 Modified READ(MR)/Modified Huffman(MH) 방식의 압축 방식을 사용하는데 Modified Read 방식은 Modified Huffman 방식에 의해 1line을 압축한 후 다음 일정 개수의 라인은 이전 라인과 비교하여 차이만을 부호화하는 방식이다. ITU-T에서는 1988년 G4 팩시밀리 신호를 표준화하여(T.6), 64kbps 전송속도로 데이터를 전송하도록 표준화하였다. G4 표준은 Modified Modified READ(MMR) 방식의 압축 방식을 사용하는데 MMR 방식은 MR 방식의 비교 라인 수를 더욱 길게 늘리는 방식이다.

(2) 팩스의 전송

1) ITU-T의 팩스 전송 기준

- 용지 크기 : 20.7cm×29.2cm
- 해상도 : 1188화소/1줄, 1728line/문서, 2,052,864화소/문서(고화질은 2376화소/1줄)
- Run Length Code : 연속적인 동일한 데이터의 압축 부호화
  - 연속 화소 수 : 1~1728까지 정의
  - 연속 화소 수 64 : 흰색 11011, 검은색 0000001111
  - 연속 화소 수 1728 : 흰색 010011011, 검은색 0000001100101

2) 압축 코딩 없이 백지 상태의 A4 1장을 전송하는 시간

- 팩시밀리(G3)의 표준 전송속도는 9600bps
- 압축 없이 전송 : 2,052,864/9600 = 214초(3분 34초)
- 압축하여 전송 : 2,052,864/1728 * 9 = 10,692/9600 = 약 1.2초

3. 정지영상 부호화

1986년 ISO/IEC JTC1/SC2와 ITU-T는 함께 JPEG(Joint Photographic Coding Expert Group)을 결성하였다. 1992년 JPEG은 정지영상 부호화를 표준화(ITU-T T.81, ISO/IEC 10918)하였는데 ADCT(Adaptive Discrete Cosine Transform) 압축방식을 적용하여 디지털카메라, 영상 데이터 저장, 오디오 그래픽 회의, 컬러 프린터 등에 다양하게 응용되고 있다. JPEG은 의료 정보와 같이 데이터 손실을 허용하지 않는 무손실 부호화 방식과 단순한 이미지 저장 같이 일정 기준의 데이터 손실을 허용하는 손실 부호화 방식이 있다. JPEG의 컬러 압축율은 약 1/5에서 1/30 정도이다.

4. 영상 부호화

1982년 ITU-T에서 방송 TV 신호의 디지털 표준화(ITU-R Rec. 601)는 미국, 한국 등의 NTSC 방식의 경우 주사선 525라인/필드 주파수 60Hz이고, 유럽 등의 PAL/SECAM 방식의 경우 주사선수 625라인/필드 주파수 50Hz이다. 이 표준은 압축 부호화 방식이 없어 데이터 전송율이 215Mbps에 이르러 그대로 영상 전송에는 사용하지 않고 디지털 VTR 등에 이용된다. 1990년 ITU-T에서 p×64kbps 영상부호화 표준화(H.261) 방식을 제정하여 ISDN 영상회의 및 전화 등에 적용하였다. 이 방식은 움직임 보상(Motion Compression)과 이상 코사인 변환(DCT) 압축방식을 적용하였다. 1993년 ISO/IEC JTC 1/SC 2의 MPEG(Motion Picture Expert Group) 이 영상저장을 위한 미디어를 표준화하여 MPEG-1로 명명하였고 약 1.5Mbps로 데이터를 전송하도록 하였는데 일반적으로 비디오 CD로 불리었다. 1994년 ITU-T/MPEG에서 디지털 방송용 영상 표준화가 이루어졌는데 MPEG-2/H.262라고 명명하였으며 약 3Mbps로 데이터를 전송하도록 하였다. 주로 ATM/CATV/위성/지상파방송/VoD/DVD 비디오 등이 이용된다. 1998년 MPEG에서 이동통신을 고려한 저속의 영상압축 기술을 표준화하여 MPEG 4로 명명하였으며 약 4.8~64kbps로 데이터를 전송하도록 하였다. 주로 이동통신 영상전화에 이용되고 있다. 2000년 MPEG에서 멀티미디어 저장을 위한 표준화를 완성하였다.

5. 멀티미디어/하이퍼미디어 부호화

영상전화 및 영상회의에서 영상과 음성 신호가 함께 전송되므로 음성, 영상 등 압축된 미디어 간 동기를 포함한 상호 관계의 표준화가 필요해졌다. 멀티미디어의 상호 정보에 관련된 기술을 하이퍼미디어(Hypermedia)라고 하는데, 1988년 ISO/IEC에 MHEG(multimedia and Hypermedia Information Coding Expert Crop)이 결성되었고 1994년 하이퍼미디어 표준(MHEG)이 제정되었다. MHEG은 전자 신문, 주문형 비디오(VoD), 원격의료시스템, 전자회의 시스템 등에 이용된다.

제5절 이동통신의 응용

1. 이동통신 시스템에서 이용되는 음성 부호화 방식

혼합 부호화 방식은 파형 부호화 방식과 음원 부호화 방식을 혼합한 방식으로 음원 부호화 방식을 기본으로 하고 실제 음원과 합성된 신호의 차이를 파형 부호화 방식으로 보완한 것이다. 이와 같은 방식은 가능한 음성의 품질을 유지하면서 가능한 적은 디지털 데이터를 보내기 위한 것이다. 일반적으로 혼합부호화 방식은 완전한 음질을 보장하는 64kbps와 음의 뜻만을 구분하는 2kbps 전송속도 사이에서 결정되는데 약 7~13 kbps 전송속도를 제공하면 누구의 목소리인지 구분할 수 있다.

현재 음성부호화 방식으로는 WCDMA에서 이용된 AMR 코덱이 LTE에서도 이용되면서 가장 많이 이용되고 있다. 혼합 방식의 음성 부호화 방식의 종류는 〈표 13-2〉와 같다.

〈표 13-2〉 음성 부호화의 종류

음성 부호화 방식	전송속도	표준	적용시스템 (개발)	MOS	년도
CELP (Code Excited Linear Prediction)	4.8 kbps		MPEG4 Audio		1985
RPE-LTP (Residual Pulse Excited – Linear Predictive Coding)	13 kbps	GSM	GSM Full rate 음성	3.54	1994
VSELP (Vector Sum Exited Linear Prediction)	6.5 kbps	GSM	GSM Half rate 음성	3.54	1989
VSELP	8 kbps	IS-54/ IS-136	미국 TDMA (모토롤라)	3.5	1989
QCELP 8 (Qualcomm CELP)	~8 kbps	IS-96A	cdma2000 (퀄컴)	3.45	1994
QCELP13	~13 kbps	IS-96A	cdma2000 (퀄컴)	4.01	1994
EVRC (Enhanced Variable Rate Coder)	~ 8 kbps	IS-127	cdma2000 (퀄컴)	3.72	1995
EFR (Enhanced Full rate)	12.2 kbps	GSM	GSM Enhanced Full rate	4.01	1995
AMR (Adaptive Multi Rate) (4.75~12.2kbps에서 8단계)	4.75 kbps 7.95 kbps 12.2 kbps	3GPP	WCDMA, LTE LTE-Advanced	3.5 3.9 4.01	1998

2. 이동통신 시스템에서 이용되는 영상 부호화 방식

영상 부호화 방식은 회선방식 영상전화에서 이용되는 ITU-T H.263 표준과 패킷방식 영상전화에서 이용되는 ITU-T H.261이 있다. 두 개의 표준 IMT-2000, IMT-Advanced 시스템에서 모두 이용되고 있다. 영상 부호화 방식의 종류는 〈표 13-3〉과 같다.

〈표 13-3〉 영상 부호화의 종류

영상 부호화 방식	코덱	적 용	표준	적용시스템
ITU-T Rec. H.324	H.261	유선통신 회선방식 영상전화	ITU	유선 시스템
ITU-T Rec. H.324M	H.263 또는 MPEG4	이동통신 회선방식 영상전화	ITU	IMT-2000/ IMT-Advanced
ITU-T Rec. H.323	H.261 또는 H.263	이동통신 패킷방식 영상전화	ITU	IMT-2000/ IMT-Advanced
IETF SIP	H.261, H.263, H.263+, MobiVideo	이동통신 패킷방식 영상전화	IETF	IMT-2000/ IMT-Advanced

연습문제

01 원천 부호화의 기본 개념을 설명하시오.

02 차등 펄스부호변조의 종류에는 어떤 것이 있는가?

03 아날로그 신호를 디지털 신호로 변경할 때 샘플당 모든 신호의 크기를 PCM으로 하지 않고 이전 신호와 비교하여 클 경우 1비트 크기를 증가하고 작을 경우 1비트 크기를 감소하는 차등펄스변조 부호화 방식은가?

04 델타변조 방식을 사용할 때 표본수에 대해 신호의 오차와 전송 데이터양과의 관계를 설명하시오.

05 급격히 변화는 정보 신호에 대해 샘플당 1비트씩 전송하되 신호 변화에 따라 1비트의 크기를 변화하는 원천 부호화 방식은 무엇인가?

06 아날로그 신호를 디지털 신호로 변경할 때 샘플당 모든 신호의 크기를 PCM으로 하지 않고 이전 신호와 비교하여 일부 신호만을 PCM함으로써 PCM 레벨을 줄여 샘플당 비트 수를 줄이는 방법은 무엇인가?

07 ADPCM에 대해 설명하시오.

08 블록 부호화 방식의 개념은 무엇인가?

09 블록 부호화의 종류는 어떤 것이 있는가?

10 엔트로피 부호화 방식에 대해 설명하시오.

11 팩스에서 이용하는 원천 부호화 방식은 무엇인가?

12 위성에서 사용되는 음성부호화 방식은 무엇인가?

13 MPEG1 Audio layer3(128 kbps) 방식의 음성부호화 방식을 이용하여 서비스하는 오디오 제품은 무엇인가?

14 5.1 채널 오디오 제품에 사용되는 음성 부호화 방식은 무엇인가?

15 음성을 부호화하는 방식 3가지를 나열하시오.

16 음성 부호화기를 간단히 무엇이라 부르는가?

17 음원 부호화에 대해 설명하시오.

18 아날로그 정보신호의 주파수 대역폭(4kHz)을 20개의 필터로 나누고 각 필터를 통과한 신호를 초당 40회 샘플링한 후 샘플당 3비트씩 디지털 신호로 변환하면 디지털 데이터 전송속도는 얼마인가?

19 혼합 부호화 방식에 대해 설명하시오.

20 혼합 부호화 방식의 예를 나열하시오.

21 최소 영상정보의 단위를 무엇이라 하는가?

22 1개 화소의 빛의 세기를 128레벨로 구분할 경우 화소 1개 당 몇 비트가 필요한가?

23 모니터의 화소가 100개일 때 각 화소의 레벨이 1024레벨로 나타내는 컬러 사진의 데이터양은 얼마인가?

24 모니터의 화소가 100개일 때 각 화소의 레벨이 1024레벨로 나타내는 컬러 영상을 1초당 20프레임으로 전송하면 전송데이터 속도는 얼마인가?

25 G3 팩시밀리의 전송속도는 얼마인가?

26 G3 팩시밀리에서 사용하는 원천부호화 방식은 무엇인가?

27 정지영상 정보신호 압축 방법인 JPEG의 압축율은 얼마인가?

28 영상 부호화 방식으로 DVD에 사용되는 압축 방식은?

29 WCDMA, LTE 이동통신 시스템에 사용되는 음성 부호화 방식은 무엇인가?

30 이동통신 회선방식 영상전화에 사용되는 영상 부호화 방식은 무엇인가?

31 이동통신 패킷방식 영상전화에 사용되는 영상 부호화 방식은 무엇인가?

매트랩 실습

매트랩 실습은 다음과 같은 순서로 진행한다.

1. 실습과제의 목적과 내용을 이해한다.
2. 매트랩 프로그램의 명령어를 학습하여 프로그램을 이해한다.
3. 매트랩 프로그램의 편집 창을 이용하여 프로그램을 작성한다.
4. 매트랩 프로그램의 실행결과를 확인한다.
5. 실습과제에서 요구하는 파라미터 변화에 따른 결과를 분석한다.
6. 결과분석 자료를 정리하여 발표하고 토론한다.

1. 이동통신 원천부호화기 구현

1.1 실습 목적

디지털 신호의 데이터를 압축하는 원천부호화 과정을 이해한다.

1.2 실습 과제

원천부호화 과정을 이해하기 위해 DM, ADM, DPCM, ADPCM, 허프만 코딩 방식을 이용한 원천부호화 방식을 실습한다.

1.3 실습 예제

예제 4.13.1 델타변조(DM : Delta Modulation)

토의 내용

다음 2개 신호의 델타 변조 결과 그래프를 분석하고 차이에 대해 토론한다.
(1) y = sin(x) ; 완만하게 변하는 신호
(2) y = 2.*cos(pi/2+x).^2 - sin(x); % 급격하게 변하는 신호

```
%% mc4131_DM.m

%%  델타변조(DM)

clear all % 워크스패이스 초기화
close all % 모든 창 종료
clc % 입력창 초기화

ds = 0.01; % 최소 시간 단위
dV = 0.2; % 펄스 스텝크기
Ts = 0.2; % 샘플링 주기(초/샘플)

x = 0:ds:2*pi; % 시간 변수
% y = sin(x);  % 완만하게 변하는 신호
y =  2.*cos(pi/2+x).^2 - sin(x); % 급격하게 변하는 신호

%% 샘플링
x_sampling = 0:Ts:2*pi; % 샘플링 할 시간
y_sampling = zeros(length(x),1); % 샘플링 된 신호
y_sampling(1) = y(1);
temp = y(1);
for ii = 2:length(x)
    if rem(x(ii),Ts) == 0
        if y(ii) > temp
            temp = temp + dV;
        else
            temp = temp - dV;
        end
    end
    y_sampling(ii) = temp;
end

%% DM변조
y_DM = zeros(length(x_sampling),1); % DM변조 된 신호
y_DM(1) = 0;
temp = 1;
for ii = 2:length(x)
    if y_sampling(ii) > y_sampling(ii-1)
        y_DM(temp) = 1;
        temp = temp + 1;
```

```
    elseif y_sampling(ii) < y_sampling(ii-1)
        y_DM(temp) = 0;
        temp = temp + 1;
    end
end

%% --- 그림 창의 번호 매기기 ---

figure()

% 그래프 그리기

subplot(2,1,1)
plot(x,y,'-','linewidth',2, 'Color',[0 0.5 1]), hold on
plot(x, y_sampling,'-','linewidth',2, 'Color',[1 0.2 0])
grid on
AX2 = gca;
set(AX2, 'xlim', [0 2*pi], 'ylim',[-1.2 4], 'fontsize', 12);
title('델타변조','fontsize', 12)
xlabel('Continuous time')
ylabel('Signal')
legend('Input signal', 'Quantized signal','Location','best')

subplot(2,1,2)
stem(x_sampling,y_DM,'-','linewidth',2, 'Color',[0 0.7 0])
grid on
AX2 = gca;
set(AX2, 'xlim', [0 2*pi],'ylim',[0 4], 'fontsize', 12);
% set(AX2, 'ylim', [0 3.0], 'fontsize', 12);
legend('Modulated signal','Location','best')
title('델타변조 후 얻어진 코드','fontsize', 12)
xlabel('Discrete time')
ylabel('Bit')

% blue [0 0.5 1]
% red [1 0.2 0]
% green [0 0.7 0]
% orage [1 0.5 0.2]

print -dpmg fig4131
```

예제 4.13.2 적응델타변조(ADM : Adaptive Delta Modulation)

토의 내용

송신신호가 $y = 2\cos^2(\pi/2 + x) + \sin x$ 함수일 때 델타변조와 적응 델타 변조 결과를 분석하고 차이를 토론한다.

```
%% mc4132_ADM.m

%    적응 델타변조(ADM)

clear all % 워크스패이스 초기화
close all % 모든 창 종료
clc % 입력창 초기화

%    신호의 변화에 적응하여, 미리 결정된 규칙에 따라
%    펄스 스탭크기를 조정한다.

ds = 0.001; % 최소 시간 단위
Ts = 0.2; % 샘플링 주기(초/샘플)

x = 0:ds:2*pi; % 시간 변수
%y = sin(x);
y =  2.*cos(pi/2+x).^2 - sin(x); % 시간에 따른 임의의 신호

%%  비교를 위한 일반 델타 변조

dV = 0.2; % 펄스 스탭크기

% 샘플링
y_sampling = zeros(length(x),1); % 샘플링 된 신호
y_sampling(1) = y(1);
temp = y(1);
for ii = 2:length(x)
    if rem(x(ii),Ts) == 0
        if y(ii) > temp
            temp = temp + dV;
        else
            temp = temp - dV;
        end
    end
```

```
    y_sampling(ii) = temp;
end

%% 적응 델타 변조

dV = linspace(0.05,1,10); % 열개의 펄스 스탭 크기

% 샘플링
y_sampling2 = zeros(length(x),1); % 샘플링 된 신호
y_sampling2(1) = y(1);
temp2 = y(1);
idx = 2;
Inc = 0;
Dec = 0;
for ii = 2:length(x)
    if rem(x(ii),Ts) == 0
        if y(ii) > temp2
            temp2 = temp2 + dV(idx);
            Inc = Inc + 1;
        else
            temp2 = temp2 - dV(idx);
            Dec = Dec + 1;
        end

        if Inc+Dec == 4

            if Inc == Dec % 펄스가 진동할 경우 스탭크기 감소
                idx = idx - 1;
                if idx == 0
                    idx = 1;
                end
            else % 펄스가 계속 증가할 경우 스탭크기 증가
                idx = idx + 1;
                if idx == 11
                    idx = 10;
                end
            end

            Inc = 0;
            Dec = 0;

        end
    end
```

```
    y_sampling2(ii) = temp2;
end

%% --- 그림 창의 번호 매기기 ---
figure()

% 그래프 그리기
subplot(2,1,1)
plot(x,y,'-','linewidth',2, 'Color',[0 0.5 1]), hold on
plot(x, y_sampling,'-','linewidth',2, 'Color',[1 0.2 0])
grid on
AX2 = gca;
set(AX2, 'xlim', [0 2*pi], 'fontsize', 12);
title('델타변조','fontsize', 12)
xlabel('time')
ylabel('Signal')
legend('Input signal', 'Quantized signal','Location','best')

subplot(2,1,2)
plot(x,y,'-','linewidth',2, 'Color',[0 0.5 1]), hold on
plot(x, y_sampling2,'-','linewidth',2, 'Color',[1 0.2 0])
grid on
AX2 = gca;
set(AX2, 'xlim', [0 2*pi], 'fontsize', 12);
title('적응 델타변조: dV의 값이 상황에 따라 변한다.','fontsize', 12)
xlabel('time')
ylabel('Signal')
legend('Input signal', 'Quantized signal','Location','best')

% blue [0 0.5 1]
% red [1 0.2 0]
% green [0 0.7 0]

print  -dpmg   fig4132
```

예제 4.13.3 차등 펄스코드변조(DPCM : Differential PCM)

토의 내용

송신신호가 $y=2\cos^2(\pi/2+x)+\sin x$ 함수일 때 PCM 비트수와 DPCM 비트수를 변경하며 변화를 분석하고 차이를 토론한다.

```
%% mc4133_DPCM

%%    차등펄스부호변조(DPCM)

clear all % 워크스페이스 초기화
close all % 모든 창 종료
clc % 입력창 초기화

ds = 0.001; % 최소 시간 단위
Ts = 0.2; % 샘플링 주기(초/샘플)

x = 0:ds:2*pi; % 시간 변수
y = sin(x);
%y =  2.*cos(pi/2+x).^2 - sin(x); % 시간에 따른 임의의 신호

%% --- 표본화 및 양자화 변수 설정 --- %
m = 3;       % m 비트
M = 2^m;     % M 단계

K = 7;       % 예측할 샘플수
n = 2;       % n 비트
N = 2^n;     % N 단계

% 샘플링
x_sampling = 0:Ts:2*pi;
y_sampling = sin(x_sampling); % 샘플링 된 신호
% y_sampling =  2.*cos(pi/2+x_sampling).^2 - sin(x_sampling);

% 양자화
dV = 1/4.*(max(y_sampling)-min(y_sampling));
Quant_table1 = linspace(min(y_sampling), max(y_sampling), M); % 실제 신호 양자화
Quant_table2 = linspace(-dV, dV, N); % 예측신호 양자화
```

```
y_quant = zeros(length(x_sampling),1);
y_quant_lev = zeros(length(x_sampling),1);
for ii = 1:length(x_sampling)
    if rem(ii-1, 1+K) == 0
        [val idx] = min(abs(Quant_table1 - y_sampling(ii)));
        y_quant(ii) = Quant_table1(idx);
        y_quant_lev(ii) = idx;
    else
        [val idx] = min(abs(Quant_table2 - (y_sampling(ii)-y_quant(ii-1))));
        y_quant(ii) = y_quant(ii-1) + Quant_table2(idx);
        y_quant_lev(ii) = idx;
    end
end

y_DPCM = zeros(length(x_sampling),1);
for ii = 1:length(x_sampling)

   if rem(ii-1, 1+K) == 0
       y_DPCM(ii) = y_quant(ii);
       y_DPCM_lev(ii) = y_quant_lev(ii);
   else
       y_DPCM(ii) = y_quant(ii)-y_quant(ii-1);
       y_DPCM_lev(ii) = y_quant_lev(ii)-y_quant_lev(ii-1);
   end
end

%% --- 그림 창의 번호 매기기 ---

figure()

%% 그래프 그리기

subplot(2,1,1)
plot(x,y,'-','linewidth',2, 'Color',[0 0.5 1]), hold on
plot(x_sampling, y_quant,'o','linewidth',2, 'Color',[0 0.7 0])
plot(x_sampling(1:8:length(x_sampling)),            y_quant(1:8:length(x_sampling)),'o',
'linewidth',2, 'Color',[1 0.2 0])
grid on
AX2 = gca;
set(AX2, 'xlim', [0 2*pi], 'fontsize', 12);
```

```
title('차등펄스부호변조(DPCM)','fontsize', 12)
xlabel('time')
ylabel('Signal')
legend('Input signal', 'Predicted signal', 'PCM - quantized signal','Location','best')

subplot(2,1,2)
stem(x_sampling, y_quant_lev,'o','linewidth',2, 'Color',[0 0.7 0]), hold on
stem(x_sampling(1:8:length(x_sampling)),
y_quant_lev(1:8:length(x_sampling)),'o','linewidth',2, 'Color',[1 0.2 0])
grid on
AX2 = gca;
set(AX2, 'xlim', [0 2*pi], 'fontsize', 12);
title('DPCM 후 얻어진 코드','fontsize', 12)
xlabel('time')
ylabel('Decimal')
legend('Predicted level', 'PCM - quantized level','Location','best')
%
% % blue [0 0.5 1]
% % red [1 0.2 0]
% % green [0 0.7 0]

print -dpmg fig4133
```

예제 4.13.4 ADPCM(Adaptive DPCM)

토의 내용

송신신호가 $y = 2\cos^2(\pi/2 + x) + \sin x$ 함수일 때 DPCM과 ADPCM 결과를 분석하고 차이를 토론한다.

```
%% mc4134_ADPCM.m

%%  적응차등펄스부호변조(ADPCM)

clear all % 워크스패이스 초기화
close all % 모든 창 종료
clc % 입력창 초기화

ds = 0.001; % 최소 시간 단위
Ts = 0.2; % 샘플링 주기(초/샘플)
```

```
x = 0:ds:2*pi; % 시간 변수
y =  2.*cos(pi/2+x).^2 - sin(x); % 시간에 따른 임의의 신호

% --- 표본화 및 양자화 변수 설정 --- %
m = 3;      % m 비트
M = 2^m;     % M 단계

K = 7;      % 예측할 샘플수
n = 2;      % n 비트
N = 2^n;     % N 단계

% 샘플링
x_sampling = 0:Ts:2*pi;
y_sampling =  2.*cos(pi/2+x_sampling).^2 - sin(x_sampling);

%% 양자화 - DPCM
dV = 1/4.*(max(y_sampling)-min(y_sampling));
Quant_table1 = linspace(min(y_sampling), max(y_sampling), M); % 실제 신호 양자화
Quant_table2 = linspace(-dV, dV, N); % 예측신호 양자화
y_quant = zeros(length(x_sampling),1);
y_quant_lev = zeros(length(x_sampling),1);
for ii = 1:length(x_sampling)
    if rem(ii-1, 1+K) == 0
        [val idx] = min(abs(Quant_table1 - y_sampling(ii)));
        y_quant(ii) = Quant_table1(idx);
        y_quant_lev(ii) = idx;
    else
        [val idx] = min(abs(Quant_table2 - (y_sampling(ii)-y_quant(ii-1))));
        y_quant(ii) = y_quant(ii-1) + Quant_table2(idx);
        y_quant_lev(ii) = idx;
    end
end

%% 양자화 - ADPCM
dV = 1/4.*(max(y_sampling)-min(y_sampling));
Quant_table1 = linspace(min(y_sampling), max(y_sampling), M); % 실제 신호 양
자화
Quant_table2 = linspace(-dV, dV, N); % 예측신호 양자화
y2_quant = zeros(length(x_sampling),1);
y2_quant_lev = zeros(length(x_sampling),1);
```

```
for ii = 1:length(x_sampling)
%      if rem(ii-1, 1+K) == 0
         [val idx] = min(abs(Quant_table1 - y_sampling(ii)));
         y2_quant(ii) = Quant_table1(idx);
         y2_quant_lev(ii) = idx;
%      end
end

for ii = 1:length(x_sampling)
    if rem(ii-1, 1+K) == 0
        if ii+K+1 > length(x_sampling)
            temp = length(x_sampling);
        else
            temp = ii + K + 1;
        end

        dV = y_sampling(temp) - y_sampling(ii);
        Quant_table2 = linspace(0, 1/4*dV, N);

    else
        [val idx] = min(abs(Quant_table2 - (y_sampling(ii)-y2_quant(ii-1))));
        y2_quant(ii) = y2_quant(ii-1) + Quant_table2(idx);
        y2_quant_lev(ii) = idx;
    end
end

%% --- 그림 창의 번호 매기기 ---
figure(725)

%% 그래프 그리기
subplot(2,1,1)
plot(x,y,'-','linewidth',2, 'Color',[0 0.5 1]), hold on
plot(x_sampling, y_quant,'o','linewidth',2, 'Color',[0 0.7 0])
plot(x_sampling(1:8:length(x_sampling)),
y_quant(1:8:length(x_sampling)),'o','linewidth',2, 'Color',[1 0.2 0])
grid on
AX2 = gca;
set(AX2, 'xlim', [0 2*pi], 'fontsize', 12);
title('DPCM ','fontsize', 12)
xlabel('time')
ylabel('Signal')
```

```
legend('Input signal', 'Predicted signal', 'PCM - quantized signal','Location','best')
subplot(2,1,2)
plot(x,y,'-','linewidth',2, 'Color',[0 0.5 1]), hold on
plot(x_sampling, y2_quant,'o','linewidth',2, 'Color',[0 0.7 0])
plot(x_sampling(1:8:length(x_sampling)), y2_quant(1:8:length(x_sampling)),'o','linewidth',2,
'Color',[1 0.2 0])
grid on
AX2 = gca;
set(AX2, 'xlim', [0 2*pi], 'fontsize', 12);
title('ADPCM: dV의 값이 상황에 따라 변한다 ','fontsize', 12)
xlabel('time')
ylabel('Signal')
legend('Input signal', 'Predicted signal', 'PCM - quantized signal','Location','best')

% % blue [0 0.5 1]
% % red [1 0.2 0]
% % green [0 0.7 0]

print -dpmg fig4134
```

예제 4.13.5 허프만 부호화(Huffman Coding)

토의 내용

디지털 신호가 랜덤함수로서 압축되는 비트수가 다르므로 반복하여 실행하면서 심볼코딩 분포와 압축되는 결과를 분석하고 차이를 토론한다.

```
%% mc4135_Huffman.m

%% 허프만 코딩

clear all
close all
clc

N = 100;
Nc = 9;

Num = 1:Nc;
Char = char(Num);
```

```
% 유니폼 하지 않은 심볼을 발생
symbol_temp1 = ceil(Nc.*rand(1, N/4));
symbol_temp2 = ceil(Nc/2 + Nc/2.*rand(1, N/4));
symbol_temp3 = ceil(Nc/3 + Nc/3.*rand(1, N/4));
symbol_temp4 = ceil(Nc/4 + Nc/4.*rand(1, N/4));
symbol = [symbol_temp1 , symbol_temp2, symbol_temp3, symbol_temp4];
% symbol_temp1 = randi(Nc, 1, N/2);
% symbol_temp2 = ceil(Nc*2/5) + randi(floor(Nc*3/5), 1, N/2);
% symbol = [symbol_temp1 , symbol_temp2];

Nsymbol = zeros(1,Nc);
for ii = 1:N
    Nsymbol(symbol(ii)) = Nsymbol(symbol(ii)) + 1;
end

% 일반 코딩 기법의 필요 비트 수
CodeLength(1) = ceil(log2(Nc))*N;

% 허프만 코딩 기법의 필요 비트 수
[SortNsymbol SortNum] = sort(Nsymbol, 'descend');
HuffmanCode = char(48*ones(Nc,Nc));
for ii = 1:Nc
    HuffmanCode(ii,:) = char([ 49*ones(1,ii-1), 48, 32*ones(1,Nc-ii)]);
end
CodeLength(2) = sum([1:Nc].*SortNsymbol);

CodeLength

%% --- 그림 창의 번호 매기기 ---
figure()

%% 그래프 그리기

bar(Nsymbol), colormap([0 0.5 1])
grid on
set(gca, 'XTickLabel',char(Num + 64)' , 'fontsize', 12);
set(gca, 'ylim',[0 25], 'fontsize', 12);
title('허프만 코딩: 9 종류의 100 심볼의 코딩','fontsize', 12)
xlabel('심볼')
ylabel('각 심볼의 개수')
for ii = 1:Nc
```

```
    text(ii, 1.3*ii, ['₩fontsize{12}  ₩color[rgb]{1  0.2  0}', HuffmanCode(find(~(SortNum-
ii)),:)],  'BackgroundColor',[.7 .9 .7]  );
end
text(1,24,      ['₩fontsize{12}  ₩color[rgb]{0  0.7  0}',    '일반적  코딩기법:  '  int2st
(CodeLength(1))  ,'  bits'],'BackgroundColor',[0  0  0])
text(1,22.3,  ['₩fontsize{12}  ₩color[rgb]{0  0.7  0}',    '허프만  코딩기법:  '  int2str
(CodeLength(2))  ,'  bits'],'BackgroundColor',[0  0  0])

print  -dpmg  fig4135
```

제14장

채널 부호화와 복호화

제1절 개요

1. 기본 개념

채널부호화의 개념은 정보 데이터에 추가적으로 에러 체크를 위한 비트(패리티 비트)를 삽입하여 에러를 찾고 정정하는 것이다. 〈그림 14-1〉과 같이 원천 부호화 방식에 의해 정보 데이터가 줄어들지만 채널 부호화에 의해 다시 늘어난다. 이것을 요약하면 "전송데이터 = 정보데이터 + 패리티비트"로 나타낼 수 있다.

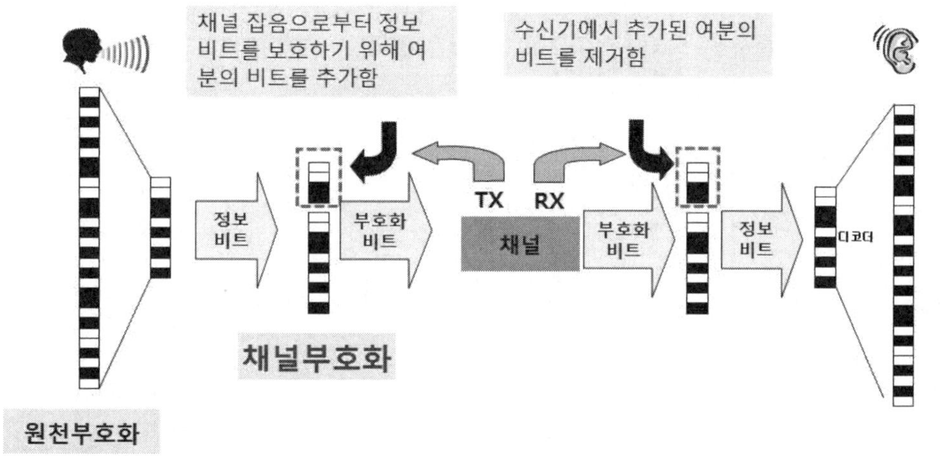

〈그림 14-1〉 채널 부호화의 개념

2. 에러 처리 방법

(1) 기지국과 단말기 사이에서 에러 발생시 단말기가 직접 에러 정정하는 방법

이동통신에서 음성과 같은 실시간 서비스인 경우 물리계층에서 에러검출 및 정정을 수행한다. 에러 정정을 수행하는 채널 부호화를 전방에러정정(Forward Error Control)이라고 한다.

(2) 기지국과 단말기 사이에서 에러 발생시 재전송 요구하는 방법

이동통신에서 비실시간서비스인 고속데이터가 이루어지면서 데이터링크에서 에러 검출 확인 후 재전송 요청을 수행한다. 에러 검출만을 확인하고 재전송을 요청하는 ARQ 방식(Automatic Repeat Request)은 LTE에서 HARQ(Hybrid ARQ)방식으로 응용되어 활용된다.

(3) 이동통신 시스템의 활용 예

1) cdma2000 : 기지국에서 단말기로 데이터를 송신할 때

[8.6kbps(정보 데이터) + 1kbps(CRC)] × (컨볼루션 코드 1/2) = 19.2kbps

2) LTE/LTE-Advanced : 기지국에서 단말기로 데이터를 송신할 때

[최대 6144비트 가변길이 전송 블록(정보 데이터) + 64비트(CRC)] × (터보 코드 1/3)

※ 채널 부호화를 위한 2진 연산과 행렬은 부록 B.4 1~2 참조

3. 채널 부호화의 위치

채널부호화의 위치를 전체 디지털이동통신 시스템에서 나타내면 〈그림 14-2〉와 같다.

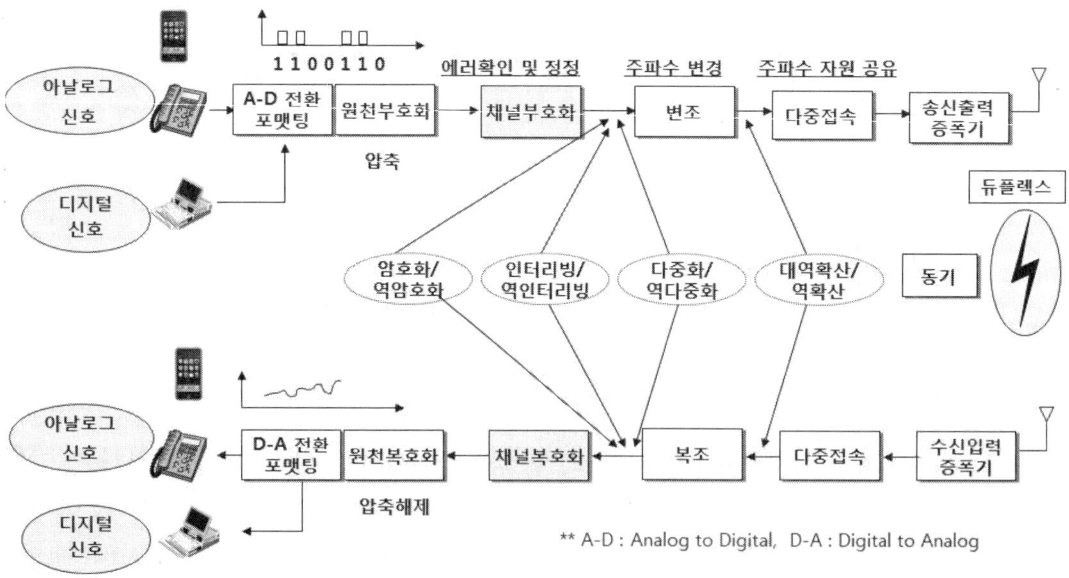

〈그림 14-2〉 채널 부호화의 위치

4. 채널부호화의 종류

(1) 파형 부호화(Wave Coding)

신호를 확인하는데 에러에 덜 영향을 받도록 데이터의 파형을 만드는 것을 파형 부호화라고 한다. 파형 부호화의 예로 M-ary Signaling, antipodal code, 직교코드(하다마드 행렬), 반직교코드 등이 있다.

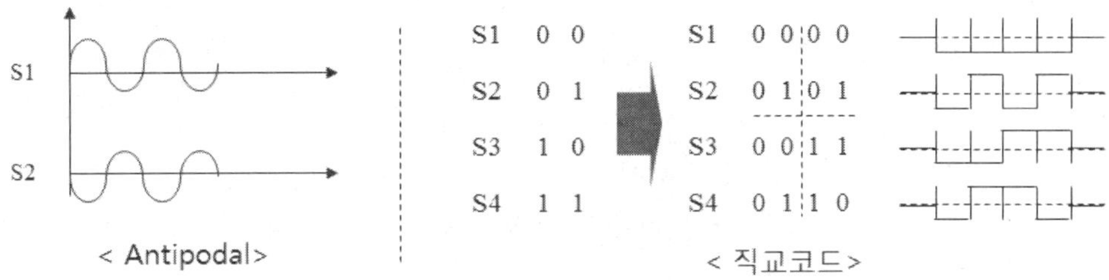

〈그림 14-3〉 파형 부호화의 예

(2) 구조화된 부호열

추가 비트를 이용하여 에러를 검출하고 정정하는 부호열을 만드는 것을 구조화된 부호열이라고 한다. 구조화된 부호열의 종류로는 블록코드와 컨볼루션 코드가 있다.

5. 채널 부호화의 에러 정정 능력

(1) 패리티 비트(Parity Bit)

에러를 찾고 정정하기 위해 정보데이터(k)와 함께 추가적으로 전송하는 비트(p)로 정의된다. Redundant bit, check bit라고도 한다.

(2) 채널 부호화에 따른 에러 검출

채널코딩 방식은 전송비트와 정보비트를 이용하여 다음과 같이 표시한다. (n, k) : k 정보 데이터 + p 패리티 비트 = n 개의 전송데이터 코드. 여기서 k는 정보 데이터 비트 수, n은 전송 데이터 비트 수 (정보 데이터 비트 수 + 패리티 비트수)를 의미한다.

K비트는 2^k의 정보만을 가지고 n비트가 이루는 2^n의 정보 가운데 2^k만이 참값이므로 $2^n - 2^k$은 에러가 발생한 것이다. 따라서 에러 검출율(R_{ed})은 패리티 비트수가 많을수록 에러 검출 능력이 높아진다.

$$R_{ed} = \frac{2^n - 2^k}{2^n} \qquad \text{(식 14-1)}$$

(3) 코드 레이트(Code Rate)

$$R = \frac{k}{n} \qquad \text{(식 14-2)}$$

여기서 k는 정보 데이터의 비트수, n은 전송데이터의 비트수로서 정보 데이터 비트와 패리티 비트(에러체크를 위한 비트수)를 합한 비트 수이다. 디지털 이동통신은 초기 IMT-2000까지는 1/2 또는 1/3 정도의 코딩율을 이용하였는데 전파환경이 우수하면 고속데이터 통신이 가능하도록 5/6 등의 높은 코딩율을 사용하게 되었다.

(4) 코딩 이득(Coding Gain)

채널 코딩함으로써 동일한 에러 확률을 유지하는 전력의 감소 이득(dB)으로 정의된다.

(5) 해밍 가중치(Hamming weight) : w(U)

전송데이터의 2진 데이터 열에서 1의 개수로 정의된다.

전송데이터 U = [1 0 1 0 1 0 0 1]에서 해밍 가중치 w(U)는 4가 된다.

(6) 해밍 거리(Hamming distance) : d(U, V)

길이가 같은 두 개의 전송데이터 사이에서 값이 다른 데이터의 수로 정의된다. 다음 두 개의 전송데이터 U, V의 해밍 거리 d(U, V)는 3이 된다.

전송데이터 U = [1 0 1 0 1 0 0 1]
전송데이터 V = [1 1 1 0 0 0 0 0]
d = [0 *1* 0 0 *1* 0 0 *1*]

$d(\mathrm{U,V}) = \omega(\mathrm{U+V})$로 산출된다.

(7) 최소 거리(Minimum distance) : $d_{\min}$

전송데이터 집합에서 임의 두 개의 전송데이터 사이에 가장 작은 해밍 거리로 정의된다.

(8) 에러 정정 능력(Error correcting capability) : e_{cc}

1개의 전송데이터에서 정정할 수 있는 에러의 수로 정의된다.

$$e_{cc} = \left\lfloor \frac{d_{\min} - 1}{2} \right\rfloor \qquad \text{(식 14-3)}$$

식의 기호 $\lfloor x \rfloor$는 x를 초과하지 않는 가장 큰 정수를 의미한다.

(9) 에러 검출 능력(Error detecting capability) : e_{dc}

1개의 전송데이터에서 검출할 수 있는 에러의 수로 정의된다.

$$e_{dc} = d_{\min} - 1 \qquad \text{(식 14-4)}$$

(10) FEC의 에러 정정 예

채널부호화를 통해 에러를 찾는 과정은 〈그림 14-4〉와 같다. 즉, 정보 데이터 1 비트가 1이면 1을 다섯 번 반복하여 전송한다. 이때 수신된 데이터 가운데 페이딩 등에 의해 일부 데이터가 깨져 1개 또는 2개가 송신측에서 전송한 정보 데이터와 달라 에러를 확인한다. 한편 변화된 비트보다 변하지 않은 비트가 많으므로 송신측의 정보 데이터를 추정해내어 에러를 정정할 수 있다.

송신측	정보 데이터 (정보 코드)	1	0	0	1	1	
	전송 데이터 (전송 코드) [채널 부호화된 데이터]	11111	00000	00000	11111	11111	
수신측	수신 채널 부호화된 데이터	11100	10001	00010	10011	11111	에러 7개 발생
	수신 정보 데이터	1	0	0	1	1	에러 정정

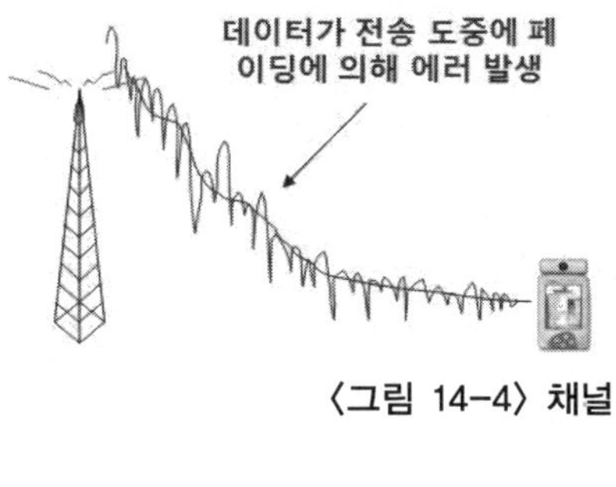

- 정보데이터 : 5 비트
- 패러티 비트 : 20 비트
- 전송데이터 : 25 비트
- (n, k) : (5, 1) 코드
- 코드 레이트 (R) : 1/5
- 해밍 거리 : 5
- 에러 정정 능력 : (5-1)/2 = 2
- 에러 검출 능력 : 5 - 1 = 4

〈그림 14-4〉 채널 부호화의 에러 정정 예

(11) FEC 코드의 종류

블록코드의 종류로는 해밍코드, Extended Golay 코드, BCH(Bose, Chaudhuri, Hocquenghem) 코드, R-S(Reed-Solomon) 코드, LDPC(Low Density Parity Code) 등이 있다. 컨볼루션(Convolution Code) 코드는 채널 부호화 방식으로 컨볼루션 코드

와 컨볼루션 터보 코드(Convolutional Turbo Code) 방식 등이 있으며 복호화에 따라 비터비 디코딩(Viterbi Decoding), 시퀀셜 디코딩(Sequential Decoding), 피드백 디코딩(Feedback Decoding) 등이 있다.

제2절 선형 블록 코드(Linear Block Code)

(1) 기본 개념

1) 블록 코드의 개념

블록 코드는 데이터를 일정한 길이로 잘라 블록을 만들고 블록마다 에러 체크 비트(패리티 비트)를 추가하여 송신하고 수신할 때 에러 체크 비트를 이용하여 에러를 정정하는 방식이다.

2) 선형 블록 코드의 개념

선형 블록 코드는 $(n,\ k)$ 코드에서 2^n의 전송데이터 코드가 만들어질 수 있는데 2^k 정보데이터를 전송데이터 코드로 송신할 때 2^k 전송 데이터의 집합이 2^n 전송 데이터 코드 집합의 부분 집합일 때 선형코드(Linear Code)라고 한다. 전송데이터 코드 집합을 Code Vector라고 하고 각 코드를 Codeword라고 한다.

3) 선형 블록 코드의 예

다음 그림에서 채널 부호화된 전송데이터는 00000~11111 가운데 1개로 선형블록 코드를 형성한다. 이때 패리티 체크 비트를 추가할 때 각 신호가 가능한 서로 비트의 위치가 다르도록 추가하는데 적어도 3개 이상 다르도록 채널 부호화를 수행한다. 1개의 에러가 발생할 경우 가장 유사한 신호를 원래의 데이터로 인식하면 에러를 극복하고 원래의 데이터를 복원한다. 블록 부호화 방식은 버스트 에러 형태의 에러를 정정하는 능력이 뛰어나다.

<table>
<tr><td rowspan="2">송신측</td><td>정보 데이터</td><td>00</td><td>01</td><td>10</td><td>11</td></tr>
<tr><td>전송 데이터
(채널 부호화 데이터)</td><td>00 (000)</td><td>01 (101)</td><td>10 (110)</td><td>11 (011)</td></tr>
<tr><td rowspan="2">수신측</td><td>전송 데이터 수신
(에러 확인)</td><td colspan="4">11111이 수신 될 경우 이 숫자는 에러임</td></tr>
<tr><td>정보 데이터 결정
(에러 정정)</td><td colspan="4">부호화된 신호와 비교하여 11011이 가장 가까운 수임을 확인
따라서 11이 정보 데이터임</td></tr>
</table>

(2) 선형 블록코드의 부호화 및 복호화

1) 선형 블록 코드의 구성

정보데이터 비트 + 패리티 검사 비트 = 전송데이터 비트

2) 선형 블록 코딩(Encoding)을 이용한 전송데이터(T) 생성

$$T = m \cdot G = \begin{bmatrix} m_1 & m_2 & \cdots & m_k \end{bmatrix} \cdot \left[\underbrace{\begin{matrix} p_{(1,1)} & \cdots & \cdots & p_{(1,n-k)} \\ \cdots & \cdots & \cdots & \cdots \\ \cdots & \cdots & \cdots & \cdots \\ p_{(k,1)} & \cdots & \cdots & p_{(k,n-k)} \end{matrix}}_{\mathbf{P}_{k,\,n-k}} \;\vdots\; \underbrace{\begin{matrix} 1 & 0 & \cdots & 0 \\ 0 & 1 & \cdots & 0 \\ & & \cdots & \\ 0 & 0 & \cdots & 1 \end{matrix}}_{\mathbf{I}_k}\right] = m \cdot G_{(k,n)} \quad \text{(식 14-5)}$$

여기서, T : 전송데이터,
m : 정보데이터,
G(Generator Matrix) : 전송데이터 발생 행렬,
P : Parity

3) 선형 블록 코드의 복호화(Decoding)를 이용한 수신데이터의 에러 검사

① 패리티 체크 행렬(H : parity check matrix)

$$G = \begin{bmatrix} P_{k,n-k} & I_k \end{bmatrix} \quad \text{(식 14-6)}$$

$$H = \begin{bmatrix} I_{n-k} & P^T \end{bmatrix} \quad \text{(식 14-7)}$$

$$H^T = \begin{bmatrix} I_{n-k} \\ P \end{bmatrix} \quad \text{(식 14-8)}$$

$$T \cdot H^T = m \cdot G \cdot H^T = m \cdot [P_{k,\,n-k} \; I_k] \cdot \begin{bmatrix} I_{n-k} \\ P_{k,\,n-k} \end{bmatrix} \quad \text{(식 14-9)}$$

$$G \cdot H^T = \begin{bmatrix} p_{1,1} & \cdots & p_{1,n-k} & 1_{1,1} & \cdots & 0 \\ \cdots & \cdots & \cdots & \cdots & \cdots & \cdots \\ p_{k,1} & \cdots & p_{k,n-k} & 0 & \cdots & 1_{k,k} \end{bmatrix} \cdot \begin{bmatrix} 1_{1,1} & \cdots & 0 \\ \cdots & \cdots & \cdots \\ 0 & \cdots & 1_{n-k,n-k} \\ p_{1,1} & \cdots & p_{1,n-k} \\ \cdots & \cdots & \cdots \\ p_{k,1} & \cdots & p_{k,n-k} \end{bmatrix} = \begin{bmatrix} p_{1,1}+p_{1,1} & \cdots & p_{1,n-k}+p_{1,n-k} \\ \cdots & \cdots & \cdots \\ p_{k,1}+p_{k,1} & \cdots & p_{k,n-k}+p_{k,n-k} \end{bmatrix} = 0$$

② 에러 검사(Syndrome Testing)
수신데이터 : $R = T + e$
에러 검사 결과 : s(syndrome)

$$s = R \cdot H^T = (T+e) \cdot H^T = T \cdot H^T + e \cdot H^T = e \cdot H^T \quad \text{(식 14-10)}$$

③ 에러 정정

$$\hat{T} = R + \hat{e} = (T+e) + \hat{e} = T + (e + \hat{e}) \quad \text{(식 14-11)}$$

(3) 선형 블록 코드의 부호화 및 복호화 예

1) (n, k)=(6, 3)인 블록코드를 생성하는 과정

3비트의 정보는 8개의 정보신호를 발생하는데 6개의 전송데이터는 64개의 비트열을 발생한다. 따라서 에러코드 수는 64 - 8 = 56개가 된다.

$$T = m \cdot G = \begin{bmatrix} m_1 & m_2 & m_3 \end{bmatrix} \cdot \begin{bmatrix} 1 & 1 & 0 & 1 & 0 & 0 \\ 0 & 1 & 1 & 0 & 1 & 0 \\ 1 & 0 & 1 & 0 & 0 & 1 \end{bmatrix}$$

$$T_{(6)} = m_{(6)} \cdot G = \begin{bmatrix} 1 & 0 & 1 \end{bmatrix} \cdot \begin{bmatrix} 1 & 1 & 0 & 1 & 0 & 0 \\ 0 & 1 & 1 & 0 & 1 & 0 \\ 1 & 0 & 1 & 0 & 0 & 1 \end{bmatrix} = \begin{bmatrix} 2 & 1 & 1 & 1 & 0 & 1 \end{bmatrix} \Rightarrow \begin{bmatrix} 0 & 1 & 1 & 1 & 0 & 1 \end{bmatrix}$$

(G의 앞 세 열: $\mathbf{P}_{3,3}$, 뒤 세 열: $\mathbf{I}_3$; 결과의 앞 세 비트: $\mathbf{P}_{n-k}$, 뒤 세 비트: $\mathbf{m}_k$)

디지털 데이터로 사용되는 1,0 이외의 값 2가 발생하면 모듈로-2 연산규칙으로 Carry를 처리하지 않고 XOR 연산규칙과 동일하게 0로 처리한다. 패리티 비트는 첫째는 $m_1 \oplus m_3$, 둘째는 $m_1 \oplus m_2$, 셋째는 $m_2 \oplus m_3$로 생성한다.

2) (n, k)=(6, 3)인 블록코드 생성 결과

정보데이터 3비트는 2의 세제곱인 8개의 메시지를 생성한다. 정보데이터 3비트 + 패리티 비트 3비트 = 전송데이터 6비트를 생성한다.

$$
\overbrace{\begin{bmatrix} m_{(1)} \\ m_{(2)} \\ m_{(3)} \\ m_{(4)} \\ m_{(5)} \\ m_{(6)} \\ m_{(7)} \\ m_{(8)} \end{bmatrix}}^{\mathbf{m}_k}
\Rightarrow
\overbrace{\begin{bmatrix} 0 & 0 & 0 \\ 0 & 0 & 1 \\ 0 & 1 & 0 \\ 0 & 1 & 1 \\ 1 & 0 & 0 \\ 1 & 0 & 1 \\ 1 & 1 & 0 \\ 1 & 1 & 1 \end{bmatrix}}^{\mathbf{m}_k:\ m_1\ m_2\ m_3}
\Rightarrow
\overbrace{\begin{bmatrix} 0 & 0 & 0 & 0 & 0 & 0 \\ 1 & 0 & 1 & 0 & 0 & 1 \\ 0 & 1 & 1 & 0 & 1 & 0 \\ 1 & 1 & 0 & 0 & 1 & 1 \\ 1 & 1 & 0 & 1 & 0 & 0 \\ 0 & 1 & 1 & 1 & 0 & 1 \\ 1 & 0 & 1 & 1 & 1 & 0 \\ 0 & 0 & 0 & 1 & 1 & 1 \end{bmatrix}}^{\mathbf{T}_n:\ \mathbf{P}_{n-k}\ (p_1\ p_2\ p_3),\ \mathbf{m}_k\ (m_1\ m_2\ m_3)}
$$

$p_1 = m_1 \oplus m_3$

$p_2 = m_1 \oplus m_2$

$p_3 = m_2 \oplus m_3$

3) (n, k)=(6, 3)인 블록코드의 수신데이터의 에러 검사 및 정보데이터 확인

수신데이터 (0 1 1 1 0 1)를 받았을 때 에러 검사 및 메시지 확인은 다음과 같이 수행한다.

$$S = T \cdot H^T = (0\ \ 1\ \ 1\ \ 1\ \ 0\ \ 1) \cdot H^T$$

$$T \cdot H^T = [0\,1\,1\,1\,0\,1] \cdot \begin{bmatrix} 1 & 0 & 0 \\ 0 & 1 & 0 \\ 0 & 0 & 1 \\ 1 & 1 & 0 \\ 0 & 1 & 1 \\ 1 & 0 & 1 \end{bmatrix} = [0\ 0\ 0]$$

에러 검사 결과 s가 0가 되면 메시지 (0 1 1 1 0 1)는 에러가 없다. 따라서 송신 전송데이터 표에서 전송데이터에 해당하는 메시지 (1 0 1)을 확인함으로써 정보데이터가 (1 0 1)임을 확인한다.

2. 순환 중복 검사(Cyclic Redundancy Check) 코드

(1) 기본 개념

1) CRC 코드의 개념

CRC코드는 선형 블록 코드의 한 종류로서 코드 생성이 피드백 시프트 레지스터를 이용하여 쉽게 만들어지며, 비슷한 피드백 시프트 레지스터를 이용함으로써 에러검사 결과가 쉽게 이루어진다.

2) Cyclic Code의 정의

(n, k) 코드 $T_c = (t_0, t_1, t_2, \ldots, t_{n-1})$가 선형코드집합 C의 코드라고 할 때 T_c 코드가 1자리씩 오른쪽으로 이동하고 가장 오른쪽의 데이터가 첫 번째 데이터로 이동하여 이루어진 새로운 코드 $T^{(1)}{}_c = (t_{n-1}, t_0, t_1, \ldots t_{n-2})$가 또한 선형코드집합 C의 코드이면 (n, k) 코드를 Cyclic Code라고 정의한다.

3) CRC 코드의 구성

2진 데이터의 코드를 다항식(Code Polynomial)으로 표현한다. 예를 들어 데이터 (1 0 1 0 1)일 때 다항식으로 다음과 같이 표현한다.

$$f(x) = 1 + 0\cdot x + 1\cdot x^2 + 0\cdot x^3 + 1\cdot x^4 = 1 + x^2 + x^4 \qquad \text{(식 14–12)}$$

정보데이터의 다항식 표현은 다음과 같다.

$$m(X) = m_0 + m_1X + m_2X^2 + \ldots + m_{k-1}X^{k-1} \qquad \text{(식 14–13)}$$

패리티 발생 함수(Generator Polynomial)의 다항식 표현은 다음과 같다.

$$g(X) = g_0 + g_1X + g_2X^2 + \ldots + g_{n-k}X^{n-k} \qquad \text{(식 14–14)}$$

전송데이터의 다항식 표현은 다음과 같다.

$$T_c(X) = (m_0 + m_1X + m_2X^2 + \ldots + m_{k-1}X^{k-1})g(X) = m(X)g(X)$$
(식 14–15)

이때 $T_c(X)$: 전송데이터, $m(X)$: 정보데이터, $g(X)$(Generator polynomial) : 전송데이터 발생 함수로 정의한다. 하지만 이 경우 $m(X)$의 값이 전송데이터 코드에서 그대로 유지되지 않는다.

(3) CRC 코드의 부호화 및 복호화

1) 정보코드의 값이 유지되는 CRC 코드의 부호화(Encoding)를 이용한 전송데이터(T)의 생성

정보데이터의 값이 변하지 않도록 구현한 코드를 시스템 형태(Systematic Form)의 코드라고 한다. 즉, 시스템 형태 CRC 코드 = 정보데이터 비트 + CRC 패리티 비트 = 전송데이터 비트이다. 이때 시스템 형태의 CRC 전송데이터의 부호 생성은 다음과 같이 수행한다.

① 정보데이터 코드

$$m(X) = m_0 + m_1X + m_2X^2 + ... + m_{k-1}X^{k-1} \quad \text{(식 14-16)}$$

② 정보데이터 코드에 X^{n-k}를 곱함

$$X^{n-k}m(X) \quad \text{(식 14-17)}$$

③ $X^{n-k}m(X)$를 $g(X)$로 나누어 몫과 나머지로 표현

$$X^{n-k}m(X) = q(X)g(X) + r(X) \quad \text{(식 14-18)}$$

여기서 $r(X) = r_0 + r_1X + r_2X^2 + ... + r_{n-k-1}X^{n-k-1}$

④ 나머지를 다른 항으로 이항

$$X^{n-k}m(X) + r(X) = q(X)g(X) = T(X) \quad \text{(식 14-19)}$$

⑤ 정보데이터는 $n-k$항에서 $n-1$항까지 k 정보데이터를 그대로 유지한다.

2) CRC 코드의 복호화(Decoding)를 이용한 수신데이터의 에러 검사

① 전송데이터

$$T(X) = m(X)g(X) \quad \text{(식 14-20)}$$

② 수신데이터

$$R(X) = T(X) + e(X) = q(X)g(X) + s(X) = m(X)g(X) + e(X) \quad \text{(식 14-21)}$$

$$e(X) = [m(X) + q(X)]g(X) + s(X) \quad \text{(식 14-22)}$$

③ 복호에서 수신데이터 R(X)를 g(X)로 나누어 0가 나오면 에러가 없다.

(4) CRC 코드의 부호화 및 복호화의 예

1) (n, k)=(7, 4)인 CRC 코드를 생성하는 과정

정보데이터 $m=(1\,0\,1\,1)$, $g(X)=1+X+X^3$일 때 $n=7$, $k=4$, $n-k=3$이 된다.

① $m(X)=1+X^2+X^3$

② $X^3 \cdot m(X)=X^3(1+X^2+X^3)=X^3+X^5+X^6$

③ $\underbrace{X^3+X^5+X^6}_{X^3\cdot m(X)}=\underbrace{(1+X+X^2+X^3)}_{\text{몫}:q(X)}\underbrace{(1+X+X^3)}_{g(X)}+\underbrace{1}_{r(X)}$

④ $T(X)=\underbrace{1}_{r(X)}+\underbrace{X^3+X^5+X^6}_{X^3\cdot m(X)}=\underbrace{(1+X+X^2+X^3)}_{\text{몫}:q(X)}\underbrace{(1+X+X^3)}_{g(X)}$

전송데이터 $T(X)$ = (1 0 0 1 0 1 1)이 된다.

2) 전송데이터 T를 생성하기 위한 계산 절차

$m(X)=1+X^2+X^3$, $g(X)=1+X+X^3$

① $\dfrac{x^3(1+X^2+X^3)}{1+X+X^3}=q(X)(\text{버림})......r(X)(\text{나머지})$

②

$\dfrac{x^3(1+X^2+X^3)}{1+X+X^3}=q(X)(\text{버림 })......r(X)(\text{나머지 })$

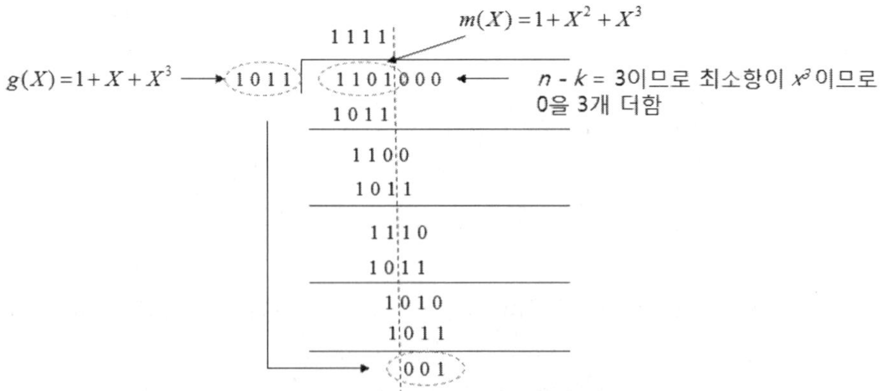

4비트로 나누면 3비트 나머지 생성

CRC 패리티 비트 + 정보데이터 = 전송데이터
100 + 1011 = 1001011

3) 전송데이터 T를 생성하기 위한 부호화기

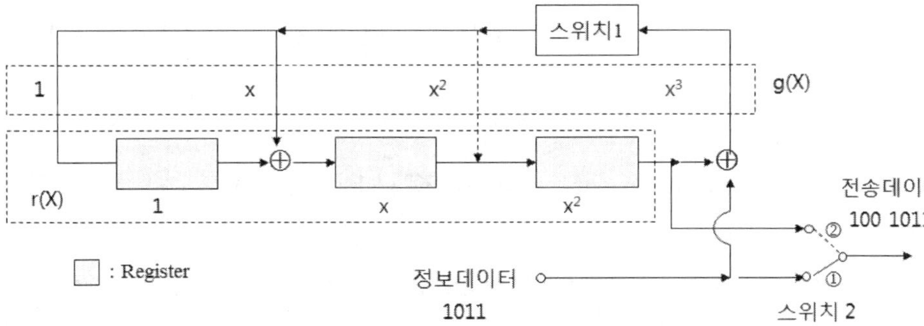

〈그림 14-5〉 전송데이터 생성 부호화기

정보데이터 1011을 순서대로 입력하면 스위치1이 연결되고 스위치2 상태로 유지하면 1011은 출력하고 스위치1 쪽으로 순환되어 4번째 데이터 입력 후 레지스터는 100 상태가 된다. 이때 스위치1은 끄고 스위치2를 ②로 연결하면 100 데이터가 출력되어 전송데이터 100 1011이 된다. 정보데이터 4개마다 반복하여 수행함으로써 (7, 4) CRC 코드를 반복하여 생성한다.

4) (n, k)=(7, 4)인 CRC 코드 생성 결과

정보데이터 4비트는 2의 네 제곱인 16개의 메시지를 생성한다. 전송데이터 비트는 “CRC 패리티 비트 3비트 + 정보데이터 4비트 = 전송데이터 7비트”로 구성된다.

정보데이터(*m*)	CRC 패리티 비트(*p*)	전송데이터 (T)
0 0 0 0	0 0 0	0 0 0 0 0 0 0
0 0 0 1	1 0 1	1 0 1 0 0 0 1
0 0 1 0	1 1 1	1 1 1 0 0 1 0
0 0 1 1	0 1 0	0 1 0 0 0 1 1
0 1 0 0	0 1 1	0 1 1 0 1 0 0
0 1 0 1	1 1 0	1 1 0 0 1 0 1
0 1 1 1	0 0 1	0 0 1 0 1 1 1
1 0 0 0	1 1 0	1 1 0 1 0 0 0
1 0 0 1	0 1 1	0 1 1 1 0 0 1
1 0 1 0	0 0 1	0 0 1 1 0 1 0
1 0 1 1	1 0 0	1 0 0 1 0 1 1
1 1 0 0	1 0 1	1 0 1 1 1 0 0
1 1 0 1	0 0 0	0 0 0 1 1 0 1
1 1 1 0	0 1 0	0 1 0 1 1 1 0
1 1 1 1	1 1 1	1 1 1 1 1 1 1

5) 수신데이터 (1 0 0 1 0 1 1)로부터 정보데이터 확인

$$T(X) = \underbrace{1}_{r(X)} + \underbrace{X^3 + X^5 + X^6}_{X^3 \cdot m(X)} = \underbrace{(1 + X + X^2 + X^3)}_{\text{몫}\,:\,q(X)}\underbrace{(1 + X + X^3)}_{g(X)}$$

$$T(X)/g(x) = (1 + X^3 + X^5 + X^6)/(1 + X^2 + X^3) = (1 + X + X^2 + X^3)$$

$g(X)$는 알고 있는 다항식 함수이고 수신데이터를 나누어 나머지가 생기지 않으면 에러가 없음을 의미한다. 따라서 $g(X)$와 $q(X)$를 곱하면 전송데이터 $T(X)$를 구할 수 있다. $T(X)$ = (1 0 0 1 0 1 1)에서 앞의 CRC 패리티 코드 (1 0 0)을 제거하면 송신 정보데이터 (1 0 1 1)을 구할 수 있다.

6) 정보데이터 m을 확인하기 위한 복호화기

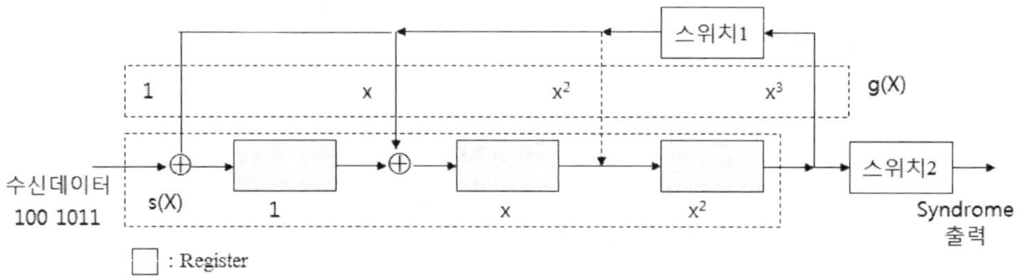

〈그림 14-6〉 전송데이터 복호화기

수신데이터 100 1011을 순서대로 수신할 때 스위치1은 연결하고 스위치2는 끊어놓은 상태에서 7번을 시프트 이동하면 수신데이터 $R(X)$를 $g(X)$로 나누고 레지스터에는 나머지 $s(X)$를 남긴다. 만약 레지스터에 000이 남으면 $s(X)$는 0이 되어 100 1011은 에러가 없는 수신데이터임을 확인한다. 따라서 정보데이터 1011임을 확인할 수 있다.

7) 정보데이터를 생성하기 위한 일반적인 복호화기

수신데이터를 수신하여 버퍼 레지스터에 저장하고 한편으로는 신드롬을 계산한다. 신드롬 레지스터에 0가 아닌 값이 나타나면 이에 해당하는 에러 패턴을 확인하고 에러 패턴을 버퍼 레지스터에 저장된 수신데이터와 XOR 연산을 하면 에러를 수정할 수 있다.

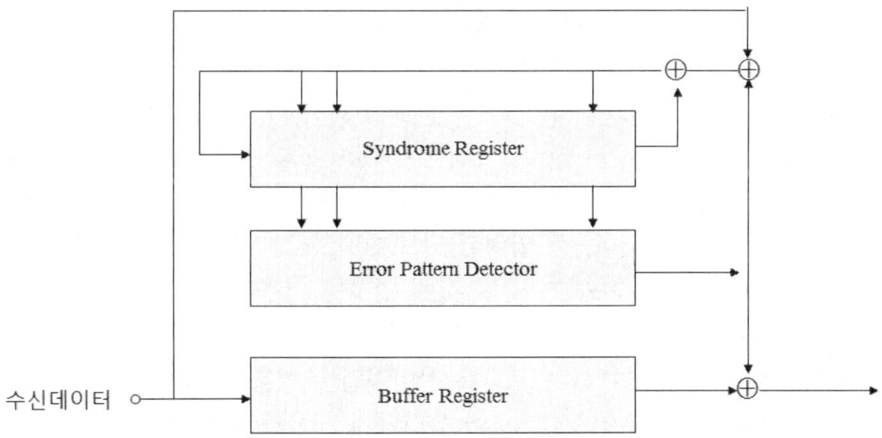

〈그림 14-7〉 일반적인 복호화기

제3절 컨벌루션 코드

1. 개요

(1) 기본 개념

현재의 비트 정보를 앞에 있는 여러 비트와 관계식을 갖도록 하여 새로운 비트를 생성함으로써 에러가 발생할 경우 이전 비트를 이용하여 에러 검출 및 수정하는 방법을 길쌈부호화(Convolutional Coding)라고 한다.

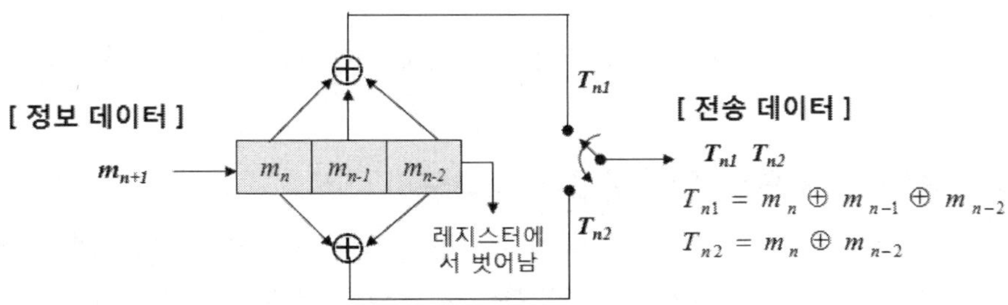

코딩 레이트 : *R = k/n = 1/2*　　구속장(Constraint) : *K =3 (레지스터 수를 의미함)*

〈그림 14-8〉 콘볼루션 방식 채널 부호화

컨볼루션 코드의 입력데이터는 레지스터에 입력된 후 1단계씩 이동하고 출력데이터는 T_{n1}, T_{n2} 순서대로 출력한다. 콘볼루션 코드는 전송비트와 정보비트 그리고 구속장으로 표현한다. 〈그림 14-9〉의 채널 부호화는 $(n,\ k,\ K)$=(2, 1, 3)과 같이 나타낸다.

〈그림 14-9〉에서 최초 1이 입력되면 논리식에 의해 위의 출력은 1+0+0=1이 되고 아래의 출력도 1+0=1이 되어 1입력에 대한 값은 (1,1)이 출력된다. 다음 0이 입력되면 같은 방법으로 위는 0+1+0=1, 아래는 0+0=0이 되어 (1,0)로 출력되고, 다음 1이 입력되면 같은 방법으로 위는 1+0+1=0, 아래는 1+1=0이 되어 (0,0)로 출력되어 1, 0, 1은 1, 1, 1, 0, 0, 0이 된다. 즉 입력된 정보 1비트(k)는 전송코드 2비트(n)를 만들어 내지만 3개의 레지스터 수(K)가 출력 값에 영향을 미친다. 이와 같이 새로 입력된 정보가 과거에 입력된 정보를 저장하는 메모리 수에 의해 영향을 받는 부호화 방식을 콘볼류션 부호화라 한다. 콘볼류션 부호화는 산발적인 에러를 정정하는 능력이 뛰어나다. 하지만 레지스터 수가 커지면 디코딩이 복잡해져 제한된 수의 레지스터를 사용한다. 즉, 일반적으로 구속장이 늘어나면 기억해야 할 경로가 기하급수적으로 커져 3~9로 제한한다.

(2) 컨볼루션 코드의 에러정정 능력(Error correcting capability) : e_{cc}

컨볼루션 코드가 1개의 전송데이터에서 정정할 수 있는 에러의 수는 최소 자유 거리(minimum free distance) d_f에 따라 결정된다. 최소 자유 거리(minimum free distance) d_f는 블록코드의 최소 거리 $d_{\min}$을 대체하는 것으로 모든 경로 값이 0 상태인 것과 비교하여 다른 경로가 0상태에서 다시 0 상태로 돌아올 때까지 과거 경로의 해밍 거리를 합친 최소 거리로 정의한다.

$$e_{cc} = \left\lfloor \frac{d_f - 1}{2} \right\rfloor \qquad \text{(식 14-23)}$$

식$\lfloor x \rfloor$는 x를 초과하지 않는 정수 가운데 가장 큰 정수를 의미한다.

(3) 컨볼루션 코드의 입출력값과 상태도

1개의 정보데이터(m_n)가 입력되었을 때 이전 입력된 2개의 정보데이터(m_{n-1}, m_{n-2})와 함께 나타낼 수 있는 출력은 2^3=8, 8개의 상태가 존재한다. 1개의 정보 데이터가 입력되었을 때 나올 수 있는 출력의 종류도 8개이다. 컨볼루션 코드 발생기(Generator)는 입력 및 출력 상태에 따라 1개의 출력 값만 나오도록 설계되어 있다. 따라서 수신측에서 2개의 데이터에 따라 0과 1 가운데 1개를 판별한다.

입 력	상태(m)	출력(T)
m_n	m_{n-1} m_{n-2}	T_{n1} T_{n2}
0	0 0	0 0
0	0 1	1 1
0	1 0	1 0
0	1 1	0 1
1	0 0	1 1
1	0 1	0 0
1	1 0	0 1
1	1 1	1 0

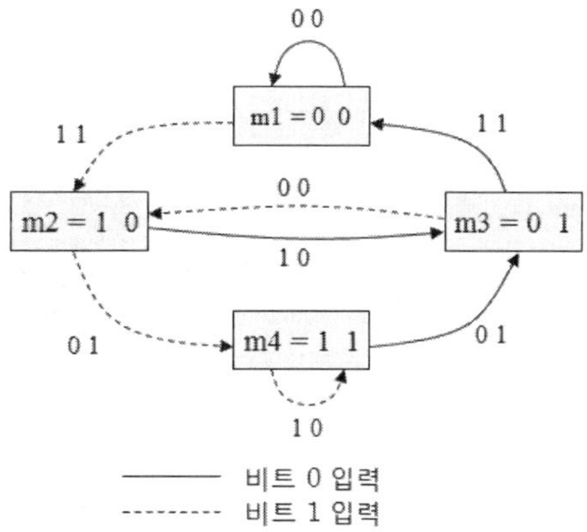

〈그림 14-9〉 콘볼루션 부호화의 입출력값과 상태도

2. 컨볼루션 코드의 부호화

(1) 컨볼루션 코드의 전송데이터 생성 예

정보데이터가 [1, 1, 0, 1, 0, …] 순서로 입력되고 초기 2, 3 메모리는 0 상태로 가정한다. 전송데이터는 [(1, 1), (0, 1), (0, 1), (0, 0), (1, 0), …] 순서로 출력한다.

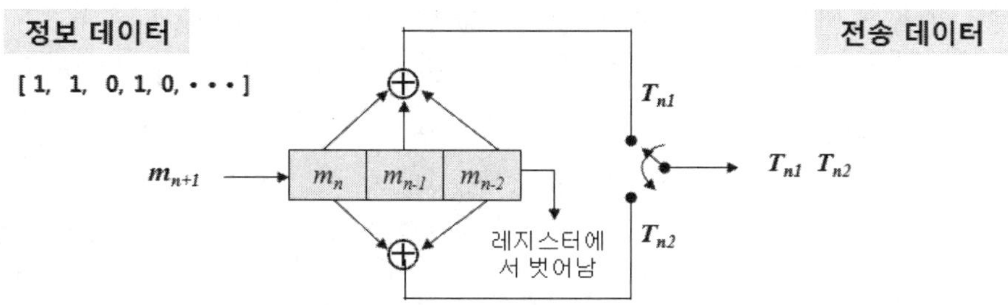

입 력	상태(m)	출력(T)
m_n	m_{n-1} m_{n-2}	T_{n1} T_{n2}
1	0 0	1 1
1	1 0	0 1
0	0 1	0 1
1	1 0	0 0
0	1 0	1 0
• • •	• • •	• • •

〈그림 14-10〉 콘볼루션 부호화의 전송데이터 생성

(2) 컨벌루션 부호화의 트렐리스 상태도(trellis Diagram)

트렐리스 상태도는 새로운 정보 데이터가 입력되었을 때 나올 수 있는 상태 및 결과를 단순화한 것이다. 정보데이터가 [1, 1, 0, 1, 0,   ]를 수신할 때 시간에 따라 t_1 에서 (1, 1), t_2에서 (0, 1), t_3에서 (0, 1), t_4에서 (0, 0), t_5에서 (1, 0)을 순서대로 출력한다.

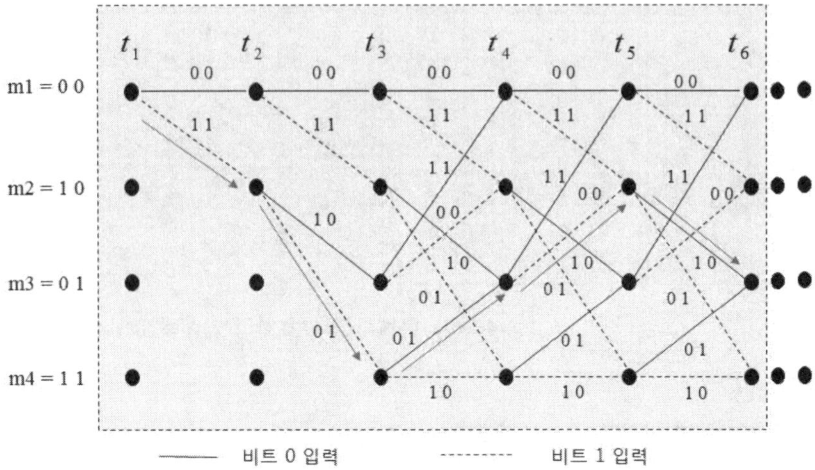

〈그림 14-11〉 콘볼루션 부호화의 트렐리스 상태도

3. 컨볼루션 코드의 복호화

(1) 컨볼루션 코드의 복호화 방식 예(Viterbi Decoding)

비터비는 트레렐리스 상태도를 이용하여 송신기의 전송데이터를 받을 때 마다 수신기의 상태와 전송데이터 값을 비교하여 정보 데이터를 추정하는 방법을 개발하였다. 통신시스템의 부호화기에서 [(1, 1), (0, 1), (0, 1), (0, 0), (1, 0),]를 전송하여 수신기에서 [(1, 1), (0, 1), (1, 1), (0, 0), (1, 0), …]을 수신한 경우의 복호화 과정을 설명한다.

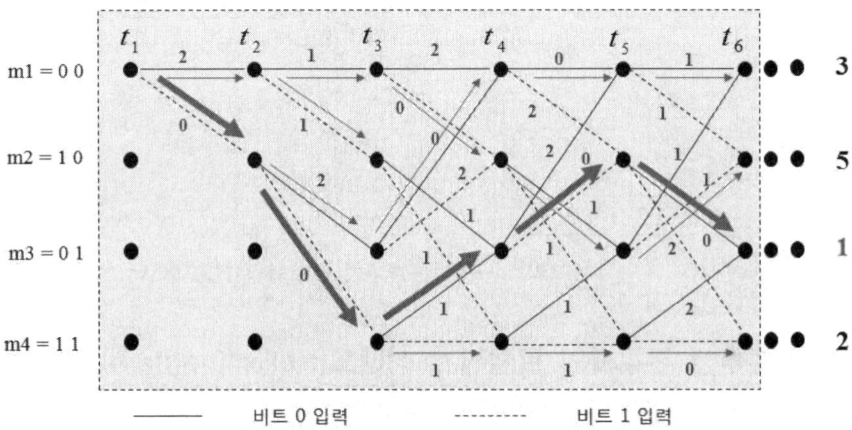

〈그림 14-12〉 콘볼루션 부호의 비터비 디코딩 절차

① 복호기가 부호기의 최초 상태와 동일하게 복호기의 상태 (0, 0)인 t_1 에서 만약 부호기에서 정보 데이터 1을 입력하여 전송데이터 (1, 1)을 송신하고 복호기가 (1, 1)을 수신하였다면 예상한 (1, 1)값이 일치하여 해밍거리가 0이고 만약 부호기에서 정보 데이터 0을 입력하여 전송데이터 (0, 0)을 송신하고 수신기가 (1, 1)을 수신하였다면 해밍거리가 2가 된다.

② 복호기는 t_2에서 다시 0, 1 데이터 수신 가능성을 고려하여 4개 상태의 해밍거리를 계산한다.

③ 복호기는 t_3에서 다시 0, 1 데이터 수신 가능성을 고려하여 4개 상태에서 8개 상태의 해밍 거리를 계산한다.

④ 하지만 계속해서 2개의 상태를 고려할 경우 경로(Path)가 2의 제곱으로 증가하여 8개 상태부터는 각각의 상태에서 해밍거리가 긴 4개의 경로를 제거함으로써 4개의 상태를 유지한다.

⑤ 복호기는 t_4, t_5, t_6 계속 증가하면서 구속장 만큼의 과거의 데이터를 저장하여 경로를 결정하는데 구속장을 넘는 새로운 데이터가 들어오면 가장 오래된 레지스터의 값 4개 가운데 해밍거리가 가장 작은 값을 수신 정보데이터로 결정하여 출력한다.

⑥ 예에서 각 상태의 해밍거리를 계산하면 M_c= 0 1 상태의 해밍거리가 1로서 가장 작은 것을 확인할 수 있다. 따라서 t_6에서 M_c 상태의 경로가 부호기의 올바른 전송데이터 및 정보데이터를 보여주는 것이라고 결정한다.

⑦ 복호기는 수신 경로의 전송데이터가 [(1, 1), (0, 1), (0, 1), (0, 0), (1, 0)]이고 정보데이터는 [1, 1, 0, 1, 0]이라고 결정한다.

⑧ 복호기는 수신한 [(1, 1), (0, 1), (1, 1), (0, 0), (1, 0)] 데이터의 가운데 세 번째 수신한 (1, 1)이 에러임을 확인하고 수정하였음을 확인할 수 있다.

⑨ 복호기는 동기되지 않을 때 해밍거리의 값이 증가하여 임계점에 도달하면 에러율이 증가하므로 동기를 조정한다.

(2) 기타 컨볼루션 코드의 복호화 방식

컨볼루션 코드의 복호 방법은 비터비 복호화(Viterbi Decoding), 시퀀셜 복호화(Sequential Decoding), 피드백 복호화(Feedback Decoding) 등이 있는데 이 가운데 비터비 복호화 방식이 널리 쓰인다.

제4절 이동통신의 응용

1. 개요

이동통신서비스 환경은 페이딩, 도플러 효과 등에 의해 채널 환경의 변화가 심하여 유선통신서비스와 비교하여 에러 발생 확률이 높다. 따라서 2세대, 3세대 이동통신에서 블록코드인 Reed-Solomon 코드와 컨볼루션 코드를 함께 연속하여 사용함으로써 에러 발생율을 낮추었다. 하지만 4세대 이동통신은 제한된 전력 환경에서 셰논의 한계(Eb/No가 -1.59dB)에 근접하는 고속의 데이터 전송을 위한 채널부호화 기술이 요구된다. 이를 위해 셰논의 한계에 접근하는 성능을 가지는 부호화 기법을 제시하였으나 채널 부호화 기술은 효과적인 복호 기술과 복잡도가 낮은 복호기가 함께 제시되어야 의미가 있다. 고속의 데이터 전송을 위해 4세대 이동통신에 적용되고 있는 채널부호화 기술은 블록코드 형태의 LDPC(Low Density Parity Code)와 컨볼루션 코드 형태인 CTC(Convolutional Turbo Code)가 대표적이다. 또한 이동통신이 멀티미디어 서비스를 제공하면서 오류 검출 방식(ARQ)과 오류 정정 방식(FEC)을 결합한 HARQ(Hybrid Automatic Repeat reQuest)이 이용된다.

2. CTC(Convolutional Turbo Code)

(1) 개요

RS코드 + 컨볼루셔널 코드로 구성된 직렬 연계 코드는 터보 코드가 나오기 이전 가장 성능이 우수하였다. 직렬 연계 코드는 정보 데이터에 하나의 부호화를 적용한 다음 부호화된 데이터에 한번 더 부호화하는 방식이다. 1993년 베루(Berrou)에 의해 제안된 터보코드는 병렬 연계 코드로서 직렬 연계 코드와 달리 동일한 정보데이터를 배열만 바꾸어 서로 다른 부호화기를 적용하는 방식으로 이후 다양한 종류의 터보 코드가 제안되었다. 터보코드는 AWGN(Additive White Gaussian Noise) 환경에서 비교적 간단한 복호 알고리즘으로 18번의 복호 알고리즘을 수행한 결과 신호대 잡음비가 셰논의 한계치와 비교하여 0.7dB 차이에서 BER이 10^{-5}을 유지할 수 있는데 동일한 조건에서 컨볼루셔널 코드는 셰논의 한계치와 3dB 정도의 차이를 나타낸다. 터보코드는 위성통신 시스템(DVB-RCS), 우주통신 등 다양한 분야에서 이용되었다. 이동통신에서는 WCDMA, cdma2000, EV-DO, HSPA, LTE , IEEE 802.16(WiMax) 시스템 등 3세대 및 4세대 이동통신 시스템에 적용되었다.

(2) 기술 개요

1) LTE/LTE-A 시스템의 CTC 부호화기의 구조(1/3 coding rate)

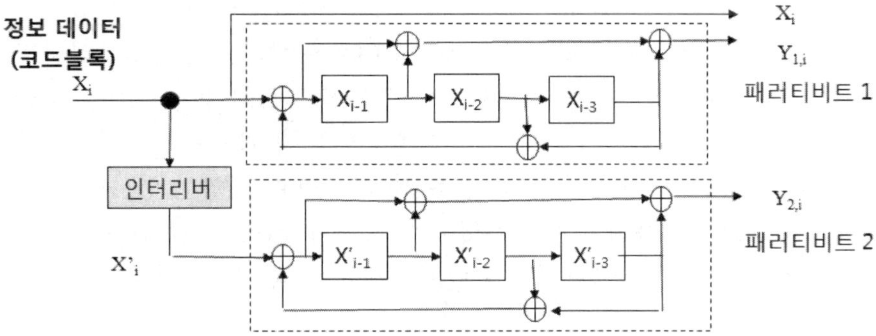

〈그림 14-13〉 CTC 부호화기의 구조

2) 주요 특징

병렬 연계 코드는 복호화 알고리즘을 간단히 수행할 수 있도록 한 것이다. 인터리빙은 데이터의 해밍가중치를 분산시켜 에러정정 능력을 높이는 것이다. 소프트 복호화는 복호화 신호의 결정 능력을 높여 성능을 높인다. 소프트 복호화는 상기 터보 부호화기에서 알 수 있듯이 각 비트 단위로 출력 신호를 확인하고 피드백 회로를 이용하여 반복하여 복호화함으로써 정보 데이터를 확률적으로 판단하여 결정한다.

3. LDPC(Low Density Parity Code)

(1) 개요

선형 블록코드 가운데 하나로서 반복되는 복호 기술에 의해 에너지 효율이 좋아 데이터 전송 용량을 높일 수 있고 에러의 신뢰성이 높은 코드로써 코드 길이에 비례하는 시간으로 복호가 이루어진다. 셰논의 한계와 비교하여 0.1dB 차이를 나타내는 신뢰성 있는 복호가 이루어진다. 1960년 갤러거(Gallerga)에 의해 개발되었으며, 1981년 태너(Tanner)에 의해 그래픽 관점에서 새롭게 해석되었으나 실제 상용화 분야에서 관심을 끌지 못하였다. 1990년대 후반 반복되는 복호 기술에 대한 연구가 진행되고 LDPC 부호가 셰논의 한계에 가까운 성능을 보일 수 있게 되면서 고속 데이터 전송을 위한 채널 부호화기로 주목 받았다. 2003년 디지털 위성방송(DSB-S2)의 채널 부호화기 표준으로 채택되고, 2008년 ITU-T G.hn(Home Networking Transceiver) 채널 부호화기 표준으로 채택(1Gbps 전송속도)되었으며, 2009년 802.11b/a/n 채널 부호화기 표준으로 채택되었다. 이동통신에서는 2005년 802.16e WiMax 시스템 채널 부호화기 표준으로 채택된 이후 4세대 이동통신 시스템의 핵심 기술로 부각되고 있다.

(2) 기술 개요

1) 기본 개념

기본적으로 블록 코드의 (n, k) 형태로 구성되는데 n-k 패리티 비트는 행과 열에서 1의 값이 0의 값과 비교하여 매우 작게 설계되어 저밀도(Low Density)로 불린다. 따라서 저밀도의 조건을 만족하기 위해서는 코드 길이가 매우 길어야 성능이 높아진다. 정보데이터와 전송데이터 사이에 다양한 연산관계가 이루어지고 이를 표현하는 패리티 체크 행렬이 여러 개가 존재함으로써 병렬로 여러 번 에러 체크를 수행하도록 함으로써 수신데이터의 신뢰도를 높인다.

(6, 3) 코드의 LDPC 부호화 구현

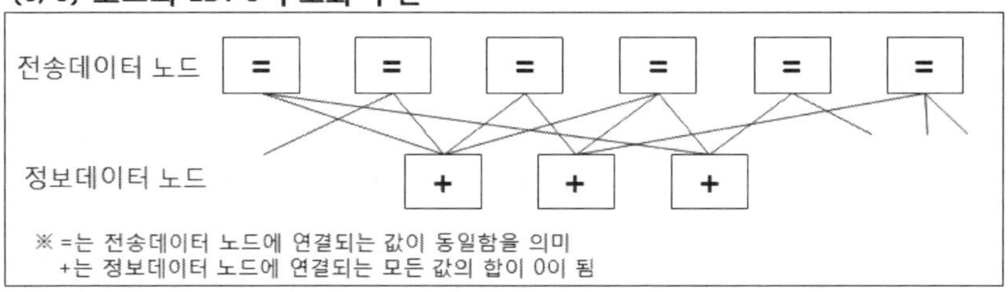

〈그림 14-14〉 LDPC 부호화 개념

2) 주요 특징

LDPC는 긴 인터리버를 요구하지 않는다. 블록 에러를 정정하는데 좋은 성능을 가지고 있다. BER과 비교하여 에러 최저치(Error Floor)가 매우 낮다. 복호가 트렐리스 기반으로 이루어지지 않아 에러가 전파되지 않는다. 채널 부호화가 유사한 주기적인 특성을 가짐으로써 선형변환 레지스터로 쉽게 이루어진다.

4. HARQ(Hybrid Automatic Repeat reQuest)

(1) 개요

통신 방식으로는 단방향 통신 방식과 양방향 통신 방식이 있다. 단방향 통신방식(Simplex)은 한 방향으로만 통신하는 방식이다(예 : TV 방송). 양방향 통신방식은 반이중통신 방식과 전이중 통신 방식으로 구분된다. 반이중통신(Half Duplex)은 양방향 통신이 가능하지만 동시에 양방향 통신이 되지 않는다(예 : 컴퓨터 채팅). 전이중통신(Full Duplex)은: 양방향 통신이 동시에 가능한 방식이다(예 : 일반 전화).

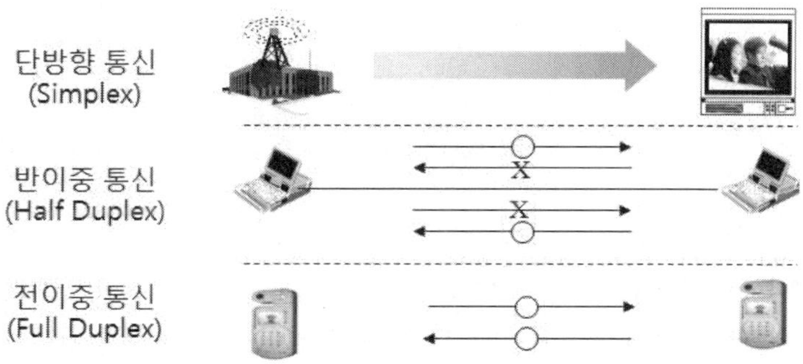

〈그림 14-15〉 통신 방식의 예

ARQ 방식은 이동통신은 2세대까지 실시간 서비스가 중요했으므로 잘 이용되지 않았으나 3세대 이후 비실시간 서비스가 활성화되면서 서비스 품질을 높이는 방식으로 주목 받아 채널부호화 기술과 함께 사용됨

(2) 자동 재전송 요청 방식(ARQ : Automatic Repeat Request)

1) 정지-대기(Stop and Wait) ARQ 방식 : Half Duplex

전송 후 정상수신 여부의 ACK와 NAK로 재전송 결정

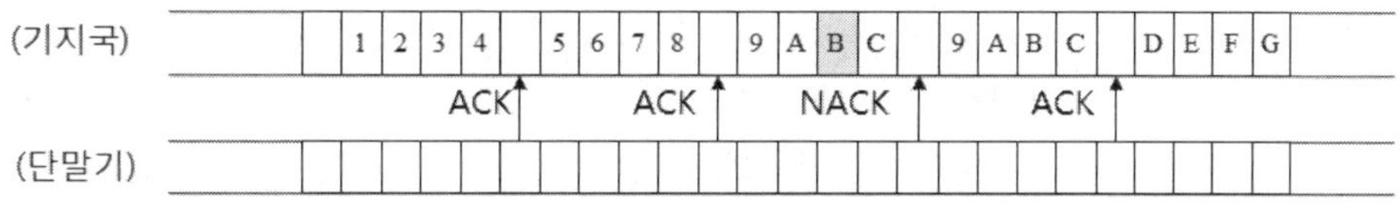

2) 연속(Continuous) ARQ 방식 : Full Duplex

수신측에서 NAK 신호를 보내면 해당 프레임부터 재전송

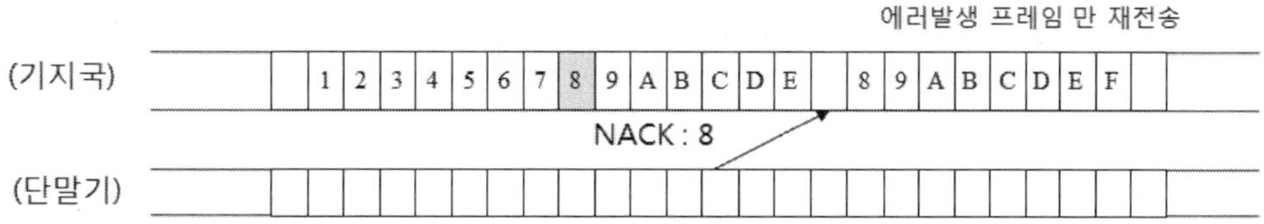

3) 선택적 반복 ARQ

수신측에서 NAK 신호를 보낸 해당 프레임만 재전송

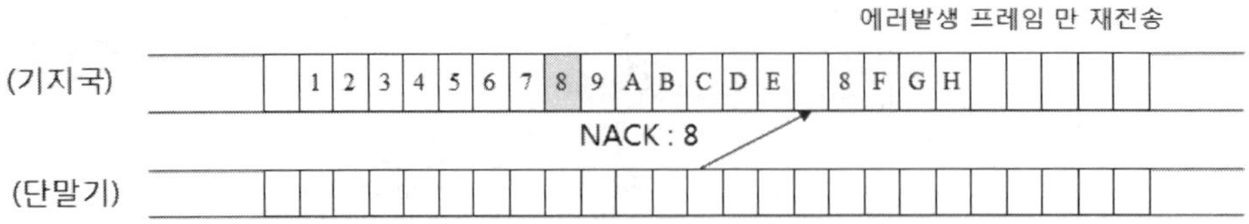

4) GBN(Go Back N) ARQ

- NAK를 받을 때 일정한 개수(N)의 프레임을 재전송
- 전송 효율을 고려하여 적절한 길이를 선택

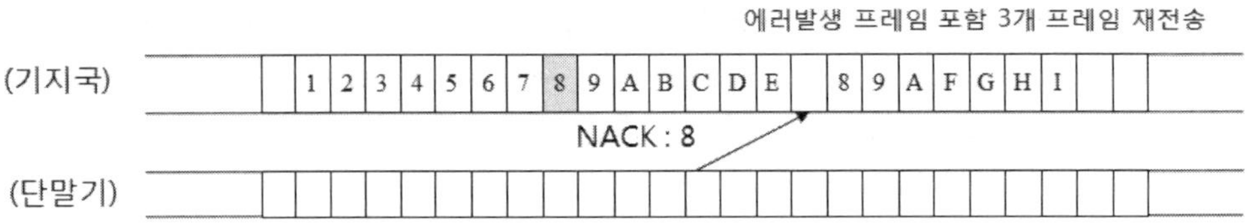

(3) 기본 개념

에러 정정 방식은 시간 지연이 적고 에러 정보를 위한 별도 채널이 필요 없으나 양호한 채널 환경에서 효율성이 떨어진다. 에러 검출 방식은 열악한 환경에서 시간 지연이 발생하여 시스템 효율이 낮아진다. 음성과 같이 실시간 서비스뿐만 아니라 데이터와 같이 비실시간 서비스가 함께 서비스되면서 FEC와 같은 에러 정정 코드기술과 함께 ARQ와 같은 에러 검출 기술이 결합한 HARQ 기술이 이용되기 시작하였다. HARQ 방식은 수신된 부호에 대해 에러 정정을 시도하고 CRC(Cyclic redundancy Check)와 같은 간단한 에러 검출 부호를 이용하여 재전송 여부를 결정한다.

LTE/LTE-Advanced 시스템은 고속 데이터 서비스의 품질을 높이기 위해 채널 부호화와 함께 ARQ 방식을 이용한 HARQ 방식을 함께 사용하고 있다. 또한 LTE/LTE-Advanced 시스템은 정지-대기 ARQ 방식을 사용하는데 시간 지연이 일어나므로 다중 정지-대기 ARQ 방식으로 속도를 높이는 방식을 사용한다.

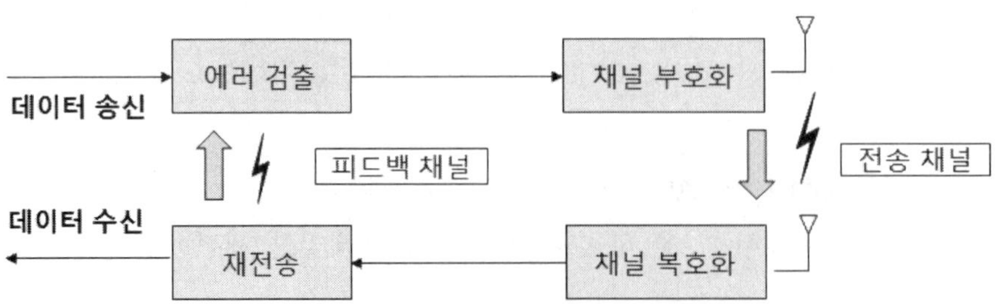

〈그림 14-16〉 에러 검출과 재전송

(4) 기술 개요

1) HARQ Type 1

송신측에서 패킷을 데이터 + CRC + 에러정정비트로 구성하여 송신하고 수신측으로 부터 에러정정 검출 신호를 수신하면 에러 패킷만 반복적으로 재전송한다. 수신측에서는 수신 데이터를 복호하고 에러를 검출한다. 패킷 재전송은 적응 코딩 레이트(ACR : Adaptive Coding Rate) 기술을 이용한다. 이 방식은 WCDMA 시스템이 최초로 IMT-2000 시스템으로 표준화 되었을 때 적용된 방식이다.

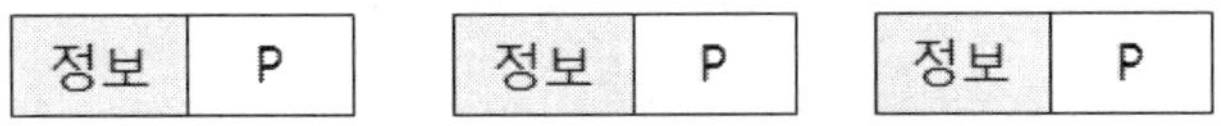

2) HARQ Type 2

송신측에서 처음에는 데이터만 송신하고 수신측으로 부터 CRC 에러 검출에서 에러 검출 신호를 받으면 같은 패킷을 전송할 때 잉여 비트(Redundancy Bit)만 송신하고 계속 실패하면 잉여 비트만 늘려서 반복적으로 송신한다. 수신측에서는 초기 패킷을 저장하고 잉여 비트가 반복되어 수신되면 초기 패킷과 결합하여 복호한다. 이러한 방식을 Increment Redundancy ARQ 방식이라고 한다.

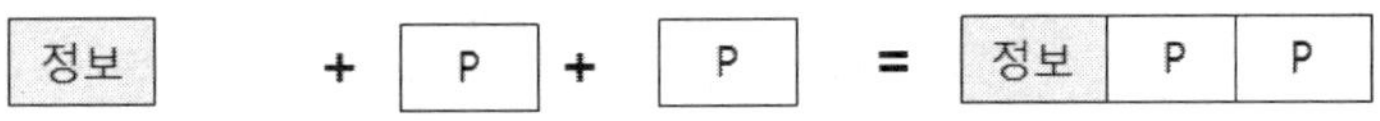

3) HARQ Type 3

초기 패킷이 손상이 클 경우 HARQ Type 2 방식은 성능이 크게 떨어질 수 있으므로 초기 패킷과 재전송된 패킷을 결합하여 시스템의 성능을 높이는 방식이다.

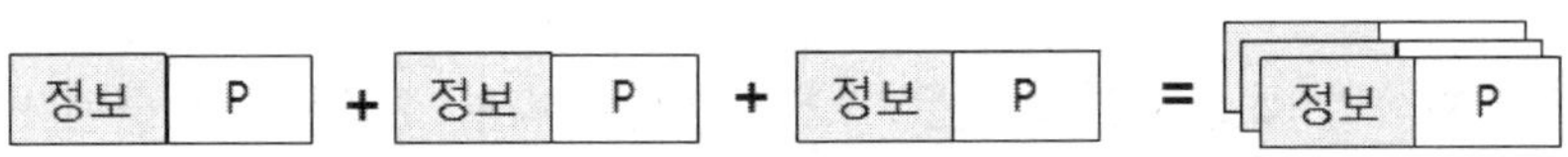

연습문제

01 채널코딩의 기본 개념을 설명하시오.

02 신호를 수신하여 실시간적으로 에러를 확인하고 정정하는 채널부호화 방식을 무엇이라 하는가?

03 신호를 수신하여 에러 확인시 재전송을 요구하는 방식은?

04 신호를 찾는데 에러에 덜 영향을 받도록 데이터의 파형을 만드는 방법으로 코딩하는 것을 무엇이라 하는가?

05 2비트 데이터의 파형코딩을 직교 코드 방식으로 설계하시오.(2진수의 데이터열로 표현)

06 추가 비트를 이용하여 에러를 검출하고 정정하는 부호열을 만드는 방식의 채널 코딩을 무엇이라 하는가?

07 전방에러제어방식(FEC)을 이용하는 경우에 대해 설명하시오.

08 FEC 방식의 채널 코딩 방식은 크게 2가지로 나눌 수 있는 데 어떤 방식이 있는가?

09 코드 레이트에 대해 설명하시오.

10 코딩 이득에 대해 설명하시오.

11 해밍거리에 대해 설명하시오.

12 최소 해밍거리에 대해 설명하시오.

13 에러 정정 능력을 최소 해밍거리 d를 이용하여 나타내시오.

14 에러 검출 능력을 최소 해밍거리 d를 이용하여 나타내시오.

15 기지국에서 데이터를 2비트씩 보내는데 다음과 같은 채널 코딩 방식을 이용할 경우 각각의 질문에 답하시오.

정보 데이터	00	01	10	11
전송 데이터 (채널 부호화 데이터)	00(000)	01(101)	10(110)	11(011)

가. 상기 채널 코딩의 코딩 레이트는 얼마인가?

나. 상기 채널 코딩의 해밍거리는 얼마인가?

다. 상기 채널 코딩의 최소 해밍거리는 얼마인가?

라. 상기 채널 코딩의 에러 정정 능력은 얼마인가?

마. 상기 채널 코딩의 에러 검출 능력은 얼마인가?

16 블록코드의 개념에 대해 설명하시오.

17 선형 블록코드의 개념에 대해 설명하시오.

18 정보코드 3비트를 패리티 비트 3비트를 추가하여 전송코드 6비트로 채널코딩한다. 이때 전송코드를 만드는 행렬 G가 다음과 같을 때 3비트에 대한 전송코드를 만드시오.

$$m \cdot G = (m_1\, m_2\, m_3)\begin{pmatrix} 1\,0\,0\,1\,1\,0 \\ 0\,1\,0\,0\,1\,1 \\ 0\,0\,1\,1\,0\,1 \end{pmatrix}$$

정보코드	전송코드	정보코드	전송코드
000		100	
001		101	
010		110	
011		111	

19 선형 블록코드를 복호화할 때 원래의 전송코드 발생행렬(G)과 에러체크 행렬(H)을 곱하여 0가 되도록 하면 메시지 m이 에러가 없음을 알 수 있으므로 전송코드 행렬(T)에서 메시지를 구할 수 있다. 이와 같은 복호화 절차를 행렬식으로 설명하시오.

20 다음 식은 순환중복검사 코드로 만든 전송코드를 복호화할 때 복호화하기 위한 절차를 식으로 나타낸 것이다. 다음의 식을 이용하여 복호화하는 절차를 설명하시오.

$$T(X) = \underbrace{1}_{r(X)} + \underbrace{X^3 + X^5 + X^6}_{X^3 \cdot m(X)} = \underbrace{(1 + X + X^2 + X^3)}_{\text{몫}\,:\,q(X)}\underbrace{(1 + X + X^3)}_{g(X)}$$

$$T(X)/g(x) = (1 + X^3 + X^5 + X^6)/(1 + X^2 + X^3) = (1 + X + X^2 + X^3)$$

21 순환중복검사(CRC) 코드의 개념에 대해 설명하시오.

22 컨볼루션 코드는 에러 정정 능력을 알기 위해 블록 코드의 최소 해밍거리 대신 무엇을 측정 기준으로 이용하는가?

23 다음 그림은 3비트 기억장치를 갖는 컨볼루셔널 코드발생기이다. 다음 각각의 질문에 답하시오

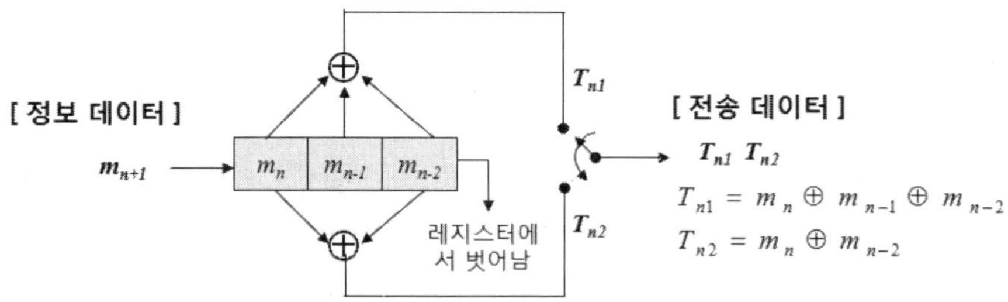

가. 상기 컨볼루셔널 코드 발생기의 코딩 레이트 및 구속장은 무엇인가?

나. 정보 코드 10101…에 대한 전송 코드를 완성하여라. 전송 코드는 5회의 전송코드까지 나타내시오.

24 트레렐리스 상태도를 이용하여 송신기의 전송데이터를 받을 때마다 수신기의 상태와 전송데이터 값을 비교하여 정보 데이터를 추정하는 방법을 이용한 컨볼루션닝 복호화 방법은 무엇인가?

25 이동통신에서 고속 데이터 서비스 제공을 위해 높은 코딩 레이트로 부호화하는 채널 코딩 방식에는 어떤 것이 있는가?

26 전이중방식(Full Duplex)에 대해 설명하시오.

27 자동 재전송 요청 방식 가운데 NAK 신호를 받을 때 일정한 개수(N)의 프레임을 재전송하는 방법은?

28 4세대 이동통신 방식에서 멀티미디어 서비스를 효율적으로 제공하기 위해 에러 정정 방식과 에러 검출 방식을 결합한 에러 제어 방식은 무엇인가?

매트랩 실습

매트랩 실습은 다음과 같은 순서로 진행한다.

1. 실습과제의 목적과 내용을 이해한다.
2. 매트랩 프로그램의 명령어를 학습하여 프로그램을 이해한다.
3. 매트랩 프로그램의 편집 창을 이용하여 프로그램을 작성한다.
4. 매트랩 프로그램의 실행결과를 확인한다.
5. 실습과제에서 요구하는 파라미터 변화에 따른 결과를 분석한다.
6. 결과분석 자료를 정리하여 발표하고 토론한다.

1. 채널 부호화 및 복호화기 구현

1.1 실습 목적

디지털이동통신에서 신호의 에러를 확인하고 정정하는 채널부호화 및 복호화의 과정을 실습하고 이해한다.

1.2 실습 과제

이동통신에서 이용되는 블록 코드의 전송코드 생성, 에러 체크, 에러 정정 과정을 실습한다. 또한 컨볼루션 코드의 전송 코드 생성을 실습한다.

1.3 실습 예제

예제 4.14.1 블록 코드의 생성과 에러 정정

토의 내용

(1) 정보 코드와 패리티 비트의 수를 변경하면서 최소 해밍 거리를 확인한다. 현재 (6, 3) 코드를 (7, 3), (8, 3), (8, 4) 등으로 변화시키면서 최소 2개의 에러를 정정할 수 있는 해밍거리 5를 만족하는 채널 부호화를 만들고 토론한다.
(2) 에러 발생 여부에 따른 신드롬의 변화를 이해하고 토론한다.

```
% mc4141_errorcheck_correction.m

% 채널부호화 및 채널복호화 절차

% [ 발생 행렬에 의한 전송 코드 만들기 ]

clear  ·        % 기존의 변수 지우기
clc             % 화면 지우기

disp('정보코드 m')
m=[0 0 0; 0 0 1; 0 1 0; 0 1 1; 1 0 0; 1 0 1; 1 1 0; 1 1 1]

disp('블록코드 발생행렬 G')
G=[1 1 0 1 0 0      % 전송코드의 1열 -> 1, 3열 xor
   0 1 1 0 1 0      % 전송코드의 2열 -> 1, 2열 xor
   1 0 1 0 0 1]     % 전송코드의 3열 -> 2, 3열 xor

T=m*G;              % 행렬연산 -> 2 이상의 값이 나올 수 있음

disp('전송코드 T1')
T1=mod(T, 2)        % 전송코드 T1 생성

% [ 전송코드의 해밍 거리 구하기 ]

N_code = size(T1,1); % 가능한 코드의 갯수 = 2^n : n은 정보비트수

Combi = nchoosek(1:N_code,2); % N_code 코드중 2개를 고르는 조합
N_combi = size(Combi,1); % 그 조합의 갯수

D_hamming = zeros(1,N_combi); % 해밍거리값 초기화
for ii = 1:N_combi
    D_hamming(ii) = sum( xor( T1(Combi(ii,1),:), T1(Combi(ii,2),:))); % 조합에 따라
해밍거리 계산
end

disp('최소해밍거리')
Min_D_hamming = min(D_hamming)

% [ 전송코드의 패리티 체크 행렬 구하기 ]

disp('패리티 체크 행렬 H')
H=[1 0 0 1 0 1
```

```
   0 1 0 1 1 0
   0 0 1 0 1 1]

disp('패리티 체크 행렬의 전치행렬 Ht')
Ht=[1 0 0
    0 1 0
    0 0 1
    1 1 0
    0 1 1
    1 0 1]

% [ 패리티 체크 행렬에 의한 에러 확인하기 ]
disp('신드롬 s2')
s1=m*G*Ht;
s2=mod(s1, 2) % s= [ 0 0 0 ] 이면 에러 없음

% 정보코드 [ 1 1 1]의 전송코드 [ 0 0 0 1 1 1] 수신
R=[0 0 0 1 1 1]
s3=R*Ht;
s4=mod(s3, 2) % s=[ 0 0 0 ]이면 에러가 없고 정보코드 m= [ 1 1 1] 확인

% 정보코드 [ 1 1 1]의 전송코드 [ 0 0 0 1 1 0] 수신 -> 6열 에러발생
R=[0 0 0 1 1 0]
s5=R*Ht;
s6=mod(s5, 2) % s=[ 1 0 1 ]이면 에러 발생 <- 6열 에러발생의 신드롬 형태
```

예제 4.14.2 컨볼루셔널 채널 부호화 : 전송코드 생성

토의 내용

컨볼루셔널 인코더를 생성하면서 블록코드의 전송코드 구조와 비교하고 토론한다.

```
% mc4142_convolutional_encoder.m

clear all
close all

n_max = 10;
NumRegi=3;
Regi = zeros(1,NumRegi);

for n=1:n_max
    Regi=circshift(Regi,[0 1]);
    In(n) = floor(rand(1)+0.5);
    Regi(1) = In(n);
    Out(1,n) = xor(xor(Regi(1),Regi(2)),Regi(3));
    Out(2,n) = xor(Regi(1),Regi(3));
end
Out = reshape(Out, n_max*2, 1);

% 그림창 만들기

figure()

subplot(2,1,1); stem(In,'-o'); title('입력데이터')
subplot(2,1,2);stem(Out,'-o'); title('출력데이터'); axis([1 n_max*2 0 1]);

print -dpng fig4142
```

제15장

인터리빙과 디인터리빙

제1절 개요

1. 기본 개념

일반적으로 이동통신 채널 환경은 페이딩이 발생하면 연속된 여러 개의 데이터를 동시에 잃게 되는 집중 에러(Burst Error)가 발생한다. 이와 같은 경우 채널 코딩에 의해 에러를 찾고 교정하기가 어려워진다. 이때 에러 발생을 분산시켜 에러 정정 능력을 효율적으로 유지시켜 주기 위해 데이터의 송신 순서를 바꾸어 주는데 이러한 디지털 기술을 것을 인터리빙(Interleaving)이라고 한다.

에러가 발생하는 형태는 랜덤 에러(Random Error) 형태와 집중 에러 형태가 있을 수 있는데 이동통신에서는 페이딩에 의해 집중 에러 형태로 발생하는 것이 일반적이다. 각각의 에러 발생 형태는 다음과 같다.

<랜덤 에러 발생> <집중 에러 발생>

〈그림 15-1〉 에러 발생 형태

통신에서 송수신 데이터를 보내는 채널은 에러 발생하는 채널 환경의 지속성에 따라 무기억 채널(Memoryless Channel)과 기억 채널(Memory Channel)로 구분된다. 무기억 채널은 연속된 송신 신호가 시간적으로 상관성이 없어 에러가 랜덤하게 발생하는 채널이고 기억 채널은 연속된 송신 신호가 시간적으로 상관성이 높아 일정 시간 연속적인 에러를 발생한다. 집중에러는 페이딩, 멀티패스, 스위칭 잡음과 같이 일정 시간 동안 에러 환경이 연속적으로 발생하는 원인에 의해 발생한다.

인터리빙을 적용하게 되면 연속된 에러가 발생하지 않고 산발적으로 일어나 에러를 찾고 교정하기가 쉽다. 다음 그림은 인터리빙을 적용하는 경우와 적용하지 않는 경우 발생하는 에러의 형태를 비교한 것이다.

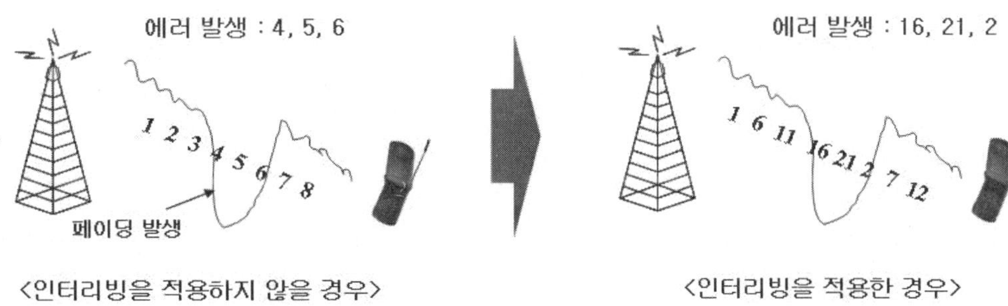

〈그림 15-2〉 인터리빙 적용 전후의 에러 형태

원래 데이터 [1, 2, 3, 4, 5, 6, 7, 8, …]를 순서를 바꾸어 [1, 6, 11, 16, 21, 2, 7, 12, …]로 송신하면 페이딩 등에 의해 [4, 5, 6] 에러가 [16, 21, 2]로 바뀌어 발생한다. 즉, 집중 에러가 랜덤 에러로 바뀌어 발생한다.

2. 인터리빙의 위치

인터리빙은 채널 부호화와 인접하여 앞, 뒤 또는 반복하여 적용된다. 인터리빙의 위치를 전체 디지털이동통신 시스템에서 나타내면 다음 그림과 같다.

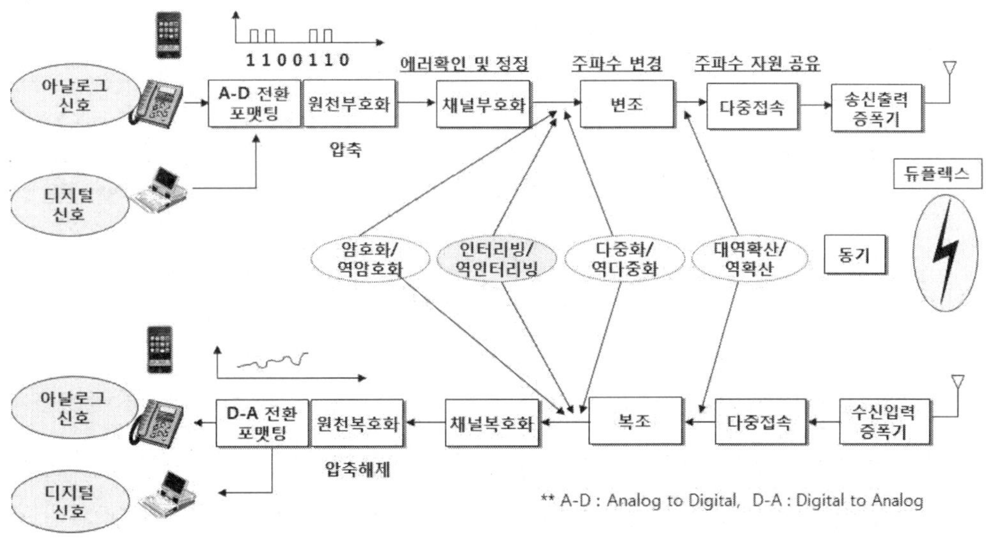

〈그림 15-3〉 인터리빙의 위치

제2절 블록 인터리빙

1. 기본 개념

블록인터리빙(Block Interleaving)은 송신데이터를 일정한 데이터 블록으로 만들고 데이터를 세로 방향으로 기록한 후 송신할 때에는 가로 방향으로 출력하여 송신하고 수신할 때도 같은 크기의 데이터 블록을 만들어 동일한 동작을 수행하여 집중 에러를 랜덤 에러로 분산시킨다.

다음 그림은 블록 인터리빙의 예를 나타내고 있다. 우선 일정한 데이터 블록을 만들고 데이터를 세로 방향으로 메모리에 저장하면 1, 2, 3, 4, … 등으로 차례로 저장된다. 데이터를 송신할 때에는 저장된 메모리에서 데이터를 가로 방향으로 출력하면 출력 데이터의 순서는 1, 6, 11, 16, … 등으로 변경된다. 수신기에서 송신된 데이터를 송신기와 동일한 구조를 가진 메모리에 세로 방향으로 저장하면 1, 6, 11, 16, … 등으로 저장된다. 메모리에 저장된 데이터를 가로 방향으로 출력하면 데이터는 1, 2, 3, 4, … 등으로 변경되어 원래의 데이터를 찾을 수 있다.

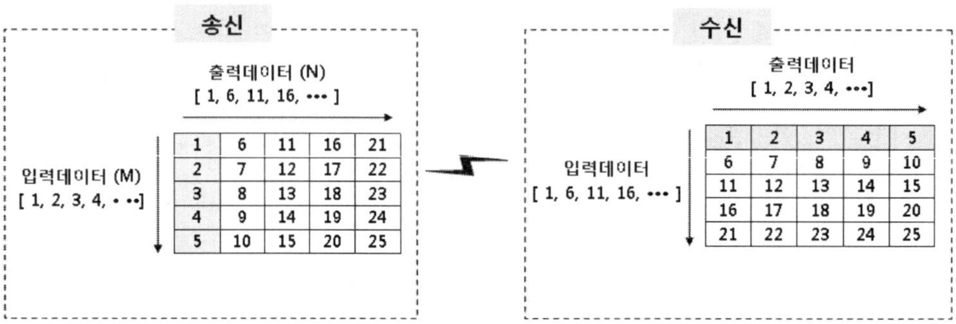

〈그림 15-4〉 블록 인터리빙의 기본 개념

2. 블록인터리빙의 특징

인터리빙 송수신 메모리 구조가 $N \times M$(가로 N개, 세로 M개)으로 이루어졌다고 가정한다. 이때 블록 인터리빙의 에러 발생 특징과 처리 시간은 다음과 같다.

① 원래의 데이터가 N개 이하의 연속 심볼 에러가 발생할 경우 인터리빙을 적용하면 적어도 M개만큼 떨어져서 발생한다.

② 원래의 데이터가 $b \times N$ 만큼 연속적으로 에러가 발생할 경우 즉 $b > 1$일 때 인터리빙을 적용하면 연속된 심볼 에러는 최대 b보다 큰 정수 가운데 가장 작은 정수 ($\lceil b \rceil$) 만큼 에러가 발생한다. ($\lceil b \rceil$)는 b보다 큰 정수 가운데 가장 작은 정수

를 나타낸다. 에러 발생 거리는 적어도 M에서 b보다 작은 정수 가운데 가장 큰 정수 ($M-\lfloor b \rfloor$)만큼 떨어져서 발생한다. ($\lfloor b \rfloor$)는 b보다 작은 정수 가운데 가장 큰 정수를 나타낸다.

③ 원래의 데이터가 주기적으로 N개만큼 떨어져 1개의 에러가 발생하는 경우 인터리빙을 적용하면 M개의 연속된 에러를 발생시킨다.

④ 인터리버/디인터리버의 메모리 저장으로 $2M\times N$만큼 심볼 메모리 저장 시간이 필요해 진다. 이때 데이터 전송 지연 시간은 인터리빙을 할 때 $M\times(N-1)+1$, 디인터리빙을 할 때 $M\times(N-1)+1$이므로 전체 메모리 저장 지연 시간은 $2M\times N-2M+2$가 된다.

⑤ 인터리버/디인터리버 메모리는 앞의 메모리를 읽기 전에 미리 다음 메모리에 채워져 있는 것이 바람직하므로 인터리버/디인터리버 각각 $2M\times N$의 메모리가 필요하다.

3. 블록인터리빙의 특징의 예

블록 인터리빙의 특징을 예를 가지고 설명하면 다음과 같다.

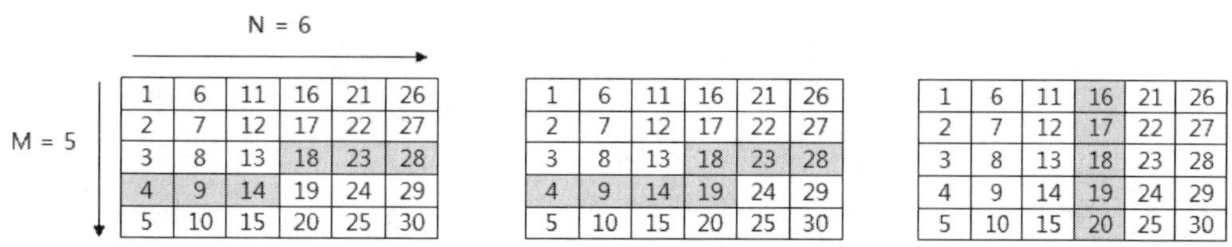

(a) 6개의 연속 에러 발생 (b) 7개의 연속 에러 발생 (c) 6번째 마다 주기적으로 5개가 연속 에러 발생

〈그림 15-5〉 블록 인터리빙 예

① (a)에서 6개 이하의 연속 심볼 에러가 발생할 경우 수신데이터는 5개만큼 떨어져서 발생한다.

② (b)에서 $b=1.17$로 $b\times N=7$개 발생, 연속된 심볼 에러는 $\lceil b \rceil=2$ 연속 에러 발생하고, 에러 발생 거리는 $5-\lfloor b \rfloor=4$ 만큼 떨어져서 발생한다.

③ (c)에서 주기적으로 6번째 1개의 에러가 5회 발생하므로 5 개의 연속된 에러가 발생한다.

④ 인터리버/디인터리버의 메모리 저장으로 각각 $5\times 6=30$ 메모리 저장 시간이 필요하다. 이때 데이터 전송 지연 시간은 인터리빙을 할 때 $5\times(6-1)+1=26$ 디인터리빙을 할 때 $5\times(6-1)+1=26$이므로 전체 52 메모리 처리시간이 필요하다.

⑤ 인터리버/디인터리버 각각의 메모리는 각각 $2\times5\times6=60$개의 메모리가 필요하다.

제3절 컨볼루션 인터리빙

1. 기본 개념

컨볼루션 인터리빙(Convolution Interleaving)은 길이가 다른 레지스터를 이용하여 입력 데이터의 순서를 바꾸어 전송하고, 데이터를 수신할 때 레지스터의 순서를 반대로 하여 원래의 입력 데이터 순서대로 복원하여 집중에러를 랜덤에러로 분산시킨다. 길이가 다른 레지스터를 이용하여 입력 데이터의 위치에 따라 다른 레지스터 수만큼 일정 시간이 지난 후 송신하면 순서가 바뀌어 전송되고, 데이터 수신시 레지스터의 순서를 반대로 하면 원래의 입력 데이터 순서대로 복원된다.

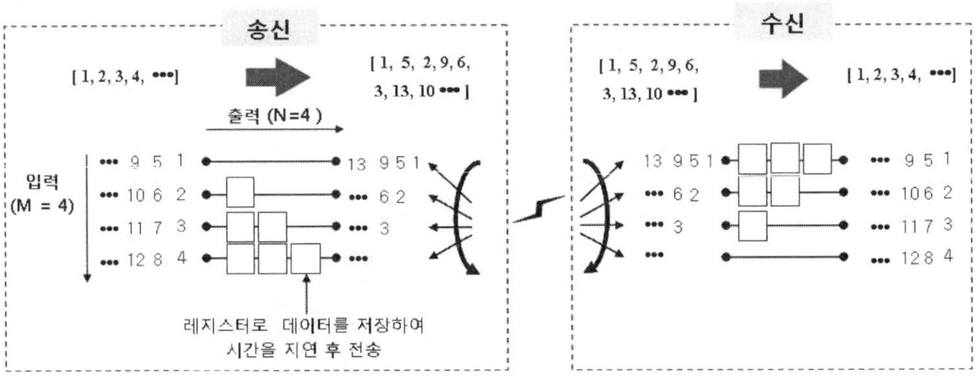

〈그림 15-6〉 컨볼루션 인터리빙의 기본 개념

2. 컨벌루션 인터리빙의 특징

인터리빙 송수신 메모리 구조가 $N\times M$(가로 N개, 세로 M개)으로 이루어졌다고 가정한다. 이때 컨볼루션 인터리빙의 레지스터 구조는 〈그림 15-6〉과 같이 직각 이등변 삼각형 형태의 메모리 구조를 가진다. 컨볼루션 인터리빙의 특징은 다음과 같다.

① 컨볼루션 인터리버의 지연 시간은 $M(N-1)$이다.

② 컨볼루션 인터리버의 메모리는 송수신 각각 $M(N-1)/2$이다.

③ 컨볼루션 인터리빙은 블록 인터리빙보다 지연시간은 낮고 요구되는 메모리 수가

적어진다.

3. 컨벌루션 인터리빙의 특징의 예

컨볼루션 인터리빙의 특징을 예를 가지고 설명하면 다음과 같다.

① 컨볼루션 인터리버의 지연 시간은 $4 \times (4-1) = 12$메모리 처리 시간 필요하다.

② 컨볼루션 인터리버의 메모리는 송수신 각각 $4 \times (4-1)/2 = 6$이므로 송수신 메모리 12개가 필요하다.

제4절 이동통신의 응용

1. 연계 코드(Concatenated Code)

연계 코드는 단일 코드보다 동일한 성능을 나타내는데 복잡도가 낮다. 비터비 디코드는 집중에러를 발생하는 특징이 있고 R-S 코드는 심볼 단위 코딩을 한다. 인터리버는 심볼 단위로 집중에러를 랜덤 에러로 분산하므로 연계코드의 일부로 응용된다. 이동통신 시스템에서 컨벌루션 코드와 R-S 코드 사이에 인터리버를 연결한 연계 코드를 사용하는데 구성은 다음과 같다.

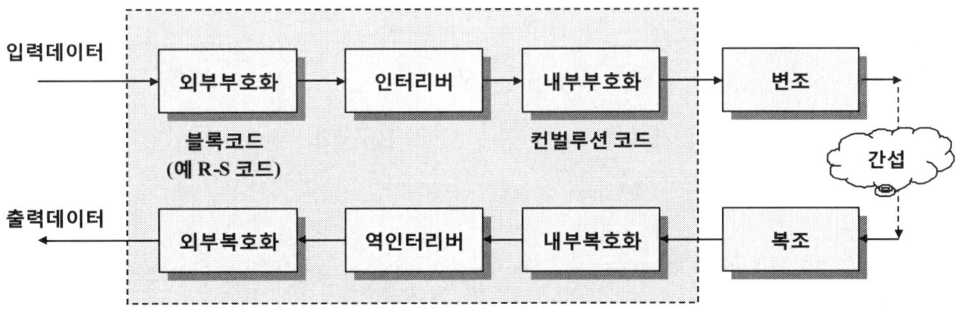

〈그림 15-7〉 연계 코드의 구성

2. Compact Disc(CD) digital audio system

Compact Disc(CD) digital audio system은 1979년에 네덜란드 필립스와 일본의 소니가 음악 저장 매체로 표준화되었다. CD는 아날로그 신호를 표본화 샘플 44.1 kilosamples/sec, 양자화를 16 비트 (96dB 양자화 범위)로 하여 디지털 신호로 변화하였다. 이때 전체 디지털 데이터양은 70분 동작 기준으로 100억 비트에 이른다.

CD의 에러 발생 형태는 일반적으로 집중에러 형태로 나타나는데 이것은 좁은 공간에 다량의 데이터가 입력된 상태에서 CD의 재료인 플라스틱에 불순 입자 및 공기가 함유되었거나 손자국 및 긁힘 등으로 데이터가 손상되기 때문이다.

CD의 채널 부호화 및 인터리버의 구조를 Cross Interleave Reed - Solomon Code (CIRC)라고 하는데 CIRC의 구조는 Interleave + encode(R-S code : [28, 24] - 내부) + interleave + encode(R-S code [32, 28] - 외부) + interleave로 구성된다. 인터리빙은 4byte 단위로 순서 교환, 바이트 단위 다른 지연 시간으로 스프레드, 바이트 단위 순서 변경 등의 3번의 인터리빙을 수행한다.

연습문제

01 인터리빙의 기본 개념을 설명하시오.

02 연속된 송신 신호가 시간적으로 상관성이 높아 일정 시간 연속적인 에러를 발생하는 채널을 무엇이라 하는가?

03 집중에러의 원인에는 어떤 것이 있는가?

04 디지털 신호를 전송할 때(예 : 1, 2, 3, 4, 5, 6, 7, 8, 9, 10, 11, 12) 인터리빙을 적용한 경우(4 × 3 메모리를 적용한 경우)와 적용하지 않은 경우를 다음 그림의 전파채널 사이에 나타내시오.

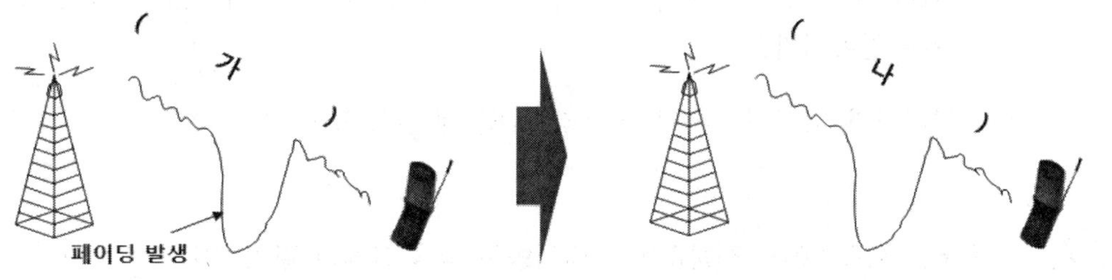

<인터리빙을 적용하지 않을 경우> **<인터리빙을 적용한 경우>**

05 이동통신 시스템에서 적용하는 인터리빙이 다음과 같이 기지국에서 송신하고 단말기에서 수신할 때 블록 인터리빙이라고 한다. 다음 그림을 가지고 블록 인터리빙을 설명하시오.

송신

출력데이터 (N) [1, 6, 11, 16, ···]

입력데이터 (M) [1, 2, 3, 4, ···]

1	6	11	16	21
2	7	12	17	22
3	8	13	18	23
4	9	14	19	24
5	10	15	20	25

수신

출력데이터 [1, 2, 3, 4, ···]

입력데이터 [1, 6, 11, 16, ···]

1	2	3	4	5
6	7	8	9	10
11	12	13	14	15
16	17	18	19	20
21	22	23	24	25

06 이동통신 시스템에서 다음과 같은 5×6의 블록 인터리버를 사용하고 있다. 다음 각각의 질문에 답하시오.

N = 6, M = 5

1	6	11	16	21	26
2	7	12	17	22	27
3	8	13	**18**	**23**	**28**
4	**9**	**14**	19	24	29
5	10	15	20	25	30

(a)

1	6	11	16	21	26
2	7	12	17	22	27
3	8	13	**18**	**23**	**28**
4	**9**	**14**	**19**	24	29
5	10	15	20	25	30

(b)

1	6	11	**16**	21	26
2	7	12	**17**	22	27
3	8	13	**18**	23	28
4	9	14	**19**	24	29
5	10	15	**20**	25	30

(c)

가. (a)에서 6개 이하의 연속 심볼 에러가 발생할 경우 수신데이터는 최소 얼마만큼 떨어져서 발생하는가?

나. (b)에서 연속된 에러의 수와 최소 에러 발생 거리는 얼마인가?

다. (c)에서 주기적으로 6번째 1개의 에러가 발생할 때 발생하는 연속된 에러 수는 얼마인가?

라. 인터리버/디인터리버의 데이터를 메모리에 저장하는데 필요한 메모리 처리 시간은 얼마인가?

마. 인터리버/디인터리버의 메모리는 몇 개가 필요한가?

07 이동통신 시스템에서 적용하는 인터리빙이 다음 그림과 같이 기지국에서 송신하고 단말기에서 수신할 때 컨볼루션 인터리빙이라고 한다.

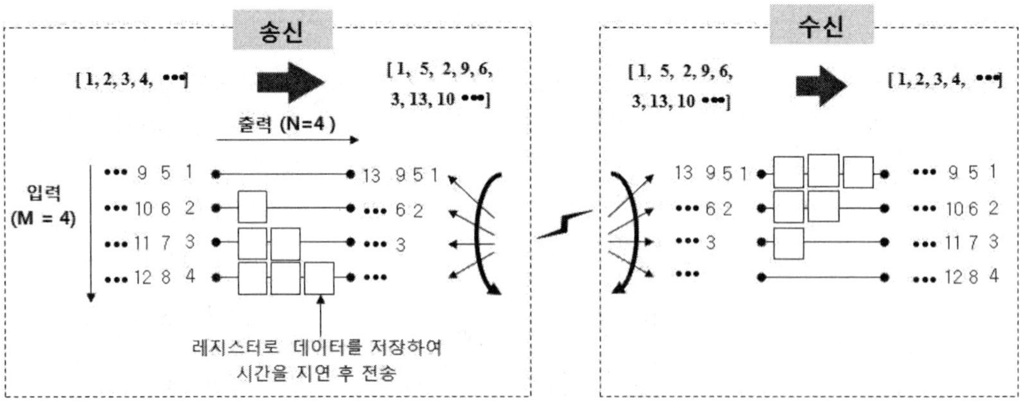

가. 상기 그림을 가지고 컨볼루션 인터리빙을 설명하시오.

나. 4×4 컨볼루션 인터리버를 사용할 때 송신 및 수신측에서 메모리 저장 시간 및 필요한 메모리 수는 각각 얼마인가?

08 이동통신 시스템에서는 R-S 코드와 컨볼루션 코드 사이에 인터리버를 넣어 집중 에러를 분산시키는데 이러한 코드를 무엇이라 하는가?

09 음악 CD에서 인터리빙을 3번 반복하면서 코딩을 하는 이유는 무엇인가?

매트랩 실습

매트랩 실습은 다음과 같은 순서로 진행한다.

1. 실습과제의 목적과 내용을 이해한다.
2. 매트랩 프로그램의 명령어를 학습하여 프로그램을 이해한다.
3. 매트랩 프로그램의 편집 창을 이용하여 프로그램을 작성한다.
4. 매트랩 프로그램의 실행결과를 확인한다.
5. 실습과제에서 요구하는 파라미터 변화에 따른 결과를 분석한다.
6. 결과분석 자료를 정리하여 발표하고 토론한다.

1. 인터리빙 및 디인터리빙 구현

1.1 실습 목적

페이딩 환경에서 집중 에러를 방지하기 위한 인터리빙과 디인터리빙 과정을 이해한다.

1.2 실습 과제

이동통신에서 이용되는 블록 인터리빙 디인터리빙을 하나의 프로그램으로 구성하여 송신 데이터와 수신 데이터가 동일한지 확인한다. 또한 컨볼루션 프로그램도 동일한 절차로 실습한다.

1.3 실습 예제

예제 4.15.1 전송코드의 블록 인터리빙과 디인터리빙

토의 내용

랜덤함수이므로 실행시마다 값이 변화한다. 입출력 값이 동일한지 확인한다.

```
% mc4151_blockInterv.m

% 블럭 인터리빙/디인터리빙

clear all % 워크스페이스 초기화
close all % 모든 창 종료
clc % 입력창 초기화

Nblock = 5; % 블럭 크기
Ns = Nblock*5; % 입력신호 길이(Nblock의 배수)

%  입력신호
s_in=floor(rand(1,Ns)+0.5);                    % 이진수
%s_in = 1:Ns;

% 인터리빙
temp = reshape(s_in, Nblock,Ns/Nblock)';
s_int = reshape(temp,1,[]); % 인터리빙된 신호

% 디인터리빙
temp2 = reshape(s_int,Ns/Nblock, Nblock)';
s_deint = reshape(temp2,1,[]); % 디인터리빙된 신호

% 그림창 만들기

figure(4151)

% 그래프 그리기
subplot(4,1,1)
t_in = 1:length(s_in);
stem(t_in,s_in,'linewidth',2, 'Color',[0 0.5 1])
grid on
title('입력 심볼: 임의의 값을 가짐','fontsize', 12)
xlabel('time')
ylabel('symbol')
legend('Input symbol','Location','best')

subplot(4,1,2)
t_int = 1:length(s_int);
stem(t_int,s_int,'linewidth',2, 'Color',[0 0.5 1])
```

```
grid on
title('블럭 인터리빙 출력 신호','fontsize', 12)
xlabel('time')
ylabel('symbol')
legend('Interleaved symbol', 'Location','best')

subplot(4,1,3)
t_int = 1:length(s_int);
stem(t_int,s_int,'linewidth',2, 'Color',[0 0.5 1])
grid on
title('블럭 디인터리빙 입력 신호','fontsize', 12)
xlabel('time')
ylabel('symbol')
legend('Interleaved symbol', 'Location','best')

subplot(4,1,4)
t_deint = 1:length(s_deint);
stem(t_deint,s_deint,'linewidth',2, 'Color',[0 0.5 1])
grid on
title('블럭 디-인터리빙 출력 신호','fontsize', 12)
xlabel('time')
ylabel('symbol')
legend('De-interleaved symbol', 'Location','best')

% % blue [0 0.5 1]
% % red [1 0.2 0]
% % green [0 0.7 0]

print -dpng fig4151
```

예제 4.15.2 전송코드의 컨볼루셔널 인터리빙과 디인터리빙

토의 내용

랜덤함수이므로 실행시마다 값이 변화한다. 입출력 값이 동일한지 확인한다.

```
% mc4152_convInterv.m

% 컨볼루셔널 인터리빙/디인터리빙

clear all % 워크스패이스 초기화
close all % 모든 창 종료
clc % 입력창 초기화

Nreg = 3; % 레지스터의 갯수. [0, 1, ... Nreg]의 딜레이를 가짐
Ns = Nreg*5; % 입력신호 길이(Nreg의 배수)

%  입력신호
%s_in=floor(rand(1,Ns)+0.5);              % 이진수
s_in = 1:Ns;

% 인터리빙
temp = zeros(Nreg, Ns/Nreg+Nreg-1);
temp(:,1:Ns/Nreg) = reshape(s_in,Nreg,Ns/Nreg);
for ii = 1:Nreg
    temp(ii,:) = circshift(temp(ii,:),[0 ii-1]);
end
s_int = reshape(temp,1,[]); % 인터리빙된 신호


% 디인터리빙
temp2 = zeros(Nreg, Ns/Nreg + 2*(Nreg-1));
temp2(:,1:Ns/Nreg+Nreg-1) = reshape(s_int,Nreg,Ns/Nreg+Nreg-1);
temp2 = flipud(temp2);
for ii = 1:Nreg
    temp2(ii,:) = circshift(temp2(ii,:),[0 ii-1]);
end
temp2 = flipud(temp2);
s_deint = reshape(temp2,1,[]); % 디인터리빙된 신호
```

```
% 그림창 만들기

figure(4152)

% 그래프 그리기
subplot(3,1,1)
t_in = 1:length(s_in);
stem(t_in,s_in,'linewidth',2, 'Color',[0 0.5 1])
grid on
title('Input symbol','fontsize', 12)
xlabel('time')
ylabel('symbol')
legend('입력 심볼: 1~15의 값을 가짐','Location','best')

subplot(3,1,2)
t_int = 1:length(s_int);
stem(t_int,s_int,'linewidth',2, 'Color',[0 0.5 1]), hold on
stem(t_int(find(~(s_int))),s_int(find(~(s_int))),'linewidth',2, 'Color',[1 0.2 0])
grid on
title('컨볼루션 인터리빙 된 심볼: 레지스터의 초기값이 섞임','fontsize', 12)
xlabel('time')
ylabel('symbol')
legend('Interleaved symbol', 'Garbage data','Location','best')

subplot(3,1,3)
t_deint = 1:length(s_deint);
stem(t_deint,s_deint,'linewidth',2, 'Color',[0 0.5 1]), hold on
stem(t_deint(find(~(s_deint))),s_deint(find(~(s_deint))),'linewidth',2, 'Color',[1 0.2 0])
grid on
title('컨볼루션 디-인터리빙 된 심볼: 레지스터의 초기값이 앞 뒤로 정렬됨','fontsize',
12)
xlabel('time')
ylabel('symbol')
legend('De-interleaved symbol', 'Garbage data','Location','best')
% % blue [0 0.5 1]
% % red [1 0.2 0]
% % green [0 0.7 0]

print -dpng fig4152
```

제16장

디지털 변조와 복조

제1절 개요

1. 기본 개념

변조란 정보신호가 반송파의 성질을 변화시키는 것이다. 따라서 아날로그 신호는 아날로그 형태로 반송파를 변화시키고 디지털인 정보 신호는 디지털 형태로 반송파를 변화시킨다.

일반적으로 낮은 주파수 보다 높은 주파수가 보내기도 편리하고 더 많은 정보를 보낼 수도 있다. 이것은 높은 주파수를 이용하여야만 파장이 작아져 안테나 크기를 줄여 신호를 보낼 수 있으며 높은 주파수에서는 많은 주파수를 이용할 수 있어 많은 정보를 보낼 수 있다. 우리가 말하고 들을 수 있는 목소리(약 0-4000kHz)와 디지털 펄스 신호(0Hz 근처의 주파수들로 구성)를 높은 주파수(800MHz, 2000MHz)로 올려야만 안테나 크기를 줄이고 많은 가입자를 보낼 수 있기 때문이다. 즉 통신을 하기 위해서는 낮은 주파수 신호를 높은 주파수로 높여 안테나를 통해 보내는 것을 변조(Modulation)라고 하고 다시 높은 주파수의 신호를 낮추어 사람이 들을 수 있는 주파수로 변경하여 신호를 받는 것을 복조(Demodulation)라고 한다. 일반적으로 많이 사용되는 모뎀(MODEM)은 변조와 복조를 합친 용어이다. 디지털통신은 디지털 정보신호를 변조하는데 다양한 형태의 아날로그 신호 파형을 이용한다.

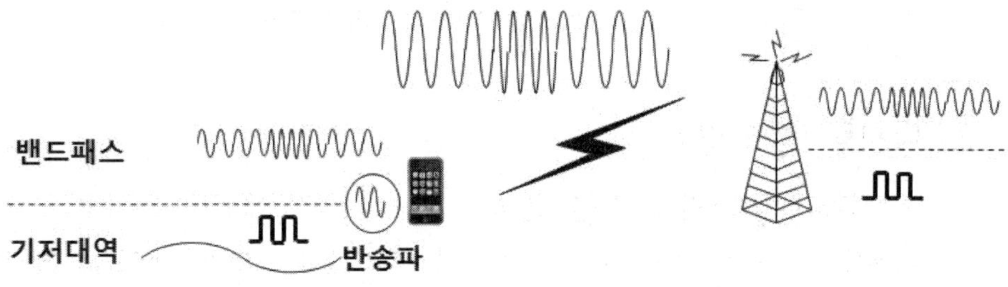

〈그림 16-1〉 변조의 개념

반송파(Carrier Wave)는 고정된 주파수와 위상의 형태를 가지는 파형으로 발진기(Oscilator)를 이용하여 반송파를 생성한다. 기저대역(Baseband)은 음성신호와 같은 아날로그 신호이든 디지털 펄스와 같은 디지털 신호이든 변조되지 않은 신호가 존재하는 저주파 대역을 의미한다. 밴드패스(Bandpass) 대역은 변조에 의해 전송채널에 맞게 변경된 주파수 대역을 의미한다. 기저대역(Baseband) 신호의 전송방법은 가까운 거리는 변조하지 않고 기저대역 신호를 직접 전송한다. 하지만 일반적으로 기저대역의 디지털 신호를 멀리 보내려면 디지털 변조를 거쳐 고주파의 반송파에 실어 전송한다. 이때 전송하고자 하는 정보신호가 아날로그인 경우 아날로그 변조방식으로 처리하고 디지털인 경우 디지털 변조방식으로 처리한다.

2. 변조와 복조의 위치

변조와 복조의 위치를 전체 디지털이동통신 시스템에서 나타내면 〈그림 16-2〉와 같다.

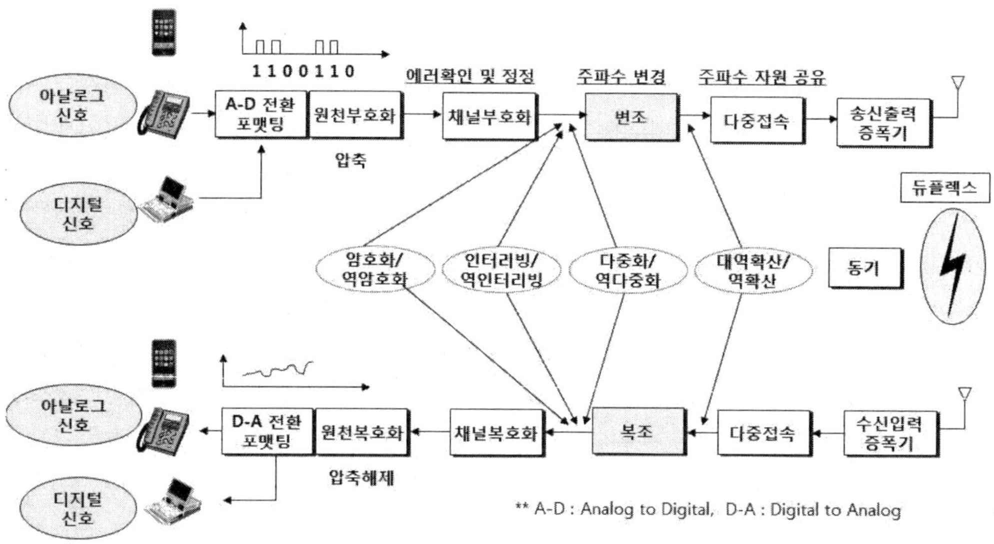

〈그림 16-2〉 변조와 복조의 위치

3. 디지털 변조 방법

(1) 디지털 데이터의 크기를 결정

기저대역 신호를 전송채널로 전송하기 위해 아날로그 반송파를 디지털 데이터에 의해 변조하여 전송채널로 전송한다. 〈그림 16-3〉은 디지털 비트를 반송파에 실어 전송할 때 몇 비트를 하나의 반송파에 나타낼 것인가를 결정하는 과정을 보여주고 있다. 결정된 비트들의 크기만큼 아날로그 반송파를 변조시켜 전송채널로 전송한다.

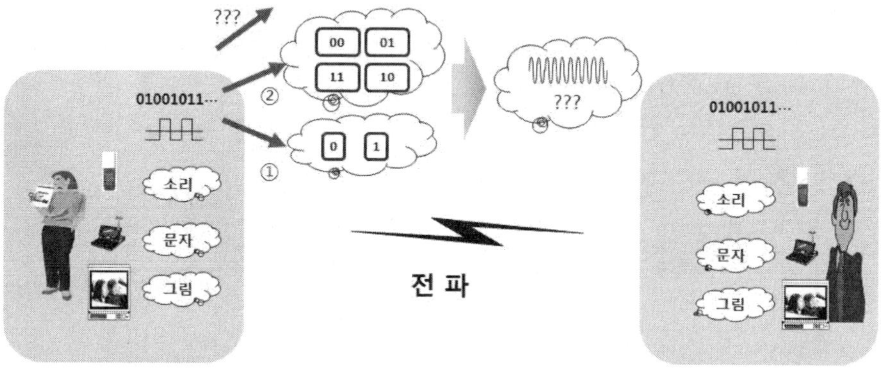

〈그림 16-3〉 디지털 신호의 전송 절차

(2) 디지털 변조 신호 생성

디지털 통신의 변조와 복조는 디지털 정보를 통신망의 전송특성에 맞게 전송할 수 있도록 디지털 신호를 특정 주파수 대역의 아날로그 신호의 진폭, 주파수, 위상을 디지털 신호의 크기로 변화시키고(변조), 디지털 신호의 크기로 이루어진 아날로그 파형의 진폭, 주파수, 위상의 크기를 디지털 신호로 변화(복조)시킨다.

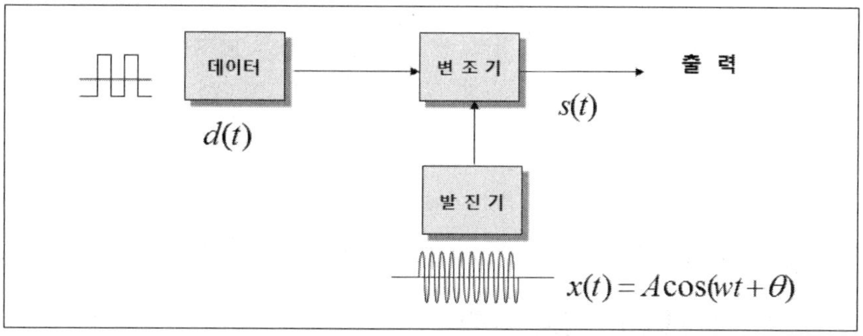

〈그림 16-4〉 디지털 변조 방법

(3) 디지털 변조 종류

〈그림 16-5〉와 같이 0과 1의 디지털 정보를 파형으로 구분하는 방법은 다음 4가지가 있다.

① 진폭 변조(ASK : Amplitude Shift Keying) : 디지털 정보의 변화를 반송파의 세기로 구분하여 변조

② 주파수 변조(FSK : Frequency Shift Keying) : 디지털 정보의 변화를 반송파의 주파수로 구분하여 변조

③ 위상 변조(PSK : Phase Shift Keying) : 디지털 정보의 변화를 반송파의 위상으

로 구분하여 변조

④ 진폭위상 변조(APK : Amplitude Phase shift Keying) : 디지털 정보의 변화를 반송파의 진폭 및 위상으로 구분하여 변조

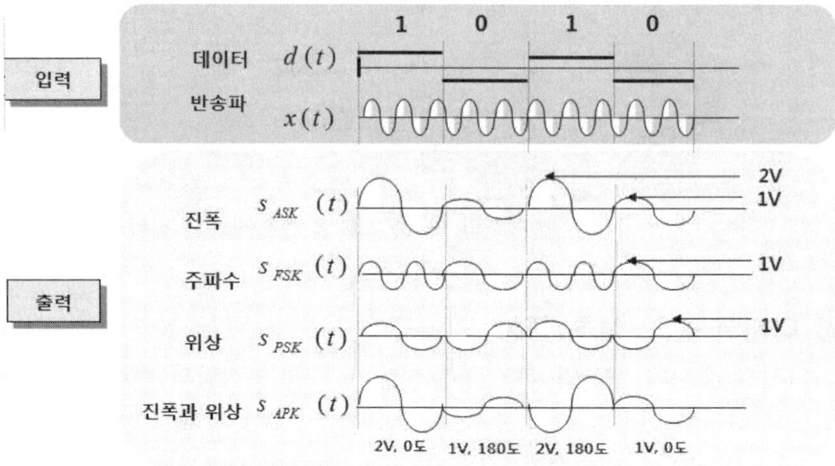

〈그림 16-5〉 디지털 변조 종류

〈그림 16-5〉를 살펴보면 PSK 방식이 전력과 주파수 측면에서 가장 효율적인 변조 방식임을 알 수 있다. ASK는 전력이 많이 소비되고 FSK는 주파수가 많이 필요함을 직관적으로 알 수 있다. 따라서 IMT-2000 초기까지만 하여도 PSK 방식이 많이 이용되었다.

4. 아날로그와 디지털 변조 신호의 비교

(1) 아날로그 변조의 성능 특징

아날로그 통신 품질은 S/N로 측정하고 성능은 음질, 화질과 같이 주관적으로 판단한다. 요구되는 $(S/N)_{req}$ 값을 만족하면 품질은 양호하다. 요구되는 $(S/N)_{req}$값을 만족하지 못하면 에러가 아날로그 양에 비례하여 나타나는데 에러의 형태는 음질불량, 화질불량으로 나타난다. 에러정정은 어렵지만 에러 자체가 신호정보에 치명적이지 않다.

(2) 디지털 변조의 성능 특징

디지털 통신 품질은 비트당 신호 대 잡음 전력비 E_b/N_o로 측정하고 성능은 BER로 나타낸다. 요구되는 신호 대 잡음 전력비 $(E_b/N_o)_{req}$를 만족하면 품질은 양호하다. 요구되는 신호 대 잡음 전력비 $(E_b/N_o)_{req}$를 만족하지 못하면 치명적인 에러가 발생하는

데 데이터의 수치가 달라지거나 음질, 화면 등의 손실이 발생한다. 따라서 에러를 정정하기 위한 채널 부호화 기술의 적용은 필수적이다. 전력은 비트를 판정할 수 있는 최소한의 전력을 사용하므로 아날로그와 비교하여 효율적이다.

5. 디지털 변조 방식의 성능 비교

(1) 기본 개념

동일한 전력을 사용할 때 나타나는 각 변조 방식의 BER 또는 동일한 성능(BER)을 유지하기 위한 각 변조 방식의 요구 전력을 비교하여 성능을 측정한다.

(2) 일반적인 기본 특징

심볼당 비트수가 증가하면 전송속도는 증가하나 BER이 증가한다. 심볼당 동일한 전력을 사용할 경우 심볼간 구간은 ASK의 경우 레벨간 전력 차이가 적어지고 FSK의 경우 주파수당 전력이 감소하고 PSK의 경우 위상간 간격이 줄어들어 에러가 증가한다.

- 2ASK => 4ASK => 8ASK : 각 레벨의 전력 감소
- 2FSK => 4FSK => 8FSK : 각 주파수 당 전력 감소
- BPSK => QPSK => 8PSK : 위상 간격이 축소

6. 디지털 변조와 데이터 전송 속도

(1) 비트와 심볼신호의 전송속도의 정의

변조는 디지털이동통신의 데이터 속도와 관계가 크다. 변조와 데이터 전송속도간의 관계를 설명하기 전에 비트 레이트와 심볼 레이트를 정의할 필요가 있다. 각각의 정의는 다음과 같다.

① 비트 레이트(bit rate) : 초당 전송되는 비트 수(bps : bits per second)
② 심볼 레이트(symbol rate) : 초당 전송되는 심볼 수(sps : symbols per second). 보드율(baud rate)이라고도 함
③ 비트 레이트와 심볼 레이트의 관계

$$\text{bps(bits per second)} = \text{심볼당 비트 수} \times \text{심볼레이트} \qquad (\text{식 16-1})$$

〈그림 16-6〉은 2ASK와 4ASK로 변조할 때 비트 레이트와 심볼 레이트를 보여주고 있다. 변조율을 높이면 같은 시간에 적은 심볼을 가지고 더 동일한 정보 데이터를 송신할 수 있다. 즉 동일한 심볼 레이트로 전송하면 2배의 전송 속도를 높일 수 있음을 의미한다. 따라서 고속 데이터 전송을 위해서는 높은 변조율을 가지고 비트 레이트를 높여야 한다.

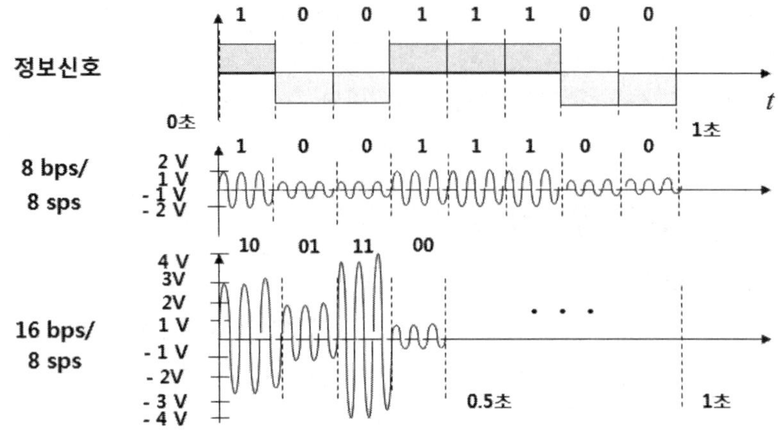

〈그림 16-6〉 변조와 데이터 전송속도와의 관계

(2) 비트와 심볼신호의 전송속도

WCDMA 시스템에서 전파환경이 매우 좋은 환경에서 심볼당 6비트를 송신하고 1개의 심볼을 1μs에 전송한다면 이때 비트레이트와 심볼레이트는 각각 얼마인가?

- 심볼레이트(sps) = $1/10^{-6} = 10^6$ = 1Msps
- 비트레이트(bps) = 1 Msps × 6bits/symbol = 6Mbps

제2절 디지털 변조 방식

1. 신호의 수식적 표현

기저대역의 디지털신호에 의해 변조될 반송파는 (식 16-2)와 같이 나타낼 수 있다.

$$s(t) = A\cos\theta(t) = A\cos(\omega_c t + \phi) \qquad \text{(식 16-2)}$$

기지국에서 디지털 신호를 n비트의 심볼 구간마다 반송파를 변조한 신호를 $s_i(t)$로 표시한다.

$$s_i(t) = A(t)\cos\theta(t) = A(t)\cos[\omega(t) + \phi(t)]$$
$$i = 1,\ 2,\ \cdots,\ M \quad (0 \le t < T) \qquad \text{(식 16-3)}$$

단말기에서는 n비트의 심볼 구간마다 M개의 $s_i(t)$ 신호 가운데 1개의 신호를 결정한다. 디지털 변조 신호의 표시는 M개의 심볼을 변조 방식 앞에 표시한다. 예를 들어 2ASK, 2FSK, QPSK, 8PSK, 16QAM, 64QAM 등으로 표시한다.

2. 디지털 변조 신호의 수식적 표현

1) ASK(Amplitude Shift Keying) (진폭편이변조)

$$S_i(t) = A_i(t)\cos(\omega_c t + \phi) \quad \text{(식 16-4)}$$

이때 ω_c와 ϕ는 일정, 심볼 구간 n비트마다 $A_i(t)$ 변화

2) FSK(Frequency Shift Keying) (주파수 편이 변조)

$$S_i(t) = A\cos[\omega_i(t) + \phi) \quad \text{(식 16-5)}$$

이때 A와 ϕ는 일정, 심볼구간 n비트마다 $\omega_i(t)$ 변화

3) PSK(Phase Shift Keying) (위상 편이 변조)

$$S_i(t) = A\cos[\omega_c t + \phi_i(t)] \quad \text{(식 16-6)}$$

이때 A와 ω는 일정, 심벌 구간 n비트마다 $\phi_i(t)$ 변화

4) APK(Amplitude Phase Keying) : 진폭 위상 편이 변조

$$S_i(t) = A_i(t)\cos[\omega_c t + \phi_i(t)] \quad \text{(식 16-7)}$$

이때 ω는 일정, A와 ϕ_i 는 심벌 구간 n비트마다 $A_i(t)$, $\phi_i(t)$ 변화

제3절 디지털 복조 방식

1. 기본 개념

복조는 변조된 신호를 수신하여 송신신호의 정보를 확인하는 것이다. 송신신호와 수신신호의 상관관계를 측정하는 상관기(Correlator)를 이용하는데 일반적으로 상관기는 정합필터(Matched filter)를 이용한다.

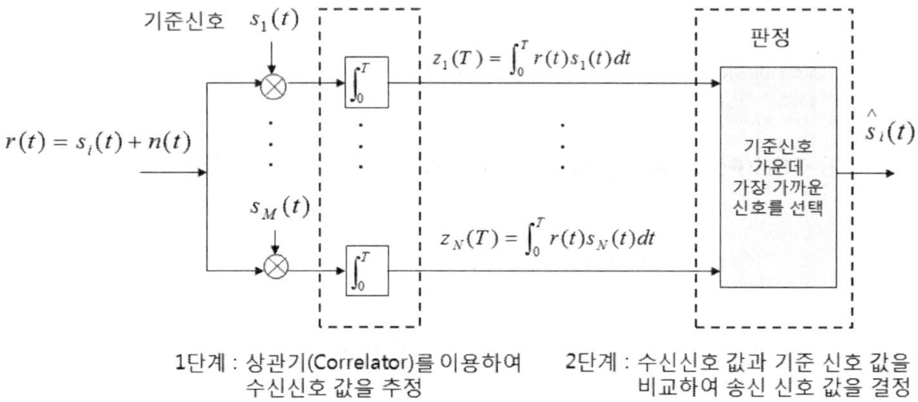

〈그림 16-7〉 복조 절차

2. 상관기(Correlator)

상관기는 수신신호와 기준 신호의 상관관계를 분석하여 데이터를 결정한다. 디지털 신호의 경우 수신신호는 유한한 경우의 수이고 따라서 유한 경우의 수 만큼 기준 신호를 가지고 수신신호와 상관관계를 분석하여 가장 비슷한 신호를 분석하여 수신 신호 값을 결정한다.

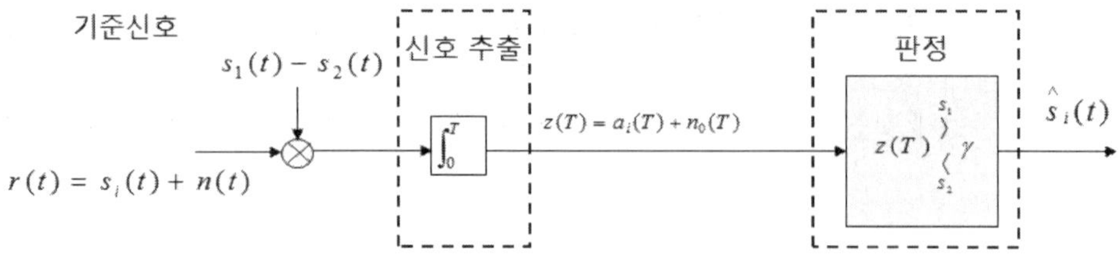

〈그림 16-8〉 1개의 상관기를 가진 2진 상관기

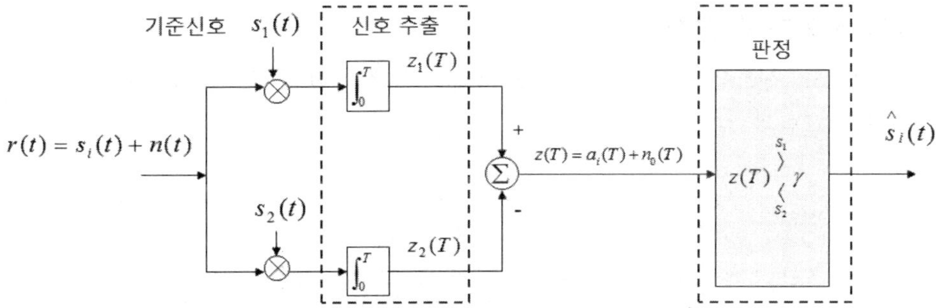

〈그림 16-9〉 2개의 상관기를 가진 2진 상관기

3. 검파 방식

(1) 개요

수신기가 수신신호의 신호를 검파할 때 수신하는 신호의 반송파 주파수와 위상의 기준 정보를 알고 검파하는 것을 동기식 검파(Coherent Detection)라고 하며 수신기가 위상 기준 정보를 알지 못하고 검파하는 것을 비동기식 검파(Non coherent Detection)라고 한다. 비동기식 검파는 동기식 검파 방식과 비교하여 BER이 높다.

(2) 동기식 검파

MPSK 신호는 주파수와 위상을 모두 확인하여야 복조할 수 있다. 검파하는 시스템의 구성은 〈그림 16-10〉과 같다.

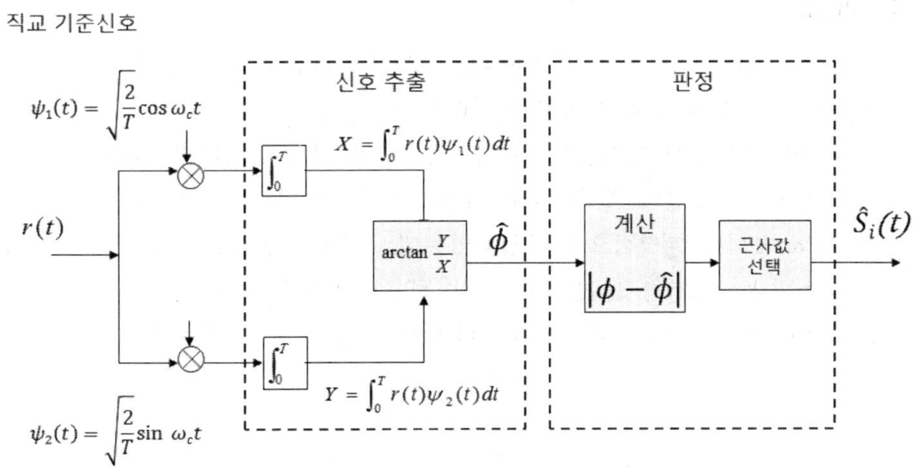

〈그림 16-10〉 동기 검파 방식의 개념

(3) 비동기식 검파

MFSK 신호의 복조는 주파수만 확인하면 복조할 수 있다. 검파하는 시스템의 구성은 다음 그림과 같다.

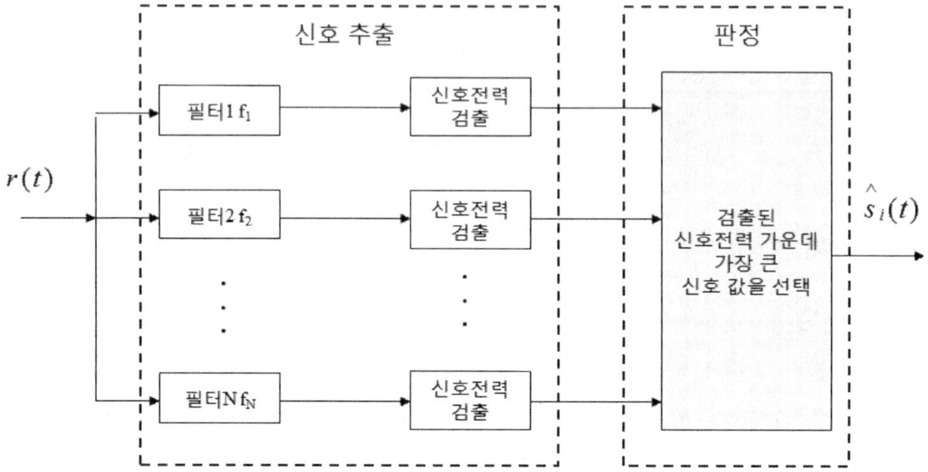

〈그림 16-11〉 비동기 검파 방식의 개념

제4절 이동통신의 응용

1. 개요

〈표 16-1〉은 다양한 디지털 변복조 방식의 종류와 구현 방식 구리고 적용하고 있는 이동통신 시스템 등을 요약한 것이다.

디지털 이동통신 시스템은 2세대 이동통신에서 주로 QPSK 이하의 PSK 방식을 이용하였으나 이동통신의 멀티미디어 서비스로 발전하면서 고속의 데이터 전송서비스를 위해 APK 방식이 본격적으로 도입되었는데, 16QAM 방식을 이용한 EV-DO(우리나라에서 June, Fimm이란 브랜드로 서비스됨), HSPA(우리나라에서 SHOW, T라는 브랜드로 서비스됨) 그리고 64QAM(우리나라에서 와이브로로 서비스됨) 등이 대표적이다.

〈표 16-1〉 디지털 변복조 방식

구분	일반 특징	종류	구현 방식	비 고
ASK	전력 효율 나쁨	On-off Keying	신호 파형의 유, 무로 동작	해양통신 등 장거리 통신 장비 간단
FSK	주파수 효율 나쁨	BFSK(2FSK)	2 개의 주파수로 신호변조	아날로그 통신 제어채널
		MSK(CPFSK)	OQPSK 신호에 Sine 파를 이용하여 위상이 연속적으로 이루어지도록 한 주파수 변조	BER은 높으나 고주파 성분이 없어 전력 효율 좋음
		GMSK	MSK 데이터 신호를 Gaussian Low Pass Filter를 통과시켜 대역폭을 제한(점유 대역폭 감소)	GSM
PSK	전력 및 주파수 효율 좋음	BPSK(2PSK)	2개의 위상을 서로 편이	WCDMA/cdma2000 역방향 데이터 변조
		QPSK	4개의 위상을 서로 편이 고주파 성분 발생으로 증폭기 효율이 좋지 않음	WCDMA/cdma2000 순방향링크 순방향 데이터, 확산 신호 변조
		OQPSK	90 도 간격의 위상 편이 고주파 성분의 감소로 증폭기 효율 개선	WCDMA/cdma2000 역방향링크 확산 신호 변조
		8 PSK	8개의 위상을 서로 편이	EV-DO, EDGE
APK	ASK와 PSK 장점 반영	16 QAM 64 QAM	진폭과 위상을 동시에 사용하여 고속데이터 전송	EV-DO, HSPA WiMax,WiBro, WiBro-E, LTE, LTE-A

※ BFSK : Binary Frequency Shift Keying, MSK(CPFSK) : Minimum Shift Keying (Continuous Phase Frequency Shift Keying)
GMSK : Gaussian Minimum Shift Keying, OQPSK : Orthogonal Quadrature Phase Shift Keying QAM : Quadrature Amplitude Modulation
WiBro(WiBro-E) : Wireless Broadband (-Evolution) LTE(LTE-A) : Long Term Evolution (-Advamced)

2. QPSK(Quadrature PSK)

(1) 기본 개념

QPSK는 위상을 4개로 구분하여 보냄으로써 2비트 정보를 1개의 파형으로 송신한다. 직렬비트 정보를 2개의 병렬 비트 정보로 나누고 각각 다른 코사인, 사인 파형으로 변조한 후 두 개의 파형을 합성하여 전송한다.

$$S(t) = I(t)\cos\omega_c t + Q(t)\sin\omega_c t \qquad (식\ 16-8)$$

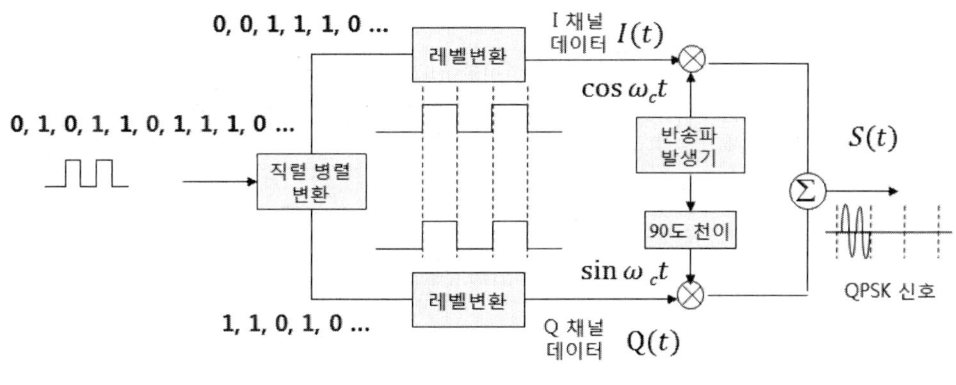

〈그림 16-12〉 QPSK 변조

(2) QPSK 변조 파형

QPSK 신호에서 송신하는 2 비트의 정보 데이터 (0, 0), (0, 1), (1, 0), (1, 1)는 〈그림 16-13〉과 같이 4개의 위상으로 나타난다. 4개 위상의 위치는 4개의 신호 발생 위상에 따라 다른 정보 데이터를 나타낸다.

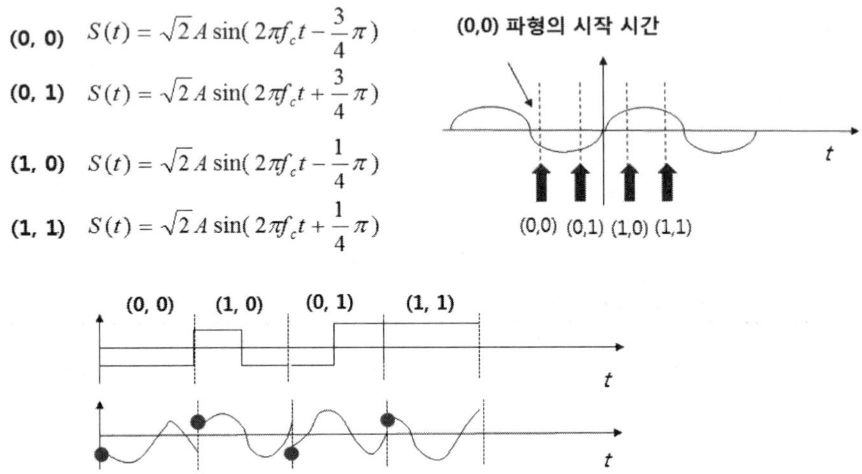

〈그림 16-13〉 QPSK 변조의 위상

3. OQPSK(Offset QPSK)

(1) 기본 개념

OQPSK는 위상을 4개로 구분하여 송신하는 것은 QPSK와 동일하나 위상 변화의 범위를 90도로 제한하기 위해 Q채널을 반주기 동안 지연시켜 발생한다.

$$S(t)=I(t)\cos\omega_c t+Q(t-T/2)\sin\omega_c t \qquad \text{(식 16-9)}$$

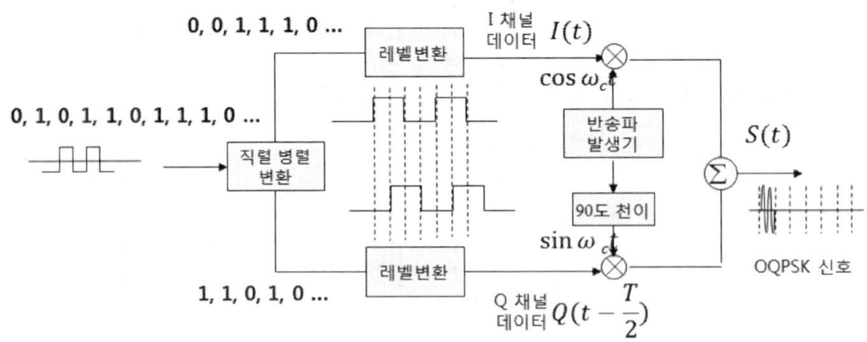

〈그림 16-14〉 OQPSK 변조

(2) OQPSK 변조과정

다음 그림은 펄스 데이터 신호를 OQPSK로 변조하여 송신하는 변조과정을 나타내고 있다.

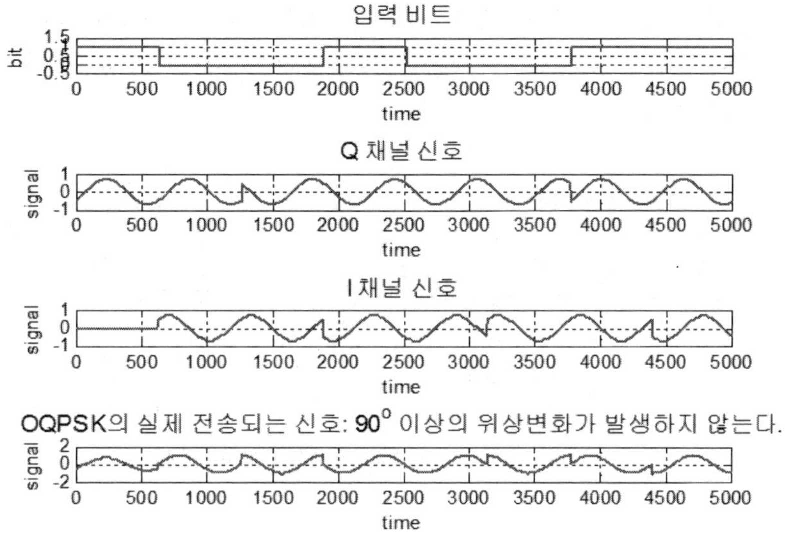

〈그림 16-15〉 OQPSK 변조의 파형

4. MSK(Minimum Shift Keying)

MSK는 두 개로 나누어진 병렬 데이터를 펄스 형태가 아닌 사인 파형으로 레벨 변환하여 OQPSK 방식과 동일하게 변조하는 방식이다. MSK는 결과적으로 2개의 주파수 파형을 나타내는데 위상 변화가 급격하게 나타나는 문제가 있다.

$$S(t) = i(t)\cos\omega_c t + q(t - T/2)\sin\omega_c t \qquad \text{(식 16-10)}$$

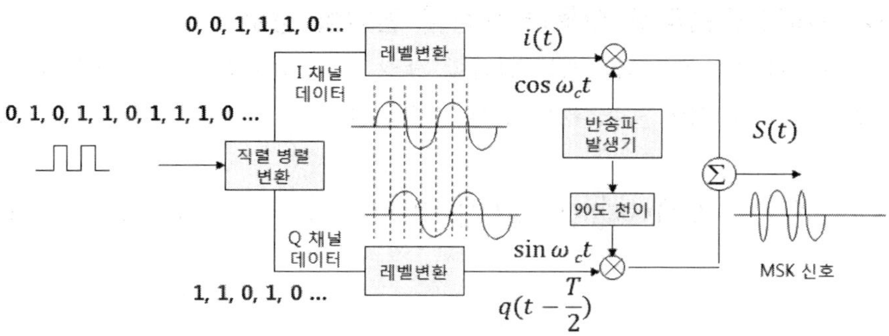

〈그림 16-16〉 MSK 변조

5. GMSK(Gaussian MSK)

MSK는 두 개의 주파수를 사용하면서 신호가 바뀔 때 급격히 위상이 변화함으로써 발생하는 고주파성분을 미리 가우시안 필터를 이용하여 완화함으로써 선형성을 높여 증폭기의 효율을 높인다. GSM 이동통신 시스템에서 GMSK 방식의 변조 방식을 사용하고 있다. 정보 비트와 부가 정보를 포함한 8개 Timeslot의 데이터 전송속도는 270.833kbps로 최소 필요대역폭은 135.422kHz이므로 200kHz 채널대역폭으로 변조하여 전송한다.

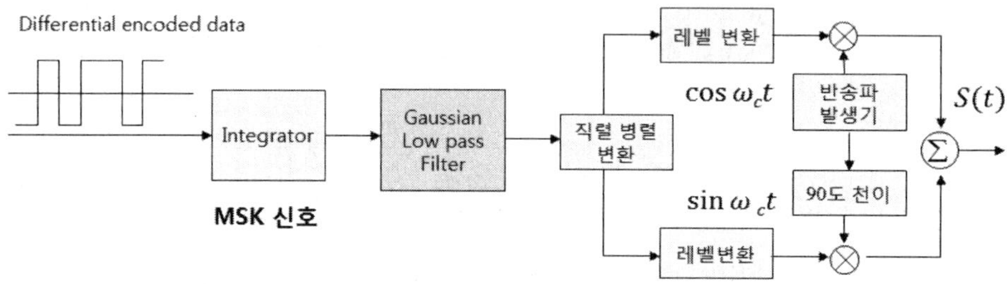

〈그림 16-17〉 GMSK 변조

6. QAM(Quadrature Amplitude Modulation)

(1) 기본 개념

유선전화에서 1970년대 16QAM, 1980년대 64QAM 방식을 이용하여 서비스를 제공하였다. 이동통신에서는 2000년대 중반 IMT-2000 시스템의 진화 시스템인 HSPA에서 16QAM 변조 기술을 적용한 이후 2000년대 후반 WiMax, LTE 등에서 64QAM 기술을 적용하여 차세대 이동통신 시스템의 고속 데이터 서비스를 위한 핵심 기술로 나타났다. 기본 개념은 비트 에러 확률을 줄이면서 심볼 상태 수를 늘리는 효과적인 변조 방식으로 하나의 반송파에 ASK변조와 PSK 변조를 함께 적용하였다.

(2) 1개의 반송파로 진폭과 위상을 변화할 경우

진폭과 위상을 각각 4개씩 변화할 경우 〈그림 16-18〉과 같이 변조가 가능하다. 하지만 에너지 레벨이 높거나 에러율이 높아진다.

$$S_i(t) = A_i(t)\cos[\omega_c t - \phi_i(t)],\quad 0 \le t \le T,\ i = 1, \ldots, M \qquad \text{(식 16-11)}$$

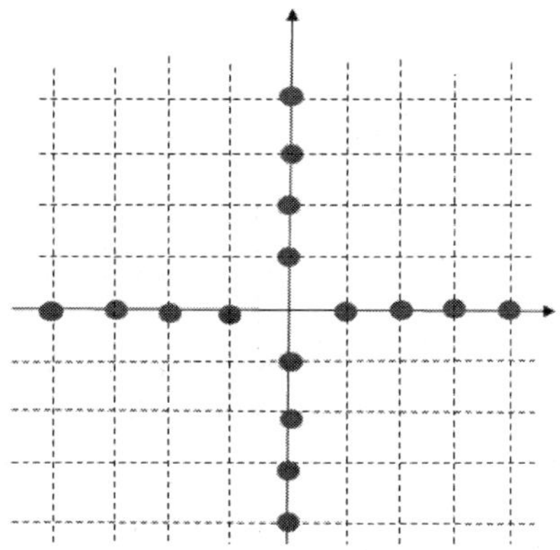

〈그림 16-18〉 1개의 변조파의 QAM 구현

(3) 2개의 반송파로 진폭과 위상을 변화할 경우

다음 식과 같이 삼각함수를 전개하면 다음과 같다.(부록 B. 8 참조)

$$S_i(t) = A_i(t)\cos[\omega_c t - \phi_i(t)],\ \ 0 \le t \le T,\ i = 1, \ldots, M$$
$$\Rightarrow\ \ S_i(t) = \{A_i(t)\cos[\phi_i(t)]\}\cos\omega_c t + \{A_i(t)\sin[\phi_i(t)]\}\sin\omega_c t \quad \text{(식 16-12)}$$

직렬 데이터를 X축과 Y축으로 나누어 병렬로 전송하면 진폭과 위상이 고르게 분포되어 에너지 효율이 개선된다.

$$\mathrm{I}_i(t) = \{A_i(t)\cos[\phi_i(t)]\}\cos\omega_c t$$
$$\mathrm{Q}_i(t) = \{A_i(t)\sin[\phi_i(t)]\}\sin\omega_c t \quad \text{(식 16-13)}$$

(4) QAM 변조기 및 복조기 시스템 구현

직렬 정보 데이터를 실수부와 허수부로 나누어 각각의 진폭과 위상을 계산하여 병렬 데이터로 변환하여 송수신한다.

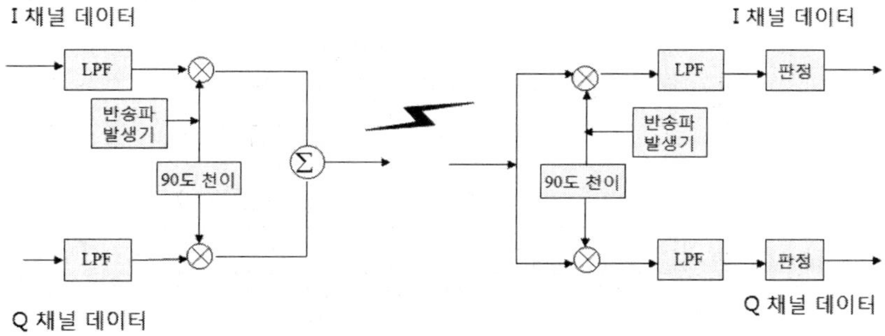

〈그림 16-19〉 QAM 송수신 시스템

(5) QAM 배치도

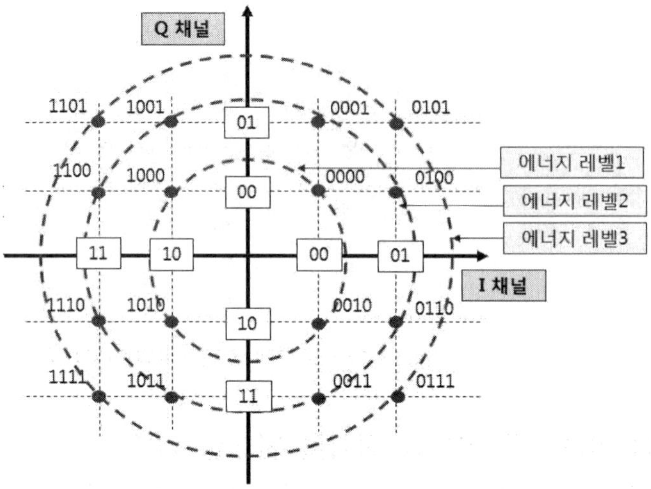

〈그림 16-20〉 QAM 성상도

I채널 2개의 진폭 + 2개의 위상(4개의 심볼), Q채널 2개의 진폭 + 2개의 위상(4개의 심볼)로 4 × 4 = 16개의 심볼을 나타낸다. 16개의 심볼은 3개의 에너지 레벨 가운데 1개의 레벨값을 가진다.

(6) QAM 변조 과정

다음 그림은 펄스 데이터 신호를 QAM으로 변조하여 송신하는 변조파형을 나타낸다.

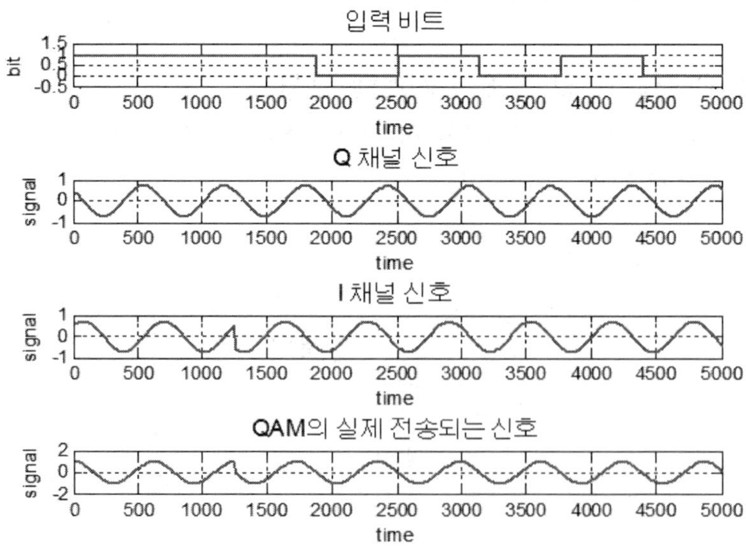

〈그림 16-21〉 QAM 변조 파형

연습문제

01 변조의 복조의 기본 개념에 대해 설명하시오.

02 기저대역(Baseband)에 대해 설명하시오.

03 밴드패스(Bandpass) 대역에 대해 설명하시오.

04 변조와 복조의 기능을 합친 장비를 무엇이라고 하는가?

05 디지털 변조의 종류를 나열하시오.

06 MPSK 방식과 MFSK 방식 가운데 어떤 방식이 BER 성능이 우수한가?

07 아날로그 변조와 디지털 변조의 기본 요구사항을 만족하지 못할 때 나타나는 현상에 대해 설명하시오.

08 이동통신 시스템에서 ASK, FSK, PSK 방식의 레벨수를 증가하여 데이터 전송율을 높일 경우 나타나는 문제점은 무엇인가?

09 각 심벌당 비트 수가 6이고 1,000개의 심벌이 25ms에 전송될 때 심볼레이트(보드율 [baud rate])와 비트레이트를 구하시오.

10 디지털변조 방식인 ASK 방식을 수식으로 나타내고 설명하시오.

11 디지털변조 방식인 FSK 방식을 수식으로 나타내고 설명하시오.

12 디지털변조 방식인 PSK 방식을 수식으로 나타내고 설명하시오.

13 디지털변조 방식인 APK 방식을 수식으로 나타내고 설명하시오.

14 변조된 신호를 수신하여 송신신호를 확인하기 위해 수신신호와 송신신호의 상관관계를 이용하여 신호를 확인하는 구성 요소는 무엇인가?

15 디지털 복조를 위한 2단계의 절차는 무엇인가?

16 수신 신호의 검파 방법에는 어떤 것이 있으며 각 검파 방법의 특징은 무엇인가?

17 PSK 방식을 이용하는 이동통신 시스템은 어떤 것이 있는가?

18 QAM 방식을 이용하는 이동통신 시스템은 어떤 것이 있는가?

19 QPSK 기본 개념도를 그리고 설명하시오.

20 OQPSK 기본 개념도를 그리고 설명하시오.

21 GMSK 기본 개념도를 그리고 설명하시오.

22 16QAM 성상도를 그리고 기본 개념을 설명하시오.

매트랩 실습

매트랩 실습은 다음과 같은 순서로 진행한다.

1. 실습과제의 목적과 내용을 이해한다.
2. 매트랩 프로그램의 명령어를 학습하여 프로그램을 이해한다.
3. 매트랩 프로그램의 편집 창을 이용하여 프로그램을 작성한다.
4. 매트랩 프로그램의 실행결과를 확인한다.
5. 실습과제에서 요구하는 파라미터 변화에 따른 결과를 분석한다.
6. 결과분석 자료를 정리하여 발표하고 토론한다.

1. 이동통신 변복조기 구현

1.1 실습 목적

이동통신의 디지털 변조 방식을 이해한다.

1.2 실습 과제

이동통신에서 디지털 신호의 변조 시스템을 다양한 변조 방식으로 구현하고 각 변조 방식의 처리 과정을 확인한다.

1.3 실습 예제

예제 4.16.1 디지털 신호의 ASK/FSK/PSK 변조

토의 내용

(1) N과 n의 숫자를 변경하면서 비트 레이트와 심볼레이트의 개념을 이해하고 토론한다.
(2) ModType을 ASK, FSK, PSK로 변경하면서 각 결과 그래프의 차이를 시간 그래프와 주파수 그래프의 변화를 분석하고 토론한다.

```
%% mc4161_ASK/FSK/PSK.m
%
% 비트 데이터의 디지털 변조 전송
% 비트 -> 심벌 -> 송신 신호 -> 주파수 성분 확인

%% 0. 초기화
clear all
close all
clc

%% 1. 시뮬레이션 옵션
N = 24;                    % 비트 데이터 길이
n = 3;                     % 심볼당 비트수 n(2,3,4,...)
M = 2^n;                   % 심볼 레벨 M
ModType = 'ASK';           % 변조 종류(ASK, FSK, PSK)

%% 2. 비트 데이터 생성
b = round(rand(1,N));      % 비트 데이터

%% 3. 비트 데이터를 심벌로 변환( 비트묶음 -> 심벌 번호(10진수))
x_10 = zeros(1, N/n);
for ii = 1:N/n
    for jj = 1:n
        x_10(ii) =  x_10(ii) + b((ii-1)*n + jj)*(2^(jj-1));
    end
end

%% 4. 심벌 번호 -> 송신 신호

% ASK, FSK, PSK 공통사항
fc = 100;                  % 반송파 주파수 [Hz]
T_duration = 0.1;          % 심벌 주기 [sec]
T_sample = 0.0001;          % 샘플링 주기 [sec]

t_s = 0:T_sample:T_duration-T_sample;              % 심벌 하나의 시간 축
t_x = 0:T_sample:T_duration*(N/n)-T_sample;        % 송신 신호 전체의 시간 축
x = zeros(1,length(t_x));

% 변조 방법별 옵션
A_max = 5;         % ask 최대 진폭
                   % psk 최대 위상은 2*pi
F_max = 30;        % fsk 주파수대역 [Hz]
```

```
switch ModType

    case 'ASK'
        for ii = 1:N/n
            x( (ii-1)*length(t_s)+1 : ii*length(t_s))...
                = A_max * (x_10(ii)/(2^n)) * cos(2*pi*fc.*t_s);
            % 진폭에 심볼정보를 넣음
        end
    case 'FSK'
        f_off = 20;
        for ii = 1:N/n
            x( (ii-1)*length(t_s)+1 : ii*length(t_s))...
                = cos(2*pi*(fc  + F_max * (x_10(ii)/(2^n)) ).*t_s);
            % 주파수에 심볼정보를 넣음
        end
    case 'PSK'
        for ii = 1:N/n
            x( (ii-1)*length(t_s)+1 : ii*length(t_s))...
                = cos(2*pi*fc.*t_s + 2*pi * (x_10(ii)/(2^n)) );
            % 위상에 심볼정보를 넣음
        end
    otherwise
        disp('Unknown modulation type.')
end

%% 5. 송신 신호의 주파수 성분
m = length(x);              % 신호 샘플 개수
fs = 1/T_sample;            % 샘플링 주파수
f = (0:m-1)*(fs/m);         % 주파수 축
y = fft(x);                 % 주파수 신호 (신호-주파수 변환), 복소수값

f0 = (-m/2:m/2-1)*(fs/m);   % 주파수 축 - 0 Hz 중심으로 표현
y0 = fftshift(y);           % 주파수 신호 - 0 Hz 중심으로 표현

y0_amp = abs(y0)/m;         % 주파수 신호 크기, 실수값

%% 6. 비트/심벌값 출력 및 그래프 그리기
disp('Bit stream')
disp('---->')
disp(b)
```

```
disp('Symbol value')
disp('---->')
disp(x_10)
figure()

subplot(3,1,1)              % 비트 데이터 그래프
stem(b)
title('비트 데이터')

subplot(3,1,2)              % 송신 신호 그래프
plot(t_x,x)
title('전송 신호')

subplot(3,1,3)              % 주파수 성분 그래프
plot(f0,y0_amp)
xlabel('Frequency (Hz)')
ylabel('Amplitude')
title('전송 신호의 주파수 성분')

% 파일로 출력
print -dpng fig4161
```

예제 4.16.2 디지털 신호의 APK 변조

토의 내용

ASK/FSK/PSK 변조 방식과 APK 변조방식의 차이를 분석하고 토론한다.

```
% mc4162_APK_QAM.m

% --- 기존의 변수 지우기 ---
clear all
close all
clc

% --- 비트 수 Nb, 심벌의 종류 M, 심벌 개수 Ns ---
Ns = 10;
M = 16;
Nb = log2(M)*Ns;
```

```
% --- 2진 비트 데이터 (Binary Bit Data) ---
b = floor(rand(1,Nb)+0.5);


% --- 16QAM 심볼 만들기 ---
fc = 4*10^4;     % 중심주파수
fs = 10^2;       % 샘플링

temp_b = b*2-1;
temp_t = linspace(0, 2*pi*fc, fs);
s = zeros(1,Ns*length(temp_t));
for ii = 1:Ns

    s((ii-1)*length(temp_t)+1:ii*length(temp_t)) = ...
        temp_b((ii-1)*log2(M)+1).*2.*cos(temp_t) +...
        temp_b((ii-1)*log2(M)+2).*2.*sin(temp_t) +...
        temp_b((ii-1)*log2(M)+3).*1.*cos(temp_t) +...
        temp_b((ii-1)*log2(M)+4).*1.*sin(temp_t);

end

t = linspace(0, Ns/fs, length(s));          % 시간 축
f = linspace(-fs/2, fs/2, length(s));       % 주파수 축
F = fftshift(fft(s));                       % 주파수 성분

% 그림창
figure(4162)

subplot(3,1,1)
stem(b,'linewidth',2, 'Color',[0 0.5 1])
grid on
title('입력 비트','fontsize', 12)
xlabel('time')
ylabel('bit')

subplot(3,1,2)
plot(t, s,'linewidth',2, 'Color',[0 0.7 0])
grid on
title('16QAM 신호','fontsize', 12)
xlabel('time [t]')
ylabel('signal')
```

```
subplot(3,1,3)
i=find(abs(f) <= 0.2*fs/2);
plot(f(i), abs(F(i)),'linewidth',2, 'Color',[1 0.2 0])
grid on
title('16QAM의 주파수 성분','fontsize', 12)
xlabel('frequency [kHz]')
ylabel('|F|')
set(gca, 'Xlim', [min(f(i)) max(f(i))])

print -dpng fig4162
```

예제 4.16.3 디지털 신호의 OQPSK 변조

토의 내용

4레벨 PSK 변조 방식(QPSK)과 OQPSK 변조방식의 차이를 분석하고 토론한다.

```
%% mc4163_OQPSK

clear all % 워크스패이스 초기화
close all % 모든 창 종료
clc % 입력창 초기화

%% 2진 비트 데이터 (Binary Bit Data)

Ndata = 8;     % 입력 데이터 수
data = rand(1,Ndata)>0.5;
%data = [1 1 0 0 0 1 1 1];  % 입력 데이터

symbol = zeros(1,Ndata/2);  % 심볼
for ii = 1:2:Ndata      % 연속된 두 데이터를 보고 심볼을 결정

    if data(ii) == 0 && data(ii+1) == 0
        symbol((ii-1)/2+1) = 1 +i;
    elseif data(ii) == 0 && data(ii+1) == 1
        symbol((ii-1)/2+1) = 1 -i;
```

```
    elseif data(ii) == 1 && data(ii+1) == 0
        symbol((ii-1)/2+1) = -1 +i;
    else
        symbol((ii-1)/2+1) = -1 -i;
    end
end

t = 0:0.01:4*pi;
offset = zeros(1,length(t)/2); % Q-I 채널간의 엇갈림 정도
signal_Q = zeros(1,length(t)*Ndata/2); % Q 채널 신호
signal_I = zeros(1,length(t)*Ndata/2); % I 채널 신호

for ii = 1:Ndata/2

    signal_Q((ii-1)*length(t)+1:ii*length(t)) = 1/sqrt(2)*real(symbol(ii))*cos(t + pi/4);
    signal_I((ii-1)*length(t)+1:ii*length(t)) = 1/sqrt(2)*imag(symbol(ii))*sin(t + pi/4);

end
signal_Q = [signal_Q offset];
signal_I = [offset signal_I];
signal = signal_Q + signal_I;   % 실제 전송되는 신호

% 그림창 만들기

figure(4163)

% 그래프 그리기

subplot(4,1,1)
data_p = kron(data,ones(1,length(t)/2));
plot(data_p,'linewidth',2, 'Color',[0 0.5 1])
grid on
set(gca, 'ylim', [-0.5 1.5]);
set(gca, 'xlim', [0 5000]);
title('입력 비트','fontsize', 12)
xlabel('time')
ylabel('bit')
subplot(4,1,2)
plot(signal_Q,'linewidth',2, 'Color',[0 0.7 0])
grid on
set(gca, 'xlim', [0 5000]);
```

```
title('Q 채널 신호','fontsize', 12)
xlabel('time')
ylabel('signal')

subplot(4,1,3)
plot(signal_I,'linewidth',2, 'Color',[0 0.7 0])
grid on
set(gca, 'xlim', [0 5000]);
title('I 채널 신호','fontsize', 12)
xlabel('time')
ylabel('signal')

subplot(4,1,4)
plot(signal,'linewidth',2, 'Color',[1 0.2 0])
grid on
set(gca, 'xlim', [0 5000]);
title('OQPSK의 실제 전송되는 신호: 90^o 이상의 위상변화가 발생하지 않는
다.','fontsize', 12)
xlabel('time')
ylabel('signal')

% blue [0 0.5 1], red [1 0.2 0], green [0 0.7 0]

print -dpng fig4163
```

예제 4.16.4 QAM 신호 파형 만들기

토의 내용

APK 방식인 QAM 변조 방식을 구현하고 장점을 분석하고 토론한다.

```
% mc4164_QAM_wave.m

clear all % 워크스페이스 초기화
close all % 모든 창 종료
clc % 입력창 초기화

Ndata = 8;    % 입력 데이터 수
data = rand(1,Ndata)>0.5;
%data = [1 1 0 0 0 1 1 1];  % 입력 데이터

symbol = zeros(1,Ndata/2);  % 심볼
for ii = 1:2:Ndata    % 연속된 두 데이터를 보고 심볼을 결정
    if data(ii) == 1 && data(ii+1) == 1
        symbol((ii-1)/2+1) = 1 +i;
    elseif data(ii) == 1 && data(ii+1) == 0
        symbol((ii-1)/2+1) = 1 -i;
    elseif data(ii) == 0 && data(ii+1) == 1
        symbol((ii-1)/2+1) = -1 +i;
    else
        symbol((ii-1)/2+1) = -1 -i;
    end
end

t = 0:0.01:4*pi;
signal_Q = zeros(1,length(t)*Ndata/2); % Q 채널 신호
signal_I = zeros(1,length(t)*Ndata/2); % I 채널 신호

for ii = 1:Ndata/2

    signal_Q((ii-1)*length(t)+1:ii*length(t)) = 1/sqrt(2)*real(symbol(ii))*cos(t + pi/4);
    signal_I((ii-1)*length(t)+1:ii*length(t)) = 1/sqrt(2)*imag(symbol(ii))*sin(t + pi/4);
end
signal = signal_Q + signal_I;   % 실제 전송되는 신호

% 그림창 만들기

figure(4164)
```

```
% 그래프 그리기

subplot(4,1,1)
data_p = kron(data,ones(1,length(t)/2));
plot(data_p,'linewidth',2, 'Color',[0 0.5 1])
grid on
set(gca, 'ylim', [-0.5 1.5]);
set(gca, 'xlim', [0 5000]);
title('입력 비트','fontsize', 12)
xlabel('time')
ylabel('bit')

subplot(4,1,2)
plot(signal_Q,'linewidth',2, 'Color',[0 0.7 0])
grid on
set(gca, 'xlim', [0 5000]);
title('Q 채널 신호','fontsize', 12)
xlabel('time')
ylabel('signal')

subplot(4,1,3)
plot(signal_I,'linewidth',2, 'Color',[0 0.7 0])
grid on
set(gca, 'ylim', [-2 2]);
set(gca, 'xlim', [0 5000]);
title('I 채널 신호','fontsize', 12)
xlabel('time')
ylabel('signal')

subplot(4,1,4)
plot(signal,'linewidth',2, 'Color',[1 0.2 0])
grid on
set(gca, 'xlim', [0 5000]);
title('QAM의 실제 전송되는 신호','fontsize', 12)
xlabel('time')
ylabel('signal')

% blue [0 0.5 1]
% red [1 0.2 0]
% green [0 0.7 0]

print -dpng fig4164
```

제17장

대역 확산과 확산 변조

제1절 개요

1. 역사적인 배경

대역 확산 기술은 1940년대 제2차 세계 대전 중에 방해전파로부터 아군의 정보를 보호하기 위해 개발되었다. 1970년대에 들어와 이전에 군용으로만 이용된 대역 확산 시스템이 상업용으로 이용하는 것이 검토되었다. 1980년대 초반 위성통신, 무선항행, 위성을 이용한 물류관리(퀄컴의 옴니트랙 시스템) 등에 활용되기 시작하였다. 1980년대 후반에는 대역 확산 기술을 이동통신에 적용하는 방안이 검토되었는데, 1992년 미국의 퀄컴사는 미국 샌디에이고에서 CDMA 무선접속방식을 이용한 디지털 셀룰러 이동통신에 성공하였다. 1993년 7월에 미국 TIA/EIA(Telecommunication Industry Association /Electronic Industry Association)에서 IS(Interim Standard)-95로 표준화되고 1995년 5월에는 미국 TIA/EIA에서 IS-95A로 개정(브랜드명 : cdmaOne)하여 음성 서비스와 14.4kbps의 데이터 서비스를 제공하였다. 1996년 1월 1일에는 한국에서 최초로 IS-95A의 상용서비스를 시작하였고 1999년 9월에 한국에서 최초로 IS-95B의 상용 서비스를 시작하였다. IS-9B는 음성 서비스와 64kbps의 패킷 데이터 서비스를 제공하였다. 1999년에는 802.11b(무선랜 Wi-Fi)의 표준을 승인하였고 2000년 10월에 한국에서 cdma2000 시스템을 세계 최초로 상용화하고 2001년 5월에는 일본에서 WCDMA 시스템을 세계 최초로 상용화하였다.

2. 기본 개념

(1) 기본적인 대역 확산 기술의 구성

대역 확산(Spread Spectrum)은 신호를 간섭으로부터 보호하기 위해 원래의 신호를 여러 주파수 대역으로 나누어 전송하면서 주파수 대역폭이 넓어지는 것을 말한다.

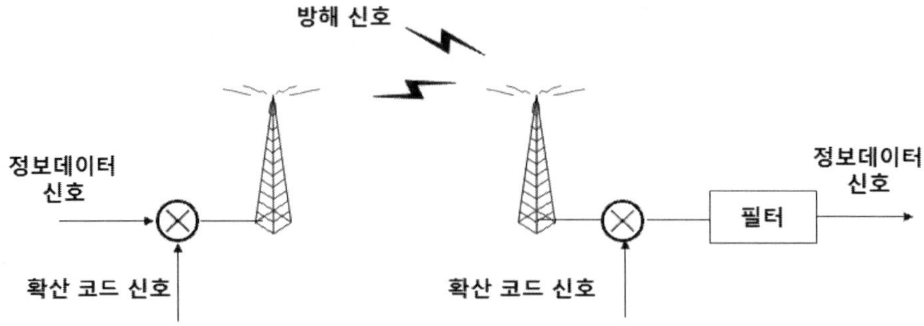

〈그림 17-1〉 대역 확산의 개념

(2) 대역 확산 기술의 적용 사례

대역 확산(Spread Spectrum)은 신호를 간섭으로부터 보호하기 위해 원래의 신호를 여러 주파수 대역으로 나누어 전송하는 것을 말한다. 즉, 디지털신호를 하나의 주파수로 확산하는 대신 3개의의 주파수로 보내면 각 주파수의 전력을 1/3로 줄일 수 있다. 이때 하나의 주파수가 간섭을 받아 수신이 어려워도 나머지 2개의 신호를 받아 원래의 신호를 복원할 수 있다.

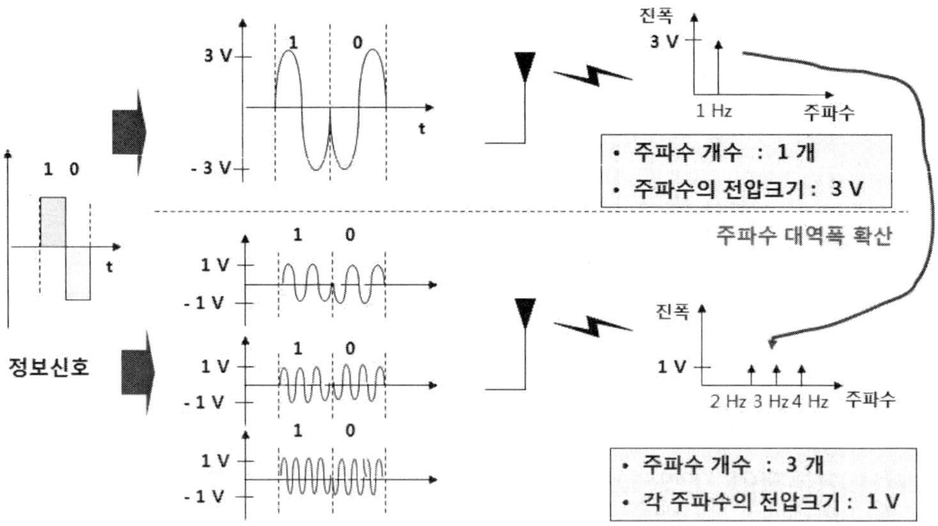

〈그림 17-2〉 대역 확산의 사례

3. 대역 확산과 역확산의 위치

대역 확산과 역확산의 위치를 전체 디지털이동통신 시스템에서 나타내면 〈그림 17-3〉과 같다.

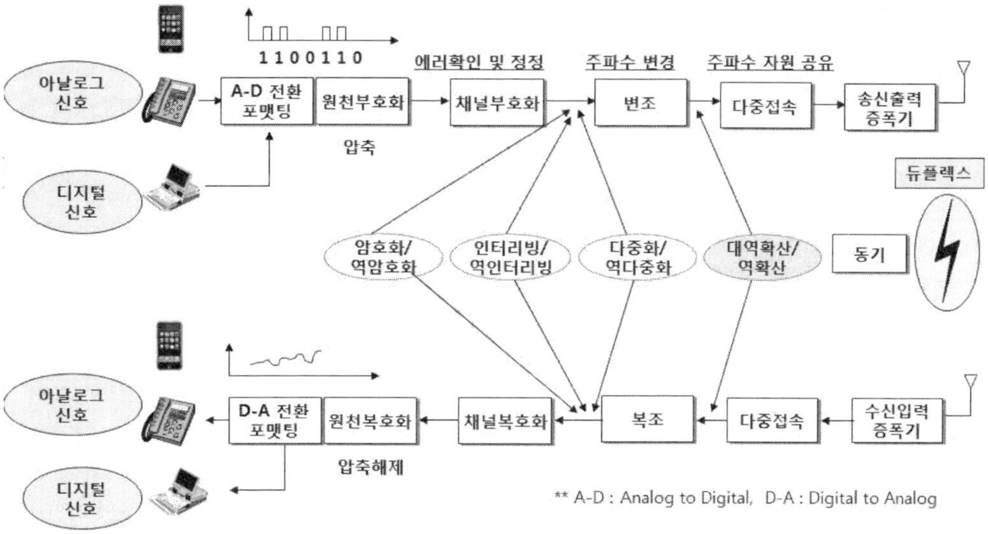

〈그림 17-3〉 대역 확산과 역확산의 위치

제2절 주요 특징과 종류

대역 확산 기술의 주요 특징은 다음과 같다. 첫째 간섭 신호를 억제한다. 원래의 신호 주파수 대역과 함께 간섭도 함께 확대됨으로써 간섭에 대한 확산 이득(Processing Gain)을 얻을 수 있다. 확산 이득으로 대역 확산에 의해 다른 간섭을 억제할 수 있는 능력이 커지는데, 다른 간섭의 억제 능력은 다음식과 같다.

$$G_p(\text{확산이득}) = 10\log_{10}(\text{확산대역폭의 } datarate / \text{베이스밴드의 } datarate) \quad (\text{식 } 17\text{-}1)$$

대역 확산 기술은 코드 분할 다중접속을 가능하게 하고 대역 확산으로 주파수 다이버시티를 구현하게 되어 협대역 간섭을 피할 수 있으므로 페이딩 환경에서 간섭에 강하다. 대역 확산방식에서 확산된 신호의 주파수 대역폭은 수 MHz에 이른다. 그러나 이동통신 환경에서 많이 나타나는 다중경로에 의한 페이딩은 200kHz 내외의 좁은 대역에서 일어난다. 따라서 페이딩이 발생하더라도 신호의 크기가 전체적으로 줄지 않고 일부만 페이딩이 되어 주파수 다이버시티를 적용한 것처럼 페이딩에 강한 특징을 나타낸다.

둘째 에너지 밀도가 감소되어 낮은 에너지 밀도로 신호의 검출 및 간섭을 보호하는 보안 특성이 우수하다.

셋째 높은 해상도로 시간 다이버시티 구현이 용이하다. 다중경로 간섭을 피할 수 있으므로 다중경로 환경에서 데이터 수신 능력이 우수하다. 다음 식은 주파수 대역폭이 넓어지면 전파의 다중경로 차이에 의한 시간 구분이 쉬워짐을 알 수 있다.

$$\Delta t \cong \frac{1}{W} \qquad \text{(식 17-2)}$$

넷째 대역 확산 기술은 무선통신 시스템에 이용되는데 cdma2000, WCDMA, GSM, 802.11b 무선랜, 물류시스템, 위성통신, 무선항행 등이 대표적인 시스템이다.

다섯째 방해전파(Jamming)에 대응하는 시스템에 응용된다. 재밍 형태의 방해 전파로부터 신호를 보호하는데 특히 다중경로 환경에서 데이터 수신 능력이 우수하다.

대역 확산 방식은 직접 대역 확산(Direct Sequence Spread Spectrum), 주파수 도약 대역 확산(Frequency Hopping Spread Spectrum), 시간 도약 대역 확산(Time Hopping Spread Spectrum), 첩(Churp) 도약 대역 확산(Chirp Hopping Spread Spectrum), 혼합 대역 확산(Hybrid Spread Spectrum) 등이 있다.

제3절 직접 대역 확산 방식

1. 기본 개념

직접 대역 확산 방식의 개념은 다음 그림과 같다. 그림은 대역 확산(Spreading)된 신호로부터 원래의 신호를 복원하는 과정을 설명하고 있다. 이때 ②×④ = 1이다. 따라서 이것은 처음부터 곱하지 않은 것과 같으므로 ①과 ⑤는 같은 신호이다.

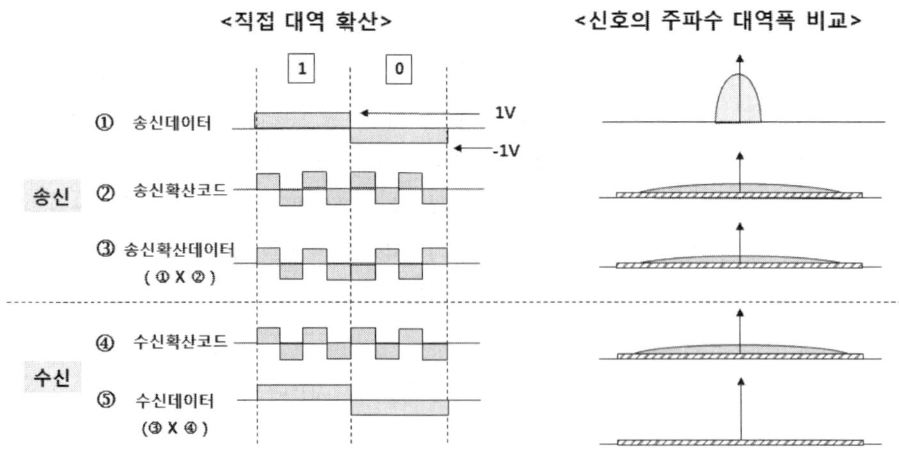

〈그림 17-4〉 직접대역 확산 방식

〈그림 17-4〉를 자세히 설명하면 다음과 같다. 〈그림 17-4〉의 왼쪽에서 CDMA의 대역 확산을 이용한 통신기술을 나타내었다. 먼저 송신 데이터에 확산코드 '10110100101'을 곱해준다(수학적으로는 Exclusive OR). 이 확산신호를 전자파에 실어서 송신을 하고, 수신쪽에서 이 확산신호에 다시 송신쪽에서 사용한 동일한 확산 코드를 곱해주면, 원래 송신하고자 했던 데이터와 동일한 수신 데이터를 얻을 수 있다. 그러나 수신된 확산신호에 송신 데이터에 사용한 확산코드와 다른 확산코드를 곱해주면 원래의 데이터를 복구할 수 없다. 또한 확산코드를 곱해주는 시간이 맞지 않으면 마치 다른 확산코드를 곱해주는 것과 같으므로, 확산코드가 시작하는 시간까지 맞아야 한다. 따라서 사전에 미리 확산코드와 시작 시간을 모르는 사람은 데이터를 복구할 수 없고, 확산코드 신호와 시작 시간을 알고 있는 사람만 데이터를 복구할 수 있기 때문에 자연히 높은 보안 특성을 가지게 된다. 이것을 대역폭 관점에서 보면 〈그림 17-4〉의 오른쪽 그림에서와 같이 원래의 송신 데이터의 대역폭이 확산코드에 의해서 확산신호의 대역폭만큼 넓어진 것으로 이해할 수 있다. 이 과정을 '확산'이라 한다. 이때 송신 데이터가 가지고 있는 에너지는 일정하므로 데이터에 해당하는 크기는 넓어진 대역폭만큼 반비례하여 작아진다. 만일 신호의 전송 도중에 확산신호에 강한 협대역 간섭 신호가 수신되었다고 하더라도, 역확산 과정을 거치게 되면, 원래 송신했던 신호는 역확산이 되지만, 간섭 신호는 여기에서 확산 과정이 일어나서 그 크기가 확산된 대역폭에 반비례하여 줄어들게 된다. 따라서 외부의 간섭에 매우 강한 특성을 가지게 된다. 또한 대역 확산 방식은 페이딩에도 강한 특성을 보인다.

2. 확산코드(Spreading Code)

대역 확산 기술의 핵심은 각각의 신호사이에 상관성을 최소화하는 확산코드이다. 즉 동일한 코드끼리 곱하면 1이 되고 서로 다른 코드끼리 곱했을 때 0이 되도록 하는 코드로서 여러 신호가 섞여 있어도 다른 신호는 매우 낮은 전력을 갖는 잡음으로 처리할 수 있다. 이동통신에 응용되는 확산 코드로는 왈시 코드(Walsh Code)와 송수신 신호를 불규칙한 잡음처럼 보이도록 하는 의사 잡음 코드(Pseudo random Noise Code)가 있다. 왈시 코드는 파형 채널 코딩 방식을 이용하여 데이터의 직교성을 높이면서 스크램블을 수행한다. PN 코드는 크게 초기 값에 따라 반복되는 Maximal Code(예 : IS-95의 long code, short code)와 초기 값에 따라 반복되지 않는 코드Nonmaximal Code(예 : gold code, Kassami code) 등이 있다.

3. 왈시코드(Walsh Code)

(1) 개요

1923년 Walsh는 직교성(Orthognality)을 갖는 Walsh 함수를 정의하였는데, Walsh 함수를 이용하여 만들어진 코드를 Walsh Code라고 한다.

$$\frac{1}{T_w}\int_0^{T_w} W(k,t)\cdot W(j,t)dt = \begin{cases} 1(k=j) \\ 0(k \neq j) \end{cases} \quad \text{(식 17-3)}$$

$$W(k,t)\cdot W(j,t) = W(k \oplus j,t)$$

(2) 왈시 코드의 생성

왈시코드(Walsh Code)는 외부 간섭에 영향이 매우 적은 파형 채널코딩 방식을 이용한 직교코드(Orthogonal Code)로서 하다마드 행렬(Hardamad Matrix)을 이용하여 만들어진다. 왈시코드는 1923년 J. L. Walsh가 하다마드 행렬을 이용한 코드로서 매우 높은 직교성(Orthogonality)을 가진다. 이를 통해 채널을 구분하게 되는데 코드를 만드는 원리는 다음과 같다.

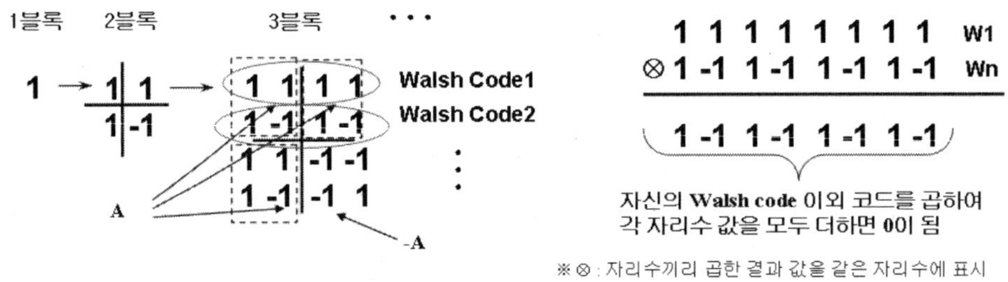

〈그림 17-5〉 왈시 코드 생성 원리

〈그림 17-5〉에서 첫 번째 블록 1을 우측과 아래에 같은 값을 표시하고 대각선에는 반대의 값을 표시하면 (1 1), (1 −1)이라는 2개의 행이 나온다. 이때 자신의 행끼리 값을 곱하고 각 자리수를 더한 후 자릿수로 나누면 (1×1+1×1)/2=1이 되지만 다른 행끼리 곱한 후 자릿수로 더하면 (1×1+1×−1)/2=0이 된다. 두 번째 블록 (1 1), (1 −1)을 다시 반복하면 4×4의 블록이 되고 한 번 더 반복하면 8×8 이 된다. 이때 Walsh code는 임의의 두 code를 곱한 후 자리수를 나누면 동일 코드는 1, 동일한 코드가 아니면 1과 −1의 개수가 동일(각각 4개)하여 모두 합하면 0이 된다. 계속 반복하면 64 Walsh code(IS−95A), 256 Walsh code, 512 Walsh Code(WCDMA) 등을 만들 수 있다.

(3) 이동통신에서 왈시코드의 이용

왈시코드는 각각의 코드사이에서 완전한 직교성을 이루지만 코드 수만큼 코드 길이가 증가하여 코드 수요가 매우 큰 경우에는 적용하기 어렵다. 기지국과 단말기 사이에서 채널을 구분하는 코드는 규모가 크지 않은 반면 완전한 직교성을 가질 수 있으므로 왈시코드를 이용하는데 적합하다. 따라서 왈시코드는 CDMA 기술을 이용한 디지털이동통신 시스템인 cdma2000, WCDMA 시스템에서 채널을 구분하는데 이용되었다.

4. 의사 잡음 코드

(1) 개요

송신기와 수신기에서 독립적으로 확산 코드를 생성함으로써 송신 확산코드를 알고 있는 수신기만 신호를 수신할 수 있도록 하는데, 송신기의 송신 코드가 불규칙하게 보이는 모양으로 이루어져 의사 잡음 코드(Pseudo random Noise Code)라고 한다. PN 코드는 다른 간섭원의 신호를 잡음과 같은 수준으로 주파수 대역을 확산시킨다.

(2) PN 코드의 특징

첫째 최대 길이 특성(Maximal length Property)을 갖는데 n비트의 레지스터를 이용하여 2^n-1 비트 길이의 코드를 생성한다. 둘째 평형특성(Balance Property)을 가진다. 1의 개수는 2^{n-1}, 0은 $2^{n-1}-1$의 개수로 이루어져 평형을 이룬다. 셋째 런특성(Run Property)을 가진다. 런특성은 한 주기 동안 연속되는 1 또는 0의 개수가 1인 경우 전체 비트수의 1/2, 연속되는 1 또는 0의 개수가 2인 경우 전체 비트수의 1/4, 연속되는 1 또는 0의 개수가 3인 경우 전체 비트수의 1/8 등의 특성을 가진다. 넷째 천이 및 가산 특성(Shift and Add Property)을 가진다. 천이 및 가산 특성은 코드의 이전 및 덧셈은 동일한 코드 집합에 속한다. 다섯째 자기상관특성(Autocorrelation Property)을 가진다. 자기상관 특성은 동일코드는 "1", 다른 코드는 "-1/(코드길이)"의 값을 가진다. 예를 들면 레지스터 3개인 경우 동일코드는 1, 다른 코드는 -1/7이 된다.

$$r_{xx}(t) = \begin{cases} 1 & (\text{동일한 코드인 경우}) \\ -\dfrac{1}{N_c} & (\text{서로 다른 코드인 경우}) \end{cases}$$

$$N_c : code\_length \qquad \text{(식 17-4)}$$

(3) PN 코드의 생성

PN 코드의 수를 무한한 수로 만들면 임의의 확산코드를 쉽게 추정할 수 없다. 일반적으로 PN 코드는 시프트레지스터(Shift register)와 특정 레지스터 값을 Modulo-2 연산을 이용하여 만들 수 있다. n 개의 시프트 레지스터를 이용하는 경우 초기 값에 따라 2^n-1 길이로 반복되면 Maximal 코드, 2^n-1보다 작은 길이로 이루어지면 Nonmaximal 코드라고 한다. 이때 코드의 길이가 m이면 m 시퀀스(sequence)라고 한다. 〈그림 17-6〉은 PN 코드를 선형 귀환 레지스터(LFSR : Linear Feedback Shift Register)를 이용하여 생성하는 원리를 보여주고 있다.

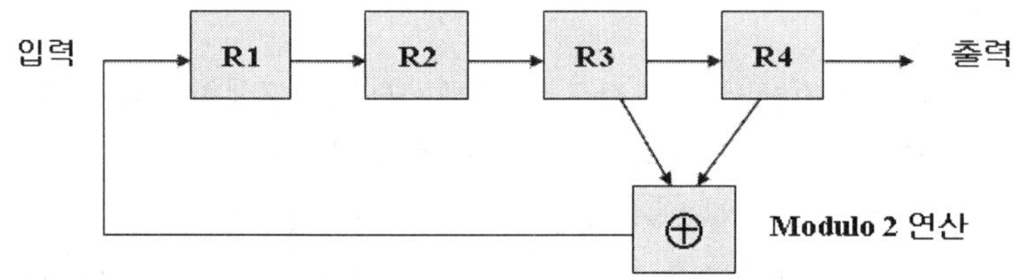

〈그림 17-6〉 PN 코드 생성 원리

초기입력 값을 "1, 0, 0, 0"으로 시작하면 16번째 동일한 레지스터 값 "1, 0, 0, 0"을 얻는다. 출력은 " 0 0 0 1 0 0 1 1 0 1 0 1 1 1 1 "의 15비트가 1비트씩 이전하면서 반복된다. 초기 값에 따라 Maximal 또는 Nonmaximal Code가 된다. Maximal 코드는 상관값이 좋은 여러 개의 코드를 구현할 수 있으나 숫자가 제한적이다. 여러 개의 선형 귀환 레지스터를 사용하는 경우 동일한 상관값을 갖는 다양한 코드를 얻을 수 있는데 대표적인 것이 골드(Gold) 시퀀스로 이루어진 코드이다. 디지털 이동통신 시스템에서는 Maximal code로는 IS-95A에서 사용하는 IS-95의 long code, short code가 있으며 Nonmaximal code로는 WCDMA에서 Gold code를 사용하고 기타 Kasami code 등이 있다.

(4) 이동통신에서 PN코드의 이용

PN코드는 WCDMA 및 cdma2000 시스템의 상향링크에서 단말기의 구분을 위한 롱코드를 구현하는데 이용되었다.

WCDMA 시스템은 2개의 선형 귀환 레지스터로 이루어진 골드 코드(Gold Code)를 이용하여 2^{24} 롱코드를 생성한다. WCDMA 시스템의 롱코드는 2개의 제너레이터(x, y)에 의해 생성된 2진 m 시퀀스 38400 칩(chip)의 모듈로-2 합으로 만들어진다. WCDMA 시스템의 롱코드는 $C_{long,\,1,\,n}$, $C_{long,\,2,\,n}$ 2개로 구성되며 2개 사이에는 16777232 칩(chip) 만큼 이동하면 동일한 코드가 된다.

WCDMA 시스템에서 적용된 골드 코드의 제너레이터 함수와 롱코드 발생 시스템은 다음과 같다.

$$x = X^{25} + X^{3} + 1$$
$$y = X^{25} + X^{3} + X^{2} + X + 1 \qquad (식\ 17\text{-}5)$$

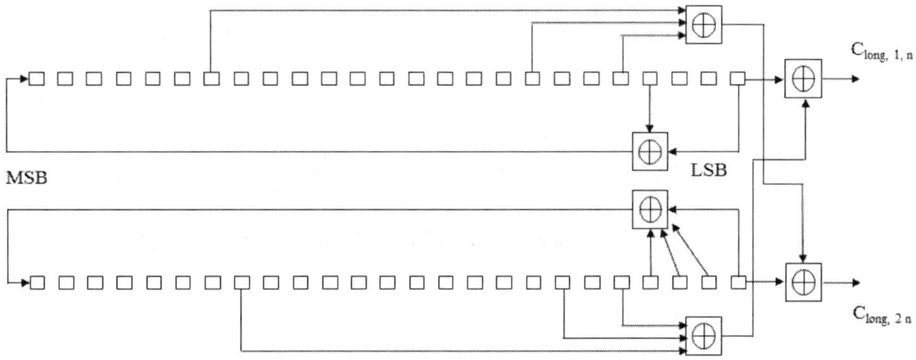

출처 : 3GPP TS 25.213-560.

〈그림 17-7〉 WCDMA 시스템의 롱코드 발생 시스템

cdma2000 시스템은 1개의 선형 귀환 레지스터로 이루어진 Maximal Code를 이용하여 롱코드를 생성한다. cdma2000 시스템은 42비트 마스크와 42비트 스테이트 벡터 제너레이터의 모듈로-2로 롱코드를 생성한다. 마스크는 단말기가 보내는 채널 형태에 따라 달라진다.

cdma2000 시스템의 롱코드를 생성하는 제너레이트 발생 함수와 롱코드 발생 시스템은 다음과 같다.

$$p(x) = x^{42} + x^{35} + x^{33} + x^{31} + x^{27} + x^{26} + x^{25} + x^{22} + x^{21} + x^{19} + x^{18} + x^{17} + x^{16} + x^{10} + x^{7} + x^{6} + x^{5} + x^{3} + x^{2} + x + 1 \qquad (식\ 17\text{-}6)$$

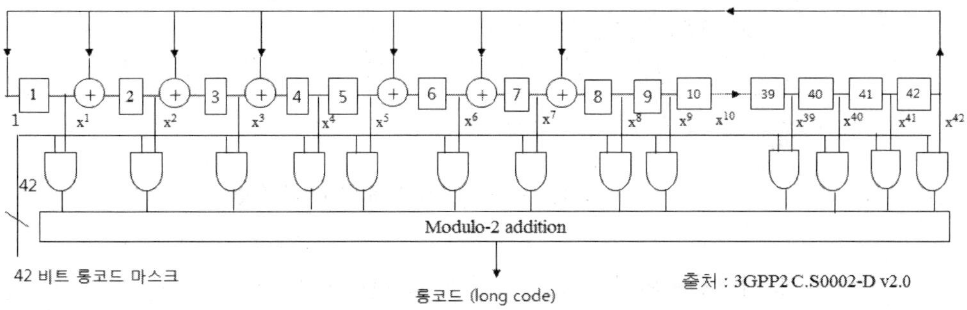

출처 : 3GPP2 C.S0002-D v2.0

〈그림 17-8〉 cdma2000 시스템의 롱코드 발생 시스템

5. 직접 대역 확산 시스템의 구성

직접 대역 확산 시스템의 송수신 구성도를 나타내면 〈그림 17-9〉와 같다.

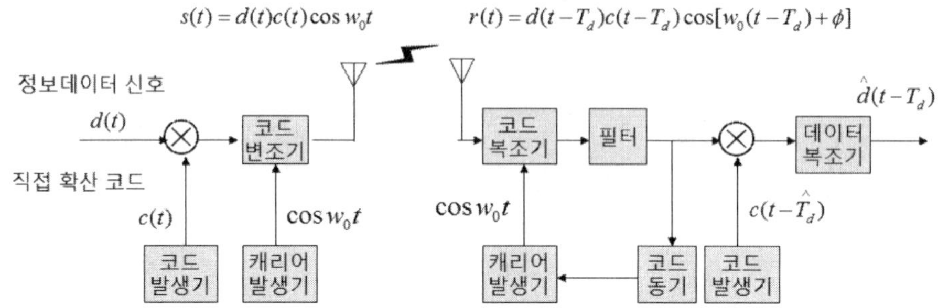

〈그림 17-9〉 직접 대역 확산 시스템의 구성

제4절 주파수 도약 대역 확산 방식

1. 기본 개념

주파수 도약 대역 확산방식의 개념은 〈그림 17-10〉과 같다. 동일한 신호라도 주파수 도약 대역 확산 이전 신호의 주파수 대역폭은 f1이고 주파수 도약 이후 신호의 주파수 대역폭은 f1의 5배가 된다.

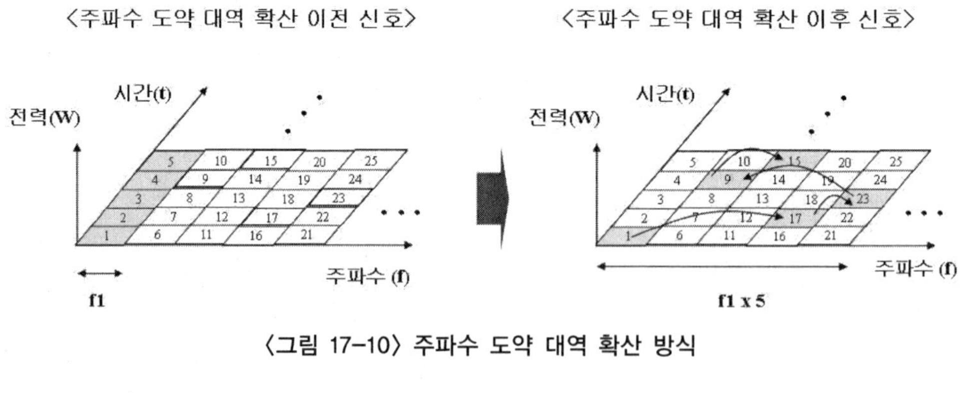

〈그림 17-10〉 주파수 도약 대역 확산 방식

주파수 도약 대역 확산방식은 여러 개의 반송파(Multi Carrier)를 사용하는데 미리 정해진 주파수 도약 패턴을 이용한다. 여러 주파수 대역 사이를 호핑하며 전송, 다소 저속이나 구현비용이 낮다. 예로서 GSM, 블루투스, 홈RF 등에 적용되었다.

2. 주파수 도약 방식 종류

(1) 느린 주파수 도약 방식(Slow Frequency Hopping)

느린 주파수 도약 방식은 동일한 주파수로 여러 비트를 변조하면서 주파수를 일정 시간마다 변경하는 방식이다. 〈그림 17-11〉는 느린 주파수 도약 대역 확산 방식의 개념을 나타내고 있다.

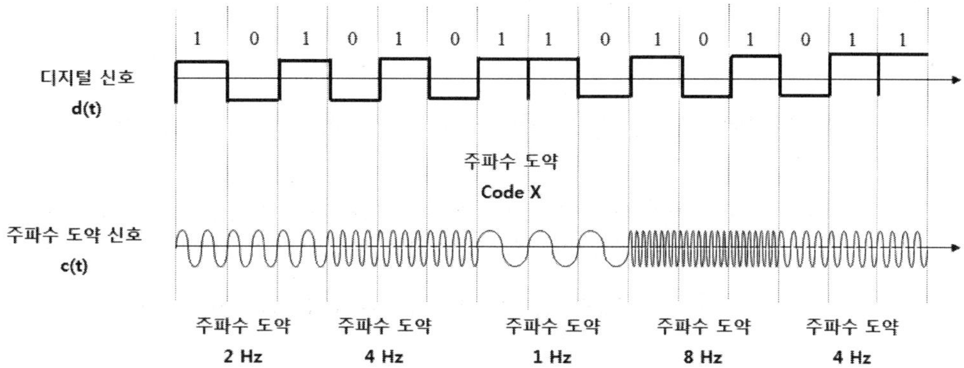

〈그림 17-11〉 느린 주파수 도약 대역 확산 방식

GSM은 느린 주파수 도약 대역 확산 방식을 이용한 이동통신 시스템이다. GSM 방식은 200kHz 단위로 1개의 TDMA 프레임마다 느린 주파수 도약 대역 확산 방식을 적용하여 다중경로 페이딩(Multi path Fading)을 극복하고 있다(1번 슬롯은 신호를 제어하는 기본 채널로서 호핑을 적용하지 않는다). 일반적으로 요구되는 GSM의 SNR이 11dB인데 SFH 기술을 적용할 경우 9dB로 낮아진다.

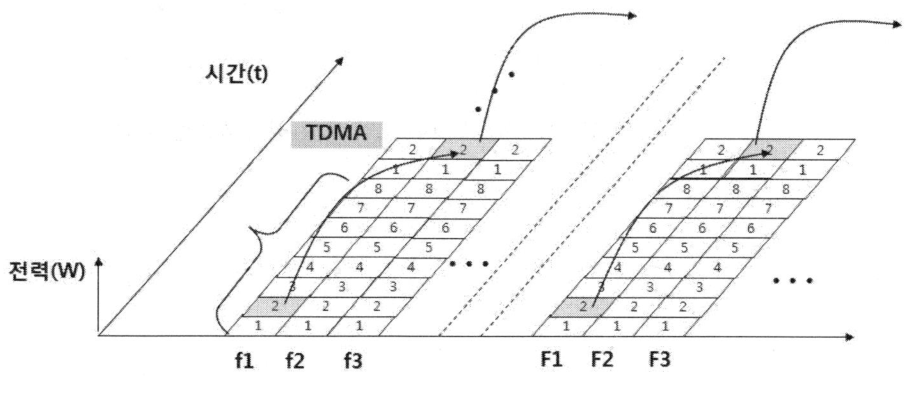

〈그림 17-12〉 GSM의 느린 주파수 도약 대역 확산 방식 적용 사례

(2) 빠른 주파수 도약 방식(Fast Frequency Hopping)

빠른 주파수 도약 방식은 1개의 비트에 여러 주파수로 변조하는 방식이다. 〈그림 17-13〉은 빠른 주파수 도약 대역 확산 방식의 개념을 나타내고 있다.

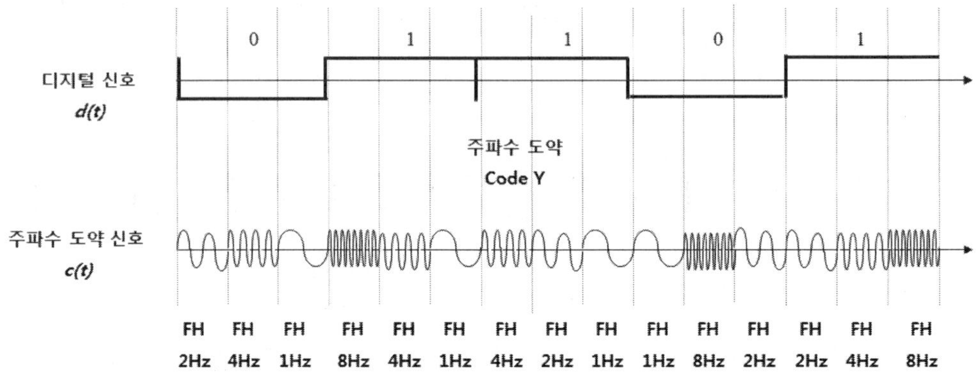

〈그림 17-13〉 빠른 주파수 도약 대역 확산 방식

3. 주파수 도약 대역 확산 시스템의 구성

주파수 도약 대역 확산 시스템의 송수신 구성도를 나타내면 〈그림 17-14〉와 같다.

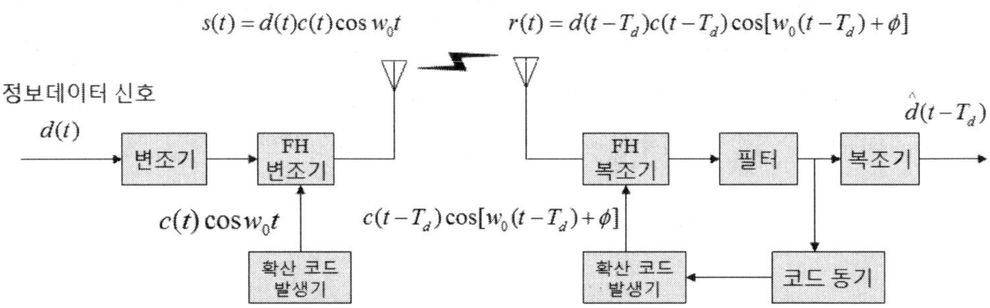

〈그림 17-14〉 주파수 도약 대역 확산 시스템의 구성

제5절 기 타

1. 시간 대역 확산 방식

시간 대역 확산 기술은 시간 축을 여러 프레임으로 나누고 각 프레임은 M 슬롯으로 나누고, 사용자는 각 프레임 동안 M 시간 슬롯의 하나를 전송하는 방식으로 슬롯 결정은 코드 신호에 의해 결정된다.

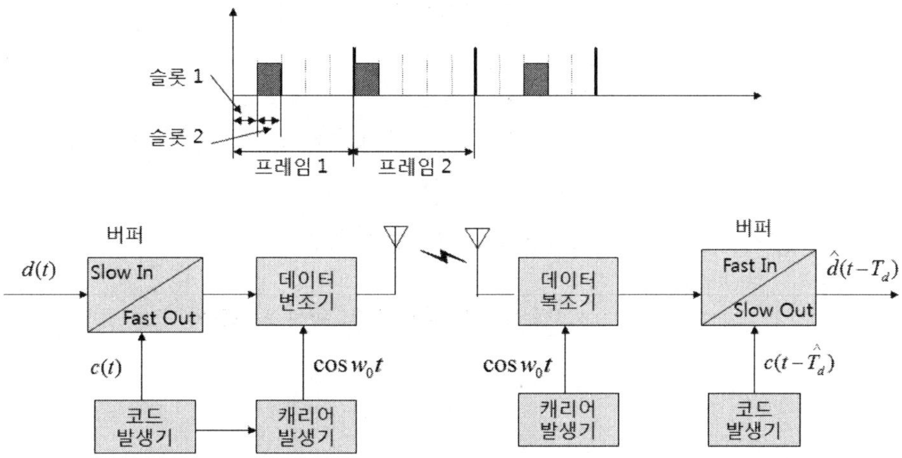

〈그림 17-15〉 시간 대역 확산 시스템의 구성

2. 첩(Chirp) 대역 확산 방식

첩 대역 확산 기술은 반송파의 선형 주파수 변조에 의해 대역폭을 확산하는 방식이다. 신호의 파형 지속시간 T에 비례하여 주파수 대역폭 B를 활용하는 방식이다.

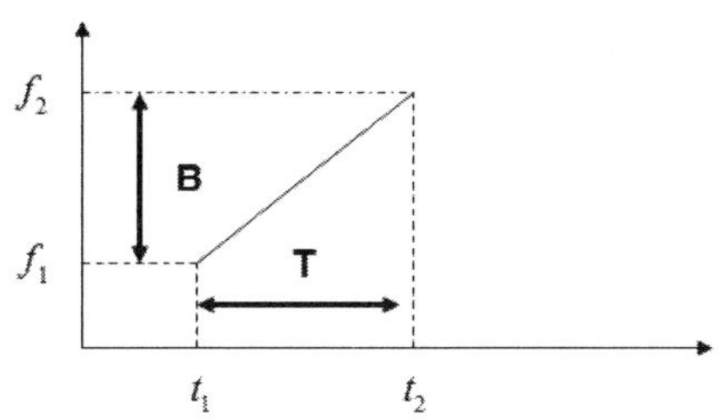

확산이득 $G_p = BT$

〈그림 17-16〉 첩 대역 확산 시스템의 개념

3. 혼합 대역 확산 방식

혼합 대역 확산 기술은 다양한 대역 확산 기술의 장점을 결합하여 구현하는 것으로 예를 들어 DS 시스템의 다중경로 극복 성질과 FH 시스템의 근원 동작 성질을 모두 얻을 수 있도록 직접 확산 방식과 주파수 도약 방식을 함께 적용하는 방식이다. 혼합 대역 확산 방식은 DS/FH, DS/TH, FH/TH, DS/FH/TH 등의 여러 가지 방식이 있다.

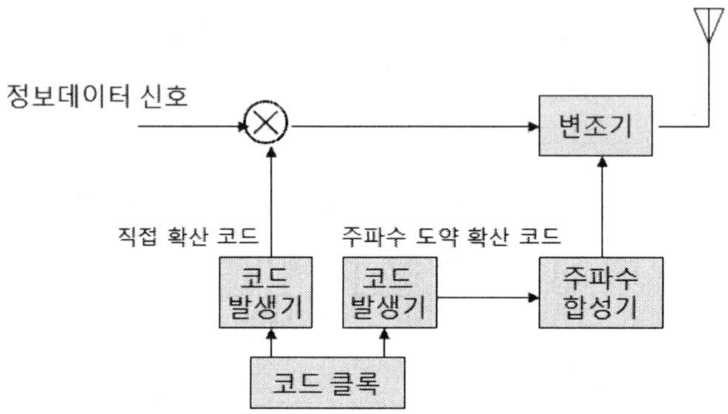

〈그림 17-17〉 혼합 대역 확산 시스템의 구성

연습문제

01 대역 확산 시스템이 상업용으로 사용한 분야를 나열하시오.

02 대역 확산 방식을 디지털 이동통신에 적용하여 성공한 무선접속 방식은 무엇인가?

03 다음 그림에서 빈칸에 맞는 말을 채우시오.

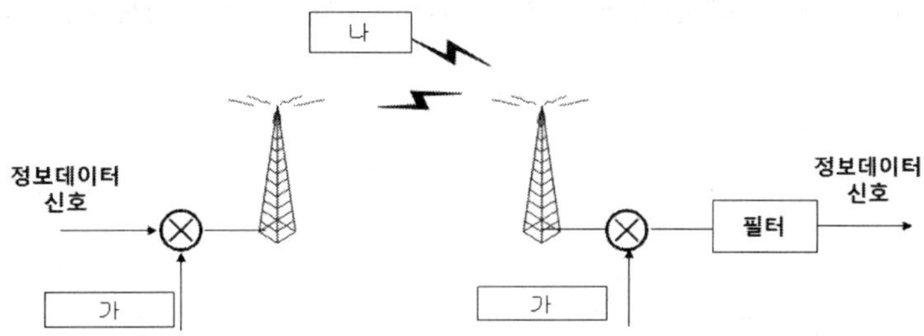

04 대역 확산에 대한 개념을 설명하시오.

05 대역 확산 기술의 주요 특징 3가지를 나열하시오.

06 대역 확산 기술의 종류를 나열하시오.

07 다음 그림에서 1, 2, 3, 5번의 주파수 대역폭을 나타내시오.

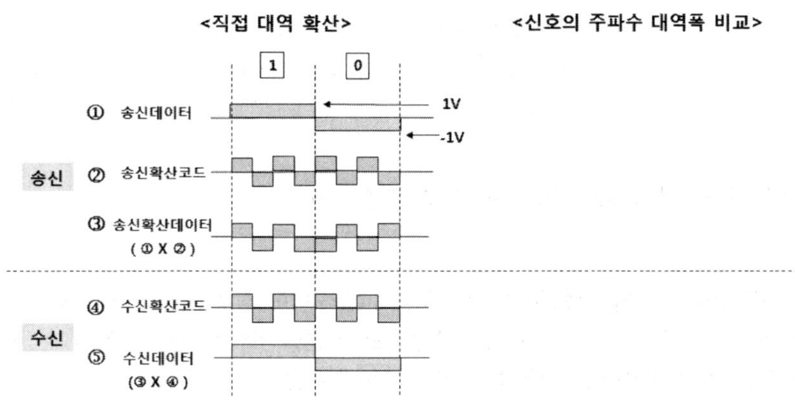

08 확산코드의 개념을 설명하시오.

09 4×4 행렬로 이루어진 왈시코드를 생성하시오.

10 의사잡음 코드(PN Code)에 대해 설명하시오.

11 의사잡음 코드를 생성하기 위해 자주 이용되는 방식은?

12 직접 대역 확산 시스템의 구성을 나타내는 다음 그림의 빈칸에 적합한 말을 채우시오.

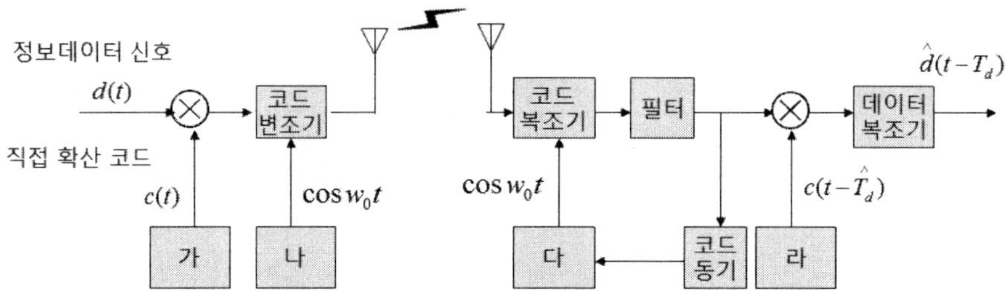

13 주파수 도약 대역 확산 방식의 종류를 나열하시오.

14 주파수 도약 대역 확산 시스템의 구성을 나타내는 다음 그림의 빈칸에 적합한 말을 채우시오.

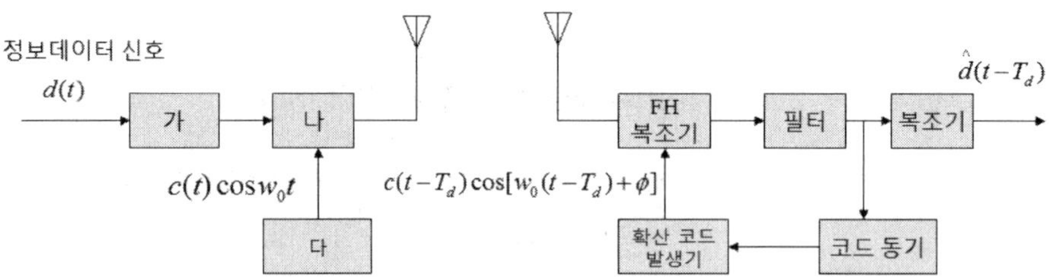

15 시간 도약 대역 확산 방식에 대해 설명하시오.

16 각 방식의 장점을 결합하여 구현하는 것으로 예를 들어 DS 시스템의 다중경로 극복 성질과 FH 시스템의 근원 동작 성질을 모두 얻을 수 있도록 직접확산 방식과 주파수 도약 방식을 함께 적용하는 대역 확산 방식은 무엇인가?

매트랩 실습

매트랩 실습은 다음과 같은 순서로 진행한다.

1. 실습과제의 목적과 내용을 이해한다.
2. 매트랩 프로그램의 명령어를 학습하여 프로그램을 이해한다.
3. 매트랩 프로그램의 편집 창을 이용하여 프로그램을 작성한다.
4. 매트랩 프로그램의 실행결과를 확인한다.
5. 실습과제에서 요구하는 파라미터 변화에 따른 결과를 분석한다.
6. 결과분석 자료를 정리하여 발표하고 토론한다.

1. 확산 코드 구현

1.1 실습 목적

이동통신 신호의 주파수를 확산시키는 확산 코드를 구현하여 확산 코드 생성 과정을 이해한다.

1.2 실습 내용

기본적인 확산코드 방식인 월시코드와 PN 코드를 구현한다.

1.3 실습 문제

예제 4.17.1 월시코드 만들기

토의 내용

(1) 월시 코드의 개수를 늘려가며 구조를 비교하고 토론한다.
(2) PN 코드의 개수를 늘려가며 구조를 비교하고 토론한다.

```
%% Walsh 코드 만들기

%% 0. 초기화
clear all
```

```
close all
clc

%% 1. 코드 생성
seed = [1 1 ; 1 -1]; %

S = 16;                     % walsh 코드 개수, 2의 제곱 수
s_cal = log2(S);            % 반복 계산 횟수

W = 1;                      % 코드 생성
for ii = 1:s_cal
    W = kron(W,seed);
end

%% 2. 코드 출력
W
```

예제 4.17.2 PN 코드 만들기

```
%% PN 코드 만들기

%% 0. 초기화
clear all
close all
clc

%% 1. 코드 생성
reg = [1 0 0 0];            % 레지스터 초기값

Out = zeros(15,1);
PNcode = zeros(16,4);
PNcode(1,:) = reg;
for ii = 2:16

    Out(ii-1) = PNcode(ii-1,4);         % 가장 오른쪽 값 출력
    PNcode(ii,:) = circshift(PNcode(ii-1,:),[0 1]); % 오른쪽으로 한칸 쉬프트
    PNcode(ii,1) = xor(PNcode(ii-1,3),PNcode(ii-1,4));      % modulo 2 연산

end

%% 2. 코드 출력

PNcode
```

```
Out

%% 3. PN코드의 상호 직교성 분석

Out'

Code = zeros(15,15);

for ii=1:15
    temp = circshift(Out',[0 ii]);
    Code(ii,:) = temp;
    for jj = 1:15
        Code=circshift(Code,[jj 0 ]);

    end
end

Code

N_code = size(Code,1) % 가능한 코드의 갯수 = 2^n : n은 정보비트수

Combi = nchoosek(1:N_code,2); % N_code 코드중 2개를 고르는 조합
N_combi = size(Combi,1); % 그 조합의 갯수

D_hamming = zeros(1,N_combi); % 해밍거리값 초기화
for ii = 1:N_combi
    D_hamming(ii) = sum( xor( Code(Combi(ii,1),:), Code(Combi(ii,2),:) ) ); % 조합에 따라 해밍거리 계산
end

disp('최소해밍거리')
Min_D_hamming = min(D_hamming)
```

2. 대역 확산 방식

1.1 실습 목적

이동통신 신호의 대역 확산 통신 방식의 개념을 이해한다.

1.2 실습 내용

주파수 도약확산 방식을 이용한 대역 확산 방식으로 주파수 대역 확산의 과정에서 파형과 주파수 대역폭의 변화를 확인한다.

1.3 실습 문제

예제 4.17.3 주파수 도약 대역 확산

토의 내용

송신 데이터에 적용한 주파수 도약 대역 확산의 결과를 파형 변화를 관찰하면서 주파수 도약 대역 확산 방식을 이해하고 토론한다.

```
%% mc4173_FHSS.m

% 주파수 도약 대역 확산(FHSS)

clc
clear all
close all

% 송신 데이터 d
N=6
d  = (floor(rand(1,N)+0.5)-0.5).*2 ;
% 주파수 정보(1~5Hz); 랜덤
freq = ceil(5.*rand(1,length(d))); % freq = randi(5, 1,length(d));

% 샘플링 단위
Ns = 1000;
```

```
t_s = 0:1/Ns:1;
d_s = kron(d, ones(1,Ns));
freq_s = kron(freq, ones(1,Ns));

% 송신 신호
tx_s = zeros(1,length(d)*length(t_s));
for ii = 1:length(d)
    tx_s((ii-1)*length(t_s)+1:ii*length(t_s)) = d(ii).*cos(2.*pi.*freq(ii).*t_s);
end

% 그림창 만들기

figure(4174)

% 그래프 그리기

subplot(3,1,1),plot(d_s,'linewidth',2, 'Color',[0 0.5 1]);grid on
title('입력 심볼','fontsize', 12)
set(gca, 'xlim', [0 length(d_s)],'ylim', [-1.5 1.5]);

subplot(3,1,2),plot(freq_s,'linewidth',2, 'Color',[0 0.5 1]);grid on
title('각 심볼에서의 주파수 값','fontsize', 12)
set(gca, 'xlim', [0 length(d_s)], 'ylim', [0 5]);

subplot(3,1,3),plot(tx_s,'linewidth',2, 'Color',[0 0.5 1]);grid on
title('전송된 신호','fontsize', 12)
set(gca, 'xlim', [0 length(d_s)], 'ylim', [-1.5 1.5]);

print -dpng fig4173
```

제18장

다중접속과 다중화

제1절 개요

1. 기본 개념

(1) 다중화/다중접속의 정의

다중화/다중접속((Multiplexing/Multiple Access)은 고정된 통신자원(주파수, 시간, 공간 등)을 공유하기 위해 두 신호 사이에 신호의 직교성이 보장되어야 한다. 다중접속은 이동통신 시스템에서 단말기들이 상호 간섭 없이 경쟁적으로 기지국에 접속하기 위한 기술이다. 반면 다중화는 기지국에서 순서대로 여러 단말기로 정보를 전송하기 위한 기술이다.

다중화는 통신자원에 대해 사용자의 요구사항이 고정된 것으로 제한된 사이트(예를 들어 기지국의 보드)에서 여러 사용자의 할당 자원이 고정된다. 다중접속은 통신자원에 대해 사용자의 요구에 따라 가변적으로 변하는 것으로 원격에서 이루어지는데(예를 들어 이동통신에서 단말기들이 상호 간섭 없이 경쟁적으로 기지국에 접속) 여러 사용자의 할당 자원이 고정되어 있지 않다.

(2) 신호의 직교성(Orthogonality)

다중화 및 다중접속을 사용하려면 직교하는 신호 형태를 사용하여야 한다. 수신단에서 신호를 검출할 때 다른 신호의 간섭을 피하고 원하는 신호만을 검출하여야 한다. 이것을 식으로 나타내면 다음과 같다.

$$\int_{-\infty}^{\infty} f_m(x) f_n(x) d\tau = \begin{cases} \text{상수}(m=n) \\ 0(m \neq n) \end{cases} \quad \text{(식 18-1)}$$

여기서 $x = f$이면 주파수분할 다중화를 나타내며, $x = t$이면 시간분할 다중화를 나타낸다. 정현파 신호 Sine과 Cosine 신호는 서로 직교성을 가지는 신호이다.

(3) 순방향과 역방향 링크의 정의

기지국과 단말기사이에 정보를 보내는 방향에 따라 "순방향"과 "역방향" 링크로 분류한다. 위성통신에서는 위성이 기지국, 지구국이 단말기 역할로 순방향과 역방향으로 정의된다.

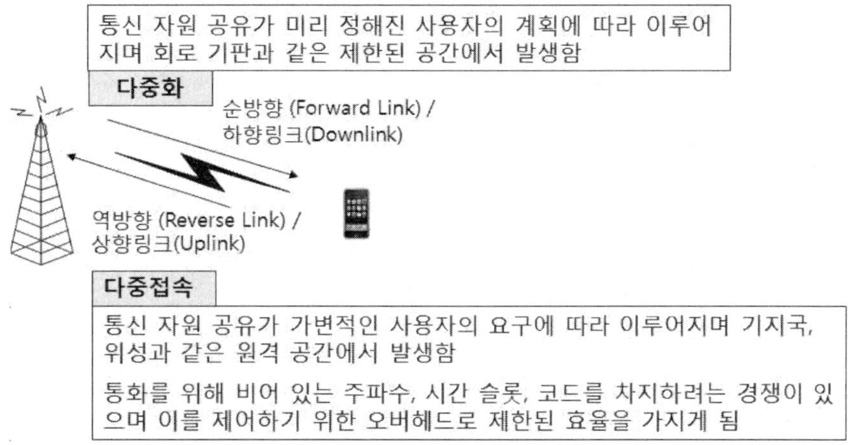

〈그림 18-1〉 순방향 및 역방향 링크의 정의

(4) 통신자원 할당 및 사용 방법

다양한 다중화/다중접속 방법의 종류와 기본 개념을 요약하면 〈표 18-1〉과 같다.

〈표 18-1〉 통신 자원 할당 방법

통신자원의 할당 방법	기본 개념	다중화 (Multiplexing)	다중접속 (multiple Access)
주파수 분할 (Frequency Division)	주파수를 여러 대역으로 나누어 서로 다른 대역을 사용	FDM	FDMA
시간 분할 (Time Division)	주파수를 여러 시간 슬롯으로 나누어 서로 다른 특정 슬롯을 주기적으로 사용	TDM	TDMA
코드 분할 (Code Division)	주파수 및 시간을 여러 개로 나누어 서로 다른 특정 주파수, 시간을 사용	CDM	CDMA
공간 분할 (Space Division)	주파수를 공간적으로 여러 개로 나누어 서로 다른 공간을 사용	SDM	SDMA
편파 분할 (Polarization Division)	주파수를 여러 편파로 나누어 서로 다른 편파를 사용	PDM	PDMA
직교 주파수 분할 (Orthogonal Frequency Division)	주파수를 직교하도록 나누어 여러 개의 서로 다른 대역을 사용	OFDM	OFDMA

2. 다중접속과 다중화의 위치

다중화/다중접속의 위치를 전체 디지털이동통신 시스템에서 나타내면 〈그림 18-2〉와 같다.

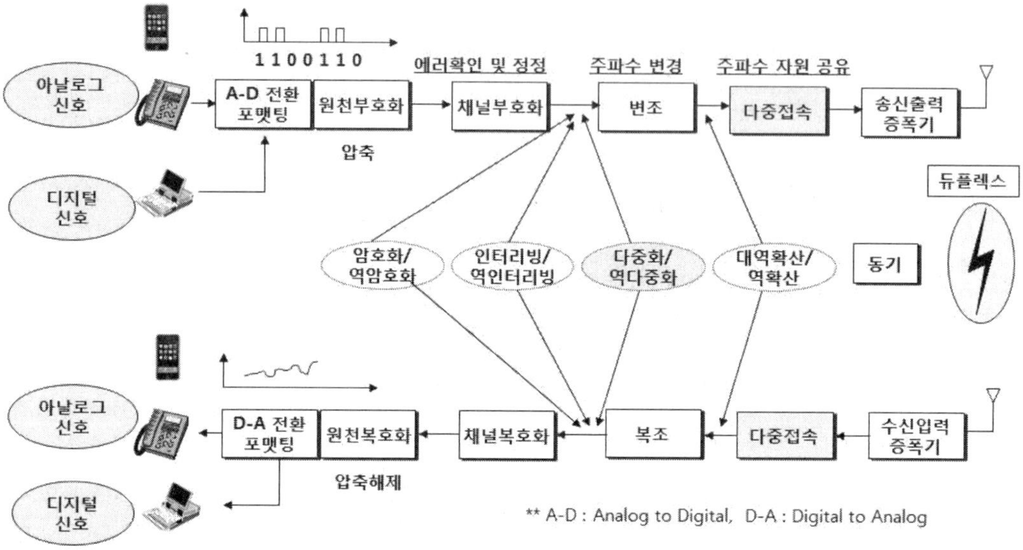

〈그림 18-2〉 다중접속과 다중화의 위치

제2절 다중접속과 다중화 방식의 비교

1. 개요

최초의 셀룰러 이동통신 시스템에서는 각 사용자가 서로 다른 주파수를 이용하는 FDMA/FDM(Frequency Division Multiple Access/Frequency Division Multiplexing)라는 아날로그 방식이 이용되었다. 그러나 제한된 주파수 대역에서 아날로그 방식의 이동통신 시스템이 제공할 수 있는 수용 용량은 포화 상태에 이르렀으며, 다양한 서비스 요구에 부응하기 위해 디지털 다중접속/다중화 방식으로의 전환이 불가피하게 되었다. 디지털 다중접속/다중화 방식은 크게 TDMA/TDD(Time Division Multiple Access/Time Division Multiplexing) 방식, CDMA/CDM(Code Division Multiple Access/Code Division Multiplexing) 방식, OFDMA/OFDM(Orthogonal Frequency Division Multiple Access/Orthogonal Frequency Division Multiplexing)으로 나눌 수 있다. 〈그림 18-3〉에 각 다중접속 방식을 도식화하였다.

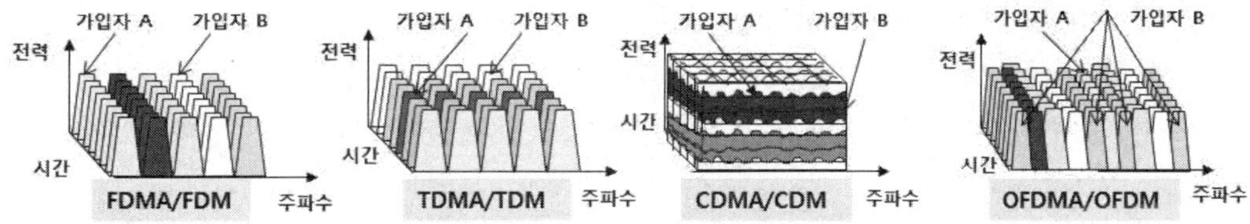

〈그림 18-3〉 다중접속/다중화 방식의 종류

2. FDMA/FDM

FDMA는 시간과 주파수 대역의 공간에서 시간은 고정시키고 주파수만을 분할하여 각각을 채널로 사용하는 방식이며 한 채널은 각각 전력이 집중되어 있는 비교적 좁은 대역으로, 서로 다른 사용자 신호는 각기 다른 채널을 할당받게 된다. 수신측에서는 대역 통과 필터를 거친 신호만을 통과시키므로 상호 간섭을 제한할 수 있으며 아날로그 방식의 이동통신에서 주로 사용되었던 방식이다. FDMA 방식에서 적정한 통화품질을 유지하기 위하여 신호 대 잡음비가 약 18dB 이상 되어야 하기 때문에 주파수 재사용 계수 7을 가장 보편적으로 사용한다.

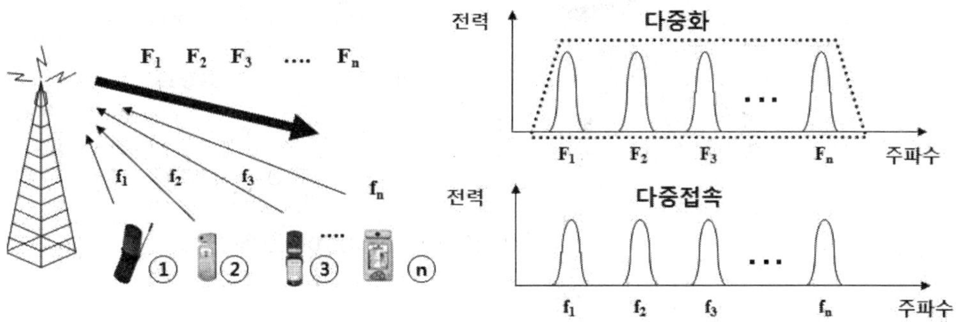

〈그림 18-4〉 FDMA/FDM 방식

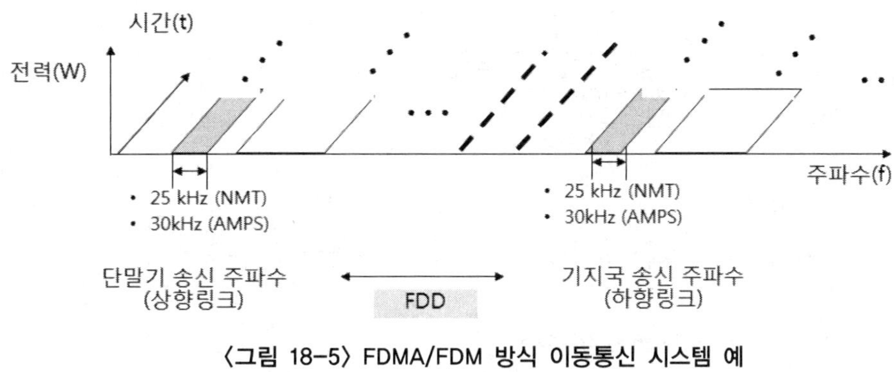

〈그림 18-5〉 FDMA/FDM 방식 이동통신 시스템 예

FDMA는 전체 주파수 대역을 작은 주파수 대역(채널)으로 쪼개서 이를 각 가입자에게 할당하는 방식으로 아날로그 셀룰러 이동통신 대부분은 이 방식을 사용하였는데 AMPS(미국, 한국 등), NMT(북유럽), TACS(영국), JTACS(일본) 등이 있다.

3. TDMA/TDM

TDMA 방식에서는 주파수를 고정시키고 시간만을 분할하여 각각의 채널로 사용하는 방식으로 하나의 프레임을 구성하는 한 주기에서의 일련의 시간 간격들 중 한 Slot이 하나의 채널에 대응되며 주어진 신호의 총 에너지가 한 시간의 슬롯 안에 집중된다. 인접 채널간 간섭은 적합한 시간에 수신된 신호의 에너지만 통과시키는 Time Gate에 의해서 제한된다. TDMA 방식에서 요구되는 신호 대 잡음비는 약 7~8dB이고, 이로 인하여 주파수 재사용 계수를 3~4까지 줄일 수 있어 가입자 수용용량이 약 2~3배 증가한다.

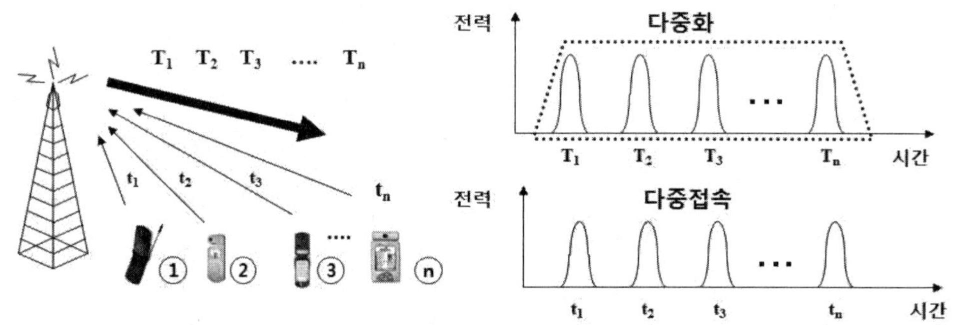

〈그림 18-6〉 TDMA/TDM 방식

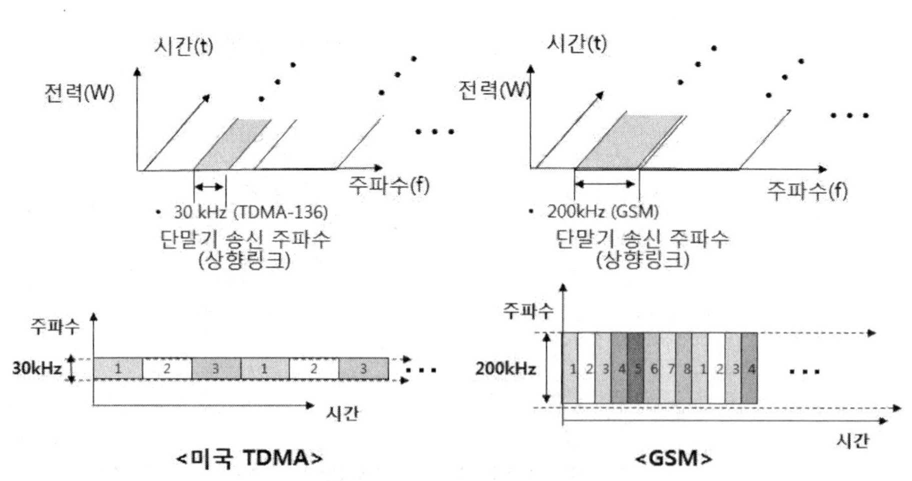

〈그림 18-7〉 TDMA/TDM 방식 이동통신 시스템 예

TDMA는 통신 채널을 시간 슬롯으로 구분하여 사용하는 방식으로 2세대 디지털 셀룰러 이동통신 시스템인 미국 TDMA 방식과 유럽의 GSM(Global System for Mobile Communication)과 등이 있다. 미국 TDMA는 기존 30kHz 주파수 단위로 분할한 AMPS 시스템에서 30kHz 채널 한 개를 3개의 시간 슬롯을 만들어 3명의 사용자가 공유하여 사용하도록 하였다. 유럽의 GSM 방식은 200kHz 주파수 단위로 분할한 후 200kHz 채널 한 개를 8개의 시간 슬롯을 만들어 8명의 사용자가 공유하여 사용하도록 하였다.

4. CDMA/CDM

기존의 아날로그 및 여타 디지털 시스템이 할당된 주파수를 협대역 채널로 나눈 후 채널당 하나 또는 복수의 통화가 이루어지도록 한 것과는 달리 CDMA는 광대역 주파수 확산기술을 바탕으로 셀룰러 주파수의 전 채널에 걸쳐 다수의 통화가 가능하도록 설계되었다.

CDMA 방식은 이를 위해 각각의 음성 및 데이터 호(Call)를 동일한 주파수 스펙트럼 내에서 동시에 전송되는 다수의 호와 구별시키기 위해 의사잡음 형태인 PN(Pseudo Noise)코드라고 불리는 고유한 코드를 부여한다. 이 경우 수신기가 올바른 코드 번호만 유지하고 있다면 모든 호 가운데서 원하는 호만을 선택, 접속함으로써 통화가 이루어지게 된다.

예를 들어 여러 나라 사람들로 북적거리는 매우 혼잡한 식당 또는 기타 장소에서도 다른 사람들의 대화에 구애받지 않고 자신들의 모국어로 대화할 수 있는 상황과 유사하다. 즉 아무리 많은 사람들이 서로 다른 언어로 대화를 한다 할지라도 같은 언어를 사용하는 사람들끼리는 서로의 의사를 충분히 확인할 수 있는 이치와 같다.

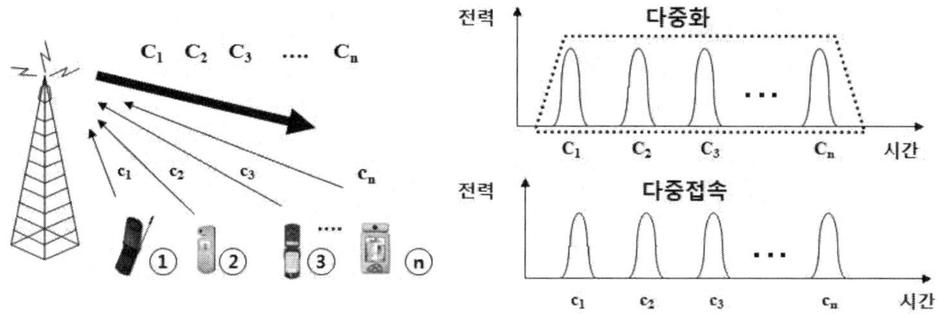

〈그림 18-8〉 CDMA/CDM 방식

CDMA는 같은 주파수와 시간을 여러 사용자가 공유하며, 각각의 통화 채널에 코드를 붙여 채널을 구분하는 방식으로 2세대 이동통신인 IS-95, 3세대 이동통신인 cdma

2000, W-CDMA, EV-DO, HSPA 시스템 등에서 이용된다. 〈그림 18-9〉는 대역폭이 넓을수록 코드 자원이 더욱 많아지므로 더욱 많은 사용자가 이용할 수 있음을 보여주고 있다.

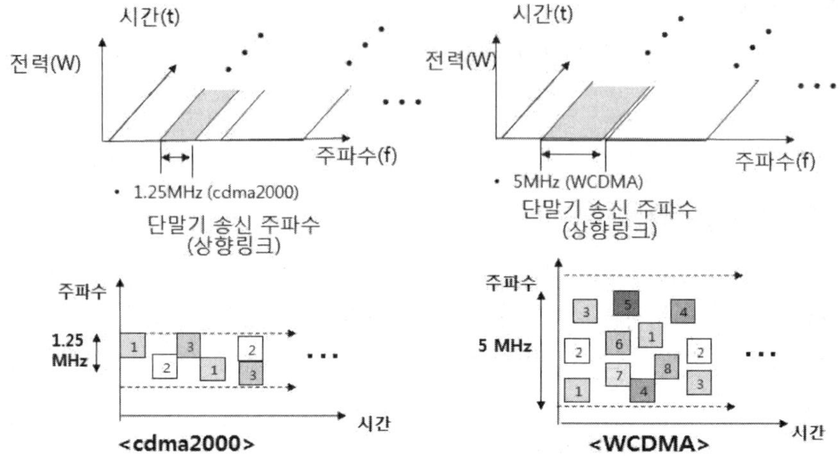

〈그림 18-9〉 CDMA/CDM 방식 이동통신 시스템 예

5. OFDMA/OFDM

기존의 다중화/다중접속 방식이 1명의 사용자에게 한 개의 반송파만을 할당하는 것과는 달리 OFDMA는 여러 개의 반송파를 한 사람에게 할당하여 줌으로써 고속의 데이터를 전송할 수 있도록 설계하였다.

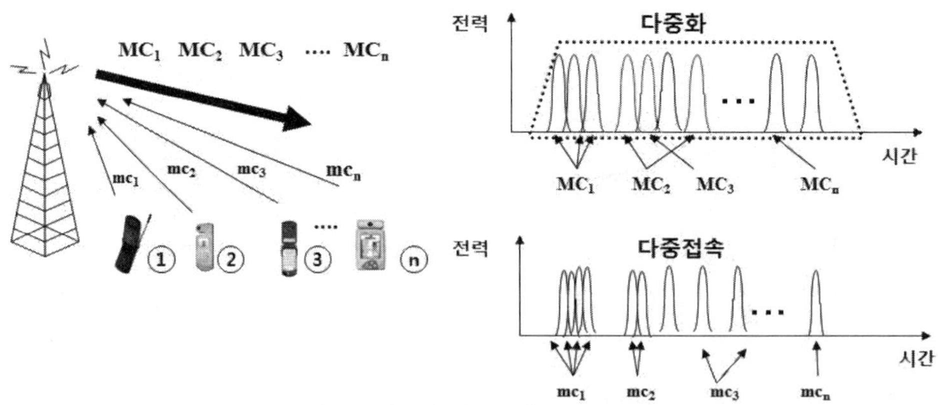

〈그림 18-10〉 OFDMA/OFDM 방식

OFDM는 전체 주파수 대역을 직교하는 작은 주파수 대역으로 나누고 한 사용자가가 여러 개의 주파수를 사용하는 방식으로 3세대 개선 시스템인 LTE, Mobile WiMax (WiBro), 4세대 이동통신 시스템인 LTE-Advanced, WirelessMAN-Advanced 등에서 이용된다.

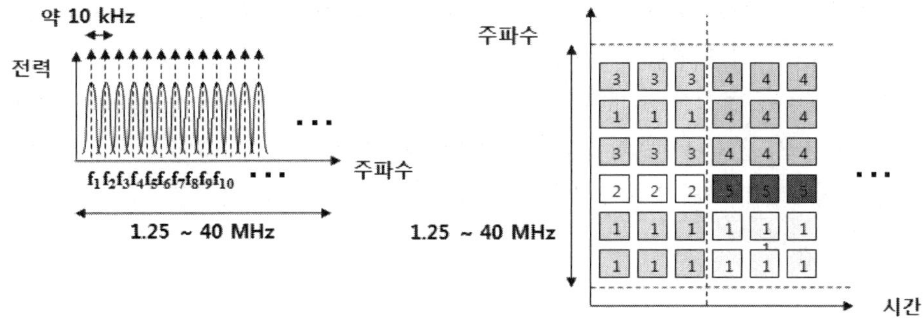

〈그림 18-11〉 일반적인 OFDMA 시스템

6. 다중화/다중접속 방식의 장단점

다양한 다중화/다중접속 방식의 장점과 단점을 비교하면 〈표 18-2〉와 같이 요약할 수 있다.

〈표 18-2〉 다중화/다중접속 방식의 장점과 단점

방 식	장 점	단 점
FDMA	•시스템이 단순함 •시간 동기 기술이 필요치 않음	•주파수 효율이 낮음 •기지국 장치의 전력소모가 큼 •서비스 고도화가 어려움
TDMA	•주파수 효율이 좋다(FDMA 대비 3배) •전력 효율이 다소 좋음	•시간 동기 기술이 필요함 •전력 효율이 좋지 않음 •데이터 전송속도 증가에 한계가 있음
CDMA	•주파수 효율이 좋음(FDMA 대비 10배 이상) •전력 효율이 좋음 (전력제어 효율이 좋음) •시간/주파수 등 다양한 페이딩 극복 기술 적용	•넓은 주파수 대역 필요 •고도의 동기 기술이 요구됨 •고속처리 필요 •장치가 복잡
OFDM	•주파수 효율이 매우 좋음 (CDMA 대비 2배) •채널 대역폭의 확대가 용이함 •가입자당 데이터 전송 속도 증대가 용이함 •높은 효율의 페이딩 극복 기술 적용 용이함 •다중 안테나 사용이 용이함 •가변적인 변복조 코딩이 용이함	•매우 넓은 주파수 대역 필요 •매우 정확한 주파수 동기 기술이 요구됨 •초고속처리 필요 •전력 증폭기의 선형성이 떨어짐

실제 이동통신 시스템의 다중화/다중접속 방식은 여러 개의 방식이 혼합된 방식을 이용하고 있으므로 일반적으로 다중화/다중접속 방식은 최종적으로 가입자의 채널을 구분하는 방식으로 구분한다. 다중화/다중접속 방식 정의의 예를 들면 미국의 TDMA 방식은 FDMA를 우선 적용(30kHz)한 후 TDMA 기술을 최종적으로 적용하므로 TDMA 라고 한다. 유럽의 GSM 방식은 FDMA를 우선 적용(200kHz)한 후 8개의 시간 슬롯을 이용한 TDMA를 적용하면서 동시에 주파수 호핑 CDMA 방식을 함께 적용한다. 이때 최종적으로 8개의 슬롯으로 나눈 TDMA를 적용하여 TDMA라고 한다. cdma2000 방식은 FDMA 우선 적용(1.25MHz)한 후 CDMA 기술을 적용하므로 CDMA 방식이라고 한다. WCDMA 방식은 FDMA 우선 적용(5MHz)한 후 CDMA 기술을 적용하므로 CDMA 방식이라고 한다. OFDM 방식은 FDMA 방식으로 많은 캐리어를 구분한 후(약 10kHz) 여러 개의 캐리어를 1명의 가입자에게 전송하는 OFDM 기술을 적용하므로 OFDM이라고 정의한다.

제3절 CDMA 방식

1. 개요

(1) 역사적인 배경

CDMA는 1980년대 후반 대역 확산 통신시스템의 원리를 이동통신에 응용하는 방안을 검토하면서 연구되기 시작하였다. 1992년 미국 퀄컴사는 미국 샌디에이고에서 CDMA 무선접속방식을 이용한 디지털 셀룰러 이동통신에 성공하였고, 1993. 7월 미국 TIA/EIA(Telecommunication Industry Association/Electronic Industry Association)에서 IS(Interim Standard)-95로 표준화한 후 1995. 5월 미국 TIA/EIA에서 IS-95A로 개정(브랜드명 : cdmaOne)하였다. IS-95A는 음성 서비스와 14.4 kbps의 데이터 서비스를 제공할 수 있었다. 1996. 1.1 한국에서 최초로 IS-95A의 상용서비스가 시작되었고 1999. 9월 한국에서 최초로 IS-95B의 상용 서비스도 시작되었다. IS-95B는 음성 서비스와 64 kbps의 패킷 데이터 서비스를 제공하였다. 1999년에는 802.11b(무선랜 Wi-Fi) 표준이 승인되어 무선랜 서비스가 본격화하기 시작하였다. 2000. 10월에는 한국에서 cdma2000 상용화를 세계 최초로 하였고 2001. 5월에는 일본에서 WCDMA 시스템 상용화를 세계 최초로 서비스하였다.

(2) 코드의 개념

CDMA에서 쓰는 대역 확산 통신 방식은 전송대상 신호를 원하는 주파수 대역보다 더 넓게 하여 보내는 방식으로, 넓은 주파수 대역을 만들기 위하여 확산 코드가 사용된다. 다음 그림에서 보면 광대역의 주파수와 시간을 활용하되 실제 사용하는 부분은 코드에 의해 전체 주파수 및 시간 중 일부만을 활용하게 된다.

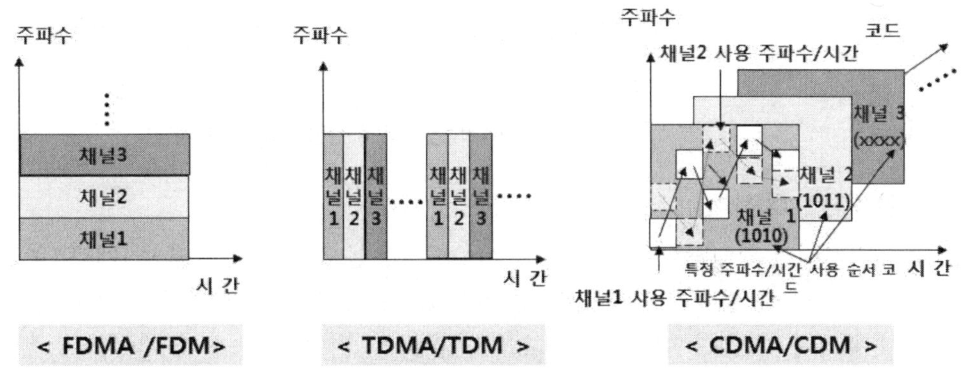

〈그림 18-12〉 코드의 개념

일반적인 CDMA 이동통신 시스템의 구성은 다음과 같다.

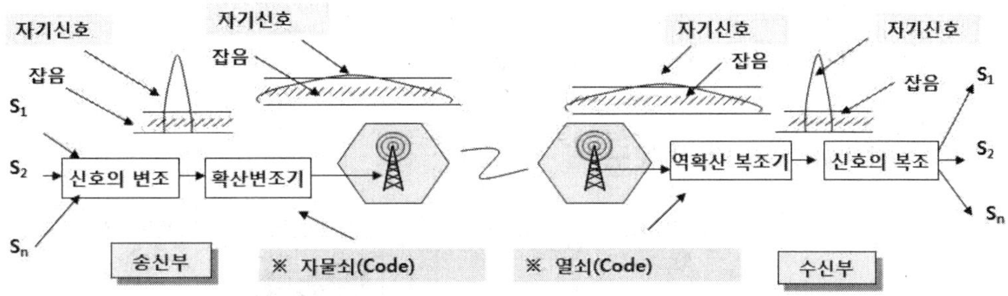

〈그림 18-13〉 일반적인 CDMA 이동통신 시스템의 구성

2. 직접대역 확산 방식을 이용한 CDMA 이동통신 시스템

(1) 기본 개념

직접대역 확산방식을 이용한 CDMA 이동통신 시스템의 개념은 다음과 같다. 모든 기지국과 사용자가 동일한 주파수 대역을 이용하여 통신하는데 기지국 A와 여러 단말기는 특정 코드를 활용하여 통신한다. 기지국 A와 기지국 B는 서로 다른 코드를 사용하여 간섭이 제거된다.

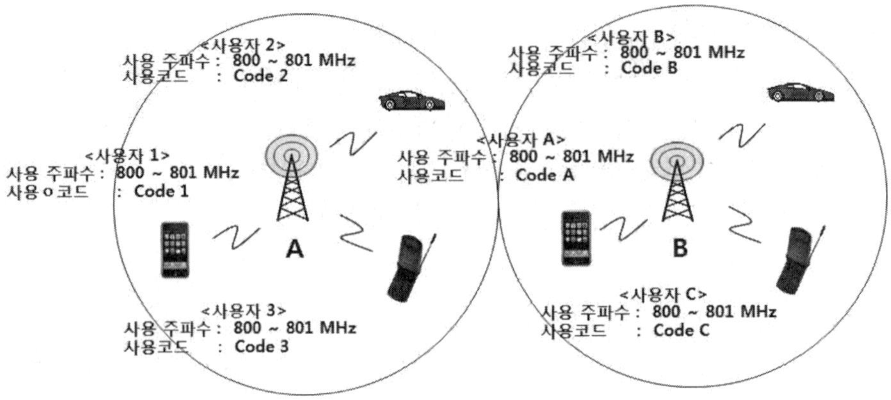

〈그림 18-14〉 직접대역 확산방식의 기본 개념

(2) 주요 특징

직접대역 확산방식을 이용한 CDMA 이동통신 시스템은 첫째 한 개의 반송파(Single Carrier)를 사용하고 둘째 PN라는 정보코드보다 속도가 빠른 특정 코드 열을 사용하며 셋째 넓은 주파수 대역을 사용하여 전송함으로써 높은 속도의 데이터를 전송할 수 있다. 넷째 다수 코드를 결합함으로써 시간 분할 방식과 비교하여 데이터 전송 용량의 유연성(Flexibility)이 뛰어나다. 다섯째 넓은 주파수 대역으로 페이딩 채널에 대한 저항력(Fading channel resistance)이 좋다. 여섯째 방해전파에 대한 저항력(Jam resistance)이 우수하다. 일곱째 다수 코드에 의한 보안(Privacy)이 뛰어나다. 직접대역 확산방식(Direct Sequence Spread Spectrum) 방식의 주요특징이 적용된 시스템의 예로는 cdma2000, WCDMA 등이 있다.

(3) CDMA 시스템 구성도

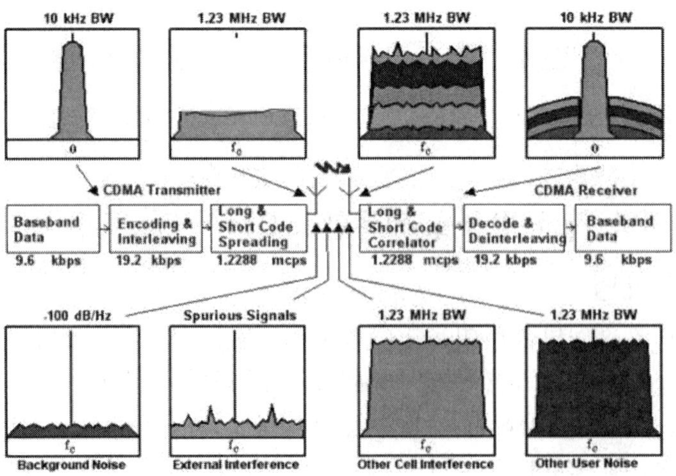

〈그림 18-15〉 직접대역 확산 방식을 이용한 CDMA 시스템

3. WCDMA/HSPA의 예

WCDMA는 동일한 주파수 자원(5MHz)에서 약 90명의 사용자가 서로 다른 코드로 구분하여 함께 통신한다.

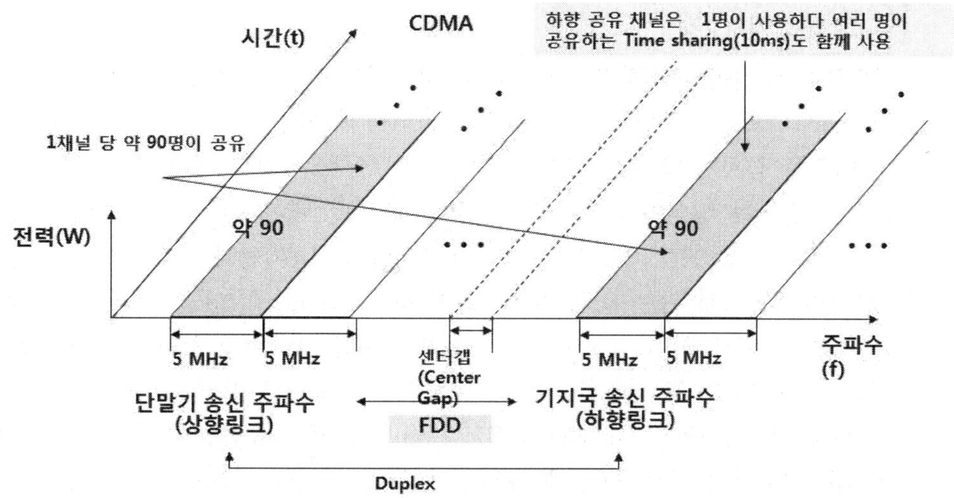

〈그림 18-16〉 WCDMA/HSPA 주파수 이용

WCDMA/HSPA는 확산코드로서

① 기지국과 사용자의 채널을 구분하는 채널라이제이션 코드가 있는데 4~512의 Spreading Factor를 갖는 직교 방식의 Walsh 코드를 이용한다.

② 기지국간 코드를 구분하는 스크램블 코드가 있는데 기지국 및 단말기를 구분하는 Nonmaximal coding 방식의 PN 코드를 사용한다.

〈표 18-3〉 WCDMA/HSPA의 확산코드

구 분	채널코드 (Channelization Code)	스크램블 코드(Scramble Code)
용도	하향 : 사용자 구분 상향 : 동일 단말기의 제어 및 데이터 채널 구분	하향 : 기지국의 구분 상향 : 단말기의 구분
길이	4 - 256 chip (512chip은 하향링크만 적용)	하향 : 10 ms, 38400 chips 상향 : 10ms, 38400 chips, (※66.7us, 256 chips)
코드 수	확산계수(Spreading Factor)의 수	하향 : 512 상향 : 수백만
코드 구성	OVSF	Long 10 ms code : Gold code Short code : Extended S(2) code
확산 기능	정보데이터를 확산시켜 대역폭 증가	채널코드와 동일한 대역폭 유지

제4절 OFDM 방식

1. 개요

(1) 역사적인 배경

OFDM은 데이터를 병렬로 전송하는 시스템의 특수한 방식이다. 일반적인 병렬 데이터 전송 시스템의 개념은 전체 전송 데이터를 N개의 블록으로 나누고 또한 전체 주파수 대역을 겹치지 않는 N개의 블록으로 나누어 각각의 데이터 블록을 각 주파수 블록으로 전송하는 방식이다. 1960년대 중반에 병렬 데이터를 전송하는데 주파수 블록을 서로 겹쳐 전송하는 OFDM 방식이 제안되었다. 1970년대에는 1971년 미국에 특허가 등록되었고 1971년에는 DFT(Discrete Fourier Transform)를 데이터 전송시스템의 변조와 복조에 도입하여 기저대역에서 주파수 분할 다중화를 처리하게 되었다. 1980년대에는 OFDM는 QAM 신호를 주파수 다중화하여 고속데이터를 전송하는 기술로 연구되기 시작하였다. 1990년대에는 OFDM 기술을 초고속 유선망 및 광대역 통신망에 본격적으로 적용하기 시작하였는데 유선분야에서는 HDSL, ADSL, VDSL 등에 이용되었고 무선분야에는 WLAN, DAB, HDTV, DTV 등에 이용되었다. 2000년대에는 이동통신의 광대역 고속화 시스템에 본격적으로 이용되기 시작하였다.

(2) 기존 병렬데이터 전송 시스템과 OFDM 시스템의 차이

기존 병렬 데이터 시스템은 부 주파수가 겹치지 않아 주파수 효율이 개선되지 않으나 OFDM 방식은 부 주파수가 겹치면서도 간섭이 일어나지 않아 주파수 효율이 2배 정도 높아졌다.

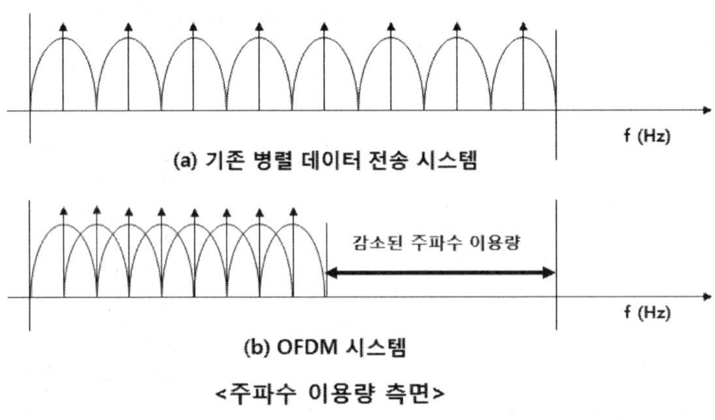

〈그림 18-17〉 병렬 전송 시스템과 OFDM 시스템의 비교(주파수 이용)

시스템 구성 측면에서 기존 병렬 데이터 전송 시스템은 데이터를 여러 주파수로 나누어 전송하는데 OFDM 시스템은 기저대역에서 주파수 변환을 함으로써 송신 시스템이 간단해진다.

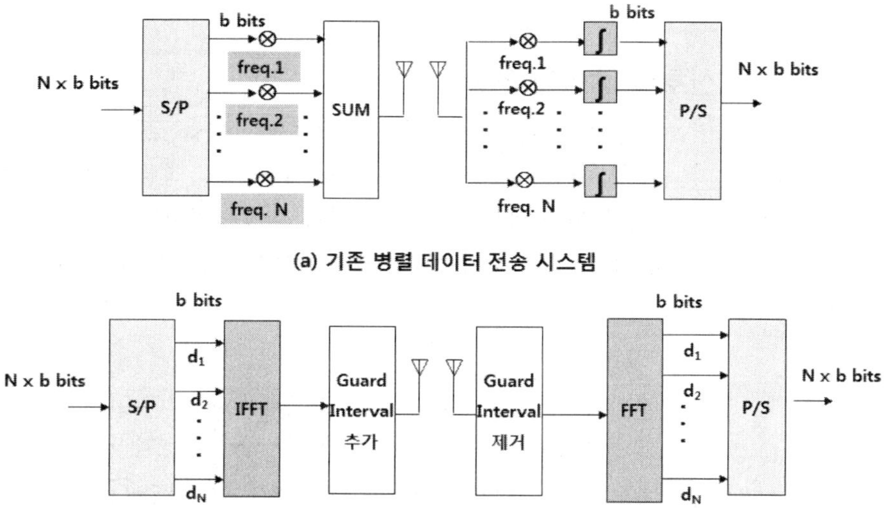

(b) OFDM 시스템

** S/P : Serial to Parallel
P/S : Parallel to Serial

<시스템 구성 측면>

〈그림 18-18〉 병렬 전송 시스템과 OFDM 시스템의 비교(시스템 구성)

2. OFDM 방식을 이용한 디지털 이동통신 시스템

(1) 기본 개념

송신 전송율이 높아질수록 심볼 구간이 작아져 ISI가 심각해져 신호의 왜곡이 발생한다. OFDM은 이를 줄이기 위해 고속 입력 심볼을 병렬 심볼로 변환하여 전송하는 방식이다.

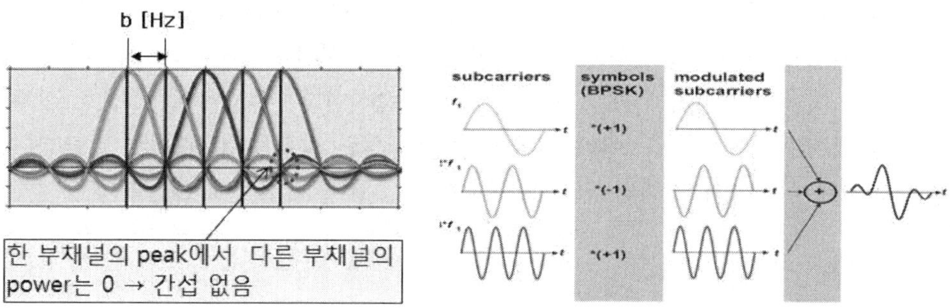

〈그림 18-19〉 OFDM 생성 원리

OFDM는 할당된 주파수를 중심주파수가 직교하는 부채널(Subcarrier)로 잘게 나누고 각 부채널을 이용하여 데이터를 병렬 전송한다. 각 부채널간 주파수가 서로 겹치게 되어 대역폭을 획기적으로 절약할 수 있다. OFDM 기술은 광대역 주파수를 활용한 고속전송, 전송효율, Chip 구현 단순성 등의 장점이 있다.

(2) OFDM 신호의 생성과 전송

OFDM은 넓은 대역폭을 갖는 신호대신에 각각 직교성을 갖는 좁은 대역폭 신호를 중복해서 전송하는 기술이다. 1개의 직렬 신호를 여러 개의 병렬 신호로 변환함으로써 심볼 시간이 늘어나지만 여러 개의 주파수가 함께 이용되면서 신호를 전송하는데 이용되는 전체 주파수 대역폭은 부 주파수의 중복 사용하는 정도에 따라 다소 감소할 수 있다.

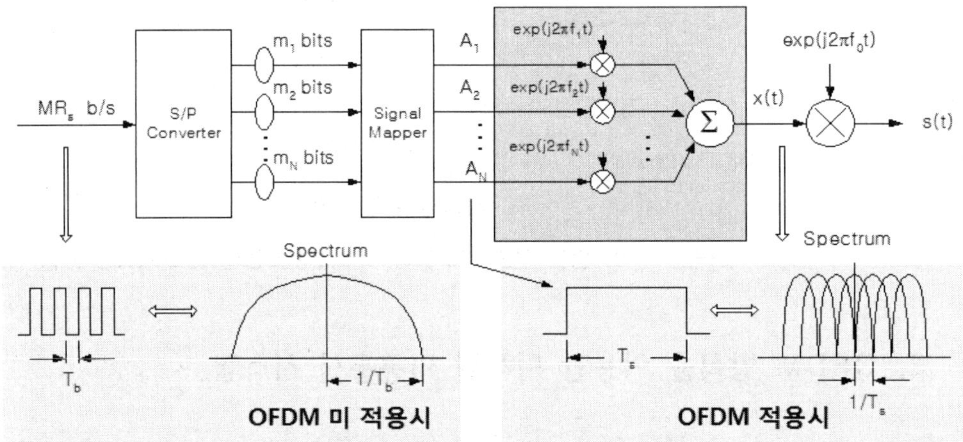

〈그림 18-20〉 OFDM 적용 전후 신호의 비교

(3) OFDM 시스템 구성도

OFDM 시스템의 입력 데이터는 변조 신호의 심볼을 생성한 후 심볼을 직렬-병렬 변환한다. 병렬 변환된 변조 신호는 여러 개의 반송파에 의해 송신되는데 심볼 주기의 병렬 신호가 합쳐져 송신하게 된다. 이때 신호가 시간적으로 퍼져 심볼간 간섭이 일어나므로 이를 방지하기 위해 CP를 추가한 후 송신한다. 수신은 송신 신호 절차의 반대 과정으로 CP를 제거하고 여러 개의 반송파에 실린 심볼을 복원한 후 병렬 신호에서 직렬 변환된 심볼에서 원래의 신호를 복원한다.

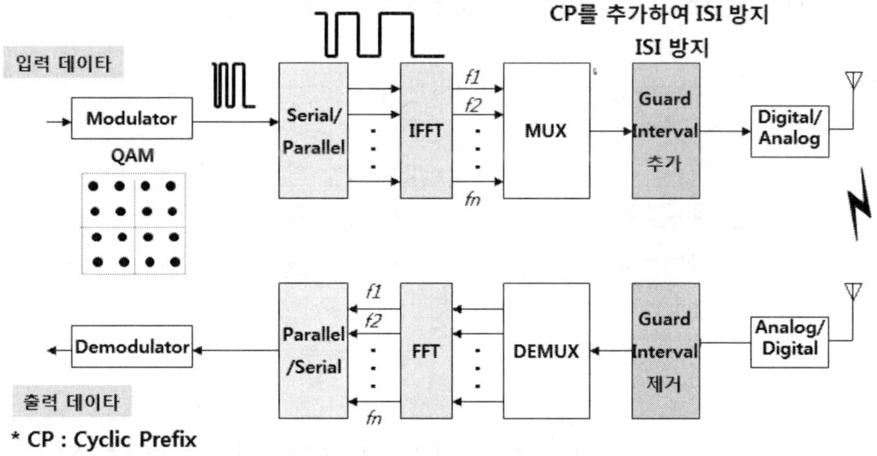

〈그림 18-21〉 OFDM 시스템 구성도

3. LTE/LTE-Advanced의 예

LTE/LTE-Advanced는 1200개의 서브캐리어를 여러 사용자가 나누어 공동 사용한다. 1개의 RB은 15kHz 서브캐리어 12개로 이루진다. 개수에 따라 채널 대역폭은 1.4, 3, 5, 10, 15, 20MHz까지 가변적이다.

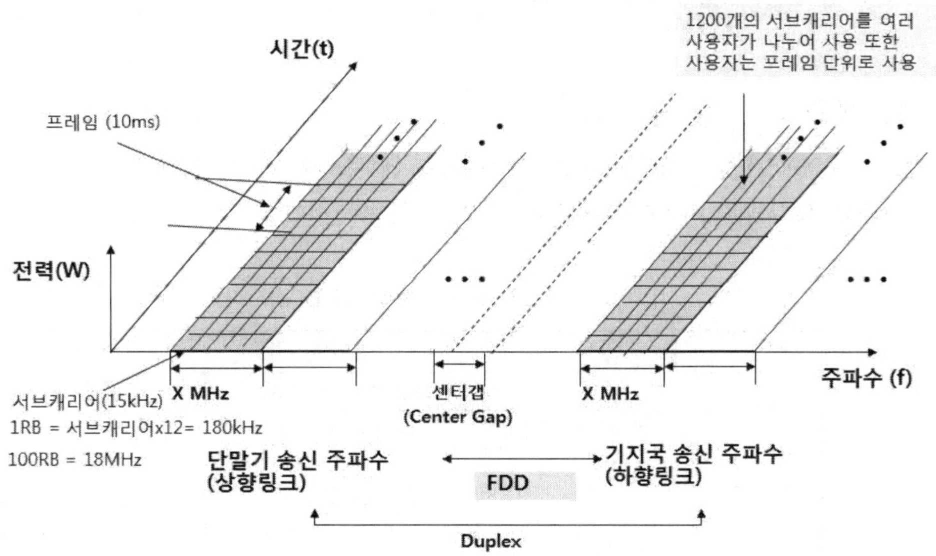

〈그림 18-22〉 LTE/LTE-Advanced의 개념

LTE 시스템의 채널 대역폭과 서브캐리어 수는 다음과 같다.

채널 대역폭 (MHz)	1.4	3	5	10	15	20
부반송파 수	72	180	300	600	900	1200
RB(12개 SC) 수	6	15	25	50	75	100
전송대역폭 (MHz)	1.08	2.7	4.5	9	13.5	18

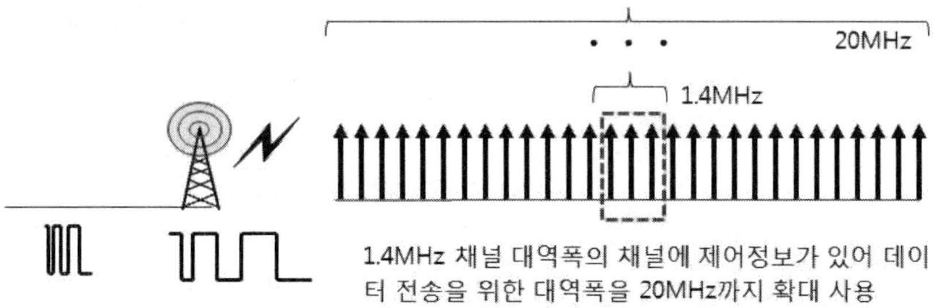

〈그림 18-23〉 LTE/LTE-Advanced의 채널대역폭

제5절 CDMA와 OFDM 비교

1. 개요

CDMA 기술을 적용한 WCDMA 이동통신 시스템과 OFDM 기술을 적용한 LTE 이동통신 시스템을 비교하면 다음과 같이 요약된다.

〈표 18-4〉 CDMA와 OFDM 비교

항 목		CDMA	OFDM
전송속도	간섭양	동일셀 간섭 존재	동일셀 간섭 없음
	반사파의 영향	매우 복잡	유리
MIMO 기술과 적용 효율		불리	유리
간섭 제거	무선망설계	소프트핸드오프 지역 (투자비 과다)	셀간 간섭 존재 (무선망 설계의 어려움)
	상향링크	통화자간 상호간섭 있음	통화자간 간섭 없음
	하향링크	낮은 직교성	높은 직교성
전력소모		보통	높은 전력소모

2. 전송속도

전송속도는 다음과 같은 채널 용량 공식에서 동일한 주파수 동일한 신호전력에서 간섭양에 따라 달라진다.

$$C = B\log_2(1+\frac{S}{N})$$

(1) 간섭양의 비교

이동통신 시스템에서 간섭은 열잡음(Thermal Noise), 동일 셀 간섭(Inner Cell Interference), 셀간 간섭(Inter Cell Interference)으로 나누어진다.

동일 셀 간섭 측면에서 CDMA의 경우 모든 사용자가 동일주파수를 이용하여 제어 채널 정보를 송신하므로 사용자가 많을수록 간섭양이 증가하고 반면에 OFDM의 경우 모든 사용자가 다른 주파수(다른 서브캐리어)를 사용하므로 제어정보채널의 간섭이 없다.

셀간 간섭은 CDMA의 경우 동일셀 간섭 조건과 유사한 반면 OFDM의 경우 셀간 간섭이 서브캐리어의 간섭으로 증가한다.

1) 통화량이 증가할 경우 동일 셀 간섭 양에 따른 전송속도 변화

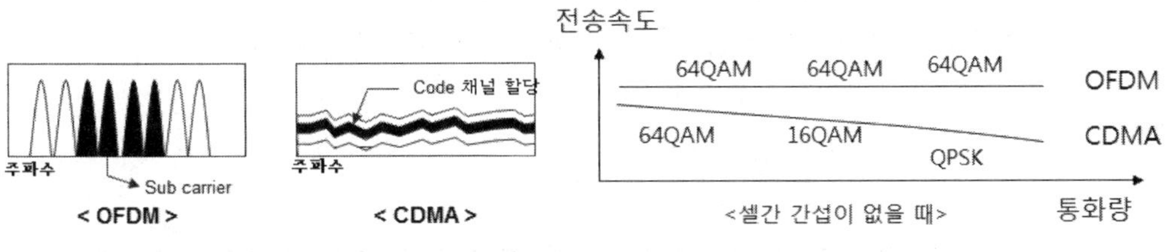

〈그림 18-24〉 동일 셀 간섭 양에 따른 전송속도 변화

2) 기지국으로부터 거리가 멀어질 경우 셀간 간섭 양에 따른 전송속도 변화

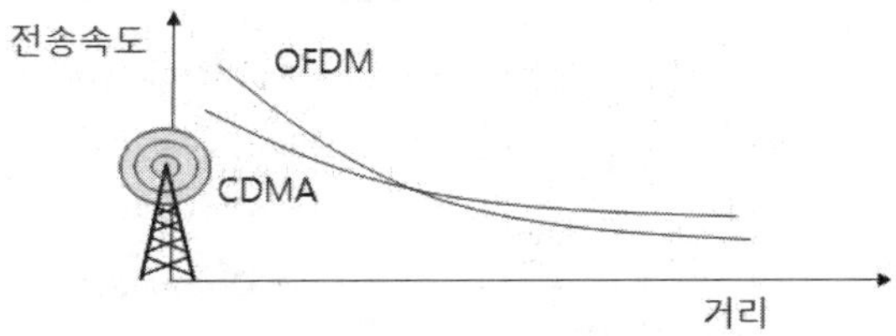

〈그림 18-25〉 셀간 간섭 양에 따른 전송속도 변화

(2) 반사파의 비교

데이터 전송속도가 높아질수록 일정 시간 내에 반사파가 많아지는데 CDMA는 레이크 리시버(Rake Receiver)로 문제를 해결하였으나 전송속도가 높아질수록 반사파가 많아져 한계에 이른다. 반면 OFDM은 보호 시간(Guard Interval) 이내의 반사파는 무시하므로 단순화한다.

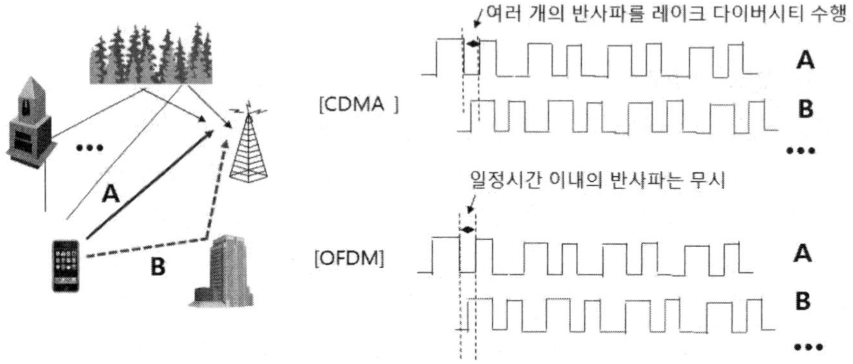

〈그림 18-26〉 반사파 신호의 처리

3. MIMO 기술의 적용 효율

MIMO 기술의 적용으로 섀논의 채널 용량 한계를 극복할 수 있다. 이때 CDMA와 OFDM 시스템에 적용하였을 때 효율성을 비교하면 다음과 같다.

$$C = n \times \log_2 (1 + \frac{S}{N})$$

MIMO 의 조건	비교
충분한 반사파	OFDM = CDMA
높은 수신신호 품질 (직교성)	OFDM > CDMA
구현의 현실성	OFDM > CDMA
상향링크 가상 MIMO 구현 (Timing Advance)	OFDM > CDMA

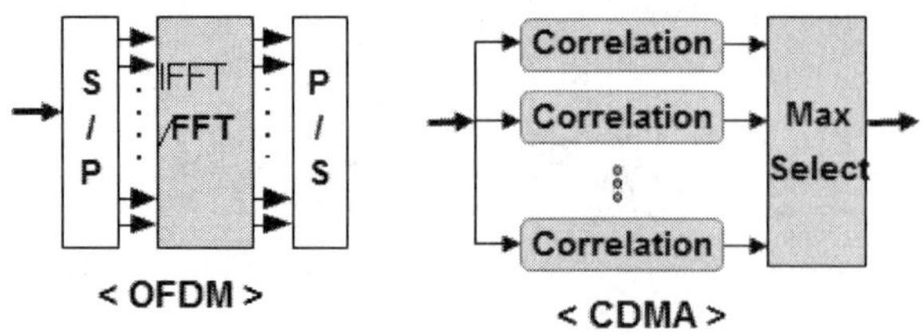

* IFFT / FFT (Inverse Fast Fourier Transform / Fast Fourier Transform)
: 주파수, Time Domain간의 변환 식인 Discrete Fourier Transform을 단순화한 식

〈그림 18-27〉 MIMO기술의 적용 효과 비교

4. 간섭 제거

(1) 간섭제거를 위한 셀설계

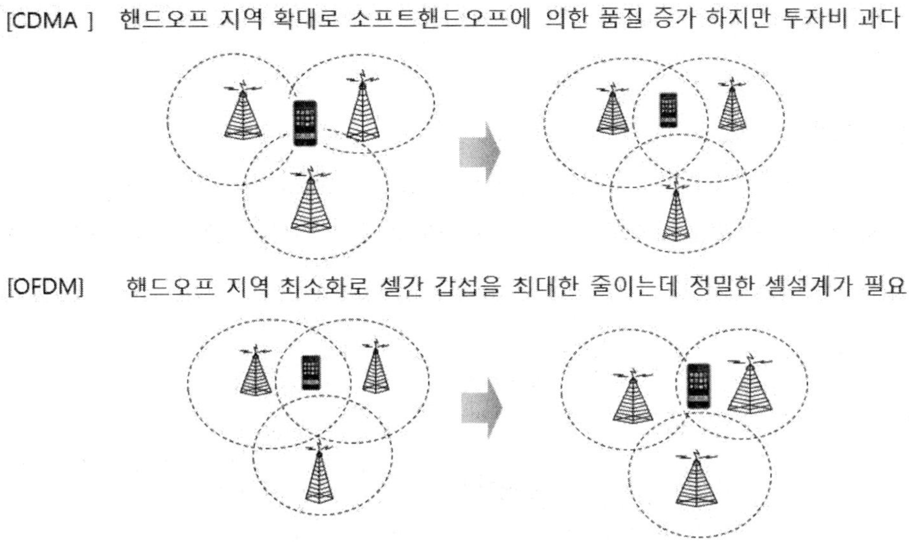

〈그림 18-28〉 CDMA와 OFDM 망설계

(2) 상향 및 하향링크의 간섭 제거

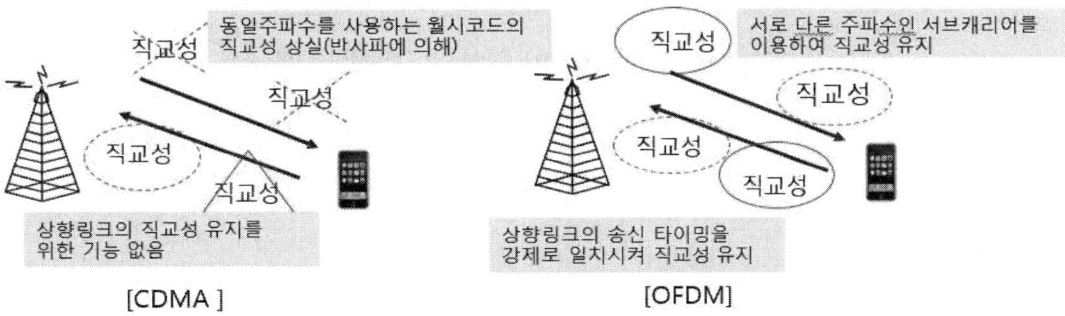

〈그림 18-29〉 CDMA와 OFDM 간섭제거 기술 비교

1) 상향링크

OFDM은 무작위로 송신하는 업링크 신호들에 대하여 기지국에서 강제로 각 통화자들의 송신 타이밍을 제어하여 기지국 도착 시에는 일치된 시간으로 도착하여 완벽한 직교성을 구현한다.

2) 하향링크

CDMA 방식은 통화자들이 동일한 주파수 대역에서 각기 다른 왈쉬코드를 사용하므로 이론적으로는 상호 간섭이 없으나, 반사파에 의해 상호간섭으로 비직교성이 작용한다. OFDM 방식은 통화자들이 각기 다른 부반송파 주파수 대역을 사용하므로 상호 간섭이 없다.

5. 전력 소모

OFDM은 높은 PAR(약 12dB)로 WCDMA(약 10dB)보다 전력 효율이 떨어진다. 따라서 역방향의 경우 OFDM이 아닌 SC-FDMA를 사용하여 PAR을 떨어뜨려 역방향 링크의 제약을 극복한다.

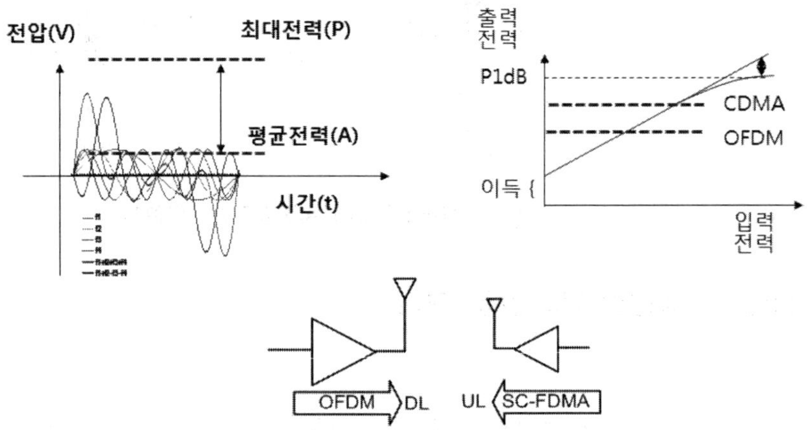

〈그림 18-30〉 CDMA와 OFDM의 전력 소모 비교

연습문제

01 다중화/다중접속을 설명하시오.

02 신호의 직교성에 대해서 설명하시오.

03 순방향과 역방향을 이동통신의 예를 들어 설명하시오.

04 통신자원을 할당하는 다중화/다중접속방법의 종류를 나열하시오.

05 다음 각각의 그림이 어떤 다중화/다중접속 방법을 나타내는지 그림 아래에 쓰시오.

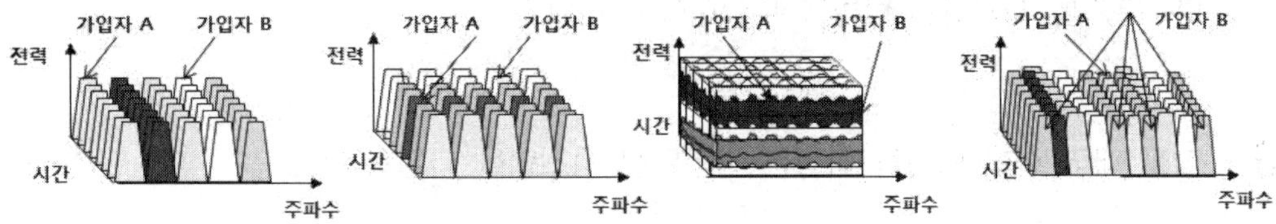

06 1세대 아날로그 이동통신 시스템에서 주로 이용된 다중화/다중접속 방식은 무엇이며, 이를 이용한 대표적인 이동통신 시스템은 무엇인가?

07 2세대 디지털 이동통신 시스템에서 주로 이용된 다중화/다중접속 방식은 무엇이며, 이를 이용한 대표적인 이동통신 시스템은 무엇인가?

08 3세대 디지털 이동통신 시스템에서 주로 이용된 다중화/다중접속 방식은 무엇이며, 이를 이용한 대표적인 이동통신 시스템은 무엇인가?

09 4세대 디지털 이동통신 시스템에서 주로 이용된 다중화/다중접속 방식은 무엇이며, 이를 이용한 대표적인 이동통신 시스템은 무엇인가?

10 주파수 효율이 매우 좋고 채널 대역폭의 확대가 가능하고 가입자당 데이터 전송 속도 증대가 용이하고 또한 높은 효율의 페이딩 극복 기술 적용, 다중 안테나 사용, 가변적인 변복조 코딩이 용이한 다중화/다중접속 방식은 무엇인가?

11 WCDMA 시스템에 적용된 다중화/다중접속 방식에 대하여 설명하시오.

12 CDMA 방식을 이용하여 처음으로 이동통신이 가능하게 한 회사는 어떤 회사인가?

13 CDMA 이동통신의 특징을 설명하시오.

14 코드의 개념에 대해 설명하시오.

15 CDMA 방법 중 하나의 반송파와 의사랜덤 잡음코드(Pseudo random Noise code)인 PN 코드를 사용하는 방법을 무엇이라고 하나?

16 직접 대역 확산 방식을 이용한 이동통신 시스템을 나열하시오.

17 WCDMA의 월시코드는 최대 몇인가?

18 WCDMA에서 기지국간 구분을 위해 사용하는 스크램블 코드는?

19 데이터를 병렬로 나누어 한 번에 여러 개의 데이터를 보내는 방식으로 2000년대 후반 이후 이동통신 시스템에 본격적으로 이용되기 시작한 다중화/다중접속 방식은 무엇인가?

20 다음 그림을 보고 일반적인 병렬전송 시스템과 OFDM 시스템을 비교하여 설명하시오.

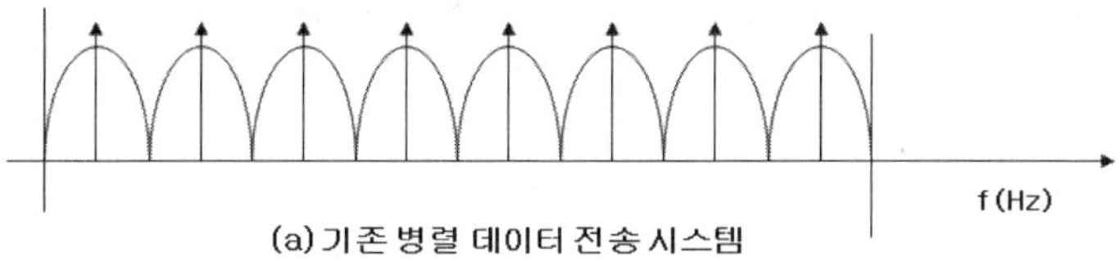

(a) 기존 병렬 데이터 전송 시스템

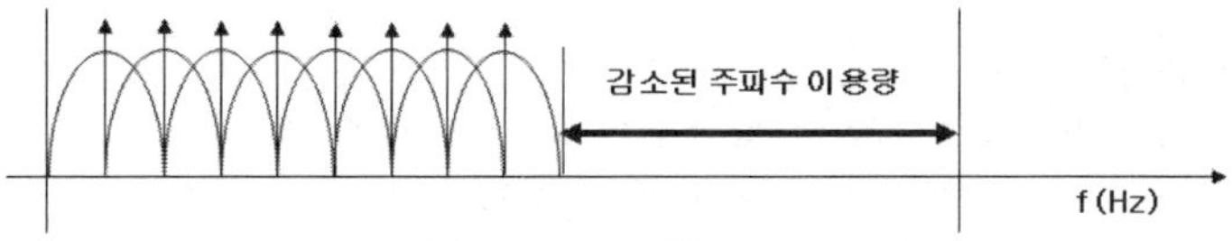

(b) OFDM 시스템

21 OFDM 기술이 적용되는 전 후에서 나타나는 현상을 데이터의 시간길이와 주파수 대역폭을 이용하여 설명하시오.

22 OFDM을 위해 주파수를 여러 개로 나누었을 때 각각의 주파수를 무엇이라고 하는가?

23 LTE 시스템의 서브캐리어 수는 얼마인가?

24 LTE 최대 채널 대역폭은?

25 WCDMA와 LTE 시스템 가운데 전송속도는 어느 쪽이 높은가?

26 WCDMA와 LTE 시스템 가운데 MIMO 기술 적용의 효율은 어느 쪽이 높은가?

27 LTE에서 상향링크의 통화자간 간섭이 없는 이유는?

28 LTE에서 하행링크의 동일 셀 간섭이 없는 이유는?

29 WCDMA와 LTE 시스템 가운데 전력 효율은 어느 쪽이 좋은가?

30 MIMO 기술이 적용된 LTE 시스템의 최대 전송속도는?

매트랩 실습

매트랩 실습은 다음과 같은 순서로 진행한다.

1. 실습과제의 목적과 내용을 이해한다.
2. 매트랩 프로그램의 명령어를 학습하여 프로그램을 이해한다.
3. 매트랩 프로그램의 편집 창을 이용하여 프로그램을 작성한다.
4. 매트랩 프로그램의 실행결과를 확인한다.
5. 실습과제에서 요구하는 파라미터 변화에 따른 결과를 분석한다.
6. 결과분석 자료를 정리하여 발표하고 토론한다.

1. 이동통신 무선접속 방식

1.1 실습 목적

이동통신 무선접속 방식인 CDMA와 OFDM 개념을 이해한다.

1.2 실습 내용

CDMA 다중접속 방식과 OFDMA 방식으로 데이터를 송신하고 다시 수신 데이터가 송신한 데이터와 동일한 지 확인한다.

1.3 실습 문제

예제 4.18.1 CDMA 다중접속 방식의 데이터 송수신

토의 내용

직접 대역 확산 방식을 이용한 CDMA 이동통신 시스템의 원리를 이해하고 송수신 신호 및 확산 신호의 주파수 대역폭의 변화를 분석하고 토론한다. 신호에 추가되는 잡음 n의 효과를 이해하기 위해 기준 0.3을 0.7, 0.5 등으로 변경하면서 결과를 확인한다.

```
%% mc4181_CDMA.m

%% 0. 초기화
clear all
close all
clc

%% 1. 송신 데이터와 PN코드

N = 4
d = (floor(rand(1,N)+0.5)-0.5).*2 ; % 송신 데이터 신호 (4개)
pn = [-1 1 -1 1 1 -1 1 -1 -1 1 -1 1 1 -1 1 -1 -1 1 -1 1 1 -1 1 -1]; % PN코드

% pn = ? ; % ?는 임의의 pn 코드 (12개는 +, 12개는 -)

%% 2. 시간 신호
fs = 100*10^3;                          % 샘플링 주파수(Hz)
dur = 0.024;                            % PN코드의 시간 길이(sec)
                                        % = 송신 데이터 1개의 시간 길이

pn_t = 0 : 1/fs : dur - 1/fs;           % PN코드의 시간 축
pn_s = kron(pn, ones(1,length(pn_t)/24)); % PN코드의 시간 신호

d_t = 0 : 1/fs : dur*N - 1/fs;          % 송신 데이터의 시간 축
d_s = kron(d, ones(1,length(d_t)/N));   % 송신 데이터의 시간 신호

% 송신 확산 데이터 신호
tx_s = zeros(1,length(d_s));
for ii = 1:length(d)
    tx_s((ii-1)*length(pn_s)+1:ii*length(pn_s)) = d_s((ii-1)*length(pn_s)+1:ii*length(pn_s)).*pn_s;
end

% 잡음 효과
n = 2 * (rand(1,length(tx_s)) > 0.3) -1; % 30%의 샘플값을 변경

% 수신 확산 데이터 신호
rx_s = tx_s.*n;

% 복원된 수신 데이터 신호
rx_dem_s = zeros(1,length(rx_s));
th = 0.5;
```

```
for ii = 1:length(d)
    temp = 2*(sum(rx_s((ii-1)*length(pn_s)+1:ii*length(pn_s)).*pn_s) > th)-1;
    rx_dem_s((ii-1)*length(pn_s)+1:ii*length(pn_s)) = temp;
end
%% 3. 주파수 신호

% pn_s (PN코드의 시간 신호)
m_pn = length(pn_s);                % 신호 샘플 개수
pn_f0 = (-m_pn/2:m_pn/2-1)*(fs/m_pn);  % 주파수 축 0 Hz 중심으로 표현
pn_y0 = fftshift(fft(pn_s));         % 주파수 신호 - 0 Hz 중심으로 표현
pn_y0_amp = abs(pn_y0)/m_pn;        % 주파수 신호 크기

% d_s (송신 데이터의 시간 신호)
m_d = length(d_s);                  % 신호 샘플 개수
d_f0 = (-m_d/2:m_d/2-1)*(fs/m_d);  % 주파수 축 - 0 Hz 중심으로 표현
d_y0 = fftshift(fft(d_s));         % 주파수 신호 - 0 Hz 중심으로 표현
d_y0_amp = abs(d_y0)/m_d;           % 주파수 신호 크기

% tx_s (송신 확산 데이터의 시간 신호)
m_tx = length(tx_s);                % 신호 샘플 개수
tx_f0 = (-m_tx/2:m_tx/2-1)*(fs/m_tx);  % 주파수 축을 0 Hz 중심 변경
tx_y0 = fftshift(fft(tx_s));        % 주파수 신호 - 0 Hz 중심으로 표현
tx_y0_amp = abs(tx_y0)/m_tx;        % 주파수 신호 크기

% rx_s (수신 확산 데이터의 시간 신호)
m_rx = length(rx_s);                % 신호 샘플 개수
rx_f0 = (-m_rx/2:m_rx/2-1)*(fs/m_rx);
rx_y0 = fftshift(fft(rx_s));        % 주파수 신호 - 0 Hz 중심으로 표현
rx_y0_amp = abs(rx_y0)/m_rx;        % 주파수 신호 크기

% rx_dem_s (복원된 수신 데이터의 시간 신호)
m_rx_dem = length(rx_dem_s);                % 신호 샘플 개수
rx_dem_f0 = (-m_rx_dem/2:m_rx_dem/2-1)*(fs/m_rx_dem);
rx_dem_y0 = fftshift(fft(rx_dem_s));
rx_dem_y0_amp = abs(rx_dem_y0)/m_rx_dem;        % 주파수 신호 크기

%% 4. 그래프 그리기
figure( )
set(gcf, 'position', [100 100 800 800])

% 송신 데이터 시간 신호
```

```
subplot(5,2,1)
plot(d_t, d_s); grid on;
title('송신 데이터 시간 신호')
set(gca, 'xlim', [0 max(d_t)],'ylim', [-1.5 1.5]);

% 송신 데이터 주파수 신호
subplot(5,2,2)
plot(d_f0, d_y0_amp); grid on;
title('송신 데이터  주파수 신호')

% PN코드 시간 신호
subplot(5,2,3)
plot(pn_t, pn_s); grid on;
title('PN코드 시간 신호')
set(gca, 'xlim', [0 max(d_t)],'ylim', [-1.5 1.5]);

% PN코드 주파수 신호
subplot(5,2,4)
plot(pn_f0, pn_y0_amp); grid on;
title('PN코드 주파수 신호')

% 송신 확산 데이터 시간 신호
subplot(5,2,5)
plot(d_t, tx_s); grid on;
title('송신 확산 데이터 시간 신호')
set(gca, 'xlim', [0 max(d_t)],'ylim', [-1.5 1.5]);

% 송신 확산 데이터 주파수 신호
subplot(5,2,6)
plot(tx_f0, tx_y0_amp); grid on;
title('송신 확산 데이터 주파수 신호')

% 수신 확산 데이터 시간 신호
subplot(5,2,7)
plot(d_t, rx_s); grid on;
title('수신 확산 데이터 시간 신호(+ 잡음)')
set(gca, 'xlim', [0 max(d_t)],'ylim', [-1.5 1.5]);

% 수신 확산 데이터 주파수 신호
subplot(5,2,8)
plot(rx_f0, rx_y0_amp); grid on;
title('수신 확산데이터 주파수 신호(+ 잡음)')
```

```
% 복원된 수신 데이터 시간 신호
subplot(5,2,9)
plot(d_t, rx_dem_s); grid on;


title('수신 데이터 시간 신호')
set(gca, 'xlim', [0 max(d_t)],'ylim', [-1.5 1.5]);

% 복원된 수신 데이터 주파수 신호
subplot(5,2,10)
plot(rx_dem_f0, rx_dem_y0_amp); grid on;
title('수신 데이터 주파수 신호')

% 파일로 출력
print -dpng fig4181
```

예제 4.18.2 OFDMA 다중접속 방식의 데이터 송수신

토의 내용

OFDMA 이동통신 시스템의 원리를 이해하고 송수신 신호 및 병렬 송신 신호의 변화를 분석하고 토론한다.

```
%%mc4182_ofdm.m

%반송파가 4개인 경우
clc
clear all
close all

N=100;
K=4;
Ts=1;
Tc=0.1;
Tmax=100-Tc;
tc=[0:Tc:Tmax];
siz_tc=max(size(tc));
alpha = siz_tc/(N/K);
a = ones(1,alpha);
```

```
%f=1/(Ts*10);
ts=[1:100/4];
in=floor(rand(N,1)+0.5);
x=2*in-1;
x1=reshape(x,K,N/K);   %t에 따른 값
x2=kron(x1,a);         %tc에 따른 값
%
sig_x1 = sin(2*pi*1/(alpha*Tc)*tc)
sig_x2 = sin(2*pi*2/(alpha*Tc)*tc)
sig_x3 = sin(2*pi*3/(alpha*Tc)*tc)
sig_x4 = sin(2*pi*4/(alpha*Tc)*tc)
% plot(t(1,:),sig_x(1,:).')
%plot(t,x1(1:2,:))
y1=sig_x1.*x2(1,:)
y2=sig_x2.*x2(2,:)
y3=sig_x3.*x2(3,:)
y4=sig_x4.*x2(4,:)

% 1. 병렬 형태로 입력된 디지털 신호
figure(4182)
subplot(4,1,1);plot(x2(1,1:200),'linewidth',2, 'Color',[0 0.5 1]);grid on
set(gca, 'ylim', [-1.5 1.5]);
title('병렬 형태로 입력된 디지털 신호','fontsize', 12)
subplot(4,1,2);plot(x2(2,1:200),'linewidth',2, 'Color',[1 0.2 0]);grid on
set(gca, 'ylim', [-1.5 1.5]);
subplot(4,1,3);plot(x2(3,1:200),'linewidth',2, 'Color',[0 0.7 0]);grid on
set(gca, 'ylim', [-1.5 1.5]);
subplot(4,1,4);plot(x2(4,1:200),'linewidth',2, 'Color',[1 0.5 0.2]);grid on
set(gca, 'ylim', [-1.5 1.5]);

print -dpng fig4182

% 2. 아날로그 신호 = 병렬 형태로 입력된 디지털 신호 X 반송파
figure(4183)
subplot(4,1,1);plot(y1(1:200),'linewidth',2, 'Color',[0 0.5 1]);grid on
title('디지털 신호와 반송파의 곱: 아날로그 신호','fontsize', 12)
subplot(4,1,2);plot(y2(1:200),'linewidth',2, 'Color',[1 0.2 0]);grid on
subplot(4,1,3);plot(y3(1:200),'linewidth',2, 'Color',[0 0.7 0]);grid on
subplot(4,1,4);plot(y4(1:200),'linewidth',2, 'Color',[1 0.5 0.2]);grid on
```

```
print –dpng fig4183

% 3. 아날로그 신호의 합
figure(4184)

Out = sum([y1; y2; y3; y4]);
plot(Out(1:200),'linewidth',2, 'Color',[0 0 0]);grid on
title('아날로그 신호들의 합: 실제 송신 신호','fontsize', 12)

print -dpng  fig4184

% 4.수신기
% 4.1 반송파를 곱한뒤 적분
r1=sum(reshape(Out.*sig_x1,40,25));
r2=sum(reshape(Out.*sig_x2,40,25));
r3=sum(reshape(Out.*sig_x3,40,25));
r4=sum(reshape(Out.*sig_x4,40,25));

% 4.2 위에서 구한 값이 양수이면 1, 음수이면 -1
for ii=1:25
if r1(ii)>=0
    r1(ii)=1;
else
    r1(ii)=-1;
end
if r2(ii)>=0
    r2(ii)=1;
else
    r2(ii)=-1;
end
if r3(ii)>=0
    r3(ii)=1;
else
    r3(ii)=-1;
end
if r4(ii)>=0
    r4(ii)=1;
else
    r4(ii)=-1;
end
end
```

```
d1=kron(r1,a);
d2=kron(r2,a);
d3=kron(r3,a);
d4=kron(r4,a);

% 4.3 수신된 디지털 신호
figure(4185)
subplot(4,1,1);plot(d1(1:200),'linewidth',2, 'Color',[0 0.5 1]);grid on
title('수신된 신호를 디지털 신호로 복원(1번 그림과 비교)','fontsize', 12)
set(gca, 'ylim', [-1.5 1.5]);
subplot(4,1,2);plot(d2(1:200),'linewidth',2, 'Color',[1 0.2 0]);grid on
set(gca, 'ylim', [-1.5 1.5]);
subplot(4,1,3);plot(d3(1:200),'linewidth',2, 'Color',[0 0.7 0]);grid on
set(gca, 'ylim', [-1.5 1.5]);
subplot(4,1,4);plot(d4(1:200),'linewidth',2, 'Color',[1 0.5 0.2]);grid on
set(gca, 'ylim', [-1.5 1.5]);

% blue [0 0.5 1]
% red [1 0.2 0]
% green [0 0.7 0]
% orage [1 0.5 0.2]

print -dpng fig4185
```

제19장

암호화와 암호해석

제1절 개요

1. 기본 개념

권한이 없는 제3자가 정보를 획득하거나 바꾸지 못하도록 메시지를 변형하는 기술을 암호학(Cryptography)이라고 한다. 송신기에서 메시지를 변형하는 것을 암호화(encipher 또는 encrypt)라고 하고 수신기에서 변형된 메시지를 원래의 메시지로 변형하는 것을 암호해석(decipher 또는 decrypt)이라고 한다. 통신에서 암호시스템을 이용하는 이유는 첫째 보안(Privacy) 때문이다. 보안은 통신에서 권한을 갖지 않은 제3자가 다른 사람의 개인 정보를 획득하는 것을 방지하는 것이고, 둘째 인증(Authentication) 때문이다. 인증은 통신에서 송신한 정보가 권한을 갖지 않은 제3자에 의해 변형되는 것을 방지하는 것이다.

2. 암호화의 예

(1) 케사르 암호화(Caesar Cipher)

케사르 암호화는 갈리아 전투(Gallic War)에서 시저에 의해 사용된 방법으로 알파벳을 단순히 약속한 만큼 이동하여 암호화하는 방법이다. 다음은 원래의 메시지를 3자리만큼 우측으로 이동할 경우의 결과를 나타낸다.

원래의 메시지	: N O W I S T H E T I M E
암호화된 메시지	: Q R Z L V W K H W L P H

(2) 폴리비우스 스퀘어(Polybius square)

폴리비우스 스퀘어 암호화는 알파벳을 행렬로 배치하여 열과 행의 숫자로 암호화하는 방법으로 다음과 같이 알파벳을 숫자로 나타낸 것이다.

	1	2	3	4	5
1	A	B	C	D	E
2	F	G	H	IJ	K
3	L	M	N	O	P
4	Q	R	S	T	U
5	V	W	X	Y	Z

원래의 메시지	:	C	R	I	P	T	O	G	R	A	P	H	I	C
암호화된 메시지	:	31	24	42	53	44	43	22	24	11	53	32	42	31

(3) 암호키(Cipher KEY)의 개념

암호키는 메시지를 암호화할 때 적용하는 규칙으로 정의된다. 다음은 암호키의 개념을 몇 가지 사례를 이용하여 설명한다.

① 아라비아 숫자와 알파벳의 순서를 매칭하는 암호키(KEY)를 정의함(Trithemius progressive key)

1번의 암호키가 적용되면 a는 B가 되고 4번 키가 적용되면 a는 E가 된다.

	a	b	c	d	e ···	z
0	A	B	C	D	E ···	Z
1	B	C	D	E	F ···	A
2	C	D	E	F	G ···	
3	D	E	F	G	H ···	
4	E	F	G	H	Z ···	
···						
25	Z	A	B	C	D ···	Y

② 특정한 KEY를 이용한 메시지 암호화 예(Vigenere key method)

알파벳 암호키에 따라 원래 알파벳이 변경되어 암호화 된다.

(K) KEY	:	K	E	Y	K	E	Y	K	E	
(M) 원래의 메시지	:	E	N	C	I	P	H	E	R	
(C) 암호화된 메시지	:	O	R	S	S	T	F	O	V	

③ 첫 번째 KEY에 의해 만들어진 암호화된 메시지를 새로운 KEY로 이용하는 방법(Vigenere auto key method)

②에서 K에 의해 암호화된 알파벳 O가 새로운 암호키가 된다.

3. 암호화의 위치

암호화의 위치를 전체 디지털이동통신 시스템에서 나타내면 〈그림 19-1〉과 같다.

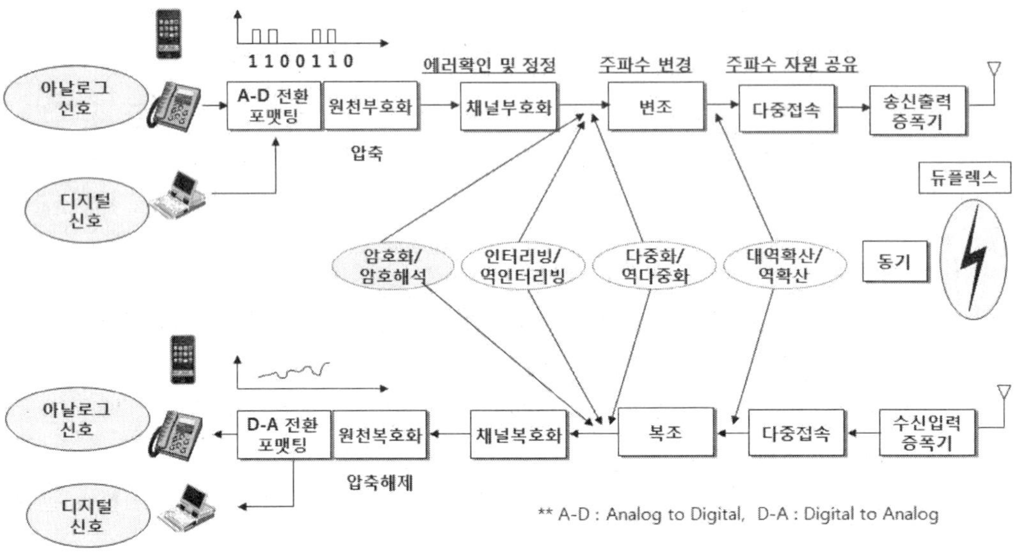

〈그림 19-1〉 암호화의 위치

4. 암호 시스템의 기본 구성

암호 시스템은 메시지를 암호화하는 암호화기, 암호화된 메시지를 해석하는 암호해석기 그리고 암호화하는 규칙을 제공하는 KEY 등으로 구성된다. 암호화된 신호는 권한이 없는 제3자가 공공의 통신채널에서 암호분석기를 이용하여 메시지를 분석할 수 있다.

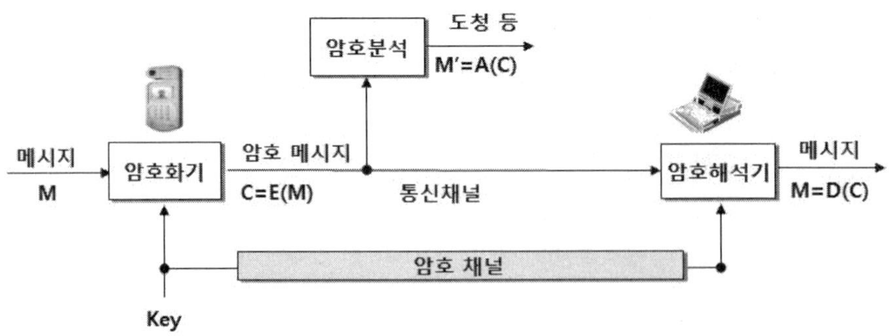

〈그림 19-2〉 암호 시스템의 기본 구성

제2절 암호 시스템의 보안

1. 완전한 암호 시스템

메시지의 수, 암호키의 수, 암호 메시지의 수가 같고 암호 메시지를 수신하였을 때 암호 메시지에 대응하는 암호키가 1개이고 나타날 수 있는 모든 암호키의 확률이 같을 때 완전한 암호 시스템이라고 한다. 아래 그림에서 원래의 알파벳 메시지를 K=3 만큼 이동하는 케사르 암호화의 예를 살펴보면 메시지는 26^{12}의 가지 수를 가지고 있으나, 암호키는 0〈K〈25의 가지 수를 가짐 따라서 K=1, 2, 3 …을 적용하다 보면 25번의 알파벳 이동으로 쉽게 암호문을 해석할 수 있다.

원래의 메시지	: N O W I S T H E T I M E
암호화된 메시지	: Q R Z L V W K H W L P H

이때 원래의 알파벳 메시지를 글자마다 케사르 암호키를 임의로 하면 메시지의 수인 26^{12} 만큼 암호키가 발생할 수 있음 예를 들어 K=1, 2, … , 12를 사용하면 다음과 같은 암호화된 메시지가 만들어지는데 글자마다 이동한 숫자가 달라 암호문 해석이 어려워진다.

원래의 메시지	: N O W I S T H E T I M E
암호화된 메시지	: O Q Z O X Z O M C S X Q

메시지의 수만큼 암호키가 많아지면 완전한 보안이 이루어질 수 있지만 암호키의 수도 함께 증가하게 된다.

2. 보안의 정도를 나타내는 기준

보안의 정도를 나타내는 척도로 엔트로피(Entropy)를 정의하면 메시지당 평균 정보량을 의미한다. 언어의 최대 엔트로피(r') 는 1개의 글자에 포함된 최대 정보 비트 수를 의미하며 (식 19-1)로 나타낸다.

$$r' = \log_2 L = \log_2 26 \cong 4.7 \qquad \text{(식 19-1)}$$

언어의 정보율(r)은 1개의 글자에 포함된 평균 정보 비트 수를 의미한다. 알파벳의 글자 수가 커지면 확률적으로 자주 나오는 알파벳의 횟수가 증가하면서 글자 당 정보량이 떨어져 $r=1.5$ 정도까지 떨어진다. 이때 언어의 잉여율(D)을 정의하는데 언어의 잉여율은 "언어의 최대 엔트로피 - 언어의 정보율"로 정의한다.

$$D = r - r' = 4.7 - 1.5 = 3.2 \qquad \text{(식 19-2)}$$

알파벳의 정보를 변형시켜 정보율(r) 을 높여 r 값을 r'값과 같게 하면 언어의 잉여율이 0가 되는데 이것은 엔트로피가 최대로 되는 것을 의미한다. 따라서 D값은 암호화를 이용하여 제3자가 메시지를 해석할 수 없도록 할 여유가 어느 정도 있는가를 나타낸다.

2. 보안성을 강화하는 기술

(1) 컨퓨전(Confusion) 기술

컨퓨전 기술은 암호키와 암호 메시지 사이의 관계를 복잡하게 만드는 기술이다. 통신 채널에서 제3자가 통계를 이용하여 암호 메시지를 분석하여 암호키의 범위를 줄이는데 컨퓨전은 암호키의 범위를 넓혀 보안을 강화한다. 컨퓨전 기술의 예로서 대체(Substitution) 기술이 있다. 케사르 암호화와 같이 암호키와 암호 메시지의 관계가 단순할 경우 원래의 메시지를 분석하는 것이 쉽다. 〈그림 19-3〉과 같이 입력 메시지를 박스 내에서 불특정하게 변형(Nonlinear)하면 제3자가 암호 메시지를 분석하는 것이 어려워진다.

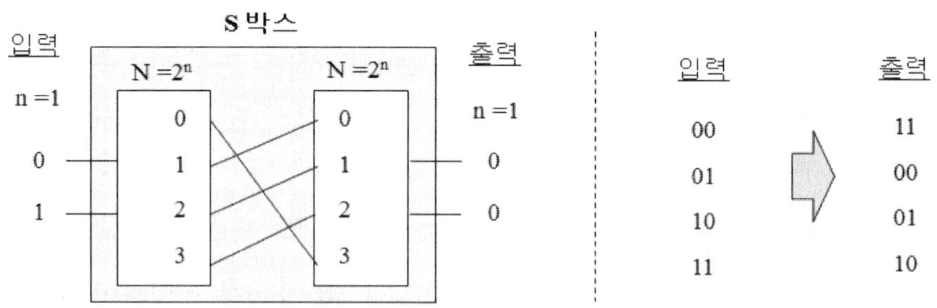

〈그림 19-3〉 컨퓨전 기술의 예(대체 기술)

(2) 디퓨전(Diffusion) 기술

디퓨전 기술은 메시지의 글자 사이의 확률적인 차이를 줄이는 기술이다. 26개의 알파벳은 각각의 글자가 나타날 확률이 다르지만 메시지 M1~M26을 확률의 차이가 적은 새로운 메시지 N1~N26으로 변형함으로써 제3자가 암호 메시지를 분석하기 어렵도록 한다. 순환(Permutation) 기술은 디퓨전 기술의 예이다. 일반적으로 글자로 이루어진 메시지는 통계적인 특성을 갖게 된다. 글자의 위치를 통계적 특성을 갖지 않도록 단순히 글자의 위치를 재배치(linear)하면 제3자가 암호 메시지를 분석하는 것이 어려워진다. 하지만 순환 암호화에서 임의의 메시지를 보내는 경우 예를 들어 특정 위치만을 1의 메시지를 보내고 다른 경우 0을 보낼 때 순환된 위치가 쉽게 알려질 수 있다.

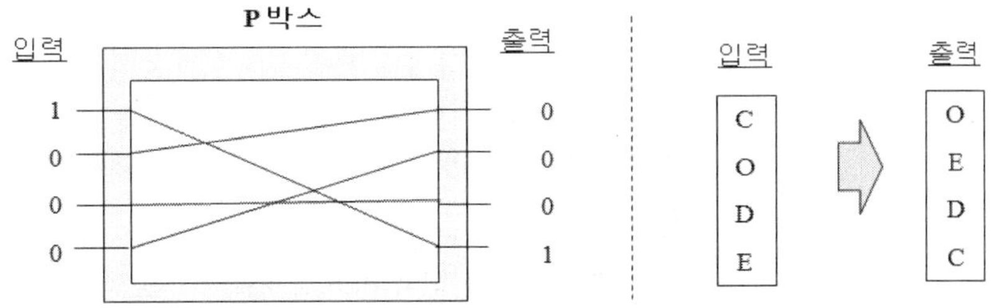

〈그림 19-4〉 디퓨전 기술의 예(순환 기술)

제3절 암호시스템의 종류

1. 혼합 암호화 시스템(Product Cipher)

(1) S박스와 P박스의 혼합으로 구성된 암호화

혼합 암호화 시스템은 암호키의 수를 늘리고 각 암호키에 의한 메시지의 통계가 균일하게 함으로써 보안성을 높이기 위해 S 박스와 P 박스를 함께 사용하는 암호화 시스템이다. 이와 같은 혼합 암호화 시스템은 1970년대 초 IBM이 루시퍼(LUCIFER)라는 시스템으로 구현하였는데 루시퍼 시스템은 S-박스의 종류가 많아 암호키가 너무 많아 시스템이 수행하기 어려워지는 것을 방지하기 위해 2개의 S 박스의 종류를 만들고 각 박스별로 2개 중의 하나를 선택하는 방법으로 구성하였다.

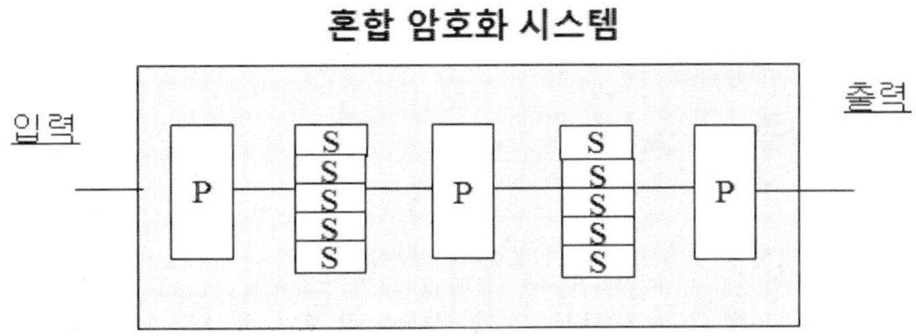

〈그림 19-5〉 혼합 암호화 시스템의 구성

(2) 데이터 암호화 표준(Data Encryption Standard : DES)

미국의 국가표준사무국(National Bureau of Standards)은 1977년 루시퍼 시스템을 수정하여 미국 암호화 표준으로 DES(Data Encryption Standard)를 채택하였다. 미국에서 개발된 DES 암호화 시스템은 블록 암호화 시스템으로 다음과 같이 64비트로 이루어진 심볼 메시지를 56비트의 암호화키를 가지고 암호화한다.

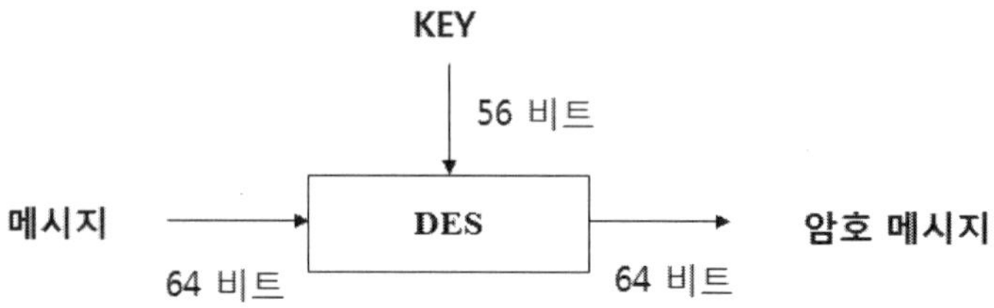

〈그림 19-6〉 미국 DES 암호화 시스템

2. 스트리밍 암호화(Streaming Encryption)

(1) 스트리밍 암호화의 개념

무조건적인 보안을 유지하는 임의의 암호키를 갖는 암호화 시스템은 암호키가 한번만 사용하는 경우(A time pad)이다. 스트리밍 암호화 시스템은 암호키가 한 번만 사용하는 경우를 구현하는데 스트리밍 암호화 시스템은 의사임의(Pseudorandom) 구조의 열(sequence)를 이용한다.

(2) 스트리밍 암호화 시스템의 구성

시프트 레지스터 N개를 이용하여 2^n-1개의 임의의 암호키를 생성한다. 하지만 동일하게 반복되는 선형성에 의해 암호키가 분석되기 쉽다

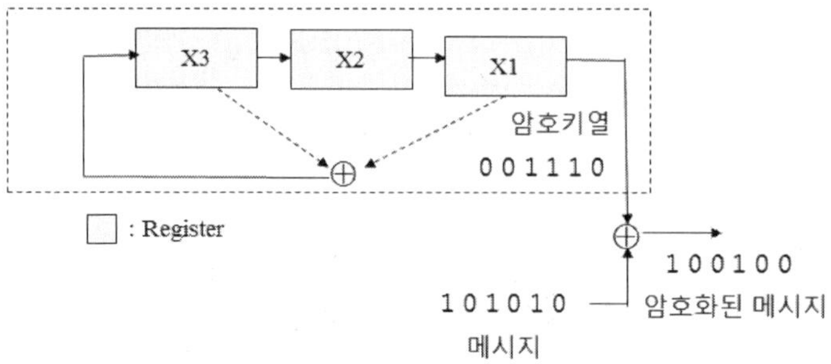

X3	X2	X1	Key
1	0	0	0
1	1	0	0
1	1	1	1
0	1	1	1
1	0	1	1
0	1	0	0
0	0	1	1
1	0	0	0

〈그림 19-7〉 스트리밍 암호화 시스템의 구성

(3) 동기 스트리밍 암호화 시스템

동기 스트리밍 암호화 시스템은 송신하는 동안 메시지를 잃어버리면 송수신 암호키 발생기의 동기를 다시 맞추어야 한다. 즉 송수신 암호키 발생기기가 독립적으로 이루어져 있어 에러가 발생하면 암호키 발생을 시작하는 I 값을 초기화하여야 한다. 송수신 시스템이 독립적이므로 현재의 에러가 다음 단계의 에러에 영향을 미치지는 않는다.

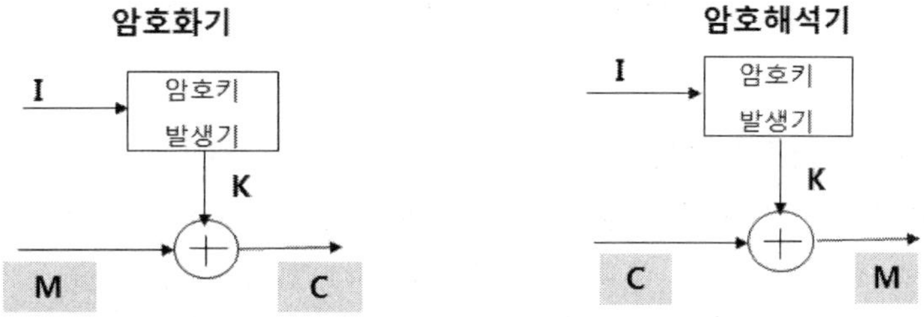

〈그림 19-8〉 동기 스트림 암호화 시스템

(4) 자기 동기 스트리밍 암호화 시스템

자기 동기 스트리밍 암호화 시스템은 암호키의 글자가 n 단위로 반복된다. 에러가 발생하면 n 글자만큼 에러가 다음 단계에 영향을 미치는데 암호문의 n개의 정확한 글자를 수신한 후 스스로 동기를 맞춘다.

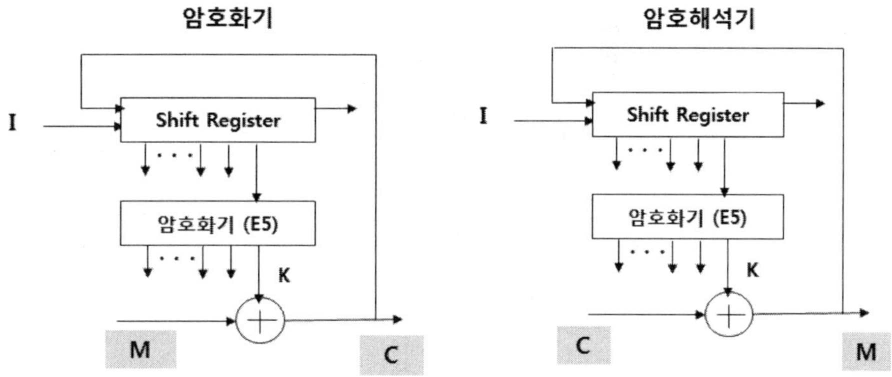

〈그림 19-9〉 피드백 스트림 암호화 시스템

3. 공공키 암호 시스템

(1) 개요

공공키 암호 시스템은 1976년 Diffie와 Helman에 의해 소개되었다. 기존 암호 시스템에서는 암호키와 암호해석키가 동일한 키인데 반해 공공키 암호 시스템은 암호키와 암호해석키가 각각 다른 키를 가지고 있다. 공공키 암호 시스템의 암호키는 공개되는 반면 암호해석키는 보안이 유지된다.

(2) 공공키 암호 시스템의 특징

암호화 알고리즘 E_K와 암호해석 알고리즘 D_K는 메시지 M에 대해 상호 변환할 수 있다. 또한 암호키 K에 대해 암호화 알고리즘 E_K와 D_K 모두 쉽게 계산되어야 한다. 암호화 알고리즘 E_K로부터 암호화 알고리즘 D_K는 쉽게 계산되어질 수 없다.

(3) 공공키 암호시스템의 구성

공공키 암호 시스템은 메시지를 암호화하는 암호화키와 수신된 암호메시지로부터 원래의 메시지를 구하는 암호해석키가 다르다. 이와 같은 공공 시스템은 일반 통신에서 불특정 가입자 사이에서 가입자 A와 가입자 B가 통신할 때 가입자 A가 가입자 B에게 보내는 신호를 모두에게 알려진 암호화키 E_B로 암호화하여 메시지를 송신하고 가입자 B는 보안이 유지되는 암호해석키 D_B를 이용하여 메시지를 해석한다. 따라서 암호화키와 암호해석키 각각의 일부 암호키만이 이용되는 경우 제3자가 암호키를 중간에서 해석하기 어려우며, 또한 채널상에서 암호화키를 안다고 하여도 수신측의 암호해석키를 알 수 없으면 메시지를 해석하기 어렵다.

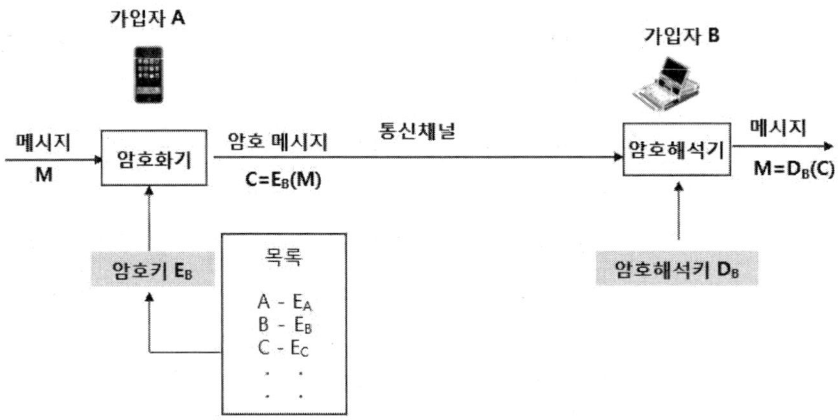

〈그림 19-10〉 공공키 암호 시스템의 구성

제4절 이동통신의 응용

1. 이동통신 시스템에서 암호키의 생성 절차

cdma2000 시스템은 단말기와 인증센터에 동일한 값의 암호키(A_Key)를 저장하는데 A_Key는 64비트의 이진 데이터로 구성되어 있다. cdma2000 시스템은 A_Key를 이용하여 실제 운용하는 2개의 암호키를 생성하는데 단말기 인증하는데 사용하는 SSD_A와 메시지를 암호화하는데 사용하는 SSD_B를 생성한다. 운용 암호키는 페이징 영역 공통 메시지 56비트 + 단말기 제조번호(ESN) 32비트 + A_Key 64비트를 운용 암호키 생성 알고리즘을 이용하여 생성한다.

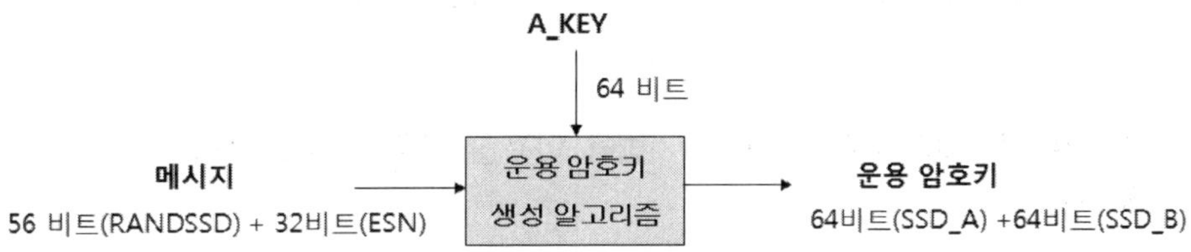

※ RANDSSD(Random Shared Secrete Data) : 페이징 영역의 공통 고유 번호
SSD (Shared Secrete Data) : 공유 비밀 데이터로 실제 시스템에서 운용되는 암호키
ESN (Electronic Serial Number) : 단말기 제조 번호

〈그림 19-11〉 운용 암호키의 생성 방법

2. 메시지의 암호화

cdma2000 시스템은 공공 롱코드(public long code) 마스크를 이용하여 메시지와 공공 롱코드의 이진 데이터를 결합하여 암호화를 수행한다. 하지만 일반적인 공공 롱코드는 단말기의 제조번호를 이용하므로 노출이 쉽게 이루어질 수 있으므로 이를 보완하기 위해 SSD_B를 이용하여 사적 롱코드(Private long code)를 만들어 메시지를 암호화 한다.

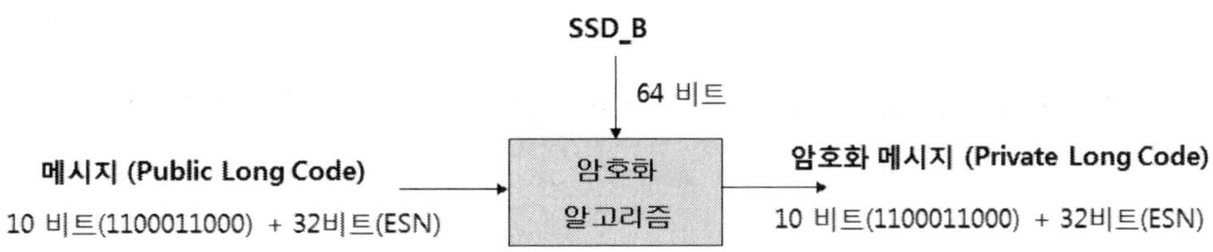

〈그림 19-12〉 메시지의 암호화 방법

연습문제

01 권한이 없는 제3자가 정보를 획득하거나 바꾸지 못하도록 메시지를 변형하는 기술을 무엇이라 하는가?

02 송신기에서 메시지를 변형하는 것을 암호화(encipher 또는 encrypt)라고 하고 수신기에서 변형된 메시지를 원래의 메시지로 변형하는 것을 무엇이라 하는가?

03 통신에서 암호시스템을 사용하는 이유 2가지를 나열하시오..

04 케사르 암호화의 1글자 시프트 기법을 이용할 경우 메시지 CHUNG의 암호 메시지는 무엇인가?

05 폴리비우스 스퀘어 암호 방식은 다음과 같다. 이때 "MOBILE COMMUNICATIONS"의 암호 메시지는 무엇인가?

	1	2	3	4	5
1	A	B	C	D	E
2	F	G	H	IJ	K
3	L	M	N	O	P
4	Q	R	S	T	U
5	V	W	X	Y	Z

06 암호키의 개념을 설명하시오.

07 "트리테미우스 프로그레시브 키"가 ABC인 경우 "MOBILE"의 암호 메시지는 무엇인가?

08 다음 그림의 빈칸에 맞는 적합한 용어를 쓰시오.

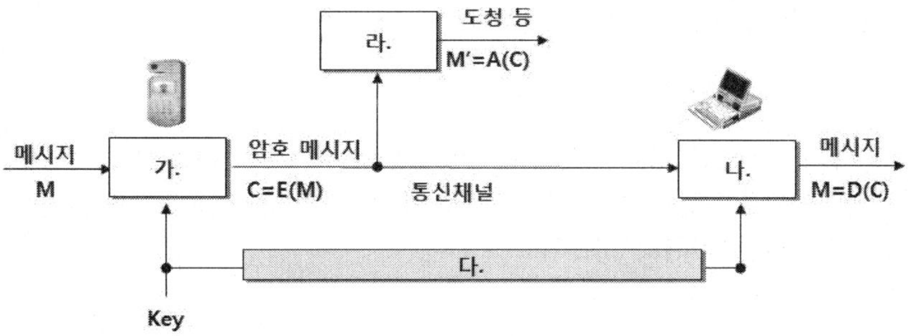

09 완전한 암호 시스템에 대한 조건을 설명하시오.

10 5개의 글자로 이루어질 수 있는 메시지의 수와 5개 글자의 케사르 암호화의 키의 수 그리고 암호 메시지의 수는 각각 무엇인가?

11 한글 글자 24개의 최대 엔트로피는 몇 비트인가?

12 암호의 보안성을 강화하는 기술로서 컨퓨전 기술과 디퓨전 기술이 있다. 두 기술에 대해 간단히 설명하여라.

13 디퓨전 기술의 P 박스가 다음과 같을 때 암호 메시지의 결과는 무엇인가?

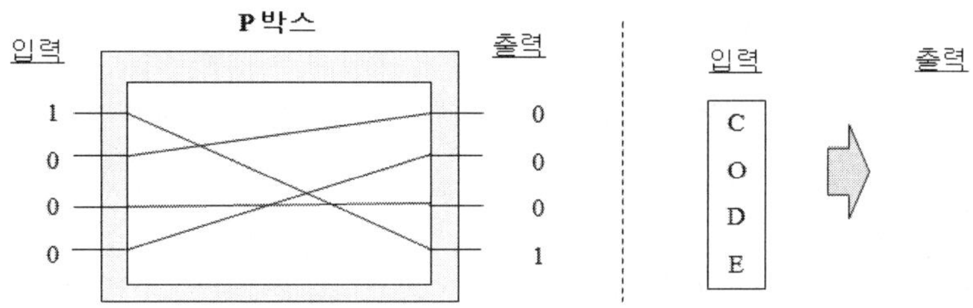

14 컨퓨전 기술과 디퓨전 기술을 결합하여 만든 암호화 시스템으로 IBM의 루시퍼 암호화 시스템을 기반으로 미국 국가 암호화 시스템의 표준인 암호화 시스템은 무엇인가?

15 암호키가 한번만 사용하는 경우(A time pad)는 무조건적인 보안을 유지하는 임의의 암호키를 갖는 암호화 시스템으로 정의되는데 이를 구현하기 위해 시프트 레지스터를 이용하여 구현하는 암호화 방식을 무엇이라 하는가?

16 암호키의 글자가 n 단위로 반복되어 에러가 발생하면 n 글자만큼 에러가 다음 단계에 영향을 미치는데 암호문의 n개의 정확한 글자를 수신한 후 스스로 동기를 맞추는 스트리밍 암호화 방식을 무엇이라 하는가?

17 공공키 암호시스템의 개념을 설명하시오.

18 다음 빈칸에 알맞은 말을 넣으시오.

> cdma2000 시스템은 (　가　)를 이용하여 실제 운용하는 2개의 암호키를 생성하는데 단말기 인증하는데 사용하는 (　나　)와 메시지를 암호화하는데 사용하는 (　다　)를 생성함

19 cdma2000 시스템에서 private long code 생성절차는 다음 그림과 같다. 빈칸에 맞는 말은 무엇인가?

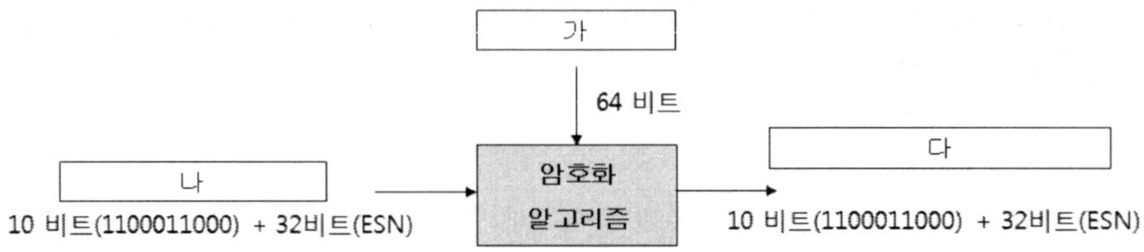

매트랩 실습

매트랩 실습은 다음과 같은 순서로 진행한다.

1. 실습과제의 목적과 내용을 이해한다.
2. 매트랩 프로그램의 명령어를 학습하여 프로그램을 이해한다.
3. 매트랩 프로그램의 편집 창을 이용하여 프로그램을 작성한다.
4. 매트랩 프로그램의 실행결과를 확인한다.
5. 실습과제에서 요구하는 파라미터 변화에 따른 결과를 분석한다.
6. 결과분석 자료를 정리하여 발표하고 토론한다.

1. 암호의 개념

1.1 실습 목적

이동통신 신호의 암호화 개념을 이해한다.

1.2 실습 과제

암호화 개념을 간단히 이해할 수 있는 케사르, 폴리비우스 스퀘어, S 박스와 P 박스를 결합한 암호시스템, 스트리밍 암호화 시스템을 구현하고 암호화와 암호해석 과정을 확인한다.

1.3 실습 예제

예제 4.19.1 케사르 암호화

토의 내용

임의의 글자를 선정하고 알파벳 순서에서 간단히 N개를 시프트 하였을 때 나타나는 알파벳을 표시한 결과를 분석하고 토론한다.

```
%% mc4191_Caesar.m

clear all
close all
clc

%% 케사르 암호화(Caesar Cipher)

% 알파벳의 만큼 우측으로 이동
% N < 26
% 대문자만 입력
% 아스키 코드에서 'A -> 65, Z -> 90' 임을 이용한다.

text = 'NOWISTHETIME'    % 암호화 할 문자열
N = 3;                   % 암호 키

disp(['Message    : ', text]);
disp('------------------------');

%% 암호화 부분

temp = text + N; % N 만큼 이동

for ii = 1:length(text); % N 만큼 이동한 문자가 'Z'보다 클 경우의 처리
    if temp(ii) > 90
        temp(ii) = ( temp(ii) - 90 ) + 65 - 1;
    end
end

text_inc = char(temp); % 암호화된 문자열
disp(['Encrypted : ', text_inc]);

%% 암호의 해독 부분

temp = text_inc - N; % N 만큼 반대로 이동

for ii = 1:length(text); % 반대로 이동한 문자가 'A'보다 작을 경우의 처리
    if temp(ii) < 65
        temp(ii) = 90 + 1 - ( 65 - temp(ii) );
    end
end

text_dec = char(temp); % 해독한 문자열
disp(['Decrypted : ', text_dec]);
```

예제 4.19.2 폴리비우스 스퀘어 암호화

토의 내용

임의의 글자와 숫자를 매칭하여 정의하고 임의 글자를 숫자로 표시하여 암호화한 결과를 분석하고 토론한다.

```
%% mc4192_Polybius.m

clear all
close all
clc

%% 폴리비우스 스퀘어(Polybius square)

% 알파벳을 행렬로 배치하여 열과 행의 숫자로 암호화
% I와 J의 경우 암호화 과정에서 정보를 잃어버리며 둘을 구분할 수 없게 된다.
% 여기서는 I와 J를 I로 표시하도록 한다.

C_box = ['ABCDE'...
         'FGHIK'...
         'LMNOP'...
         'QRSTU'...
         'VWXYZ'];

text = 'CRYPTOGRAPIC'    % 암호화 할 문자열

disp(['Message    : ', text]);
disp('-------------------------');

%% 암호화 부분

temp = zeros(1, length(text));

for tt = 1:length(text); % 테이블과 비교하여 열과 행 번호로 암호화
    for ii = 1:5
        for jj = 1:5
            if text(tt) == C_box(ii,jj);
                temp(tt) = jj*10 + ii;
            end
```

```
            end
        end
end

num_inc = temp; % 암호화된 문자열
disp(['Encrypted : ', num2str(num_inc)]);


%% 암호의 해독 부분

for tt = 1:length(text); % 십의 자리 숫자를 분리하여 열과 행의 번호를 얻고 암호를 해독한다.
    idx_10 = floor(num_inc(tt)/10);
    idx_1 = mod(num_inc(tt), 10);

    temp2(tt) = C_box(idx_1, idx_10);

end

text_dec = temp2; % 해독한 문자열
disp(['Decrypted : ', text_dec]);
```

예제 4.19.3 컨퓨전과 디퓨전 기술의 구현

토의 내용

임의 글자를 S 박스와 P 박스를 통과하였을 때 암호화된 결과를 분석하고 토론한다.

```
% mc4193_Sbox_Pbox

clear all
close all
clc

%% 컨퓨전(Confusion) 과 디퓨전(Deffusion)
% P box와 S box로 표현되는 예
% 그림 참조

Na = 3;                         % 메세지 비트수
Nb = 2^Na;                      % S box의 입출력 비트수
```

```
P_box = [ 0:1:7;...
          randperm(Nb) - 1]';
                            % P box를 정의한다.
                            % 3 비트 메세지가 나타내는 10진수(S box의 입력)를
                            % 퍼뮤테이션하기 위한 짝을 랜덤하게 정한다.

bit_input = '011'           % 메세지 비트

num_input = bin2dec(bit_input);      % 메세지 비트를 10진수로 표현
bit_X = zeros(Nb,1);
bit_X(num_input+1) = 1;              % S box의 입력

idx = find(~(P_box(:,1)-num_input)); % P box의 입력을 찾기 위함

num_Y = P_box(idx,2);                % 퍼뮤테이션 결과
bit_Y = zeros(Nb,1);
bit_Y(num_Y+1) = 1;                  % S box의 출력

bit_output = dec2bin(num_Y,Na);      % 암호화된 메세지

%% 화면 출력

temp1 = [bit_input, '        ']';
temp2 = num2str(bit_X);
temp3 = num2str(P_box);
temp4 = num2str(bit_Y);
temp5 = [bit_output, '        ']';
space = char(32*zeros(8,13));

disp('              |-------------- S box -------------------|')
disp('input bit      stage X        P box          stage Y        output bit')
disp('-------------------------------------------------------------------')

disp([temp1,space,temp2,space,temp3,space,temp4,space,temp5] )
```

예제 4.19.4 스트리밍 암호화

토의 내용

암호키 생성 함수와 임의의 정보 데이터를 정의하고 암호키와 정보데이터 모듈로에 의한 암호문 생성 결과를 분석하고 토론한다.

```
%% mc4194_Streaming_Encryption

clear all
close all
clc

%% 스트리밍 암호화 (Streaming Encryption)

M = [1 0 1 0 1 0]';          % 메세지
R = [0 0 1];                 % 레지스터 초기값 ( X1 X2 X3 )
                             % X1 <- X2 <- X3 로 쉬프트 되며
                             % X3 = X1 (+) X3 로 결정된다.

R_temp = zeros(length(M),3); % 레지스터값 저장을 위한 변수
K_temp = zeros(length(M),1); % 키값 저장을 위한 변수
M_out = zeros(length(M),1);  % 암호화된 메세지 초기화
for ii = 1:length(M)

    R_temp(ii,:) = R;        % 레지스터값 저장
    K_temp(ii) = R(1);       % 키값 저장

    M_out(ii) = xor(M(ii), R(1));    % ii번 째 메세지의 암호화

    % 레지스터 쉬프트 및 X3 값 결정
    temp1 = R(1);
    temp3 = R(3);
    R = circshift(R, [0 -1]);
    R(3) = xor(temp1, temp3);

end

%% 화면 출력

temp1 = num2str(M);
temp2 = num2str(R_temp);
temp3 = num2str(K_temp);
temp4 = num2str(M_out);

space = char(32*zeros(length(M),13));

disp('message        X1 X2 X3            Key              output')
disp('------------------------------------------------------')
disp([temp1,space,temp2,space,temp3,space,temp4] )
```

제20장

듀플렉스

제1절 개요

1. 기본 개념

듀플렉스(Duplex)는 단말기와 기지국 사이에서 송신 신호와 수신 신호를 주고받을 때 송수신 신호가 상호 간섭을 일으키지 않도록 송신 신호와 수신 신호를 시간, 주파수, 공간 등 다양한 통신 자원을 이용하여 분리하는 것으로 정의한다. 다중접속/다중화 기술이 서로 다른 단말기를 구분하기 위한 것인 반면에 듀플렉스는 전파자원을 순방향 링크와 역방향 링크로 구분하여 사용하기 위한 기술이다.

듀플렉스 방법은 일반적으로 주파수를 순방향 및 역방향으로 나누어 사용하는 FDD(Frequency Division Duplex) 방식과 시간을 순방향 및 역방향으로 나누어 사용하는 TDD(Time Division Duplex) 방식으로 나누어진다. 기타 CDD(Code Division Duplex) 방식도 고려할 수 있으나 실질적으로 운용하는 경우는 거의 없다.

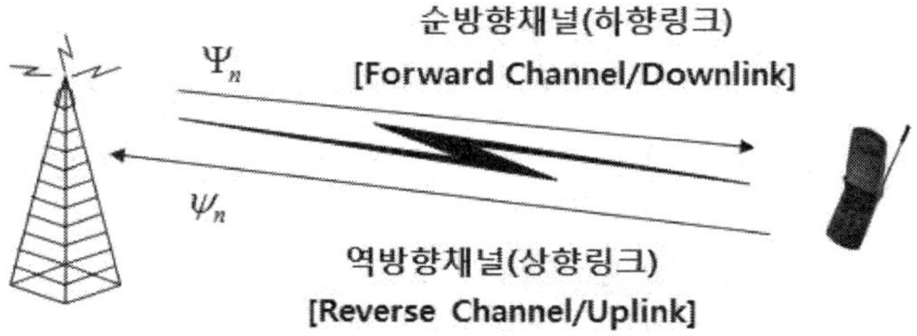

〈그림 20-1〉 듀플렉스의 개념

2. 듀플렉스의 위치

듀플렉스는 송신단 또는 수신단의 최종단에서 신호를 주고받는 부분으로 안테나에서 출발한 신호는 특정 주파수, 특정 시간을 이용하여 신호를 전달하고 또는 수신하게 된다. 듀플렉스의 위치를 전체 디지털이동통신 시스템에서 나타내면 다음 그림과 같다.

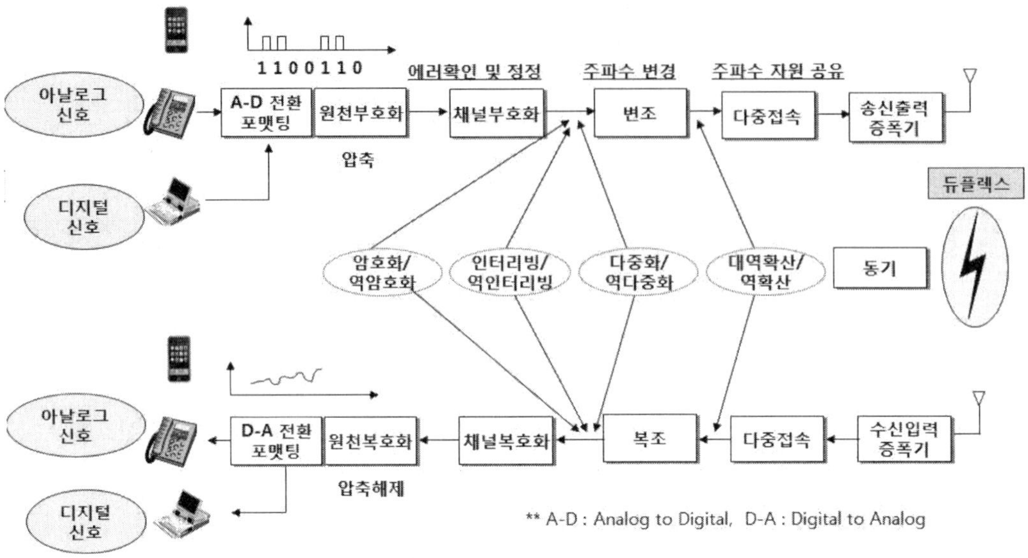

〈그림 20-2〉 듀플렉스의 위치

제2절 주파수 분할 듀플렉스 방식

주파수 분할 듀플렉스 방식(FDD : Frequency Division Duplex)은 단말기와 기지국 사이에서 송신 신호와 수신 신호를 다른 주파수를 각각 할당하여 전송하는 방식이다. 이동통신에서 FDD 방식을 사용할 때 일반적으로 역방향을 낮은 주파수에 할당하는데 단말기의 전력을 계속해서 공급할 수 없기 때문에 가능한 단말기의 전력 소모를 작게 하기 위해 전파 감쇠가 작은 낮은 주파수를 역방향에 할당한다. FDD 방식을 〈그림 20-3〉으로 나타내면 다음과 같다.

FDD 방식으로 주파수를 이용할 경우 몇 가지 주요 파라미터를 고려하여야 한다. 첫째 보호대역(Guard Band)은 채널 주파수 사이에서 상호 서비스가 원활하도록 간섭을 제한하기 위해 두 개의 채널 주파수 모두 이용하지 않는 주파수 대역폭을 의미한다. 보호대역이 넓을수록 서비스가 원활하게 이루어질 수 있지만 주파수 자원의 효율성은 떨어진다. 둘째 듀플렉스 간격(Duplex Gap)은 송수신 주파수 사이의 주파수 간격을 의미한다. 셋째 센터갭(Center Gap)은 순방향링크 주파수의 제일 낮은 주파수와 역방향링크의 제일 높은 주파수의 간격을 의미한다. 센터갭은 일반적으로 상하향 주파수 대역폭이 넓어지면 더 많은 주파수가 필요해진다. 일반적으로 20MHz 정도의 센터갭을 유지하여 왔으나 RF 기술이 발달하고 주파수 이용 효율을 높이기 위해 환경에 따라 센터갭을 10MHz 정도로 설계하는 경우도 있다.

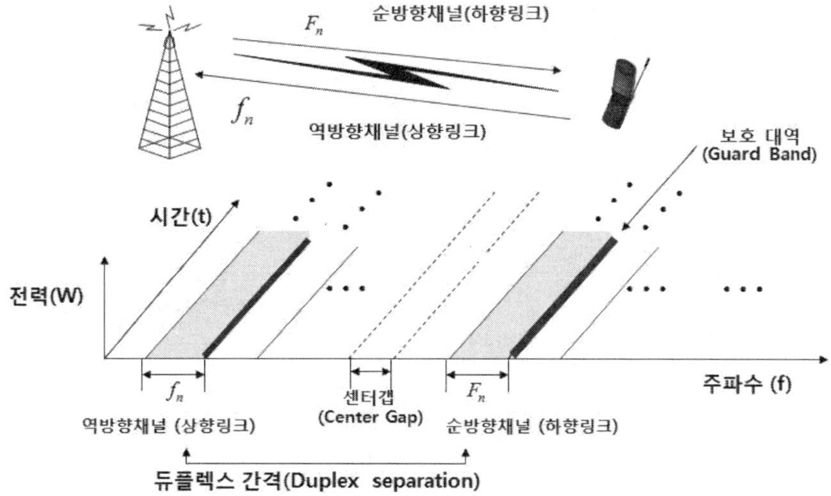

〈그림 20-3〉 FDD 방식

제3절 시간 분할 듀플렉스 방식

시간 분할 듀플렉스 방식(TDD : Time Division Duplex)은 단말기와 기지국 사이에서 송신 신호와 수신 신호를 다른 시간을 각각 할당하여 전송하는 방식이다. TDD 방식은 동일한 주파수로 시간을 나누어 사용하므로 순방향 및 역방향의 데이터 서비스양이 비대칭일 때 간단히 시간 길이를 조정하여 서비스를 제공할 수 있는 장점이 있다. 하지만 순방향 및 역방향의 시간 동기가 매우 중요하므로 셀의 거리가 너무 멀어지면 순방향 및 역방향 신호의 간섭이 일어날 수 있으므로 이동통신망을 설계할 때 셀 크기의 제약이 따를 수 있다. 하지만 동일 주파수를 사용하므로 전파 경로 특성이 같아 스마트 안테나 등 순방향 및 역방향의 전파 경로 특성이 중요한 응용 기술에 적합하다. TDD 방식을 그림으로 나타내면 다음 〈그림 20-4〉와 같다.

TDD 방식으로 주파수를 이용할 경우 FDD 방식의 보호 대역과 같이 상하향링크에서 보호시간(Guard Time)을 고려해야 한다. 보호시간은 상하향 링크 사이에서 상호 서비스가 원활하도록 간섭을 제한하기 위해 상하향 링크 모두 이용하지 않는 시간을 의미한다. 보호시간이 길수록 서비스가 원활하게 이루어질 수 있지만 전파 자원의 효율성은 떨어진다.

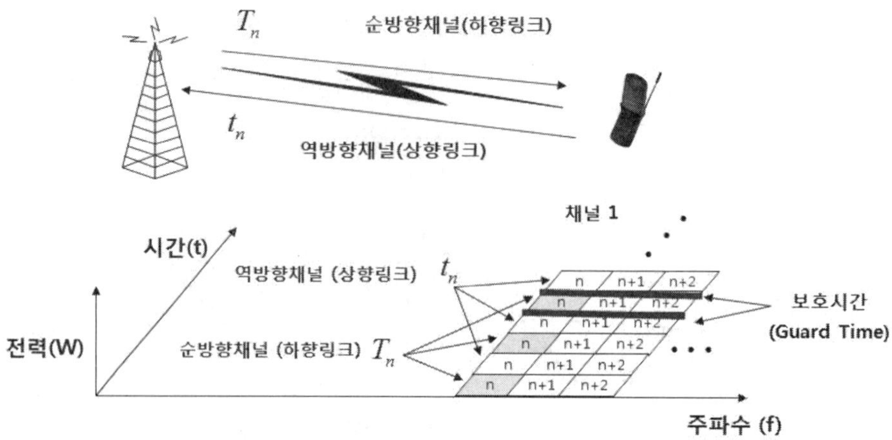

〈그림 20-4〉 TDD 방식

제4절 이동통신의 응용

1. FDD와 TDD 주파수 효율성 비교

TDD와 FDD 기술을 주파수 효율성 측면에서 비교하면 이용하는 주파수 대역폭에 따라 다소 다를 수가 있다. 아래 그림은 FDD와 TDD 기술의 주파수 효율성 측면을 일반화한 것으로 FDD의 경우 보호대역은 고정적으로 정해져 있어 주파수 대역폭에 따라 효율이 변화하는 반면 TDD의 경우 데이터 송수신시간 및 보호시간이 일정하여 대역폭이 변화하여도 효율은 일정하다. 결과적으로 동일한 시간과 주파수의 전파 자원을 고려할 때 주파수 대역폭이 작으면 FDD 방식의 보호대역(GB)의 영향이 커지는 반면 TDD 방식의 보호시간(GP)의 시간은 일정하여 TDD 주파수 대역의 효율성이 높을 수 있지만 대역폭이 커질수록 효율성은 유사해진다.

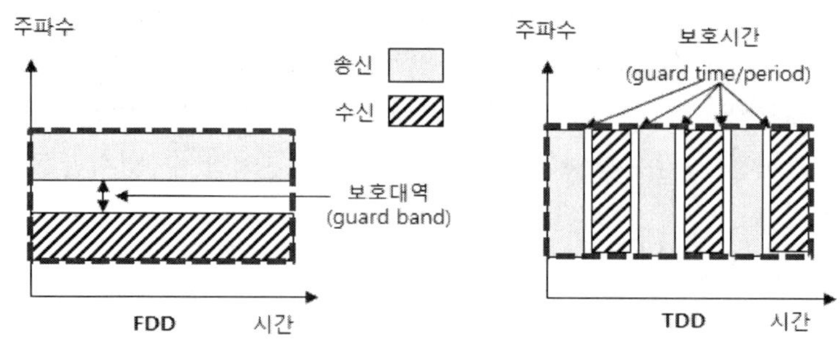

〈그림 20-5〉 FDD와 TDD 주파수 효율성 비교

2. 듀플렉스 방식에 따른 이동통신 시스템의 구조 및 차이

(1) 듀플렉스에 따라 필터 및 신호를 분리하는 구조가 달라짐

FDD 시스템의 경우 송수신 주파수가 다르므로 송수신 각각의 주파수를 여과하는 BPF(Band Pass Filter)가 있어야 한다. FDD 시스템을 이용한 이동통신중계기의 구조를 나타내면 다음 그림과 같다.

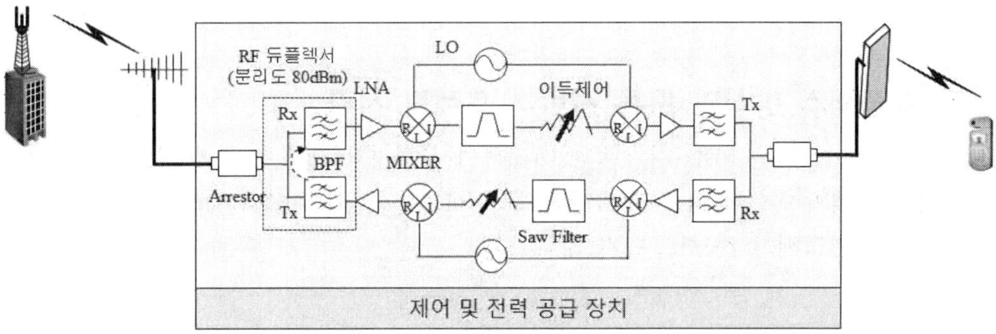

〈그림 20-6〉 FDD 중계기 시스템의 구조

TDD 시스템의 경우 송수신 주파수가 같으므로 하나의 BPF(Band Pass Filter)만 필요하나 송수신 시간이 다르므로 동기 신호 생성기 및 RF Switch가 필요하다.

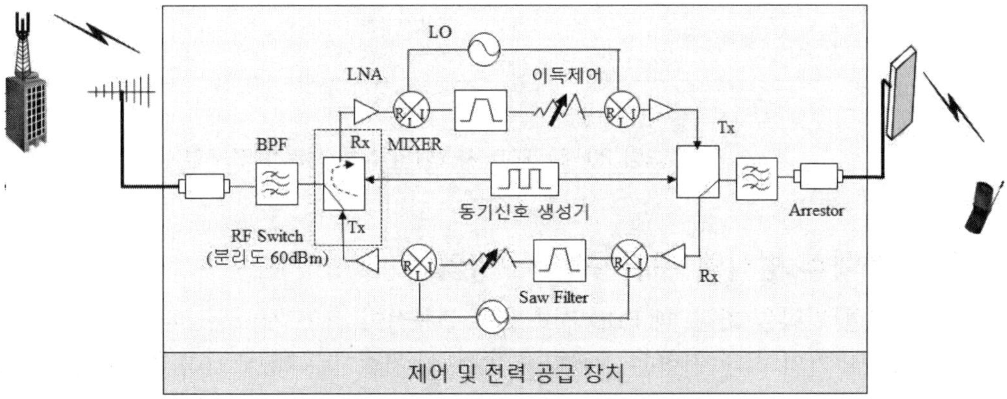

〈그림 20-7〉 TDD 중계기 시스템의 구조

(2) 듀플렉스에 따라 이동통신 시스템 구현의 차이

1) 듀플렉스 방식에 따른 시스템 비용 및 특성

단일대역 단일모드 TDD 시스템에서 RF 듀플렉서의 감소로 RF 비용 감소 및 구조 단순화를 이룰 수 있으나 TDD 단말에서 다중 대역을 지원하기 위해서는 RF 구조가 복잡해진다. RF 듀플렉서의 비용은 크지 않다.

2) 듀플렉스 방식에 따른 채널 추정 시스템의 복잡도

TDD 시스템은 동일 대역을 사용하므로 상하향 동일한 채널 특성을 가지고 있어 채널 추정이 유리하나 FDD 시스템에서 채널 추정에 이용되는 신호의 오버헤드는 크지 않으며 동일대역의 채널 특성도 이동 환경에서 쉽게 변화하는 특성이 있어 TDD 시스템에 의한 동일 채널 특성에 의한 채널 추정의 장점이 크지 않다.

3. 듀플렉스 방식에 따른 서비스 트레픽 처리

TDD 시스템은 FDD 시스템과 비교하여 상하향 트래픽 변화에 유연하다. 하지만 상하향 트래픽 변화에 따른 동적인 상하향링크 비율 구성 변화는 모든 기지국과 단말기의 동기를 변경해야 하므로 쉽지 않다.

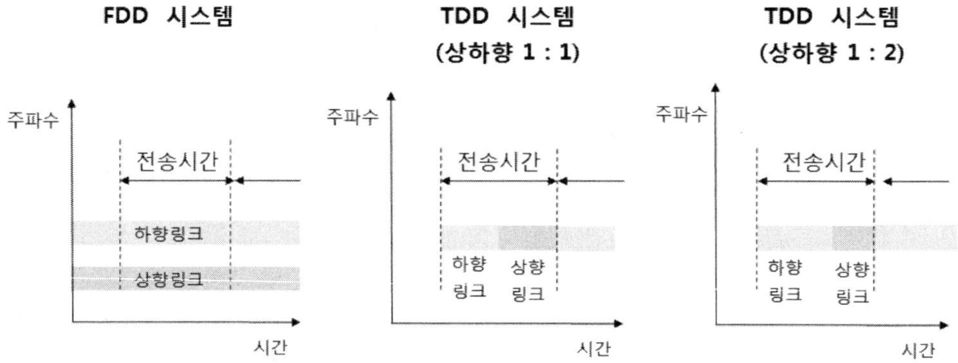

〈그림 20-8〉 TDD 시스템의 상하향 트래픽 구성

4. 듀플렉스 방식에 따른 서비스 영역

동일한 전력을 가질 때 FDD 시스템의 셀면적이 TDD 시스템보다 우수하다. 일반적으로 단말기의 최대 전력은 제한되어 있는데 (기술기준 및 배터리 전력) 동일전력에서 FDD 시스템의 전력이 크므로 셀면적이 넓다. FDD 시스템의 셀면적이 크므로 동일면적에서 요구되는 기지국수가 적다.

예를 들어 FDD와 TDD 상하향 1:2 시스템의 경우에는 FDD 전력이 셀경계에서 약 3배(5dB) 크므로 RF 듀플렉서 1dB 손실을 감안 4dB의 이득이 있다. 반면 FDD와 TDD 상하향 1:1 시스템의 경우에는 FDD 전력이 셀경계에서 약 2배(3dB) 크므로 RF 듀플렉서 1dB 손실을 감안 2dB의 이득이 있다. 다음 그림은 상하향 트래픽 배분에 따른 FDD와 TDD 시스템의 전력 이용 비율 비교를 그림으로 나타낸 것이다.

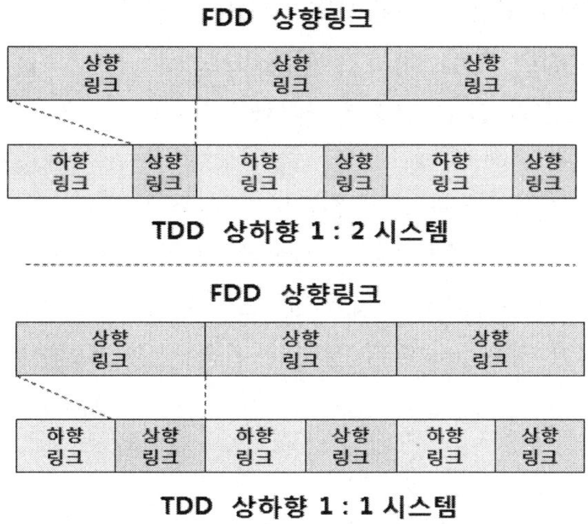

〈그림 20-9〉 FDD와 TDD 시스템의 전력 이용 비율 비교

5. LTE FDD와 LTE TDD 비교

(1) LTE FDD와 TDD 단말전력에 따른 서비스 영역

단말기의 전력 제한은 LTE TDD 기술의 망 설계에서 중요한 영향을 미칠 수 있다. 다음 그림은 LTE FDD와 LTE TDD 기술의 상하향 데이터 전송 비율을 1:1로 가정하면 약 3dB 정도 전력이 감소되고 이에 따라 셀 반경이 3dB 만큼 줄어든다. 만일 상향 전송시간 비율이 더 커져 상향 링크의 전력이 감소하면 반경은 더욱 줄어들게 된다.

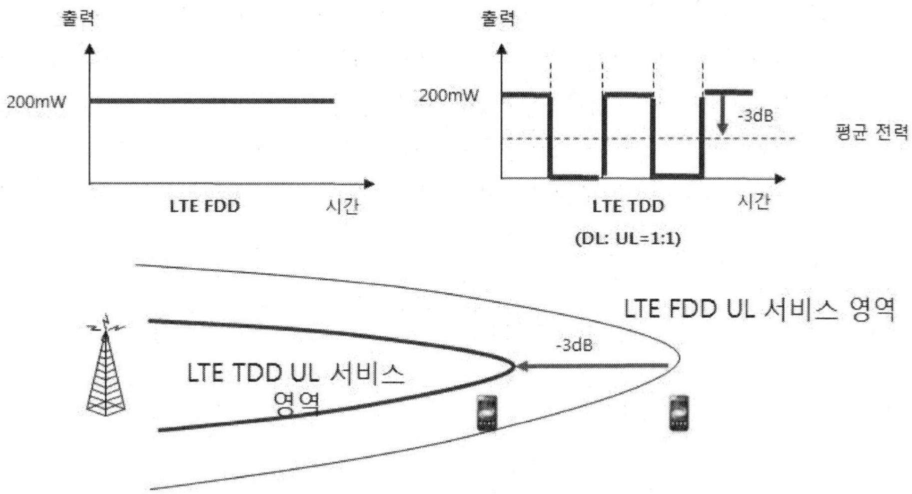

〈그림 20-10〉 단말전력에 따른 서비스 영역변화

(2) LTE TDD의 보호시간에 따른 서비스 영역

1) LTE FDD와 TDD 메시지 전송 방식

LTE FDD와 LTE TDD의 데이터 전송을 위한 프레임 구성은 동일하나 LTE FDD는 송수신에서 각각 모든 시간에 데이터를 전송하는 반면 LTE TDD는 10ms 내에서 송수신을 나누어 전송하므로 송수신 간에 간섭이 일어나지 않도록 보호시간을 두게 된다. LTE TDD는 상하향 링크 구성에 따라 5ms에 1번 또는 10ms에 1번 상하향 전송방향을 변경할 때 보호시간을 두게 되는데 (그림 20-11)는 상하향 비율 3:2인 경우 5ms마다 상하향 전송 방향을 변경하는 경우를 나타낸 것이다.

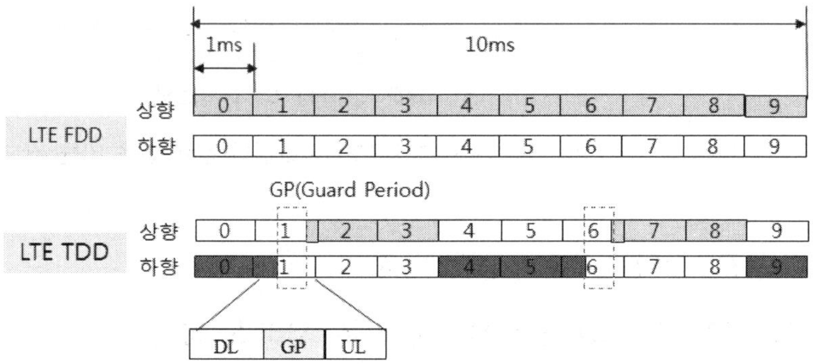

〈그림 20-11〉 LTE 시스템의 메시지 프레임

2) LTE TDD의 보호시간에 따른 서비스 영역

보호시간은 상하향데이터 간의 간섭을 방지하는 것으로 보호시간의 길이는 셀의 반경 설계와 밀접하다. 아래 그림은 보호시간 길이에 따른 셀 반경의 변화를 나타낸 것이다. 1개의 서브프레임은 14개 심볼을 가지고 보호시간에 사용하는 심볼은 1~10개까지 선택할 수 있으므로 1개의 심볼시간 71.4us는 km당 송수신간 왕복시간 6.6us를 고려할 경우 약 10km의 셀 반경으로 제한되지만 10개의 심볼을 사용하면 714us까지 보호시간이 길어져 100km까지 늘릴 수 있다. 따라서 심볼을 늘리면 주파수 효율이 다소 떨어지더라도 망 구축에서 셀 반경의 제약은 제한적이다.

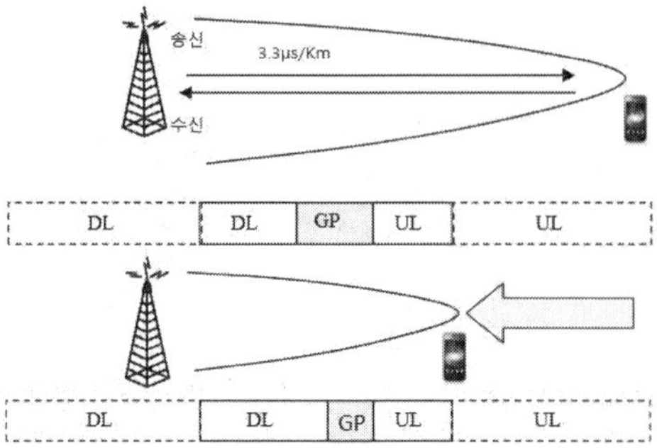

〈그림 20-12〉 보호시간에 따른 서비스 영역 변화

연습문제

01 단말기와 기지국 사이에서 통신 신호를 주고받을 때 서로 간에 간섭이 일어나지 않도록 통신자원을 송수신간 분리하여 사용하는데 이때 이용할 수 있는 통신 자원은 어떤 것들이 있는지 나열하시오.

02 기지국에서 단말기로 신호를 송신할 때 이용하는 채널을 무엇인가?

03 단말기에서 기지국으로 신호를 송신할 때 이용하는 채널을 무엇인가?

04 다음 그림의 빈칸을 채우시오.

가. 주파수 분할 듀플렉스 방식에서 송신 주파수의 하단과 수신 주파수의 상단 사이의 간격을 의미한다.

나. 송수신 채널의 주파수 간격을 의미한다.

다. 채널 사이에 간섭을 방지하기 위한 주파수 대역을 의미한다.

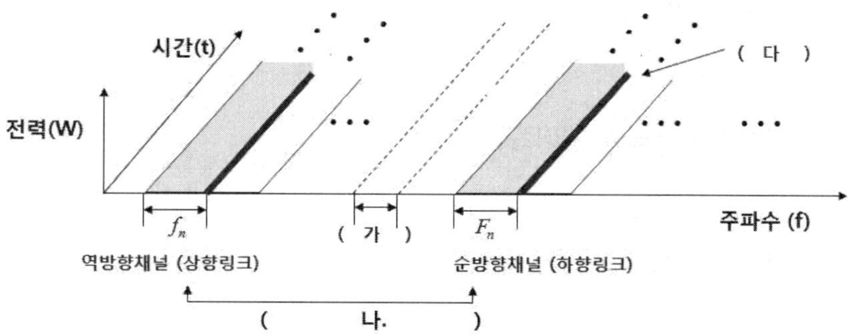

05 다음 그림의 빈칸을 채우시오. 빈칸은 시간 분할 듀플렉스 방식에서 송수신 시간 간의 간격을 의미한다.

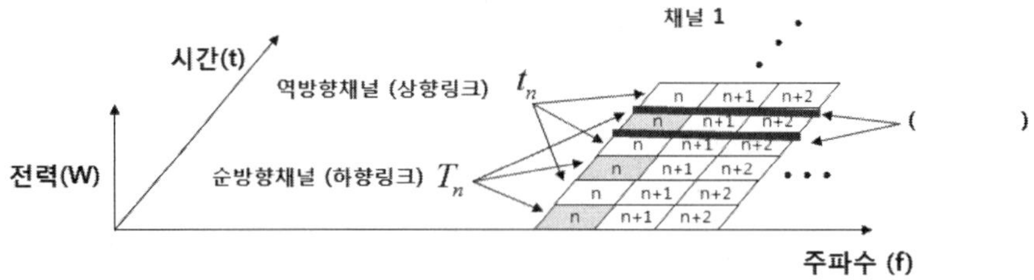

06 이동통신 시스템에서 주파수 분할 듀플렉스 방식과 시간 분할 듀플렉스 방식의 구성 측면에서 차이점을 설명하시오.

07 이동통신 시스템에서 주파수 분할 듀플렉스 방식과 시간 분할 듀플렉스 방식의 시스템을 구성할 때 비용 측면에서 다음 사항을 고려하여 설명하시오.

1) RF 듀플렉서

2) 채널 추정 시스템

08 이동통신 시스템에서 주파수 분할 듀플렉스 방식과 시간 분할 듀플렉스 방식에 따른 장단점을 다음 사항을 고려하여 설명하시오.

1) 트래픽 처리

2) 셀 커버리지

09 LTE 시스템의 프레임 길이는?

10 LTE 시스템의 서브 프레임 길이는?

11 LTE TDD가 상하향 비율을 1:1로 할 경우 FDD와 비교하여 서비스 영역이 얼마만큼 축소되는가?

12 보호시간이 66.7ms이고 기지국으로부터 1km 왕복시간이 6.67ms라고 할 때 셀 반경은 얼마인가?

매트랩 실습

매트랩 실습은 다음과 같은 순서로 진행한다.

1. 실습과제의 목적과 내용을 이해한다.
2. 매트랩 프로그램의 명령어를 학습하여 프로그램을 이해한다.
3. 매트랩 프로그램의 편집 창을 이용하여 프로그램을 작성한다.
4. 매트랩 프로그램의 실행결과를 확인한다.
5. 실습과제에서 요구하는 파라미터 변화에 따른 결과를 분석한다.
6. 결과분석 자료를 정리하여 발표하고 토론한다.

1. 듀플렉스의 송수신

1.1 실습 목적

이동통신 신호의 송수신 과정에서 이루어지는 듀플렉스의 개념과 절차를 이해한다.

1.2 실습 과제

이동통신의 FDD 방식과 TDD 방식의 간단한 시스템을 구현하고 데이터 송수신 과정을 확인한다.

1.3 실습 예제

예제 4.20.1 FDD 방식의 데이터 송수신 과정

실습 절차

(1) 기지국의 임의의 송신 데이터(RAND 함수 통해서…) : 0 1 0 1 1 1 0 0 …
(2) 기지국의 임의의 수신 데이터(RAND 함수 통해서…) : 0 1 0 1 1 1 0 0 …
(3) 기지국 송신측에서 FDD로 송신하는 경우 cos $\omega_1 t$와 cos $\omega_1 t + \phi$로 단말기 수신측에서 같은 주파수로 1과 0을 확인
(4) 단말기 송신측에서 FDD로 수신하는 경우 cos $\omega_2 t$와 cos $\omega_2 t + \phi$로 기지국 수신측에서 같은 주파수로 1과 0을 확인

```
%% mc4201_FDD.m

clear all
close all
clc

%% FDD

N_data = 5;                          % 각 방향 데이터 비트 수
D_down = round(rand(1,N_data));      % 순방향 링크 데이터
D_up   = round(rand(1,N_data));      % 역방향 링크 데이터

f_down = 10;                         % 순방향 링크 주파수 할당 10 Hz
f_up   = 15;                         % 역방향 링크 주파수 할당 15 Hz

%% 상하향 링크에 할당된 주파수에 따라 주어진 데이터를 모듈레이션 한다.

N_sample = 200;

% 순방향 모듈레이션
temp_down = D_down *2 -1;
Carrier_down = cos(2*pi*f_down.*linspace(0,1,N_sample));
S_down = zeros(1,N_sample*N_data);
for ii = 1:N_data
    S_down((ii-1)*N_sample+1 : ii*N_sample) = temp_down(ii).*Carrier_down;
end

% 역방향 모듈레이션
temp_up = D_up *2 -1;
Carrier_up = cos(2*pi*f_up.*linspace(0,1,N_sample));
S_up = zeros(1,N_sample*N_data);
for ii = 1:N_data
    S_up((ii-1)*N_sample+1 : ii*N_sample) = temp_up(ii).*Carrier_up;
end

% 순방향과 역방향 링크 신호가 합쳐진 신호
S_sum = S_down + S_up;

%% 합쳐진 신호를 기반으로 순방향 및 역방향 링크의 데이터를 복원한다.
D_down_dec = zeros(1,N_data);
for ii = 1:N_data
```

```
    temp_down = sum(Carrier_down.*S_sum((ii-1)*N_sample+1 : ii*N_sample));
    if temp_down > 0
        D_down_dec(ii) = 1;
    else
        D_down_dec(ii) = 0;
    end
end

D_up_dec = zeros(1,N_data);
for ii = 1:N_data
    temp_up = sum(Carrier_up.*S_sum((ii-1)*N_sample+1 : ii*N_sample));
    if temp_up > 0
        D_up_dec(ii) = 1;
    else
        D_up_dec(ii) = 0;
    end
end

% plotting

figure(4201)
subplot(5,2,1), stem(D_down); set(gca, 'ytick', [0 1]); ylabel('Data(down)')
subplot(5,2,3), stem(D_up); set(gca, 'ytick', [0 1]); ylabel('Data(up)')

subplot(5,2,2), plot(S_down); ylabel('Signal(down)')
subplot(5,2,4), plot(S_up); ylabel('Signal(up)')

subplot(5,2,6), plot(S_sum); ylabel('Signal(sum)')

subplot(5,2,7), stem(D_down_dec); set(gca, 'ytick', [0 1]); ylabel('Received data
(down)')
subplot(5,2,9), stem(D_up_dec); set(gca, 'ytick', [0 1]); ylabel('Received data(up)')

set(gcf, 'position',[ 13     49    755    769])

print -dpng fig4201
```

예제 4.20.2 TDD 방식의 데이터 송수신 과정

실습 절차

(1) 기지국의 임의의 송신 데이터(RAND 함수 통해서…) :
0 1 0 1 1 1 0 0 …
(2) 기지국의 임의의 수신 데이터(RAND 함수 통해서…) :
0 1 0 1 1 1 0 0 …
(3) 기지국 송신측에서 TDD로 송신하는 경우 2로 나누어진 시간 주기 가운데 전반부 시간 주기만 신호를 보내고 단말기 수신측에서 같은 시간의 신호만을 받아 동일 데이터 확인
(4) 단말기 송신측에서 TDD로 송신하는 경우 2로 나누어진 시간 주기 가운데 후반부 시간 주기만 신호를 보내고 기지국 수신측에서 같은 시간의 신호만을 받아 동일 데이터 확인

```
%% mc4202_TDD.m

clear all
close all
clc

%% TDD

N_data = 5;                                  % 각 방향 데이터 비트 수
D_down = round(rand(1,N_data));              % 순방향 링크 데이터
D_up    = round(rand(1,N_data));             % 역방향 링크 데이터

T_slot_down = [1 0 1 0 1 0 1 0 1 0];         % 순방향 링크 타임 슬롯 할당
T_slot_up    = [0 1 0 1 0 1 0 1 0 1];        % 역방향 링크 타임 슬롯 할당
f = 10;                                      % 공통 주파수

%% 상하향 링크에 할당된 주파수에 따라 주어진 데이터를 모듈레이션 한다.

N_sample = 200;
Carrier = cos(2*pi*f.*linspace(0,1,N_sample));

% 순방향 모듈레이션
temp_down = D_down *2 -1;
S_down = zeros(1,N_sample*N_data*2);
kk = 1;
for ii = 1:N_data*2
    if T_slot_down(ii) == 1
```

```
        S_down((ii-1)*N_sample+1 : ii*N_sample) = temp_down(kk).*Carrier;
        kk = kk + 1;
    else
        S_down((ii-1)*N_sample+1 : ii*N_sample) = zeros(1,N_sample);
    end
end

% 역방향 모듈레이션
temp_up = D_up *2 -1;
S_up = zeros(1,N_sample*N_data*2);
kk = 1;
for ii = 1:N_data*2
    if T_slot_up(ii) == 1;
        S_up((ii-1)*N_sample+1 : ii*N_sample) = temp_up(kk).*Carrier;
        kk = kk + 1;
    else
        S_up((ii-1)*N_sample+1 : ii*N_sample) = zeros(1,N_sample);
    end
end

% 순방향과 역방향 링크 신호가 합쳐진 신호
S_sum = S_down + S_up;

%% 합쳐진 신호를 기반으로 순방향 및 역방향 링크의 데이터를 복원한다.
D_down_dec = zeros(1,N_data);
kk = 1;
for ii = 1:N_data*2
    if T_slot_down(ii) == 1
        temp_down = sum(Carrier.*S_sum((ii-1)*N_sample+1 : ii*N_sample));
        if temp_down > 0
            D_down_dec(kk) = 1;
        else
            D_down_dec(kk) = 0;
        end
        kk = kk+1;
    end
end

D_up_dec = zeros(1,N_data);
kk = 1;
for ii = 1:N_data*2
```

```
    if T_slot_up(ii) == 1
        temp_up = sum(Carrier.*S_sum((ii-1)*N_sample+1 : ii*N_sample));
        if temp_up > 0
            D_up_dec(kk) = 1;
        else
            D_up_dec(kk) = 0;
        end
        kk = kk+1;
    end
end

% plotting

figure(4202)
subplot(5,2,1), stem(D_down); set(gca, 'ytick', [0 1]); ylabel('Data(down)')
subplot(5,2,3), stem(D_up); set(gca, 'ytick', [0 1]); ylabel('Data(up)')

subplot(5,2,2), plot(S_down); ylabel('Signal(down)')
subplot(5,2,4), plot(S_up); ylabel('Signal(up)')

subplot(5,2,6), plot(S_sum); ylabel('Signal(sum)')

subplot(5,2,7), stem(D_down_dec); set(gca, 'ytick', [0 1]); ylabel('Received data
(down)')
subplot(5,2,9), stem(D_up_dec); set(gca, 'ytick', [0 1]); ylabel('Received data(up)')

set(gcf, 'position',[ 13    49    755    769])

print -dpng fig4202
```

제21장

동기

제1절 개요

1. 기본 개념

동기(Synchronization)는 신호의 시작을 알기 위해 수신되는 신호의 주파수, 위상, 시간을 맞추는 것으로 입력신호와 수신기의 기준 신호를 비교하여 같을 경우 동기가 되었다고 한다.

2. 동기의 종류

(1) 개요

이동통신의 동기는 전파를 수신할 때 주파수와 위상을 검출하는 위상동기, 반송파에 의해 전달된 디지털 심볼의 시간을 맞추는 심볼 동기, 여러 심볼로 이루어진 프레임의 시작을 맞추는 프레임 동기 등으로 나누어 질 수 있다. 위상 동기와 심볼 동기의 개념을 그림으로 나타내면 다음과 같다.

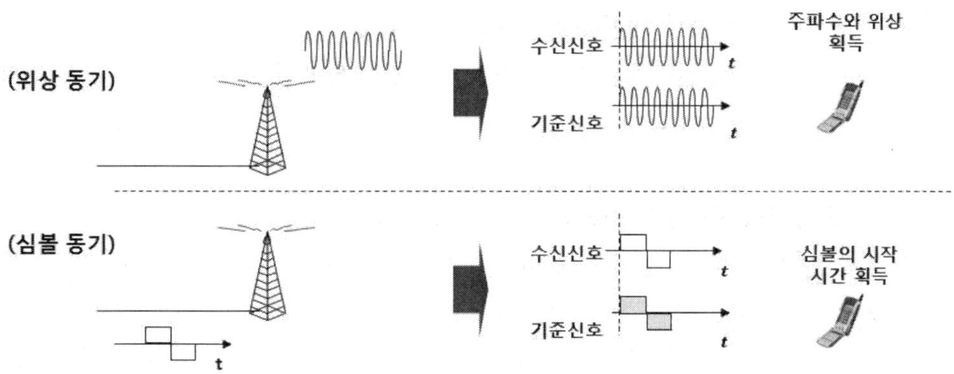

〈그림 21-1〉 동기의 종류

(2) 위상 동기(Phase Synchronization)

입력 신호의 위상을 알고 있어 수신기의 기준 신호에서 동일한 위상을 가지고 수신 신호의 주파수와 위상과 맞추는 것으로 위상을 맞춘 상태를 페이즈락(phase lock)이라고 한다. 위상 동기는 주로 반송파 신호를 획득/추적하는데 이용된다.

(3) 심볼 동기(Symbol Synchronization)

입력되는 심볼 신호의 위상을 알고 있어 수신기의 기준 신호에서 동일한 시간을 가지고 수신되는 심볼 신호의 시간을 맞추는 것을 심볼 동기라고 한다. 심볼 시간을 맞춘 상태를 심볼락(symbol lock)이라고 한다. 일반적으로 심볼 시간이 반송파의 주기보다 길므로 위상 동기보다 복잡하지 않다. 주로 디지털 신호를 획득/추적하는데 이용된다.

(4) 프레임 동기(Frame Synchronization)

여러 개의 심볼로 이루어진 블록, 메시지의 시간을 맞추는 것으로 동기 방법은 심볼 동기와 같으며, 심볼의 시작과 끝을 확인하기 위해 블록간 경계를 확인하여야 한다. 채널코딩에서 디코딩 메시지의 경계, TDMA 신호의 채널 사용자간 경계를 구분한다.

3. 동기 시스템의 종류

(1) 논코히어런트 시스템(Noncoherent System)

논코히어런트 시스템은 주파수, 심볼, 프레임 동기가 이루어지는 시스템으로 정의한다. 논코히어런트 시스템의 위상은 일정한 위상으로 고정되어 있으며 위상 추적 회로가 없어 시스템이 단순하다. 수신신호와의 위상 차이는 S/N 비를 낮추어 성능을 떨어뜨리게 한다.

(2) 코히어런트 시스템(Coherent System)

논코히어런트 시스템은 위상, 심볼, 프레임 동기가 이루어지는 시스템으로 위상 추적 시스템(PLL : Phase Locked Loop)이 요구되어 시스템이 복잡하다.

(3) 네트워크 동기(Network Synchronization)

송신기에서 기준 신호를 수신기로 보내 수신기로부터 재송신되는 신호를 분석하여 송신기 신호의 시간 및 주파수를 조정하는 것으로 양방향 동기(two way synchronization)라고도 한다. 위성 시스템의 경우 지구국과 위성간의 거리로 인해 시간과 주파수의 동기가 변화하는 것을 고려하여 기지국에서 기준 신호를 위성으로 보낸 후 다시 받아 시간 및 주파수의 변화를 예측하여 송신 신호를 보낸다.

4. 동기의 위치

동기는 주파수, 위상, 심볼 시작 시간 등을 맞추어야 하므로 여러 송수신단 구성 요소의 동기를 지원한다. 동기의 위치를 전체 디지털이동통신 시스템에서 나타내면 다음 그림과 같다.

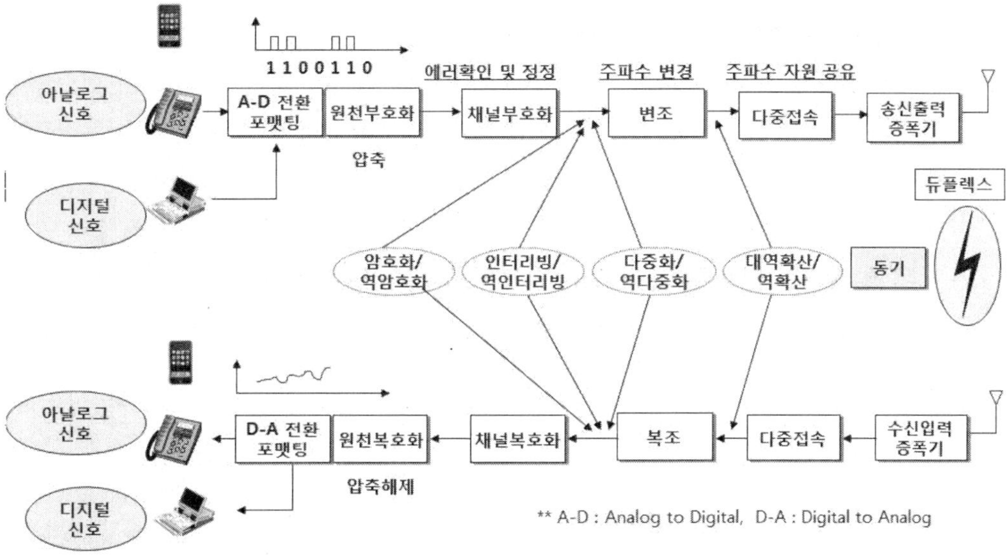

〈그림 21-2〉 동기의 위치

제2절 동기 레벨에 따른 특성

1. 동기의 수준과 비용

동기수준이 높아질수록 신호를 획득 및 추적하는데 하드웨어/소프트웨어가 추가된다. 또한 동기를 맞추는데 추가적인 시간과 에너지가 필요하다.

2. 동기 시스템의 사용 유무에 따른 차이

AM 라디오는 동기 시스템을 사용하지 않아 도플러 효과 및 송신 주파수의 변이를 극복하기 위해 필터의 대역폭을 넓게 설계한다. 만일 반송파 추적 회로를 추가하면 잡음을 줄여 요구 S/N 비를 낮춤으로써 요구되는 대역폭을 줄일 수 있다.

3. 코히어런트 시스템의 사용 유무에 따른 차이

BFSK는 논코히어런트 시스템, BPSK는 코히어런트 시스템인데 BPSK가 BFSK보다 4dB S/N 비가 좋지만 도플러 효과 및 페이딩 때문에 신호 검출을 위해 시스템은 복잡해진다.

4. 채널코딩 사용 유무에 따른 차이

블록코딩은 블록, 메시지, 프레임 동기가 이루어져야 하며, 컨볼루션 코딩은 스테이트의 시작과 끝을 맞추는 동기(프레임 동기)가 필요함에 따라 시스템의 복잡도가 증가한다.

5. 대역 확산 시스템의 사용 유무에 따른 차이

대역 확산 시스템은 다중접속 방식으로 사용되거나 간섭 제거 방식으로 사용된다. 심볼 시간이 매우 짧아지므로 정확도가 높은 동기가 요구된다.

제3절 수신 동기

1. 위상 동기(Phase Synchronization)

(1) 개요

수신 신호의 반송파 동기는 주파수와 위상을 함께 맞추는 코히어런트 시스템(Coherent System)과 주파수만을 맞추는 논코히어런트 시스템(Non coherent System)이 있다. 최근 이동통신을 포함한 디지털통신에서 전송속도가 높아짐에 따라 매우 높은 정확도가 요구되어 주파수와 위상 정보를 함께 획득하는 코히어런트 시스템이 주로 이용된다. 이때 정확한 위상을 추적 및 획득하기 위한 시스템이 필요한데 이것을 PLL(Phase locked Loop) 이라고 한다. PLL은 위상 검출기(Phase Detector), 루프 필터(Loop Filter), 전압제어발진기(VCO Voltage Controlled Oscillator)로 구성된다. 위상 검출기는 입력신호와 수신기 발진기의 위상차를 검출한다. 루프필터는 저역통과 필터(Low pass filter)로 구성되어 입력신호의 위상 변화를 추적한다. 전압제어발진기는 입력신호와 수신기 발진기의 위상차를 전압 레벨의 입력으로 변환하여 주파수 및 위상을 조정하는데 전압제어발진기의 출력은 입력 전압에 비례하여 변한다.

(2) PLL 시스템의 구성과 원리

일반적인 PLL은 다음과 같이 구성된다.

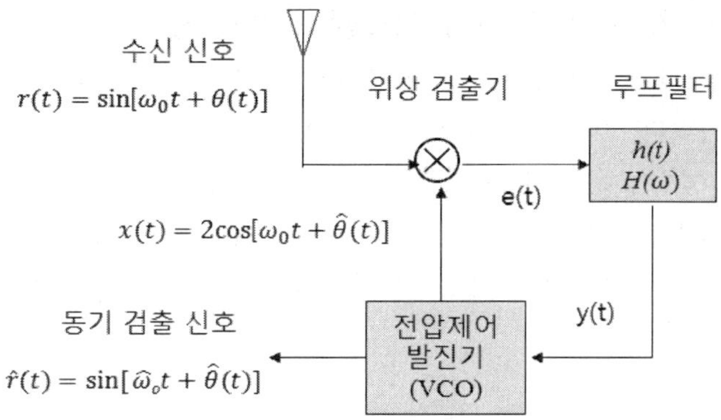

〈그림 21-3〉 PLL 시스템의 구성

수신신호 $r(t)$와 수신기 발진기의 신호 $x(t)$가 곱해진 출력신호 $e(t)$는 다음과 같다.

$$\begin{aligned} e(t) &= x(t)r(t) = 2\cos[\omega_0 t + \hat{\theta}(t)]\sin[\omega_0 t + \theta(t)] \\ &= \sin[\hat{\theta}(t) - \theta(t)] + \sin[2\omega_0 t + \hat{\theta}(t) + \theta(t)] \end{aligned} \qquad \text{(식 21-1)}$$

이때 위상검출기 출력신호 $e(t)$가 LPF인 루프필터를 통과하면 출력신호 $y(t)$는 다음과 같다.

$$y(t) = \sin[\hat{\theta}(t) - \theta(t)] \qquad \text{(식 21-2)}$$

이때 루프필터 출력신호 $y(t)$가 0가 되면 VCO의 주파수와 위상이 입력신호의 주파수와 위상이 되며 이때 Phase Lock이 되었다고 한다.

2. 심볼 동기(Symbol Synchronization)

(1) 개요

심볼 동기 또는 데이터 동기는 입력되는 데이터 열에 근거하여 송신 데이터 클록을 획득하는 개방형 루프 동기(Open loop Synchronization)와 입력신호와 수신기에서 발생 신호를 비교하여 송신 데이터 클록을 획득하는 폐쇄형 루프 동기(Closed Loop Synchronization) 방식이 있다.

(2) 개방형 루프 비트 동기 시스템 구성과 원리

2진 정보데이터가 수신되면 정합필터로 크기의 변화를 측정하고 비선형소자를 이용하여 제곱한다. 비트가 변화하는 시간을 정확히 측정하기 위해 대역통과필터(BPF)를 통과하면 즉, 낮은 주파수 성분을 제거하면 직류값이 제거되므로 비트가 변화하는 시간과 신호의 0 값이 일치하여 동기 시간을 알 수 있다. 이때 시그넘 함수를 이용하여 원래의 비트 파형을 복원한다. 하지만 실제 비트 동기 시점의 값이 0가 아닌 경우 에러가 발생할 수 있다.

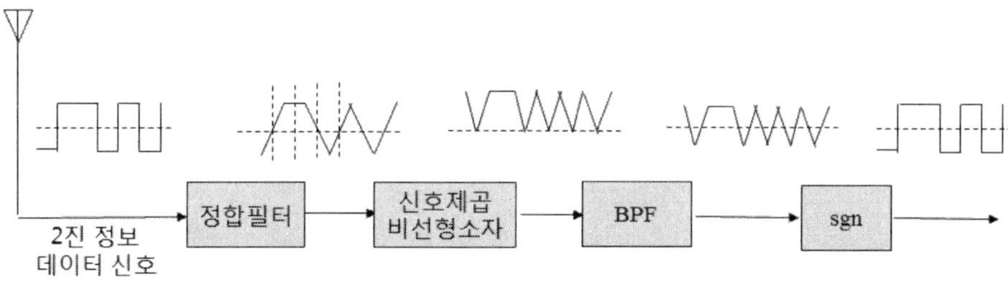

〈그림 21-4〉 개방형 루프 비트 동기 시스템의 원리

(3) 폐쇄형 루프 비트 동기 시스템 구성과 원리

입력신호와 수신기에서 발생하는 기준 신호를 비교하여 심볼 데이터의 동기를 맞춘다. 폐쇄형 루프 동기는 PLL 시스템의 원리를 이용하여 구현한다. 폐쇄형 루프 동기 시스템의 구성은 다음과 같다.

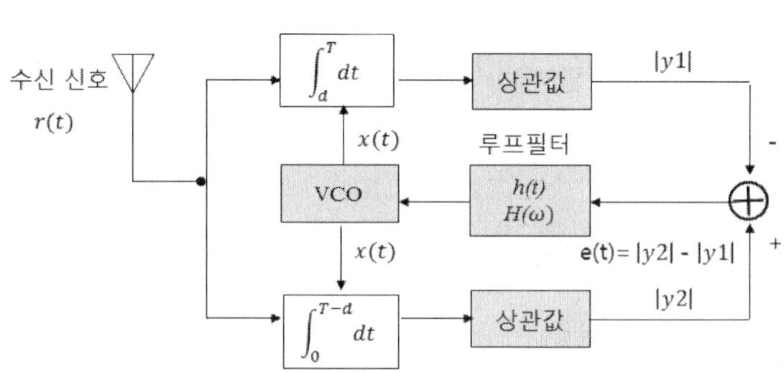

〈그림 21-5〉 폐쇄형 루프 비트 동기 시스템의 원리

폐쇄형 루프 동기 시스템에서 수신 신호의 비트 동기 상태를 그림으로 나타내면 다음과 같다.

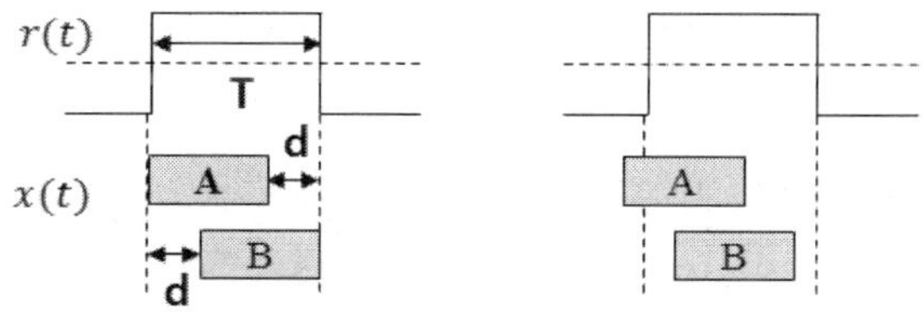

< 동기가 이루어진 경우>　< 동기가 이루어지지 않은 경우>

〈그림 21-6〉 수신신호의 비트 동기 상태

〈동기가 이루어진 경우〉는 수신 신호 $r(t)$와 기준신호 $x(t)$가 기준 시간 A, B가 입력신호와 동일한 시간 동안 상관값을 산출하여 빼주면 0가 되어 동기가 이루어진다. 반면 〈동기가 이루어지지 않은 경우〉는 기준신호의 기준 시간 A, B가 입력신호와 동작하는 시간이 다르면 0가 되지 못해 동기가 이루어지지 못한다.

3. 프레임 동기(Frame Synchronization)

(1) 개요

비트 동기가 이루어지면 데이터를 받게 되는데 일반적으로 일정 구간마다 의미를 갖는 데이터 열을 받게 된다. 예를 들어 디지털 TV의 1개의 주사선, 컴퓨터의 글자열, 채널코딩의 코드워드, 디지털 음성의 패킷 등이 있다. 비트와 다르게 데이터 열로 이루어진 프레임은 약간의 시간 차이가 나도 전체 메시지의 정확도가 크게 떨어져 메시지를 해석하기 어려워진다. 프레임 동기는 프레임 마커(Frame Marker) 방식과 동기 코드워드(Synchronization codeword) 방식으로 나누어진다.

(2) 프레임 마커 방식의 프레임 동기 방법

프레임 마커 방식은 연속적으로 데이터 열을 보낼 때 주로 이용되는데 수신기는 송신기가 프레임 동기를 위해 보내는 일정한 길이의 "프레임 마커"의 일정한 패턴과 일정한 시간 간격을 미리 알고 있어 이를 이용하여 프레임 동기를 맞춘다. 예를 들어 TV와 같이 연속적으로 데이터를 보내는 경우 적합할 수 있다.

일정한 길이와 패턴을 가진 프레임 마커(n 비트)와 프레임 마커 이후 일정한 길이의 데이터열(N 비트)을 송신한다.

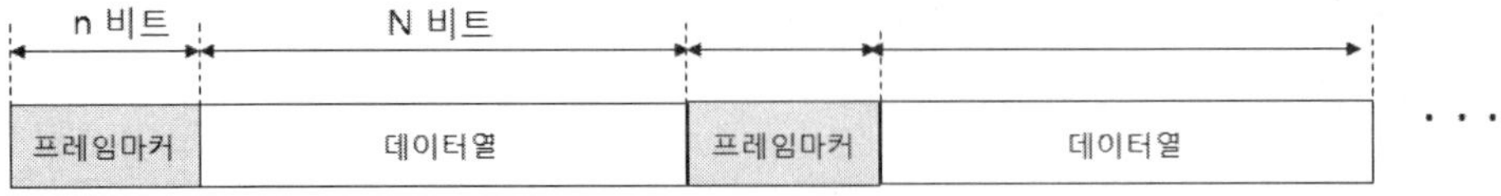

〈그림 21-7〉 프레임 마커를 이용한 프레임 동기 방식

(3) 동기 코드워드 방식의 프레임 동기 방법

동기 코드워드 방식은 불연속적이고 버스트 형태의 신호를 보낼 때 사용하는 방식으로 메시지를 송신할 때마다 일정한 코드워드를 메시지의 헤더에 포함시켜 송신하고 수신기는 메시지를 수신할 때마다 메시지 헤더의 코드워드를 이용하여 동기를 맞춘다. 이동통신의 경우 일반적으로 패킷 단위로 불연속적으로 데이터를 보내므로 동기 코드워드 방식이 적합하다고 할 수 있다.

동기 코드워드 방식은 메시지마다 메시지 헤더에 동기 코드워드를 함께 송신하는데 동기 코드워드는 시간차에 의해 발생하는 다른 동기 코드워드가 원래의 동기 코드워드의 상관도보다 큰 차이가 날 때 높은 성능의 프레임 동기를 이룰 수 있다. 동기 코드워드가 길면 상관도의 차이가 커지는 반면 시스템이 복잡해진다. 또한 같은 길이라도 서로 다른 코드워드열의 상관도의 차이가 크도록 설계되어야 성능이 높아질 수 있다.

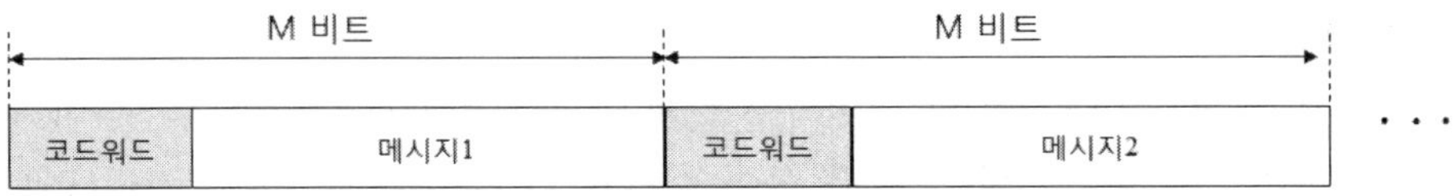

〈그림 21-8〉 코드워드를 이용한 프레임 동기 방식

제4절 네트워크 동기

1. 개요

코히어런트 시스템 또는 방송과 같은 단방향 서비스는 단말기 내부의 기능만으로 동기를 수행하여야 한다. 반면 논코히어런트 시스템, 이동통신, 위성통신과 같이 여러 사용자가 이용하는 통신 시스템은 단말기가 통신하는 상대 시스템과의 동기를 위한 기능을 수행하여야 한다. 따라서 단말은 고정된 특정 주파수 또는 특정 시간 기준을 이용하여 동기를 맞추거나 중앙 시스템에 특정 주파수 또는 특정 시간을 요구하여 동기를 맞춘다.

2. 개방 루프 송신 동기

단말이 수신 신호로부터 동기 정보를 얻지 않고 링크 파라미터를 미리 저장하여 송신 시점을 조정하거나 수신 신호로부터 링크 파라미터를 분석하여 송신 시점을 조정하는 방식을 개방 루프 송신 동기라고 한다. 개방 루프 송신 동기는 송수신 지점이 고정되어 있는 신속하고 실시간 데이터 처리용량이 적은 반면 통신 환경 변화에 빠르게 적용하기 어렵다.

3. 폐쇄 루프 송신 동기

폐쇄 루프 송신 동기는 중앙 시스템이 단말로부터 오는 신호로부터 동기의 정확성을 측정하여 단말로 동기를 위한 정보를 보내고 단말은 중앙으로부터 수신한 동기 관련 정보를 이용하여 송신할 때 동기를 맞추어 송신하는 방식이다. 폐쇄 루프 송신 동기는 양방향 링크가 필요하고 동기 시간이 오래 걸리지만 환경 변화에 무관하게 동기를 수행할 수 있다.

이동통신 시스템은 양방향 링크를 가지고 있고 또한 계속해서 이용하므로 단말기의 신호를 수신하여 기지국이 송신 관련 정보를 보내서 동기를 맞추는 폐쇄 루프 송신 동기 방식을 이용하고 있다.

연습문제

01 수신되는 신호의 시작을 알기 위해 신호의 주파수, 위상, 시간을 맞추는 동작을 무엇이라 하는가?

02 동기의 종류에는 어떤 것들이 있는가?

03 코히어런트 시스템과 논코히어런트 시스템의 차이를 설명하시오.

04 동기 시스템의 사용 유무와 주파수 대역폭의 관계를 설명하시오.

05 코히어런트 시스템의 사용 유무와 주파수 대역폭의 관계를 설명하시오.

06 채널코딩 사용 유무와 주파수 대역폭의 관계를 설명하시오.

07 확산 대역 시스템 사용 유무와 주파수 대역폭의 관계를 설명하시오.

08 정확한 위상을 추적 획득하기 위한 시스템을 무엇이라 하는가?

09 다음 빈칸에 맞는 시스템의 구성 요소를 채우시오.

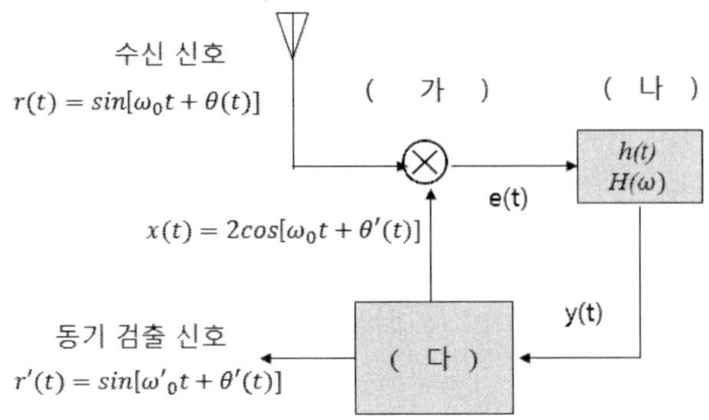

10 다음 빈칸에 맞는 용어를 채우시오.

> 심볼 동기 또는 데이터 동기는 입력되는 데이터 열에 근거하여 송신데이터 클록을 획득하는 (가)와 입력신호와 수신기에서 발생 신호를 비교하여 송신 데이터 클록을 획득하는 (나) 방식이 있다.

11 프레임 마커 동기 방식과 동기 코드워드 방식의 차이를 설명하시오.

12 프레임 동기 방식에는 프레임 마커 방식과 동기 코드워드 방식이 있다. 이동통신 시스템에 적합한 프레임 동기 방식은 무엇인가?

13 네트워크 동기 필요한 통신 서비스 2가지만 나열하시오.

14 네트워크 동기는 중앙시스템으로부터 오는 신호의 링크 파라미터를 분석하여 동기를 맞추는 개방 루프 송신 동기 방식과 중앙시스템으로부터 동기 정보를 받아 동기를 맞추는 폐쇄 루프 송신 동기 방식이 있다. 이동통신 시스템이 사용하는 네트워크 동기방식은 무엇인가?

매트랩 실습

매트랩 실습은 다음과 같은 순서로 진행한다.

1. 실습과제의 목적과 내용을 이해한다.
2. 매트랩 프로그램의 명령어를 학습하여 프로그램을 이해한다.
3. 매트랩 프로그램의 편집 창을 이용하여 프로그램을 작성한다.
4. 매트랩 프로그램의 실행결과를 확인한다.
5. 실습과제에서 요구하는 파라미터 변화에 따른 결과를 분석한다.
6. 결과분석 자료를 정리하여 발표하고 토론한다.

1. 수신 동기

1.1 실습 목적

이동통신 신호의 송수신 과정에서 이루어지는 동기의 개념과 절차를 이해한다.

1.2 실습 내용

이동통신의 변조 신호를 복조하기 위해 위상 동기와 디지털 신호로 복조한 후 일어나는 심볼 및 프레임의 동기 과정을 확인한다.

1.3 실습 문제

예제 4.21.1 위상 동기

실습 내용

(1) 주파수와 위상을 가진 입력 신호 정의
(2) 3개의 수신기 기준 신호 정의
(3) 3개의 수신기 기준 신호와 입력 신호의 상관도를 분석
(4) 입력 신호의 주파수와 위상을 결정

```
%% mc4211_Phase_sync.m

clear all
close all
clc

%%  위상 동기(Phase Synchronization)

f = 10*10^3;                        % 신호의 주파수 : 10 kHz
theta = 0;                          % 수신기 내부의 신호 위상
N = 3;                              % 샘플 신호
rx_theta = 2*pi*rand(1,N);          % 송신기로 부터 받은 신호의 위상

t = linspace(0,1,1000);             % 시간
S = cos(2*pi*f.*t + theta);         % 수신기 내부의 신호
S_rx = zeros(N,length(t));          % 송신기로 부터 받은 신호
for ii = 1:N
    S_rx(ii,:) = cos(2*pi*f.*t + rx_theta(ii));
end

% 수신기에서 발생되는 신호의 위상을 변경해 가면서 수신된 신호의 위상과의 상관
도를 계산한다.

THETA = 0:0.01:2*pi;
correlation = zeros(N, length(THETA));
corr_max = zeros(1,N);
for ii = 1:N
    for jj = 1:length(THETA)
        temp_S = cos(2*pi*f.*t + theta + THETA(jj));
        correlation(ii,jj) = sum(temp_S.*S_rx(ii,:));
    end
    [temp_val, corr_max(ii)] = max(correlation(ii,:));
    % [~, corr_max(ii)] = max(correlation(ii,:));
end
```

```
% plotting

figure(1511)
subplot(3,2,1),plot(S_rx(1,:)), grid on, ylabel('Sample carrier 1')
subplot(3,2,3),plot(S_rx(2,:)), grid on, ylabel('Sample carrier 2')
subplot(3,2,5),plot(S_rx(3,:)), grid on, ylabel('Sample carrier 3')

subplot(3,2,2),plot(THETA,correlation(1,:), THETA(corr_max(1)), correlation(1,corr_max(1)), '*r'), hold on
set(gca, 'xlim', [0 2*pi]), set(gca,'XTick', [0 pi/2 pi 3*pi/2 2*pi]), set(gca, 'XTickLabel',{'0','pi/2','pi','3pi/2','2pi'})
grid on, title('correlation 1')

subplot(3,2,4),plot(THETA,correlation(2,:), THETA(corr_max(2)), correlation(2,corr_max(2)), '*r'), hold on
set(gca, 'xlim', [0 2*pi]), set(gca,'XTick', [0 pi/2 pi 3*pi/2 2*pi]), set(gca, 'XTickLabel',{'0','pi/2','pi','3pi/2','2pi'})
grid on, title('correlation 2')

subplot(3,2,6),plot(THETA,correlation(3,:), THETA(corr_max(3)), correlation(3,corr_max(3)), '*r'), hold on
set(gca, 'xlim', [0 2*pi]), set(gca,'XTick', [0 pi/2 pi 3*pi/2 2*pi]), set(gca, 'XTickLabel',{'0','pi/2','pi','3pi/2','2pi'})
grid on, title('correlation 3')

disp('      ~ phase offset ~')
disp(' received      estimated')
disp('------------------------------')
disp([rx_theta', THETA(corr_max)'])

print -dpng fig4211
```

예제 4.21.2 심볼 동기

실습 내용

(1) 일정 시간의 심볼 주기를 가진 입력 신호 정의
(2) 기준 시간이 다른 3개의 수신기 기준 신호 정의
(3) 3개의 수신기 기준 신호와 입력 신호의 상관도를 분석
(4) 입력 신호의 기준 시간 결정

```
%% mc4212_Symbol_sync.m

clear all
close all
clc

%%  심볼 동기(Symbol Synchronization)

L_symbol = 100;                      % 심볼의 길이;
L_window = 400;                      % 심볼을 살펴보는 길이
symbol = ones(1,L_symbol);           % 실볼의 모양- 구형파
N_sample = 3;                        % 샘플 심볼의 개수

symbol_sample = zeros(3,L_window); % 샘플 심볼의 시작 위치 결정
for ii = 1:N_sample
    temp_location = ceil((L_window-L_symbol)*rand); % 1~ (L_window-L_symbol)
사이의 값을 발생 - 심볼의 위치
    symbol_sample(ii,temp_location:temp_location+L_symbol-1) = symbol;
end

correlation = zeros(N_sample, L_window-L_symbol+1);
corr_max = zeros(N_sample,2);          % 상관도 계산
for ii = 1:N_sample

    temp_corr = conv(symbol_sample(ii,:),symbol);
    correlation(ii,:) =  temp_corr(L_symbol:L_symbol+L_window-L_symbol);
    [corr_max(ii,1) corr_max(ii,2)] = max(correlation(ii,:));
% 상관도 값이 가장 큰 값과 위치를 저장
end

% plotting
figure(1512)
```

```
subplot(3,2,1),plot(symbol_sample(1,:))
set(gca, 'ylim', [0 2]), grid on, ylabel('Sample symbol 1')
subplot(3,2,3),plot(symbol_sample(2,:))
set(gca, 'ylim', [0 2]), grid on, ylabel('Sample symbol 2')
subplot(3,2,5),plot(symbol_sample(3,:))
set(gca, 'ylim', [0 2]), grid on, ylabel('Sample symbol 3')

subplot(3,2,2),plot(correlation(1,:)), hold on, set(gca, 'ylim', [0 120])
subplot(3,2,2),plot(corr_max(1,2),corr_max(1,1), '*r'), grid on, title('correlation 1')
subplot(3,2,4),plot(correlation(2,:)), hold on, set(gca, 'ylim', [0 120])
subplot(3,2,4),plot(corr_max(2,2),corr_max(2,1), '*r'), grid on, title('correlation 2')
subplot(3,2,6),plot(correlation(3,:)), hold on, set(gca, 'ylim', [0 120])
subplot(3,2,6),plot(corr_max(3,2),corr_max(3,1), '*r'), grid on, title('correlation 3')

print -dpng fig4212
```

예제 4.21.3 프레임 동기

실습 내용

(1) 임의의 패턴을 가진 프레임 정의 (예를 5 비트 정도)
(2) 각기 시간이 다른 5비트의 여러 패턴 신호들을 정의
(3) 여러 패턴과 입력 신호 패턴의 상관도를 분석
(4) 프레임 결정으로 입력 신호의 기준 시간 결정

```
%% mc4213_Frame_sync.m

clear all
close all
clc

%% 프레임 동기 (Frame Synchronization)

codeword = [1 1 0 1 0];

N_codeword = 5;            % 코드워드의 길이
N_sample = 5;              % 샘플 프레임의 개수
```

```
N_frame = 20;                % 프레임의 길이

sample_data = zeros(N_sample,N_frame);

for ii = 1:N_sample
    temp_location = ceil((N_frame-N_codeword)*rand);        % 1~ (N_frame-N_
codeword) 사이의 값을 발생 - codeword의 위치
    temp_data1 = round(rand(1,temp_location-1));              % codeword 앞쪽을
채울 데이터
    temp_data2 = round(rand(1,N_frame-temp_location-N_codeword+1));
% codeword 뒤쪽을 채울 데이터

    sample_data(ii,:) = [temp_data1 codeword temp_data2]; % 샘플 프레임 데이터
end

correlation = zeros(N_sample, N_frame-N_codeword+1);
corr_max = zeros(N_sample,2);
for ii = 1:N_sample

    for ci = 1:N_frame-N_codeword+1    % 상관도 계산
        temp = 0;
        for cj = 1:N_codeword    % 샘플의 각 위치에 대해서 상관도 계산
            if sample_data(ii,ci+cj-1) == codeword(cj)
                temp = temp + 1; % 샘플과 코드워드가 같을 경우 상관도 상승
            else
                temp = temp -1;  % 샘플관 코드워드가 다를 경우 상관도 하락
            end
        end
        correlation(ii,ci) =  temp;
    end
    [corr_max(ii,1) corr_max(ii,2)] = max(correlation(ii,:));
                                       % 상관도 값이 가장 큰 값과 위치를 저장
                                       % 입력신호의 기준 시간이 된다.
end

% plotting

figure(1513)

subplot(5,3,1), stem(codeword)
title('codeword')
```

```
subplot(5,3,2), stem(sample_data(1,:)),title('sample frame data 1')
subplot(5,3,5), stem(sample_data(2,:)),title('sample frame data 2')
subplot(5,3,8), stem(sample_data(3,:)),title('sample frame data 3')
subplot(5,3,11), stem(sample_data(4,:)),title('sample frame data 4')
subplot(5,3,14), stem(sample_data(5,:)),title('sample frame data 5')

subplot(5,3,3), plot(correlation(1,:)),hold on
subplot(5,3,3), plot(corr_max(1,2),corr_max(1,1), '*r')
title('correlation graph 1')
subplot(5,3,6), plot(correlation(2,:)),hold on
subplot(5,3,6), plot(corr_max(2,2),corr_max(2,1), '*r')
title('correlation graph 2')
subplot(5,3,9), plot(correlation(3,:)),hold on
subplot(5,3,9), plot(corr_max(3,2),corr_max(3,1), '*r')
title('correlation graph 3')
subplot(5,3,12), plot(correlation(4,:)),hold on
subplot(5,3,12), plot(corr_max(4,2),corr_max(4,1), '*r')
title('correlation graph 4')
subplot(5,3,15), plot(correlation(5,:)),hold on
subplot(5,3,15), plot(corr_max(5,2),corr_max(5,1), '*r')
title('correlation graph 5')
set(gcf, 'position',[14    51    915    534])

print  -dpng  fig4213
```

제22장

디지털 이동통신 시스템의 발전

제1절 개요

1. 이동통신의 발전

이동통신은 언제, 어디서, 누구와도 어떤 형태의 정보 통신 서비스를 전달하기 위함을 최종 목표로 한다. 이를 위하여 기존의 이동통신에서는 음성 신호 전달이 주된 목표이었지만 점점 방대한 데이터 량을 어떻게 신속, 정확하게 그리고 안전하고 효율적으로 전송할 수 있도록 이동통신 기술이 지속적으로 발전하여 왔다. 이와 같은 흐름 속에서 기존의 아날로그 이동통신은 디지털 이동통신으로 발전하면서 무선호출, 무선데이터, TRS 서비스 등이 점차적으로 통합되어 갔으며 IMT-2000 서비스로 발전하면서 영상까지 포함된 멀티미디어 서비스가 이동통신 영역으로 흡수되었다. 또한 세계적으로 하나의 단말기로 서비스가 가능한 글로벌 로밍 서비스가 가능하게 되었다. IMT-2000 이후에는 초고속무선인터넷 접속이 가능한 4세대이동통신인 IMT-Advanced 서비스, 사물인터넷과 고품질영상서비스를 제공할 수 있는 IMT-2020으로 발전하고 있다. 〈그림 22-1〉은 이동통신의 발전과정을 나타내고 있다.

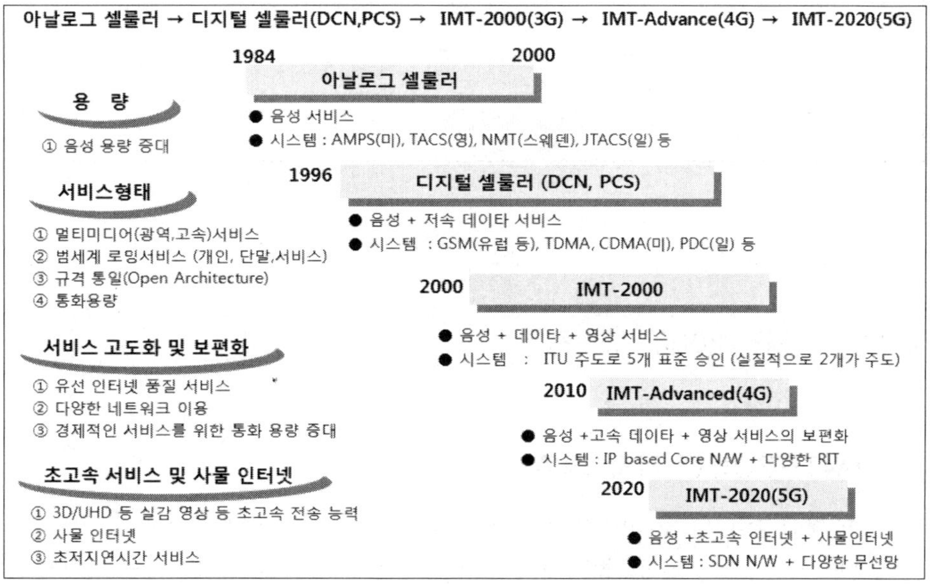

〈그림 22-1〉 이동통신의 발전

제2절 아날로그와 디지털 이동통신 시스템

1세대 아날로그 이동통신에서 2세대 디지털 이동통신 시스템으로 진화하면서 디지털 통신 기술이 본격적으로 이동통신에 적용되기 시작하였다. 2세대 이동통신에서는 GSM과 CDMA 디지털 이동통신이 전세계의 대부분을 서비스하였다. 〈표 22-1〉은 1세대 이동통신인 아날로그와 2세대 이동통신인 디지털 셀룰러 방식에 적용된 셀룰러 기술과 디지털 통신 기술을 요약하여 나타내고 있다.

〈표 22-1〉 아날로그와 디지털 이동통신 시스템의 특징

구 분	아날로그 셀룰러					디지털 셀룰러			
	NAMPS (J-TACS)	NMT-450	AMPS	TACS	NMT-900	IS-45/ IS-136	IS-95A/B	GSM/ GPRS	PDC
무선접속 방식	FDMA	FDMA	FDMA	FDMA	FDMA	TDMA	CDMA	TDMA	TDMA
주파수 재사용율	7	7	7	7	7	7	1	4	7
채널 수 (10 MHz 기준)	400	400	333	666	666	333	8	50	400
채널간격 (kHz)	25	25	30	12.5	12.5	30 (3명 공유)	1250 (20명 공유)	200 (8명 공유)	25 (3명 공유)
변조 방식	FM	FM	FM	FM	FM	π/4 DQPSK	QPSK / OQPSK	GMSK	π/4 DQPSK
데이터전송율 (kbps)	-	-	-	-	-	9.6/ 43.2	9.6,14.4 / 64	9.6/ 115	4.8/28.8
음성 코덱 (kbps)	-	-	-	-	-	VSELP:8 ACELP:7.4, 12.2	QCELP: 8, 13 EVRC : 8	RPE-LPC: 13 VSELP:6.5 EFR : 12.2	VSELP:6.7
서비스 시기	1978	1981	1983	1986	1986	1996	1996	1993	1993
서비스 지역	일본	유럽, 아랍, 아프리카	미국 등 일부	유럽, 아프리카 일부	유럽, 아프리카 일부	미주 일부 지역	전세계	전세계	일본
기타	독일(C-45: 1985), 프랑스(Radiocomm2000:1985), 이탈리아 (RTMS)								

제3절 IMT-2000 시스템

1. IMT-2000 기술 표준

국제전기통신연합(International Telecommunications Union)은 1985년부터 IMT-2000 서비스를 2000MHz대역에서 2000년에 서비스를 시작한다는 목표를 가지고 개발을 시작하였다. 이에 따라 1992년 WARC-92에서 2GHz대 총 230MHz(1885-2025MHz,

2100–2200MHz)를 IMT–2000 대역으로 지정하게 되었다. 이후 2000년 5월에는 IMT–2000 주파수 대역이 기존 2GHz 대역뿐만 아니라 806~960MHz, 1710~1885 MHz, 2500~2690MHz 대역으로 확대되었다. 그리고 마침내 2000년 10월 한국에서 세계 최초로 cdma2000 방식으로 IMT–2000 서비스가 시작되었다.

IMT–2000 기술은 기존 이동전화 등에 비해 데이터 전송속도가 고속화되고 세계적 표준에 맞춰 세계 어디서나 동일한 단말기로 통화가 가능한 통신 서비스를 말한다. IMT–2000은 ITU의 규격에 따르면 휴대폰 사용자가 정지하거나 걷는 정도의 속도로 움직일 때는 최고 384Kbps, 고속 이동체 안에서는 128Kbps, 고정 또는 장착된 2Mbps까지 전송속도를 낼 수 있는 기능을 갖고 있어야 한다. ITU는 이러한 요구사항을 만족하는 5개 기술을 표준으로 승인하였지만 실제적으로 WCDMA와 cdma2000이 전세계 대부분의 시장을 점유하고 있다.

ITU는 1999년 상기 조건을 만족하는 5개의 무선접속규격을 IMT–2000 표준으로 승인하였다. 그 가운데 CDMA방식이 대세이며 3GPP2(The 3rd Generation Project Partner 2)가 표준화한 cdma2000 방식(동기식)과 3GPP(The 3rd Generation Project Partner)가 표준화한 WCDMA 방식(비동기식)으로 나누어진다. 핵심망은 2개의 기술 표준을 사용하고 향후 IP–based 망(패킷망)으로 통합할 것을 권고하고 있다. 2007. 10월 OFDMA 기반의 OFDMA TDD 가 6번째 IMT–2000 기술 표준으로 승인되었다.

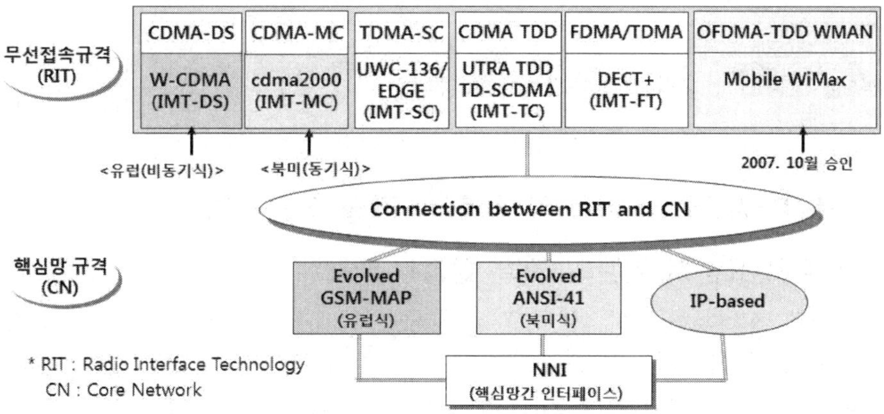

〈그림 22–2〉 IMT–2000 기술 표준

2. IMT–2000 기술 표준의 주요 특징

IMT–2000 기술 표준에 적용된 디지털 통신 기술의 주요 특징을 요약하면 〈표 22–2〉와 같다.

〈표 22-2〉 IMT-2000 기술 표준에 적용된 디지털 통신 기술 비교

구분	IMT-DS (IMT-2000 CDMA Direct Spread)	IMT-MC (IMT-2000 CDMA Multi Carrier	IMT-TC (IMT-2000 CDMA TDD)	IMT-SC (IMT-2000 TDMA Single Carrier)	IMT-FT (IMT-2000 FDMA/TDMA)	IMT-TDD (IMT-2000 OFDMA TDD WLAN)
일반 명칭	WCDMA	cdma2000 /1x EV DO	UTRA TDD TD-SCDMA	UWC-136+ UWC-136HS	DECT+	Mobile WiMax
듀플렉스 방법	FDD	FDD	TDD	FDD	TDD	TDD
무선접속 방식	CDMA	CDMA	CDMA	TDMA	TDMA	OFDMA
주파수 재사용율	1	1	1	7	1	1
채널대역폭 (MHz)	5	1.25	5/1.6	0.03/0.2/1.6	2	5, 8.75, 10
칩레이트(Kcps)	3840	1228.8	3840/1280	24.3/270.833/2600	960	
프레임길이 (ms)	10 (2)	5,10,20	10 / 10 (5)	40/4.615/4.615	10	5
Time slot	15	- / 16	15 (7)	3(6)/ 8 (16)/ 16~64	24	
변조 방식 (개선된 규격)	QPSK (16 QAM) /HPSK	QPSK / OQPSK (8PSK/16QAM)	QPSK(16 QAM) /HPSK	π/4 DQPSK, 8PSK, GMSK, B-Offset-QAM Q-Offset-QAM	GFSK (π/2 ,π/4, 3π/8 DQPSK 16,64QAM)	QPSK, 16QAM, 64QAM / QPSK 16QAM
채널 코딩 방식	Convolution Turbo	Convolution Turbo	Convolution Turbo	Convolution ARQ		Convolution Turbo/HARQ
음선 코덱 (kbps)	AMR: 12.2, 5.9	QCELP EVRC : 8	AMR : 12.2, 5.9	US1:7.4 AMR : 12.2, 5.9	ADPCM : 32	VoIP
데이터전송율 (kbps) (개선된 규격)	2000 (14400)	144 (3200)	2000 (14400)	수십 /384/2000	562 (1152~6912)	25,000
전력 (dBm)	단말기 24	단말기: ~ 1.25W	단말기 24	단말기: ~ 1.25W	4 ~ 24	단말기 : ~ 24
기지국 반경	~ 수십 km	~ 수십 km	~ 3.5km	~ 수 km	25 ~ 100m	~ 5km
서비스 지역	전세계	전세계	(중국)	미주 지역 일부	유럽 등	전세계 일부

제4절 IMT-Advanced 시스템

1. IMT-Advanced 후보 최소 기술 요구사항

(1) 주요 표준화 기관의 개발 일정

IMT-Advanced 시스템의 기술 표준은 ITU가 IMT-Advanced 시스템을 정의하고 이를 만족하는 최소 기술 요구사항 및 시험조건을 제시하고, 표준화 단체, 국가, 업체 등이 제안한 후보 시스템을 평가하여 ITU가 제시한 요구사항을 만족하면 IMT-Advanced 기술 표준으로 승인하는 절차를 가지게 된다. 2009년 10월 IMT-Advanced 후보 기술 접수 결과 주요 표준화 단체 가운데 3GPP2는 후보 기술을 제안하지 않아 3GPP와 IEEE만 기술을 후보 기술을 제안하였다. 2010년 10월 3GPP가 제안한 LTE-Advanced와 IEEE가 제안한 IEEE 802.16m이 후보 기술의 조건을 맞추어 IMT-Advanced 기술로 승인받았다. ITU 및 주요 표준화 단체의 IMT-Advanced 기술 개발 일정을 요약하면 〈그림 22-3〉과 같다.

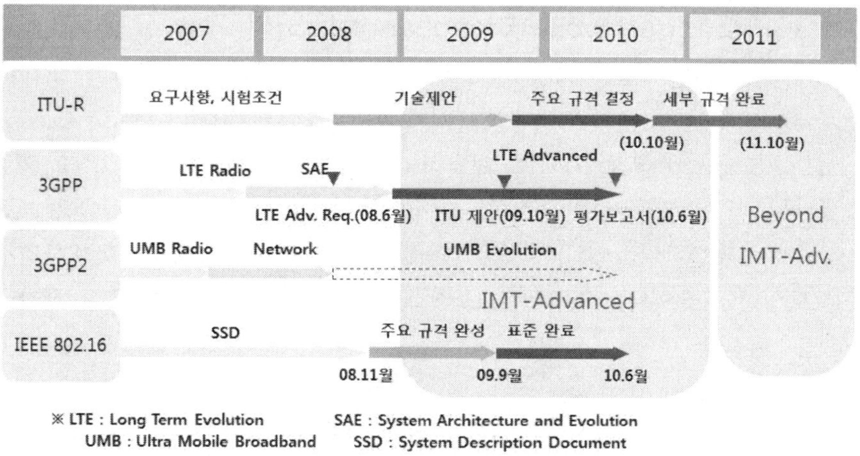

〈그림 22-3〉 IMT-Advanced 개발 일정

(2) 3GPP Long Term Evolution(LTE)의 기술 요구 사항

지난 2000년 IMT-2000 시스템으로 WCDMA를 표준화한 3GPP는 기존 CDMA 기술이 아닌 OFDM 기술을 기반으로 3GPP LTE(Long Term Evolution) 기술을 IMT-Advanced 기술로 개발하였다. 3GPP LTE는 광대역 주파수를 이용하여 ITU가 요구하는 100Mbps 피크 데이터 전송속도를 만족할 수 있었으나 셀의 데이터 전송용량을 나타내는 셀 주파수 효율을 만족하지 못하였다. 또한 IMT-Advanced에서 중요한 기술 요구사항으로 제안된 VoIP의 용량도 명확히 제시되지 않았다. 3GPP의 LTE 기술 요구 사항 요약하면 다음과 같다.

〈표 22-3〉 LTE 기술 요구 사항

주요 기술	요구사항
주파수 대역폭	• [1.25], [1.6], 2.5, 5, 10, 15, 20 MHz
duplex	• FDD, TDD
cell spectral efficiency	• 하향링크 : HSPA 대비 3~4배 / 상향링크 - HSPA 대비 2~3배
peak data rate	• 하향링크 : > 100 Mbps (5bps/Hz) (단말 수신안테나 2개) • 상향링크 : > 50 Mbps (2.5bps/Hz) (단말 송신안테나 1개)
cell edge user throughput	• Cumulative Distribution의 5%에서 HSPA 대비 2~3배
latency	• Control plane : 100ms, Data latency : 5ms (0byte+IP header : 5ms)
mobility	• 0-15 km/h(최적화된 성능) • 15-120 km/h(높은 성능 유지) • 120-350 km/h(셀룰러 망의 이동성 유지)
handoff	• Intra-frequency : real time - 300ms, non-real time -500ms • Inter-frequency : real time - 300ms, non-real time -500ms
VoIP capacity	
Coverage	• ~ 5 km : 상기 요구 사항을 만족, ~ 30 km : 다소 성능 저하 하지만 이동성 성능은 유지, ~100 km : 규격으로 성능을 제한하지 않음
MBS Spectral Efficiency	• min spectral efficiency 1bps/Hz
안테나 기술	• Advanced Antenna (MIMO, Beamforming etc.)

** 2006년 3월 requirements 문서 완료

(3) 3GPP2 Ultra Mobile Broadband(UMB)의 기술 요구 사항

지난 2000년 IMT-2000 시스템으로 cdma2000을 표준화한 3GPP2 또한 기존 CDMA 기술이 아닌 OFDM 기술을 기반으로 UMB(Ultra Mobile Broadband) 기술을 IMT-Advanced 후보 기술로 개발하였다. 하지만 사업자들이 UMB 기술을 지지하지 않아 IMT-Advanced 기술 제안이 이루어지지 않았다. UMB 기술은 기존에 5MHz 대역폭으로 제한된 cdma2000 1× EV-DO Rev. B를 20 MHz로 확대하면서 OFDM 기술을 도입한 기술이다. UMB의 ITU 최소 기술 요구사항 항목에 대한 파라미터 값을 요약하면 다음과 같다.

〈표 22-4〉 UMB 기술 요구 사항

주요 기술	요구사항
주파수 대역폭	• 1.25~20 MHz
duplex	• Full duplex FDD, Half duplex FDD
cell spectral efficiency	• 하향링크 : 2.1 bps/Hz/cell (4 x 4 안테나) • 상향링크 : 1.39 bps/Hz/cell (1 x 4 안테나)
peak data rate (peak spectral efficiency)	• 하향링크 : > 288 Mbps (4 x 4 안테나) , 상향링크 : >75 Mbps (1 x 4 안테나) • 하향링크 : > 14.4 bps, 상향링크 : >3.75bps
cell edge user throughput	• Cumulative Distribution의 **25%**로 정의
latency	• State transit latency : Idle state to Active state - max 100ms • Data latency : 하향링크 - max 10ms, 상향링크 - max 10ms
mobility	• 0-15 km/h(최적화된 성능) • 15-120 km/h(미세한 성능 저하) • 120-350 km/h(통신채널 유지)
handoff	• User plane : max 25ms
VoIP capacity	• 50 (active user/MHz/sector)
MBS Spectral Efficiency	• Inter-BS Distance 0.5 km : min spectral efficiency 4bps/Hz • Intra-BS Distance 1.5 km : min spectral efficiency 2bps/Hz
안테나 기술	• MIMO

** 2006년 6월 requirements 문서 완료 (2007년 6월 개정), 2007년 8월 표준화 완료

(4) IEEE 802.16m의 IMT-Advanced 후보 기술 요구 사항

IEEE 802.16은 지난 2007년 10월 ITU-R RA 총회에서 OFDMA TDD WMAN 기술을 IMT-2000 6번째 기술로 표준화하는데 성공하면서 IMT-Advanced 기술 표준 경쟁에서 3GPP와 3GPP2와 함께 할 수 있게 되었다. IEEE 802.16은 이미 지난 2006년 12월 IEEE 802.16 WG은 802.16 표준의 차기 버전으로 P802.16m 프로젝트를 IEEE-SA Standard Board로부터 승인받고, TGm(Task Group m)을 산하에 구성하였다. 802.16m은 기존 802.16 표준 기반의 단말 및 기지국 장비와 상호 호환성을 유지하면서 IMT-Advanced 요구사항을 만족시키는 802.16m 표준 개발을 목표로 하고 있으며, 프로젝트는 2009년 11월에 종료하도록 되어 있다. 802.16m의 프로젝트의 주요 범위는

첫째 IEEE 802.16 OFDMA 표준을 추가 보완하는 개정 표준, 둘째 IMT-Advanced 시스템의 셀룰러 계층 요구조건 충족, 셋째 기존 802.16 OFDMA 표준 규격(IEEE Std 802.16-2004, IEEE Std 802.16-2004 Cor1-2005, IEEE Std 802.16e-2005, IEEE Std 802.16-2004 Cor2-2008 예정) 기반의 단말 및 기지국 장비와 호환성 제공, 넷째 IMT-Advanced 성능 목표인 고속 이동 환경에서 100Mbps 전송 속도 달성, 다섯째 6GHz 이하 면허 대역 주파수 이용, 여섯째 매크로 및 마이크로 셀 형태 지원 등으로 정해졌다.

802.16m은 지난 2007년 1월 다음과 같은 4개의 문서를 개발하기로 결정하였다. 첫째 시스템 요구사항 및 시스템 구축 시나리오 문서(Usage Models/Deployment Scenarios & System Requirements Document), 둘째 시스템 및 개별 기술의 성능 평가 방법론 문서(Evaluation Methodology Document), 셋째 802.16m 표준 규격(P802.16m amendment), 넷째 802.16m 기반의 IMT-Advanced 시스템 표준제안서(802.16 IMT-Advanced) 등이다. 이 가운데 시스템 요구사항 문서는 시스템 개발의 목표가 되며 ITU 최소 기술 요구사항을 만족하는 기준이 되는데, IEEE가 2007년 말 제시한 802.16m의 구체적인 기술 요구사항을 다음과 같다.

〈표 22-5〉 IEEE 802.16m 기술 요구 사항

주요 기술	요구사항
주파수 대역폭	• 5~20 MHz
duplex	• Full duplex FDD, Half duplex FDD, TDD
cell spectral efficiency	• 하향/상향 : 2.6/1.3 (bps/Hz/sector)
peak spectral efficiency (peak data rate)	• 하향(2x2안테나)/상향(1x2안테나) : 8/2.8 (bps/Hz)
cell edge user throughput	• 하향/상향 : 0.09/0.05 (bps/Hz)
latency	• State transit latency : Idle state to Active state - max 100ms • Data latency : 하향링크 - max 10ms, 상향링크 - max 10ms
mobility	• 0-15 km/h(최적화된 성능) • 15-120 km/h(미세한 성능 저하) • 120-350 km/h(통신채널 유지)
handoff	• Intra-frequency : max 30ms, • Inter-frequency : max 100ms
VoIP capacity	• 30(active user/MHz/sector)
MBS Spectral Efficiency	• Inter-BS Distance 0.5 km : min spectral efficiency 4bps/Hz • Intra-BS Distance 1.5 km : min spectral efficiency 2bps/Hz
안테나 기술	• Advanced Antenna (MIMO, Beamforming etc.)

** 2007년 1월 requirements 문서 완료 (2007년 10월 4차 개정)

(5) Cell spectral efficiency 및 peak spectral efficiency 비교

2009년 6월 완성된 ITU의 최소 기술 요구 사항은 IMT-Advanced 기술 개발을 시작한 초기 파라미터 값과 비교하면 다소 낮아진 값으로 합의되었다. 이것은 ITU에서 최소 기술 요구사항의 파라미터를 검토할 때 각 표준화 단체의 기술 개발 상태를 반영하게 된 결과이다. 그럼에도 불구하고 각 표준화 단체의 초안은 ITU의 최소 기술 요구 사항을 맞추지 못하였다. ITU 및 표준화 단체의 최소 기술 요구사항 파라미터 가운데 네트워크 투자비 및 서비스 제공 가능 여부에 영향을 크게 미치는 셀 주파수 효율성, 피크 스펙트럼 효율성, VoIP 용량 등 3가지 파라미터를 비교하면 다음과 같다. 초기 제안된 파라미터가 초기 ITU가 검토한 파라미터뿐만 아니라 최종 결정된 파라미터 값에도 다소 부족한 것을 확인할 수 있다.

〈표 22-6〉 주파수 효율성 기술 요구 사항 비교

구분			ITU-R (Initial views)	ITU-R (2008.6)	3GPP LTE	3GPP2 UMB	IEEE 802.16m
Cell spectral efficiency (bps/Hz/Cell)	하향링크	-Indoor	5	3	1.8~2.4	3	2.6
		-Micro cellular	3	2.6	1.8~2.4	2	2.6
		-Base coverage urban	2	2.2	1.8~2.4	1	2
		-High speed vehicular	2	1.1	1.8~2.4	0.8	1
	상향링크	-Indoor	5	2.25	1.2~1.8	3	1.3
		-Micro cellular	3	1.8	1.2~1.8	2	1.3
		-Base coverage urban	2	1.4	1.2~1.8	1	1
		-High speed vehicular	2	0.7	1.2~1.8	0.8	0.5
Peak spectral efficiency (bps/Hz/Cell)	하향링크	-Indoor	10	15	5	14	7
		-Micro cellular	10		5	14	7
		-Base coverage urban	5		5	7	7
		-High speed vehicular	5		5	7	7
	상향링크	-Indoor	10	6.75	2.5	7	2.8
		-Micro cellular	10		2.5	7	2.8
		-Base coverage urban	5		2.5	3.5	2.8
		-High speed vehicular	5		2.5	3.5	2.8

** 3GPP LTE는 HSPA 성능 3~4배(하향), 2~3배(상향) 기준을 적용

(6) 3GPP LTE Advanced의 기술 요구 사항

3GPP는 3GPP의 LTE 기술 요구사항이 ITU 최소 기술 요구사항 이전에 정의되어 ITU 요구 사항을 부분적으로 만족하지 못하고 있어 이를 보완하여 ITU의 IMT-Advanced 최소 기술 요구사항을 만족하는 LTE-Advanced 시스템을 제안하였다. 2009년 3월 완성된 LTE-Advanced 시스템의 최소 기술 요구사항은 다음과 같다.

〈표 22-7〉 LTE-Advanced 기술 요구 사항

주요 기술	요구사항
주파수 대역폭	• [1.25], [1.6], 2.5, 5, 10, 15, 20 MHz -> 1.4, 3, 5, 10, 15, 20 (multi 100)
duplex	• FDD, TDD
cell spectral efficiency	• 하향링크 : 2.6 (4x2), 상향링크 : 2.0 (2x4)
peak data rate	• 하향링크 : > 1000 Mbps (peak spectral efficiency : 30bits/Hz-8x8) • 상향링크 : > 500 Mbps (peak spectral efficiency : 15 bits/Hz-4x4)
cell edge user throughput	• 하향링크 : 0.09(4x2), 상향링크 : 0.07(2x4)
latency	• Control plane : 50ms, Data latency : 10ms (0byte+IP header : 5ms)
mobility	• -350 km/h(셀룰러 망의 이동성 유지), 주파수 대역에 따라 ~500km/h • ~10km까지는 상당히 개선
handoff	• 3GPP LTE와 동일
VoIP capacity	• improved relative to 3GPP LTE
Coverage	• 3GPP LTE와 동일
MBS Spectral Efficiency	• 3GPP LTE보다 개선
안테나 기술	• Advanced Antenna (MIMO, Beamforming etc.)

** 2009년 3월 requirements 문서

(7) 3GPP2 Ultra Mobile Broadband(UMB)의 기술 요구 사항 개정

3GPP2의 UMB도 3GPP LTE 기술과 마찬가지로 최고 기술 요구사항이 ITU의 최소 기술 요구사항 파라미터를 만족하지 못해 추가적으로 ITU의 최소 기술 요구사항에 맞추어 UMB 시스템 개발 요구사항 값을 다음과 같이 조정하였다.

〈표 22-8〉 UMB Evolution 기술 요구 사항

주요 기술	요구사항
주파수 대역폭	• 1.25~20 MHz (Multi Carrier 확장 가능)
duplex	• Full duplex FDD, Half duplex FDD
cell spectral efficiency	• 하향링크 : 3 bps/Hz/cell (High speed) • 상향링크 : 1.5 bps/Hz/cell (High speed)
peak data rate (peak spectral efficiency)	• 하향링크 : 25 bps (Indoor), 상향링크 : 7.5 bps (Indoor)
cell edge user throughput	• Cell 내 어느 곳에서도 9.6 kbps를 만족하는 가입자가 97%이어야 함
latency	• State transit latency : Idle state to Active state - max 10 ms • Data latency : 하향링크 - max 10ms, 상향링크 - max 10 ms
mobility	• 0-15 km/h(최적화된 성능) • 15-120 km/h(미세한 성능 저하) • 120-350 km/h(통신채널 유지)
handoff	• User plane : max 20ms
VoIP capacity	• 100 (active user/MHz/sector)
MBS Spectral Efficiency	
안테나 기술	• MIMO

** 2007년 6월 개정

(8) IEEE 802.16m의 기술 요구 사항 개정

하지만 IEEE도 ITU 최소 기술 요구사항이 확정되기 이전 시스템 개발 요구사항이 ITU의 최소 기술 요구사항을 만족하지 못해 요구사항을 개정하였으며 최근 개정된 기술 요구사항은 다음과 같다.

〈표 22-9〉 개선된 IEEE 802.16m 기술 요구 사항

주요 기술	Baseline 성능 요구사항 (Minimum supported antenna – 하향/상향 : 2x2/1x2)
주파수 대역 / 대역폭	• ITU의 IMT 대역 / 5~40 MHz (Single or Multiple Carrier)
duplex	• Full duplex FDD, Half duplex FDD, TDD
cell spectral efficiency	• 하향/상향 : 2.6/1.3 (bps/Hz/sector)
peak spectral efficiency (peak data rate)	• 하향/상향 : 8/2.8 (bps/Hz) (Minimum supported antenna : 2x2/1x2)
cell edge user throughput	• 하향/상향 : 0.09/0.05 (bps/Hz)
latency	• State transit latency : Idle state to Active state - max 100ms • Data latency : 하향링크 - max 10ms, 상향링크 - max 10ms
mobility	• 0-15 km/h(최적화된 성능) • 15-120 km/h(미세한 성능 저하) • 120-350 km/h(통신채널 유지)
handoff	• Intra-frequency : 27.5 ms, • Inter-frequency : within a spectrum band : 40 ms between spectrum bands : 60 ms
VoIP capacity	• 60(active user/MHz/sector) : 12.2 kbps 50% voice activity 기준
MBS Spectral Efficiency	• Inter-BS Distance 0.5 km : min spectral efficiency 4bps/Hz • Intra-BS Distance 1.5 km : min spectral efficiency 2bps/Hz
안테나 기술	• Advanced Antenna (MIMO, Beamforming etc.)

* Target 성능 요구사항(Higher Order Antenna - 하향/상향 :4x4/2x4)은 ITU의 IMT-Advanced 요구사항과 동일

** 2009년 1월 requirements 문서 (2009년 1월 8차 개정)

2. IMT-Advanced 후보 기술 시뮬레이션 결과

ITU는 2009년 10월 IMT-Advanced 후보 기술 접수를 마감하고 2010년 10월까지 후보 기술을 시뮬레이션하였다. 시뮬레이션 결과 후보 기술의 셀 주파수 효율성, 피크 스펙트럼 효율성, VoIP 용량 등 3가지 파라미터의 시뮬레이션 값이 ITU의 후보 기술 요구 사항 파라미터의 요구 값보다 2배 정도 높은 결과로 보임으로써 IMT-Advanced 기술로 승인되었다.

〈표 22-10〉 ITU에 제안된 후보 기술 자체 평가 결과

항 목	ITU 최소요구사항		3GPP LTE-Adv.				IEEE 802.16m			
			FDD		TDD		FDD		TDD	
Cell spectral efficiency [b/s/Hz/cell]	DL	InH 3	6.6	(4×2)	6.7	(4×2)	6.87	(4×2)	6.93	(4×2)
		UMi 2.6	3.5		3.5		3.27		3.22	
		UMa 0.22	2.8		2.9		2.41		2.41	
		RMa 0.11	3.9		3.5		3.15		3.23	
	UL	InH 2.25	5.8	(1×4)	5.5	(1×4)	6.23	(2×4)	5.99	(2×4)
		UMi 1.8	2.5		2.3		2.72		2.58	
		UMa 1.4	1.5		1.5		2.69		2.57	
		RMa 0.7	2.2		2.1		2.77		2.66	
Peak spectral efficiency [b/s/Hz]	DL	15	16.3 (4×4) 30.6 (8×8)		16.0 (4×4) 30.0 (8×8)		17.79 (4×4)		16.96 (4×4)	
	UL	6.75	8.4 (2×2) 16.8 (4×4)		8.1 (2×2) 16.1 (4×4)		9.4 (2×4)		9.22 (2×4)	
(Peak data rate [Mbps])	DL	600	1 Gbps(70㎒)				600Mbps (40MHz)			
	UL	270	500 Mbps(70㎒)				300Mbps (40 MHz)			
VoIP [User/MHz/cell]	Indoor 50		140	(DL :4×2, 1×2) (UL : 1×4)	137	(DL :4×2, 1×2) (UL : 1×4)	139	(DL :4×2) (UL : 2×4)	140	(DL :4×2) (UL : 2×4)
	UMi 40		80		74		77		82	
	UMa 40		68		65		72		74	
	High speed30		91		86		90		89	

※ InH(Indoor Hotspot, 실내), UMi(Urban Micro, 도심 직경 200m 이하의 셀), UMa(Urban Macro, 도심 직경 500m 이하의 셀), RMa(Rural Macro, 부도심 직경 500m 이하의 셀)
※ Mobility : Indoor (10km/h), UMi (30km/h), UMa (120km/h), High speed (350km/h)

3. IMT-2000과 IMT-Advanced 주요 기술의 특징 비교

IMT-2000 및 IMT-Advanced 시스템의 주요 기술의 특징을 비교하면 다음과 같다.

〈표 22-11〉 IMT-2000 및 IMT-Advanced 기술의 비교

구분		HSPA+ (MIMO)	DC-HSPA	LTE	LTE-Adv.	802.16m
주파수 대역폭(MHz)		5	10	20	70	40
최고전송속도 (DL/UL)		28 (42) Mbps 11 (11) Mbps	84 Mbps 23 Mbps	326.4 Mbps (1) 86.4 Mbps (2)	1 Gbps 이상 (3) 500 Mbps 이상 (3)	600 Mbps 이상 300 Mbps 이상
망구조		기지국-제어기-교환기	기지국-제어기-교환기	기지국-교환기	기지국-교환기	기지국-교환기
코어망 구조		CS/PS	CS/PS	PS	PS	PS
Delay		10 msec	10 msec	10 msec	10 msec	10 msec
다중접속방식		CDMA	CDMA	OFDMA	OFDMA	OFDMA
후방 호환성	기존단말의 신규주파수 동작	No	No	No	No	No
	신규단말의 기존주파수 동작	OK	OK	OK	OK	OK
	비고	RF(중계기 포함)개량, 전용 FA 운용 필요	RF(중계기 포함)개량, 전용 FA 운용 필요	신규 eNB 및 EPC 도입 필요	LTE와 호환	3GPP N/W과 호환
(하향/상향 데이터) 셀 주파수 효율성 (bits/Hz)		약 1.4 / 1 (4)	약 1.4 / 1 (4)	2.4 / 1.8 (5)	약3.5/3	약 3.5/3
VoIP 용량		182 (5MHz)	362 (10MHz)	500(10MHz)	800 (10MHz)	800 (10MHz)

(1) 4x4 MIMO, 64QAM, 20MHz BW (173 Mbps with 2x2 MIMO 64QAM)
(2) Single TX UE, 64QAM, 20MHz BW (57.6Mbps with 16QAM)
(3) IMT-Advanced 기술요구사항(IMT.TECH) 기준
(4) 제조사 시뮬레이션 결과 준용
(5) 3GPP TR 25.912 (2007-06)

제5절 IMT-2020 시스템

1. 서비스 개념

5세대 이동통신 서비스(IMT-2020)는 통신의 범위를 사람중심에서 모든 사물로 확대하고, 정보를 장소와 시간에 제약 받지 않고 현재와 동일하게 경험할 수 있는 차세대 이동통신서비스이다.

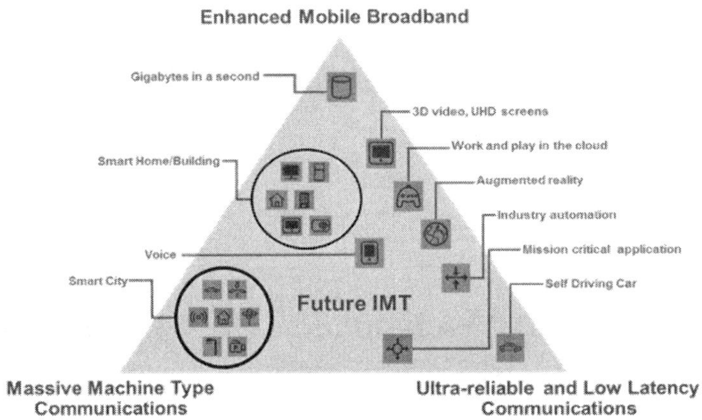

출처 : ITU-R M.2083

〈그림 22-4〉 IMT-2020 서비스의 개념

5세대 이동통신 서비스의 주요 개념은 다음과 같다. 첫째 IMT-2020 서비스는 전송속도를 4G와 비교하여 20배 이상 높인 20Gbps로 데이터를 전송한다. 데이터 전송 속도를 20Gbps까지 높이면 5세대 이동통신에서는 간단한 센서부터 3D 영상 서비스까지 다양한 서비스를 제공할 수 있다. 둘째 단말과 네트워크 사이 지연 시간을 1ms 이내로 통신하는 능력을 가진다. 원격 제어, 원격 수술, 원격 공장 제어, 자율주행차량 등 사람의 실시간 통신 환경을 제공할 수 있다. 셋째 대규모의 사물과 통신할 수 있는 능력(1,000,000/km^2)을 가진다. 이동통신 네트워크의 범위를 사람에서 사물로 확대하면 이동통신은 기존 ICT 인프라를 넘어 사회의 인프라로서 역할이 확대될 것이다.

5세대 이동통신의 새로운 네트워크 능력은 첫째 세계를 네트워크로 연결하여 전기와 같은 기반 산업의 역할이 될 것이다. 둘째 새로운 ICT 시장을 형성할 것이다. 빅데이터에 기반한 산업이 한 예이다. 셋째 에너지 효율이 높은 네트워크 구축으로 디지털 이용 격차 해소에 기여한다. 넷째 다양한 형태의 통신 방법으로 풍부한 콘텐츠를 활용할 수 있다. 다섯째 새로운 형태의 교육이 이루질 것이다. 디지털 및 클라우드 기반의 교육 접근이 용이해진다. 여섯째 에너지 효율성이 증대된다. 통신을 이용한 다양한 경제 활동이 경제활동을 보완한다. 일곱째 거대한 휴먼 네트워크는 사회의 의사 결정 정보를 생성하여 사회를 변화시킨다. 여덟째 ICT를 활용한 새로운 예술 및 문화 기술로 새로운 예술과 문화를 생성한다.

ITU는 5세대 이동통신 서비스를 제공할 수 있는 IMT-2020의 핵심 기술 능력을 다음 〈그림 22-5〉와 같이 정의하였다.

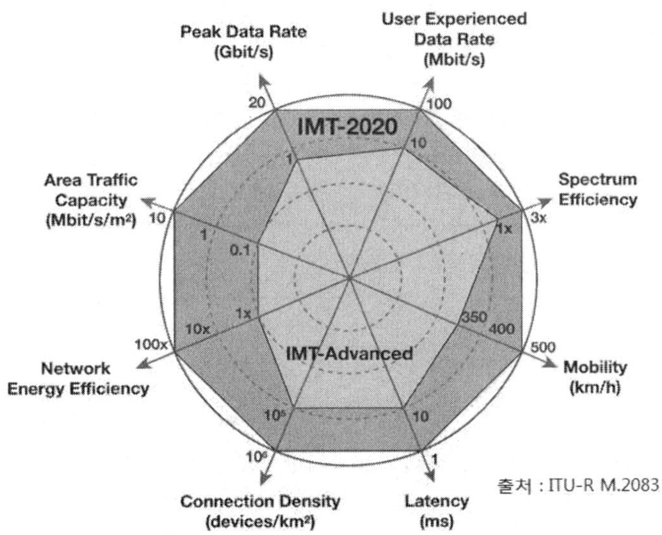

〈그림 22-5〉 IMT-2020 핵심 기술 능력

IMT-2020은 핵심 기술 능력 항목을

1) Peak data rate
2) User experienced data rate
3) Latency
4) Mobility
5) Connection density
6) Energy efficiency
7) Spectrum efficiency
8) Traffic volume density 등의 8개로 설정하고 기존 3세대 이동통신(IMT-2000), 4세대 이동통신(IMT-Advanced)과 비교하였다.

IMT-2020은 핵심 기술 능력 항목 8개 파라미터의 정의와 목표 값은 〈표 22-11〉과 같다.

〈표 22-11〉 IMT-2020 핵심 기술 항목 파라미터 값

핵심 능력	정의	목표값	비고 (IMT-Advanced)
Peak data rate (Gbps)	단말기에 제공할 수 있는 최대 전송 데이터 속도	20	1
User experience data rate (Mbps)	단말기 어디에서든 이용할 수 있는 전송 데이터 속도	100	10
Latency (ms)	무선망의 단방향 전송 지연 시간	1	10
Mobility (km/h)	요구 QoS를 만족하며 데이터를 전송할 수 있는 이동 속도	500	350
connection density (devices/km^2)	단위 면적당 접속 가능한 단말 수	1,000,000	100,000
Energy efficiency (bits/Joule)	단위 에너지당 전송 데이타	100 x	10 x
spectrum efficiency (bits/s/Hz)	셀의 단위 주파수당 전송 데이터	3 x	1 x
area traffic capacity (Mbps/s/m^2)	단위 면적당 전송데이터	10	0.1

5세대 이동통신 서비스 환경은 초고속통신서비스(Enhanced Mobile Broadband Servise), 고신뢰 및 저지연 서비스 (Ultra-reliable and latency service), 대규모 단말 서비스(Massive machine type service)로 구분할 수 있는데 5세대 이동통신서비스는 각각의 서비스 기술 능력 하목이 달라질 수 있다. 따라서 네트워크는 8개의 모든 능력을 동시에 유지하지 않고 제공되는 서비스의 필요에 따라 네트워크 기능을 변경할 수 있다. 3개의 서비스 그룹과 IMT-2020의 핵심 기술 능력을 구성하면 〈그림 22-6〉과 같다.

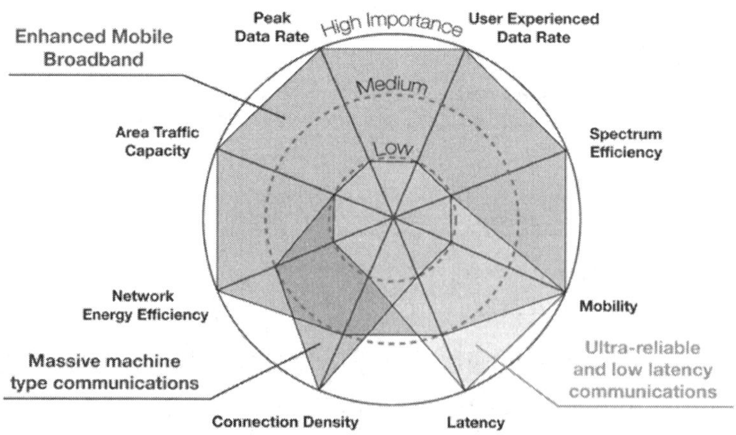

출처 : ITU-R M.2083

〈그림 22-6〉 서비스별 IMT-2020 핵심 기술 능력 항목

2. 서비스 개발 일정

ITU는 2000년 이후 3세대 이동통신(IMT-2000) 시스템의 기술 표준으로 3GPP가 제안한 WCDMA를 비롯하여 6개의 표준을 승인하였다. 또한 2012년 4세대 이동통신(IMT-Advanced) 시스템의 기술 표준으로 3GPP가 제안한 LTE-Advanced와 IEEE가 제안한 802.16m 2개의 표준을 승인하였다. 하지만 현재 진행중인 5세대 이동통신(IMT-2020) 시스템의 기술 표준은 3GPP에서만 논의되고 있다. 3GPP가 4세대 이동통신의 기술 표준화와 5세대 이동통신에서 추진할 5G 기술 표준화 일정은 요약하면 〈그림 22-7〉과 같다.

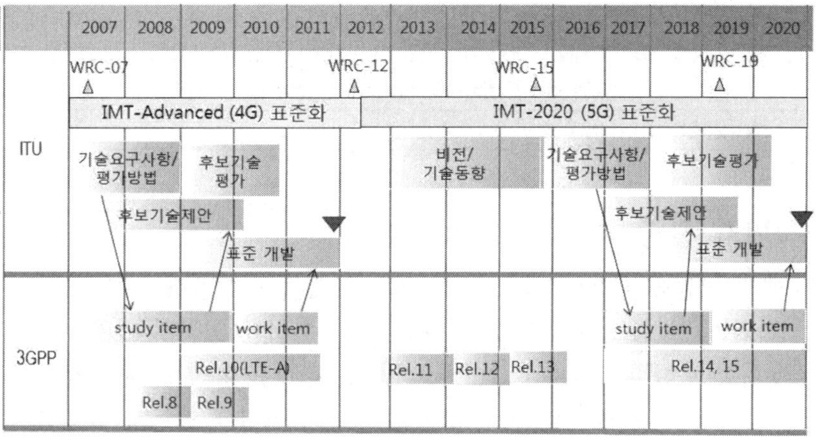

〈그림 22-7〉 ITU와 3GPP의 IMT-2020 기술 표준화 일정

3GPP는 ITU의 이동통신 국제 표준화 일정에 맞추어 IMT-2000 이후 이동통신 표준을 ITU에 제안하여 왔다. 3GPP는 Rel. 10에서 4세대 이동통신(LTE-Advanced) 기술 표준을 완료한 이후 지속적으로 개선된 기술을 표준화하고 있는데, Rel 11, 12, 13 등의 기술 표준들은 IMT-2020에서 구현하는 기술들의 기반 기술이 될 것이다. 현재까지 진행되는 기술 표준들을 요약하면 다음과 같다.

〈표 22-12〉 3GPP의 기술 표준의 주요 내용

표준	기술 표준 주요 내용	비고
Rel.8 (2009. 3)	LTE, All-IP(SAE), OFDMA, MIMO, CDMA와 호환성 없음	최초 LTE 표준
Rel.9 (2010. 3)	SAE 개선, LTE와 WiMax 호환, Dual Cell HSPA (MIMO)	
Rel.10 (2011. 6)	LTE-Advanced, CA, Multi Cell HSPA (4개)	IMT-Advanced 표준
Rel.11 (2013. 3)	Advanced IP (서비스 상호접속 개선), HetNet, CoMP,	

표준	기술 표준 주요 내용	비고
Rel.12 (2015. 3)	Enhanced Small Cell, FDD/TDD CA, 3D MIMO, massive MIMO, 수직 빔포밍 , MTC, D2D, eMBMS	
Rel.13 (2016. 3)	LTE-U(Unlicensed), Enhanced MTC, FD-MIMO, 수직 빔포밍, 실내 NB-IoT, CIoT, 위치 서비스	LTE-A Pro
Rel.14 (2017. 6)	Energy Efficiency, LCS, Mission Critical Data/Video over LTE, Flexible Mobile Service Steering (FMSS), Multimedia Broadcast Supplement for Public Warning System (MBSP), enhancement for TV service, massive Internet of Things, Cell Broadcast Service (CBS), Cell Broadcast Service (CBS)	
Rel.15 (2018. 9)	Support for 5G Vehicle-to-x service, IP Multimedia Core Network Subsystem (IMS), Future Railway Mobile Communication System	IMT-2020
Rel.16 (2020. 3)	IMT-2020 Phase 2	

3. 서비스 전망

5세대 이동통신 서비스는 궁극적으로 인간이 가진 5개의 감각(청각, 시각, 미각, 후각, 촉각)의 신호를 보내고 받을 때 대상이 어디에 있든지 마치 바로 앞에서 이루어지는 것처럼 구현하는 것을 목표로 한다. 즉, 음파를 통해 소리를 전달하고 빛을 통해 영상을 보내고 받을 때 정보를 주고받는 대상이 어디에 있든지 바로 앞에서 인간의 귀로 느끼는 것과 인간의 눈으로 보는 것과 같이 대화하고 보는 것과 같이 실감할 수 있도록 하여야 한다. 이와 같은 통신이 이루어지기 위해서는 귀와 눈이 느끼는 충분한 데이터와 함께 신호의 전달 속도도 충분히 빨라야 한다. 또한 인간이 감지할 수 없는 사물의 정보 영역까지 확대하여 일상생활의 의사 결정을 지능화하고자 한다. 이를 위해서는 네트워크가 인지해야 할 단말 및 사물의 수가 대규모이다.

IMT-2020 서비스를 개발하면서 기존 이동통신서비스와 다른 것은 기술 발전의 가속화이다. 기술의 발전은 인간이 공간과 시간에 제한 받지 않고 현실에 기초한 상상하는 모든 서비스가 현재 위치한 곳에서 이루어질 수 있도록 만들고 있다. 5세대 이동통신 서비스는 공간과 시간에 제한 받지 않도록 속도, 시간, 통신하는 대상의 제약을 극복하는 기술 발전으로 새로운 형태의 서비스를 제공할 것이다.

IMT-2020 네트워크는 초고속 서비스, 초저지연 서비스, 사물인터넷 서비스를 제공할 수 있는 네트워크와 다양한 단말을 기반으로 수집된 모든 정보를 지식화 하는 클라우드 서버/플랫폼으로 발전할 것이다. IMT-2020 네트워크는 사람에게 공간과 시간에 제약 받지 않는 지식화 된 5세대 이동통신서비스를 제공할 것이다.

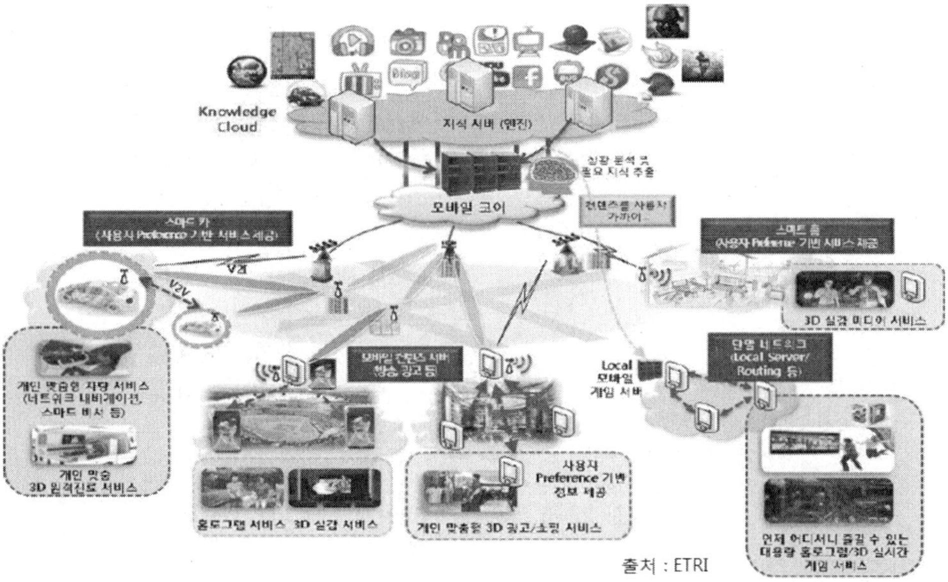

출처 : ETRI

〈그림 22-8〉 5세대 이동통신 네트워크 발전

제6절 차세대 이동통신망의 효율적 운용

차세대 이동통신 서비스의 데이터 전송속도는 단순 메시지, 음성과 같은 저속 메시지부터 인터넷, V.R, AR, UHD TV 등과 같은 초고속 데이터 서비스까지 다양하다. 이동통신서비스를 위해서는 전송속도가 높아짐에 따라 전력 사용이 증가하게 되는데 이러한 원인으로 기지국을 중심으로 서비스별로 제공할 수 있는 서비스 커버리지가 달라진다. 5세대 이동통신이 본격화되면서 서비스별 커버리지의 불일치는 커질 것이다. 단말기의 수신전력에 따른 서비스 전송속도를 일반화하면 〈그림 22-9〉와 같다.

서비스별 수신전력의 한계는 서비스에 따라 셀 커버리지가 달라진다. 따라서 데이터 전송속도가 다른 여러 서비스를 하나의 셀에서 서비스하면 서비스 전송속도 저하 또는 셀 축소로 과도한 이동통신망 투자의 원인이 될 수 있다. 그러므로 〈그림 22-10〉과 같이 서비스 전송속도에 따른 다양한 셀을 설정하여 이동통신망의 셀설계를 최적화할 필요가 있다.

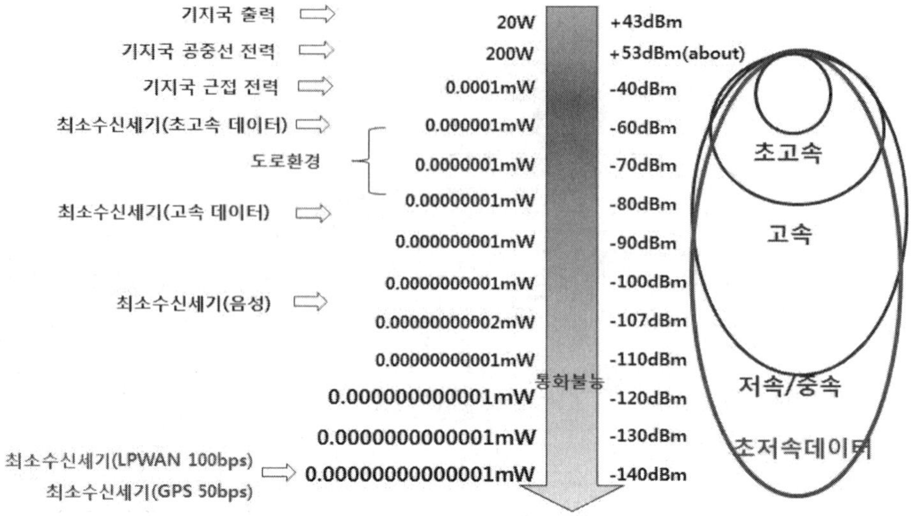

〈그림 22-9〉 서비스 커버리지와 데이터 전송속도 환경

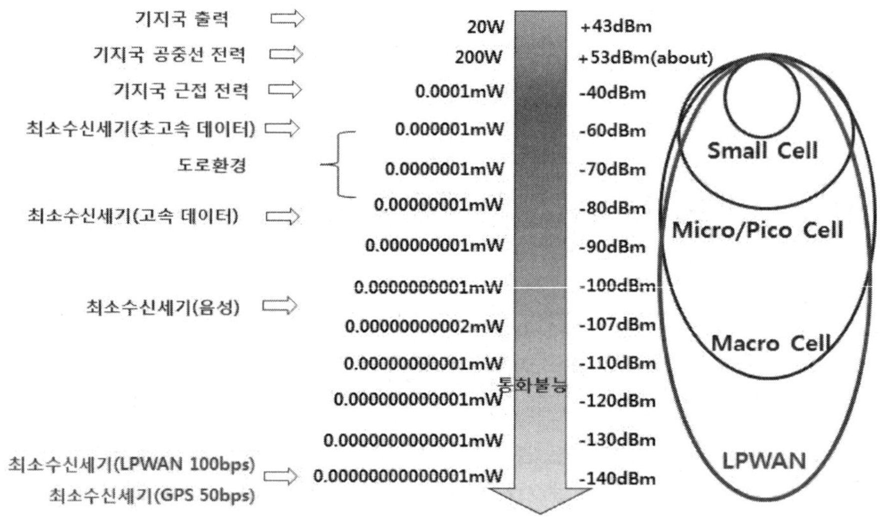

〈그림 22-10〉 서비스 커버리지와 셀 설계 매칭

차세대 이동통신 서비스를 위한 이동통신시스템은 저속의 데이터 서비스(사물인터넷의 소량의 데이터)인 경우 NB-IoT, LTE-M, LoRa SigFox 등 LPWAN 이동통신시스템을 이용하고 보편적인 셀룰러 서비스는 LTE-Advanced, 시스테, 초고속 데이터 서비스는 향후 개발될 IMT-2020 시스템 등을 이용함으로써 서비스와 셀 그리고 서비스와 기술을 효율적으로 매칭함으로써 성능을 극대화할 수 있다. 〈그림 22-11〉은 데이터 전송속도, 서비스 커버리지, 이동통신 시스템을 매칭한 이동통신시스템 운용 환경을 나타내었다.

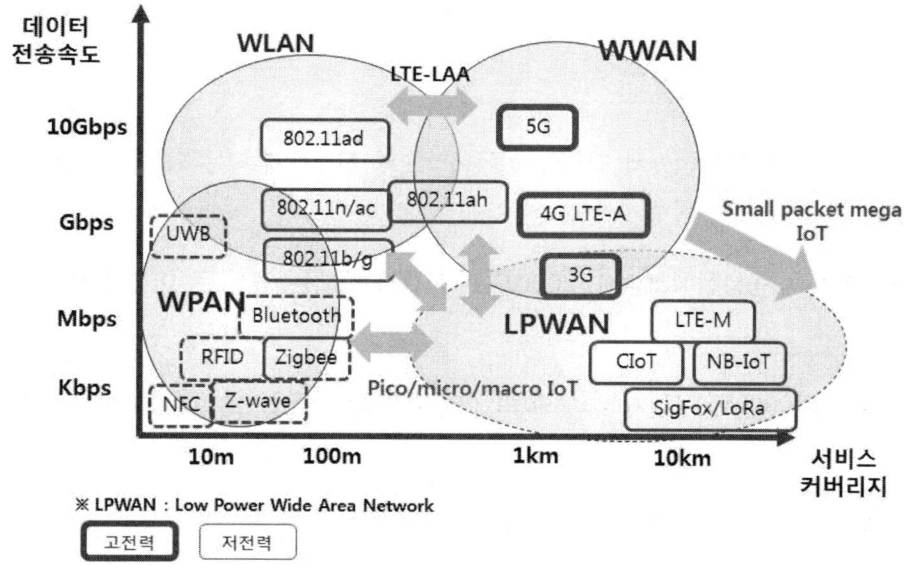

〈그림 22-11〉 차세대 서비스를 위한 효율적인 이동통신 시스템의 운용

〈표 22-13〉은 데이터 전송속도와 서비스 커버리지의 관계를 비교할 수 있도록 대표적인 LTE 셀룰러 시스템과 LPWAN 시스템의 규격을 상세히 비교하여 나타내었다.

〈표 22-13〉 주요 LTE 셀룰러 시스템과 LPWAN 기술 규격 비교

	WAN				LPWAN			
	LTE 계열 기술						LPWAN 전용 기술	
	Rel 8	Rel 8	Rel 8	Rel 12	Rel 13	Rel 13		
	CAT-4	CAT-1	CAT-0	LTE-M	CIoT	NB-IoT	SigFox	LoRa
DL/UL 최고속도 (Mbps)	150/50	10/5	1/1	1/1	100/100 (kbps)	100/100 (kbps)	0.1~0.6 (kbps)	0.3~5(50) (FSK변조) (kbps)
MIMO	2x2	2x2	no	no	no	no	no	no
다중접속	OFDM	OFDM	OFDM	OFDM	OFDM	OFDM	FDMA	FDMA + CDMA
변조	PSK, QAM	PSK, QAM	PSK, QAM	PSK, QAM	PSK, QAM	PSK, QAM	DBPSK, GFSK	LoRa(Chirp FM SF 7~12) + FSK
DL/UL duplex	Full FDD	Full FDD	Half FDD	Half FDD	Half FDD	Half FDD		
대역폭(MHz)	20	20	20/100RB	1.4(6RB)	0.2	0.2 or 0.18	0.1 (채널간격 0.2)	0.125 (채널간격 0.2)
UE 최대출력 (dBm)	23	23	23	~23	~23	~23	~14	기타 대역 : ~14(20) 900MHz : ~20(30) ()는 선택사항
부반송파 간격 (kHz)	15	15	15	15	3.75 (x48)	DL 15 UL 3.5, 15	0.1	125
LTE호환성	yes	yes	yes	yes	No	No	No	No
동작주파수 대역	LTE 인밴드	LTE 인밴드	LTE 인밴드	LTE 인밴드	LTE 인밴드	LTE 인밴드 or 가드밴드	1GHz 이하 ISM 대역	1GHz 이하 ISM 대역
예상 모뎀가격	100%	80%	20%	20%	10%	10%		
커버리지 확장	0 dB	0 dB	0dB	Up 15dB	above 20dB		-138dBm	-138dBm
Ack	Yes	Yes	Yes	Yes	Yes	Yes	No	Yes

연습문제

01 아날로그 이동통신에서 디지털 이동통신으로 진화하게 되는 가장 큰 이유는 무엇인가?

02 디지털 이동통신에서 IMT-2000으로 진화하게 되는 가장 큰 이유는 무엇인가?

03 IMT-2000에서 IMT-Advanced로 진화하게 되는 가장 큰 이유는 무엇인가?

04 IMT-Advanced 시스템의 서비스 및 기술 특징은 무엇인가?

05 아날로그 이동통신 시스템의 종류를 3가지만 나열하시오.

06 디지털 이동통신 시스템의 종류를 3가지만 나열하시오.

07 디지털 이동통신 시스템에는 존재하지만 아날로그 이동통신 시스템에서는 없는 구성요소를 나타내시오.

08 아날로그 이동통신 시스템의 주파수 재사용율은 일반적으로 얼마인가?

09 CDMA 및 GSM 디지털 이동통신 시스템의 주파수 재사용율은?

10 IMT-2000 시스템의 기술 표준을 담당하는 곳은?

11 IMT-2000 시스템의 표준 기술 2가지를 나열하시오.

12 WCDMA와 cdma2000 시스템의 채널 대역폭은 각각 얼마인가?

13 WCDMA 시스템에서 사용되는 코덱 이름은 무엇인가?

14 LTE 시스템의 최대 채널 대역폭은 무엇인가?

15 IMT-Advanced 기술의 예를 2개만 나열하시오.

16 IMT-Advanced 기술이 셀의 트래픽 처리 용량을 늘리기 위해 이용되는 안테나 시스템은 무엇인가?

17 기존의 IMT-2000 시스템의 용량을 늘리기 위해 다중안테나 시스템을 이용한 시스템의 예를 나타내시오.

18 기존의 IMT-2000 시스템의 용량을 늘리기 위해 다중 채널을 이용하는 시스템의 예를 나타내시오.

부 록

- ☆ 부록 A. 매트랩 사용 방법
- ☆ 부록 B. 이동통신 신호 해석에 유용한 수학
- ☆ 부록 C. 연습문제 해답
- ☆ 부록 D. 매트랩 실습 결과
- ☆ 부록 E. 국내 이동통신 주파수 할당 현황
- ☆ 참고문헌

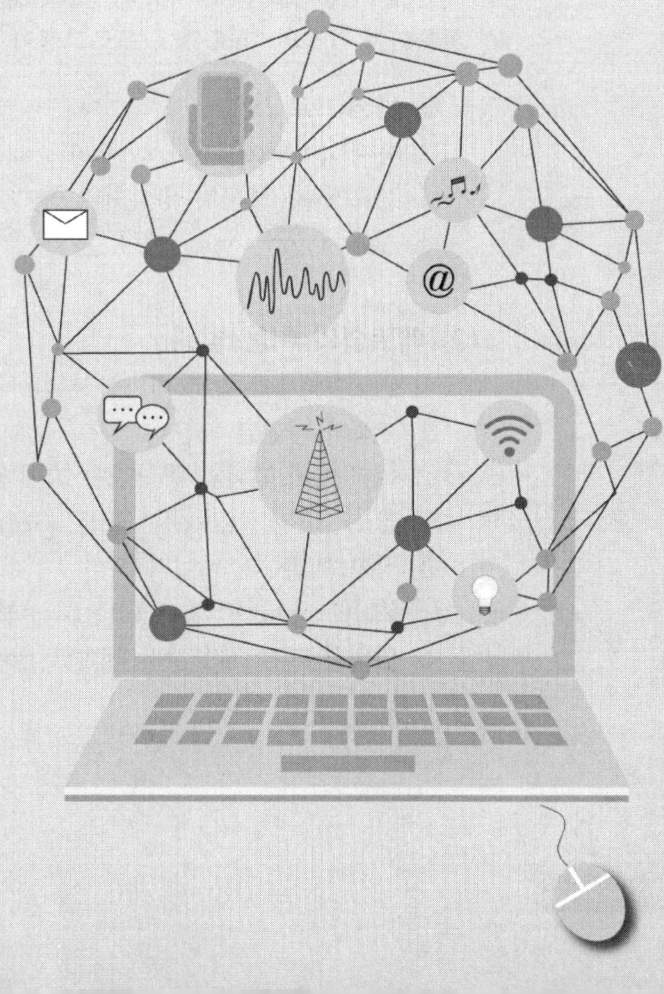

부록 A

매트랩 사용 방법

A.1 매트랩 소개

1. 매트랩은 무엇인가?

(1) 매트랩(MATLAB)이란 무엇인가

매트랩(MATLAB)은 Mathematical Laboratory의 약어로서 우리말로 해석하면 수학 연구실이므로 수학적인 필요 사항을 모두 대신해준다는 의미로 해석하면 될 것 같다. 매트랩은 C++를 이용하여 수학식 및 그래픽 기능을 프로그램하여 모듈화한 것으로 기본적인 수식 계산 프로그램 이외 분야별로 기능을 강화한 MATLAB Toolbox 로 구성되어 있다. 그 가운데 Symbolic Math Tool에 의해 미분, 적분, 급수 등 다양한 수학계산을 일반적인 변수로 처리하여 결과를 나타내고 그래픽으로 표현하게 되므로 반드시 있어야 할 구성 요소이다. 매트랩 프로그램은 통신, 제어, 통계, 화학 등 다양한 분야에서 활용되며 각각의 Tool Box 프로그램이 다음과 같이 별도로 구성된다.

① 기본 프로그램
② 통계학, state flow, symbolic math 등
③ 신호처리, CDMA, 영상처리 등
④ 제어, fuzzy logic, 재정, 화학 공정, Hardware I/F 등

(2) 매트랩의 이용 범위

매트랩은 다음과 같은 다양한 분야에서 활용되고 있다.

① 수학과 관련된 계산
② 여러 가지 과학과 공학적인 그래픽 표현
③ 알고리즘 개발(Text Coding, Graphical Coding)
④ 상황 모델링과 데이터 분석
⑤ GUI(Graphical User Interface)를 채택한 어플리케이션 개발
⑥ 임의의 PC와 사용자가 개발한 Hardware 사이의 Link 제공

(3) C 프로그램과 매트랩 프로그램의 차이

➢ **Symbolic Math Tool의 의미**

① 기본 프로그램만 사용한 경우

```
>> x = 1
>> y = x + x  return
>> y
    2
```

② Symbolic Math Tool을 포함한 경우

```
>> syms x y z
>> y = x + x  return
>> y
    2 * x
```

➢ **Symbolic Math Tool의 사용 예**

$$y = \int \sin(x)dx$$

```
>> syms x y
>> y = int(sin(x))  return
>> y
    -cos(x)
>> ezplot(y)
```

※ C 프로그램 사용시 상당히 복잡한 작업이 필요

➢ **>> ezplot (y) -> 명령 결과**

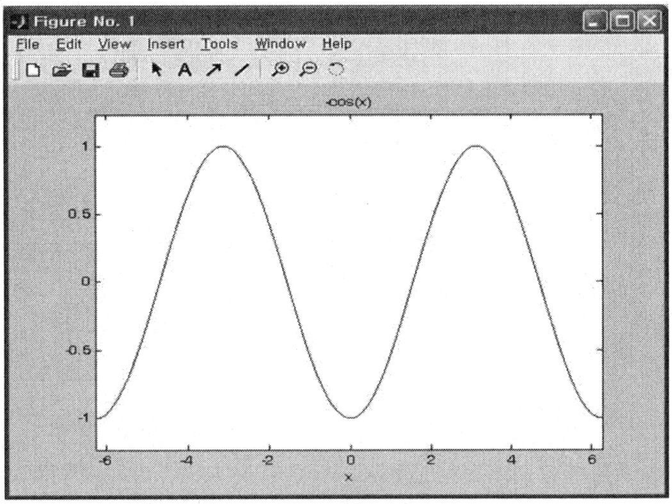

2. 매트랩의 이용 목적

(1) 개요

디지털통신을 공부하면서 매트랩을 이용하는 목적은 여러 가지 이유가 있는데 그 가운데 가장 중요한 3가지를 정리하면 다음과 같다.

첫째, 디지털 통신 개념 및 이론 이해에 필수적인 수식 작업을 간소화할 수 있다. 통신의 신호와 신호를 해석하기 위한 시간 영역과 주파수 영역의 의미를 이해하기 위해서는 수학적인 이해가 필수적이다. 하지만 수학적인 이해에 너무 많은 시간을 사용할 경우 통신의 개념 자체를 이해하는 시간이 부족하게 된다. 따라서 수학적인 이해에 필요한 부분을 "MATLAB" 소프트웨어를 이용하여 대체함으로써 디지털통신 개념 및 이론을 공부하는데 집중할 수 있다.

둘째, 디지털 통신 개념 및 이론을 그래픽으로 이해하면서 어려운 통신 개념을 더욱 쉽게 이해할 수 있다. 눈에 보이지 않는 신호의 현상을 그래픽으로 나타냄으로써 통신 이론의 이해를 더욱 높일 수 있다.

셋째, 디지털 통신 시스템의 성능을 확인하는 시뮬레이션으로 가장 많이 사용된다. 이동통신 시스템의 시제품을 개발하여 필드 테스트를 하는 대신 컴퓨터 시뮬레이션을 이용하여 설계한 시스템의 성능을 평가함으로써 경제적으로 시스템을 개발할 수 있다.

(2) 이동통신 시스템의 시뮬레이션 평가 모델

이동통신 시스템을 개발할 때 환경에 따른 시뮬레이션 평가 모델을 요약하면 다음과 같다.

	지점 대 지점 (point to point)	지점 대 다지점 (point to multipoint)	다지점 대 다지점 (multipoint to multipoint)
환 경	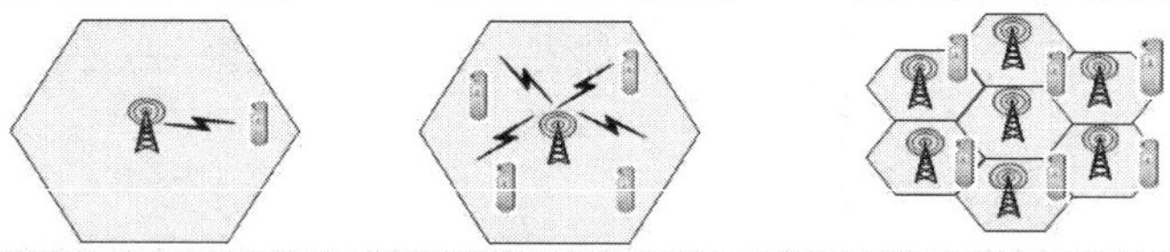		
성능 변화 요인	•수신기 잡음레벨 •수신신호의 레벨 •페이딩 환경 •간섭 신호의 레벨	•수신신호 대 잡음비, BER/FER/PER •단말기의 수, 제공된 트래픽의 양, 수신 신호의 선택	•단말기 및 기지국의 위치, 단말기의 수, 셀의 크기, 트래픽 모델, 단말기의 생성 모델 •수신신호 대 잡음비, 임계치 레벨
성능 평가 기준	•BER •FER •PER	•데이터 처리량 •평균지연시간	•데이터 처리량 •평균지연시간 •호차단율
적용 예	•특정 부품 개발	•시스템 개발	•시스템 성능 평가 •이동통신망 설계

〈그림 A1-1〉 이동통신 시스템의 시뮬레이션 평가 모델

(3) 매트랩을 이용한 이동통신 시스템의 성능 평가 개념

1) 비트에러율(BER : Bit Error Rate)을 이용한 성능 평가

송신데이터와 수신데이터를 비교하여 전체 데이터 가운데 에러 데이터의 비율을 측정

```
>> txdata=rand(1,10)>0.5
txdata=
   1   0   1   0   1   1   0   0   1   0
>>rxdata=txdata
>>rxdata(1,7)=1
rxdata=
   1   0   1   0   1   1   1   0   1   0
>>rxdata(1,9)=0
rxdata =
   1   0   1   0   1   1   1   0   0   0
>>nod=length(txdata)
nod=
       10
>> subdata=rxdata-txdata
subdata=
   0   0   0   0   0   0   1   0   -1   0
>>abs(subdata)
ans=
   0   0   0   0   0   0   1   0   1   0
>> noe=sum(abs(subdata))
noe=
   2
>>ber=noe/nod            % BER
ber=
   0.2000
```

(2) 이동통신용 전송채널에서 성능 평가

1) 백색잡음(AWGN : Additive White Gaussion Noise) 채널

수신기의 입력단에서 백색 가우시안 잡음이 첨가되어 신호를 오염시키는 것으로 가정

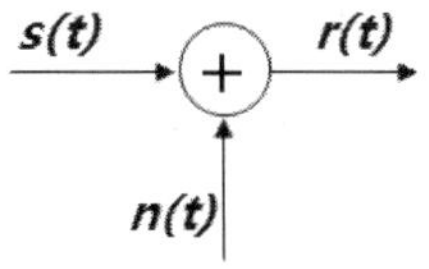

r(t) = s(t) + n(t)

- s(t) : 송신데이터
- n(t) : 백색 가우시안 잡음
- r(t) : 수신 데이터

2) 다중 경로 페이딩(Multi path Fading) 채널(Rayleigh Fading)

① 기지국과 단말기 사이에서 다양한 장애물에 의해 반사, 회절, 산란 등에 의해 여러 경로의 전파가 존재하며, 각각의 전파는 도달하는 시간과 위상이 다름

② 송신 주파수 fc(Hz)일 때 수신되는 전파의 세기는 다음과 같음

$$r_n(t) = Re[e_n(t)e^{j2\pi f_c t}] \qquad \text{(식 A1-1)}$$

* $r(t)$: 송신 신호가 기지국 또는 단말기로 수신되는 신호의 세기

n : 다중 경로파의 수

3. 매트랩 실습 준비

(1) 매트랩 설치 및 개인 디렉토리 작성

매트랩을 설치한 후 매트랩 프로그램 디렉토리 밑을 확인하면 "work"라는 디렉토리를 확인할 수 있다. 모든 매트랩 프로그램은 일반적으로 "work"라는 디렉토리 밑에서 작업하게 된다. 매트랩의 폴더 및 파일명은 반드시 영문으로 하여야 한다.

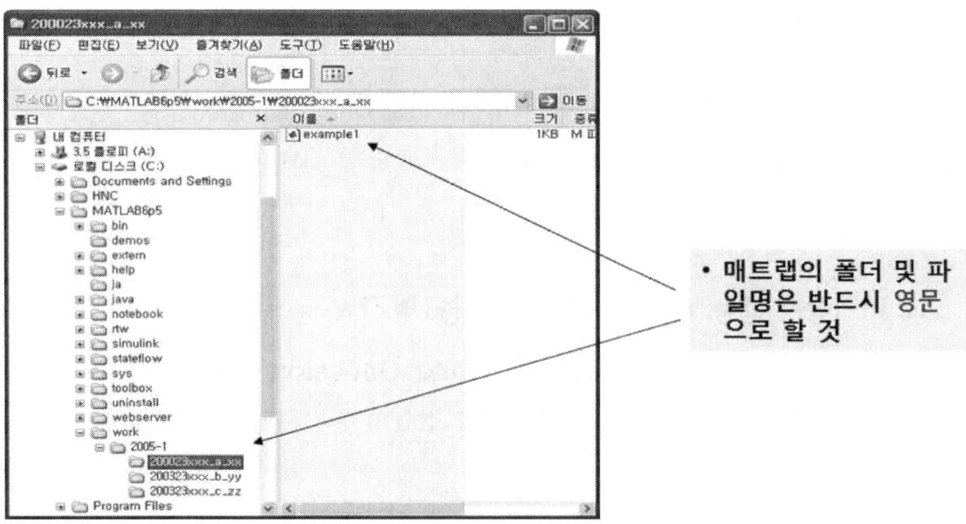

〈그림 A1-2〉 매트랩 프로그램의 폴더와 파일

(2) 매트랩의 아이콘(ICON) 확인 및 실행

매트랩을 설치한 후 바탕화면을 보면 아래 그림과 같은 아이콘이 만들어진 것을 확인할 수 있다.

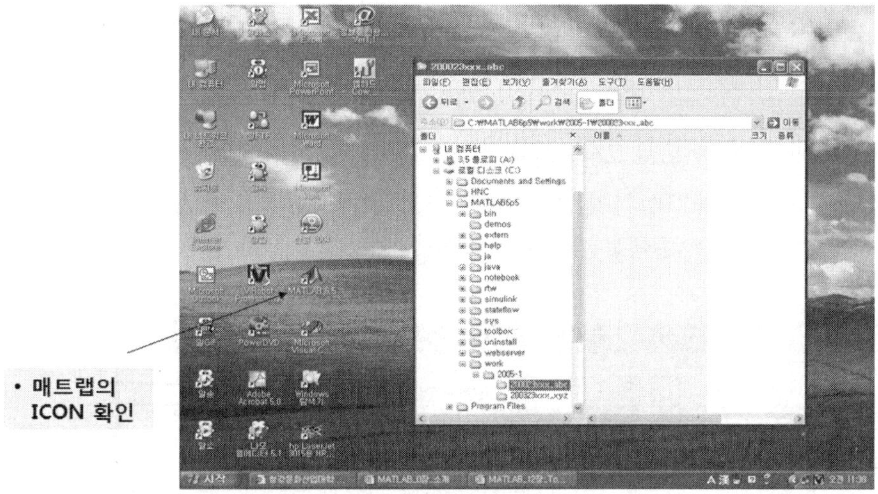

〈그림 A1-3〉 매트랩 프로그램의 아이콘

아이콘을 실행하면 아래 그림과 같은 여러 가지 화면이 나타난다.

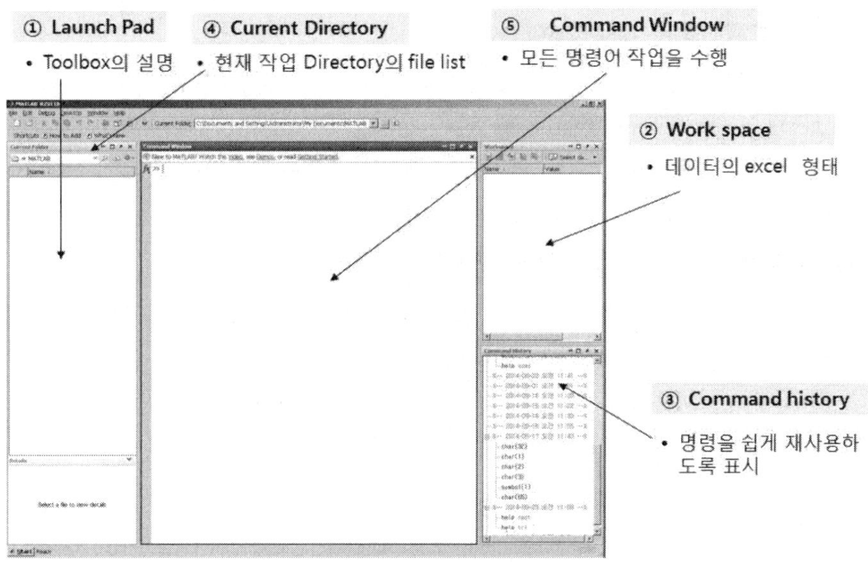

〈그림 A1-4〉 매트랩 프로그램의 작업창

기본적으로 툴박스의 구성을 설명하는 론치 패드(Launch Pad), 데이터의 모양을 엑셀 형태로 보여주는 워크 스페이스(Work Space), 과거 사용했던 명령어를 반복 사용하기 편리하도록 명령어를 보여주는 명령어 목록(Command History),현재 작업 디렉토리를 알려주는 현재 디렉토리(Current Directory) 그리고 모든 프로그램 명령을 수행하는 명령창(Command Window)으로 구성되어 있다. 실제 작업은 대부분 명령창에서 이루어진다.

(3) 매트랩의 프로그램 실행 방법

매트랩 프로그램의 실행은 기존 매트랩 프로그램을 이용하는 방법과 직직접 명령창에서 명령어를 수행하는 2가지 방법이 있다.

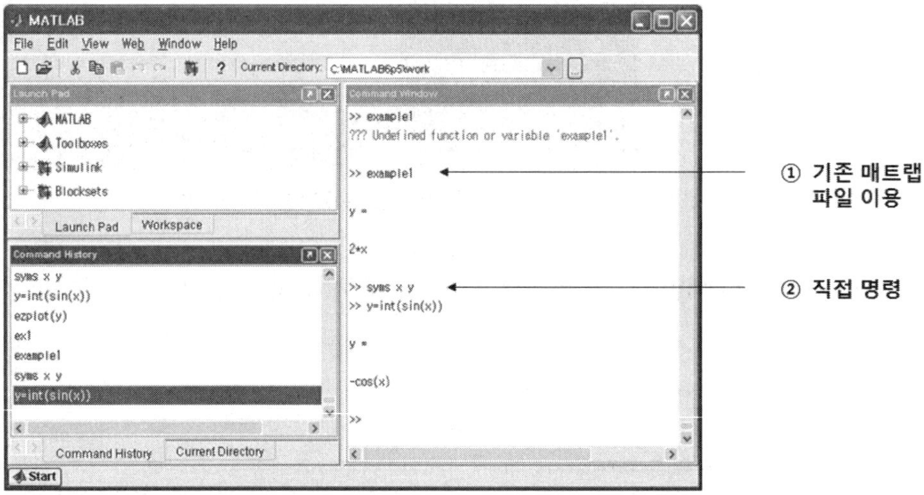

〈그림 A1-5〉 매트랩 프로그램의 실행 방법

(4) 매트랩의 프로그램 작성 방법

매트랩 프로그램 작성은 우선 프로그램 메뉴의 “New”를 선택하고 다음 “Script”를 누르면 에디터가 만들어지고 에디터에서 프로그램을 작성한 후 원하는 디렉토리에 저장하면 된다. 파일명은 반드시 영문으로 작성하여야 한다.

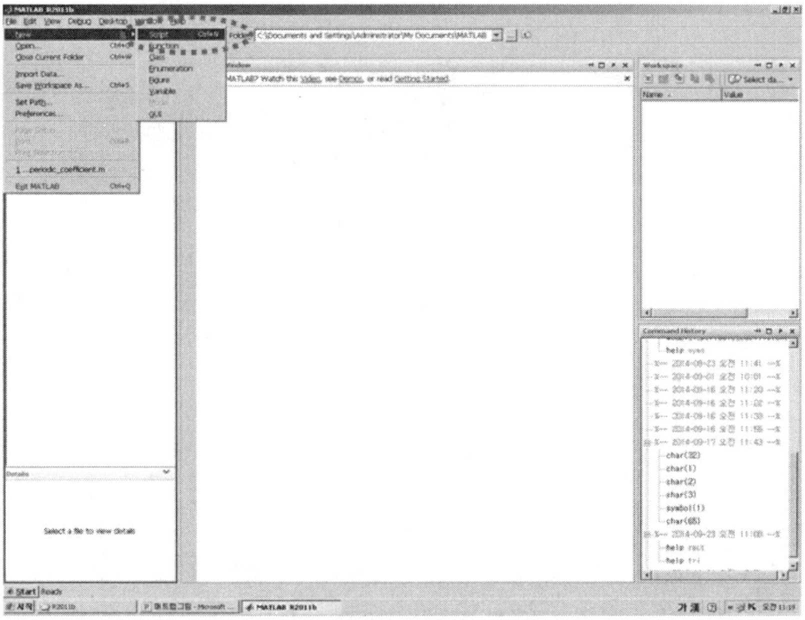

〈그림 A1-6〉 매트랩 프로그램의 작성 방법(1)

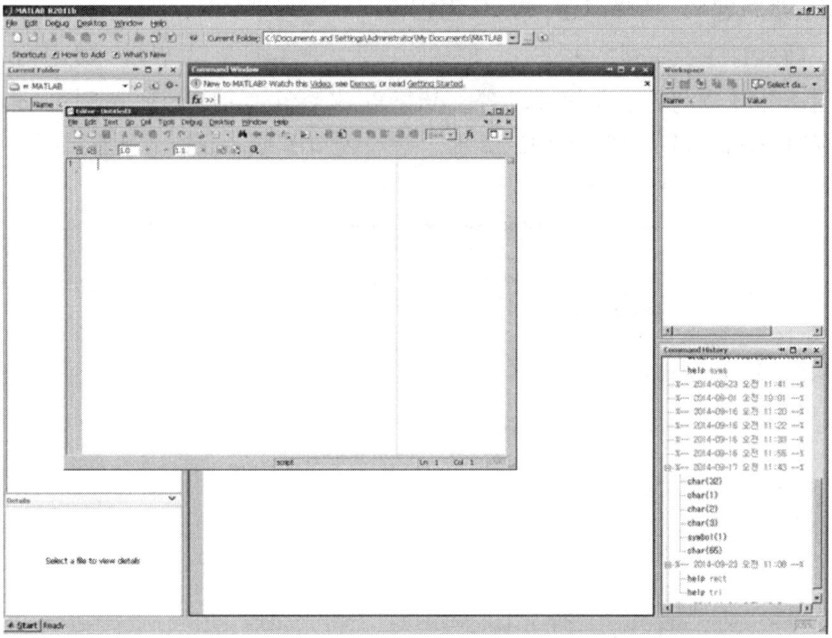

〈그림 A1-7〉 매트랩 프로그램의 작성 방법(2)

(5) 매트랩의 프로그램 실행

매트랩 프로그램은 작성 후 저장 및 실행(Save and Run)을 수행한다.

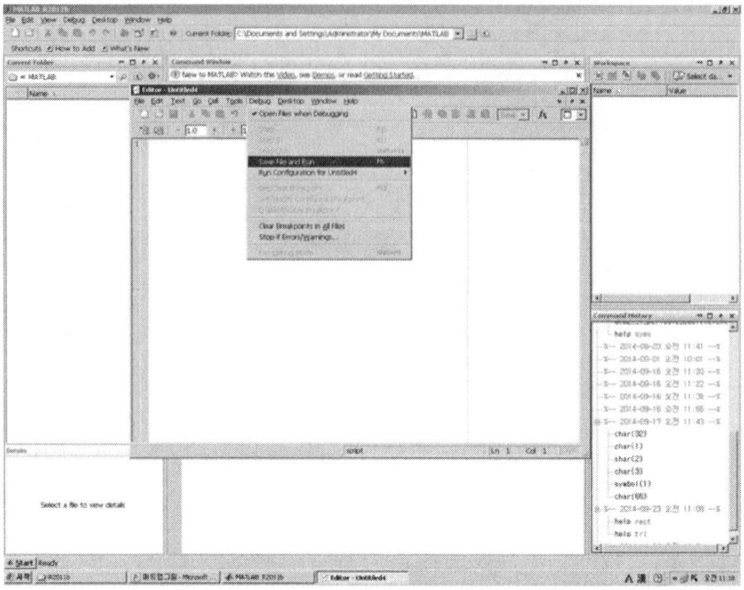

〈그림 A1-8〉 매트랩 프로그램의 저장 및 실행

(6) 매트랩의 프로그램 링크 방법(1)

매트랩 프로그램은 반드시 매트랩 프로그램 디렉토리 밑에 있는 "work" 디렉토리를 참조하여 실행하는데 프로그램을 별도의 자신의 디렉토리에 저장할 경우 자신의 디렉토리 밑에 있는 파일이 매트랩에서 동작이 되도록 링크 작업을 수행하여야 한다.

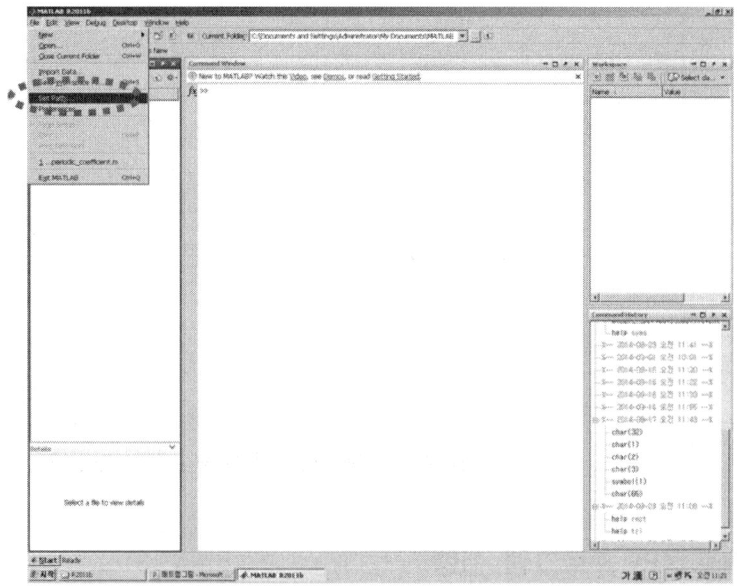

〈그림 A1-9〉 매트랩 프로그램의 링크 방법(1)

"Set Path"를 선택하면 아래와 같은 화면이 나타나고 "Add Folder"를 선택하여 자신의 디렉토리를 찾아 확인하고 저장하면 된다.

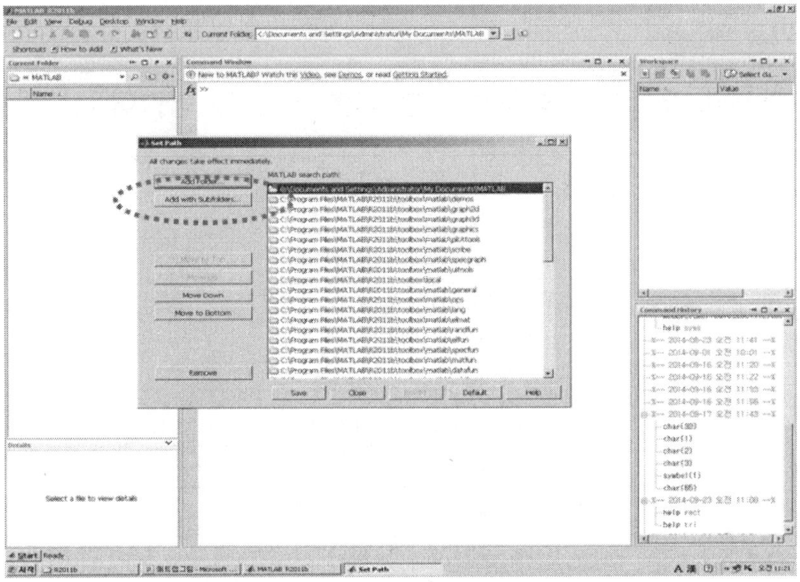

〈그림 A1-10〉 매트랩 프로그램의 링크 방법(2)

아래 그림은 링크가 되어 있지 않은 파일과 되어 있는 파일의 차이를 보여주고 있다. 최근 프로그램은 "Add Folder" 작업에서 디렉토리를 자동으로 찾아 작업을 도와주기도 한다.

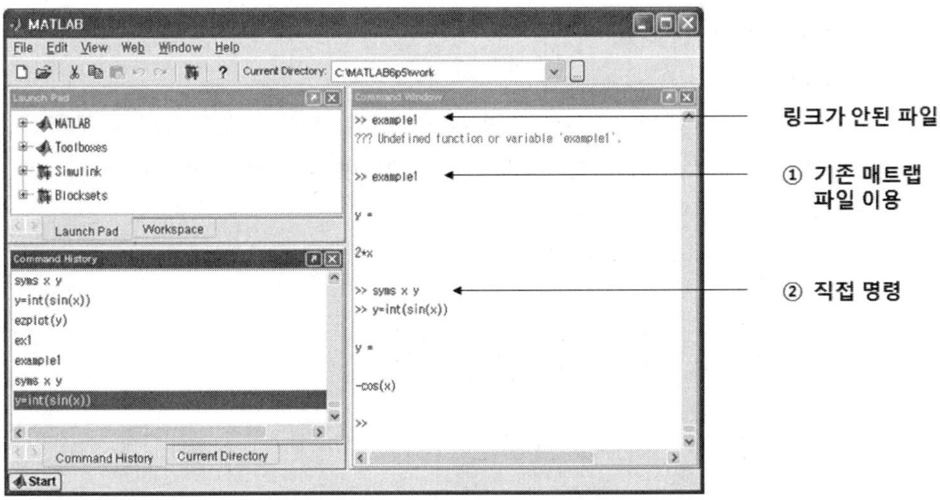

〈그림 A1-11〉 매트랩 프로그램의 링크 결과

A.2 매트랩 실습

1. 기본 연산

(1) 매트랩 프로그램 작성을 위한 기본 기능 및 명령어

구 분		내 용
성능	>>bench	% 컴퓨터 속도 비교
	>>computer	% 컴퓨터의 하드웨어 구성 확인
	>>version	% 매트랩의 버전을 나타냄
작성	>>pwd	% 현재의 작업 디렉토리
	>>dir or >>ls	% 현재 폴더의 모든 file 리스트
	>>help	% 도움말 요약 보기 - 특정 명령어만 지저알 경우 >>help dir, >>help fft
	>>edit	% 프로그램 편집 창 불러오기 – 특정 파일 불러오기 >>edit test
기본 문법	%	%가 있는 내용은 설명문으로 실행되지 않음 (C 언어의 //와 같음)
	...	명령어를 쓰다가 줄을 바꿀 때
	;	(세미콜론) 해당 명령 실행결과를 보여 주지 않는다.
	, ;	여러 개의 명령어를 한 줄에 적는 경우에 구분
명령창 사전 작업	>> clc	% 명령 창 화면 지우기
	>> close	% 현재의 그림 창 닫기 - 모든 창을 닫을 경우 >>close all
	>> clear	% 기존의 변수 지우기

(2) 변수와 데이터 행렬 수식

1) 개요

"변수=수식(데이터 또는 행렬 수식)"에서 변수는 영문자의 대문자와 소문자를 구분한다. 매트랩의 수식은 기본적으로 다양한 원소의 형태를 가지는 배열(Array)이다.

$$a1,\ \begin{pmatrix} a11 & a12 \\ a21 & a22 \end{pmatrix},\ \begin{pmatrix} & \cdots & \\ \vdots & \ddots & \vdots \\ & \cdots & \end{pmatrix},\ \cdots$$

2) 데이터의 형식

데이터 형식 (행렬포함)		내 용
숫자 (Numeric)	double	8바이트(64비트) 표시 : 1비트(+, - 표시) + 11비트(지수) + 52비트(소수점 이하)
	기타	Single, intX, unintX, (X는 비트수로 8, 16, 32, 64 등), sparse 등등
글자(Character)		문자열은 인용부호 ' ' 을 이용하여 표현 ex) s='hello'
셀(Cell)		여러 개의 데이터를 하나의 변수로 저장하여 사용 예) 변수 A가 문자열(이름)과 double(학번) 데이터를 갖는 경우 A=cell(1,2)
구조(Struct)		셀 데이터의 원소를 구체적으로 표현하는 경우 예) A{1,1}, A{1,2} 대신에 A.name , A.number 등으로 표현
Function Handle		임시로 만든 함수를 모든 m 파일에서 동작하는 변수로 정의한 데이터 형식
Symbolic data		숫자와 글자가 아닌 사용자가 새롭게 정의한 데이터 형식으로 변수 자체로 기능

(3) 데이터의 형식과 관련된 명령어 실습

1) 숫자와 글자

```
>> x=1
x=
     1
>> s='hello'                  % 글자는 인용부호 ' '와 함께 입력
s =
hello
>> len_s=size(s)              % size.m 함수 데이터의 배열 표시
len_s =
     1     5
>>  s_val=double(s)           % double.m 함수 글자의 ASCII 코드 숫자로 변환
s_val =
   104   101   108   108   111
```

2) 글자의 연산

```
>> x=1;
>> y='x+1'
>> z=eval(y)      % eval.m 함수  글자열로 표현된 수식의 연산
z =
     2
```

3) 셀(Cell) 데이터 형식의 이해

```
>> A=cell(1,2);      % cell.m 함수는 셀 데이터의 형식을 정의한다.
>> A {1,1 }='name';
>> A {1,2 }=1:10;
>> A=cell(1,2);
```

% 위 실습에서 ;을 삭제하고 결과를 확인한다.

4) 심볼릭(Symbolic) 데이터 형식의 이해

심볼릭 데이터는 변수 자체로 기능하므로 일반적인 수학 연산에 필수적으로 활용된다. syms.m 함수는 double 데이터를 symbolic 데이터로 정의한다.

```
>> y=x+x
Undefined function or variable 'x'.
>> y='x'+'x'
y =

   240
>> syms  x  y
>> y=x+x
y=
2*x
```

5) 수식의 데이터 형식 확인

```
>> x=1
x =
     1
>> class(x)
ans =
double
>> y='name'
y =
name
>> class(y)
ans =
char
>> syms z
>> class(z)
ans =
sym
```

(3) 행렬 연산

1) 행렬의 합과 트랜스포즈(Transpose)

$$A = \begin{bmatrix} 1 & 1 & 1 \\ 1 & 2 & 3 \\ 1 & 3 & 6 \end{bmatrix}$$

```
>> A=[ 1 1 1 ; 1 2 3 ; 1 3 6 ]  % 열은 스페이스바로 행은 ;으로 구분
>> sum(A)                       % 열의 합을 표시 - 매트랩은 열방향으로 연산
>> B=[1 2; -2 3]
>> B'                           %  ' 는 행과 열의 원소를 교환
>> who                          %  who는 변수를 whos는 원소의 배열까지 표시
>> clear
>> who
>> x=[ -1 sqrt(4) (1+2+3)*4/6 ; abs(-3) 4 5]
>> x(1,3)                       % 배열 x와 원소 x(1, 3)
```

2) 콜론 연산자(Colon Operator)와 linspace 명령어

```
>> x=1:10 % ":"은 1행이 1부터 10까지 1의 크기로 균등 분할한 원소
x =
    1    2    3    4    5    6    7    8    9    10
>> x=1:2:10   % 3개의 파라미터인 경우 가운데 간격만큼 나누어진 원소
x =
    1    3    5    7    9
>> linspace(0,1,11)    %  0 부터 1 까지를 11 개 원소로 균등 간격 배열
ans =
0    0.1    0.2    0.3    0.4    0.5    0.6    0.7    0.8    0.9    1
>> B=[ 1 2 3 4; 5 6 7 8]
B =
    1    2    3    4
    5    6    7    8
>> A=B(:, [ 1 3 2 4])  % ":"은 배열의 원소를 [ 1 3 2 4] 열로 재배치
A =
    1    3    2    4
    5    7    6    8
```

3) 행렬의 덧셈과 뺄셈

```
>> A=pascal(2)
A =
    1    1
    1    2
>> B=magic(2)
B =
    1    3
    4    2
>> ones(2,2)
ans =
    1    1
    1    1
>> zeros(2,2)
ans =
    0    0
    0    0
>> eye(2)
ans =
    1    0
    0    1
```

$$A \pm B = \begin{bmatrix} A_{11} + B_{11} & A_{12} + B_{12} \\ A_{21} + B_{21} & A_{22} + B_{22} \end{bmatrix}$$

```
>> X=A+B
X =
    2    4
    5    4
>> Y=A-B
Y =
    0   -2
   -3    0
>> Z=A+ones(2,2)
Z =
    2    2
    2    3
>> P=A+zeros
P =
    1    1
    1    2
```

4) 행렬의 곱, 나눗셈, 거듭제곱에서 배열연산(.* , ./, .^)과 행렬연산(*, /, ^)

```
>> A=pascal(2)
A =
    1    1
    1    2
>> B=magic(2)
B =
    1    3
    4    2
>> ones(2,2)
ans =
    1    1
    1    1
>> zeros(2,2)
ans =
    0    0
    0    0
```

배열연산

$$A.*B = \begin{bmatrix} A_{11} \times B_{11} & A_{12} \times B_{12} \\ A_{21} \times B_{21} & A_{22} \times B_{22} \end{bmatrix}$$

$$A*B = \begin{bmatrix} A_{11} \times B_{11} + A_{12} \times B_{21} & A_{11} \times B_{21} + A_{12} \times B_{22} \\ A_{21} \times B_{11} + A_{22} \times B_{12} & A_{21} \times B_{12} + A_{22} \times B_{22} \end{bmatrix}$$

행열연산

```
>> X1=A.*B
X1 =
    1    3
    4    4
>> X2=A*B
X2 =
    5    5
    9    7
>> Y1=A./B
>> Y2=A/B
>> Z1=A.^2
>> Z2=A^2
```

(4) 데이터의 형식(Format) 및 특수 값

```
>> clear
>> x = [4/3 1.2345e-6]
>> format short  % 수치표현 형식으로 default
>> format long  % 수치표현 형식 소수점 이하 15자리까지 표시(실제 계산 자리수)
>> format bank  % 수치표현 형식으로 소수 둘째자리까지 표시
>> format rat    % 수치표현 형식으로 분수식 표현
>> format hex   % 수치표현 형식으로 16진법 표현
>> format compact  % 변수값을 출력할 때 발생하는 Blank(공백)을 삭제
>> format loose      % 변수값을 출력할 때 발생하는 Blank(공백)을 원래대로 표시
>> pi                   %   3.141592
>> inf                  %  무한대
>> NaN                 %  숫자가 아님(Not–a-Number)
```

(5) 매트랩의 연산자(Operator)

1) 개요

산술연산자 (우선순위 순서)		관계연산자		논리연산자	
.', .^, ^	트랜스포즈, 거듭제곱	<	보다 작다	&	AND
.*, ./, .₩	(배열) 곱, 좌우나누기	<=	작거나 같다	|	OR
*, /, ₩	(행렬) 곱, 좌우나누기	>	크다	~	NOT
+, -	더하기/빼기	>=	크거나 같다	xor	XOR
:	콜론	==	같다	any	배열중 0이 아닌 원소가 있는 경우 1
		~=	같지 않다	all	배열의 모든 원소가 0이 아닌 경우 1
				Isnan	수치가 아닌 것은 1
				Isfinite	유한값 또는 NaN은 1
				isinf	무한 값은 1

연산자 우선 순위 : 산술연산자 ⇨ 관계연산자 ⇨ 논리연산자

2) 매트랩 연산자 실습

```
>>  A=[1 -1  -1 ;   1  1  1; -1  1  1]
>>  B=[1  1  -1 ; -1 -1 -1; 1  -1  1]
>>  A<B
>>  A<=B
>>  A>B
>>  A>=B
>>  A==A
>>  A~=B
>> A=[ 1 2 3; 4 5 6 ; 7 8 9]
>> k=find (A>5);          %  find 함수는 본문 예제에서 자주 이용
>> A(k) = 10
>>  x=[2 0 1 0 0 2]
>>  y=[2 1 3 0 1 0]
>>  x&y
>>  x|y
>>  ~x
>>  x=[2 0 1 0 0 2 ; 2 1 3 0 1 0]
>>  all(x)        %  모든 열벡터가 0이 아닐 때 1
>>  any(x)        %  열벡터 가운데 1개라도 0이 아닐 때 1
```

2. 매트랩 파일 프로그래밍

(1) 매트랩 파일(M file)의 종류

1) 개요

M 파일은 매트랩 프로그램으로 만든 파일들로 스크립트 양식(script mode)과 함수 양식의 2가지로 나누어진다. M 파일은 명령창에서 부르거나 다른 M 파일에서 호출하여 사용한다.

① 스크립트 형식(script mode) : 일반적인 파일 생성 방법으로 파일 작성에서 생성된 변수는 명령창의 모든 공간에서 동작한다. 파일명은 임의로 작성이 가능하다.

② 함수 형식(function mode) : 함수 형식의 파일에서 생성한 변수는 함수 파일 내부에서만 동작한다. 파일명은 함수 형식의 함수 이름과 동일하여야 한다.

(2) 매트랩 파일의 작성

1) 주함수와 부함수

매트랩은 C++, FORTRAN과 같이 프로그래밍 언어로 사용한다. 프로그램은 주함수와 부함수의 파일로 이루어진 계층적 구조이다. function mode m file은 입력 매개 변수를 받아 매개변수를 처리하고 출력 매개 변수로 출력하는 파일이다.

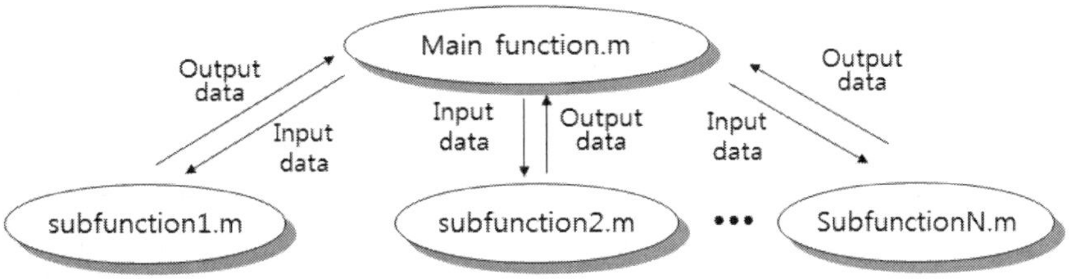

① Function m file 작성 : 에디터를 열어 파일 작성 후 저장 function file명과 동일한 파일명이 만들어진다. function m file의 변수는 function 파일 내에서만 존재하는 내부 변수이다. function m file을 이용하려면 같은 directory에 있어야 한다. 파일의 형식은 "function [출력변수]=함수 이름(입력 변수들)"이다.

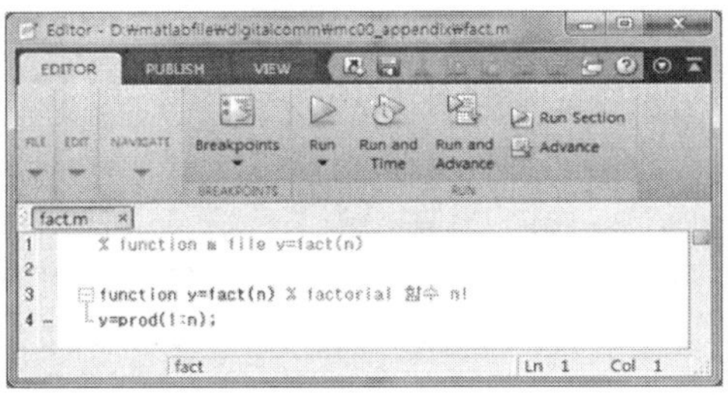

fact 이름으로 파일 저장
** prod : 1부터 n까지 곱하는 함수

```
>> n=5;
>> fact(n)    % function file에서는 변수가 n 만 존재
ans =
   120
```

② Script m file 작성 : 에디터를 열어 파일 작성 후 저장하는데 임의 파일명으로 저장한다.

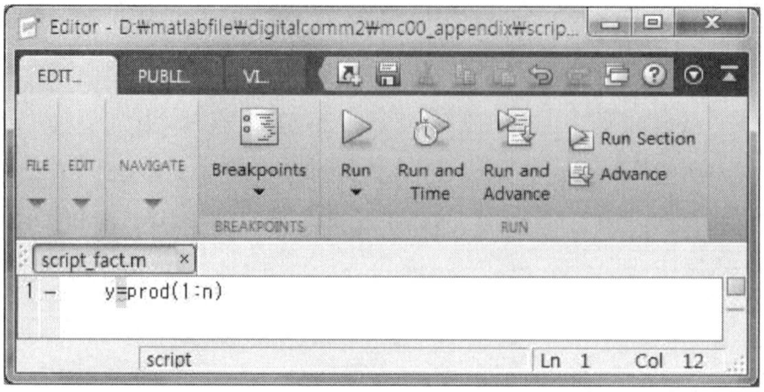


```
>> n=3;
>> script_fact % script file에서는 변수 n, y를 생성. 명령창에서 y를 인식
y =
    6
```

(3) 프로그램의 흐름을 제어하는 명령어

1) 개요

매트랩 프로그램은 C 언어와 유사하게 프로그램의 흐름을 제어하는 명령어를 사용한다. 매트랩 프로그램에서 가장 자주 사용하는 프로그램 제어 명령어인 if, switch, while, for, break, try... catch, return의 명령어 내용을 요약하면 다음과 같다. 위 명령어들은 C 언어의 제어문에 사용되는 if, while, do~while, for, switch, break, continue와 유사한 기능을 한다.

명령어	내 용
if	else, elseif와 함께 사용, 논리 조건에 따라 명령 실행
switch	Case, otherwise와 함께 사용되어, 논리 조건에 따라 다른 일련의 명령을 실행
while	논리 조건에 따라 일련의 명령을 무한대로 반복 실행
for	정해진 수만큼 일련의 명령을 반복 실행
break	For와 while의 실행을 끝냄
try ... catch	실행도중 오류가 검출되면 흐름 조절을 변화시킴
return	실행을 일으킨 함수로 되돌아가도록 함

① if

```
k=1
if k==1
fprintf('Ok ₩n');
end

OK
```

② switch

```
k=1
switch k
    case 1
        fprintf('it is 1 ₩n');
    otherwise
        fprintf('It is not 1 ₩n);
end
It is 1
```

③ while

```
n=1;
while n<100
    n=n+1 ;
    end
    fprintf('%d ₩n', n) ;

100
```

④ for

```
total=0;
for n=1:100
     total=total+n
end
fprintf('%d ₩n', total) ;

5050
```

⑤ try와 catch

```
try
    x=1;
    y=z;
    x=100;
catch
    y=x+1;
end
x
y
z=x+y
>>trycatch
x=
1
y=
2
z=
3
```

2) 흐름제어 명령어를 이용한 매트랩 파일과 실행 결과

```
% SINC 함수

t=(-8:0.001:8);
for k=1:length(t);
   if t(k)==0
      y(k)=1;
   else
      y(k)=sin(pi*t(k))/(pi*t(k));
   end
end
plot(t,y)
```

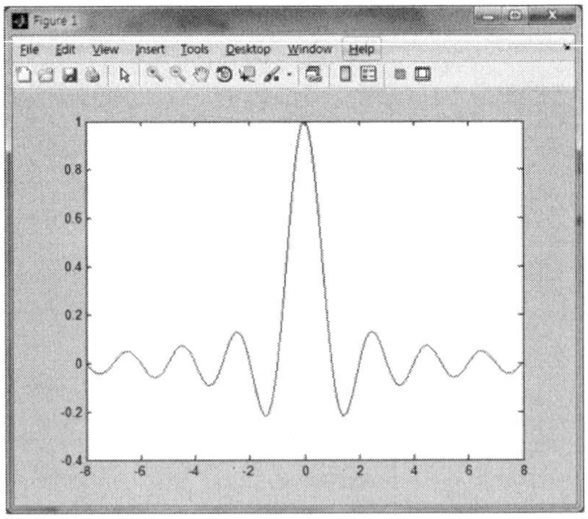

3. 매트랩 그래픽

(1) 그래프 객체(Grapfics Object)

1) 개 요

① 그래프를 구성하는 단위 요소 : 모니터(root), 그림판(Figure), 축(Axes), 선(line), 글씨(Text), 등등 구성 요소를 handle이라고 함

② 그래프 처리 시스템(Handle Graphics System) : 그래프를 구성하는 구성요소를 처리하는 시스템

③ 그래프의 구성 요소 값을 변경하는 함수

- set (handle, propertyname, propertyvalue)
- set (1, 'color', 'w', 'pos', [232 326 360 352])
- 특성을 나타내는 color는 그림 배경색, pos는 모니터에서 그림의 위치를 나타냄
- 특성 이름과 값은 ' '으로 또는 값이 여러 개일 경우 [ ]으로 표시
- 특성은 그림을 구성하는 배경색, 위치, 이름, 메뉴바 등등으로 나누어짐
- set (gcf or gca or gco, 'color', 'w', 'pos', [232 326 360 352])
  - gcf (get current figure) : 현재 활성화된 그림
  - gca (get current axes) : 현재 활성화된 축
  - gco (get current object) : 현재 활성화된 그림에서 마우스가 클릭한 구성 요소

2) 그래프의 그림판 구성 요소 값을 변경하는 함수

```
t=(-8:0.001:8);
for k=1:length(t);
    if t(k)==0
        y(k)=1;
    else
        y(k)=sin(pi*t(k))/(pi*t(k));
    end
end
plot(t,y)
grid on % 그림판에 격자 무늬
set(gcf, 'menubar','none') % 메뉴 삭제
```

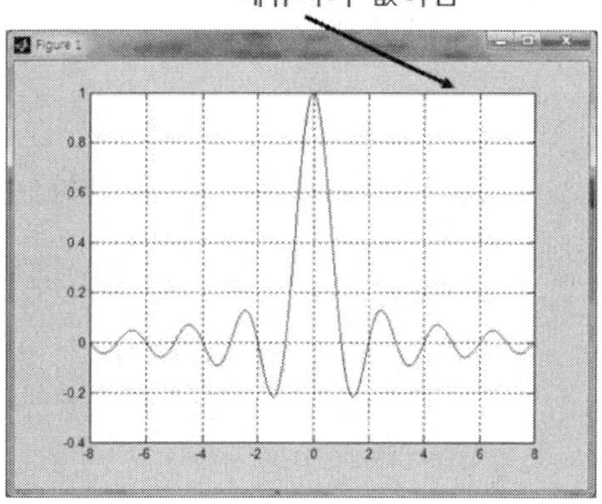

3) 그래프의 축 구성 요소 값을 변경하는 함수

```
t=(-8:0.001:8);
for k=1:length(t);
    if t(k)==0
        y(k)=1;
    else
        y(k)=sin(pi*t(k))/(pi*t(k));
    end
end
plot(t,y)
grid on
set(gcf, 'menubar','none')
set(gca,'xlim',[min(t) max(t)],'ylim',[-1 1.5])
```

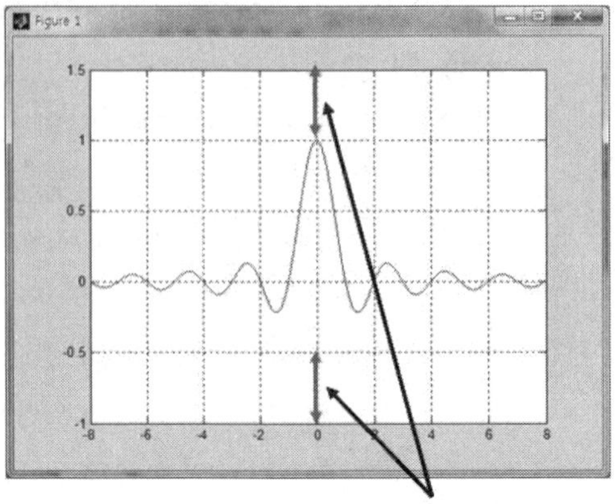

4) 그래프를 직접적으로 변경시키는 명령어

```
t=(-8:0.001:8);
for k=1:length(t);
    if t(k)==0
        y(k)=1;
    else
        y(k)=sin(pi*t(k))/(pi*t(k));
    end
end
plot(t,y)
grid on
set(gcf, 'menubar','none')
axis([min(t) max(t) -1 1.5])
xlabel('x axes')
ylabel('y axes')
title('SINC 함수')
legend('sinc')
```

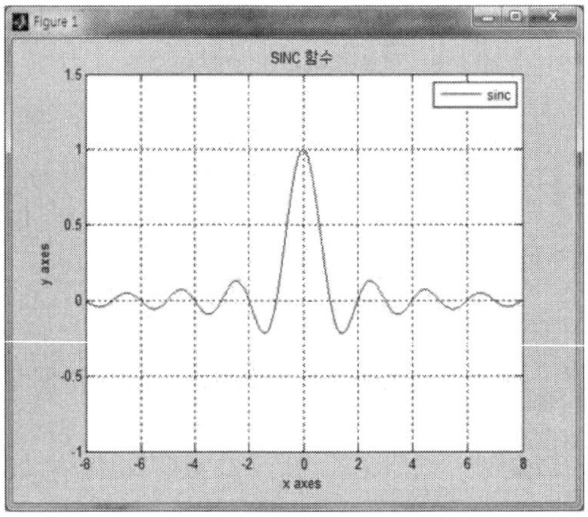

5) 그래프의 컬러를 결정하는 행렬과 심볼

```
>> colormap [ R G B ]    %  R : Red,   G : Green,   B : Blue
>> colormap ('symbol')   %  symbol은 색깔의 약어
```

[R G B]	Symbol	color
[0 0 0]	'k'	Black
[1 1 1]	'w'	White
[1 0 0]	'r'	Red
[0 1 0]	'g'	Green
[0 0 1]	'b'	Blue
[1 1 0]	'y'	Yellow
[1 0 1]	'm'	Magenta
[0 1 1]	'c'	Cyan
[0.5 0.5 0.5]		Grey
[0.5 0 0]		Dark red
[1 0.62 0.4]		Copper
[0.49 1 0.83]		Aquamarine

(2) 모니터에 여러 개의 그림을 표현

1) subplot(m, n, p) : 1개 화면을 m x n 행렬로 구성할 때 p번째 그림

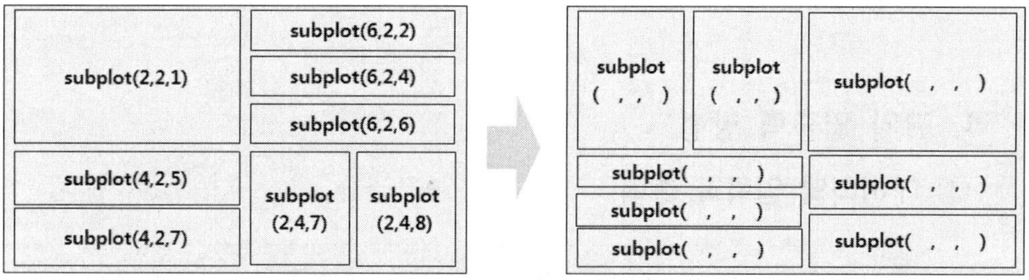


```
>> figure (7)      % 그림창 번호 지정
>> subplot(1,2,1) % 그림 1번 파일에서 1행 2열의 첫 번째 그림
>> subplot(1,2,2) % 그림 1번 파일에서 1행 2열의 두 번째 그림
```

2) 그래프 모양을 나타내는 명령

```
>> plot(x,y)       : 직선으로 연결
>> bar(x,y)        : 막대 모양의 바로 크기를 표시
>> stem (x,y)      : 크기를 나타내는 선의 끝을 원형모양으로 표현
>> stair(x,y)      : 계단식으로 크기를 나타냄
>> plot3(x,y,z)    : 명령 뒤에 3이 붙으면 3차원 그래프 명령을 의미함
>> ezplot(x,y)     : 심볼릭 데이터 형식의 그래프에 이용됨
```

3) 1개 화면에 여러 그림을 나타내는 예

```
% subplot example

t=-pi:0.01*pi:pi;
figure(7)
subplot(3,1,1)
plot(t,cos(t),'r')
xlabel('x axis')
ylabel('y axis')
title('subplot311 그래프')

subplot(3,1,2)
plot(t,cos(2*t),'b')
xlabel('x axis')
ylabel('y axis')
title('subplot312 그래프')

subplot(3,1,3)
plot(t,cos(3*t),'k')
xlabel('x axis')
ylabel('y axis')
title('subplot313 그래프')
```

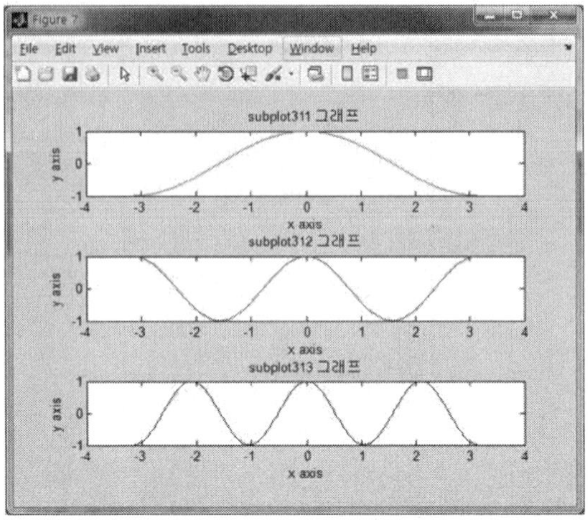

4. 파일 입출력 방법

(1) 데이터의 입력과 출력

```
>> input('Do you want more? Y/N?, 's')          % 문자열로 답을 입력
Do you want more? Y/N ? Y                       % Y를 입력
ans=
Y
>> disp( ' 계속 진행하세요 ')                     % 문자 출력
계속 진행하세요
>>sprintf('%s','hello')                         % hello
>>sprintf('%d',round(pi))                       % 3
>>sprintf('%15.5f',324.13456789123567)          % 324.13456
>>sprintf('%g',1.23000)                         % 1.23
>>sprintf('The array is %dx%d.',2,3)            % The array is 2x3.
```

데이터 출력 명령인 sprintf (s는 문자열인 string을 의미함)는 데이터의 문자열 형식을 %로 규정하며 다음과 같ek. %c : 글자 1개, %s : 문자열, %d : 10진수, %o : 8진법, %x/X : 16진법, %f : 고정 소수점, %g : 소수점 이하 0은 표시하지 않음, %e/E : 지수형태 등이다.

(2) 파일의 입력과 출력

파일 입력 (fopen)과 파일출력(fprintf)과 종료(fclose)

```
>> t = 0:0.1:1
>> y = [t; exp(x)]
>> fid = fopen('exp.txt','w')                % 파일 입력
   % 1은 스크린에 표시, 2는 에러, 3 이상은 파일의 식별자로 할당

>> fprintf(fid,'%6.2f  %12.8f ₩n', y)        % 파일 출력

>> fclose(fid)                               % 파일 종료
   %  0은 성공  -1은 실패를 의미함
```

(3) 그림 파일의 출력

매트랩 그림이나 모델을 출력할 때 print 명령을 다음 형식으로 사용

```
>> print  -device  -options  filename
>> print ('-device', '-options',  filename)
```

- device : 출력하는 장치의 규격으로 -dXXX으로 XXX는 bitmap, jpeg, win, meta 등등을 의미
- options : 출력하는 결과물이 형식으로 -fYYY, -sYYY 등으로 f는 그림 s는 모델을 의미
- filename : 출력하는 그림 또는 모델의 파일명으로 파일명이 없으면 프린터로 출력

```
t=(-8:0.001:8);
for k=1:length(t);
    if t(k)==0
        y(k)=1;
    else
        y(k)=sin(pi*t(k))/(pi*t(k));
    end
end
plot(t,y)

Print –dbitmap – f1 sinc
```

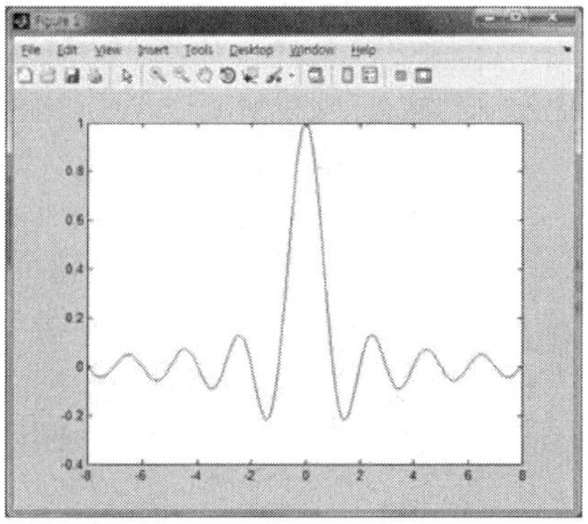

매트랩 그림은 프린트 명령어를 사용하지 않아도 그림파일의 메뉴를 이용하여 파일을 저장할 수 있으며 그림 파일을 이용하여 실습 발표 자료를 작성한다.

5. 심볼릭 매쓰 활용

(1) 심볼 수학 도구(Symbolic Math Tool)

급수에서 1부터 100 또는 1부터 1000 등의 특정한 값이 아니라 더해져야 할 값을 1부터 n까지 더 한다고 표현하고 결과값을 n에 관한 식으로 나타내면 n(n+1)/2이 된다. 즉, 수식 계산에 의해 특정한 결과값이 아니라 n이라는 변수에 따라서 결과값을 표현하면 모든 n값에 대해 결과값을 구할 수 있게 되는데 이때 n을 숫자도 글자도 아닌 제3의 데이터 형식 (심볼릭 데이터)으로 처리한다.

따라서 가변 변수를 정의된 변수 그대로 계산하기 위해 심볼 수학 도구가 매트랩 프로그램에 있어야 한다.

심볼릭 데이터를 이용한 매트랩 프로그램은 디지털통신 신호 해석에서 급수, 미적분, 푸리에 변환 등을 계산하기 위해 필요하다.

(2) 주요 함수

1) 심볼릭 데이터 정의

```
>> syms x y z   % 변수를 심볼릭 데이터 형식으로 정의
```

2) 급수(Series)

```
>> symsum(x)   % symsum은 y=k=1 n x(k)에서 ∑를 의미 x는 k로 이루어진 함수
>> symsum(x, a, b)                 % a부터 b까지 합
>> simplify                        % 결과값을 간단히 표현
>> syms k n                        % k, n을 심볼릭 데이터로 정의
>> y1=symsum(k)                    % k^2/2 - k/2
>> y2=symsum(k,0,n)                % (n*(n + 1))/2
>> y3=symsum(k^2,0,10)             % 385
>> y4=symsum(k^2,11,10)            % 0
>> y5=symsum(1/k^2)                % -psi(k, 1)
>> y6=symsum(1/k^2,1,Inf)          % pi^2/6
>> y7= simplify(symsum(k^2,0,n))   % n^3/3 + n^2/2 + n/6
```

3) 미분(differential)

```
>> diff(x)              % diff(x)는 x(t)함수에서 t에 대한 미분을 의미함
>> diff(x, t, n)        % x 함수를 t에 대해 n 번 미분
>> syms t               % t를 심볼릭 데이터로 정의
>> x = t.^2
>> x1 = diff(x, t )     % x1=2t
>> x2 = diff(x, t, 2)   % x2=2
```

4) 적분(Integral)

```
>> int(x)               %  int(x)는 x(t)함수에서 t에 대한 적분을 의미함
>> int(x, t, a, b)      %  x 함수를 t에 대해 a부터 b까지 적분
>> syms t               %  t를 심볼릭 데이터로 정의
>> x = 2
>> x3 = int(x, t)       %  x3=2t
>> x4 = int(x, t, 0, 1i) %  x4= 2
```

5) 푸리에 변환(Fourier Transform)

```
>> fourier(x) % fourier(x)는 x(t)함수에서 t에 대한 푸리에 변환을 의미함
>> syms t x w y      %  t x w y 를 심볼릭 데이터로 정의
>> x = exp(-t.^2)
>> y = fourier(x)    %  y=pi^(1/2)*exp(-w^2/4)
```

6) 푸리에 역변환(Inverse Fourier Transform)

```
>> ifourier(x)  % ifourier(y)는 y(w)함수에서 w에 대한 푸리에 역변환
>> syms t x w y      %  t x w y를 심볼릭 데이터로 정의
>> y = pi^(1/2)*exp(-w^2/4)
>> x = ifourier(y)     %  (39*exp(-x^2))/(22*pi^(1/2))
```

6. 매트랩 실습의 주요 함수

주요 함수	설명	예
abs(x)	원소의 절대값	abs(-5)=5, abs(3+4i)=5
acos(x)	역 삼각함수	acos(cosπ)=3.1416
asin(x)	역 삼각함수	asin(sin (π/2))=1.5708
atan(x)	역 삼각함수	atan(sin (π/4))=0.7854
ceil(x)	x보다 크거나 같은 가장 가까운 정수	x=[-1.9 -0.2 3.1] ceil(x)=[-1 0 4]
circshift(x. [a b])	x 배열을 a만큼 행을 이동 또는 b만큼 열을 이동	x=[1 2; 3 4] circshift(x, [0 1])=[2 1; 4 3]
conv(x,y)	x와 y를 convolution 함	x=[1 2] y=[3 4] c=[3 10 8]
cos(x)	삼각함수	cosπ = -1.0000
disp('문자열')	문자열을 화면에 나타냄	
erf(x)	오류함수 erf(x)는 0부터 x까지 적분	에러 확률=1/2*[1-erf (x)]
erfc(x)	complementary 오류함수 erfc(x)는 1-erf(x)	x=[1:30] y=erfc(x) plot(x,y)
eval(x)	x내에 글자 열 수식을 연산	
fclose('filename')	열려 있는 파일을 닫음	성공은 0, 실패는 1을 나타냄
fft(x)	x의 fast fourier transform, fft(x,n)는 n point FFT	
fftshift(x)	주파수 0 성분을 그래프 중앙에 위치함	
ifft(x)	x의 역 FFT, ifft(x,n)는 n point 역 FFT	
fix(x)	x의 소수점 이하를 제거하고 정수를 만듦	x=[-1.2 3.6], fix(x)=[-1 3]
fliplr(x)	x의 열을 좌우로 변경	x=[1 2; 3 4], fliplr(x)=[2 1; 4 3]
flipud(x)	x의 행을 상하로 변경	x=[1 2; 3 4], flipud(x)=[3 4; 1 2]

주요함수	설 명	예
floor(x)	x보다 작은 가장 가까운 정수	x=[-1.2 3.6], floor(x)=[-2 3]
fopen('filename')	특정 파일을 입력	fopen(fid, 'r') , r : 읽기모드
fprintf (fid,'format',a,...)	행렬 a의 데이터를 format에 맞게 표시 %s : 문자열, %d : 십진수, %f : 고정소수 등	a=3, b=1.2 fprintf ('%d ₩t %f ₩n', a,b)
fscanf (fid,'format',size)	특정 파일 fid의 데이터를 읽고 주어진 형태로 변환하여 행렬이나 벡터로 리턴	fid=fopen('test.txt'); fscanf(fid,'%g',[1, 1]);
input('문자열')	키보드로부터 입력을 기다림	
kron(x,y)	x 배열 * y	x=[(1,1) (1,2)] 일 때 [x(1,1)*y x(1,2)^y]
legend('문자열')	그림 파일에 설명을 삽입	
length(x)	배열 x의 크기	
linspace(a, b, n)	a와 b 사이를 n개의 균등한 입력 값	linspace(0, 1, 11)=0 0.1 ... 0.9 1
log(x)	x의 자연로그	log(exp(1))=1
log10(x)	x의 상용로그	log10(1000)=3
length(x)	벡터 x의 길이	x=[1 2 3 0], length(x)=4
print(-d –f –file)	그림 또는 모델 파일을 출력	
rand(m,n)	균일 분포를 갖는 m-by-n 행렬	0과 1사이의 임의의 수 나열
randi(m, n, p)	균일 분포를 갖는 m-by-n 행렬	p의 범위에서 임의의 수 나열

주요함수	설 명	예
randn(m, n)	정규 분포를 갖는 m-by-n 행렬	
randperm(n)	정수 1:n의 랜덤 순열	n 개의 임의의 순열
real(z)	z의 실수부분	real(2+3.*i)=2
rem(x,y)	x./y 를 계산한 후 나머지를 표시	rem(5,2)=1
reshape(x,m,n)	x의 배열을 (m,n)으로 변경	x=[1 2 3;4 5 6] reshape(x,3,2)=[1 4;2 3;3 6]
round(x)	x를 가장 가까운 정수로 반올림	x=[-1.4 3.4 5.6] round(x)=[-1 3 6]
simplify(x)	수식을 간단히 표시	
sin(x)	삼각함수	sinπ = 0.0000
size(x)	배열의 크기	x=[1 2 3; 4 5 6], size(x)= [3 2]
sort(x)	원소를 순서대로 배열	sort(x,1) : 행단위, sort(x,2) : 행렬모두
sprintf(x)	문자열 데이터 출력	
sqrt(x)	x원소의 젭곱근	sqrt(2)=1.4142 sqrt(-2)=1.4142i
sum(x)	벡터 x의 합을 계산	x=[1 2 3] sum(x)=6
symsum a b c	변수를 심볼릭 데이터로 정의	
tan(x)	삼각함수	tan (π/4) =1.0000
title('문자열')	그림 상단 제목에 문자열을 삽입	
xlabel('문자열')	x축에 축 이름 삽입	
ylabel('문자열')	y축에 축 이름 삽입	

부록 B

이동통신 신호 해석에 유용한 수학

B.1 개요

1. 이동통신 신호와 수학

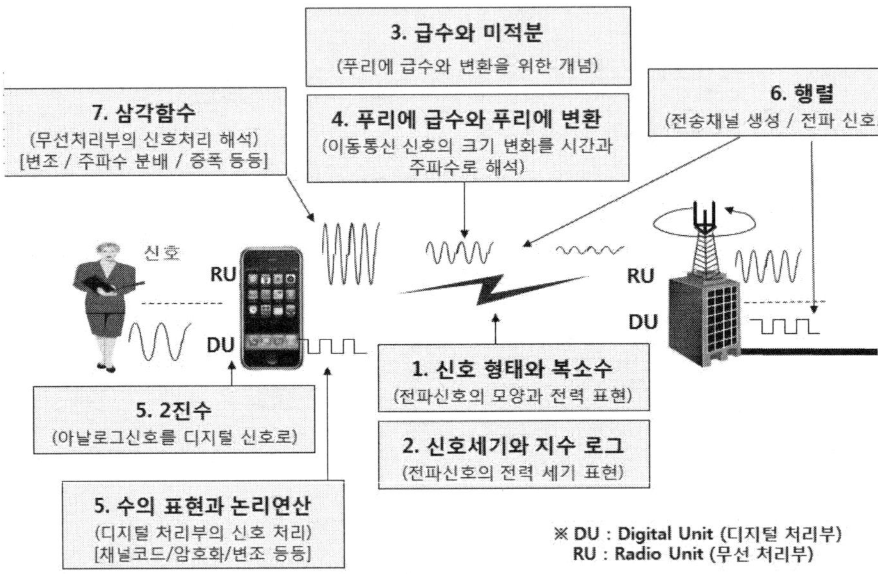

〈그림 B1-1〉 이동통신 신호와 수학

B.2 이동통신 신호의 표현

1. 신호형태와 복소수

(1) 이동통신 신호의 형태

이동통신 신호의 에너지는 모든 시간에 동일하여야 하므로 이동통신 신호의 실재신호(코사인파)와 잠재된 신호(사인파)를 함께 표현하는 것이 적합하므로 복소수 형식으로 표현할 수 있다.

예를 들어 신호가 전달될 때 저항을 만나면 신호의 세기가 즉각적으로 비례하여 줄지만 커패시터와 코일을 만나면 신호는 일정시간 커패시터와 코일에 저장되어 있다. 따라서 신호의 전력이 실제적으로 나타나지는 않았지만 커패시터나 코일에 잠재된 신호도 일정시간 후에 나타날 신호이므로 함께 표현되어야 한다. 통신 신호가 전파로 전달될 때에도 마찬가지로 사인파형으로 신호의 크기가 반복되면 그에 따라 전파채널은 신호의 잠재된 에너지를 포함하고 있음

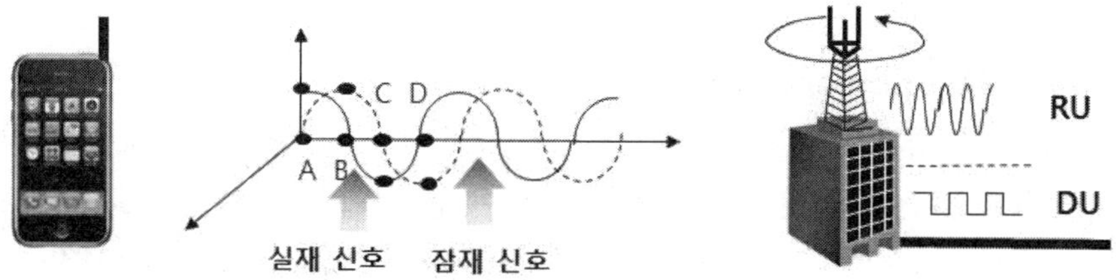

〈그림 B1-2〉 이동통신 신호의 형태

(2) 복소수(Complex)의 표현

1) 복소수의 정의

복소수는 실수와 허수로 나타내는데 수식적인 표현은 일반적으로 다음과 같이 표현한다.

$\alpha = a + jb$ 또는 $\alpha = a + ib$

일반적으로 전자공학에서는 전류 i와 구분하기 위해 j를 사용한다.

2) 복소수 평면

복소평면은 x축을 실수, y축을 허수로 표현한 평면복소수를 복소평면(Complex plane) (가우스 평면[Gauss plane]이라고도 함)에 나타내면 이해하기 편리하다. 통신 신호에서 일정한 에너지(r)가 전달될 때 실제 신호와 잠재된 신호의 합이 같음을 알 수 있다.

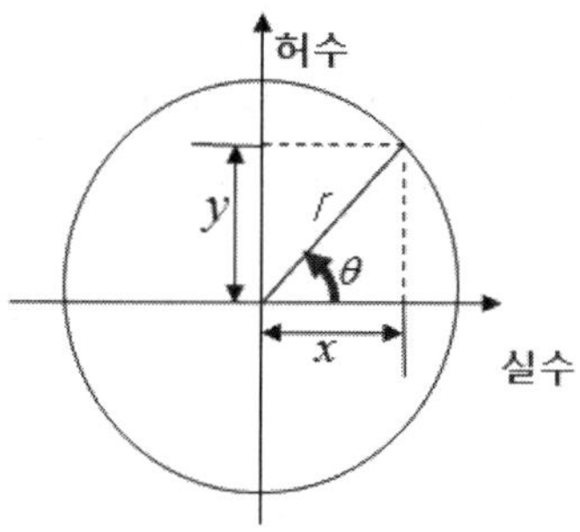

〈그림 B1-3〉 복소평면

3) 복소평면에 나타난 통신 신호의 크기

$\sin^2 x + \cos^2 x = 1$ ➡ 실제 신호와 잠재된 신호의 합은 항상 같음 (식 B1-1)

증명 $\left(\frac{x}{r}\right)^2 + \left(\frac{y}{r}\right)^2 = \frac{x^2+y^2}{r^2} = 1$ ($\because x^2+y^2=r^2$: 피타고라스 정리)

4) 오일러(Euler) 공식

오일러는 복소수를 다음과 같이 허수의 지수 함수 형태로 나타낼 수 있음을 증명하였다. 오일러의 공식을 이용하여 통신신호를 지수함수로 나타낼 수 있다. 사인파 또는 코사인파 형태의 통신 신호를 지수함수로 표현하면 지수 함수의 주파수 성분이 양의 값과 음의 값을 동시에 가지고 있음을 알 수 있다.

$re^{\pm j\theta} = r\cos\theta \pm jr\sin\theta$ (오일러 공식) (식 B1-2)

오일러 공식을 이용하여 cosθ, sinθ를 다음과 같이 복소수 형식으로 표현할 수 있다.

$\cos\theta = \frac{e^{j\theta}+e^{-j\theta}}{2}$, $\sin\theta = \frac{e^{j\theta}-e^{-j\theta}}{2j}$ ➡ 신호의 주파수 성분이 양의 값과 음의 값값을 동시에 가지고 있음을 표현 (식 B1-3)

증명 $\frac{e^{j\theta}+e^{-j\theta}}{2} = \frac{\cos\theta + j\sin\theta + \cos\theta - j\sin\theta}{2j} = \cos\theta$ ($\because$ 오일러 공식)

2. 신호세기와 지수 로그

(1) 지수

1) 지수의 정의

일반적으로 a를 n번 곱하면 $a \times a \times a \times a ... \times a = a^n$으로 표시한다.
이때 a를 밑수, n을 지수라고 하며 a의 n 제곱이라고 한다.

2) 지수의 계산

- a>0, b>0, m과 n이 실수일 때

1) $a^m \times a^n = a^{m+n}$
2) $\dfrac{a^m}{a^n} = a^{m-n}$
3) $(a^m)^n = a^{mn}$
4) $(ab)^n = a^n b^n$
5) $\sqrt[n]{a^m} = (\sqrt[n]{a})^m = a^{\frac{m}{n}}$

1) $10^3 x 10^5 = 10^8$
2) $10^3 x 10^{-5} = 10^{-2}$
3) $(10^3)^5 = 10^{15}$
4) $(10^3) = (2x5)^3 = 2^3 x 5^3$
5) $\sqrt[3]{10^5} = (\sqrt[3]{10})^5 = 10^{\frac{5}{3}}$

(2) 로그

1) 로그의 정의

1인 아닌 양수 a와 양수 N에 대하여 다음 식

$$a^n = N \qquad \text{(식 B1-4)}$$

을 만족하는 실수 n은 한 개만 존재한다.

이때 이 지수 n을 a를 밑으로 하는 N의 로그 또는 대수라고 한다. 만일 밑이 $a = 10$인 경우 상용로그 $a = e$(오일러의 수)인 경우 자연로그라고 한다.

$$a^n = N \quad \Rightarrow \quad n = \log_a N \qquad \text{(식 B1-5)}$$

여기서 a가 1이 아닌 양수라면 n과 N은 1:1로 연계된 수이다.

2) 로그의 계산

- 로그의 성질 (a>0, b>0, a≠1, M>0, N>0)

1) $\log_a 1 = 0$
2) $\log_a a = 1$
3) $\log_a (M \cdot N) = \log_a M + \log_a N$
4) $\log_a (M/N) = \log_a M - \log_a N$
5) $\log_a M^n = n \log_a M$

- 밑의 변환 공식
(a>0, b>0, c>0, a≠1, c≠1)

1) $\log_a b = \dfrac{\log_c b}{\log_c a}$
2) $\log_a c = \dfrac{1}{\log_c a}$

1) $\log_2 1 = 0,\ \log_{10} 1 = 0$
2) $\log_2 2 = 1,\ \log_{10} 10 = 1$
3) $\log_{10} 2000 = \log_{10}(1000 \cdot 2) = 3 + 0.3010 = 3.3010$
4) $\log_2 500 = \log_{10}(1000/2) = 3 - 0.3010 = 2.699$
5) $\log_{10} 0.001 = \log_{10} 10^{-3} = -3\log_{10} 10 = -3$

1) $\log_2 10 = \dfrac{\log_{10} 10}{\log_{10} 2} = \dfrac{1}{0.3010} \approx 3.32$
2) $\log_2 10 = \dfrac{1}{\log_{10} 2} = \dfrac{1}{0.3010} \approx 3.32$

(3) 지수 로그의 응용

1) 로그를 이용한 통신신호의 세기 표현

$a^m = N$: a는 1이 아닌 양수, N은 양수

$m = \log_a N$: "m은 a를 밑으로 하는 N의 로그이다."

⇒ 아주 크고 작은 수 N을 m으로 대체하여 사용

2) 밑수 a가 10일 때 m과 N의 대응 값

$m = \log_{10} N : N = 1000$일 때 $m = 3$, $N = 1$억일 때 $m = 8$로 일대일로 대입

3) 데시벨(dB) 정의

로그 값을 그대로 사용할 경우 숫자가 너무 작아져 불편하므로 전파의 세기가 전력일 경우 10을 밑으로 하는 로그값에 10을 곱하여 사용

4) 전력과 전압(전류)의 관계

전압과 전류를 비교할 경우 10대신에 20을 곱함

$$P = V \times I = I^2 \times R = \frac{V^2}{R} \quad \text{(식 B1-6)}$$

$$(dB) = 10 \log_{10} \frac{P_o}{P_i} = 10 \log_{10} \frac{V_o^2 / R}{V_i^2 / R} = 10 \log_{10} \frac{I_o^2 R}{I_i^2 R} = 20 \log_{10} \frac{V_o}{V_i} = 20 \log_{10} \frac{I_o}{I_i}$$

B.3 이동통신 신호의 해석

1. 급수와 미적분

(1) 급수(Series)

1) 급수의 정의

급수의 정의는 "순차적인 수의 집합 함수(Sequence)에 속한 모든 항의 합"이다. 급수의 기호로 그리스 글자 Σ(Sigma)를 사용하는데 이것은 로마자의 S(sum)에 해당하는 글자로 Sequence의 모든 수를 합하는 것을 의미한다.

2) 유한 급수(Finite Series)

$$\sum_{k=1}^{n} f_k = f_1 + f_2 + f_3 + \bullet\bullet\bullet + f_k \quad \text{(식 B1-7)}$$

3) 무한 급수(Infinite Series)

$$\sum_{k=1}^{\infty} f_k = f_1 + f_2 + f_3 + \bullet\bullet\bullet + f_k + \bullet\bullet\bullet \quad \text{(식 B1-8)}$$

(2) 미분

미분(Differential)은 함수의 임의의 점에서 기울기로 정의한다.

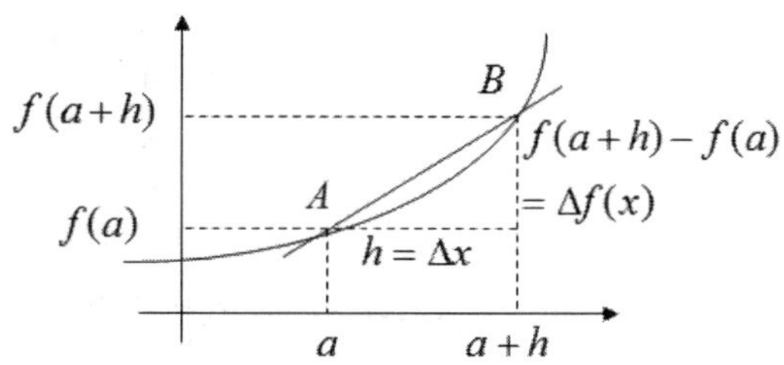

〈그림 B1-4〉 미분의 정의

일반적으로 기울기는 밑변분의 높이로 나타내는데 〈그림 B1-4〉에서 선분 AB의 기울기는 a와 $a+h$ 구간의 평균변화율이라고 한다. 선분 AB의 평균 변화율은 다음과 같다.

$$\frac{\Delta f(x)}{\Delta x} \quad \text{(식 B1-9)}$$

이때 밑변 $h=\Delta x$가 무한히 작아지면 점 a와 같이 작아질 수 있는데 이때 점 a에서 기울기를 순간변화율이라고 한다. 임의의 함수에 대해 순간변화율을 구하는 것을 미분이라고 하고 미분된 함수를 도함수 $f'(x)$라고 한다.

$$\lim_{h\to 0}\frac{f(x+h)-f(x)}{h} = \frac{df(x)}{dx} = f'(x) \quad \text{(식 B1-10)}$$

주요 함수를 미분하여 얻은 도함수는 다음과 같다.

① $f(x) = C$(상수) ☞ $f'(x) = 0$

② $f(x) = x^r$ ☞ $f'(x) = rx^{r-1}$

③ $f(x) = \sin ax$ ☞ $f'(x) = a\cos ax$

④ $f(x) = \cos ax$ ☞ $f'(x) = -a\sin ax$

⑤ $f(x) = e^x$ ☞ $f'(x) = e^x$

⑥ $f(x) = e^{\pm ax}$ ☞ $f'(x) = \pm ae^{\pm ax}$

(3) 적분

적분(Integral)은 임의 함수에서 특정 구간의 면적으로 정의한다.

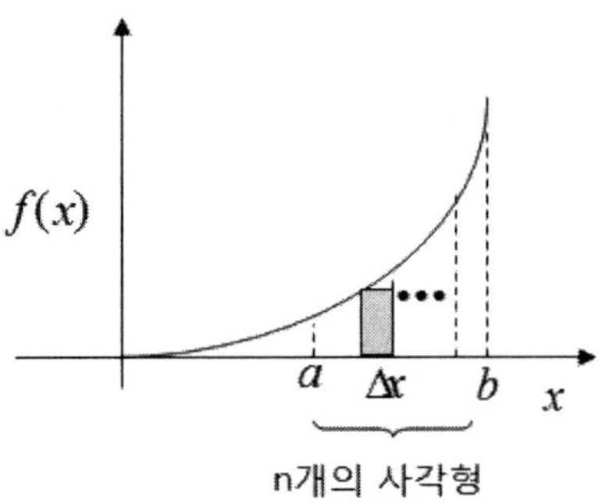

〈그림 B1-5〉 적분의 정의

임의 함수 $f(x)$에서 $[a,\ b]$의 특정 구간의 면적을 구하는 방법은 다음과 같다. 폐구간 $[a,\ b]$에서 연속인 함수 $f(x)$에서 폐구간 $[a,\ b]$를 n개의 4각형 도형으로 나누어 n개의 사각형 면적을 모두 합한다. n개의 사각형 가운데 k번째 면적을 구하면 다음과 같다.

$$f(x_k) \times \Delta x \quad (\text{여기서 } x_k = a + k\Delta x, \quad \Delta x = \frac{b-a}{n}) \qquad (\text{식 B1-11})$$

그런데 임의 함수 $f(x)$와 사각형 도형은 일치하지 않으므로 $f(x)$ 실제 면적과 n개의 사각형 도형을 합한 면적에는 차이가 있다. 이때 사각형 개수 n이 무한히 늘어나면 함수 $f(x)$에서 $[a,\ b]$의 특정 구간의 실제 면적과 n개의 사각형을 합한 면적이 같아질 수 있다. 이것을 식으로 나타내면 다음과 같다.

$$\lim_{n \to \infty} \sum_{k=1}^{n} f(x_k)\Delta x = \int_a^b f(x)dx \ (\text{정적분 : 구간이 정해진 경우}) \qquad (\text{식 B1-12})$$

$$\lim_{n \to \infty} \sum_{k=1}^{n} f(x_k) \Delta x = \int f(x) dx \text{ (부정적분 : 구간이 정해지지 않은 경우)} \quad \text{(식 B1-13)}$$

미분과 적분의 관계는 역관계로 적분된 함수를 원시함수(역도함수)라고 한다. 원시함수는 미분하여 구한 도함수의 원래 함수를 의미한다.

$$f'(x) = \frac{df(x)}{dx} \quad \Leftrightarrow \quad f'(x)dx = df(x) \qquad \text{(식 B1-14)}$$

주요 함수를 적분하여 얻은 도함수는 다음과 같다.

① $f(x) = C$(상수) ☞ $\int f(x)dx = Cx$

② $f(x) = x^r$ ☞ $\int f(x)dx = \frac{1}{r+1} x^{r+1}$

③ $f(x) = \sin ax$ ☞ $\int f(x)dx = -\frac{\cos ax}{a}$

④ $f(x) = \cos ax$ ☞ $\int f(x)dx = \frac{\sin ax}{a}$

⑤ $f(x) = e^x$ ☞ $\int f(x)dx = e^x$

⑥ $f(x) = e^{\pm ax}$ ☞ $\int f(x)dx = \frac{1}{a} e^{ax}$

(4) 미적분의 응용

전압 또는 전류신호 $v(t) = A\cos\omega t$일 경우(저항 1Ω인 경우) 전력 $P = A^2/2$

$$P = \frac{1}{T}\int_{-\frac{T}{2}}^{\frac{T}{2}} |v(t)|^2 dt = \frac{1}{T}\int_{-\frac{T}{2}}^{\frac{T}{2}} A^2 \cos^2 \omega t dt$$

$$= \frac{2}{T}\int_{0}^{\frac{T}{2}} \frac{A^2}{2}(1+\cos 2\omega t)dt = \frac{2}{T} \times \frac{A^2}{2}\left[t + \frac{1}{2\omega}\sin 2\omega t\right]_0^{\frac{T}{2}}$$

$$= \frac{A^2}{2} + \frac{1}{2\omega}\sin\omega T = \frac{A^2}{2} + \frac{T}{2\times 2\pi}\sin\left(\frac{2\pi}{T}\times T\right) = \frac{A^2}{2}$$

양자화 잡음 N_q

$$N_q = \int_{-\frac{q}{2}}^{\frac{q}{2}} e^2 \frac{1}{q} de = \frac{1}{3}\left[e^3\right]_{-\frac{q}{2}}^{\frac{q}{2}} = \frac{1}{3}\left\{\left(\frac{q}{2}\right)^3 - \left(-\frac{q}{2}\right)^3\right\} = \frac{q^2}{12}$$

2. 푸리에 급수와 푸리에 변환

(1) 우함수와 기함수

우함수(Even Function)는 y축 또는 $x=0$축에 좌우 대칭인 함수로 정의한다. 우함수의 정의를 식으로 나타내면 다음과 같다.

$$y(x) = y(-x) \qquad \text{(식 B1-15)}$$

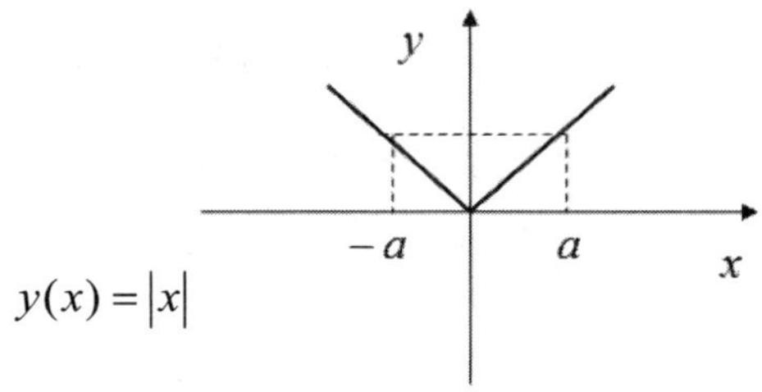

〈그림 B1-6〉 우함수의 도식적 표현

$$\int_{-a}^{a} f(x)dx = 2\int_{0}^{a} f(x)dx \qquad \text{(식 B1-16)}$$

기함수(Odd Function)는 원점 또는 $(x,y)=(0,0)$에 대칭인 함수로 정의한다. 기함수의 정의를 식으로 나타내면 다음과 같다.

$$y(x) = -y(-x) \qquad \text{(식 B1-17)}$$

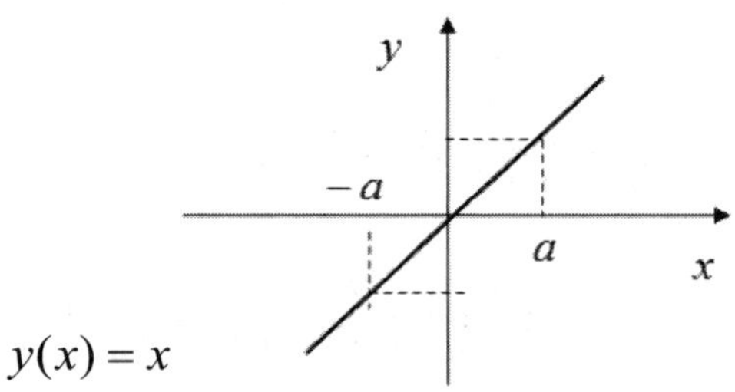

〈그림 B1-7〉 기함수의 도식적 표현

$$\int_{-a}^{a} f(x)dx = 0 \qquad \text{(식 B1-18)}$$

(2) 푸리에 계수 산출

푸리에 계수 값 a_0, a_n, b_n을 산출하면 $f_{(t)}$ 신호 파형을 재생

$$f(t) = a_0 + \sum_{n=1}^{\infty}(a_n \cos n\omega_0 t + b_n \sin n\omega_0 t) \qquad \text{(식 B1-19)}$$

1) 푸리에 계수 a0 값 산출 방법

양변을 1주기 구간 $[-\pi, \pi]$를 적분하면 우항의 경우 a_0를 제외하고 모두 0가 되므로 $f_{(t)}$를 1주기 구간(2π)을 적분하고 주기로 나누어 구한다.

$$\int_{-\pi}^{\pi} f(t)dt = \int_{-\pi}^{\pi}\left[a_0 + \sum_{n=1}^{\infty}(a_n \cos n\omega_0 t + b_n \sin n\omega_0 t)\right]dt$$
$$= 2\pi a_0 \qquad \text{(식 B1-20)}$$

$$a_0 = \frac{1}{2\pi}\int_{-\pi}^{\pi} f(t)dt \qquad \text{(식 B1-21)}$$

2) 푸리에 계수 a_n값 산출 방법

양변에 $\cos m\omega_0 t$를 곱한 후 1주기 구간을 적분하면 같은 코사인 함수의 주파수가 $n = m$ 인 경우를 제외하면 모두가 0가 되므로 좌항에서 $f_{(t)}$에 $\cos m\omega_0 t$를 곱한 함수의 1주기 구간을 적분하고 주기로 나누어 구한다. 이때 cos 곱하기 cos 은 새로운 cos 함수를 만들고 sin 곱하기 cos 함수는 sin 함수를 생성하므로 m이 n인 cos 함수를 제외하면 모든 함수의 적분은 o이 된다. 우항의 유일한 항은 $\cos m\omega_0 t\ x\ \ \cos m\omega_0 t = \frac{1}{2}\{\cos(n+m)\omega_0 t + \cos(n-m)\omega_0 t\}$에서 $n-m$이 0이 되는 경우의 항만 1이 되어 존재한다.

$$\int_{-\pi}^{\pi} \cos m\omega_0 t f(t)dt = \int_{-\pi}^{\pi}\left[a_0 + \sum_{n=1}^{\infty}(a_n \cos n\omega_0 t + b_n \sin n\omega_0 t)\right]\cos m\omega_0 t dt$$
$$= 2\pi \times \frac{1}{2}a_n = \pi a_n \qquad \text{(식 B1-22)}$$

$$\because \cos x \cos y = \frac{1}{2}\cos(x+y) + \frac{1}{2}\cos(x-y)$$

$$\sin x \cos y = \frac{1}{2}\sin(x+y) + \frac{1}{2}\sin(x-y)$$

$$a_n = \frac{1}{\pi}\int_{-\pi}^{\pi} f(t)\cos n\omega_0 t dt \qquad \text{(식 B1-23)}$$

3) 푸리에 계수 b_n값 산출 방법

양변에 $\sin m\omega_0 t$를 곱한 후 1주기 구간을 적분하면 같은 sin 함수의 주파수가 $n=m$인 경우를 제외하면 모두가 0가 되므로 좌항에서 $f(t)$에 $\sin m\omega_0 t$를 곱한 함수의 1주기 구간을 적분하고 주기로 나누어 구한다. 이때 sin 곱하기 sin 은 새로운 cos 함수를 만들고 cos 곱하기 sin 함수는 sin 함수를 생성하므로 m이 n인 cos 함수를 제외하면 모든 함수의 적분은 o가 된다. 우항의 유일한 항은 $\sin m\omega_0 t$ x $\sin m\omega_0 t=-\frac{1}{2}$ $\{\cos(n+m)\omega_0 t-\cos(n-m)\omega_0 t\}$에서 $n-m$이 0이 되는 경우의 항만 1이 되어 존재한다.

$$\int_{-\pi}^{\pi}\sin m\omega_0 t f(t)dt=\int_{-\pi}^{\pi}\left[a_0+\sum_{n=1}^{\infty}(a_n\cos n\omega_0 t+b_n\sin n\omega_0 t)\right]\sin m\omega_0 t dt$$

$$=2\pi\times\frac{1}{2}\mathrm{b_n}=\pi b_n \qquad \text{(식 B1−24)}$$

$$\because \sin x\sin y=-\frac{1}{2}\cos(x+y)+\frac{1}{2}\cos(x-y)$$

$$\cos x\sin y=\frac{1}{2}\sin(x+y)-\frac{1}{2}\sin(x-y)$$

$$b_n=\frac{1}{\pi}\int_{-\pi}^{\pi}f(t)\sin n\omega_0 t dt \qquad \text{(식 B1−25)}$$

(3) 사각 주기 펄스 신호의 푸리에 계수

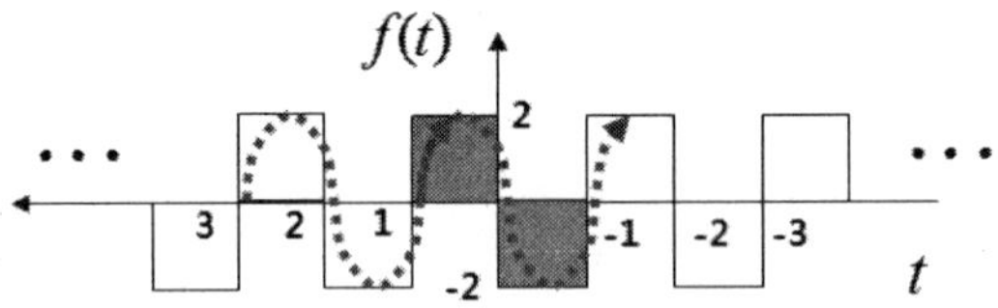

$$f(t)=a_0+\sum_{n=1}^{\infty}(a_n\cos n\omega_0 t+b_n\sin n\omega_0 t) \qquad \text{(식 B1−26)}$$

$$a_0=\frac{1}{T}\int_{-\frac{T}{2}}^{\frac{T}{2}}f(t)dt=\frac{1}{2}\int_{-1}^{1}(\text{기함수})dt=0 \qquad \text{(식 B1−27)}$$

$$a_n=\frac{2}{T}\int_{-\frac{T}{2}}^{\frac{T}{2}}f(t)\cos n\omega_0 t dt=\frac{2}{2}\int_{-1}^{1}(\text{기함수}\times\text{우함수}=\text{기함수})dt=0 \qquad \text{(식 5−14)}$$

$$b_n = \frac{2}{T}\int_{-\frac{T}{2}}^{\frac{T}{2}} f(t)\sin n\omega_0 t dt = \frac{2}{2}\int_{-1}^{1} \text{(기함수} \times \text{기함수} = \text{우함수)} dt = 0$$

$$= 2\int_0^1 2\sin n\pi t dt = \frac{4}{n\pi}[-\cos n\pi t]_0^1 = \frac{4}{n\pi}[1-\cos n\pi]$$

$$= \frac{4}{n\pi}\left[1-(-1)^n\right] = \frac{8}{\pi}\times\frac{1}{2m-1} \quad (\text{where } n = 2m-1) \qquad \text{(식 B1-28)}$$

$$f(t) = \frac{8}{\pi}[\sin \pi t + \frac{1}{3}\sin 3\pi t + \frac{1}{5}\sin 5\pi t + \frac{1}{7}\sin 7\pi t + \frac{1}{9}\sin 9\pi t + \cdots] \qquad \text{(식 B1-29)}$$

(4) 푸리에 변환식의 유도

$$f(t) = \sum_{n=-\infty}^{\infty} F_n e^{jn\omega_o t}$$

$$f(t) = \sum_{-\infty}^{\infty}\left[\frac{1}{T}\int_{-T/2}^{T/2} f(t)e^{-jn\omega_0 t}dt\right]e^{jn\omega_0 t}$$

$$f(t) = \sum_{-\infty}^{\infty}\left[f_0\int_{-T/2}^{T/2} f(t)e^{-jn\omega_0 t}dt\right]e^{jn\omega_0 t}$$

$$f(t) = \int_{-\infty}^{\infty}\left[\int_{-\infty}^{\infty} f(t)e^{-j\omega t}dt\right]e^{j\omega t}df$$

$$f(t) = \int_{-\infty}^{\infty} F(\omega)e^{j\omega t}df$$

$$f(t) = \frac{1}{2\pi}\int_{-\infty}^{\infty} F(\omega)e^{j\omega t}d\omega \qquad \text{(식 B1-30)}$$

(5) 푸리에 변환식의 진폭

푸리에 변환의 정의에 다음과 같은 오일러(Euler)의 공식을 이용하여 주파수 변환식의 주파수 특성을 분석할 수 있다.

$$e^{-j\theta} = \cos\theta - j\sin\theta \qquad \text{(식 B1-31)}$$

통신신호 $f(t)$의 주파수 변환 $F(\omega)$를 오일러의 공식을 이용하여 진폭 $|F(\omega)|$와 위상 $|\varphi(\omega)|$에 대한 주파수 스펙트럼으로 다음과 같이 분리할 수 있다.

$$F(\omega)=\int_{-\infty}^{\infty} f(t)e^{-j\omega t}dt=\int_{-\infty}^{\infty} f(t)(\cos\omega t - j\sin\omega t)dt$$
$$=R(\omega)+jI(\omega)=|F(\omega)|\angle\theta(\omega) \qquad \text{(식 B1-32)}$$

이때 $R(\omega)$는 $\cos\omega t$ 함수에 의해 우함수, $I(\omega)$는 $\sin\omega t$ 함수에 의해 기함수이다. 이때 진폭과 위상은 다음과 같이 우함수와 기함수의 특징을 가진다.

$$|F(\omega)|=\sqrt{R^2(\omega)+I^2(\omega)}=|F(\omega)|\angle\theta(\omega)\Rightarrow|F(\omega)|=|F(-\omega)|:\text{우함수} \qquad \text{(식 B1-33)}$$

(6) 통신신호의 푸리에 변환 증명

1) 단위 충격파 함수(Unit Impulse Function) δ(t)

$$F(\omega)=F[\delta(t)]=\int_{-\infty}^{\infty}\delta(t)e^{-j\omega t}dt=e^{j\omega 0}=1$$

$$F(\omega)=F[\delta(t-t_0)]=\int_{-\infty}^{\infty}\delta(t-t_0)e^{-j\omega t}dt=e^{j\omega t_0}$$

2) 유니트 함수(Unit Function)

$$F(\omega)=F[1]=\int_{-\infty}^{\infty}e^{-j\omega t}dt=\delta(f)=2\pi\delta(\omega)$$

3) 정현파 함수(Sinusoidal Function)

$$F(\omega)=F[\cos\omega_0 t]=\int_{-\infty}^{\infty}\cos\omega_0 t e^{-j\omega t}dt=\int_{-\infty}^{\infty}\frac{e^{j\omega_0 t}+e^{-j\omega_0 t}}{2}e^{-j\omega t}dt$$
$$=\int_{-\infty}^{\infty}\frac{e^{j(\omega_0-\omega)t}+e^{-j(\omega_0+\omega)t}}{2}dt=\pi\left[\delta(\omega+\omega_0)+\delta(\omega-\omega_0)\right]$$

4) 사각파 함수(Rectangular Function)

$$F(\omega)=F\left[rect\left(\frac{t}{T}\right)\right]=\int_{-\infty}^{\infty}\left[\mathrm{rect}\left(\frac{\mathrm{t}}{\mathrm{T}}\right)\right]e^{-j\omega t}dt$$

$$= \int_{-\frac{T}{2}}^{\frac{T}{2}} e^{-j\omega t} dt = \left[\frac{1}{-j\omega} e^{-j\omega t} \right]_{-\frac{T}{2}}^{\frac{T}{2}} = \frac{1}{j\omega} \left[e^{j\omega \frac{T}{2}} - e^{-j\omega \frac{T}{2}} \right]$$

$$= \frac{1}{j\omega} \left[\cos\omega\frac{T}{2} + j\sin\omega\frac{T}{2} - \cos\omega\frac{T}{2} + j\sin\omega\frac{T}{2} \right]$$

$$= T \left[\frac{\sin(\frac{T}{2}\omega)}{\frac{T}{2}\omega} \right] = TSa\left(\frac{T}{2}, \omega\right)$$

5) 지수 함수(Exponential Function)

$$F(\omega) = F\left[e^{-at}U(t)\right] = \int_0^\infty e^{-at} e^{-j\omega t} dt = \int_0^\infty e^{-(a+j\omega)t} dt$$

$$= \frac{1}{a + j\omega} = \frac{1}{\sqrt{a^2 + \omega^2}} \left(-\tan\frac{\omega}{a} \right)$$

6) 주기 충격파 함수(Periodic Impulse Function)

$$\delta_T(t) \equiv \sum_{n=-\infty}^{\infty} \delta(t - nt_0)$$

$$F(\omega) = F\{\delta_T(t)\} = \int_{-\infty}^{\infty} \sum_{-\infty}^{\infty} \delta(t - nt_0) e^{-j\omega t} dt$$

$$= \sum_{n=-\infty}^{\infty} \int_{-\infty}^{\infty} \delta(t - nt_0) e^{-j\omega t} dt = f_0 \sum_{n=-\infty}^{\infty} \delta(f - nf_0)$$

(7) 푸리에 변환 설질의 증명

1) 파시발의 정리(Parseval's Theorem)

$$\int_{-\infty}^{\infty} | f(t) |^2 dt = \int_{-\infty}^{\infty} f(t) f^*(t) dt = \int_{-\infty}^{\infty} f(t) \left[\frac{1}{2\pi} \int_{-\infty}^{\infty} F^*(\omega) e^{-j\omega t} d\omega \right] dt$$

$$= \frac{1}{2\pi}\int_{-\infty}^{\infty} F^*(\omega)\left[\int_{-\infty}^{\infty} f(t)e^{-j\omega t}dt\right]d\omega = \frac{1}{2\pi}\int_{-\infty}^{\infty} |F(\omega)|^2 d\omega$$

2) 호환성(주파수 변환쌍의 쌍대성)

$F[f(t)] = F(\omega)$ 일때 $F[F(t)] = 2\pi f(-\omega)$

$2\pi f(t) = \int_{-\infty}^{\infty} F(\omega)e^{j\omega t}d\omega$ 에서

$$2\pi f(-t) = \int_{-\infty}^{\infty} F(\omega)e^{-j\omega t}d\omega$$

$$2\pi f(-\omega) = \int_{-\infty}^{\infty} F(t)e^{-j\omega t}dt$$

3) 선형성(Linearity)

$$F[a_1 f_1(t) \pm a_2 f_2(t)] = \int_{-\infty}^{\infty} \{a_1 f_1(t) \pm a_2 f_2(t)\}e^{-j\omega t}dt$$

$$= a_1\int_{-\infty}^{\infty} f_1(t)e^{-j\omega t}dt \pm a_2\int_{-\infty}^{\infty} f_2(t)e^{-j\omega t}dt$$

$$= a_1 F_1(\omega) \pm a_2 F_2(\omega)$$

4) 주파수천이(Frequency Shift)

$$F[f(t)e^{j\omega_0 t}] = \int_{-\infty}^{\infty} f(t)e^{j\omega_0 t}e^{-j\omega t}dt$$

$$= \int_{-\infty}^{\infty} f(t)e^{-j(\omega-\omega_0)t}dt = F(\omega - \omega_0)$$

5) 시간천이(Time Shift)

$$F[f(t-t_0)] = \int_{-\infty}^{\infty} f(t-t_0)e^{-j\omega t}dt$$

$t - t_0 = \tau$ 라고 하면

$$F[f(t-t_0)] = F[f(\tau)] = \int_{-\infty}^{\infty} f(\tau)e^{-j\omega(t_0+\tau)}d\tau = e^{-j\omega t_0}F(\omega)$$

6) 시간변환

$$F[f(at)] = \int_{-\infty}^{\infty} f(at)e^{-j\omega t}dt$$

이때 $at = \tau$ 라고 하면

$$F[f(at)] = F[f(\tau)] = \frac{1}{a}\int_{-\infty}^{\infty} f(\tau)e^{-j(\frac{\omega}{a})\tau}d\tau = \frac{1}{|a|}F(\frac{\omega}{a})$$

7) 시간 컨벌루션(Time Convolution)

$$F[f_1(t) * f_2(t)] = \int_{-\infty}^{\infty} \left\{\int_{-\infty}^{\infty} f_1(\tau)f_2(t-\tau)d\tau\right\}e^{-j\omega t}dt$$

$$= \int_{-\infty}^{\infty} f_1(\tau)\int_{-\infty}^{\infty} f_2(t-\tau)e^{-j\omega t}dt\}d\tau = \int_{-\infty}^{\infty} f_1(\tau)F_2(\omega)e^{-j\omega\tau}d\tau$$

$$= F_2(\omega)\int_{-\infty}^{\infty} f_1(\tau)e^{-j\omega\tau}d\tau = F_1(\omega)F_2(\omega)$$

8) 주파수 컨벌루션(Frequency Convolution)

$$F^{-1}[F_1(\omega) * F_2(\omega)] = \frac{1}{2\pi}\int_{-\infty}^{\infty} \left\{\int_{-\infty}^{\infty} F_1(\alpha)F_2(\omega-\alpha)d\alpha\right\}e^{j\omega t}d\omega$$

$$= \frac{1}{2\pi}\int_{-\infty}^{\infty} F_1(\alpha)\{\int_{-\infty}^{\infty} F_2(\omega-\alpha)e^{j\omega t}d\omega\}d\alpha$$

$$= \frac{1}{2\pi}\int_{-\infty}^{\infty} F_1(\alpha)\{2\pi f_2(t)e^{j\alpha t}d\alpha = f_2(t)\int_{-\infty}^{\infty} F_1(\alpha)e^{j\alpha t}d\alpha$$

$$= f_1(t)f_2(t)$$

B.4 이동통신 신호의 생성

1. 수의 표현과 논리 연산

1) 이동통신 신호와 논리연산

아날로그 신호는 디지털통신을 위해 아날로그-디지털 전환기를 이용하여 0과 1의 이진수로 전환된다. 일반적인 디지털 기기는 프로세스와 메모리에서 0과 1만을 처리할 수 있다. 이동통신 시스템 디지털처리부의 이동통신 신호는 2진수의 논리 연산으로 처리된다. 디지털처리부의 채널부호화 등에서 논리연산을 이용하여 새로운 신호를 생성한다.

2) 수의 표현

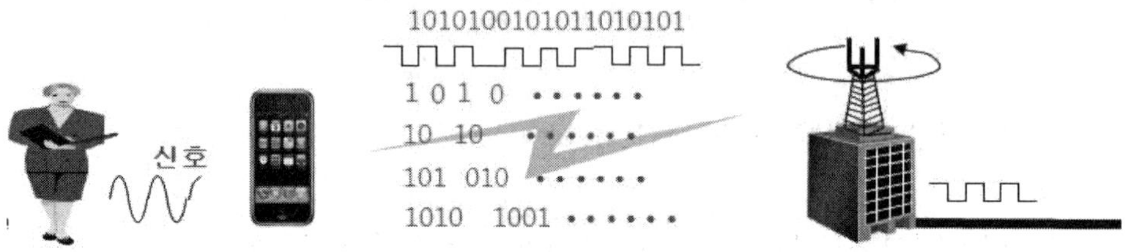

〈그림 B1-8〉 디지털 신호의 생성

〈표 B1-1〉 수의 표현

2진수 [비트]	1	0	1														
	2	00	01	10	11												
	3	000	001	010	011	100	101	110	111								
	4	0000	0001	0010	0011	0100	0101	0110	0111	1000	1001	1010	1011	1100	1101	1110	1111
10진수		0	1	2	3	4	5	6	7	8	9	10	11	12	13	14	15
16진수		0	1	2	3	4	5	6	7	8	9	A	B	C	D	E	F

(3) 논리연산

2진수의 논리연산은 다음과 같이 7가지로 이루어진다.

〈표 B1-2〉 논리 연산

논리변수		논리연산							
X	Y	OR (논리합)	AND (논리곱)	XOR (배타적논리합)	NOT (부정)		NOR (부정논리합)	NAND (부정논리곱)	XNOR (배타적부정논리합)
		X+Y	X•Y	X⊕Y	~		~(X+Y)	~(X•Y)	X⊙Y
0	0	0	0	0	1	1	1	1	1
0	1	1	0	1	1	0	0	1	0
1	0	1	0	1	0	1	0	1	0
1	1	1	1	0	0	0	0	0	1

2. 행 렬

(1) 이동통신 신호와 행렬

원래의 2진수 디지털 신호는 일정한 규칙에 따라 새로운 신호(에러에 강한 채널부호화된 디지털 신호 등)를 생성하는데 행렬은 송수신에서 일정한 규칙을 적용하는데 유용하다.

$$T = m \bullet G = \begin{bmatrix} 0 & 0 \\ 0 & 1 \\ 1 & 0 \\ 1 & 1 \end{bmatrix} \bullet \begin{bmatrix} 1 & 0 & 1 & 0 \\ 0 & 1 & 0 & 1 \end{bmatrix} = \begin{bmatrix} 0 & 0 & 0 & 0 \\ 0 & 1 & 0 & 1 \\ 1 & 0 & 1 & 0 \\ 1 & 1 & 1 & 1 \end{bmatrix}$$

※ T : 전송신호, m : 정보신호, G : 전송신호 생성 행렬, 적색선 : 원래의 디지털 신호

〈그림 B1-9〉 행렬의 이동통신 이용 사례 1

이동통신 신호가 여러 안테나를 이용하여 송수신할 경우 여러 전파경로의 상호 작용을 표현하는데 유용하다.

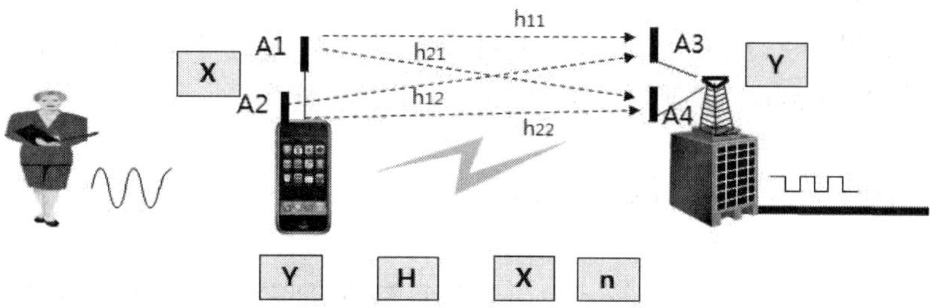

$$\begin{bmatrix} y_1 \\ y_2 \end{bmatrix} = \begin{bmatrix} h_{11} & h_{12} \\ h_{21} & h_{22} \end{bmatrix} \bullet \begin{bmatrix} x_1 \\ x_2 \end{bmatrix} + \begin{bmatrix} n_1 \\ n_2 \end{bmatrix}$$

〈그림 B1-10〉 행렬의 이동통신 이용 사례 2

(2) 행렬의 정의

통신 신호가 회로소자를 통과하거나 전파를 이용하여 공간을 통과할 때 다양한 요소들과 상호 작용을 일으키며 변화하는데 이를 정량적으로 정확히 표현하기 위해 행렬을 이용한다. 통신신호가 전달될 때 수 또는 기호의 배열을 행렬(Matrix)이라고 하고 각각의 수 또는 기호를 원소(element) 또는 요소라고 한다. 행렬에서 가로의 나열을 행(row)라 하고 세로의 나열을 열(column)이라고 하며 행렬의 표기는 행의 수와 열의 수를 나란히 곱하기로 나타낸다. 행과 열의 수가 같은 경우를 정방행렬이라고 하고, 1개의 행만 있으면 행행렬, 1개의 열만 있으면 열행렬이라고 한다.

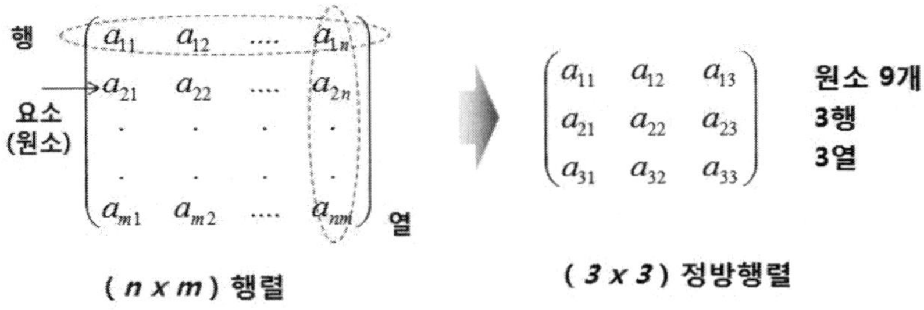

〈그림 B1-11〉 행렬의 정의

(3) 행렬의 합과 차

행렬의 합과 차는 각 행렬의 원소끼리 합과 차를 수행한다. 따라서 행렬의 합과 차를 하기 위해서는 행렬의 행과 열의 수가 같아야 한다.

$$\begin{pmatrix} a_{11} & a_{12} \\ a_{21} & a_{22} \end{pmatrix} \pm \begin{pmatrix} b_{11} & b_{12} \\ b_{21} & b_{22} \end{pmatrix} = \begin{pmatrix} a_{11}+b_{11} & a_{12}+b_{12} \\ a_{21}+b_{21} & a_{22}+b_{22} \end{pmatrix} \Rightarrow \begin{pmatrix} 1 & 2 \\ 3 & 4 \end{pmatrix} \pm \begin{pmatrix} 2 & 3 \\ 4 & 5 \end{pmatrix} = \begin{pmatrix} 3 & 5 \\ 7 & 9 \end{pmatrix}$$

(4) 행렬의 곱

행렬의 곱은 앞의 행렬의 열과 뒤의 행렬의 행이 같아야 한다. 즉, 다음과 같이 앞행렬의 열수(M)과 뒤 행렬의 행수(M)일 같아야 한다.

$$(N \times M) \cdot (M \times L) = (N \times L) \qquad \text{(식 B1-34)}$$

앞의 2행 원소와 뒤의 1열 원소의 각각의 곱을 합함

2행, 1열

$$\begin{pmatrix} a_{11} & a_{12} & a_{13} \\ a_{21} & a_{22} & a_{23} \end{pmatrix} \bullet \begin{pmatrix} b_{11} & b_{12} \\ b_{21} & b_{22} \\ b_{31} & b_{32} \end{pmatrix} = \begin{pmatrix} a_{11}\times b_{11}+a_{12}\times b_{21}+a_{13}\times b_{31} & a_{11}\times b_{12}+a_{12}\times b_{22}+a_{13}\times b_{32} \\ a_{21}\times b_{11}+a_{22}\times b_{21}+a_{23}\times b_{31} & a_{21}\times b_{12}+a_{22}\times b_{22}+a_{23}\times b_{32} \end{pmatrix}$$

$$\Rightarrow \begin{pmatrix} 1 & 2 & 1 \\ 2 & 1 & 2 \end{pmatrix} \bullet \begin{pmatrix} 1 & 2 \\ 3 & 4 \\ 5 & 6 \end{pmatrix} = \begin{pmatrix} 12 & 16 \\ 15 & 20 \end{pmatrix}$$

(5) 특수행렬

① 0행렬 : 모든 원소가 0인 행렬

② 대각행렬 : 정방행렬에서 대각선의 원소만 값이 있고 다른 원소는 모두 0인 행렬

③ 단위행렬 : 대각행렬에서 대각선의 원소가 1인 행렬. U 또는 I로 표현함

④ 전치행렬 : 행과 열의 위치를 바꾼 행렬

⑤ 대칭행렬 : $(A)=(A)^T$인 행렬
⑥ 삼각행렬 : 주 대각선 위 또는 아래의 모든 원소가 0이 아닌 행렬
⑦ 역행렬 : $(A)(A)^{-1}=$단위행렬이 되는 $(A)^{-1}$을 역행렬이라고 함

$$\begin{pmatrix}0&0\\0&0\end{pmatrix}\quad\begin{pmatrix}1&0\\0&4\end{pmatrix}\quad\begin{pmatrix}1&0\\0&1\end{pmatrix}\quad\begin{pmatrix}1&2\\3&4\end{pmatrix}=\begin{pmatrix}1&3\\2&4\end{pmatrix}$$

(0행렬) **(대각행렬)** **(단위행렬)** **(전치행렬)**

$$\begin{pmatrix}1&2\\2&4\end{pmatrix}\quad\begin{pmatrix}1&0\\3&4\end{pmatrix}\quad\begin{pmatrix}3&1\\2&4\end{pmatrix}\text{와}\begin{pmatrix}0.4&-0.1\\-0.2&0.3\end{pmatrix}$$

(대칭행렬) **(삼각행렬)** **(역행렬)**

(6) 행렬식의 정의

숫자 또는 기호를 가로방향(행)과 세로방향(열)으로 나열한 행렬을 하나의 수, 기호, 수식으로 표현. 즉 10, ｜A｜, ad−bc 등으로 나타낸 것을 행렬식이라고 한다. 행렬식은 행과 열의 수가 같아야 하며 행 또는 열의 원소수가 N이면 N차 행렬식이라고 한다.

(7) 역행렬과 행렬식

역행렬은 행렬식을 이용하여 다음과 같이 계산한다.

$$A=\begin{pmatrix}a&b\\c&d\end{pmatrix} \Rightarrow (A)^{-1}=\frac{1}{|A|}\begin{pmatrix}d&-b\\-c&a\end{pmatrix} \qquad \text{(식 B1-35)}$$

(8) 행렬식의 예

2차 행렬식을 정의하면 다음 식과 같다.

$$\begin{vmatrix}a&b\\c&d\end{vmatrix}=ad-bc \qquad \text{(식 B1-36)}$$

3차 행렬식을 정의하면 다음 식과 같다.

$$\begin{vmatrix}a&b&c\\d&e&f\\g&h&i\end{vmatrix}=a\begin{vmatrix}e&f\\h&i\end{vmatrix}-b\begin{vmatrix}d&f\\g&i\end{vmatrix}+c\begin{vmatrix}d&e\\g&h\end{vmatrix} \qquad \text{(식 B1-37)}$$

3. 삼각함수의 기본 값

(1) 각도의 표시법

1) 각의 정의

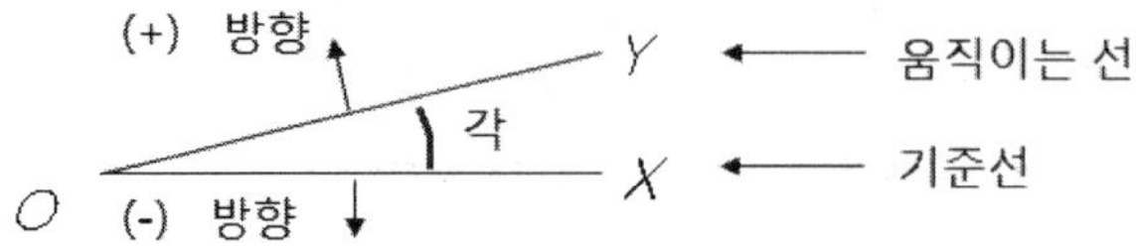

• ∠YOP를 각 이라고 정의함

〈그림 B1-12〉 각의 정의

2) 각의 표시법

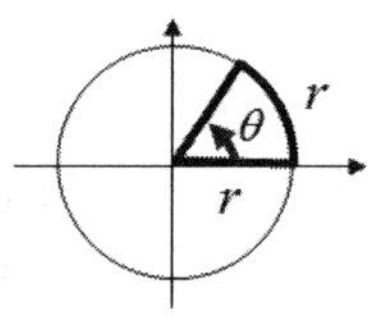

〈그림 B1-13〉 각의 표시

① 60분법 : 기준선으로부터 1주기를 360도로 정하고 1/360을 1도라고 정의

② 호도법 : 원의 둘레를 반지름과 같은 길이만큼 이동한 각도를 1호도(radian)로 정의하고 원의 길이(l)를 지름($2r$)으로 나눈 값을 원주율 ð라고 정의함. 따라서 l=2ðr이 되고 호도법으로 1주기의 각도는 2π가 됨

(2) 삼각함수의 정의

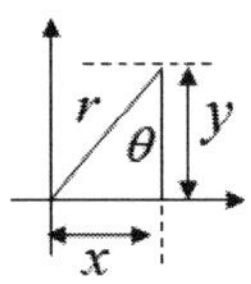

$\cos\theta = \frac{x}{r}$ $\sin\theta = \frac{y}{r}$ $\tan\theta = \frac{y}{x}$

〈그림 B1-14〉 삼각함수의 기본값

〈표 B1-3〉 삼각함수 기본값

θ	0	π/6	π/4	π/3	π/2
sinθ	0	1/√2	1/√2	√3/2	1
cosθ	1	√3/2	1/√2	1/2	0
tanθ	0	1/√3	1	√3	+∞

(4) 삼각함수의 곱의 공식

통신에서 사인 함수와 코사인 함수의 상호 관계를 나타내는 삼각함수의 공식은 통신 시스템의 상호 동작을 이해하는데 도움이 된다.

$$\cos x \cos y = \frac{1}{2}\cos(x+y) + \frac{1}{2}\cos(x-y)$$
$$\sin x \sin y = -\frac{1}{2}\cos(x+y) + \frac{1}{2}\cos(x-y)$$
$$\sin x \cos y = \frac{1}{2}\sin(x+y) + \frac{1}{2}\sin(x-y)$$
$$\cos x \sin y = \frac{1}{2}\sin(x+y) - \frac{1}{2}\sin(x-y)$$

변조된 신호의 새로운 주파수를 예측할 수 있음

(식 B1-38)

삼각함수의 곱의 공식은 두 신호간의 결합을 통해 발생하는 새로운 주파수를 예측하는데 이용된다. 즉 음성 및 데이터 신호를 믹서와 같은 시스템의 구성 요소를 통과할 경우 새로운 주파수를 발생하게 되는데 새로운 주파수를 정확히 예측하는데 삼각함수의 곱의 공식을 이용한다.

(5) 삼각함수의 합의 공식

삼각함수의 합의 공식은 하나의 신호에서 여러 가지 다른 주파수를 만들어내는 주파수 합성기 등의 새로운 주파수를 예측하는데 이용한다. 합의 공식에 의해 원래 주파수의 반이 되는 주파수를 만들어 낸다.

$$\sin(x \pm y) = \sin x \cos y \pm \cos x \sin y$$
$$\cos(x \pm y) = \cos x \cos y \mp \sin x \sin y$$

☞ $$\sin 2x = 2\sin x \cos x$$
$$\cos 2x = \cos^2 x - \sin^2 x$$

주파수 발생기에서 분주된 주파수 발생

(식 B1-39)

(6) 삼각함수의 반각의 공식

삼각함수의 제곱의 공식은 비선형 시스템의 상호 변조 주파수를 예측하는데 이용될 수 있다.

$$\cos^2 x = \frac{1}{2}(1+\cos 2x)$$
$$\sin^2 x = \frac{1}{2}(1-\cos 2x)$$

비선형 시스템의 상호변조주파수를 예측

(식 B1-40)

연습문제 해답

제1부 이동통신의 이해

제1장 개요

01. 상대방에게 여러 가지 신호를 주고받는 행위
02. 인간의 오감(청각, 시각, 후각, 미각, 촉각)
03. 전파
04. 디지털처리부(Digital Unit), 무선 처리부(Radio Unit)0
05. 신호 대 잡음비(S/N : Signal to Noise)
06. 비트에너지 대 잡음비(Eb/No)

제2장 전파의 발생과 전달

01. 패러데이(Faraday)　　02. 맥스웰(Maxwell)

03. 헤르츠(Hertz)　　04. 1) 13.15dB, 2) 400mW EIRP, 3) 100W ERP

05.

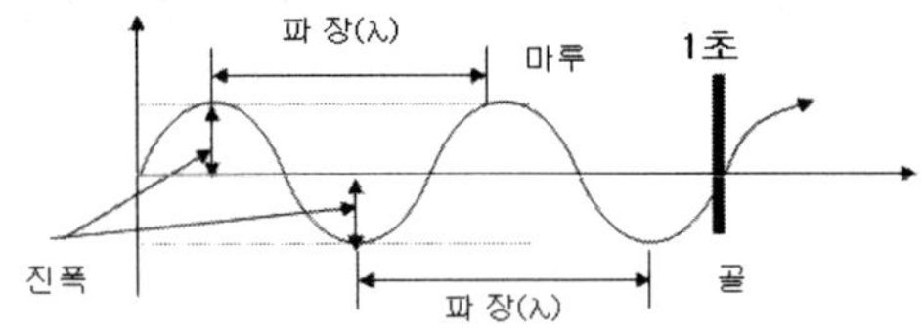

주기(T) : 1파장 지나는데 걸리는 시간

06. $c = f \times \lambda$에서 $\frac{\lambda}{4} = \frac{c}{4f} = \frac{3 \times 10^8}{4 \times 3 \times 10^3} = 25{,}000\text{m} = 25\text{km}$

07. 1) 800MHz 이동통신 시스템의 안테나

(기지국) $\frac{\lambda}{2} = \frac{c}{2f} = \frac{3 \times 10^8}{2 \times 800 \times 10^6} = 0.1875\text{m}$, 따라서 $0.1875 \times 4 = 0.75\text{m}$

(단말기) $\frac{\lambda}{4} = \frac{c}{4f} = \frac{3 \times 10^8}{4 \times 800 \times 10^6} = 0.09375\text{m}$

2) 1.8GHz 이동통신 시스템의 안테나

(기지국) $\frac{\lambda}{2} = \frac{c}{2f} = \frac{3 \times 10^8}{2 \times 1.8 \times 10^9} = 0.0833\text{m}$, 따라서 $0.0833 \times 4 = 0.333\text{m}$

(단말기) $\frac{\lambda}{4} = \frac{c}{4f} = \frac{3\times10^8}{4\times1.8\times10^9} = 0.0417\text{m}$

3) 2GHz 이동통신 시스템의 안테나

(기지국) $\frac{\lambda}{2} = \frac{c}{2f} = \frac{3\times10^8}{2\times2\times10^9} = 0.075\text{m}$, 따라서 $0.0755\times4 = 0.3\text{m}$

(단말기) $\frac{\lambda}{4} = \frac{c}{4f} = \frac{3\times10^8}{4\times2\times10^9} = 0.0375\text{m}$

4) 2.5GHz 이동통신 시스템의 안테나

(기지국) $\frac{\lambda}{2} = \frac{c}{2f} = \frac{3\times10^8}{2\times2.5\times10^9} = 0.06\text{m}$, 따라서 $0.06\times4 = 0.24\text{m}$

(단말기) $\frac{\lambda}{4} = \frac{c}{4f} = \frac{3\times10^8}{4\times2.5\times10^9} = 0.03\text{m}$

08. 광중계기를 통해 거리(d) 3km 이동하는 시간(t)

$t = \frac{d}{v} = \frac{3\times10^3}{2\times10^8} = 15\times10^{-6} = 15\mu s$

RF 광중계기를 통해 거리(d) 3km 이동하는 시간(t)

$t = \frac{d}{v} = \frac{3\times10^3}{3\times10^8} = 10\times10^{-6} = 10\mu s$

따라서 시간 차이는 $5\mu s$

09. 송수신 주파수 각각 20MHz, 채널수는 송수신 각각 2채널

10. 반사파

11. 1GHz가 2배 더 회절

12. 간섭

13. 편파

14. 1) 거리 제곱에 반비례하므로 $\frac{10W}{10^2} = 0.1W$ 2) 주파수 제곱에 반비례하므로 $\frac{0.1W}{2^2} = 0.025W$

15. 빠른 페이딩(레일레이 페이딩)

16. 도플러 효과

제3장 이동통신 시스템의 구성

01. 예측 가능한 신호가 무한한가? 유한한가?

02. 비트

03. 7비트

04. 잡음의 저항력, 채널에 적합한 지능성, 시스템 변경의 유연성, 신호처리의 창의성, 매체 이용의 효율성, 신호의 보안성

05. 1)–다 2)–라 3)–아 4)–바 5)–사 6)–마 7)–나 8)–가

06. $C = B\times\log_2(1+\frac{S}{N})$ 이때 C는 채널 용량, B는 주파수 대역폭, S는 신호전력, N은 잡음전력

07. 셰논의 한계(Shanon's limit)

08. $C = B\times\log_2(1+\frac{S}{N}) = 5\text{MHz}\times\log_2(1+3) = 5\times2 = 10\text{Mbps}$

09. $80\text{Mbps} = B \times \log_2(1+\frac{S}{N}) = B \times \log_2(1+15) = B \times 4$ 따라서 B=20MHz

10. $20\text{Mbps} = 10\text{Mhz} \times \log_2(1+\frac{300\text{mW}}{N})$

$2^2 = 1 + \frac{30\text{mW}}{N} \Rightarrow \text{N} = \frac{300\text{mW}}{3} = 100\text{mW}$

제 4 장 이동통신망의 구성

01. 무선망에서 회선데이터와 패킷데이터를 분리하여 전송
02. 모든 신호를 패킷데이터로 통합하여 처리
03. 패킷망

제 5 장 이동통신서비스 통화품질

01. 전파음영지역, 시스템의 용량 부족, 시스템의 장애 발생 등
02. 핸드오프 기지국의 용량 부족, 전파음영지역으로 이동할 경우 등
03. 전파의 세기 약한 곳인 경우, 인근 무선장비의 간섭이 심할 때 등
04. 주관적인 방법 : MOS
객관적인 방법 : 아날로그 S/N, 디지털 BER, PER, FER

제2부 이동통신 신호의 해석

제 6 장 이동통신의 신호와 잡음

01. 정현파
02. $\sin^2\theta + \cos^2\theta = 1$
03. 임의 신호(random signal)
04. 비주기 신호(non-periodic signal)
05. 이산 신호(discrete signal)
06. 전력 신호(Power signal)
07. 임의/비주기/에너지
08. 전력신호 : 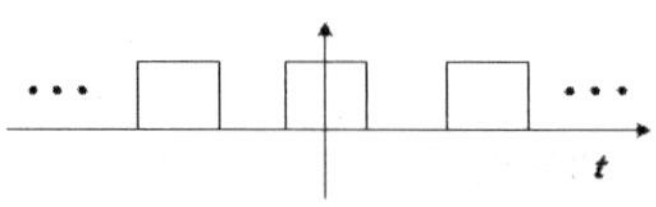

, 에너지 신호 : 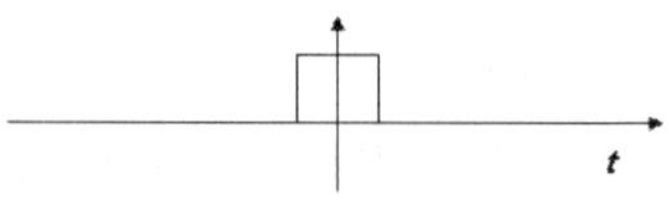

09. 특정시간의 신호의 세기는 특성가우시안 확률밀도 함수로 나타남
10. 모든 주파수 대역의 진폭이 동일한 크기를 가짐
11. AWGN(Additive White Gaussian Noise) 채널
12. 상호 변조 잡음
13. 보호 대역(Guard Band)
14. 상호 간섭 잡음
15. 양자화 잡음
16. 버스트 잡음
17. 플리커 잡음
18. 샷 잡음, 시간 천이 잡음, 쇄도 잡음
19. 임펄스 잡음, 대기 잡음, 태양 잡음, 우주 잡음

제7장 신호와 잡음의 세기

01. W, mW, dBW, dBm

02. 1) $p(t)=x^2(t)$ 이때 $R=1$ 2) $P=\frac{1}{T}\int_{-T/2}^{T/2}x^2(t)dt$ 3) $E=\int_{-\infty}^{\infty}x^2(t)dt$

03. 1) $P=\frac{A^2}{2}$ 2) $Vrms=\frac{A}{\sqrt{2}}$

04. 평균전력 9W, 실효전압 3V

05. 141V

06. 이동통신 신호의 세기는 값이 매우 작아 수치가 일상적인 범위를 벗어남

07. dB = dB(μP) = dB(SPL)

08. 전압(전류) 데시벨이 전력의 2배

09. P = k_BTB(여기서 k_BT = −174dBm)
 = −174dBm + B
 = −174dBm + (2 * 10MHz)
 = −174 + 3 + 70
 = −101dBm

10. 60dB

11. 반송파의 최대 전력과 비교하여 상대적인 전력 크기를 데시벨로 표현

12. 0dB

13. −3dB, −10dB, −20dB

14. 40dBW = 10^4W = 10kW, 1/10^8mW = 1억분의 1mW

15. 17dBm = 20dBm −3dB = 100mW × 1/2 = 50mW

16. 1mW × (15 + 5 + 15)dB = 1mW * 1000 = 1W

17. x*1000 = 10W 따라서 P_i = 10mW
 P_{eirp} = 10W * 10dB = 100W

18. 64배, 16배, 4배

19. SINAD

20. SQNR

21. PSNR

22. $NF(dB)=10\log_{10}\left[\frac{10/0.1}{100/2}\right]=10\log_{10}\left[\frac{100}{50}\right]=3dB$

23. $NF(dB)=10dB=10\log_{10}\left[\frac{10/0.1}{x/1}\right]$, x = 10W

24. PAR = $10\log_{10}$(1000mW/100mW) = 10dB

25. EVM(Error Vector Magnitude)

제8장 신호와 잡음의 해석

01. 시간에 따른 신호세기의 변화, 주파수에 따른 신호세기의 변화

02. 오실로스코프

03. 스펙트럼어낼라이저

04. 라디오, TV, 휴대전화, 무선랜, 블루투스 등등

05. 시간 영역

06. 주파수 영역

07. 푸리에 급수

08. 푸리에 변환

09. 초당 진동하는 횟수, Hz

10. 초당 회전하는 각도, radian

11. 푸리에

12. 5, $\frac{3}{1}[1-(-1)^1]=6$, $\frac{3}{5}[1-(-1)^5]=1.2$, $\frac{3}{10}[1-(-1)^{10}]=0$

13. $f(t)=\frac{8}{\pi}[\sin\pi t+\frac{1}{3}\sin 3\pi t+\frac{1}{5}\sin 5\pi t+\frac{1}{7}\sin 7\pi t+\frac{1}{9}\sin 9\pi t]$

14. 이동통신 신호 $f(t)$의 $n\omega_0$의 정현파의 진폭

15. 주기가 무한대일 때

16. $F(\omega)=\int_{-\infty}^{\infty} f(t)e^{-j\omega t}d\omega$

17. $f(t)=\frac{1}{2\pi}\int_{-\infty}^{\infty} F(\omega)e^{j\omega t}d\omega$

18. 1) 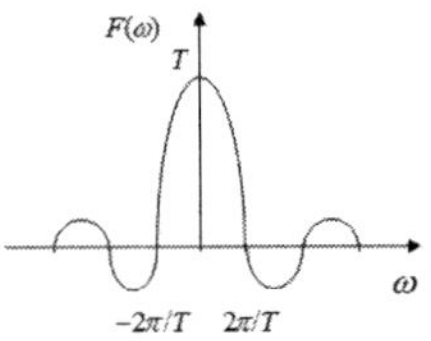

2) 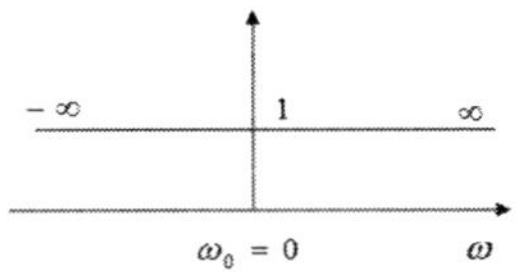

3) 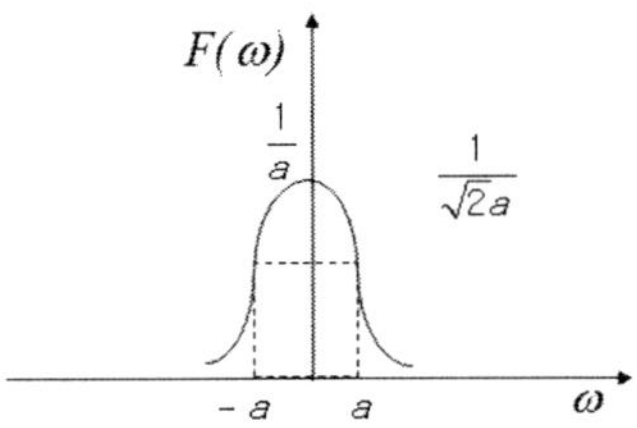

4) 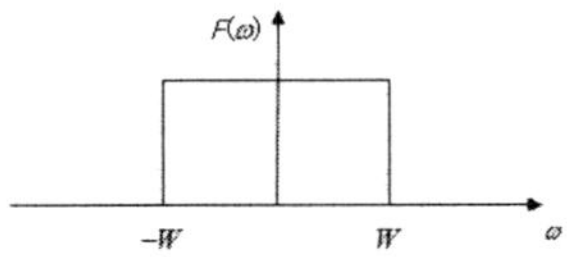

19. 주파수 변환쌍의 쌍대성

20. 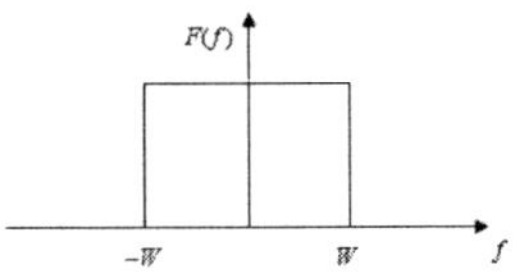

21. 파시발의 정리

22. $E=\int_{-\infty}^{\infty}|f(t)|^2 dt=\frac{1}{2\pi}\int_{-\infty}^{\infty}|F(\omega)|^2 d\omega$

23. 1) 선형성 2) 주파수 천이 3) 시간지연 4) 시간변환
5) 신호와 시스템의 동작 단순화 6) 아날로그 신호의 표본화

제3부 이동통신 신호의 전달

제9장 이동통신 시스템의 구성

01. 안테나, RU, DU, 전력장치, 주변장치 02. CPRI

03. 듀플렉서, 송수신 필터, 송수신 증폭기, 주파수합성기, 트랜시버, 변복조기

04. CPU, DSP(디지털 신호 처리), 컨트롤러(디지털 신호 제어), 채널부호화기, 메모리
05. A/D, D/A, 기저대역코덱, 전력제어, 주파수제어, 클록 발생
06. 1) CRC, 2) 터보코드, 3) QPSK, 16QAM, 64QAM, 4) OFDMA

제10장 이동통신 신호의 전달 과정

01. 전달함수
02. 선형시불변 시스템
03. $y(t) = Kx(t - t_0)$또는 $Y(f) = KX(f)e^{-j2\pi f t_0}$
04. 컨볼루션 연산
05. 충격파 함수
06. $Y(\omega) = X(\omega) \times H(\omega)$
07. $C = B \log_2(1 + \frac{S}{N})$
08. 심볼간섭, 주파수 간섭, 시스템의 비선형성 등
09. 송신–HPA, 수신–LNA
10. 평균전력보다 높은 최대전압은 비선형성 영역으로 들어가 효율성 저하
11. 상호변조왜곡(IMD)
12. 1dB 전력, IP3 전력
13. 여파기(필터)
14. LPF 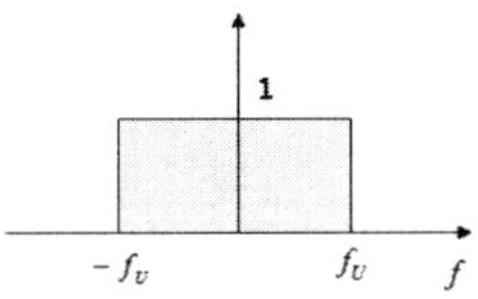

BPF 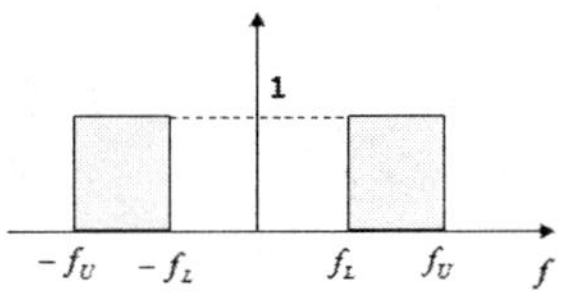

15. 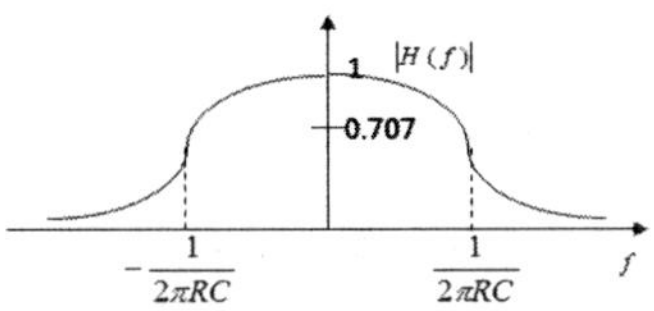

16. 신호의 많은 부분이 제거되면 에러가 발생할 수 있음
17. RF 대역이 기저 대역보다 2배 넓어짐
18. 3dB 대역폭(필요 대역폭), 점유 주파수 대역폭
19. SEM(Spectrum Emmision Mask)
20. 대역외 간섭(Out of Band), 스퓨리어스(Spurious)

제11장 이동통신 시스템의 성능 개선

01. OFDM
02. MIMO
03. $C = n\,x\,B \log_2(1 + \frac{S}{N})$, 여기서 n은 안테나 수
04. 반송파 결합(Carrier Aggegation)
05. 컴포넌트 반송파(Component Carrier)
06. 100MHz, 약 3Gbps

제4부 이동통신 시스템의 구성요소와 기능

제12장 아날로그-디지털 변환

01. 표본화 - 양자화 - 부호화
02. 파형 부호화
03. 음성 또는 디지털 펄스와 같이 주파수 성분이 낮은 대역에 있는 신호
04. 기저대역 송신
05. PAM, PPM, PWM
06. PAM
07. 나이키스트
08. 나이키스트 주파수
09. 에이리어싱
10. 나이키스트 표본화 정리에 의해 $f_s \geqq 2f_m$이어야 하므로 $f_s \geqq 2 \times 4000 = 8000\text{Hz}$ 이상 표본화하여야 한다.
11. 나이키스트 표본화 정리에 의해 $f_s \geqq 2f_m$이어야 하므로 $f_s = 2 \times 20{,}000 = 40{,}000\text{Hz}$가 필요하다. 이때 표본화 펄스간의 시간은 $T = 1/f_s = 1/40{,}000 = 25\mu s$
12. 나이키스율 22,050 × 2 = 44,100Hz
    엔지니어링 적용 22,050 × 2.2 = 48,510Hz
13. 1) 균일 양자화　2) 비균일 양자화
14. 비균일 양자화
15. μ-Law
16. 컴팬더
17. 나이키스트 정리에 의해 4kHz × 2 = 8kHz/1초
    전송속도 8 kHz/1초 × 8비트/샘플 = 64kbps
18. 나이키스트 정리에 의해 4kHz × 2 = 8kHz/1초
    256레벨을 이진수로 나타내면 8비트
    8kHz/1초 × 8비트/샘플 = 64kbps
19. 2(스테레오) × 44100(표보화율) × 16(양자화 비트수/샘플 × 300초 = 423,360,000 bits = 423.36Mbits = 약 54Mbytes
20 $q^2/12$.
21. $\{128-(-128)\}/2^8 = 1\text{V}$
22. $\{51.2-(-51.2)\}/0.1 = 1024$, $2^{10} = 10$비트
23. 1비트 추가시 약 6dB 좋아지므로 3비트를 추가한 7비트
24. 파형 부호
25. Low Pass Filter
26. Raised Cosine Filter
27. 등화기(Equalizer)
28. 1단계 : 수신값을 상관기로 추정, 2단계 판정
29. 64kbps, 30명, 64kbps, 24명
30. 전송망
31. 64kbs, 6.4Mbps/64kbps = 100채널
32. 2.5Gbps/10Mbps = 250채널

제13장 원천 부호화와 복호화

01. 원래의 아날로그 및 디지털 신호를 디지털화 및 압축하는 것
02. DM, ADM, DPCM, ADPCM
03. 델타 변조

04. 표본수를 늘리면 오차가 작아지나 데이터양이 많아짐

05. ADM

06. DPCM

07. DPCM을 개선, 과거의 양자화 오차를 고려하여 시간에 따라 양자화 레벨 크기를 변화하는 방식

08. 입력 신호를 여러 개로 나누어 전송함으로써 여러 개의 출력 표본이 나와 SNR을 높이는 것

09. 벡터 양자화, 변환 부호화, 서브밴드 부호화

10. 발생 확률이 높은 심벌 신호에는 짧은 길이의 코드를 할당하고, 발생 확률이 낮은 심벌 신호에는 길이가 긴 코드를 할당하여 전송되는 데이터의 평균코드 길이를 줄이는 부호화 방식

11. 허프만 부호화

12. ADPCM

13. MP3

14. MPEG2 오디오 방식

15. 파형부호화, 음원부호화, 혼합부호화

16. 코덱 (CODEC)

17. 사람의 음성 신호를 표현할 수 있는 파라미터와 사람의 청각 특성을 이용하여 부호화하는 방식

18. 20개 필터 × 40샘플/초 × 3비트/샘플 = 2.4kbps

19. 음성신호를 직접 양자화하지 않고 음성 신호의 생성과정을 모델링하여 음성신호를 부호화하는 방식

20. AMR, QCELP, EVRC 등

21. 화소(Pixel)

22. 7비트

23. 100 × 10/화소 × 3 = 3000비트

24 100 × 10/화소 × 3 × 20 = 60,000bps = 60kbps

25. 9.6kbps

26. Modified READ(MR)/Modified Huffman(MH)

27. 1/5~1/30

28. MPEG2

29. AMR 코덱

30. H.324M

31. H.323/IETF SIP

제14장 채널 부호화와 복호화

01. 정보 데이터에 추가적으로 에러 체크를 위한 비트[패러티 비트]를 삽입하여 에러를 찾고 정정하는 것

02. 전방에러정정 방식 (FEC)

03. 재전송요청방식(ARQ)

04. 파형 코딩

05.

S1	0	0	0	0
S2	0	1	0	1
S3	0	0	1	1
S4	0	1	1	0

06. 구조화된 부호열

07. 실시간 서비스에 에러발생시

08. 블록코딩과 컨볼루셔널 코딩

09. 전송데이터 비트수에 대한 정보 데이터 비트수의 비율

10. 채널코딩을 함으로써 동일한 에러 확률을 유지하는 전력 감소 이득(dB)

11. 길이가 같은 두 개의 전송데이터 사이에서 값이 다른 데이터의 수

12. 전송데이터 집합에서 임의 두 개의 전송데이터 사이에 가장 작은 해밍 거리

13. $e_{cc} = \left\lfloor \frac{d_{\min}-1}{2} \right\rfloor$ 식의 기호는 x를 초과하지 않는 가장 큰 정수임

14. $e_{dc} = d_{\min} - 1$

15. 가. 2/5, 나. 00과 01은 3, 00과 10은 3, 00과 11은 4, 01과 10은 4, 01과 11은 3, 10과 11은 3
다. 3 라. 1 마. 2

16. 데이터를 일정한 길이로 잘라 블록을 만들고 블록마다 에러 체크 비트(패러티 비트)를 추가하여 송신하고 수신할 때 에러 체크 비트를 이용하여 에러를 정정하는 방식

17. (n, k) 코드에서 2^n의 전송데이터 코드가 만들어질 수 있는데 2^k 정보데이터를 전송데이터 코드로 송신할 때 2^k 전송 데이터의 집합이 2^n 전송데이터 코드 집합의 부분 집합일 때 선형코드(Linear Code)라고 한다.

18.

정보 코드	전송 코드	정보 코드	전송 코드
0 0 0	0 0 0 0 0 0	1 0 0	1 0 0 1 1 0
0 0 1	0 0 1 1 0 1	1 0 1	1 0 1 0 1 1
0 1 0	0 1 0 0 1 1	1 1 0	1 1 0 1 0 1
0 1 1	0 1 1 1 1 0	1 1 1	1 1 1 0 0 0

19. 전송코드 $T = m \cdot G$일 때
복화화 코드 $T \cdot H^T = m \cdot G \cdot H^T = m \cdot 0 = 0$
따라서 T가 에러가 없음을 확인하고 메시지 m을 구한다.

20. $g(X)$는 알고 있는 다항식 함수이고 수신데이터를 나누어 나머지가 생기지 않으면 에러가 없다. 따라서 $g(X)$와 $q(X)$를 곱하면 전송데이터 $T(X)$를 구할 수 있다. 이때 $T(X) = m(X) + r(X)$이므로 CRC 패러티 코드인 나머지 $r(X)$를 제거하면 송신 정보코드를 구할 수 있다.

21. CRC코드는 선형 블록 코드의 한 종류로서 코드 생성이 피드백 시프트 레지스터를 이용하여 쉽게 만들어지며, 비슷한 피드백 시프트 레지스터를 이용함으로써 에러검사결과가 쉽게 이루어짐

22. 최소 자유 거리

23. 가. 1/2, 3
나. 그림에서 $T_{n1} = m_n \oplus m_{n-1} \oplus m_{m-2}$, $T_{n2} = m_n \oplus m_{m-2}$이므로

차수	정보코드	기억소자			전송코드	
0	···10101	m_n	m_{n-1}	m_{n-2}	T_{n1}	T_{n2}
1	····1010	1	0	0	1	1
2	·····101	0	1	0	1	0
3	······10	1	0	1	0	0
4	·······1	0	1	0	1	0
5	········	1	0	1	0	0

(정보코드) 10101··· –> (전송코드) 1110001000······

24. 비터비 디코딩 방식

25. Convolutional Turbo Code, Low Density Parity Code

26. 양방향으로 동시에 통신이 가능한 방식

27. GBN ARQ 방식

28. Hybrid ARQ 방식

제 15 장 인터리빙과 디인터리빙

01. 무선채널은 페이딩에 의해 집중에러(Burst Error)가 발생하므로 에러 발생을 분산시켜 에러 정정 능력을 효율적으로 유지시켜 주는 것
02. 기억 채널(Meory Channel)　　03. 페이딩, 멀티패스, 스위칭 잡음
04. 가. 1, 2, 3, 4, 5, 6, 7, 8, 9, 10, 11, 12　나. 1, 5, 9, 2, 6, 10, 3, 7, 11, 4, 8, 12
05. 블록인터리빙(Block Interleaving)은 송신데이터를 일정한 데이터 블록으로 만들고 데이터를 세로 방향으로 기록한 후 송신시에는 가로 방향으로 출력하여 송신하고 수신할 때도 같은 크기의 데이터 블록을 만들어 동일한 동작을 수행하여 집중 에러를 랜덤 에러로 분산함
06. 가. 5,　나. 2개와 4,　다. 5개,　라. 각각 30개,　마. 60개
07. 가. 컨볼루션 인터리빙(Convolution Interleaving)은 길이가 다른 레지스터를 이용하여 입력 데이터의 순서를 바꾸어 전송하고, 데이터 수신시 레지스터의 순서를 반대로 하여 원래의 입력 데이터 순서대로 복원하여 집중에러를 랜덤에러로 분산함
    나. 각각 6 메모리 저장 시간, 12개 메모리
08. 연계 코드　　09. 집중 에러 방지

제 16 장 디지털 변조와 복조

01. 변조는 낮은 주파수 대역(기저 대역)의 원래의 신호(아날로그 또는 디지털)를 높은 주파수 대역(밴드패스 대역)으로 변환하여 주는 것이고 복조는 높은 주파수 대역으로 변환된 원래의 신호를 원래의 낮은 주파수 대역으로 변환하여 주는 것
02. 음성신호와 같은 아날로그 신호이든 디지털 펄스와 같은 디지털 신호이든 변조되지 않은 신호가 존재하는 저주파 대역
03. 전송채널은 반송파 주파수 근방에 신호의 전송에 필요한 대역폭을 확보해서 만들어진다. 신호의 전송에 사용되는 이 주파수대역을 밴드패스 대역이라고 한다.
04. 모뎀 9MODEM
05. ASK, FSK, PSK, APK
06. MPSK(동기식 검파 방식)
07. 아날로그 변조는 에러가 아날로그 양에 비례하여 나타나는데 에러의 형태는 음질불량, 화질불량으로 나타남 디지털 변조는 치명적인 에러가 발생하는데 데이터의 수치가 달라지거나 음질, 화면 등의 손실이 발생
08. ASK : 각 레벨의 전력 감소
    FSK : 각 주파수 당 전력 감소
    PSK : 위상 간격이 축소
09. ① $\text{심볼레이트}(sps) = \text{심벌수}/\text{sec} = \dfrac{1000}{25 \times 10^{-3}} = 40{,}000(sps)$

    ② $\text{비트율}(bps) = (\text{비트수}/\text{심벌}) \times \text{보드율} = 6 \times 40{,}000 = 240(kbps)$
10. ASK : $S_i(t) = A_i \cos(\omega_c t + \phi)$ ω와 ϕ는 고정되어 있고 A만 변수
11. FSK : $S_i(t) = A \cos(\omega_i t + \phi)$ A와 ϕ는 고정되어 있고 ω만 변수

12. PSK : $S_i(t) = A\cos(\omega_c t + \phi_i)$ A와 ω는 고정되어 있고 ϕ만 변수
13. APK : $S_i(t) = A_i\cos(\omega_c t + \phi_i)$ ω만 고정되어 있고 진폭 A, ϕ는 변수
14. 상관기(Correlator)
15. 1단계 : 상관기(Correlator)를 이용하여 수신신호 값을 추정
    2단계 : 수신신호 값과 기준 신호 값을 비교하여 송신 신호 값을 결정
16. 수신기가 수신신호의 신호를 검파할 때 수신하는 신호의 반송파 주파수와 위상의 기준 정보를 알고 검파하는 것을 동기식 검파(Coherent Detection)라고 하며 수신기가 위상 기준 정보를 알지 못하고 검파하는 것을 비동기식 검파(Non coherent Detection)라고 함
17. WCDMA, cdma2000, cdma2000 EV-DO
18. WiMax, WiBro, HSPA, LTE
19.

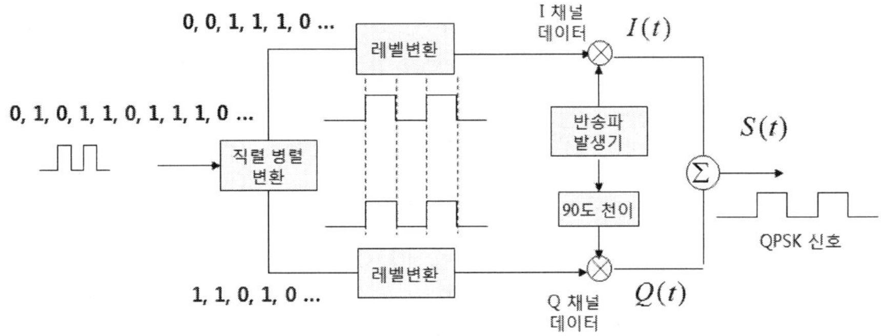

20.

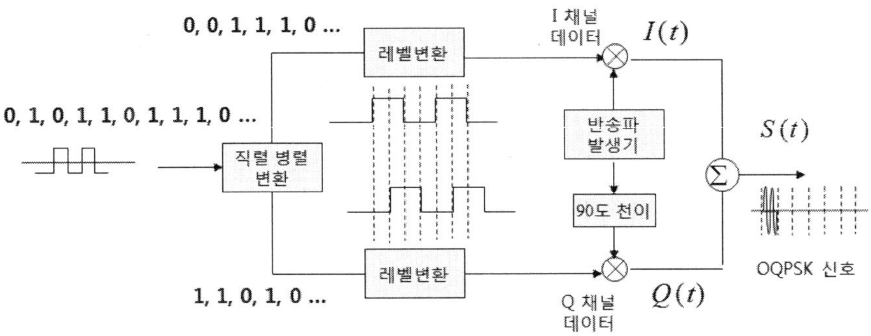

21

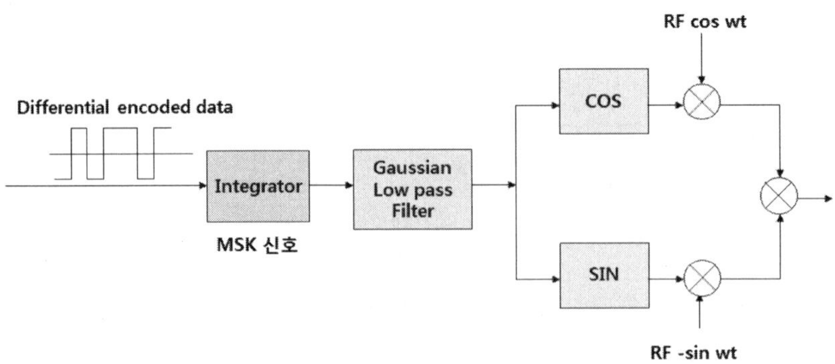

22. I채널 2비트+ Q채널 2비트 = 4비트, 즉 총 16개의 심볼을 나타냄
16개의 심볼은 각각 3개의 에너지 레벨 가운데 1개의 레벨값을 가짐

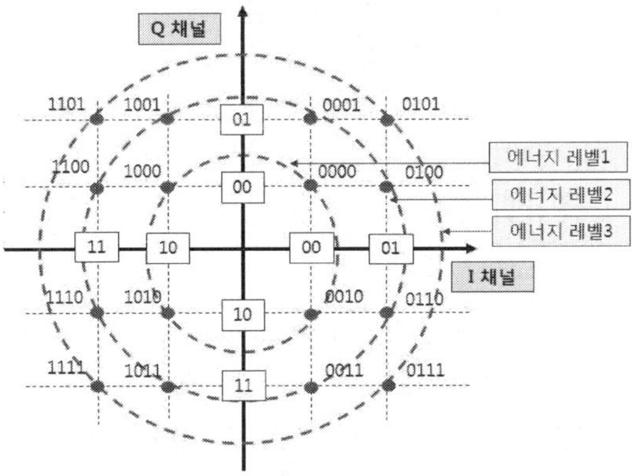

제 17 장 대역 확산과 확산 코드

01. 위성통신, 무선항행, 물류관리
02. CDMA
03. 가. 확산코드신호, 나. 방해신호
04. 신호를 간섭으로부터 보호하기 위해 원래의 신호를 여러 주파수 대역으로 나누어 전송하는 것
05. 간섭 신호 억제, 에너지 밀도 감소, 높은 해상도
06. 직접대역확산, 주파수도약 대역확산, 시간도약 대역확산, 첩도약 대역확산, 혼합 대역확산
07.

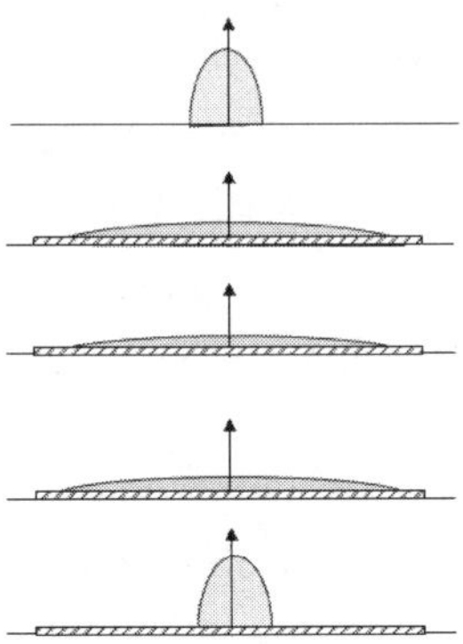

08. 확산 코드는 동일한 코드끼리 곱하면 1이 되고 서로 다른 코드끼리 곱했을 때 0이 되도록 하는 코드로서 여러 신호가 섞여 있어도 다른 신호는 매우 낮은 전력을 갖는 잡음으로 처리할 수 있음
09.

1	1	1	1
1	-1	1	-1
1	1	-1	-1
1	-1	-1	1

10. 송신기의 송신 코드가 불규칙하게 보이는 모양으로 이루어진 코드

11. 선형 귀환 레지스터(Linear Feedback Shift Register)
12. 가. 코드 발생기 나. 캐리어 발생기 다. 캐리어 발생기 라 코드발생기
13. 느린 주파수 도약 방식, 빠른 주파수 도약 방식
14. 가. 변조기, 나. FH 변조기, 다. 확산코드발생기
15. 사용자는 각 프레임 동안 M 시간 슬롯의 하나를 전송하는데 코드 신호에 의해 결정
16. 혼합 대역확산 방식

제18장 다중접속과 다중화

01. 고정된 통신자원(주파수, 시간, 공간 등)의 공유로서 두 신호 간에 신호의 직교성이 보장되어야 함
02. 수신단에서 신호를 검출할 때 다른 신호의 간섭을 피하고 원하는 신호만 검출
03. 이동통신에서 기지국에서 단말기로 보내는 채널은 순방향, 단말기에서 기지국 방향은 역방향
04. 시간, 주파수, 코드, 직교주파수, 공간, 편파
05. FDM/FDMA, TDM/TDMA, CDM/CDMA, OFDM/OFDMA
06. FDMA, AMPS 시스템
07. TDMA, GSM 시스템
08. CDMA, WCDMA 시스템
09. OFDMA, LTE 및 WiMax 시스템
10. OFDMA
11. CDM/CDMA
12. 퀄컴
13. 대역 확산 방식을 이용한 무선 접속 방식으로 보안(Privacy) 성능이 뛰어 나고 페이딩 채널에 대한 저항력(Fading channel resistance) 및 방해전파에 대한 저항력(Jam resistance)이 좋음 또한 시간 분할 방식과 비교하여 데이터 전송 용량의 유연성이 좋음
14. CDMA에서 쓰는 대역확산 통신 방식은 전송대상 신호를 원하는 주파수 대역보다 더 넓게 하여 보내는 방식으로, 넓은 주파수 대역을 만들기 위하여 확산 코드가 사용되는데 광대역의 주파수와 시간을 활용하되 실제 사용하는 부분은 코드에 의해 전체 주파수 및 시간 중 일부만을 활용
15. 직접 대역 확산 방식
16. cdma2000, WCDMA
17. 256
18. 골드 코드
19. OFDMA/OFDM
20. 기존 병렬 데이터 시스템은 부 주파수가 겹치지 않아 주파수 효율이 개선되지 않으나 OFDM 방식은 부 주파수가 겹치면서도 간섭이 일어나지 않아 주파수 효율이 2배 정도 우수함
21. 1개의 직렬 신호를 여러 개의 병렬 신호로 변환하면서 심볼 시간이 늘어나지만 여러 개의 주파수가 함께 이용되면서 신호를 전송하는데 이용되는 전체 주파수 대역폭은 부 주파수의 중복 사용하는 정도에 따라 다소 감소할 수 있음
22. 부주파수(Subcarrier)
23. 1200개
24. 20MHz
25, LTE
26. LTE
27. 기지국이 통화자 신호의 시간을 동일한 시간에 도착하도록 조정
28. 통화자들이 각각 다른 서브캐리어를 사용하므로 간섭 없음
29. WCDMA

30. $C = n\,x\,B\log_2(1+\frac{S}{N})$

제 19 장 암호화와 암호해석

01. 암호학 02. 암호해석
03. Privacy, Authentication 04. DIVOH
05. 32 34 12 24 31 15 13 34 32 32 45 33 24 13 11 44 24 34 33 43
06. 메시지마다 적용할 암호화 규칙 07. NQEJNH
08. 암호화기, 암호해석기, 암호채널, 암호분석기
09. 메시지의 수, 암호키의 수, 암호 메시지의 수가 같고 암호 메시지를 수신하였을 때 암호 메시지에 대응하는 암호키가 1개 이고 나타날 수 있는 모든 암호키의 확률이 같을 때
10. 32개, 5개, 32개 11. 약 3.178비트
12. 컨퓨전 기술 : 암호키와 암호 메시지 관계를 복잡하게 만드는 기술
디퓨전 기술 : 메시지의 글자 사이의 확률적인 차이를 줄이는 것
13. OEDC 14. DES(Data Encryption Standard)
15. 스트리밍 암호화 16. 자기 동기 스트리밍 암호화 방식
17. 기존 암호 시스템에서는 암호키와 암호해석키가 동일한 키인데 반해 공공키 암호 시스템은 암호키와 암호해석키가 각각 다른 키를 가지고 있음 또한 공공키 암호 시스템의 암호키는 공개되는 반면 암호해석키는 보안이 유지됨
18. 가. A_key, 나. SSD_A, 다. SSD_B
19. 가. SSD_A, 나. 공공롱코드(Public long code) 다. 사적 롱코드 (Private long code)

제 20 장 듀플렉스

01. 시간, 공간, 주파수 02. 순방향 채널
03. 역방향 채널
04. 가. 센터갭(Center Gap) 나. 듀플렉스 간격(Duplex Separation)
다. 보호 대역 (Guard Band)
05. 보호 시간 (Gurd Time)
06. FDD 시스템의 경우 송수신 주파수가 다르므로 송수신 각각의 주파수를 여과하는 BPF(Band Pass Filter)가 있어야 하지만 TDD 시스템의 경우 송수신 주파수가 같으므로 하나의 BPF(Band Pass Filter)만 필요하나 송수신 시간이 다르므로 동기 신호 생성기 및 RF Switch가 필요함
07. 1) 단일대역 단일모드 TDD 시스템에서 RF 듀플렉서의 감소로 RF 비용 감소 및 구조 단순화를 이룰 수 있으나 TDD 단말에서 다중 대역을 지원하기 위해서는 RF 구조가 복잡해짐. 하지만 RF 듀플렉서의 비용은 크지 않음
2) TDD 시스템은 동일 대역을 사용하므로 상하향 동일한 채널 특성을 가지고 있어 채널 추정이 유리하나 FDD 시스템에서 채널 추정에 이용되는 신호의 오버헤드는 크지 않으며 동일대역의

채널 특성도 이동 환경에서 쉽게 변화하는 특성이 있어 TDD 시스템에 의한 동일 채널 특성에 의한 채널 추정의 장점이 크지 않음

08. 1) TDD 시스템은 FDD 시스템과 비교하여 상하향 트래픽 변화에 유연하지만 상하향 트래픽 변화에 따른 동적인 상하향링크 비율 구성 변화는 모든 기지국과 단말기의 동기를 변경해야 하므로 쉽지 않음
    2) 일반적으로 단말기의 최대 전력은 제한되어 있음(기술기준 및 배터리 전력) 동일전력에서 FDD 시스템의 전력이 크므로 셀면적이 넓으므로 FDD 시스템의 셀면적이 크기 때문에 동일 면적에서 요구되는 기지국수가 적음

09. 10ms　　10. 1ms
11. 3dB 감소　　12. 10km

제 21 장 동기

01. 동기
02. 위상 동기, 심볼 동기, 프레임 동기
03. 코히어런트 시스템은 주파수와 위상의 동기를 맞추어야 하나 논코히어런트 시스템은 주파수 동기만 맞추는 시스템
04. 동기 시스템은 반송파 추적 회로에 의해 요구 S/N 비를 낮출 수 있으므로 요구되는 주파수 대역폭을 줄일 수 있음
05. BFSK는 논코히어런트 시스템, BPSK는 코히어런트 시스템인데 BPSK가 BFSK보다 4dB S/N 비가 좋지만 도플러 효과 및 페이딩 때문에 신호 검출을 위해 시스템이 복잡함
06. 블록, 메시지, 프레임 동기가 이루어져야 함
07. 심볼 주기가 짧아져 정확도가 높은 동기가 요구됨
08. PLL(Phase Locked Loop) 시스템
09. 가. 위상 검출기,　나. 루프 필터,　다. 전압제어발진기
10. 가. 개방형루프동기　나. 폐쇄형루프동기
11. 프레임 마커 방식은 프레임 마커 이후 송신 데이터의 비트 수가 임의의 일정한 길이를 반복하여 송신하지만 동기 코드워드 방식은 메시지마다 송신함
12. 동기 코드워드 방식
13. 위성통신서비스, 이동통신서비스
14. 폐쇄 루프 송신 동기 방식

제 22 장 디지털 이동통신 시스템의 발전

01. 시스템의 용량
02. 멀티미디어 서비스 제공 능력
03. 보편적인 멀티미디어 서비스 구현
04. 서비스 특징 : 음성 +고속 데이타 + 영상 서비스의 보편화
    기술 특징 : 시스템 : IP based Core N/W + 다양한 RIT

05. AMPS, NMT-900, TACS, JTACS 등
06. IS-95A, PDC, GSM, IS-136 등
07. 음성코덱
08. 7
09. CDMA 1, GSM 4
10. ITU
11. WCDMA, cdma2000
12. 5 MHz, 1.25 MHz
13. AMR
14. 20 MHz
15. LTE-Adv.와 IEEE 802.16m
16. MIMO 안테나
17. HSPA+
18. DC-HSPA

부록 D

매트랩 실습 결과

제1부 이동통신의 이해

예제 1.4.1
850 MHz (Urban)

```
hb =
   20
m
f =
   850
MHz
d =
    1
km
hm =
    3
m
ch =
   2.6898
Lu =
  125.5135
dB
 850MHz 도심 단말기 수신전력
Pt =
       10000
mw
Gt =
    10
dBi
Gr =
     3
dBi
Peirp =
    50
Pr =
  -72.5135
dBm
```

예제 1.4.2
850 MHz (Suburban)

```
hb =
   20
m
f =
   850
MHz
d =
    1
km
hm =
    3
m
ch =
   3.7972
Lu =
  124.4062
Lsu =
  114.6120
dB

850MHz 부도심 단말기 수신전력
Pt =
       10000
mw
Gt =
    10
dBi
Gr =
     3
dBi
Peirp =
    50
Pr =
  -61.6120
dBm
```

예제 1.4.3
2GHz (Urban)

```
hb =
   20
m
f =
        2000
MHz
d =
    1
km
hm =
    3
m
ch =
   2.6898
c =
    3
Lu =
  140.5348
dB
 2000MHz 도심 단말기 수신전력
Pt =
       10000
mw
Gt =
    10
dBi
Gr =
     3
dBi
Peirp =
    50
Pr =
  -87.5348
dBm
```

예제 1.4.4
2GHz (Suburban)

```
hb =
   20
m
f =
        2000
MHz
d =
    1
km
hm =
    3
m
ch =
   4.4438
c =
    0
Lu =
  135.7809
Lsu =
  123.5072
dB

2000MHz 부도심 단말기 수신전력
Pt =
       10000
mw
Gt =
    10
dBi
Gr =
     3
dBi
Peirp =
    50
Pr =
  -70.5072
dBm
```

제2부 이동통신 신호의 해석

예제 2.8.1 합성신호의 특성

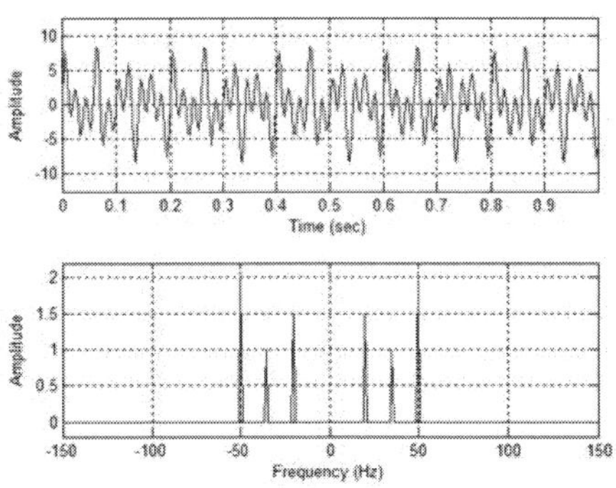

예제 2.8.2 푸리에 급수의 개념

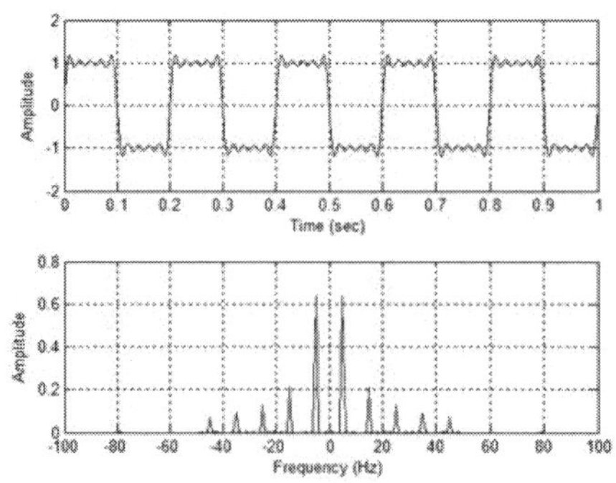

예제 2.8.3 푸리에 급수에서 푸리에 변환

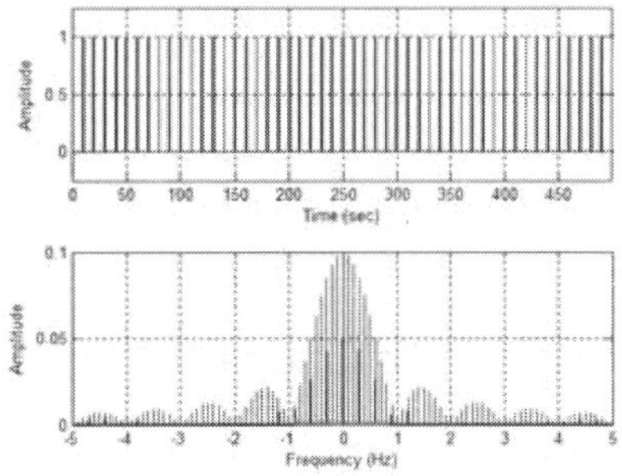

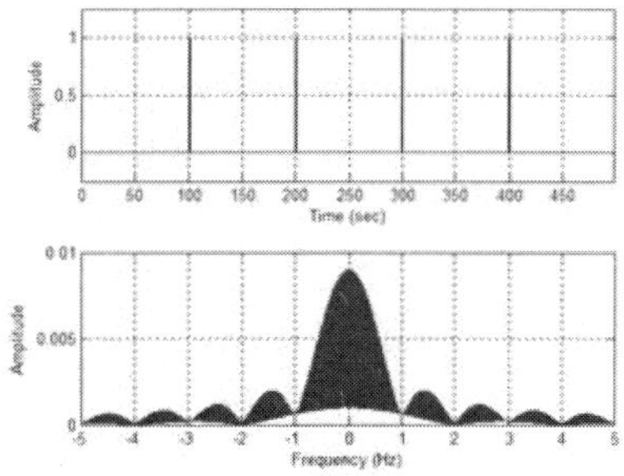

예제 2.8.4 이동통신 신호의 푸리에 변환

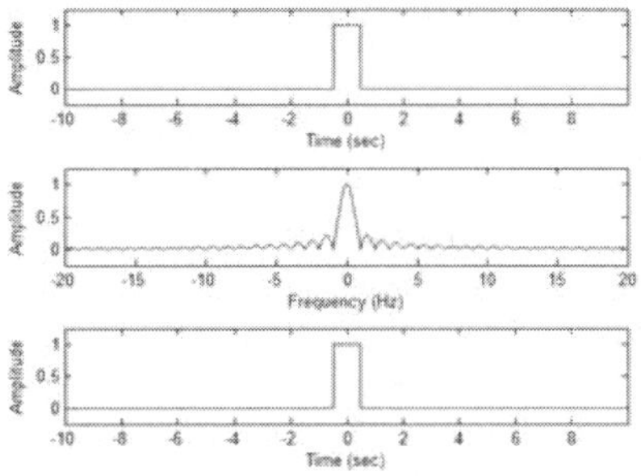

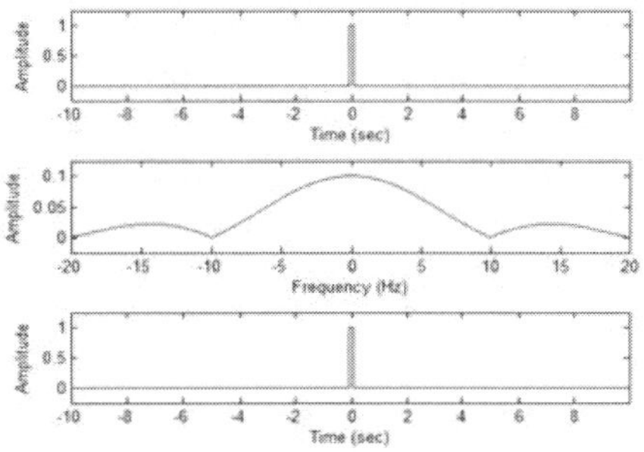

제3부 이동통신 신호의 전달

예제 3.10.1 사각파 신호의 이상적인 필터 통과

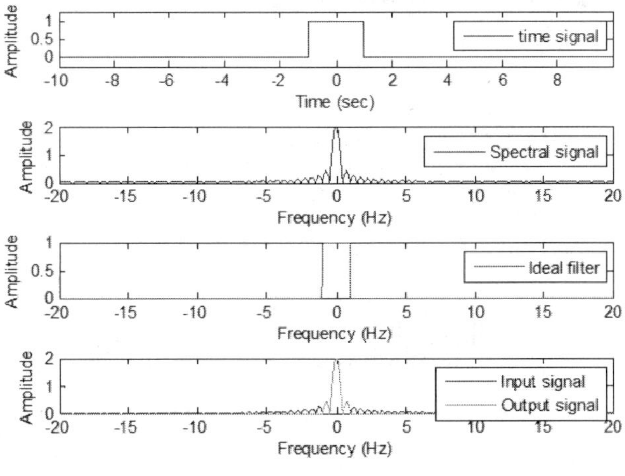

예제 3.10.2 사각파 신호의 가우시안 필터 통과

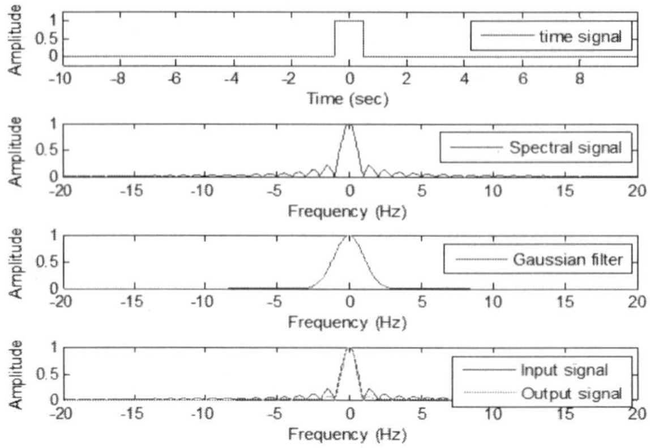

제 12 장 아날로그 디지털 변환

예제 4.12.1 A-D 변환 (균일 양자화)

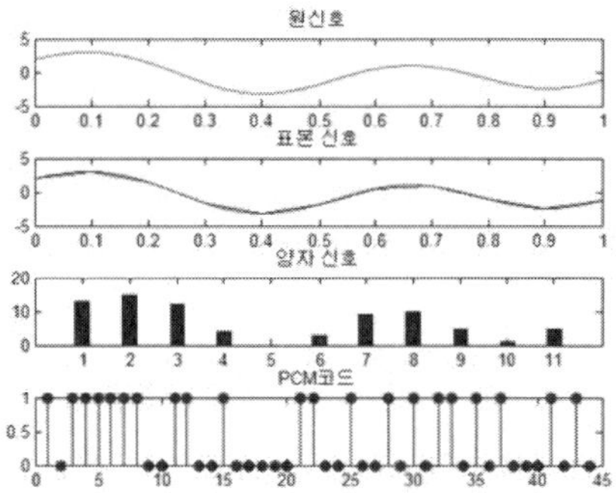

표본화 t=10

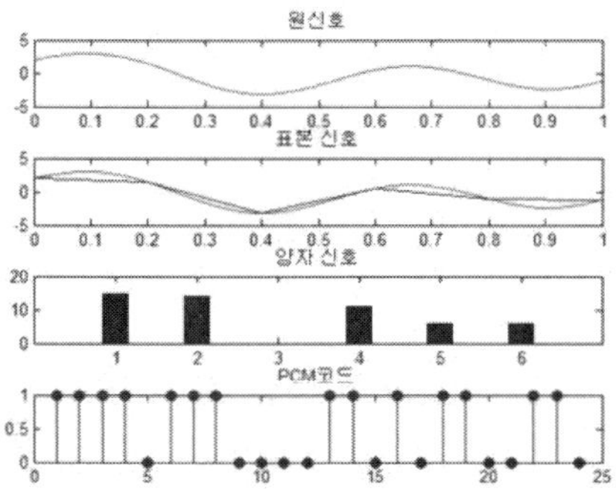

표본화 t=5

예제 4.12.2 A-D 변환 (비균일 양자화)

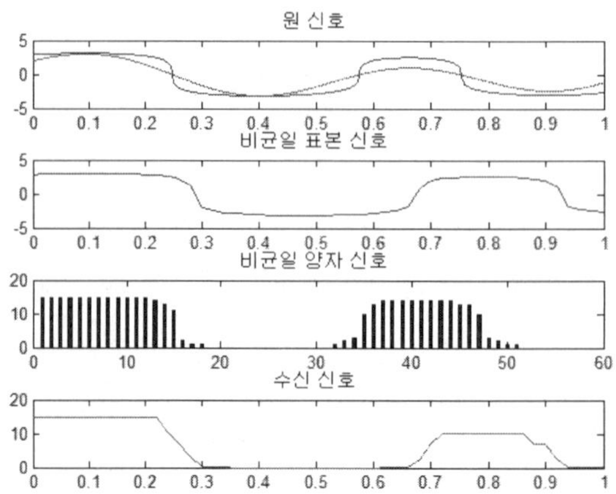

예제 4.12.3 Raised Cosine 필터 통과

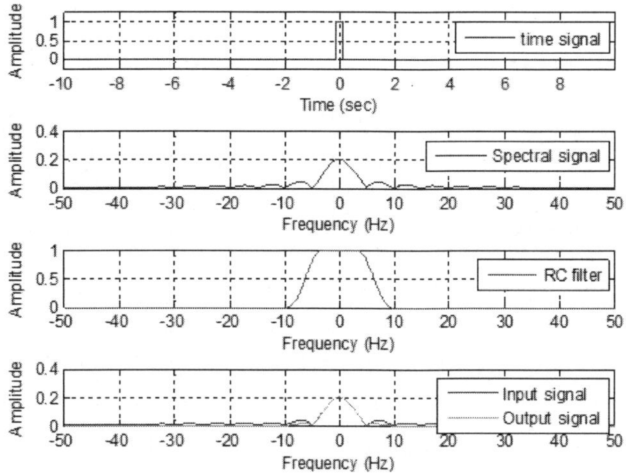

예제 4.12.4 수신되는 2진 데이터의 정보를 결정하기 위한 상관기의 구현

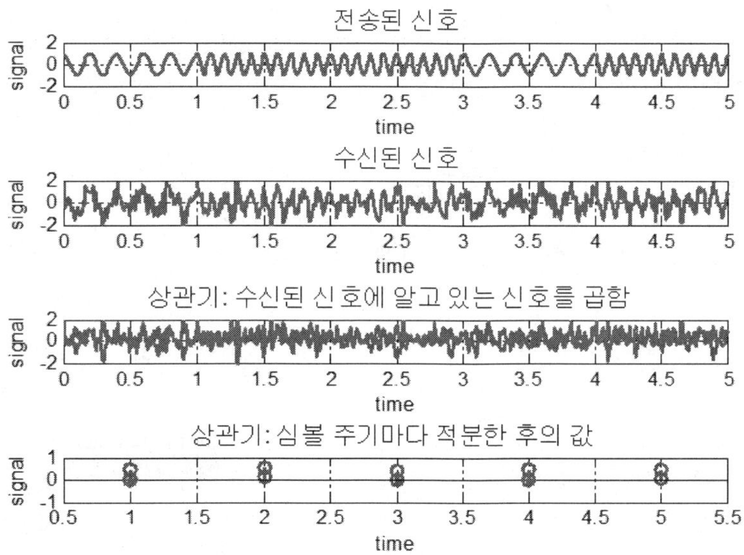

제13장 원천 부호화 및 복호화

예제 4.13.1 델타변조

완만한 아날로그 신호(y=sin x)

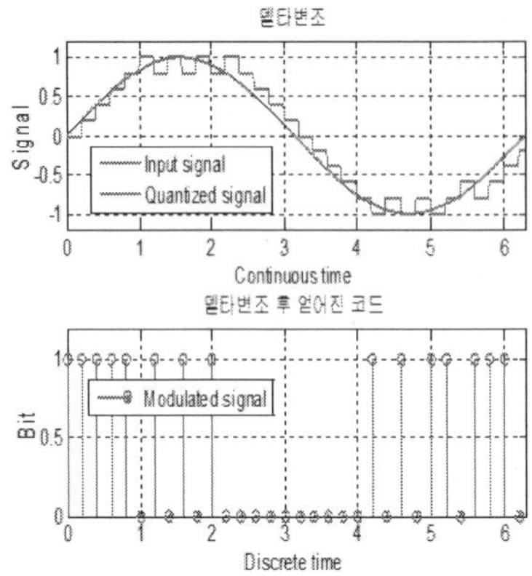

급격한 아날로그 신호(y=2cos²(π/2 + x)+ sin x)

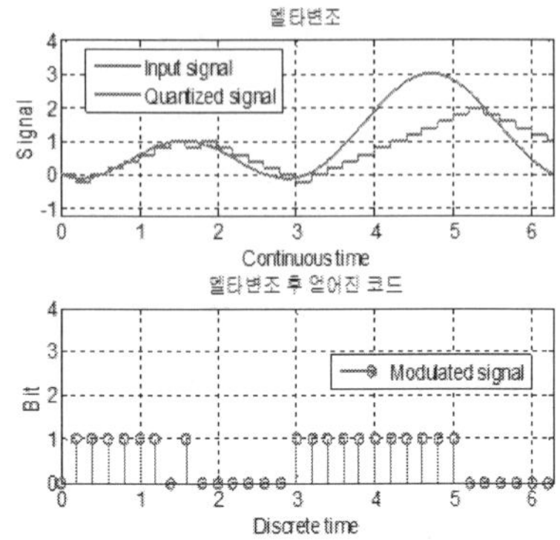

예제 4.13.2 적응델타변조

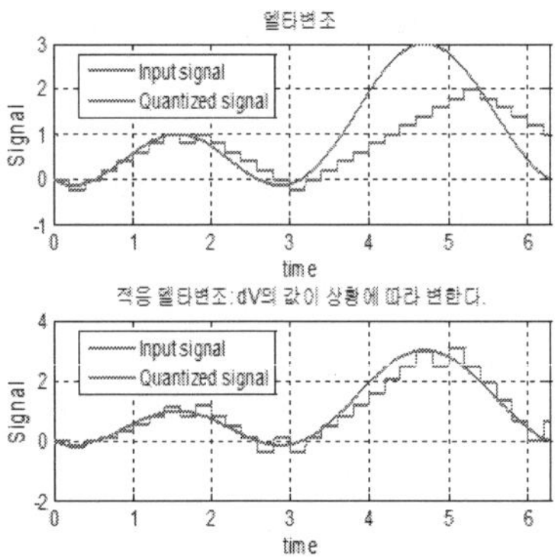

예제 4.13.3 차등펄스부호변조

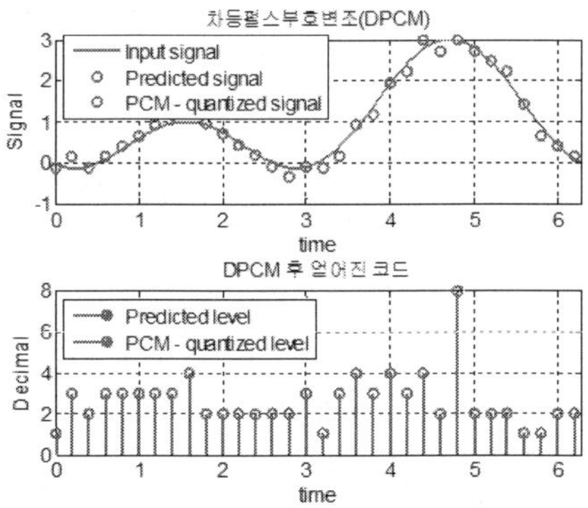

예제 4.13.4 ADPCM

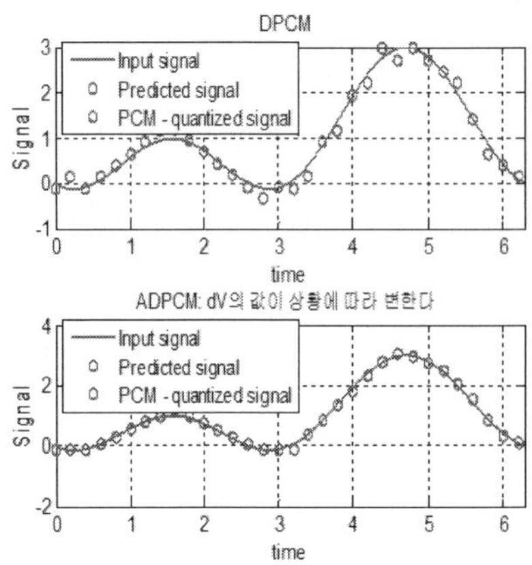

예제 4.13.5 허프만 부호화

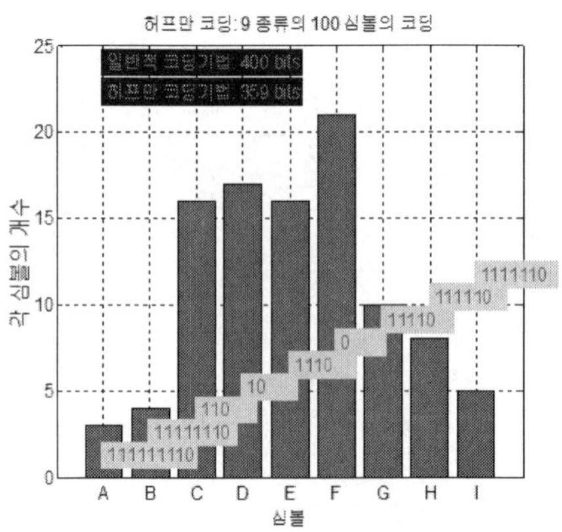

제 14 장 채널 부호화 및 복호화

예제 4.14.1 블록 코드의 생성과 에러 정정

```
정보코드 m

m =

     0     0     0
     0     0     1
     0     1     0
     0     1     1
     1     0     0
     1     0     1
     1     1     0
     1     1     1
```

```
블록코드 발생행렬 G

G =

     1     1     0     1     0     0
     0     1     1     0     1     0
     1     0     1     0     0     1
```

```
최소해밍거리

Min_D_hamming =

     3
```

```
전송코드 T1

T1 =

     0     0     0     0     0     0
     1     0     1     0     0     1
     0     1     1     0     1     0
     1     1     0     0     1     1
     1     1     0     1     0     0
     0     1     1     1     0     1
     1     0     1     1     1     0
     0     0     0     1     1     1
```

```
R =

     0     0     0     1     1     1
```

```
패리티 체크 행렬의 전치행렬 Ht

Ht =

     1     0     0
     0     1     0
     0     0     1
     1     1     0
     0     1     1
     1     0     1
```

```
s4 =

     0     0     0
```

예제 4.14.2 컨볼루션 코드의 전송코드 생성

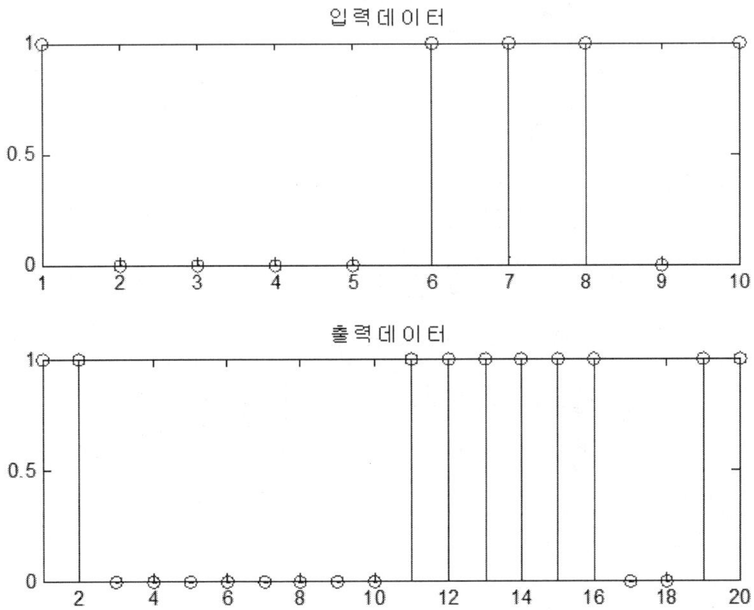

제 15 장 인터리빙 및 디인터리빙

예제 4.15.1 전송코드의 블록 인터리빙

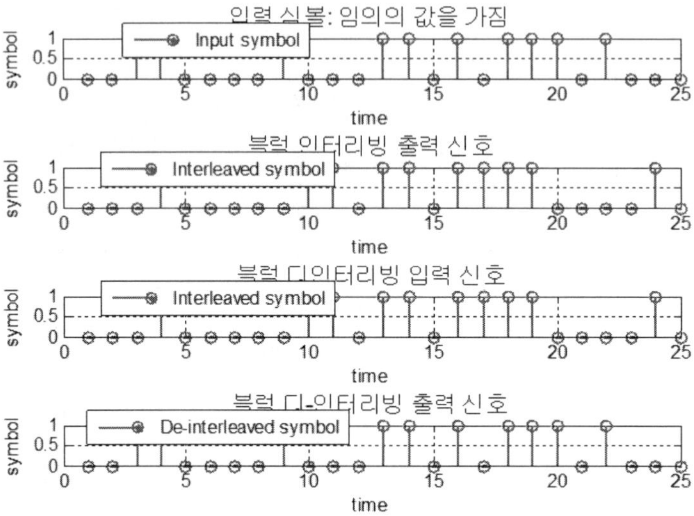

예제 4.15.2 전송코드의 콘볼루션 인터리빙

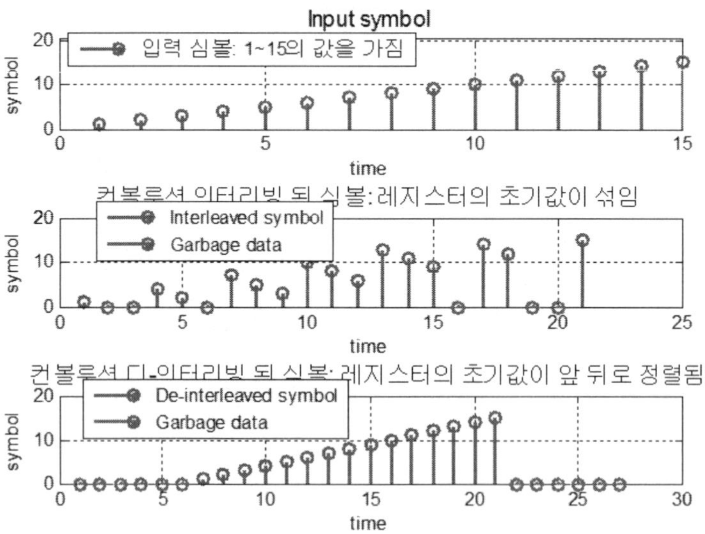

제 16 장 변조와 복조

예제 4.16.1 디지털 신호의 ASK/FSK/PSK 변조

```
Bit stream
---->
  Columns 1 through 24

    1   1   0   1   1   0   0   1   1   1   0   1   1   0   1   0   0   1   1   1   1   0   1   1

  Symbol value
---->
    3   3   6   5   5   4   7   6
```

(ASK 변조 신호)

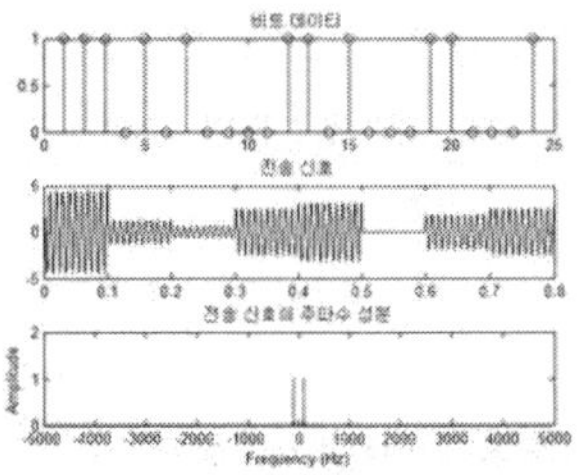

(FSK 변조 신호)

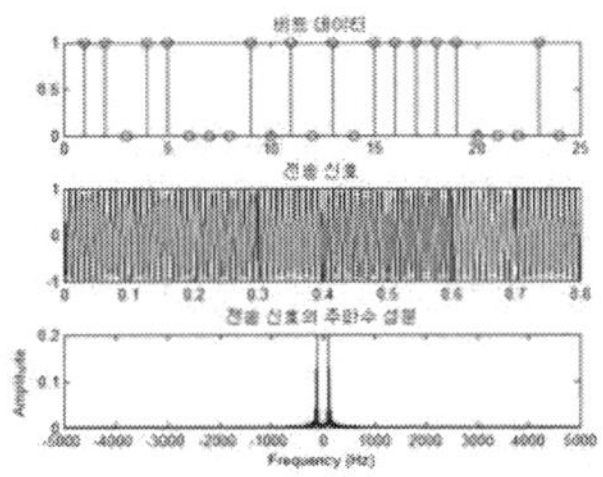

(PSK 변조 신호)

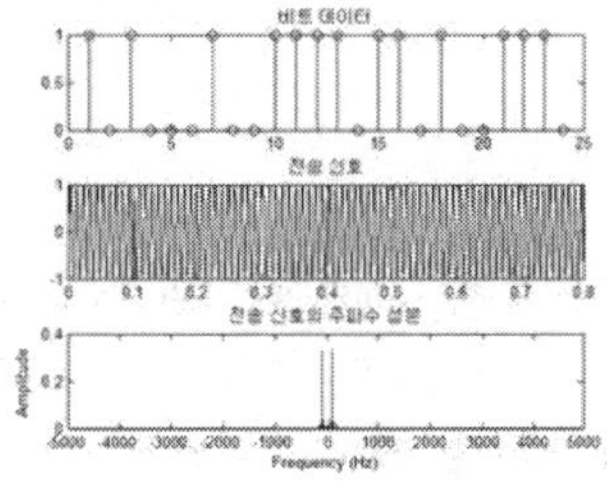

예제 4.16.2 디지털 신호의 AFK 변조

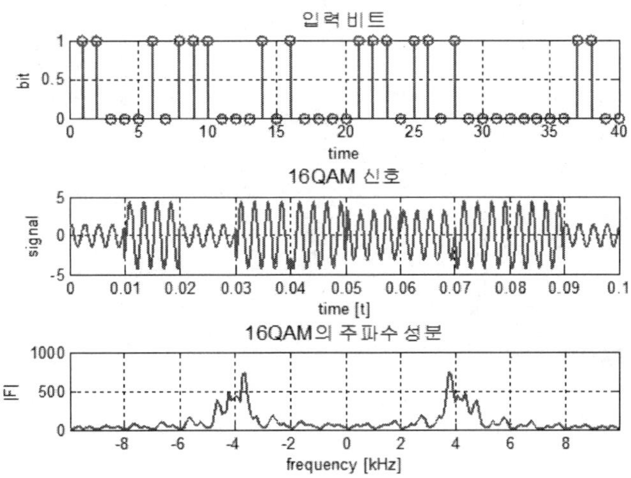

예제 4.16.3 디지털 신호의 OQPSK 변조

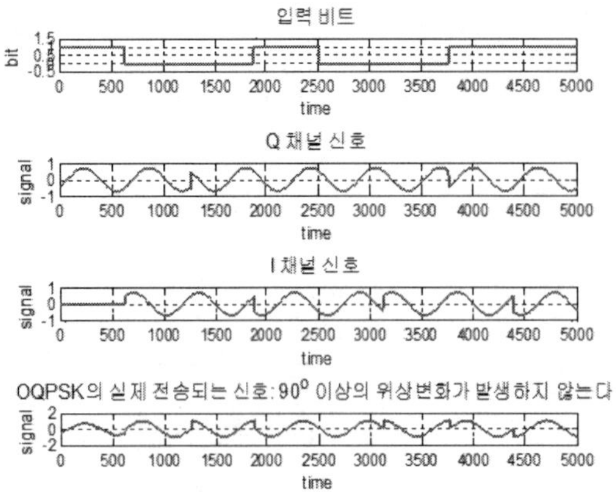

예제 4.16.4 디지털 신호의 QAM 변조

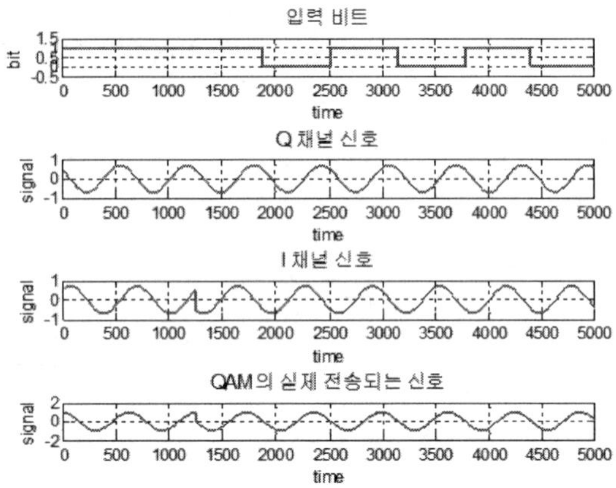

제 17 장 대역 확산과 확산 코드

예제 4.17.1 월시코드 생성

```
W =

   1   1   1   1   1   1   1   1   1   1   1   1   1   1   1   1
   1  -1   1  -1   1  -1   1  -1   1  -1   1  -1   1  -1   1  -1
   1   1  -1  -1   1   1  -1  -1   1   1  -1  -1   1   1  -1  -1
   1  -1  -1   1   1  -1  -1   1   1  -1  -1   1   1  -1  -1   1
   1   1   1   1  -1  -1  -1  -1   1   1   1   1  -1  -1  -1  -1
   1  -1   1  -1  -1   1  -1   1   1  -1   1  -1  -1   1  -1   1
   1   1  -1  -1  -1  -1   1   1   1   1  -1  -1  -1  -1   1   1
   1  -1  -1   1  -1   1   1  -1   1  -1  -1   1  -1   1   1  -1
   1   1   1   1   1   1   1   1  -1  -1  -1  -1  -1  -1  -1  -1
   1  -1   1  -1   1  -1   1  -1  -1   1  -1   1  -1   1  -1   1
   1   1  -1  -1   1   1  -1  -1  -1  -1   1   1  -1  -1   1   1
   1  -1  -1   1   1  -1  -1   1  -1   1   1  -1  -1   1   1  -1
   1   1   1   1  -1  -1  -1  -1  -1  -1  -1  -1   1   1   1   1
   1  -1   1  -1  -1   1  -1   1  -1   1  -1   1   1  -1   1  -1
   1   1  -1  -1  -1  -1   1   1  -1  -1   1   1   1   1  -1  -1
   1  -1  -1   1  -1   1   1  -1  -1   1   1  -1   1  -1  -1   1
```

예제 4.17.2 PN코드 생성

```
PNcode =

   1   0   0   0
   0   1   0   0
   0   0   1   0
   1   0   0   1
   1   1   0   0
   0   1   1   0
   1   0   1   1
   0   1   0   1
   1   0   1   0
   1   1   0   1
   1   1   1   0
   1   1   1   1
   0   1   1   1
   0   0   1   1
   0   0   0   1
   1   0   0   0
```

```
Out =

   0
   0
   0
   1
   0
   0
   1
   1
   0
   1
   0
   1
   1
   1
   1
```

예제 4.17.3 주파수 도약 확산 방식

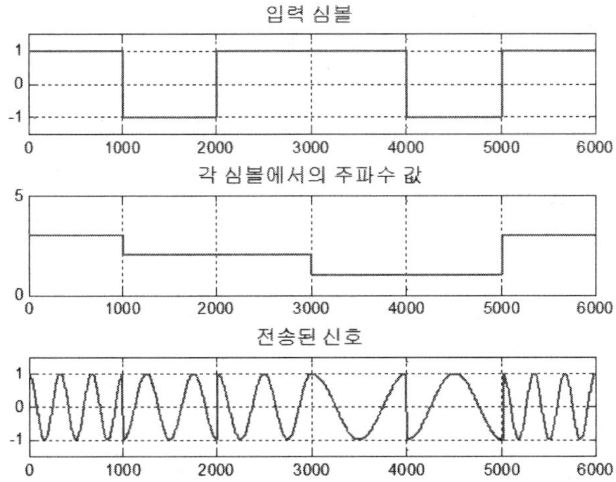

제 18 장 다중접속 및 다중화

예제 4.18.1 CDMA 다중접속 방식의 데이터 송신

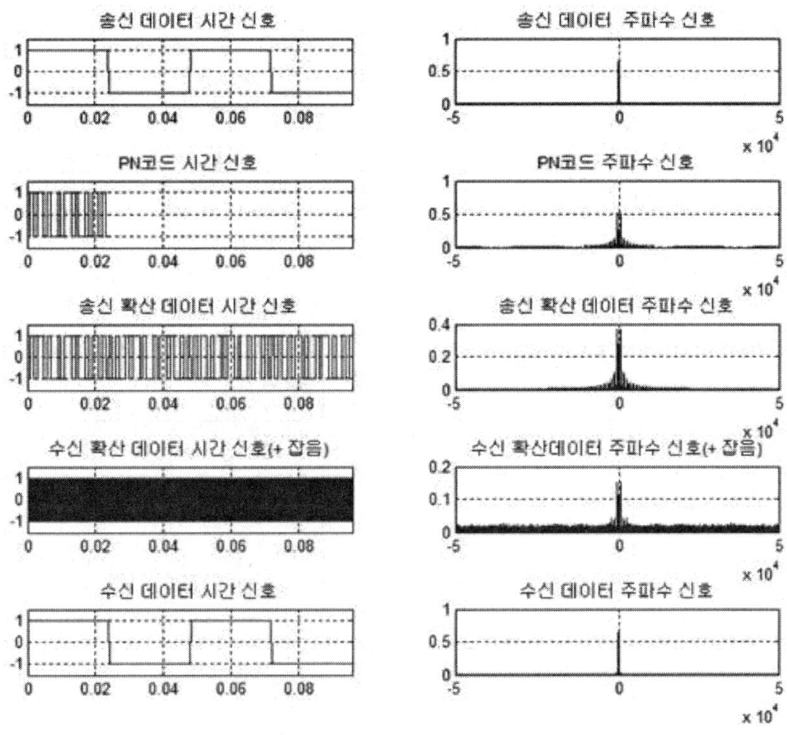

예제 4.18.2 OFDMA 다중접속 방식의 데이터 송신

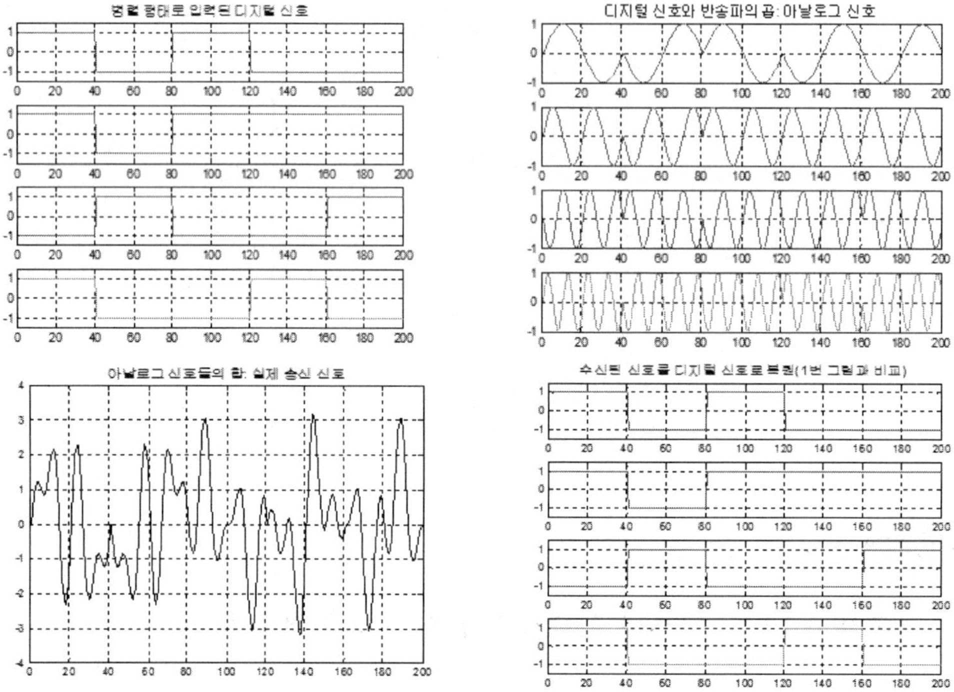

제 19 장 암호화

예제 4.19.1 : 케사르 암호화

Message : NOWISTHETIME

Encrypted : QRZLVWKHWLPH
Decrypted : NOWISTHETIME

예제 4.19.2 : 폴리비우스 스퀘어 암호화

Message : CRYPTOGRAPIC

Encrypted : 31 24 45 55 44 43 22 24 11 55 42 31
Decrypted : CRYPTOGRAPIC

예제 4.19.3 : 컨퓨전과 디퓨전

|------------------ **S box** ------------------------|

input bit	stage X	**P box**	stage Y	output bit
0	0	0 4	0	1
1	0	1 1	0	1
1	0	2 3	0	1
	1	3 7	0	
	0	4 0	0	
	0	5 2	0	
	0	6 6	0	
	0	7 5	1	

예제 4.19.4 : 스트리밍 암호화

message	X1 X2 X3	Key	output
1	0 0 1	0	1
0	0 1 1	0	0
1	1 1 1	1	0
0	1 1 0	1	1
1	1 0 1	1	0
0	0 1 0	0	0

제 20 장 듀플렉스

예제 4.20.1 FDD 방식의 데이터 송수신 과정

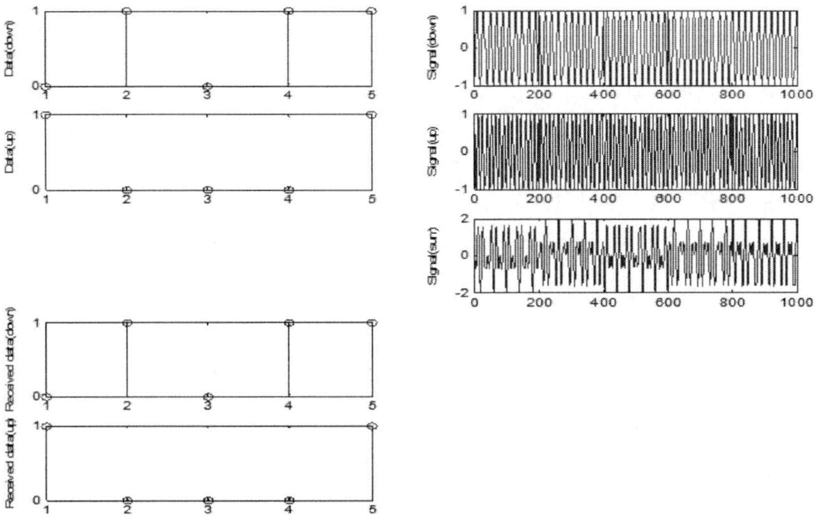

예제 4.20.2 TDD 방식의 데이터 송수신 과정

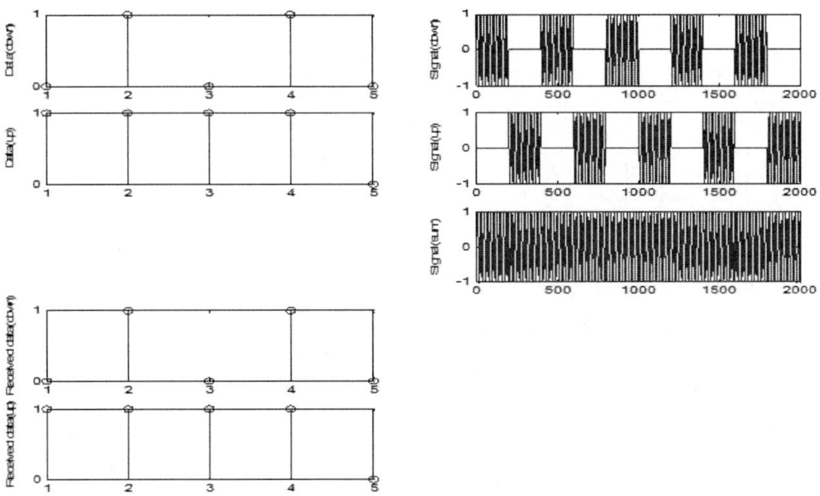

제21장 동기

예제 4.21.1 위상 동기

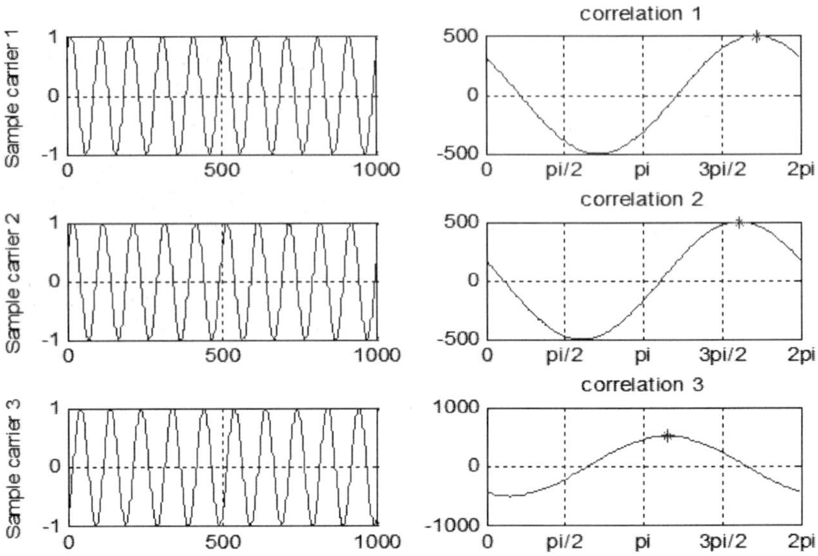

예제 4.21.2 심볼 동기

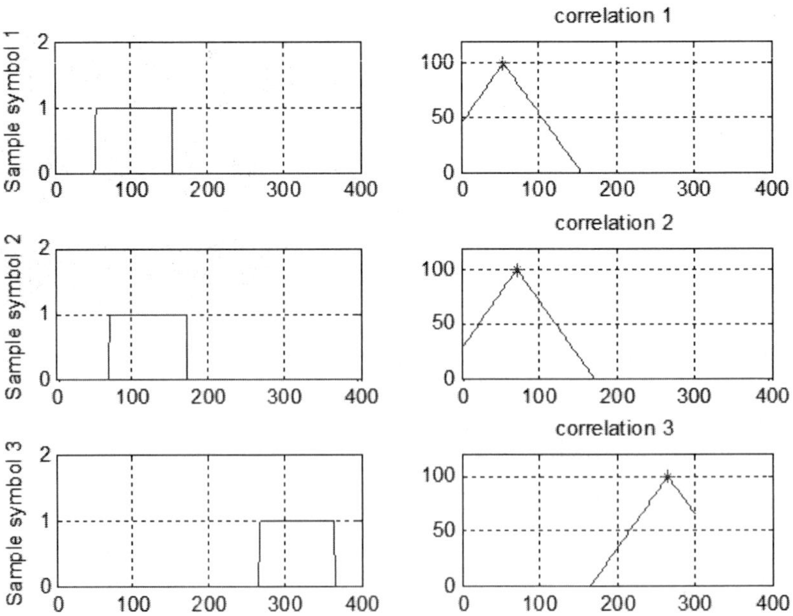

예제 4.21.3 프레임 동기

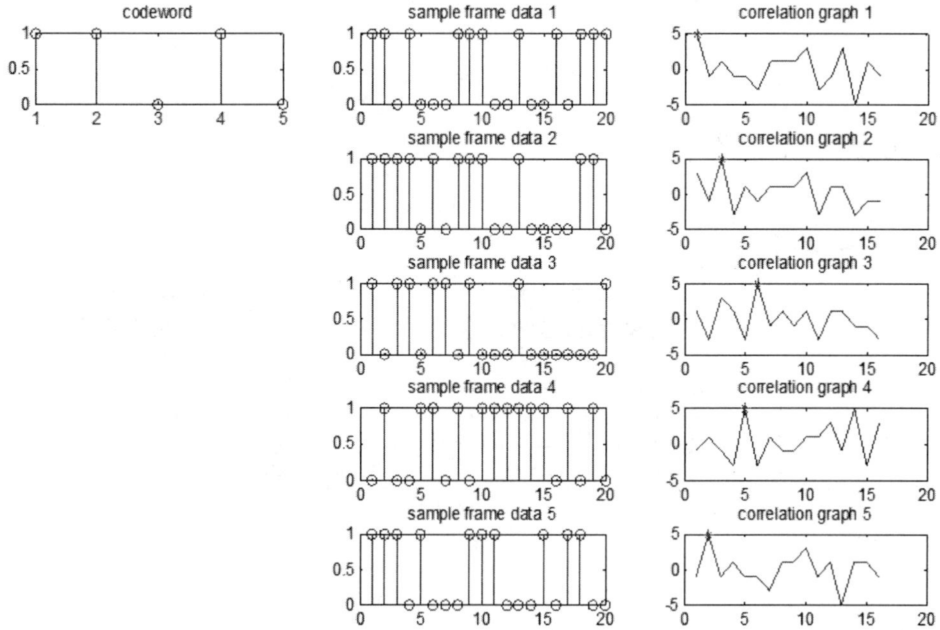

국내 이동통신 주파수 할당 현황

1. 700 MHz 대역

(2015. 8월)

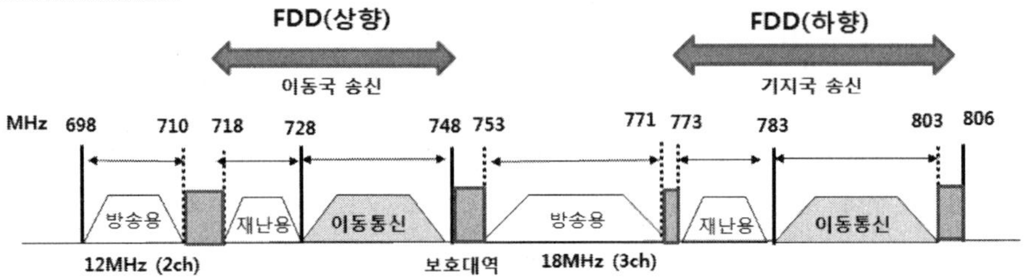

2. 800/900 MHz 대역

(2011. 6월 이전)

[cdma2000 시스템의 채널 계획]

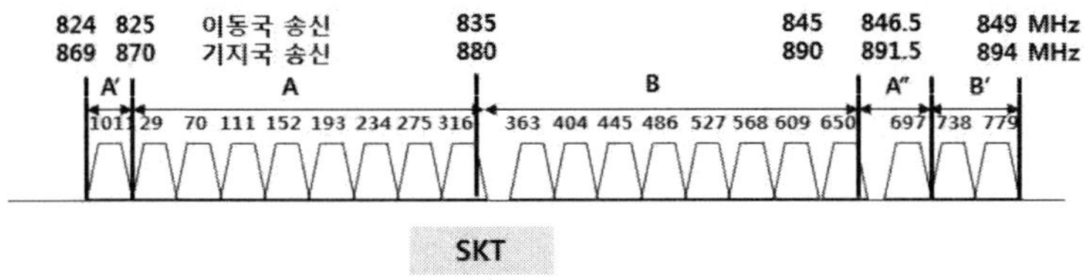

(2011. 7월 이후)

[LTE 시스템의 채널 계획]

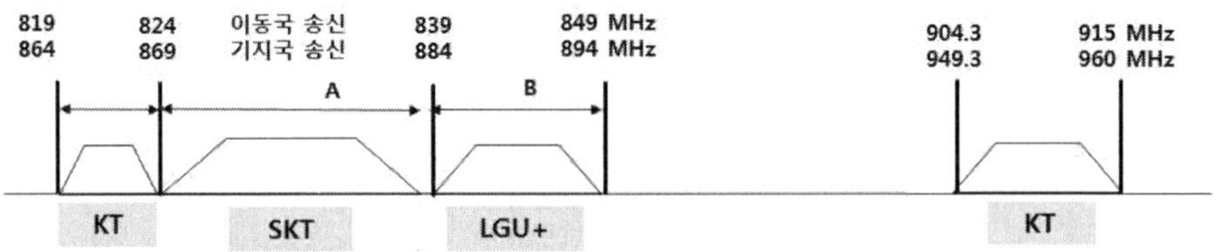

[cdma2000 시스템의 주파수 채널 번호 및 중심주파수]

FA (채널번호)	중심주파수(MHz)		FA (채널번호)	중심주파수(MHz)	
	이동국 송신	이동국 수신		이동국 송신	이동국 수신
1	824.64	869.64	11	837.12	882.12
2	825.87	870.87	12	838.35	883.35
3	827.10	872.10	13	839.58	884.58
4	828.33	873.33	14	840.81	885.81
5	829.56	874.56	15	842.04	887.04
6	830.79	875.79	16	843.27	888.27
7	832.02	877.02	17	844.50	889.50
8	833.25	878.25	18	845.91	890.91
9	834.48	879.48	19	847.14	892.14
10	835.89	880.89	20	848.37	893.37

3. 1.8 GHz 대역

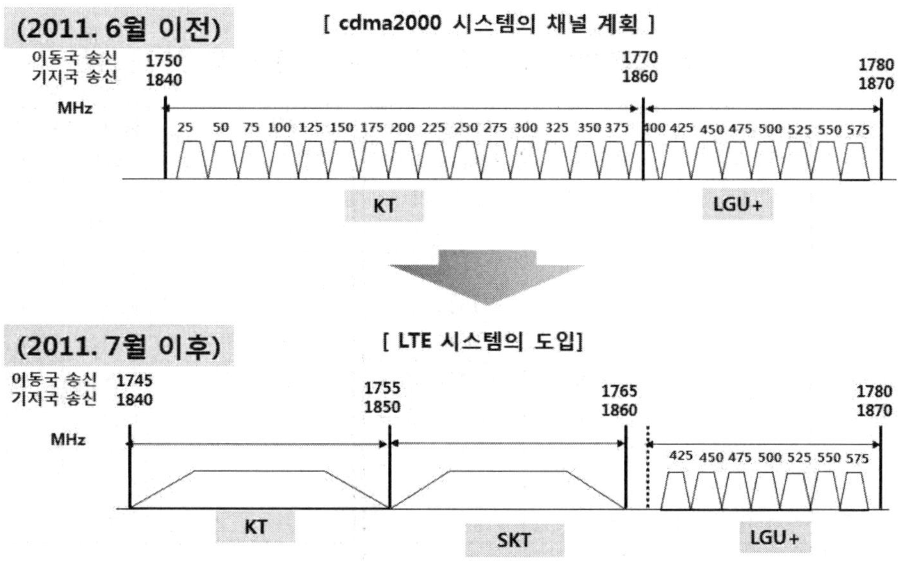

(2013. 9월)

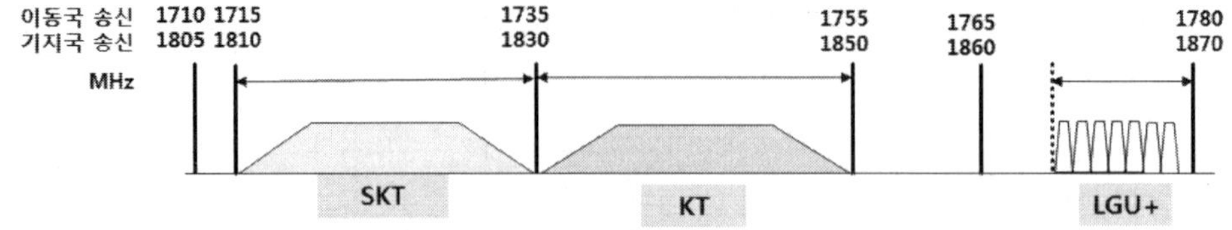

(2016. 5월)

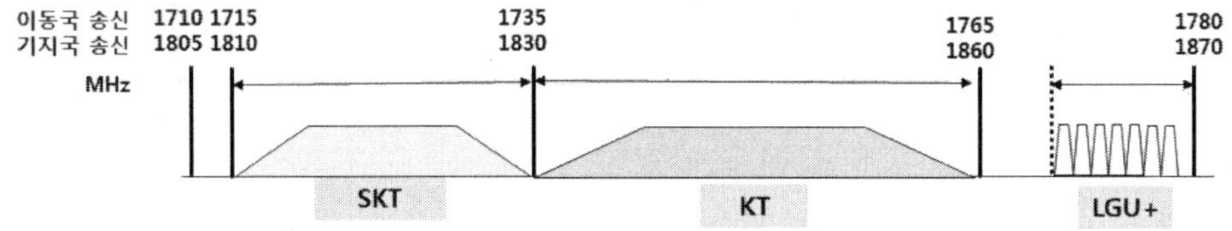

[cdma2000 시스템의 주파수 채널 번호 및 중심주파수]

FA (채널번호)	중심주파수(MHz)	
	이동국 송신	이동국 수신
1	1751.25	1841.25
2	1752.50	1842.50
3	1753.72	1843.75
4	1755.00	1845.00
5	1756.25	1846.25
6	1757.50	1847.50
7	1758.75	1848.75
8	1761.25	1851.25
9	1762.50	1852.50
10	1763.75	1853.75
11	1765.00	1855.00

FA (채널번호)	중심주파수(MHz)	
	이동국 송신	이동국 수신
12	1766.25	1856.25
13	1767.50	1857.50
14	1768.75	1858.75
15	1771.25	1861.25
16	1772.50	1862.50
17	1773.75	1863.75
18	1775.00	1865.00
19	1776.25	1866.25
20	1777.50	1867.50
21	1778.75	1868.75

4. 2 GHz 대역

(2016. 5월 이전)

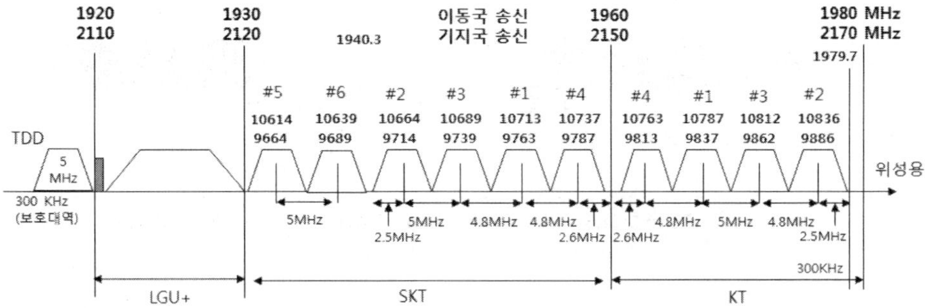

구 분	SK 텔레콤						KT			
채널 번호	5'th	6'th	2'nd	3'rd	1'st	4'th	4'th	1'st	3'rd	2'nd
채널번호 (기지국송신)	10614	10639	10664	10689	10713	10737	10763	10787	10812	10836
채널번호 (기지국수신)	9664	9689	9714	9739	9763	9787	9813	9837	9862	9886
기지국 송신	2122.8	2127.8	2132.8	2137.8	2142.6	2147.4	2152.6	2157.4	2162.4	2167.2
이동국 송신	1932.8	1937.8	1942.8	1947.8	1952.6	1957.4	1962.6	1967.4	1972.4	1977.2

** WCDMA 채널 번호 : 주파수 X 5

(2016. 5월 이후)

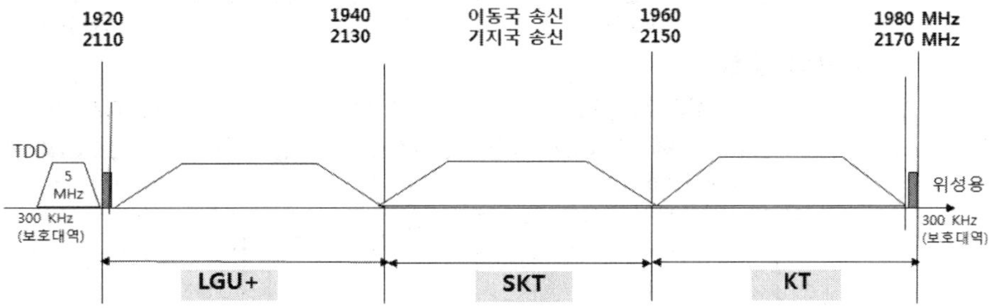

5. 2.3 GHz 대역

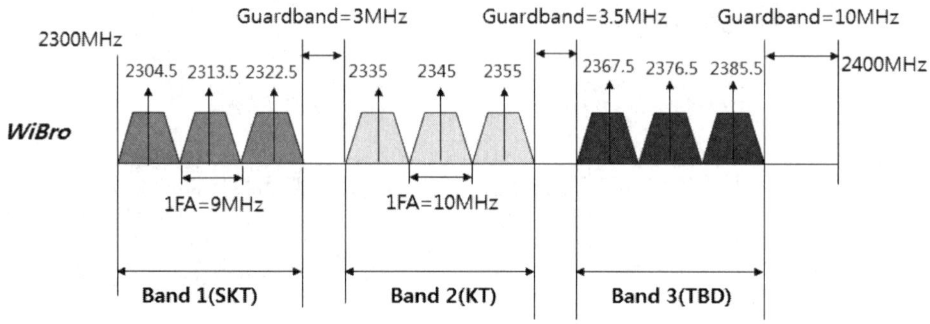

6. 2.6 GHz 대역

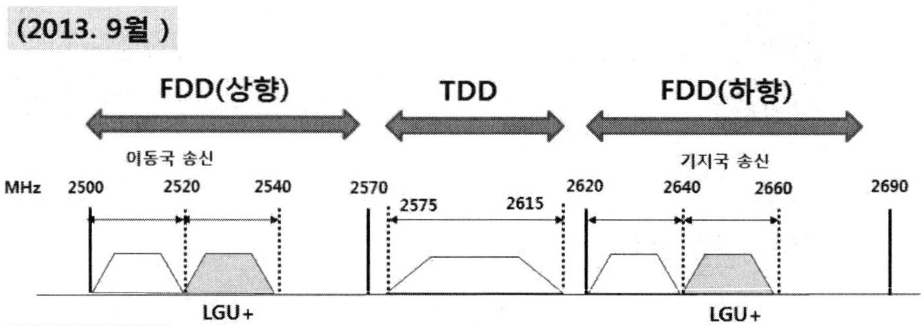

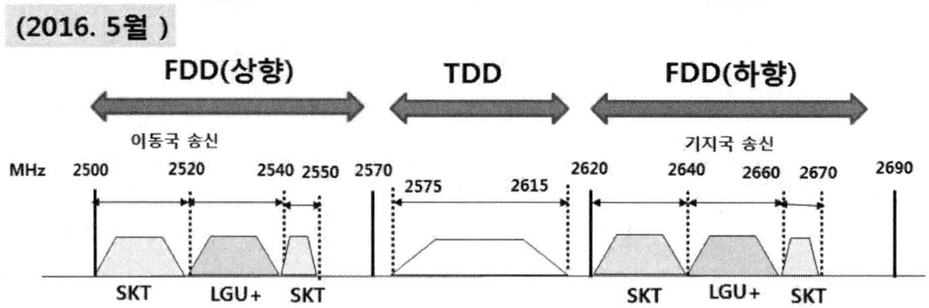

7. 이동통신 주파수 운용 대역 및 채널 번호 (E-UTRA 운용 대역)

E-UTRA Band	Uplink (UL) $F_{UL\_low} - F_{UL\_high}$	Downlink (DL) $F_{DL\_low} - F_{DL\_high}$	Duplex Mode
1	1920 – 1980 MHz	2110 – 2170 MHz	FDD
2	1850 – 1910 MHz	1930 – 1990 MHz	FDD
3	1710 – 1785 MHz	1805 – 1880 MHz	FDD
4	1710 – 1755 MHz	2110 – 2155 MHz	FDD
5	824 – 849 MHz	869 – 894 MHz	FDD
6[1]	830 – 840 MHz	875 – 885 MHz	FDD
7	2500 – 2570 MHz	2620 – 2690 MHz	FDD
8	880 – 915 MHz	925 – 960 MHz	FDD
9	1749.9 – 1784.9 MHz	1844.9 – 1879.9 MHz	FDD
10	1710 – 1770 MHz	2110 – 2170 MHz	FDD
11	1427.9 – 1447.9 MHz	1475.9 – 1495.9 MHz	FDD
12	699 – 716 MHz	729 – 746 MHz	FDD
13	777 – 787 MHz	746 – 756 MHz	FDD
14	788 – 798 MHz	758 – 768 MHz	FDD
15	Reserved	Reserved	FDD
16	Reserved	Reserved	FDD
17	704 – 716 MHz	734 – 746 MHz	FDD
18	815 – 830 MHz	860 – 875 MHz	FDD
19	830 – 845 MHz	875 – 890 MHz	FDD
20	832 – 862 MHz	791 – 821 MHz	FDD
21	1447.9 – 1462.9 MHz	1495.9 – 1510.9 MHz	FDD
22	3410 – 3490 MHz	3510 – 3590 MHz	FDD
23	2000 – 2020 MHz	2180 – 2200 MHz	FDD
24	1626.5 – 1660.5 MHz	1525 – 1559 MHz	FDD
25	1850 – 1915 MHz	1930 – 1995 MHz	FDD
26	814 – 849 MHz	859 – 894 MHz	FDD
27	807 – 824 MHz	852 – 869 MHz	FDD
28	703 – 748 MHz	758 – 803 MHz	FDD
29	N/A	717 – 728 MHz	FDD[2]
30	2305 – 2315 MHz	2350 – 2360 MHz	FDD
31	452.5 – 457.5 MHz	462.5 – 467.5 MHz	FDD
32	N/A	1452 – 1496 MHz	FDD[2]

E-UTRA Band	Uplink (UL) $F_{UL\_low} - F_{UL\_high}$	Downlink (DL) $F_{DL\_low} - F_{DL\_high}$	Duplex Mode
33	1900 – 1920 MHz	1900 – 1920 MHz	TDD
34	2010 – 2025 MHz	2010 – 2025 MHz	TDD
35	1850 – 1910 MHz	1850 – 1910 MHz	TDD
36	1930 – 1990 MHz	1930 – 1990 MHz	TDD
37	1910 – 1930 MHz	1910 – 1930 MHz	TDD
38	2570 – 2620 MHz	2570 – 2620 MHz	TDD
39	1880 – 1920 MHz	1880 – 1920 MHz	TDD
40	2300 – 2400 MHz	2300 – 2400 MHz	TDD
41	2496 - 2690 MHz	2496 - 2690 MHz	TDD
42	3400 – 3600 MHz	3400 – 3600 MHz	TDD
43	3600 – 3800 MHz	3600 – 3800 MHz	TDD
44	703 – 803 MHz	703 – 803 MHz	TDD
45	1447 – 1467 MHz	1447 – 1467 MHz	TDD
46	5150 – 5925 MHz	5150 – 5925 MHz	TDD[8,9]
...			
64	Reserved		
65	1920 – 2010 MHz	2110 – 2200 MHz	FDD
66	1710 – 1780 MHz	2110 – 2200 MHz	FDD[4]
67	N/A	738 – 758 MHz	FDD[2]
68	698 – 728 MHz	753 – 783 MHz	FDD

E-UTRA Operating Band	Downlink F_{DL_low} (MHz)	$N_{Offs\text{-}DL}$	Range of N_{DL}	Uplink F_{UL_low} (MHz)	$N_{Offs\text{-}UL}$	Range of N_{UL}
1	2110	0	0 – 599	1920	18000	18000 – 18599
2	1930	600	600 – 1199	1850	18600	18600 – 19199
3	1805	1200	1200 – 1949	1710	19200	19200 – 19949
4	2110	1950	1950 – 2399	1710	19950	19950 – 20399
5	869	2400	2400 – 2649	824	20400	20400 – 20649
6	875	2650	2650 – 2749	830	20650	20650 – 20749
7	2620	2750	2750 – 3449	2500	20750	20750 – 21449
8	925	3450	3450 – 3799	880	21450	21450 – 21799
9	1844.9	3800	3800 – 4149	1749.9	21800	21800 – 22149
10	2110	4150	4150 – 4749	1710	22150	22150 – 22749
11	1475.9	4750	4750 – 4949	1427.9	22750	22750 – 22949
12	729	5010	5010 – 5179	699	23010	23010 – 23179
13	746	5180	5180 – 5279	777	23180	23180 – 23279
14	758	5280	5280 – 5379	788	23280	23280 – 23379
...						
17	734	5730	5730 – 5849	704	23730	23730 – 23849
18	860	5850	5850 – 5999	815	23850	23850 – 23999
19	875	6000	6000 – 6149	830	24000	24000 – 24149
20	791	6150	6150 – 6449	832	24150	24150 – 24449
21	1495.9	6450	6450 – 6599	1447.9	24450	24450 – 24599
22	3510	6600	6600 – 7399	3410	24600	24600 – 25399
23	2180	7500	7500 – 7699	2000	25500	25500 – 25699
24	1525	7700	7700 – 8039	1626.5	25700	25700 – 26039
25	1930	8040	8040 – 8689	1850	26040	26040 – 26689
26	859	8690	8690 – 9039	814	26690	26690 – 27039
27	852	9040	9040 – 9209	807	27040	27040 – 27209
28	758	9210	9210 – 9659	703	27210	27210 – 27659
29[2]	717	9660	9660 – 9769	N/A		
30	2350	9770	9770 – 9869	2305	27660	27660 – 27759
31	462.5	9870	9870 – 9919	452.5	27760	27760 – 27809
32[2]	1452	9920	9920 – 10359	N/A		

E-UTRA Operating Band	Downlink F_{DL_low} (MHz)	$N_{Offs\text{-}DL}$	Range of N_{DL}	Uplink F_{UL_low} (MHz)	$N_{Offs\text{-}UL}$	Range of N_{UL}
33	1900	36000	36000 – 36199	1900	36000	36000 – 36199
34	2010	36200	36200 – 36349	2010	36200	36200 – 36349
35	1850	36350	36350 – 36949	1850	36350	36350 – 36949
36	1930	36950	36950 – 37549	1930	36950	36950 – 37549
37	1910	37550	37550 – 37749	1910	37550	37550 – 37749
38	2570	37750	37750 – 38249	2570	37750	37750 – 38249
39	1880	38250	38250 – 38649	1880	38250	38250 – 38649
40	2300	38650	38650 – 39649	2300	38650	38650 – 39649
41	2496	39650	39650 –41589	2496	39650	39650 –41589
42	3400	41590	41590 – 43589	3400	41590	41590 – 43589
43	3600	43590	43590 – 45589	3600	43590	43590 – 45589
44	703	45590	45590 – 46589	703	45590	45590 – 46589
45	1447	46590	46590 – 46789	1447	46590	46590 – 46789
46[4]	5150	46790	46790 – 54539	5150	46790	46790 – 54539
...						
64	Reserved					
65	2110	65536	65536 – 66435	1920	131072	131072 – 131971
66[5]	2110	66436	66436 – 67335	1710	131972	131972 – 132671
67[2]	738	67336	67336 – 67535	N/A		
68	753	67536	67536 - 67835	698	132672	132672 - 132971

※ EARFCN : E-UTRA Absolute Radio Frequency Channel Number

참고문헌

[1] SKLAR Bernardo, Digital Communications Fundamental and Applications, Prentice-Hall International. 1988

[2] http://www.wikipedia.org

[3] MATLAB Program Help manual, 2015.

[4] 정우기, 4세대이동통신서비스, 복두출판사, 2004. 3

[5] 정우기, 5세대이동통신, 복두출판사, 2016. 3

[6] 정우기, 최신이동통신기술실무, 동일출판사, 2014. 8

[7] 청강모바일아카데미, 4세대 이동통신 무선기술, 2014. 3.

[8] William C. Y. Lee, Mobile Cellular Telecommunications Systems, McGraw-Hill Book Co. 1990

[9] William C. Y. Lee, Mobile Communications Design Fundamentals, John Wiley & Sons Inc.. 1993

[10] Manual F. Catedra and Jesus Perez-Arriaga, Cell Planning for Wireless Communications, Artech House Inc., 1999

[11] 3GPP TS 36.101,"Mobile Station (MS) radio transmission and reception(Release 12), June. 2014.

[12] 3GPP TS 36.104,"Base Station (BS) radio transmission and reception(Release 12), June. 2014.

[13] 3GPP TS 36.211,"E-UTRA Physical channel and modulation(Release 12), June. 2014.

[14] 3GPP TS 26.090,"AMR(Adaptive Multi Rate) speech codec", March. 2011.

[15] Erik Dahlman, Stefan Parkvall, Johan Skold and Per Beming, 3G Evolution HSPA and LTE for Mobile Broadband 2nd Edition, Elsevier Ltd., 2009

[16] Erik Dahlman, Stefan Parkvall, Johan Skold, LTE/LTE-Advanced for Mobile Broadband, Elsevier Ltd., 2011

[17] Harri Holma and Antti Toskala, WCDMA for UMTS, John Wiley & Sons Ltd., April 2000

[18] Harri Holma and Antti Toskala, HSDPA/HSUPA for UMTS, John Wiley & Sons Ltd., 2006

[19] 구기준, 윤의중, 알기쉬운 공업수학, 기문사, 2000

[20] 임종수, Matlab's Power, 아진, 2006

[21] Hiroshi Harada and Ramjee Prasad, Simulation and Software Radio for Mobile Communications, Artech House, 2002

[22] 김관옥, 디지털통신이론과 응용 기술, 지앤북, 2009.

저 자 약 력

정 우 기

연세대학교 전자공학과에서 학사, 석사, 박사학위를 받았다(공학박사). 한국전자통신연구원, SK텔레콤, 신세기통신, LG텔레콤(현 LG 유플러스)에서 16년간 이동통신관련 분야에 종사하면서 CDMA, IMT-2000, 4세대 이동통신 등을 연구하였다. 지난 2001년에는 정보통신부 "IT 국제 표준화 전문가 100인"로 선정되었으며, 2006년에는 정보통신부 장관 표창장을 수상하였다. 방송통신위원회, 한국 ITU-R 연구위원회, 차세대이동통신포럼, 한국정보통신기술협회(TTA), 한국방송통신전파진흥원, 전파진흥협회, 5G 포럼 등에서 자문위원, 연구위원 등을 역임하였다. 2003년부터 청강문화산업대학 모바일스쿨 이동통신전공 교수로 재직하고 있다.

매트랩을 활용한
모바일 디지털통신

발　행 / 2019년 8월 8일

저　자 / 정 우 기
펴 낸 이 / 정 창 희
펴 낸 곳 / 동일출판사
주　소 / 서울시 강서구 곰달래로31길7 (2층)
전　화 / (02) 2608-8250
팩　스 / (02) 2608-8265
등록번호 / 109-90-92166

ISBN 978-89-381-1117-3-93560
값 / 26,000원